KB268863

글로벌 펌프전문기업 Wilo의 첨단기술로 집대성하다

펌프기술 총서

Pump Technology Handbook

편저 **윌로펌프**

펌프기술 총서

Pump Technology Handbook

2017년 10월 31일 개정판 발행

펴낸곳　　윌로펌프주식회사
펴낸이　　김연중
책임감수　김병욱
편 집　　윌로펌프 마케팅팀
감 수　　윌로펌프 산업용 개발팀

윌로펌프(주)

부산광역시 강서구 미음산단 1로 46
서울특별시 강남구 선릉로 514 성원빌딩 2층
전화 051-950-8000 팩스 051-950-8369

출판대행

파코스토리(주)
서울특별시 금천구 가산동 426-5 월드메르디앙벤처센터 2차 215호
전화 02-2025-8985 팩스 02-6944-9443
책임제작　주형남
아트디렉터　김준수
디자이너　윤선화　서지희　박진형
제 작　　김정철

ISBN　978-89-954842-2-7

※「이 도서의 국립중앙도서관 출판예정도서목록(CIP)은 서지정보유통지원시스템 홈페이지(http://seoji.nl.go.kr)와
　　국가자료공동목록시스템(http://www.nl.go.kr/kolisnet)에서 이용하실 수 있습니다.(CIP제어번호: CIP2017026751)」

PUMP
펌프기술 총서
Pump Technology Handbook

책을 다시 펴내며

인류의 탄생 이래 고대로부터 현재까지 물은 인류에게 가장 소중한 자원입니다. 우리의 생활에서 없어서는 안 될 소중한 물을 이송하는 펌프는 인류의 가장 훌륭한 발명품 중의 하나라고 할 수 있습니다. 현대사회가 발전함에 따라 펌프는 우리의 일상 생활뿐만 아니라 빌딩, 수처리 시설 및 산업시설 등에서 중요한 역할을 차지하고 있습니다.

특히, 21세기에 들어와서는 에너지 효율 증가의 무한한 가능성이 수면 위로 떠오르고 있습니다. 펌프의 사용률이 높은 빌딩이나 공장과 같은 곳에서 기존 일반 펌프를 고효율 펌프로 교체함으로써 얻을 수 있는 잠재적인 에너지 절약의 가능성이 중요하게 여겨지고 있습니다.

윌로펌프는 1872년 창사 이래 세계 최초 순환 가속 장치, 세계 최초 전자식 온수 순환 펌프 그리고, 세계 최초 냉난방 공조용 고효율 제어 펌프를 개발하며 혁신적인 제품으로 펌프 시장을 선도하여 왔습니다. 전 세계 10개국 16개의 생산기지와 60여 개국에 현지법인을 갖추고 각국의 주요 건물, 고층빌딩, 산업현장, 수처리 분야에 윌로펌프의 기술력을 바탕으로 많은 제품과 솔루션을 공급하여 왔습니다.

2017년, 출범 145주년을 맞이하여 윌로펌프는 그 동안 다양한 현장 경험을 통해 터득한 기술과 노하우를 가지고 현재 시장에서 고객에게 제공할 수 있는 최상의 제품과 솔루션을 선보이기 위해 노력하는 한편, 펌프 관련 분야의 여러 관계자들과의 동반자적인 발전에 대해 고민해보았습니다. 윌로펌프의 "펌프기술 총서"는 2012년 첫 출간되어 여러 독자들과 관계자들로

부터 뜨거운 호응을 받아왔습니다. 초판이 절판된 이후로 지속적으로 재출간 요청이 있었습니다. 현재 국내의 설계자와 실무자를 위한 실질적인 펌프 관련 기술 서적이 부족한 상황에서 금번 재출간하는 윌로펌프의 "펌프기술 총서"가 유용한 기술 자료로 활용되길 바랍니다.

이 책의 각 항목에 담겨 있는 내용은 전 세계 윌로그룹 직원들의 연구와 현장경험을 통하여 오랫동안 깊이 다루어져 온 내용들입니다. 책에 있는 내용 중의 많은 부분들이 독일의 사례를 중심으로 기술되었고 국내의 기준과 차이가 나는 부분들도 있지만, 국내의 독자들에게 선진 사례를 바탕으로 펌프에 대해 지식을 습득하고 일선 현장에서도 펌프를 적용하는데 실질적인 도움이 될 것이라고 생각합니다. 관심 있는 모든 분들께 일독(一讀)을 권합니다.

좋은 책이 나올 수 있도록 편집을 맡아준 윌로펌프 마케팅팀 직원들과 감수를 담당한 개발팀 직원들에게 감사를 전합니다. 오늘의 윌로펌프가 있을 수 있도록 그 동안 많은 사랑과 관심을 보여 주신 고객들에게 깊은 감사의 말씀을 드립니다.

2017년 10월
윌로펌프 대표이사 사장 겸 아시아 태평양 지역 총괄 사장

김연중

Pressure boosting
technology

PART-3 냉동, 공조 및 냉방기술 169

PART-4 수중펌프 기본 원리 223

PART-5 수중펌프 기술   309

Sewage technology for water management

Sewage Technology for Wastewater treatment processes

PART-6 하수처리 기술 401

부 록

펌프기술의 기본 원리

Fundamental principles of pump technology

PART-1

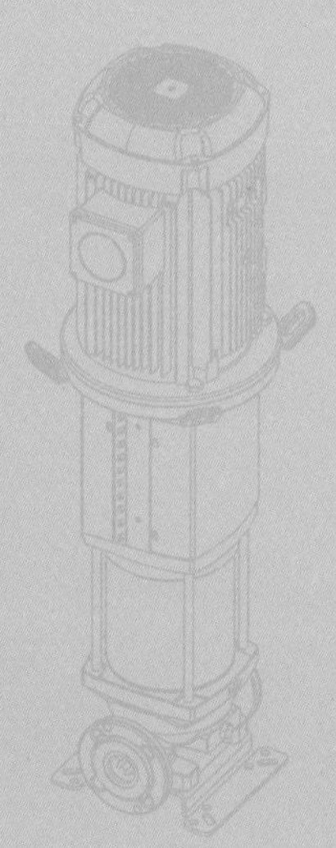

펌프는 인류의 생활에 안전과 편안함을 제공하는 필수 요소이다.
펌프는 뜨겁거나 차갑거나 또는 더럽거나 깨끗한 모든 유체를 이송한다.
펌프는 매우 효율적이고 환경을 보존하는 방식으로 유체를 이송한다.

펌프는 빌딩서비스 분야에서, 매우 중요한 역할을 하며 다양한 용도로 사용된다. 가장 보편적인 용도는 바로 급수, 순환, 배수용이다. 이 PART에서는 이에 대해 집중적으로 다룰 것이다.

또한 펌프는 상수도와 폐수처리 등 다양한 분야에서도 사용된다.
• 빌딩에 공급되는 상수도 압력이 충분하지 않을 경우 사용되는 급수가압펌프
• 수도꼭지에서 온수를 항상 사용할 수 있도록 하는 온수 순환 펌프
• 낮은 지역의 폐수 또는 하수를 배출할 때 쓰는 펌프
• 분수 또는 수족관용 펌프
• 소방 펌프
• 냉수 또는 냉각수용 펌프
• 화장실 변기, 세탁기, 청소 및 관개용 우수 활용 시스템
• 기타 다른 용도

펌프의 적용 시 각 유체마다 (미처리 하수 또는 물과 글리콜 혼합물 등) 점도가 다르다는 것을 명심해야 한다. 선정된 용도와 특수 펌프에 요구되는 각 국가별 관련 규격과 가이드라인 (예: 방폭, 독일 음용수관련 조례)을 준수해야 한다.

이 자료는 펌프 기술의 기본적인 지식을 제공하는 것을 목적으로 한다. 그림과 사례를 들어 쉽고 간단하게 설명하였으며, 실생활에 유용하게 사용할 수 있는 충분한 기본지식을 제공한다. 또한 일상생활에서 적절한 펌프의 선택과 사용에 도움이 될 것이다.

01. 펌프기술의 역사

상수도

펌프와 그 역사를 생각해보면, 오래 전부터 사람들은 유체(특히 물)를 더 높은 곳으로 끌어 올리기 위한 기술적인 수단을 찾기 위해 노력해왔음을 알 수 있다. 논에 물을 대거나 요새화한 도시 및 성곽을 둘러싼 해자를 채우기 위해 과거부터 펌프를 사용해왔다.

선사시대 인류의 조상들은 토기를 만들어 사용하는 지혜를 가졌고 이것이 양동이 발명의 첫 단계가 되었다. 이후 여러 개의 양동이에는 체인 또는 바퀴가 달리게 되었다. 사람이나 동물의 힘으로 물양동이 수차를 움직여서 물을 길어 올렸다. 고고학적 발굴을 통해 이집트와 중국에서 BC 1000년경에 사용되었던 이러한 종류의 양동이 수차가 발견되었다. 아래의 그림은 중국의 수차를 재구성한 것이다. 이것은 진흙 항아리가 부착되어 있는 커다란 바퀴이며 꼭대기에 도착하면 물을 쏟아 붓게 되어 있다.

중국식 수차

물의 흐름방향 →

이 개념의 독창적인 개선은 1724년 야곱 레오폴드 (1674-1727)에 의해 이루어졌는데 배관을 굽혀서 바퀴에 붙였다. 바퀴를 돌리면 물이 배관을 따라서 수차의 중심까지 이송이 된다. 강에서 물의 흐름 역시 이러한 수차의 구동장치 역할을 한다. 특히, 이러한 설계의 주목할만한 특징은 굽힌 배관의 모양이다. 이것은 오늘날의 원심펌프 모양과 유사하다.

야곱 레오폴드의 수차

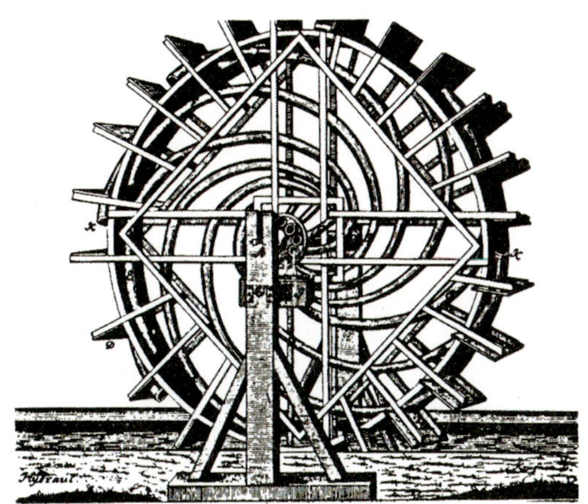

고대 수학자이자 과학자인 아르키메데스(287-212 BC)는 BC 250년에 당시로는 혁신적인 방식의 스크류를 발명하였다.
이것은 배관 내부의 나선형 축을 회전시켜 물을 끌어올리는 원리인데, 그 당시 효과적인 씰링이 되지 않아 항상 물의 일부가 역류했다. 그 결과 스크류의 기울기와 유량 사이의 관계가 있음을 알게 되었다. 이에 따라 더 많은 양의 물을 이송할 것인지 더 높은 곳으로 물을 이송할 것인지에 따라 선택을 해야 했다. 즉 스크류의 기울기가 가파를수록 물의 양이 감소하고 이송 높이가 더 높아진다는 것이다.

아르키메데스의 스크류

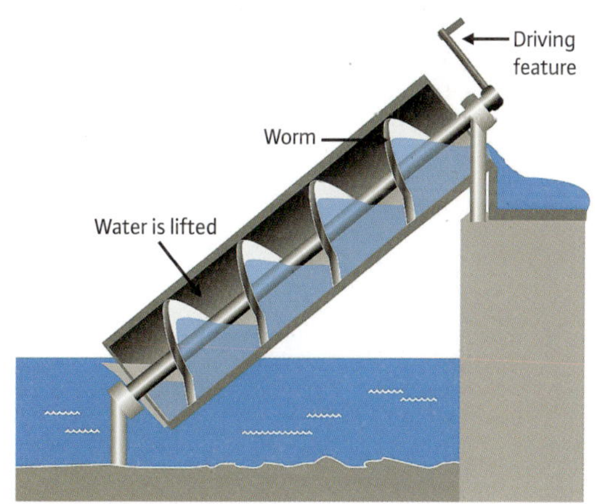

스크류의 작동원리는 오늘날 원심펌프와 아주 유사하다. 펌프 성능곡선(당시에는 알려지지 않은 개념)은 토출 양정과 유량 사이의 연관관계를 보여준다. 다양한 사료를 통해 이러한 스크류 펌프는 37°와 45° 사이의 기울기에서 작동했다는 것이 확인되었다. * 이 스크류는 2m와 6m 사이의 높이로 최대유량 약 10m³/h를 이송했다.

페이지 38의 임펠러 편 참조

폐수처리

인류는 급수가 인간 생활에 가장 기본적이고 중요한 문제임을 인식하고 개선을 위하여 많은 노력을 해온 반면 효과적으로 폐수를 처리하는 문제에 대해서는 상대적으로 늦게 인식하게 되었다.

최초의 중앙화된 하수도와 폐수처리 시스템은 1856년 독일의 함부르크에서 만들어졌다.

1890년대 후반, 독일의 많은 가정 하수시스템은 여전히 오수 및 배수 웅덩이로 구성되었고 훨씬 뒤에야 이러한 것을 공공 하수시스템으로 연결하자는 법적 결정과 지역적 요구가 있었다.

오늘날 대부분의 가정의 하수는 공공 하수 시스템과 직접 연결되어 있다. 이것이 불가능한 경우, 리프팅 플랜트 또는 압력 배수 시스템을 사용한다.

산업 및 가정 폐수는 광범위한 하수도 시스템, 처리시설, 정화시설 및 생물학적 화학적 처리 과정을 통해 배출된다. 처리 후, 그 물은 자연으로 돌아간다.

다양한 펌프와 펌프 시스템이 폐수 처리에 사용된다. 몇 가지 예를 들면 다음과 같다.
- 리프팅 플랜트
- 수중 펌프
- 배출 펌프
- 배수 펌프
- 교반기

난방 기술

온돌 난방시스템

로마시대부터 온돌 난방시스템으로 활용되었던 유적들이 현재까지 남아있다. 이들은 바닥 난방의 초기 형태로, 불을 피워 생긴 연기와 뜨거운 공기가 바닥 밑을 통해 빠져나가면서 바닥을 난방한다. 가스는 벽굴뚝을 통해 바깥으로 빠져나간다.

이후 수백 년 동안, 특히 성과 요새에서는 벽난로를 덮은 굴뚝을 수직방향으로 세우는 대신 뜨거운 연기가 거처를 지나서 배출 되도록 설치되어 사용되었다. 중앙난방의 초기 형태중 하나인 또다른 발명은 지하 저장고의 벽면이 돌로된 방을 이용하는 연소실 분리 시스템이다. 이 시스템은 불을 때면 공기가 가열되면 직접 거실로 유도 되도록 설치 되어 사용되었다.

증기 난방시스템

증기 난방시스템 역시 증기 엔진의 부산물로 18세기 후반에 널리 사용하게 되었다. 남은 증기는 증기 엔진에서 응축되지 않고 열교환기에 의해 사무실 및 생활공간에서 활용 되었다.

중력 난방시스템

난방의 다음 단계는 중력 난방시스템이다. 실내난방온도를 20℃로 맞추기 위해서는, 물은 끓는 점 바로 아래인 약 90℃ 정도로 가열해야 했다. 뜨거워진 물이 대구경의 파이프라인 위로 상승하게 되고 열을 발산(냉각)한 후 중력에 의해 보일러로 되돌아 간다.

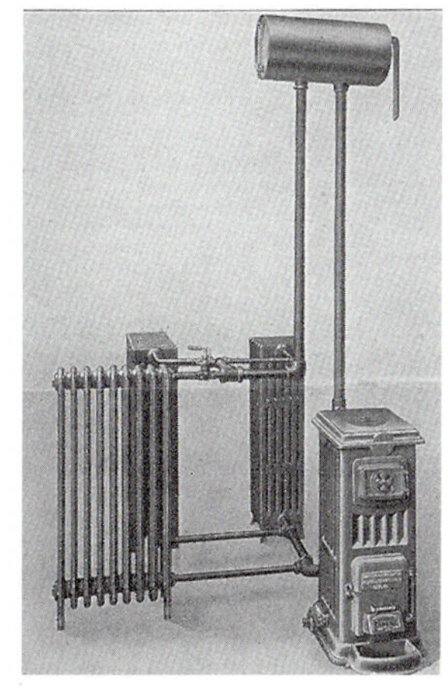

보일러, 팽창 탱크 및 라디에이터가 달린 중력 난방 시스템

로마시대의 온돌 난방시스템

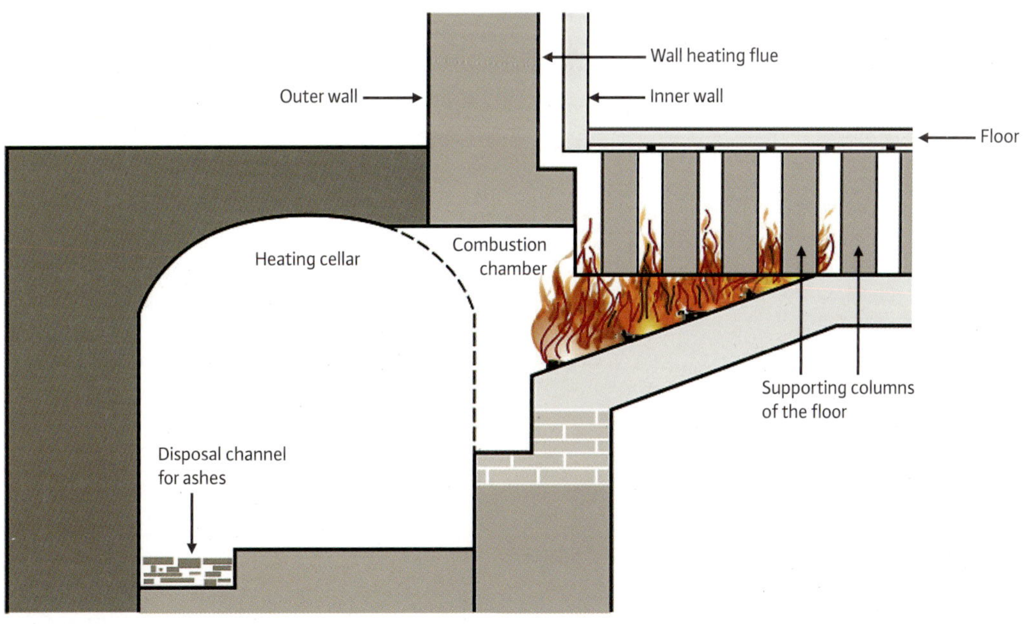

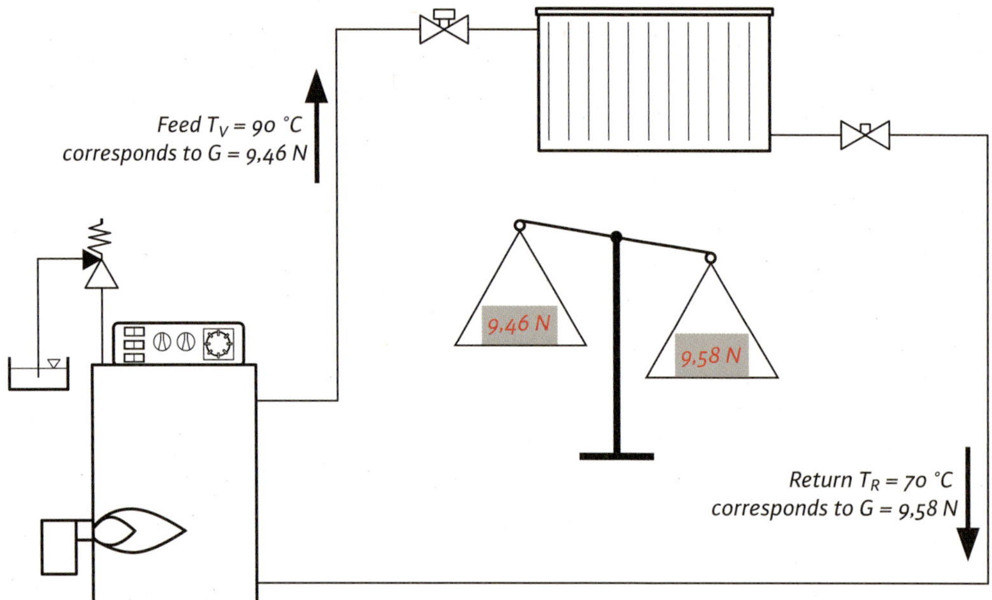

물의 온도차이에 따른 비중의 차이가 중력의 힘으로 물을 상하로 밀게 된다.

20세기 초, 이러한 유형의 중력 순환 시스템이 느리게 가동되는 것을 보고 "순환 가속기"를 난방 시스템의 파이프라인에 적용하였다.

그러나 그 당시의 전기 모터는 구동장치로 사용하기에는 적절하지 못했다. 왜냐하면 그 당시 모터는 개방형 슬립 링 회전자로 작동하는 구조이기 때문에 누수로 인한 모터손상을 발생시켰다.

최초의 순환 가속기(난방순환펌프)

슈바벤 출신의 기술자인 고트로프 바우크네트가 밀폐된 "캔형상(canned)"의 전기 모터를 발명하여 순환 가속기용으로 사용할 수 있게 되었다. 그의 친구인 베스트팔렌 출신의 기술자 빌헬름 오플랜더는 이 순환가속기를 설계했으며 1929년 특허를 획득했다.

프로펠러 모양의 펌프 휠이 배관 엘보우에 설치되었으며 밀봉된 축에 의해 전기 모터로 구동되었다.

하지만 당시에는 이 가속기에 대해 펌프라는 용어를 사용할 생각을 하지 않았다. 왜냐하면 펌프는 물을 올리는 용도의 기기로만 생각했기 때문이다. 이러한 순환 가속기는 약 1955년까지 만들어졌고 이를 사용하여 난방수 온도를 더 낮출 수 있게 되었다.

오늘날에는, 다양한 난방시스템이 있으며 가장 현대적인 것은 매우 낮은 수온으로 작동을 할 수 있다. 난방 시스템의 심장인 난방 순환펌프 없이 이러한 유형의 난방기술은 불가능하다.

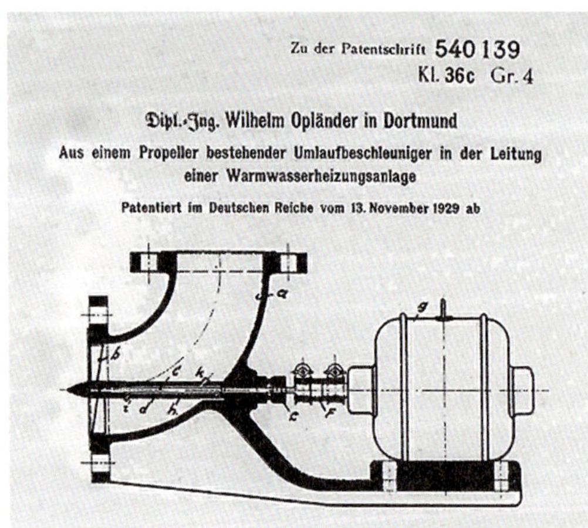

최초의 난방 순환펌프, "엘보우 펌프"
모델연도 1929 HP type DN67/0,25kW

난방시스템의 발전

온돌 난방
단일 배관 난방 시스템
천장 / 벽 복사 난방
이중배관 난방 - 티켈만시스템
온수 순환 난방
빌헬름 오플랜더의
순환 가속기 (1929)
현대, 20세기
증기 난방 시스템
오븐 난방
중력 온수 난방
산업혁명, 19세기
굴뚝 난방
영주의 저택을 뜨거운 공기로 난방
중세시대, 약 AD 1519
로마제국, AD 465까지
로마식 온돌 난방
초기
불 사용

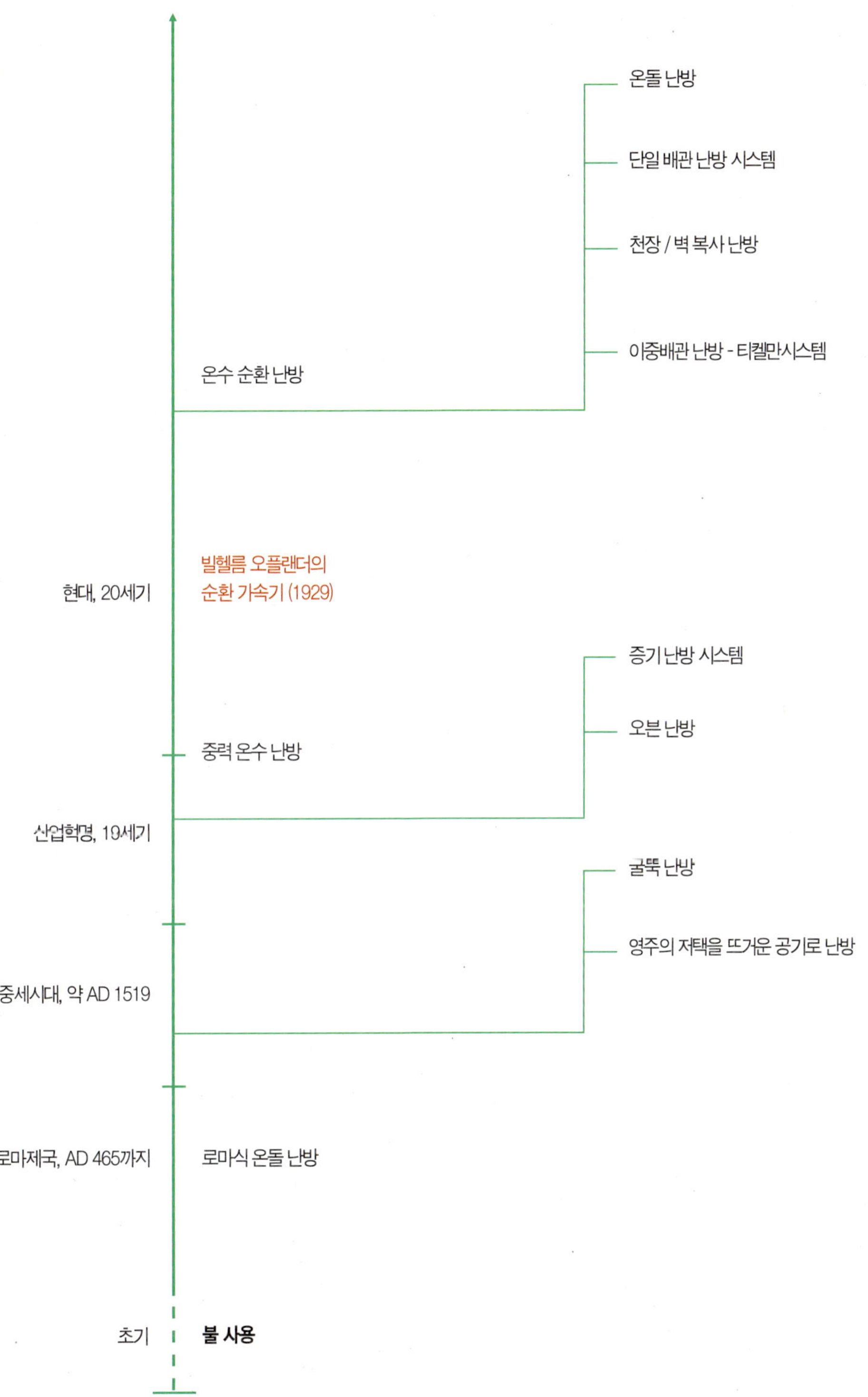

02. 펌핑 시스템

개방형 펌핑 시스템

아래의 개요도는 유체를 낮은 물 탱크에서 높은 위치에 있는 탱크로 펌핑 작업을 하는 펌프 시스템의 구성을 보여준다. 펌프는 그 물을 바닥 탱크에서 원하는 높이까지 운반한다.

여기서, 측지학적 토출 양정을 펌프의 양정으로 설계하는 것은 충분하지 않다. 왜냐하면 호텔의 상층에 있는 샤워기와 같은 마지막 수도꼭지에 충분한 유체의 토출 압력이 있어야 하기 때문이며, 올라가는 배관 라인에서 발생하는 배관 마찰 손실도 고려해야 하기 때문이다.

펌프 토출 양정 = 측지학적 양정 + 유체의 토출 압력 + 배관 손실

라인의 개별 구간은 유지보수를 위해 밸브를 사용하여 차단할 수 있어야 한다. 특히 펌프에 대해서 필요한 사항이며 그렇지 않을 경우 많은 양의 물이 올라가는 라인에서는 펌프가 보수 또는 교체되기 전에 완전 배수가 되어야한다.

더구나, 플로우트 밸브 또는 기타 제어장치를 낮은 곳에 있는 물 탱크와 높은 곳에 있는 탱크에 설치하여 유체가 넘치는 것을 방지해야 한다.

또한 모든 수도꼭지가 잠겨있고 더 이상 물이 나오지 않을 경우 펌프의 스위치를 off 하기 위해 토출배관의 적절한 위치에 압력 스위치를 설치할 수 있다.

개방형 펌핑 시스템의 발전

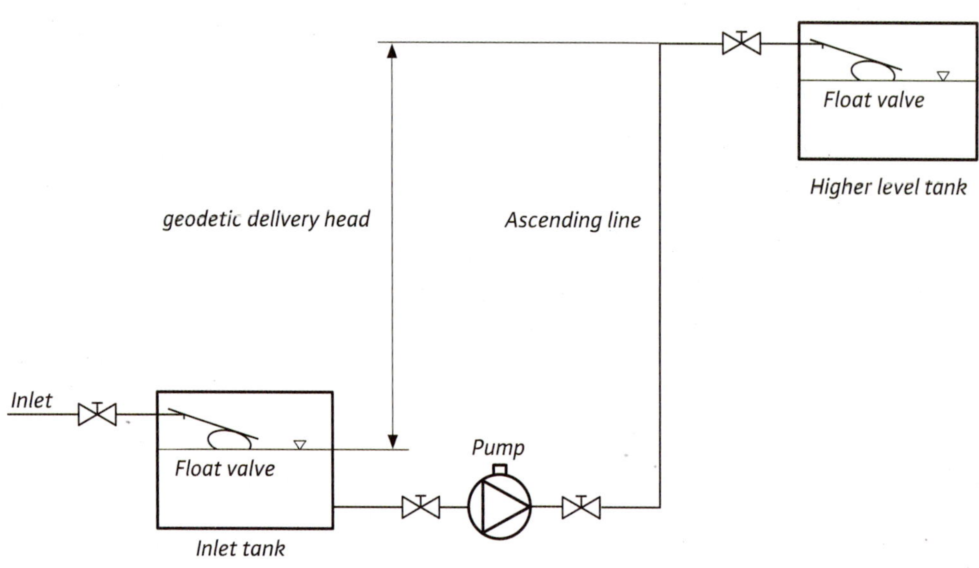

밀폐형 난방시스템

아래의 개요도는 난방시스템과 워터 펌핑 시스템 사이의 기능 차이를 보여준다.

워터 펌핑 시스템은 개방식 토출구 (수도꼭지와 같은 태핑 포인트)가 달린 개방시스템이며, 난방시스템은 밀폐형 시스템이다.

이 원칙을 더 쉽게 이해하려면, 모든 난방수가 배관라인에서 계속 움직이거나 순환하고 있다는 것을 고려해야 한다.

난방시스템은 다음 구성품으로 나눌 수 있다.
- 열원
- 열전달 및 분배시스템
- 압력유지와 압력제어용 다이아프램 팽창탱크
- 열소비장치
- 제어장비
- 안전밸브

여기서 열원은 가스, 오일 또는 고체연료를 사용하는 보일러와 같은 장치 외에 순환수 히터로 정의한다. 또한 열원은 중앙수 난방, 개별난방기 및 히트펌프가 달린 난방시스템을 포함한다.

열전달 및 분배시스템에는 모든 배관라인, 분배 및 환수시스템 외에 순환펌프가 포함된다. 난방시스템의 펌프 출력은 시스템의 전체 저항을 극복할 수 있도록 선정한다. 펌프가 공급라인으로 보낸 물이 보일러 회수라인으로 돌아오는 물을 밀어 주기 때문에 건물의 높이는 고려하지 않는다.

다이아프램 팽창탱크는 압력유지와 동시에 작동 온도에 따라 난방 시스템의 변하는 물 압력을 조정하는 일을 담당하고 있다.

난방시스템의 예를 사용하는 순환시스템

열소비장치는 난방이 되는 실내에 있는 난빙기기 (라디에이터, 컨벡터 히터, 판넬 히터 등)이다. 열에너지는 더 낮은 온도 지점에서 더 높은 온도 지점으로 흐르며, 온도차이가 클수록 흐름은 빨라진다. 이러한 전송은 3가지 다른 물리적 프로세스에 의해 일어난다.
- 열 유도
- 대류
- 복사

오늘날, 훌륭한 제어 시스템 없이는 어떤 기술적인 문제도 해결할 수 없다. 따라서, 제어장치가 모든 난방시스템의 한 부분인 것은 당연하다. 이를 가장 쉽게 보여주는 것은 일정한 실내온도를 유지하기 위한 자동온도조절 라디에이터 밸브이다. 요즘은 최첨단 기계, 전기 및 전자제어장치가 난방보일러, 혼합 밸브 및 펌프에 적용되어 있다.

밀폐형 난방시스템

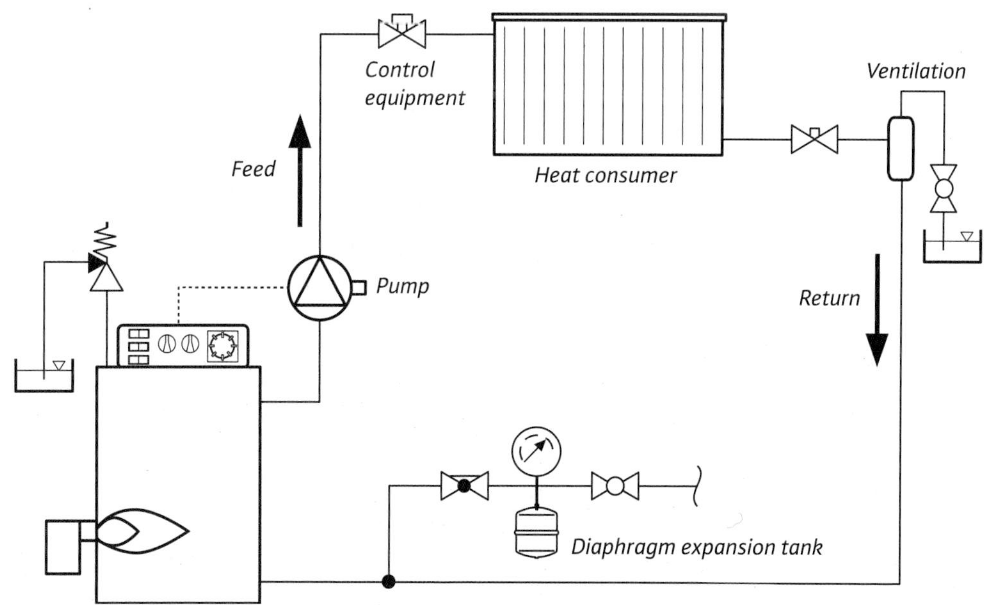

03. 물의 운반 방법

온수 중앙난방시스템에서, 물은 열을 열원에서 소비장치로
운반할 때 사용된다.

가장 중요한 물의 속성은 다음과 같다.
• 열저장 용량
• 데워지거나 냉각될 때 부피 증가
• 부피변화에 따른 밀도 변화
• 외부 압력변화에 따른 끓는 점의 변화
• 중력 부양

이들 물리적 특성은 아래에서 논의된다.

비열 저장 용량

모든 열운반 매체의 중요한 특성은 열저장 용량이다. 재료의 질량과 온
도차이를 명시한 경우, 비열 저장용량과 관련이 있다.

이에 대한 심볼은 c이며 측정 단위는 kJ/(kg.K)이다.

비열 저장용량은 재료를 1℃ 가열하기 위하여 그 재료 (예: 물) 1kg에
전달해야 하는 열의 양이다. 반대로, 재료를 냉각할 때 동일한 에너지
의 양을 발산한다.

0℃와 100℃ 사이의 물에 대한 평균 특정 열저장용량은 다음과 같다.

C=4.19kJ/(kg.K) or c=1.16Wh/(kg.K)

흡수 또는 발산되는 열의 양 Q는 J 또는 kJ로 측정되며 질량 m의 부
산물이며 kg으로 측정된다. 특정 열저장용량 c 와 온도차이 $\Delta\theta$ 는 K
로 측정된다.

이것은 난방시스템의 공급 및 회수 온도이며 공식은 다음과 같다.

$$Q = m \cdot c \cdot \Delta\theta$$
$$m = V \cdot \rho$$

V = 물 부피 m³
ρ = 밀도 kg/m³

질량 m은 단위 m³로 측정된 물 부피 V 에 kg/m³로 측정된 물 밀도 ρ
를 곱한다. 따라서 이 공식은 다음과 같이 쓸 수 있다.

$$Q = V \cdot \rho \cdot c \, (\theta_V - \theta_R)$$

*주의사항: 비열저장용량은 재료를 1℃ 기열하기 위해 그 재료(예: 물)에 1kg 전달해야 하는 열의 양이
다. 반대로 재료를 냉각할 때 동일한 에너지의 양을 발산한다.*

물 밀도가 물 온도에 따라 변하는 것은 사실이다. 하지만 에너지 고려를
단순화하려면, 계산은 4℃와 90℃ 사이에서 ρ =1kg/dm³ 으로 한다.

물리적 용어인 "에너지", "알" 및 "열의 양"은 모두 동일하다.

θ= Theta
ρ = Rho

다음 공식은 Joules를 다른 허용 단위로 전환할 때 사용한다.

1J=1Nm=1Ws or 1MJ=0.278kWh

부피 증가 및 감소

지구상의 모든 재료는 열을 받으면 팽창하고 냉각되면 수축한다. 이 규칙의 유일한 예외는 바로 물이다. 이 독특한 속성을 '물의 특성'이라 한다.

물은 4℃에서 가장 밀도가 크며 1dm³=1 ℓ =1kg이다.

물 부피의 변화

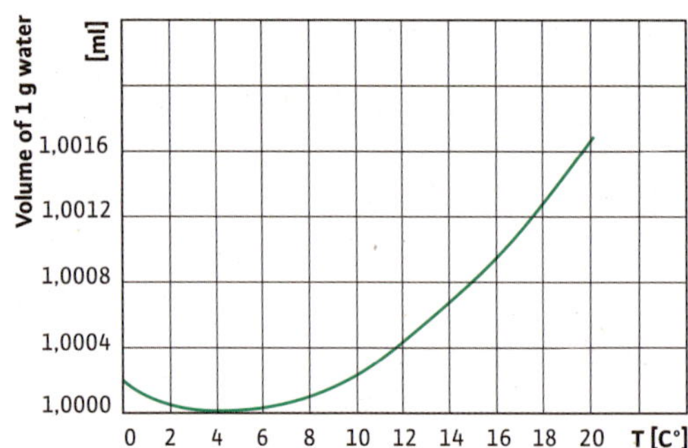

물은 가열/냉각될 경우 부피가 변한다. 4℃에서 가장 밀도가 높다.
Pmax=1000 kg/m³

물이 이 온도에서 가열 또는 냉각되면, 부피는 증가하는데 이것은 밀도가 감소하고 특별히 더 가벼워진다는 것을 의미한다.
이것은 오버플로우 측정 탱크를 통해 잘 볼 수 있다.

탱크 내에서, 정확하게 1000cm³ 물은 +4℃ 온도에 있다. 물이 가열되면, 일부는 측정 유리 안에서 넘쳐 흐른다. 물이 90℃까지 가열되면, 정확하게 39.95cm³이며 이것은 측정 유리에서 34.7g과 일치한다.

물은 +4℃ 이하로 냉각되면 역시 팽창한다. 이러한 물의 특징은 겨울철 강과 호수에서 관찰 할 수 있다. 얼음덩어리가 왜 물 위에 떠있다가 봄 햇살에 녹는지 알려준다. 얼음이 물보다 무겁기 때문에 바닥으로 가라앉으면 이런 일은 일어나지 않는다.

하지만, 이 팽창 활동은 사람들이 물을 사용할 때 아주 위험할 수 있다. 예를 들면 자동 엔진과 송수관은 물이 얼면 팽창한다. 이를 방지하려고 부동액을 물에 첨가한다. 난방시스템에서는 글리콜을 자주 사용하며, 글리콜 비율에 대해 제조회사의 사양을 참조한다.

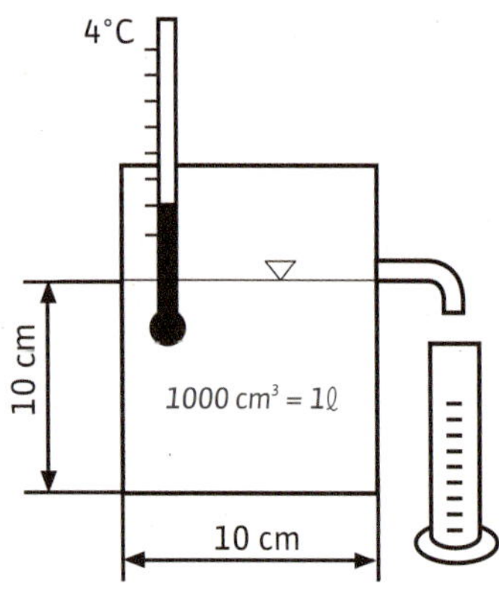

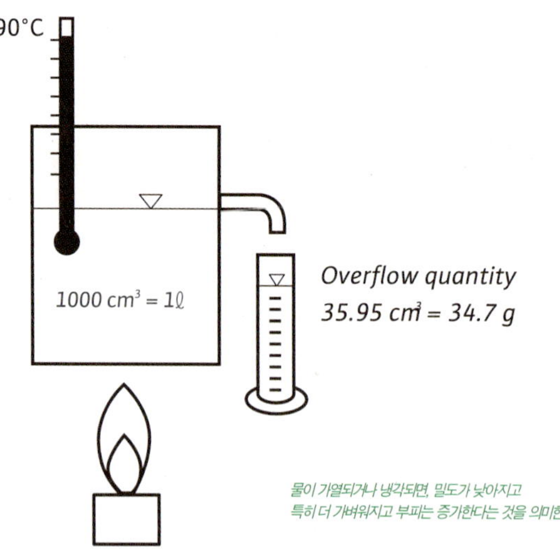

물이 가열되거나 냉각되면, 밀도가 낮아지고 특히 더 가벼워지고 부피는 증가한다는 것을 의미한다.

물의 끓는 특성

물이 90℃ 이상 가열되면, 열려 있는 용기의 경우 100℃에서 끓는다. 물 온도를 끓는 과정에서 측정하면, 마지막 한 방울이 증발할 때까지 일정하게 100℃를 유지한다. 따라서, 일정한 열공급은 물을 완벽하게 증발시키고 전체 상태를 변화시킬 때 사용한다. 이 에너지를 잠열 이라고 한다. 만약 열을 계속 가하면, 온도는 다시 상승한다.

여기에는 수면에 1,013hPa의 정상 공기압력 (NN)이 작용한다는 조건을 반영해야 한다. 공기 압력이 다르면, 끓는 점은 100℃에서 이동한다.

우리가 3000m 높이(예를 들면 독일의 가장 높은 산인 쥬그스피체)에서 설명된 실험을 반복하면, 물이 이미 90℃에서 끓는다는 것을 알 수 있다. 이러한 현상의 원인은 높이 올라갈수록 기압이 낮아진다는 것을 의미한다.

수면의 기압이 낮을수록 끓는 온도가 더 낮아진다. 반대로, 끓는 온도는 수면 상의 압력이 증가하면 증가할 수 있다. 이 원칙은 예를 들면 압력밥솥에서 사용된다.

우측 그래프는 물이 끓는 온도가 압력에 따라 어떻게 변화하는지 보여준다.

난방 시스템은 운전 중 기포가 발생하는 것을 방지하기 위해 의도적으로 가압상태로 만든다. 이것은 또한 외부의 공기가 배관 내에 유입되는 것을 방지해 준다.

온도가 증가할 때 물의 상태 변화

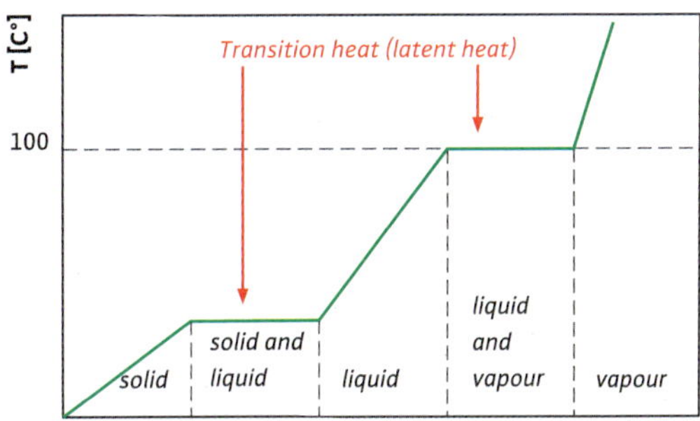

압력에 따른 물의 끓는 점

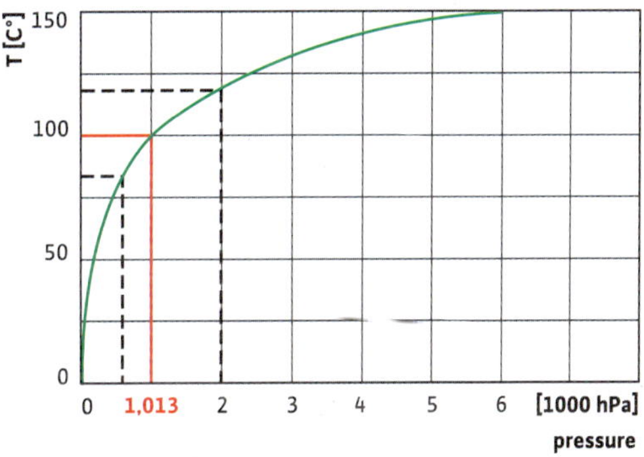

난방수의 팽창과 초과압력에 대한 보호

난방시스템에서 물 온도는 90℃까지 올라간다. 물은 일반적으로 15℃ 물로 채워지며 가열하면 팽창한다. 이러한 부피 증가는 초과 압력 또는 유체가 빠져나가는 결과를 야기하지 않아야 한다.

여름에 열 공급이 중단되면, 물은 이전의 부피로 돌아간다. 따라서 충분히 큰 저장탱크를 팽창수 용으로 제공해야 한다. 오래된 난방 시스템은 개방형 팽창 탱크를 가지고 있다. 이들은 항상 배관라인에서 가장 높은 곳에 위치한다. 난방 온도가 상승하면 물이 팽창하고 이 탱크 안의 수위 역시 상승한다. 마찬가지로, 난방온도가 떨어지면 수위가 떨어진다.

오늘날의 난방시스템은 다이아프램 팽창탱크(DET)를 사용한다.

시스템 압력이 증가하더라도 배관라인과 시스템의 다른 부품은 허용 한계까지 압력을 받지 않아야 한다. 따라서 안전 밸브가 있는 난방 시스템을 갖추는 것은 의무적이다.

압력이 초과할 경우, 안전 밸브를 열어 다이아프램 팽창탱크가 수용할 수 없는 팽창수를 배출해야 한다. 그러나, 신중하게 설계되고 유지관리가 잘 되는 시스템에서는, 이러한 일이 처음부터 발생하지 않는다.

상기 고려사항은 난방 순환펌프가 시스템 압력을 증가시킨다는 사실을 고려하지 않았다.

최대 난방수온도, 펌프 선정, 다이아프램 팽창탱크의 크기 및 안전 밸브의 작동 시점의 상호작용은 반드시 신중하게 고려해야 한다. 시스템의 부품을 임의로 선택하는 것은 금지되어야 한다.

탱크는 질소로 채워져 있다. 다이아프램 팽창탱크의 인입 압력은 난방시스템에 대해 조정해야 한다. 난방시스템의 팽창수는 탱크로 들어가서 다이아프램의 가스 쿠션을 압축시킨다. 가스는 압축되지만, 유체(물)는 압축되지 않는다.

난방 시스템에서 변화하는 물 부피에 대한 보상

(1) 설치시 DET 조건

DET 인입 압력 1.0/1.5bar

(2) 충전 시스템/냉장

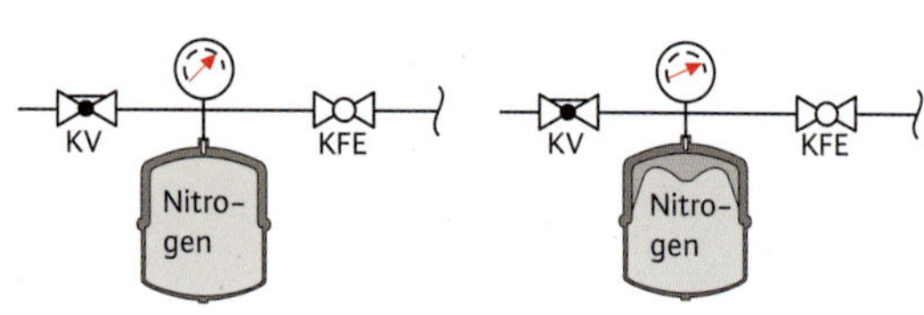

물 저장 DET 인입 압력+0.5bar

(3) 최대 공급온도에서의 시스템

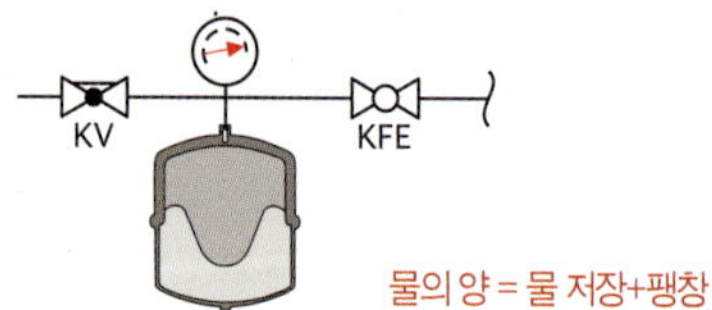

물의 양 = 물 저장+팽창

통합 안전밸브가 달린 난방시스템

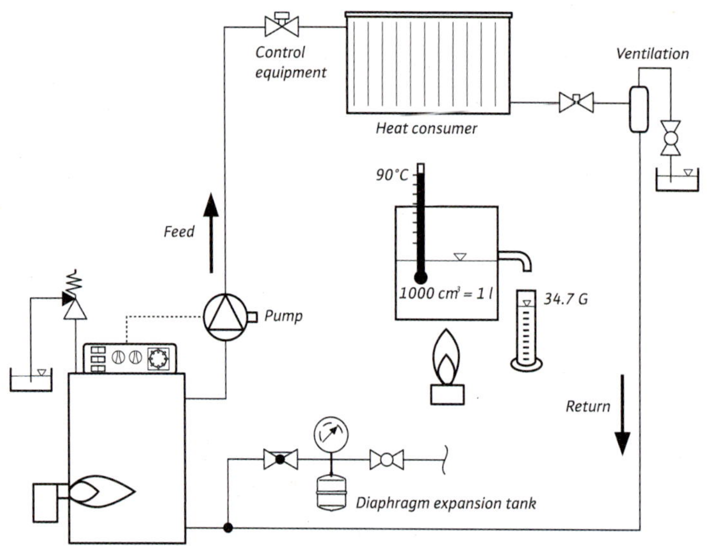

압력

압력의 정의
압력은 대기압 하에서 압력용기 또는 배관라인에서 측정한 유체 및 가스의 정압력이다.(Pa, mbar, bar)

정지압력
유체의 흐름이 없을 때의 정압.
정압 = 해당 측정점 레벨+다이아프램 팽창탱크 내 인입압력

유동 압력
유체가 흐를 때의 동압.
유동 압력 = 동압 - 압력 강하

펌프 압력
원심 펌프 운전시 토출 쪽에 생성되는 압력이다. 시스템에 따라서, 이 값은 차압과 다를 수 있다.

차압
시스템의 모든 저항을 이겨내기 위해 원심펌프에서 생성되는 압력이다. 원심 펌프의 흡입 / 토출 쪽을 측정하여 구한다. 배관라인, 보일러 부품과 난방기기로 인한 손실 때문에 펌프 압력이 감소하므로, 작동 운전차압은 시스템의 각 위치에서 달라진다.

시스템 압력, 압력 구축

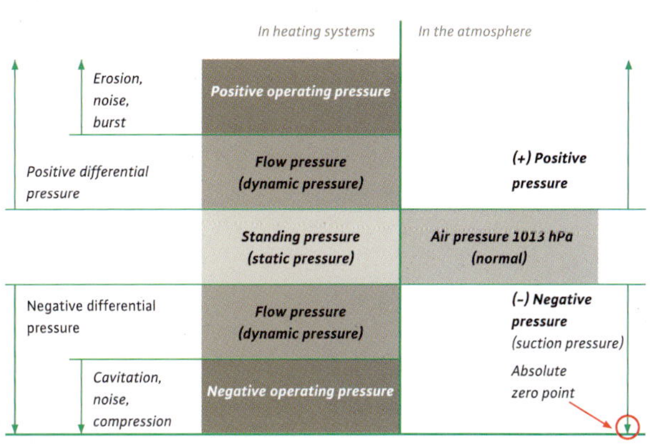

운전압력
시스템 또는 개별 부품을 운전할 때 존재하거나 존재할 수 있는 압력이다.

허용 운전압력
운전압력의 최대값은 안전상의 이유로 결정된다.

캐비테이션

캐비테이션은 임펠러 입구에서 포화증기압 이하에서 펌핑된 유체가 부압을 만들고 이로 인해 발생된 기포와 그 기포의 터짐이라 정의된다. 이로 인해 출력(토출양정)과 효율이 감소하고 소음발생 및 펌프의 내부에 손상을 야기한다.

높은 압력의 영역에서 아주 작은 공기 방울이 팽창 및 파열(내파)이 되면 (예: 임펠러 토출구에서 앞선 상태), 미세 폭발은 압력 충격을 야기하여 유로부를 손상시키거나 파괴한다. 이것의 초기 신호는 임펠러 입구에서의 소음 또는 손상이다.

원심 펌프에 대한 한 가지 중요한 값은 NPSH (Net Positive Suction Head)이다. 이것은 캐비테이션 없이 운전할 수 있는 펌프 인입에서 최소 압력을 명시한다. 이것은 유체의 기화를 방지하고 유체 상태로 유지하기 위해 필요한 추가 압력을 의미한다.

NPSH에 영향을 주는 펌프 요소들은 임펠러 유형 및 펌프 속도이다. NPSH에 영향을 주는 환경 요소들은 유체 온도, 물의 양 및 대기압이다.

캐비테이션 방지
캐비테이션을 방지하기 위해, 펌핑된 유체는 일정 인입구 높이에서 원심 펌프로 공급되어야 한다. 이 최소 인입구 높이는 펌핑된 유체의 온도와 압력에 따라 다르다.

캐비테이션을 방지하는 기타 다른 방법은 다음과 같다.
- 정압 증가
- 유체 온도 낮추기 (포화증기압 PD 감소)
- 토출양정이 낮은 펌프의 선정 (최소 인입구 높이, NPSH)

04. 원심 펌프의 설계

위생 설비 및 HVAC 산업에서, 원심 펌프는 다양한 분야에서 사용된다.
뚜렷한 특징은 설계 유형과 에너지를 전환하는 방식이다.

자흡식 펌프 및 비자흡식 펌프

자흡식 펌프는 흡입 배관 내의 공기를 배출시킬 수 있는 펌프를 이야기
하며 최초 시운전 시에는 펌프가 물로 채워져야만 작동할 수 있다. 이
론적으로 최대 흡상 높이는 10.33m 이고, 이것은 대기압에 따라 다르
다.(1013 hPa = 통상)

기술적인 이유로 펌프의 최대 흡상 높이 h_s는 7-8m 이다. 이 값은 펌프
의 흡입구와 최저 수위까지의 높이 차 뿐만 아니라, 흡입 배관과 펌프와
배관 부속품의 손실까지 포함한 것이다.

펌프를 설계할 때, 흡입 높이 h_s는 설계 토출 양정에 포함해야 하는데, 이
때 마이너스 부호를 붙여야 함을 유념해야 한다.

흡입 배관은 적어도 펌프 흡입구와 직경이 같거나, 가능하면, 한 단계 큰
사이즈를 적용해야 한다. 그리고 길이는 가능하면 짧을수록 좋다.

긴 흡입 배관은 항상 펌프쪽으로 올라가는 방향으로 설치되어야 한다.
만약 호스를 흡입 배관에 적용한다면, 누수가 잘 안되고 강도가 좋은 나
선형의 호스가 더 좋다. 펌프의 손상이나 고장으로 인한 경우를 제외하
고 나머지 누수를 방지하기 위한 조치가 필요하다.

안정적인 흡입운전을 위해, 펌프와 흡입 배관이 빈 상태로 운전하는 것
을 방지하기 위한 풋 밸브 설치는 권장 사항이다. 스트레이너가 부착된
풋 밸브는 펌프와 그 하부 시스템을 나뭇잎, 나무조각, 돌 그리고 벌레
등과 같이 굵은 이물질로부터 보호를 해 준다. 만약 흡상 조건에서 풋
밸브의 설치가 어려운 경우에는 펌프(흡입구) 앞에 역류방지 플랩밸브
를 설치해야 한다.

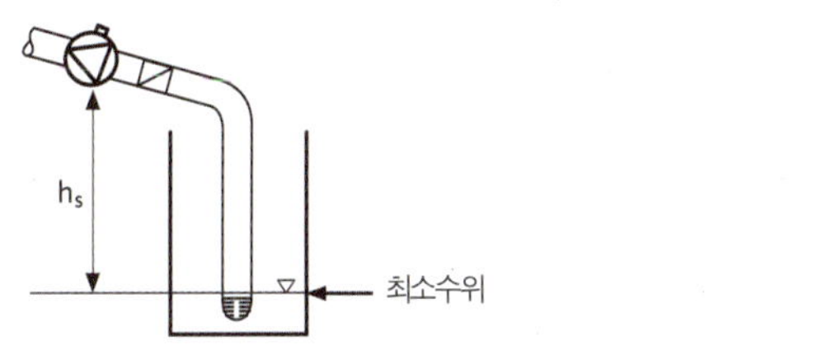

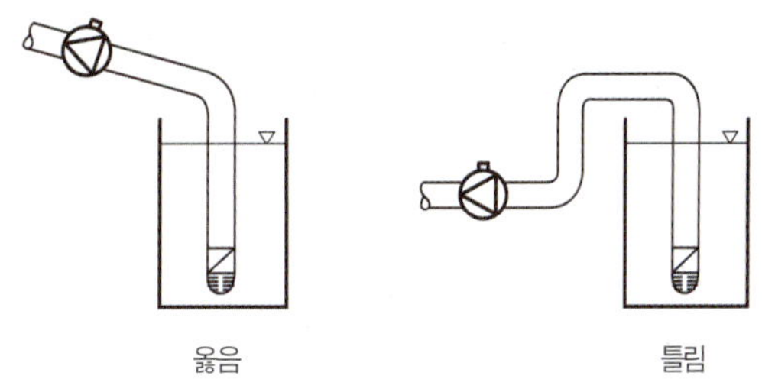

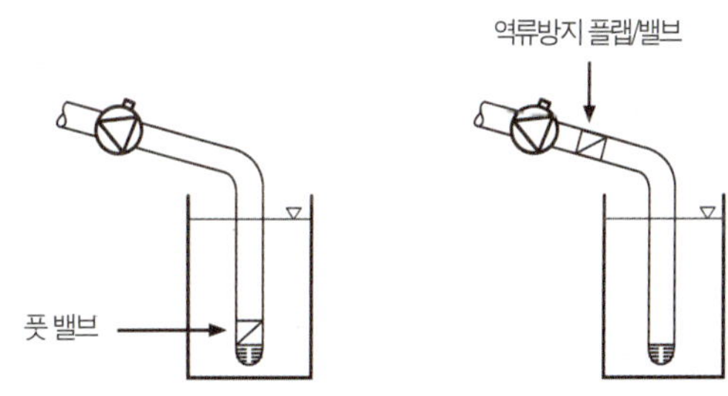

풋밸브 또는 역류방지 플랩 / 밸브 설치

비자흡식 펌프는 흡입 배관의 공기를 배출할 수 없다. 비자흡식 펌프를
사용할 경우, 펌프와 흡입 배관은 항상 완전히 물로 채워져 있어야
한다.
게이트 밸브의 스터핑 박스로 공기가 새어 들어가거나 흡입배관의 풋 밸
브가 닫히지 않아 공기가 들어가면 펌프와 흡입배관은 반드시 다시 물로
채워야 펌프의 운전이 가능하다.

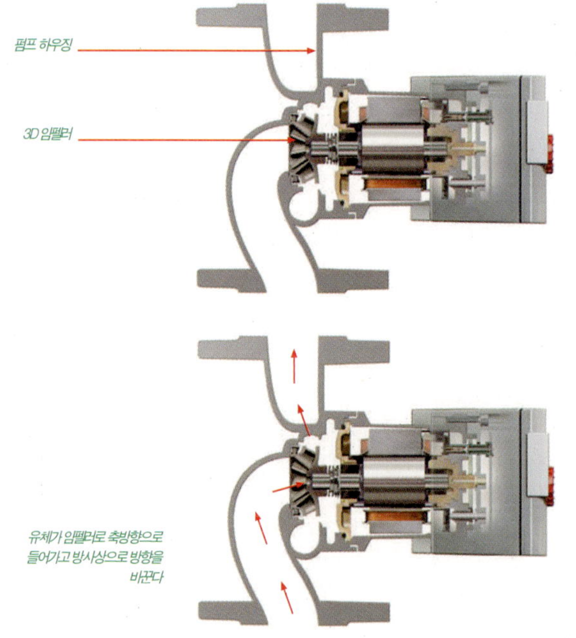

원심 펌프의 기능

펌프는 유체를 운반하고 배관 시스템의 저항을 극복하기 위해 필요하다. 각기 다른 유체 레벨의 펌프 시스템에서는 측지학적 헤드 차이를 극복하는 것을 의미한다.

원심펌프는 설계와 에너지 변환 방식 때문에 유체유동의 근원이 된다. 비록 다양한 유형이 있지만 모든 원심 펌프의 공통된 한 가지 특징은 유체가 축방향으로 임펠러로 들어간다는 것이다.

전기 모터는 임펠러가 부착된 펌프 샤프트를 구동한다. 물은 임펠러 축방향으로 들어가서 임펠러 날개에 의해 방사형으로 방향이 바뀐다. 각 유체에 영향을 주는 원심력은 물이 날개 영역을 통해 흐를 때 속도와 압력을 증가시킨다.

유체는 임펠러를 나간 후, 와류식 케이싱에 모이게 된다. 유속은 케이싱 구조에 의해 약간 느려지지만 압력은 에너지 전환에 의해 더 증가한다.

펌프는 다음의 주요 구성부품으로 구성된다.
• 펌프 케이싱
• 모터
• 임펠러

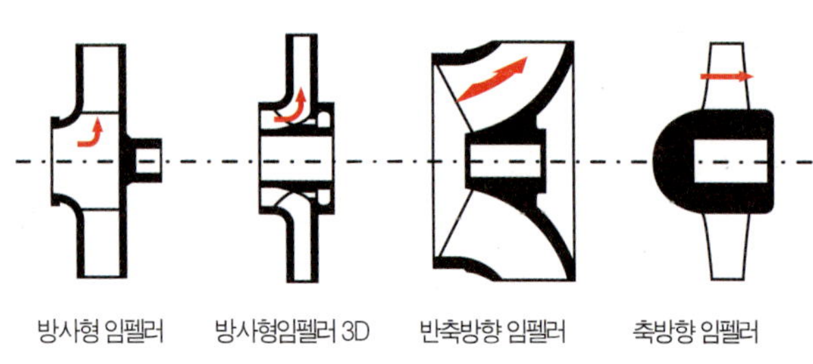

임펠러

임펠러는 다양한 유형이 있으며 오픈타입과 클로즈드타입으로 만들어진다.

오늘날 많이 사용하는 펌프의 임펠러는 축 방향 휠의 장점과 방사형 휠의 장점을 결합한 3D 설계를 가지고 있다.

펌프 효율

펌프의 효율은 전력 입력에 대한 전력 출력의 비율이다. 이 비율은 그리스 문자 η(에타)로 표현한다.

손실이 없는 운전은 있을 수 없기 때문에 η은 항상 1 (100%) 이하이다. 난방 순환펌프의 경우, 총 효율은 모터 효율 η_M (전기 및 기계)와 펌프 효율 η_p 로 이루어진다. 이 두 개 값을 곱하면 총 효율 η_{tot} 이 된다.

$$\eta_{tot} = \eta_M \cdot \eta_P$$

펌프의 종류에 따라, 효율은 크게 달라질 수 있다. 글랜드리스 펌프의 경우, 효율 η_{tot} 은 5% - 54% 이며 글랜디드 펌프의 경우, η_{tot} 은 30%-80% 이다.

펌프 성능곡선에서, 효율은 제로(0)와 최고값 사이에서 변한다.

펌프를 토출 밸브가 닫힌 상태에서 운전할 경우, 비록 펌프 압력이 높게 발생하더라도 물이 흐르지 않기 때문에, 펌프의 효율은 제로이다. 토출 밸브가 완전히 열린 경우도 동일하다. 수량이 많더라도 압력은 발생하지 않으며 따라서 효율은 생성되지 않는다.

펌프 성능곡선 및 효율

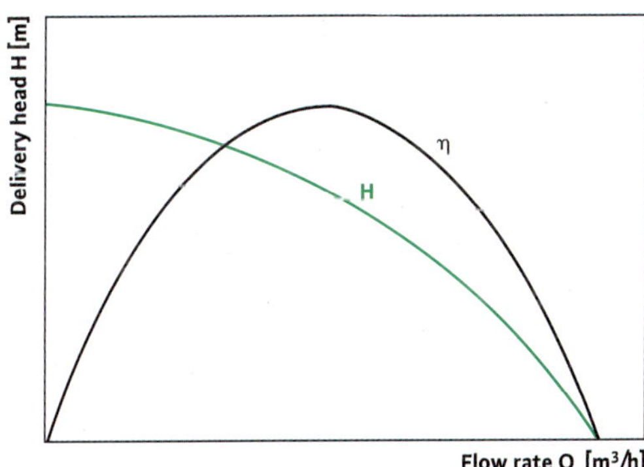

난방 순환펌프의 최고 효율은 펌프 곡선의 중간에 있다. 펌프 제조회사의 카달로그에서 각 펌프의 최적의 운전점(duty point)을 확인할 수 있다.

펌프는 정의된 단일포인트에서만 작동하지는 않는다. 따라서 펌프 시스템을 설계할 때 펌프의 운전점(duty point)이 난방 시즌 동안 펌프 곡선의 중간 3분의 1 지점 이내가 되도록 한다. 이렇게 하면 펌프는 최적의 효율 범위에서 작동할 수 있다.

펌프 효율은 다음 공식에 의해 결정된다:

$$\eta_P = \frac{Q \cdot H \cdot \rho}{367 \cdot P_2}$$

η_p	= 펌프 효율
$Q[m^3/h]$	= 유량
$H[m]$	= 총 양정
$P_2[kW]$	= 모터 출력
367	= 전환 상수
$\rho[kg/m^3]$	= 유체 밀도

다음 표는 선택한 모터 출력과 펌프 구조 (글랜드리스/글랜디드 펌프)에 따른 효율의 개요를 보여준다.

표준 글랜드리스 펌프의 효율 (기준값)

Pumps with moter power P_2	η_{tot}
up to 100W	approx. 5% – approx. 25%
100 to 500W	approx. 20% – approx. 40%
500 to 2500W	approx. 30% – approx. 50%

글랜디드 펌프의 효율 (기준값)

Pumps with moter power P_2	η_{tot}
up to 1.5kW	approx. 30% – approx. 65%
1.5 to 7.5kW	approx. 35% – approx. 75%
7.5 to 45.0kW	approx. 40% – approx. 80%

원심 펌프의 소비전력

앞 PART에서 보았듯이, 전기 모터는 임펠러가 장착되어 있는 펌프 샤프트를 구동한다. 펌프에서 발생한 압력과 유량은 전기 구동 에너지의 수력학적 출력이다. 모터에 필요한 에너지는 펌프의 소비전력 P_1 이라 한다.

펌프의 출력 곡선

원심 펌프의 출력 곡선은 도표에 나와 있다: 수직축은 펌프의 소비전력 P_1을 와트[W]로 나타낸다. 수평축은 펌프의 유량 Q를 시간당 체적 [m³/h] 으로 구성한다. (이것은 펌프 곡선에 대해서도 동일하며 나중에 다루어질 예정이다). 척도 눈금은 동일한 척도를 기준으로 선택한다. 카다로그에서 이 두 곡선은 격자를 이뤄서 명확하게 관계를 표시한다.

출력 곡선은 다음 관계를 보여준다: 모터의 소비전력은 유량이 낮을 경우 가장 낮다. 유량이 증가하면 마찬가지로 소비전력도 증가한다. 하지만 소비전력은 유량보다 변동폭이 상당히 높다.

모터 회전수의 효과

펌프의 회전수가 변하지만 기타 다른 모든 시스템 조건이 동일한 경우, 소비전력 P는 회전수 n의 세제곱에 비례하여 큰 폭으로 변한다.

$$\frac{P_1}{P_2} \approx \left(\frac{n_1}{n_2}\right)^3$$

이 내용을 바탕으로, 펌프는 논리적 방법으로 제어가 가능하고 난방 에너지 요구에 적절히 대응할 수 있다. 회전수가 2배가 되면, 유량은 동일한 비율로 증가한다. 양정은 4배로 증가한다. 필요한 구동 에너지는 약 8배로 증가한다. 회전수가 느려지면 배관 시스템 내의 유량과 양정과 소비전력은 모두 상기 설명한 내용과 동일한 비율로 감소한다.

설계-관련 고정속도

원심 펌프의 뚜렷한 특성은 양정으로 사용한 모터와 정의된 회전수에 따라 달라진다. 회전수 n > 1800 rpm 인 펌프는 고속 펌프라 부르며 회전수 n < 1800 rpm 인 펌프는 저속펌프라 한다.

하지만 저속펌프의 모터 설계는 약간 복잡하여 값이 더 비싸다. 하지만, 저속 펌프 사용이 가능한 경우 또는 난방 배관에 저속 펌프가 필요한 경우에 고속 펌프를 사용하게 되면 불필요하게 많은 전력 소비를 하게 된다. 따라서, 높은 저속 펌프의 구매 금액은 상당량의 운전비용으로 절감되어 상쇄된다. 이로 인해 초기의 높은 설치비를 빠르게 회수할 수 있다.

감소된 열 요구량에 맞추어 속도 제어를 하여 감속하면, 상당한 비용절감을 할 수 있다.

Wilo-Top-S 펌프 성능 곡선

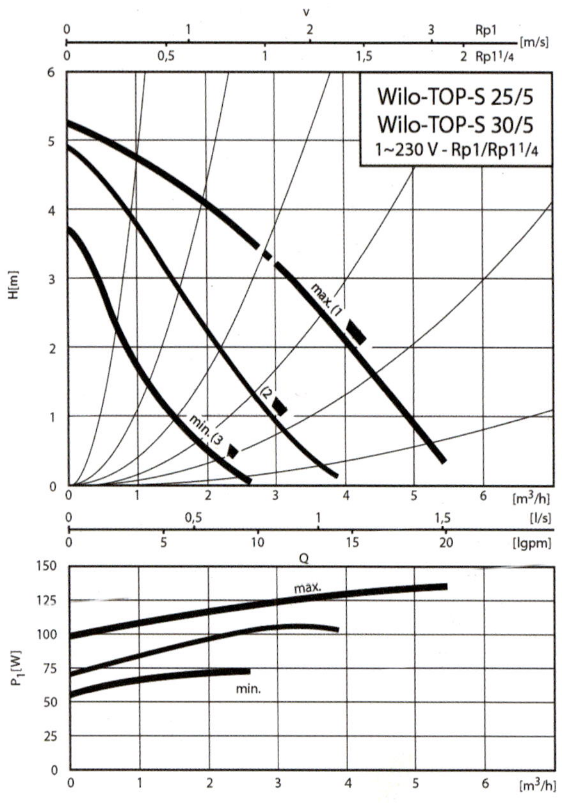

펌프 성능과 출력 사이의 상관 관계

글랜드리스 펌프

글랜드리스 펌프를 냉·난방 공급 또는 회수 라인에 설치하면 물을 빠르게 이송한다. 그 결과, 더 작은 사이즈의 배관을 사용할 수 있어 시스템의 초기비용도 낮아진다. 또한 시스템의 배관에 적은 양의 물이 있다는 것을 의미한다. 이로 인해 초기 시스템은 온도 변동에 더 신속하게 반응하고 조절을 잘 할 수 있다.

특징

원심 펌프 임펠러의 두드러진 특징은 물을 방사상으로 가속화하는 것이다. 임펠러를 구동하는 샤프트는 스테인레스강으로 되어 있으며 이 샤프트의 베어링은 소결 탄소 또는 세라믹 재료로 되어 있다. 모터의 회전자는 샤프트에 위치하며 유체측에서 운전한다. 이 물은 베어링에 윤활유 역할을 하며 모터를 냉각시킨다.

"can"은 모터의 고정자를 감싸고 있다. 이것은 비자기성의 스테인레스강 또는 탄소섬유로 되어 있으며 벽두께가 0.1~0.3mm 이다.

물 펌프 시스템과 같은 특수 응용분야의 경우, 정속 펌프 모터를 사용한다.

글랜드리스 펌프를 예를 들어 난방 회로에 사용하고 이에 따라 라디에이터에 열 에너지를 공급해야 하는 경우, 그 건물의 변화하는 열 요구에 맞추어야 한다. 외부 온도와 외부 열에 따라, 난방수의 양이 다르게 요구되며, 온도조절 라디에이터 밸브는 난방 기기 앞에 설치되어 전달율을 결정한다.

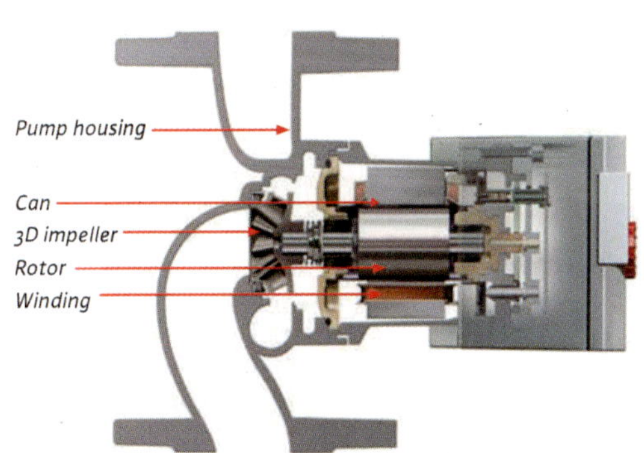

펌프 난방시스템

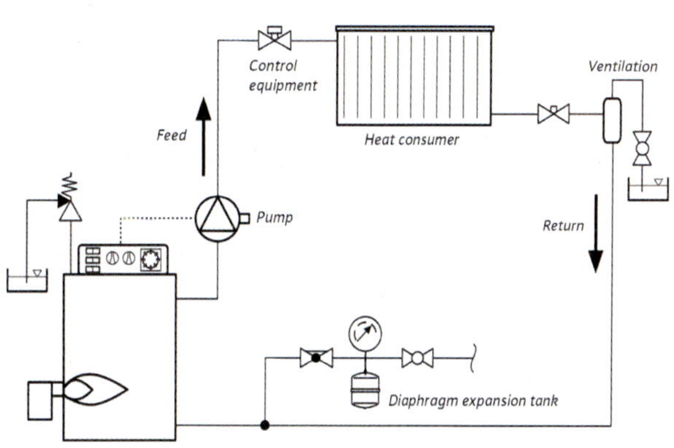

따라서, 글랜드리스 펌프의 모터는 다단 속도 변경이 가능하다. 속도는 스위치 또는 플러그를 사용하여 수동으로도 변환할 수 있다. 시간, 압력 차 또는 온도에 따라 작동하는 전환 시스템 및 제어 시스템을 추가하여 자동화도 가능하다.

장점: 배관교차단면과 물함유량이 더 적고, 온도 변동에 더 빨리 반응하며 설치비도 잘감.

1988년 이래, 무한 가변 속도 제어를 제공하는 전자장치를 내장하도록 설계를 해왔다.

최초의 통합, 무한 가변 속도제어의 전자 글랜드리스 펌프

글랜드리스 펌프의 전기 연결은 크기와 필요한 펌프 출력에 따라 1~220V 단상 또는 3~380V 3상 전류 중 하나로 이루어진다.

글랜드리스 펌프의 특징은 매우 부드러운 작동이 가능하며 그 설계 때문에 샤프트 씰이 전혀 없다는 것이다.

현 세대의 글랜드리스 펌프는 모듈 원리를 바탕으로 구축되어 있다. 펌프 크기와 필요한 펌프 출력에 따라, 모듈은 각기 다른 구성으로 구축된다. 따라서 수리가 필요한 경우 예비 부품만 간단하게 교체하여 훨씬 더 쉽게 작업을 할 수 있다.

이러한 종류의 펌프의 중요한 특성은 시운전시 자체 공기빼기가 가능한 점이다.

설치 위치

R 1¼ 까지 공칭 구경을 가지는 글랜드리스 펌프는 나사 조립구조로 공급된다. 플랜지를 연결하여 더 큰 펌프 제작도 가능하다. 이러한 펌프는 기초토대 없이 수평 또는 수직으로 배관라인에 설치할 수 있다.

앞서 언급한 대로, 순환 펌프의 베어링은 유체에 의해 윤활이 이루어지며 또한 그 유체는 모터를 냉각시킨다. 따라서, 캔을 통한 순환이 항상 가능해야 한다.

또한 펌프 샤프트는 항상 수평으로 배치해야 한다. (글랜드리스 펌프, 난방) 샤프트를 세우거나 수직으로 매달면 동작이 불안해져 펌프가 고장을 일으킬 수 있다.

설치 위치에 대한 상세 내용은 설치 및 운전 매뉴얼을 참조하기 바란다.

앞에서 설명한 글랜드리스 펌프는 그 설계로 인해 훌륭한 구동 특성을 가지고 있다. 모듈설계로 인해 펌프의 제조단가는 상대적으로 낮아 비교적 적은 비용으로 제조할 수 있다.

글랜드리스 펌프용 설치 위치

허용되지 않는 설치 위치

무한 가변 제어장치를 적용한 펌프의 설치 위치

가변제어장치를 적용한 펌프의 설치 위치

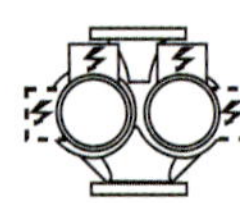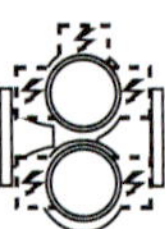

글랜디드 펌프

특징

글랜디드 펌프는 대유량을 이송할 때 사용한다. 이것은 냉각수 및 이물질이 섞인 액체의 이송에 더 적합하다. 글랜드리스 펌프와 달리, 유체는 모터에 접촉하지 않는다.

글랜드리스 펌프와 또 다른 차이점은 유체가 대기로부터 밀봉되는 방식이다. 밀봉은 그랜드 패킹 또는 미케니컬 씰에 의해 이루어진다.

표준 글랜디드 펌프의 모터는 기본적인 고정 속도의 3상 모터이다. 이들은 일반적으로 외부의 전자 속도제어시스템을 통해 제어된다. 오늘날 글랜디드 펌프는 기계적 발전 덕분에 점차 더 큰 모터 출력에 사용할 수 있는 통합된 전자 속도제어장치와 함께 사용이 가능하다.

글랜디드 펌프의 총 효율은 글랜드리스 펌프 보다 실질적으로 더 높다. 글랜디드 펌프는 다음의 3가지 기본적인 형태로 구분된다.

인라인 펌프

흡입구와 토출구가 단일축이고 동일한 구경을 가지는 펌프는 인라인 펌프라 한다. 인라인 펌프는 플랜지 장착의 공냉식 표준 모터가 달려있다.

이러한 유형의 펌프는 빌딩 시스템에서 큰 출력이 필요한 경우 아주 유용하다. 인라인 펌프는 브라켓에 의해 고정된 배관라인에 직접 설치하거나 바닥 기초에 설치할 수 있다.

모노블록 펌프

모노블록 펌프는 표준 공냉식 모터가 장착된 블록 설계의 단일 속도인 저압의 원심 펌프이다. 와류식 하우징은 축방향 흡입구와 방사형 토출구가 있고, 모터는 표준으로 펌프에 설치되어 있다.

글랜디드 펌프의 구조

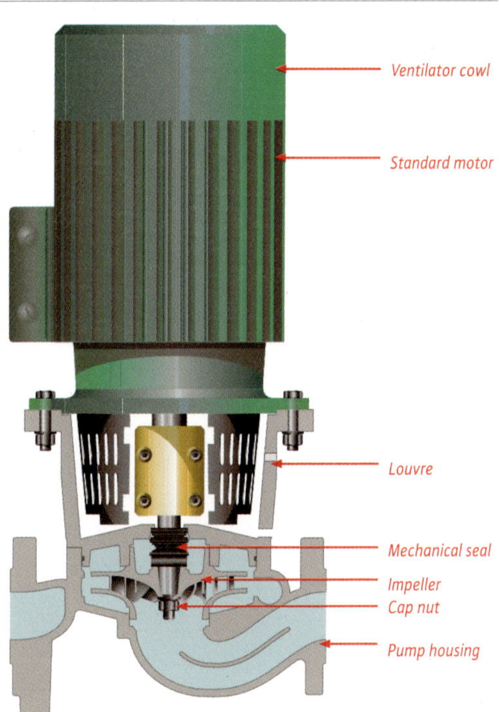

표준 펌프

축방향 흡입구가 있는 원심 펌프의 경우, 펌프와 커플링 및 모터가 동일한 기본 플레이트에 설치되어야 한다.

유체 및 운전 조건에 따라, 이 펌프는 미케니컬 씰 또는 그랜드 패킹 구조를 갖추고 있다. 수직 토출구는 이 펌프의 구경을 결정한다. 축방향 흡입구는 일반적으로 한 단계 큰 공칭 직경을 갖는다.

페이지 44의 "샤프트 씰" 편 참조

샤프트 씰

앞 PART에서 보았듯이, 샤프트는 미케니컬 씰 또는 그랜드 패킹에 의해 대기로부터 밀봉을 할 수 있다. 다음은 2가지 밀봉 옵션에 대한 설명이다.

주의사항: 미케니컬 씰은 마모 또는 파열될 수 있다. 공회전 시 씰링면이 파손될 수 있다.

미케니컬 씰

미케니컬 씰의 기본 설계는 연마를 한 표면이 있는 2개의 링이다. 이들은 스프링의 힘에 의해 서로 밀어내고 있다. 미케니컬 씰은 동적 씰이며 높은 압력으로 밀봉을 할 때 사용된다.

미케니컬 씰의 밀봉 영역은 축력에 의해 함께 고정되는 2개의 표면과 내마모성 페이스(예: 실리콘 또는 카본 링)로 구성된다. 슬립 링(회전자)은 샤프트와 함께 회전하는 동안 상대 링(고정자)은 하우징에서 움직이지 않은 채로 남아 있다.

얇은 수막이 슬라이딩 표면 사이에 형성되며 수막은 윤활 및 냉각 역할을 한다.

수막은 슬라이딩 표면에 다양한 마찰을 일으킨다: 혼합 마찰, 경계 마찰 또는 건조 마찰 등이며 건조 마찰의 경우 (윤활 막이 없을 경우 발생) 바로 파손이 일어날 수 있다. 서비스 수명은 펌핑을 한 액체의 구성 및 온도와 같은 작동 조건에 따라 달라진다.

그랜드 패킹

그랜드 패킹용 재료는 팽창된 그래파이트, 합성 광물질 섬유사로 만든 Kevlar® 또는 Twaron® PTFE 실과 같은 고품질 합성사 외에 마, 면 또는 모시와 같은 자연섬유가 포함된다. 그랜드 패킹 재료는 미터 단위로 또는 압축 성형 링으로 용도에 따라 건조 또는 특수 주입을 통해 사용할 수 있다. 재료를 미터 단위로 구입하는 경우, 패킹은 먼저 절단되어 모양이 만들어진다. 그 다음 그랜드 패킹은 펌프 샤프트에 설치하고 글랜드를 사용하여 적절한 힘으로 압축된다.

글랜디드 펌프의 미케니컬 씰

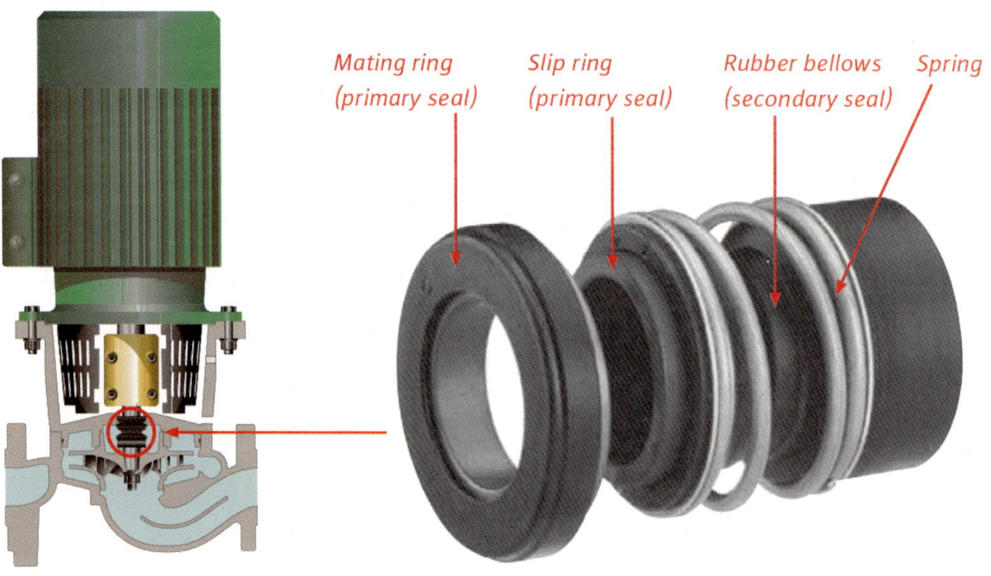

설치 위치

허용 설치 위치

- 인라인 펌프는 배관라인에 직접 수평 및 수직 설치하기 위해 설계되었다.
- 모터, 랜턴, 임펠러의 분해를 위해 충분한 공간을 가져야 한다.
- 펌프를 설치할 때, 배관라인의 인장이 펌프에 영향을 주지 않아야 하고 펌프의 발자리부는 (있는 경우) 고정되어야 한다.

허용되지 않는 설치 위치

- 모터와 단자함이 아래쪽으로 향하도록 하는 설치는 허용되지 않는다.
- 모터 동력이 일정 레벨을 초과하면, 펌프 샤프트를 수평 설치하기 전에 펌프 제조회사에 문의를 해야 한다.

모노블록에 대한 특별 주의사항

- 모노블록 펌프는 적절한 기초부 또는 브라켓에 설치해야 한다.
- 모터와 단자함이 아래쪽으로 향하도록 하는 설치는 허용되지 않는다. 기타 모든 설치 위치는 가능하다.

설치 위치에 대한 자세한 내용은 설치 및 운전 설명서를 참조한다.

고압 원심 펌프

이 펌프는 기본적으로 임펠러와 스테이지 챔버로 구성된 멀티 콤포넌트 설계를 특징으로 한다.

펌프의 전달율은 임펠러의 크기와 기타 요소에 따라 다르다. 고압 원심 펌프의 양정은 여러 개의 임펠러 및 직렬로 배치된 디퓨져에 의해 발생한다. 운동에너지는 압력으로 전환되며 일부는 임펠러로 일부는 디퓨져로 들어간다.

다중 속도 적용 시 고압 원심펌프는 저압 원심펌프보다 더 많은 압력레벨을 형성할 수 있다.

최근의 펌프 구조는 20단 이상의 임펠러 설치도 가능하므로, 양정은 250m 이상까지 올라간다. 앞서 설명한 거의 모든 고압 원심 펌프는 글랜디드 펌프계에 속한다. 그러나, 최근에 윌로펌프에서 글랜드리스 모터의 개발에 성공했다.

고압 원심 펌프의 절단면

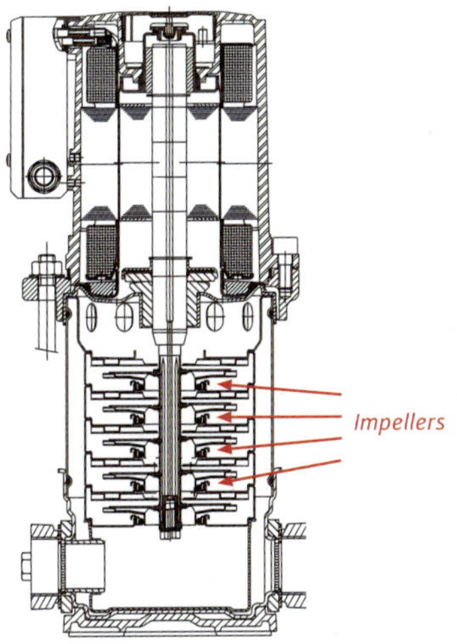

고압 원심 펌프 곡선

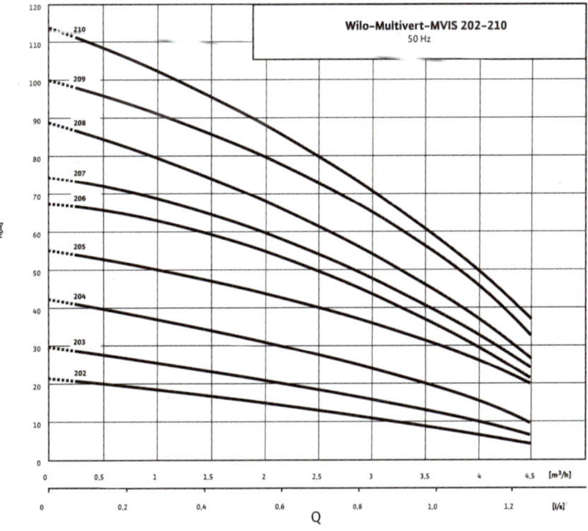

글랜드리스 모터가 장착된 고압 원심펌프의 예

05. 펌프 곡선

시스템 곡선

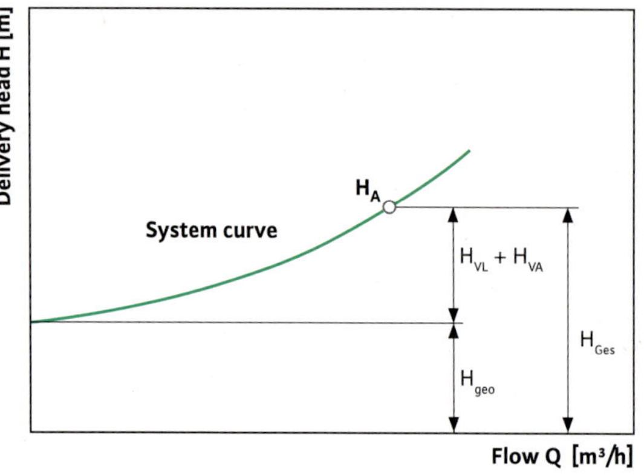

시스템 곡선은 시스템의 요구양정 H_A를 표시한다. 이것은 H_{geo} H_{VL} 및 H_{VA}로 구성된다. H_{geo} (정압)은 일정한 반면, H_{VL} 및 H_{VA} (동압)은 온도 및 마찰 손실 뿐만 아니라 배관 및 배관부속품 손실의 제곱에 비례한다.

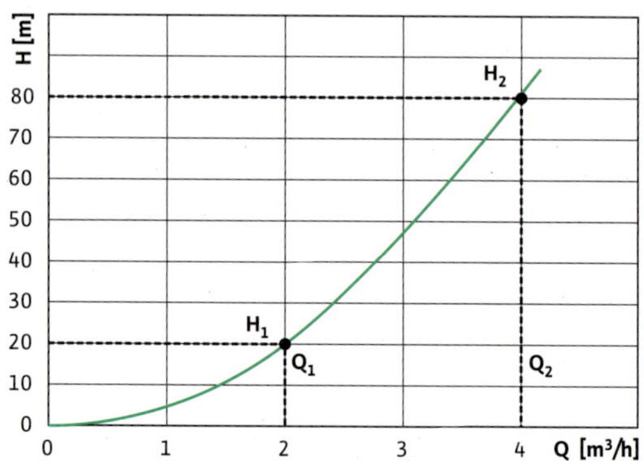

양정 변화는 유량변화의 제곱에 따라 변한다.

$$\frac{H_1}{H_2} = \left(\frac{Q_1}{Q_2}\right)^2$$

약어	설명
H_A	시스템의 요구 양정
H_{VL}	배관 압력 손실
H_{VA}	배관부속품 압력 손실
H_{geo}	정압차
H_{ges}	총 손실 수두

시스템 곡선

고정 구성요소는 시스템의 유량에 관계 없이 입/출구의 압력차와 고정 값으로 구성된다.

$$\frac{p_a - p_e}{\rho \cdot g}$$

이마지막 구성요소는 개방형 탱크의 경우 생략된다. 변동 구성요소는 유량 증가의 제곱에 비례하는 펌프 압력 손실과 속도 수두로 구성된다.

$$\frac{v_a{}^2 - v_e{}^2}{2 \cdot g}$$

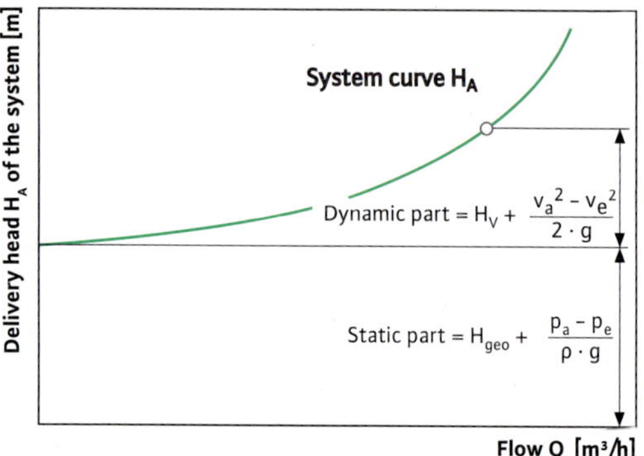

약어	설명
V_a	출구 속도
V_e	입구 속도
P_a	출구 압력
P_e	입구 압력
ρ	유체 밀도
g	중력 가속도
H_v	배관 압력 손실

펌프 성능곡선

원심 펌프의 유량은 Q-H 곡선상에 표시된다. 여기서, 유량 Q는 m³/h로 펌프 양정 H는 m의 단위로 구성된다.

펌프 성능곡선은 유량의 증가에 따른 우하향 곡선형식이다. 펌프 성능곡선의 기울기는 펌프 설계에 의해 특히 임펠러의 형상에 의해 결정된다.
양정의 변화는 항상 유량의 변화를 가져온다.

펌프 성능곡선의 특성은 유량과 양정이 상호작용을 한다.

**High flow ≙ low delivery head,
low flow ≙ high delivery head.**

설치된 배관 시스템에서 내부 저항으로 인한 유량 변화가 있다 하더라도 펌프는 항상 이 곡선상의 한 운전점 에서만 운전할 수 있다. 이 사양점은 각 시스템 곡선과 펌프 성능곡선의 교차점이다.

운전점 (duty point)

운전점은 시스템 곡선과 펌프 성능곡선의 교차점이다. 운전점은 정속도 펌프에서도 시스템 곡선이 바뀌면 따라서 바뀐다.

펌프의 변경없이 실양정이 최대, 최소값으로 변동 되면 운전점은 변경된다. 이유는 펌프의 유량은 펌프 곡선상의 한 사양점만 잡을 수 있기 때문이다.

운전점의 변화 원인중 흡입측의 원인은 탱크의 수위변화로 인한 흡입압력의 변화이고 토출측의 원인은 배관의 노후 또는 밸브 조정에 의한 것이다.

실질적으로 말하면, 시스템 곡선은 고형물이 없고 점성이 없는 유체라는 전제하에 저항이 증가하거나 감소할 경우에만 변한다. (예: 밸브의 개폐, 배관 수정, 배관 노후 등)

펌프 성능곡선

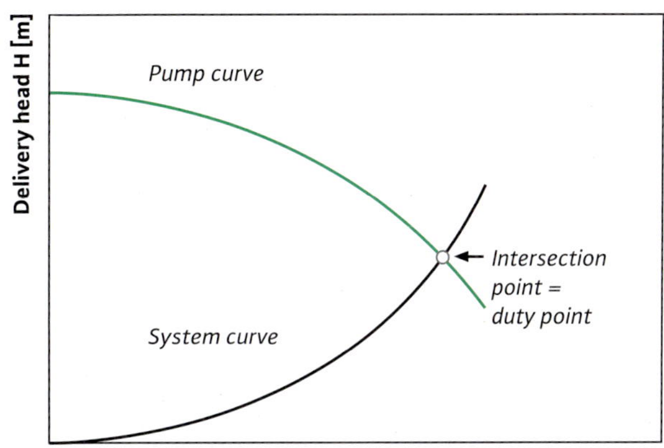

펌프 토출양정은 항상 배관 시스템이 유량 저항만큼 높다

탱크 내 변동 수위

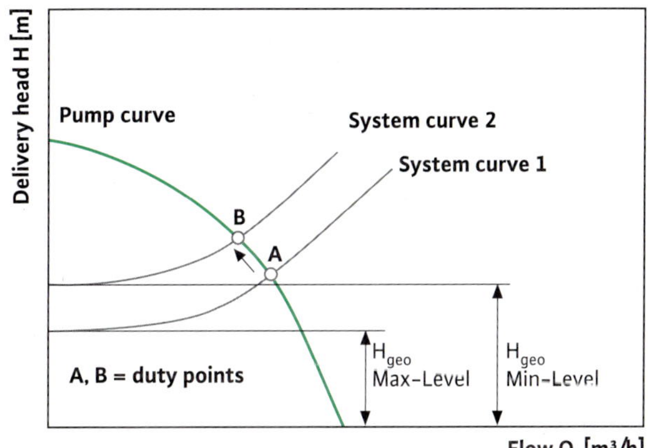

속도 및 의무 지점

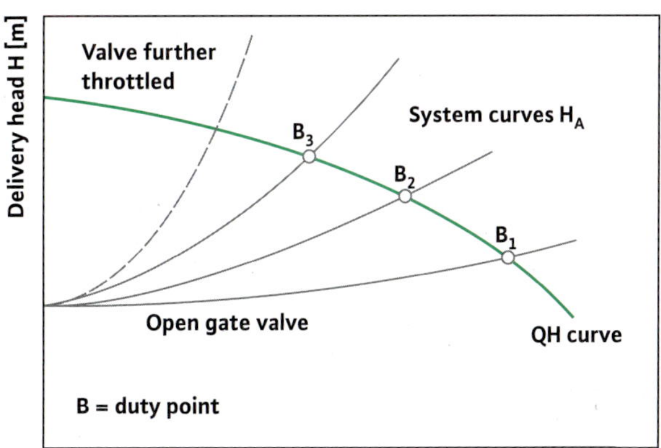

운전점의 변화는 일반적으로 속도 n 이나 펌프의 임펠러 직경 D 을 변경하 는 경우에 이루어 진다.

유량 변화

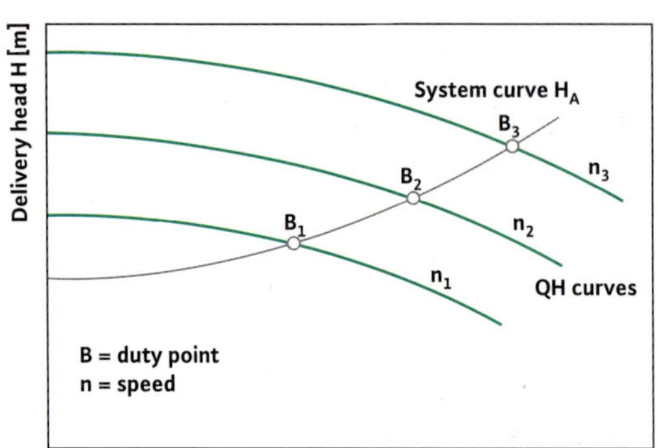

속도 변화

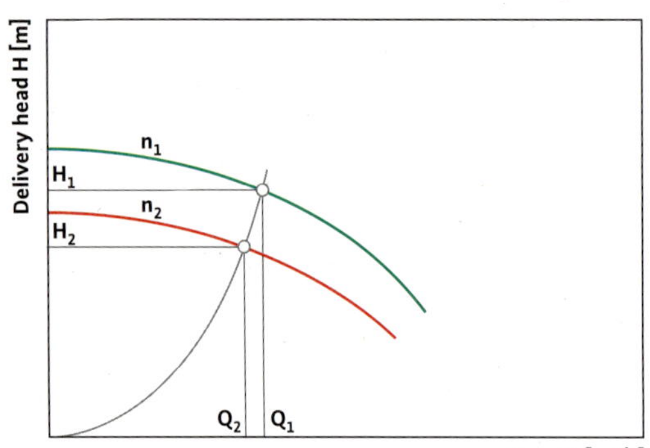

$$\frac{Q_1}{Q_2} = \frac{n_1}{n_2} \qquad \frac{H_1}{H_2} = \left(\frac{n_1}{n_2}\right)^2 \qquad \frac{P_1}{P_2} = \left(\frac{n_1}{n_2}\right)^3$$

임펠러 직경의 변화

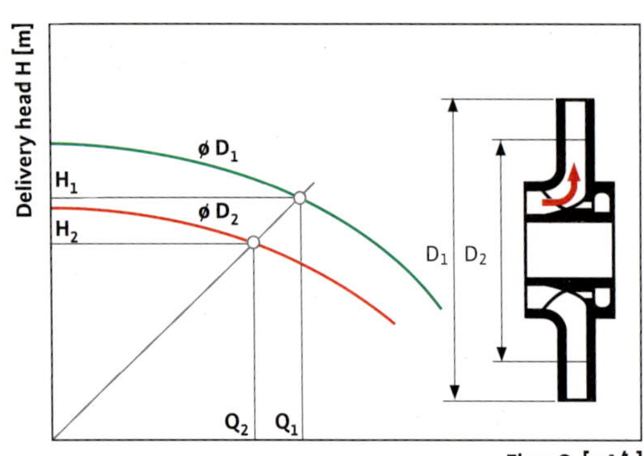

$$\frac{Q_1}{Q_2} \approx \frac{D_1}{D_2} \qquad D_2 \approx D_1\sqrt{\frac{Q_2}{Q_1}} \qquad \frac{H_1}{H_2} \approx \left(\frac{D_1}{D_2}\right)^2 \qquad D_2 \approx D_1\sqrt{\frac{H_2}{H_1}}$$

밸브 개폐율

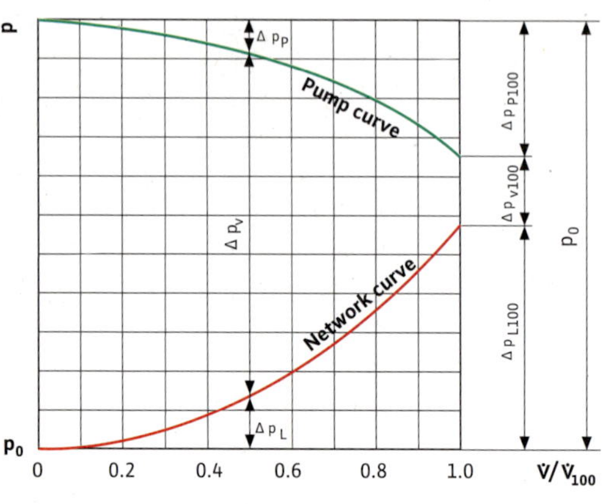

밸브 개폐에 따른 펌프 성능 곡선

설치 배관에서 밸브가 완전히 개방되었을 때 압력 강하가 얼마나 일어나는지가 중요하다. 이 비율은"밸브 개폐율(valve authority P_v)"이라고 한다.

$$P_V = \frac{\Delta p_{v100}}{\Delta p_{ges}} = \frac{\Delta p_{v100}}{\Delta p_v + \Delta p_r} = \frac{\Delta p_{v100}}{\Delta p_{v0}}$$

약어	설명
P_o	최대 펌프 압력
ΔP_p	펌프 내 압력 손실
ΔP_v	밸브의 압력 강하
ΔP_r	기타 시스템의 압력 강하
P_b	시스템의 기준 압력
ΔP_L	시스템의 압력 손실
V	유량
V_{100}	완전히 열린 밸브의 유량
P_v	밸브 개폐율

마지막으로 밸브 개폐율은 밸브의 개(ΔP_{V100}) 폐(ΔP_{vo})에 따른 압력 강하로부터 산출할 수 있기 때문에 계측 관점에서 특히 실용적이다.

06. 원심 펌프의 흡입

일반

펌프 흡입압은 흡입 탱크의 액체수위에 따른 압력이며 개방형 탱크의 경우에는 대기압이다. 해발 평균값은 P_b=101320 N/m² (=1.0132bar)이며 4℃에서 물기둥 10.33m 높이의 압력과 동등하다. 따라서 대기압에서는 펌프가 약 10m 깊이에서 물을 퍼 올릴 수 있도록 한다. 하지만 실질적으로 흡입가능한 수두 H_S geo 는 상당히 적다. 그 이유는 다음과 같다.

- 유체는 포화증기압 P_D N/m²에 도달하면 증발한다. 압력은 이후 흡입배관의 최고점에서 이 값까지 떨어질 수 있다.
- 펌프 압력 손실은 유속 - $v_s^2/2$ g[m] 에 의해 또한 유체 마찰, 흡입 배관의 곡관부에 의해 발생한다.

추가 펌프 압력 손실은 유체가 좁은 관로로 들어갈 때의 마찰 및 속도 변화에 의해 발생한다. 증기발생을 방지하기 위하여, 펌프의 입구 압력은 유체의 포화증기압보다 커야한다. 이 에너지 차이는 NPSH[m]와 관련이 있으며 "net positive suction head (유효흡입수두)"의 약어이며 "유지압력수두 H_H"와 일맥상통한다.

펌프가 흡입 수위 이상으로 설치되고 샤프트가 수평이며 흡입 탱크가 개방형인 조건에서, 압력 차이 H_S geo 는 중력 가속도 g[m/s²]와 밀도 p [kg/m³]에 대해 다음 식보다 더 크지 않아야 한다.

$$H_{S\ geo} = \frac{p_b}{g \cdot \rho} - \frac{P_D}{g \cdot \rho} - H_{VS} - NPSH\,[m]$$

만약 흡입 탱크가 닫혀 있으면, 탱크의 절대 압력$(p_l+p_b)/g \cdot p$ 은 $p_b/g \cdot p$ 로 되며 p_l 은 탱크 내 과압력을 의미한다.
압력 단위 bar와 밀도 p [kg/dm³]와 g=9.81m/s² 를 환산하면, 일반적으로 다음의 식이 된다.

$$H_{S\ geo} = \frac{10.2 \cdot (p_b + p_l - P_D)}{\rho} - H_{VS} - NPSH\,[m]$$

흡입 탱크의 압력이 부족한 경우, p_l 은 저항으로 작용한다.

요구 유효 흡입수두 (NPSHR)

펌프가 주어진 조건 (속도, 유량, 전달헤드, 펌핑 유체) 하에서 지속적으로 작동할 수 있는 NPSH 의 최소값은 카달로그의 펌프 곡선에 의해 확인할 수 있다. 이렇게 정의된 NPSH는 NPSHR (NPSH required)이라고도 한다. 이것은 일정한 값이 아니지만 증가하는 유량과 함께 강하게 증가한다. 만약 각기 다른 비속도를 가진 원심 펌프와 비교하면, NPSH 값이 비속도가 증가하면 증가하는 것을 알 수 있다. 그렇게 되면 흡입능력은 떨어진다. 매우 빠르게 운전하는 펌프는 낮은 흡입 양정에서만 사용가능하고, 냉수인 경우라도 흡입가압이 있어야 정상 운전을 한다. 또한 저속의 펌프를 선정하여 개선할 수 있지만 그것은 비용적 문제점을 가진다.

허용 유효 흡입수두(NPSHA)

기존의 또는 계획된 시스템의 경우, 펌프의 입구 에서 가능한 NPSHA는 NPSH에 대한 다음의 식으로 계산할 수 있다.

$$NPSHA = \frac{10.2 \cdot (p_b + p_l - P_D)}{\rho} - H_{VS} - H_{S\ geo}\,[m]$$

만약 유체 레벨이 펌프보다 높으면, H_S geo 대신 흡입가압 H_z geo가 포함되어 다음과 같은 등식이 성립된다.

$$NPSHA = \frac{10.2 \cdot (p_b + p_l - P_D)}{\rho} - H_{VS} + H_{S\ geo}\,[m]$$

- 펌프 시스템을 계획할 때, 적어도 NPSHA보다 0.5m 낮은 NPSHR을 가지고 있는 펌프를 선택할 것을 권장한다.

- 가동 중의 펌프는, 펌프의 흡입 플랜지에서 압력 p1을 측정하여, 압력과 밀도에 대해 기존에 주어 진 단위로 NPSHA를 다음 등식으로 산출할 수 있다.

$$NPSHA = \frac{10.2 \cdot (p_b + p_l - P_D)}{\rho} + \frac{v_1^2}{2 \cdot g} - H_{S\ geo}\,[m]$$

만약 압력이 부족하면, p_l 은 저항으로 작용한다. v_1은 Q m³/s 와 A_1 m²에 대한 v_1=Q/A_1의 공식에 따라 펌프입구 단면적 A_1의 평균 유량이다.

대기압의 영향

대기압은 흡입에 상당한 영향을 미친다. 관례적인 평균값의 ±5%의
기후 변동을 제외하고, 대기압은 고도가 올라가면 내려간다.

해발 고도	0	500	1000	2000	3000 m
평균 대기압 P_b	1.013	0.955	0.899	0.794	0.700 bar

유체 온도의 영향

온수를 펌프를 통해 퍼올릴 때, 포화증기압은 중요한 요소이다. 유체
가 끓고 있으면 pl + pb = pD 이고 $H_{s\,geo}$는 음수가 된다. 따라서 가압
$H_{z\,geo}$ 가 필요하다. 또한 공식은 다음과 같이 단순화 할 수 있다.

$$NPSHA = H_{Z\,geo} - H_{VS}\,[m]$$

따라서 끓는점 이하로 만들기 위해 가압조건을 만들어 흡입양정을 줄
여야 한다.

흡입양정의 유체 온도의 영향

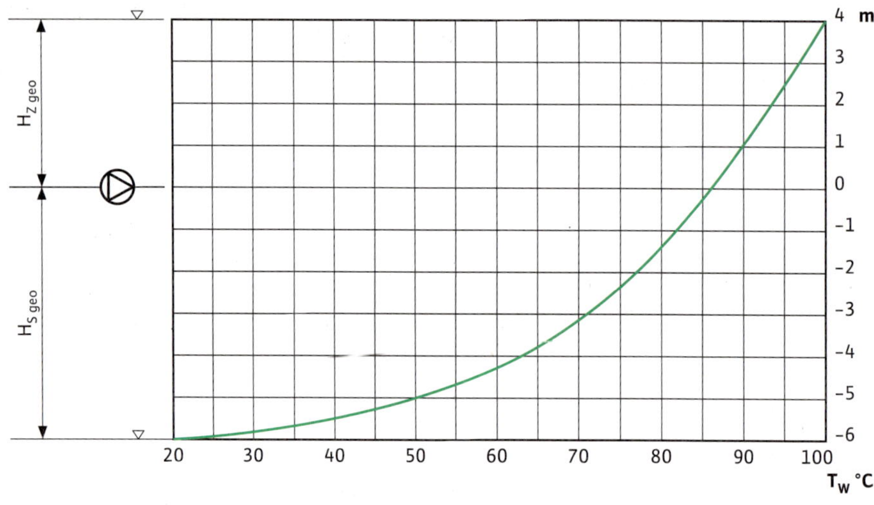

펌프는 수온이 20℃에서 측지 흡입 수두 $H_{S\,geo}$=6m를 극복할 수 있
다고 가정한다. 수온이 증가하고 따라서 증기압이 증가하면, $H_{S\,geo}$는
감소하며 수온 t_W=87℃ 일단 끓는 상태에 도달하면 일정한 최소값
$H_{Z\,geo}$=4m의 압력을 보정해야 한다.

07. 펌프 효율

펌프의 용량 (유량 x 양정) 즉, 수동력과 축동력의 비는 펌프 효율이다. 효율은 펌프 곡선에 따라 변화한다.

소형 급수용으로 사용되는 펌프의 성능을 평가할 때 효율은 간접적인 평가 지표로 사용되기 때문에 관련 자료에서 종종 누락되기도 하며 이 때 소비전력이 중요한 요소가 된다.

하지만, 공정 분야나 대규모 플랜트 현장같이, 더 큰 규모의 경우를 예로 들면 펌프의 운전에는 여러 가지 고려할 사항이 많으므로 효율을 무시해서는 안된다.

펌프 효율은 다음과 같이 정의한다.

$$\eta_P = \frac{Q \cdot H \cdot \rho \cdot g}{P}$$

상온에서 빌딩 급수용으로 사용되는 펌프의 효율은, 다음 식을 사용할 수 있다.

$$\eta_P = \frac{Q \cdot H}{367 \cdot P}$$

효율과 소비전력은 밀접한 관련이 있으므로, 유지비 측면에서 운전점은 최고 효율점에서 선택되어야 한다.

일반적으로, 최고 효율점은 펌프 성능곡선 상 중간 지점에 있다. 성능 곡선을 삼등분 하였을 때 처음과 마지막 지점은 효율이 낮으므로 운전을 피해야 한다. 장착된 모터의 출력이 성능곡선의 전 지점을 커버할 수 있는 펌프의 경우는 최대 부하 지점이나 최고 유량 지점에서 모터의 최고 효율점이 된다는 것을 알아야 한다. 즉, 두 가지 요소를 모두 고려할 때 최적의 운전점은 성능곡선의 중심에서 우측으로 이동하는 것이다.

펌프 성능 및 효율 곡선

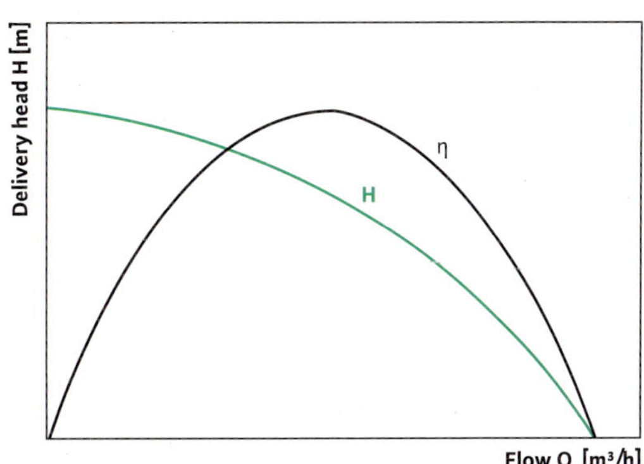

Q-H 도표에서 펌프의 성능 및 효율 곡선

약어	설명	단위
η_p	펌프 효율	
Q	유량	m³/s
H	양정	m
ρ	유체의 밀도 g [m/s²]	kg/m³
P	모터 동력(축동력)	w
g	중력 가속도	m/s²
367	3600초를 9.8665로 나누면 중력가속도가 된다	

글랜디드 펌프의 효율 η_p 대신 글랜드리스 펌프의 효율은 η_{nGes} 로 표시된다. 이들은 모터 효율성 η_M을 통해 연계된다.

이러한 표현의 형식이 차이가 나는 원인은 펌프의 구조 때문이다.

글랜디드 펌프의 경우, 다수의 구동 모터(표준 모터, 특수 모터)는 효율 특성이 다르기 때문에 각각의 효율을 측정하는 것이 필요하다.

글랜드리스 펌프의 경우, 펌프에 맞춰 특수한 모터가 사용된다. 모터와 펌프를 분리하는 것은 가능하지 않으므로 모든 펌프의 효율은 변하지 않는다.

글랜드리스 펌프와 글랜디드 펌프의 구조가 다르기 때문에 모터의 효율을 비교할 수는 없다. 빌딩 급수용으로 사용되는 모터는 캔드 모터를 사용한다. 캔드 모터는 회전자와 고정자 사이에 분리된 금속 막이 있고 이 때문에 일반 모터에 비해 효율이 2~4% 낮다.

표준 글랜드리스 펌프의 효율성 (대략적인 값)			
모터 전원 구비 펌프 P_2	η_M	η_{Pump*}	$\eta_{Gesamt**}$
100W 까지	약 15-45%	약 40-65%	약 5-25%
100-500W	약 45-65%	약 40-70%	약 20-40%
500-2500W	약 60-70%	약 30-75%	약 30-50%

표준 글랜디드 펌프의 효율성 (대략적인 값)			
모터 전원 구비 펌프 P_2	η_M	η_{Pump*}	$\eta_{Gesamt**}$
1.5kW 까지	약 75%	약 40-85%	약 30-65%
1.5-7.5kW	약 85%	약 40-85%	약 35-75%
7.5-45.0kW	약 90%	약 40-85%	약 40-80%

*설계, 공칭 직경 등에 따라 차이가 난다. 극히 낮은 유량과 비교적 높은 양정을 가진 펌프는 일반적으로 더 작은 값을 적용한다.
**η_{Ges} 또는 η_{pump} 의 한계 값은 일치할 필요가 없다.

하지만 일체형 모터는 열이 유체에 약 85% 가까이 전달되기 때문에 열 손실이 매우 낮다.

이 표는 일반적인 펌프의 효율을 나타낸다. 이 표는 펌프 용량의 증가에 따라 펌프의 효율도 증가하는 것을 보여준다. 펌프 내 손실은 일정하기 때문에 펌프의 용량 증가와 비교했을 때 효율의 증가비의 효과는 적다.

펌프의 정확한 설계 및 운영비 / 효율성을 산출하기 위해서는 각 펌프의 운전점에서 필요한 동력을 아는 것이 필요하다. 펌프의 필요한 동력 및 소비전력은 펌프의 유량과 마찬가지로 도표에 나와 있다.

이 표는 유량에 따른 펌프의 동력을 보여준다. 최대 유량 지점의 동력이 펌프에 필요한 최대 동력이다. 펌프가 성능곡선의 전 지점에서 운전되는 경우 모터는 최대 유량지점에 맞추어 설계되어 있다.

글랜드리스 펌프는 항상 성능곡선의 전지점을 커버할 수 있는 동력의 모터를 사용한다. 따라서 펌프와 모터의 재고를 동일하게 가지고 갈 수 있다.

글랜디드 펌프의 운전점이 성능곡선의 앞 지점에 있으면 비교적 적은 동력의 모터를 사용할 수 있다. 하지만, 실제 운전점이 보다 큰 유량 지점에서 운전이 되면 과부하의 위험이 있다.

펌프의 유압 유량

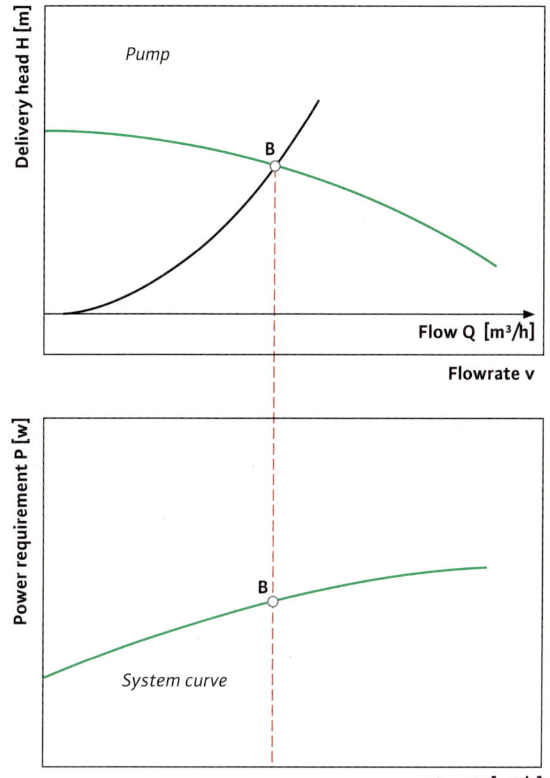

소비전력 P1은 글랜디드 펌프와 같이 모터와 펌프가 일체형일 때 주어진다. 여기서, 일반적으로 명판에는 P1과 P2를 두는 것은 관례적인 일이다.

펌프와 모터가 샤프트 및 연결을 통하여 연결되는 펌프의 경우, 축동력 P2가 주어진다. 이는 IEC 표준 모터에서부터 특수 모터의 설계까지 다양하게 이용된다.

펌프 제조사에서 제공하는 소비전력은 청수 기준이다.

밀도 p = 1000 kg/m³
동점도 v = 1 mm²/s

밀도의 편차에 따라 소비전력은 그에 비례하여 변한다. 밀도가 낮으면 소비 전력 P1도 낮아지고, 밀도가 높으면 소비 전력 P1도 높아진다.

실제로 고밀도의 물을 이송하는 펌프보다 밀도가 낮은 유체를 이송하는 펌프가 낮은 전력을 요한다. 하지만 통상 빌딩 급수용으로 사용되는 펌프는 이러한 차이를 반영하지 않는다. 따라서 동일한 모터를 사용한다.

동점도(유체와 혼합되면 상대적으로 증가)의 차이는 소비전력에도 영향을 준다.

높은 점도 = 높은 소비전력

변화가 불규칙적인 경우 특별한 계산식이 필요하다.

실제로 펌프는 항상 더 큰 유량 지점에서 운전이 되므로 모터의 동력은 운전점에서 약 5~20%의 여유를 더 주어야 한다.

펌프의 운영비를 산출하려면, 기본적으로 설치된 펌프의 축동력 P2와 소비전력 P1은 구별되어야 한다. P2만 주어져도, 사용할 수 있지만, 모터 효율을 고려해야 한다.

$$P_1 = \frac{P_2}{\eta_M}$$

약어	설명
P_1	소비전력
P_2	축동력
η_M	모터 효율

09. 압력 작용

배관과 배관부속품의 압력 곡선

흡입구와 토출구 사이의 압력차이가 압력 손실이다. 이 사이에는 배관, 배관부속품들이 있다. 모든 배관 및 배관부속품은 재질이나 표면 조도에 따라 손실값을 가지고 있다. Wilo에서 사용한 손실값들은 부록에 나와 있다.

약어	설명
E	냉난방 기기
V	부하
P_o	최대 펌프 압력
ΔP_p	펌프의 압력 손실
ΔP_v	밸브의 압력 강하
ΔP_r	기타 시스템의 압력 강하
P_b	시스템의 기준압력
ΔP_L	시스템의 압력 손실

압력 서지

배관 내에 유체가 흐를 때 한 지점에서 막히게 되면 작동 유체는 관성에 의해 와류를 일으킨다. 이러한 유체 질량의 증가로 인해 배관의 벽면과 차단 장치에 적용되는 힘이 증가한다.(F=ma) 이러한 유형의 압력 서지는 최대 부하 기준으로 배관 시스템(냉각수 라인)의 치수 결정에 활용된다.

특히, 주의할 점은 배관이 지속적으로 내려가거나 올라가지 않게 설계를 하는 것이다. 양정은 높은 지점에서 단절되거나 압력이 증가하므로 배관이 터질 수도 있다.

전동밸브 같은 배관부속품 경우의 압력 증가는 다음 식과 같이 나타낼 수 있다.

$$\Delta p = \rho \cdot \dot{V} \cdot \upsilon$$

압력 도표

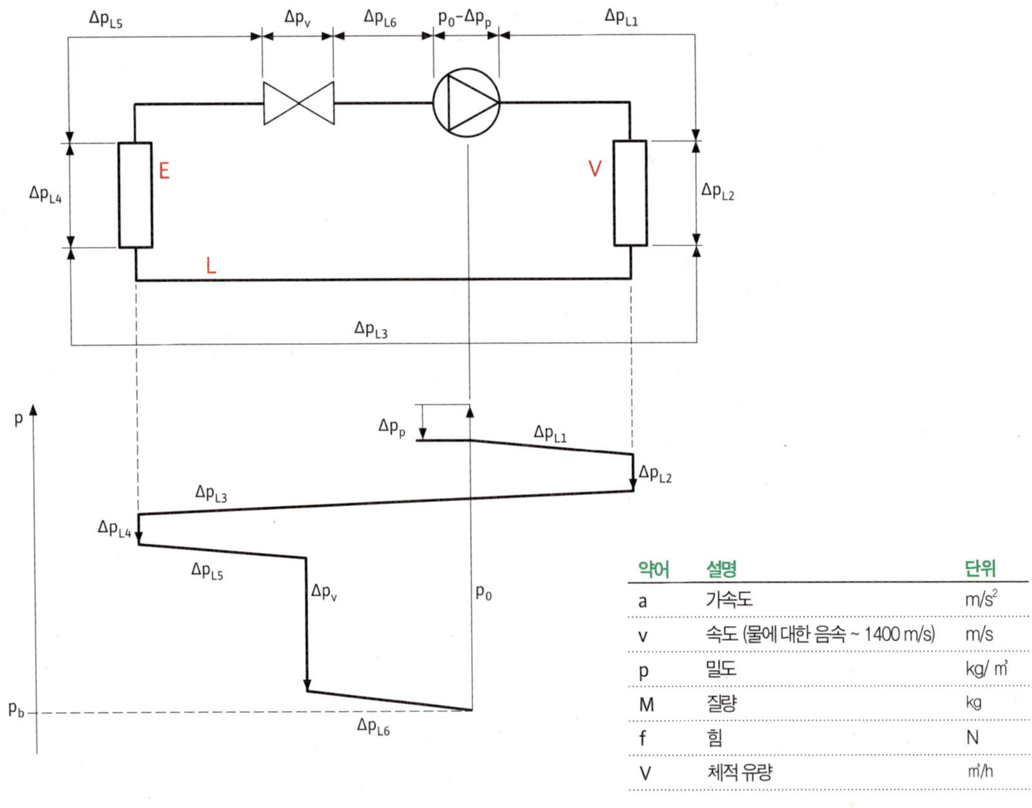

약어	설명	단위
a	가속도	m/s^2
v	속도 (물에 대한 음속 ~ 1400 m/s)	m/s
p	밀도	kg/m^3
M	질량	kg
f	힘	N
V	체적 유량	m^3/h

10. 점성액의 이송

Q-H 도표에서 펌프의 성능을 나타내는 것은 동점도 v = 1mm²/s인 물의 기준으로 되어 있다.

펌프 데이터는 유체의 점도 및 밀도에 따라 변한다. 고온의 물 이송 시 데이터를 조정하는 것은 빌딩 급수용에서는 무시할 수 있다. 글리콜과 같은 첨가제를 사용한 경우 이송액의 특성 변화 (10% 이상 부피)에 대해서만 보정을 한다. 여기서 펌프 시스템의 계획에 따른 Q, H, P의 산출은 높은 점도의 유체를 이송하기 위해 두가지 사항으로 구분해야 한다.

시스템 곡선의 변화

특수한 점도 및 밀도를 가진 유체를 이송하기 위해서는 기존 성능 및 시스템 곡선은 유량의 특성을 고려하여 성능에 대한 보정이 이루어져야 한다. 이러한 보정 요소는 펌프 제조사에서 명시할 수 없다.
새로운 시스템 곡선은 관련 전문 서적 및 부품 제조사의 정보 등을 활용하여 알아볼 수 있다.

펌프 성능의 변화

시스템 곡선과 마찬가지로, 마찰 저항과 내부의 유량조건에 따른 영향은 변화된 유체 특성에 의해 펌프의 성능 곡선에 영향을 미친다.
펌프의 소비 전력도 영향을 받는다. 모든 펌프 제조사의 개별적인 측정이 비용 문제로 인하여 다양한 방법으로 개발(유압협회,펌프 제조사 등)되어 진행되고 있으나, 이 방법은 정확하지 않고, 제한사항도 있다.

주의사항

다음의 기본적인 조건이 만족된다면 Wilo의 일반 펌프에 대해서는 위에 기술된 방법을 통하여 유량을 정확히 결정할 수 있다.

- 균질의 뉴튼 유체에 대해서만 사용할 수 있다. 진흙, 젤라틴과 같은 섬유질이나 기타 이형 유체의 경우, 상당히 다른 결과가 나올 수 있다
- 정확한 시스템의 압력값인 유효 흡입 수두(NPSHav)가 있는 경우만 사용 가능하다.

측정을 위하여 명시해야 하는 값은 다음과 같다.

1. 펌프의 유체 작동 온도 [℃]
2. 가장 낮은 온도에서 유체의 밀도 p [kg/m³]
3. 가장 낮은 온도에서 유체의 동점도 v [cSt 또는 mm²/s]
4. 유체의 유량 Qvis [m²/h]
5. 유체의 필요 양정 [m]

순환 펌프의 성능변화에 따른 예상 성능곡선

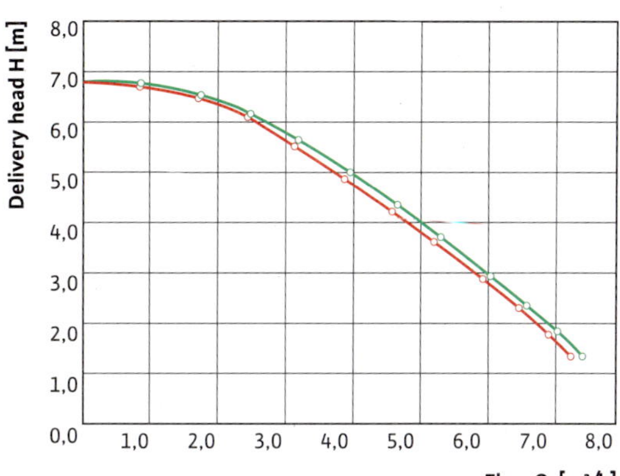

고점도의 유체에 의한 유량 변화

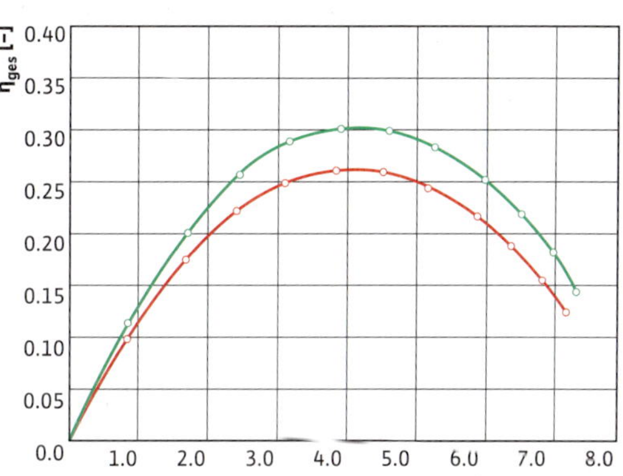

고점도의 유체에 의한 효율성 변화

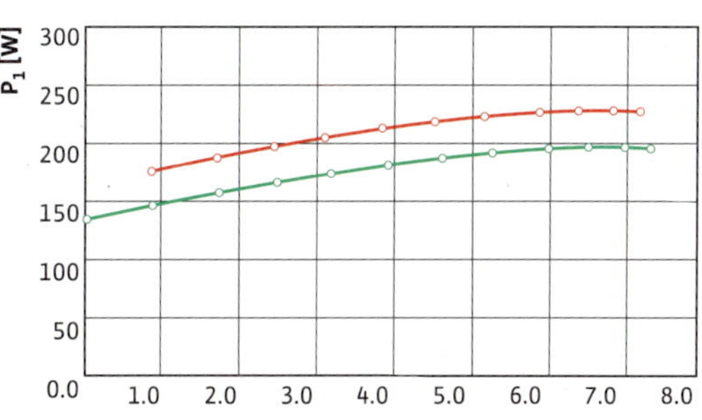

고점도의 유체에 의한 모터 전원 변화

양정, 유량 및 점도의 특성에 따른 예비 펌프 선정을 위한 지침

펌프는 특정한 온도에서 양정과 유량, 그리고 점도 및 밀도가 주어지면 다음의 식을 통하여 대략적인 동력을 구할 수 있고, 점성을 가진 유체에 대해서도 동력을 예측할 수 있다. 하지만 청수 기준의 성능을 기준으로 점성액의 성능을 예측하는 것은 정확성이 떨어진다.

단계 1
측정된 Q_{vis} [m³/h], H_{vis} [m] 및 V_{vis} [cSt]를 통해 다음을 이용해 매개변수 B를 산출한다.

$$B = 280 \cdot \frac{(V_{vis})^{0.50}}{(Q_{vis})^{0.25} \cdot (H_{vis})^{0.125}}$$

만약 $1.0 < B < 40$ 이면, 단계 2로 간다.

만약 $B \leq 1.0$ 이고 $C_H = 1.0$ 그리고 $C_Q = 1.0$ 이면, 단계 4로 바로 간다.

단계 2
유량 (C_Q)과 양정(C_H)에 대한 수정 계수를 산출한다. 두 가지의 수정 계수는 에너지와 관련하여 최적 유량의 운전 지점에서는 대략 동일한 유량을 가진다. QBEP-W 관련 식은 다음과 같다.

$$C_Q \approx C_H \approx (2.71)^{-0.165 \cdot (\log B)^{3.15}}$$

단계 3
청수기준의 대략의 물 성능에 대해, 유량 및 양정을 산출한다.

$$Q_W = \frac{Q_{vis}}{C_Q}$$

$$H_W = \frac{H_{vis}}{C_H}$$

단계 4
청수기준 성능 Q_W와 H_W로 펌프를 선택한다.

단계 5
효율수정 계수 (C_η)와 수정효율을 다음과 같이 산출한다.

$$1.0 < B < 40: C_\eta = B^{-(0.0547\, \alpha B^{0.69})} \quad \text{에 대해}$$

$$\eta_{vis} = C_\eta \cdot \eta_W$$

단계 6
펌프 예상 축동력을 산출한다.
유량 [m³/h], 총 양정[m]과 축동력의 공식은 다음과 같다.

$$P_{vis} = \frac{Q_{vis} \cdot H_{vis\text{-}tot} \cdot s}{367 \cdot \eta_{vis}}$$

점성액의 요구 유효 흡입 수두 (NPSHRvis)

유체의 점성은 NPSHR 값에 두 가지 영향을 미친다. 점성이 증가하면, 마찰 손실이 증가하고 NPSHR 값의 증가에도 영향을 미친다. 동시에 유체내의 용해된 가스의 분산을 감소시킨다. 따라서 기포는 천천히 줄어들게 된다. 또한 열역학적으로 NPSHR 값이 약간 감소한다.

NPSHR 값에 대한 점성의 효과는 기본적으로 레이놀즈 수의 기능과 같다. 하지만, 이 효과는 모든 다른 펌프의 설계 및 모델들에 대해서 하나로 표현할 수는 없다. 일반적으로 더 크고 넓은 임펠러의 흡입구를 가진 펌프는 유체의 점성에 변화가 있을 경우 흡입 능력이 저하될 수 있다.

유체에 용해된 가스와 기포 형태로 유체에 의해 유입된 가스는 큰 기포 가스와는 다른 방식으로 NPSHR 값을 낮춘다. 펌프 흡입구의 유량이 충분히 높으면, 소량으로 유입된 가스는 분리되지 않으며 NPSHR 값에도 거의 영향을 미치지 않는다. 하지만 더 큰 가스가 생성되면, 펌프의 흡입성능에 큰 영향을 미친다. 따라서 전양정의 NPSHR 곡선의 기울기의 형상이 바뀐다. 이것은 3%의 양정 손실지점의 증가 또는 다른 말로 NPSHR 값이 증가한다.

이 식은 유체의 점성에 상응하는 NPSHRvis 에서 3%의 양정 손실을 감안한 펌프의 성능에 대한 NPSHR 값을 조정하기 위한 수정 계수를 산출하기 위해 사용된다.

$$C_{NPSH} = 1 + \left\{ A \cdot \left(\frac{1}{C_H} - 1 \right) \cdot 274\,000 \cdot \left(\frac{NPSHR_{BEP-W}}{(Q_{BEP-W})^{0.667} \cdot N^{1.33}} \right) \right\}$$

여기서
A = 0.5 (흡입측)
A = 0.1 (축 입구측)

EDP 지원에 의한 새로운 양정 값으로의 전환

윌로펌프의 모델선정 프로그램은 물을 다른 점성으로 전환할 경우 유용하다. 저장된 데이터만으로도 정확한 계산이 가능하다. 하지만, ISO/TR 17766 과 유압협회에 의해 알려진 계산 방법이 오차가 있다는 것은 명심해야 한다. 정확한 사양은 각각 구체적인 환경하에서 실제로 펌프를 시험해서 측정할 수 있다. 이 경우, 펌프 제조사에 특별히 작업 주문을 해야 한다.

11. 소음(공기 또는 구조물을 통해 전달되는 소음)

잠재적인 소음을 제거하거나 줄이기 위하여, 주거용 빌딩의 펌프 시스템은 적합한 펌프의 선택과
설계 및 시공에 특별한 관심을 기울여야 한다.

특히 주거용 건물의 경우, 소음 감소 문제는 특히 야간 시간의 안락함 추구에 중요한 역할을 한다.

공공지역에서 허용된 소음 레벨 값의 경우, 다음 규정을 준수해야 한다.

- DIN 4109. 빌딩 건축의 소음 방지
- VDI 2062. 진동 절연
- VDI 2715. 미온수 및 온수 시스템에서 소음 감소
- VDI 3733. 배관라인의 소음
- VDI 3743. 펌프의 소음 방출 특성

소음 발생기로서의 펌프

펌프의 소음은 피할 수 없다. Wilo는 가능한 소음이 없는 펌프를 판매하기 위해 최선을 다하고 있다.

주거용 빌딩 시스템의 경우, 원심 펌프를 주로 사용한다. 이로 인해 발생하는 소음은 기본적으로 다음과 같은 분류로 나누어진다.

유체 소음

유체 소음은 여러 가지 원인이 있다. 쉿쉿거리는 소리처럼 높은 주파수 범위의 소음은 펌프 내부 벽면에서 물과의 마찰과 난류에 의해서 발생한다.

마찰은 경계 층에 불규칙한 속도 분배를 야기하여 배관 벽에서의 물 흐름을 변경하여 결과적으로 난류를 형성한다. 이러한 주기적인 소용돌이는 뚜렷한 단일음을 만든다.

더구나, 유체 속도는 임펠러를 지난 후 변동을 한다. 이러한 불규칙성은 연결된 배관 내에 소음을 일으키고, 이들 소음의 주파수는 펌프 회전속도와 블레이드 수에 따라 달라지므로 펌프의 블레이드 주파수를 참고로 해야 한다.

캐비테이션 소음

펌프의 캐비테이션 소음은 흐르는 물에서 생성된 기포가 터지면서 발생한다.

언발란스에 의한 소음

언발란스에 의해 발생된 진동은 소음을 야기하며 이것은 회전부품 (임펠러, 샤프트, 커플링 등)의 불균형에 의한 것이다. 가장 최신의 밸런싱 기술에도 불구하고, 불균형은 축력의 변화나 생산의 부정확, 또는 자재 마모 또는 부식에 의해 발생한다. 불균형 진동의 주파수는 항상 회전 부품의 회전 빈도와 동일하다.

베어링과 씰의 마찰로 인한 소음

베어링과 씰의 마찰로 인한 진동은 펌프가 정상적으로 운전될 때는 그렇게 중요하지 않다.

모터 소음

펌프는 일반적으로 주거용 빌딩 시스템에서 모터로 구동한다. 모터에 의한 소음은 다만 펌프와 모터가 일체형으로 설계된 경우 펌프 소음으로만 간주한다. 모터의 경우, 소음은 메인 주파수(100 Hz)와 극 수에 따라 대개 600 Hz 와 1200 Hz 사이에서 전자기 프로세스에 의해 발생된다. 고 주파수 범위의 소음은 펌프와 마찬가지로 모터의 팬에 의해 발생되며 단일음으로 팬의 블레이드 주파수와 겹쳐진다.

기타 소음

또한, 베어링 소음과 공운전시 그랜드 패킹이나 미캐니컬실에서 소음이 발생할 수 있다.

공기를 통해 전달되는 소음(공륜음)

펌프에서 직접 발생하는 공륜음은 보일러실에서 들을 수 있다. 하지만 보일러실의 천장과 벽이 DIN 4109에 따라 지어진 경우 보일러실과 가까운 다른 방에서는 거의 들리지 않는다. 일반적인 소음 저감 차원에서, 우측의 그림은 허용 공륜음 레벨을 평가할 때 참조할 수 있다.

순환 펌프의 옥타브 스펙트럼이 어느 주파수에서도 허용치를 넘어가지 않으면, 전달되는 공륜음은 라운지에서 30 dB 이하가 된다.

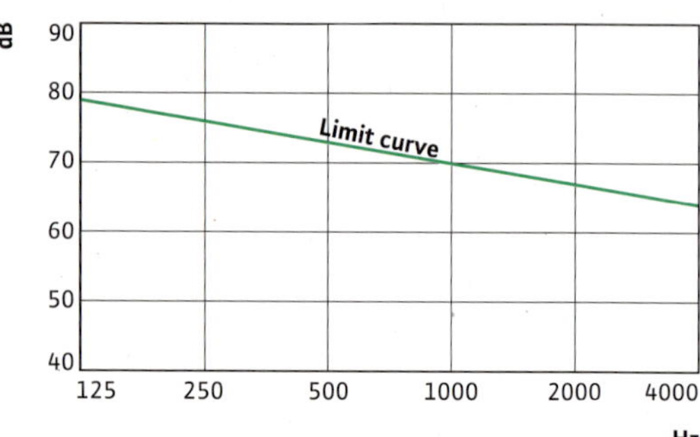

구조물을 통해 전달되는 소음 및 수인성소음

완전히 다른 조건이 구조물에 의한 또는 수인성 소음의 전달을 통해 발생할 수 있다. 펌프 소음이 설치실 밖에서 날 경우, 이것은 배관을 따라 빌딩 구소불을 통해서 전달되는 수인성 소음이거나 구조물에 의한 소음일 가능성이 크다. 배관을 따라, 수인성 소음은 물기둥을 통해 퍼져나가고 구조물에 의한 소음은 배관 벽을 통해 퍼져나간다. 실제로는 이들 두 가지가 함께 발생한다.

구조물에 의한 소음 및 수인성 소음은 사람의 귀로 직접 인식되지 않는다. 수인성 소음은 배관 벽을 진동하여 주변 공기를 진동하게 만들 경우에만 소리로 들리는 공륜음 소음이 된다.

이러한 직접 인식할 수 없는 특성은 배관 시스템을 통해 거의 손실 없이 전달되는 불리한 특성으로 인해 더 유리한 특성으로 간주된다. 배관이 자체 탄성으로 진동 전달에 적합하게 설치되면 소음에 대해서는 이상적인 시스템이 된다. 공명의 경우, 소음이 증폭될 뿐만 아니라 전달된다. 모든 탄성체와 마찬가지로, 배관도 소위 공명 주파수를 가지고 있고 이것은 다양한 인자에 따라 달라진다.

이 배관의 공명 주파수가 순환펌프로부터 나오는 여자(勵磁) 주파수와 동일하게 발생하는 경우, 그것은 공명을 시작한다. 이런 경우 매우 낮은 여자 에너지는 배관을 크게 진동하게 한다. 이것은 또한 큰 소음을 만든다는 것을 의미한다. 진동 시험에 의하면 공명 주파수는 관심 주파수 범위 (50 Hz 과 1000 Hz 사이)에서 설계된 시스템에서 높게 발생한다. 따라서, 공명 발생의 가능성은 항상 있다. 복잡한 관계로 인해 배관의 공명 주파수를 미리 산출하는 것은 불가능하다.

주거지역의 소음은 주거 빌딩 시스템에 의한 것이며 가장 어려운 점은 배관 시스템을 통한 구조물에 의한 소음 및 수인성 소음이다. 따라서 구조물에 의한 소음 및 수인성 소음이 그대로 전달되는 것을 방지하기 위한 대책을 강구해야 한다. VDI 2715는 몇 가지 주요한 정보를 제공한다.

빌딩 구조물을 통한 구조물 전달 소음

펌프가 빌딩 구조와 직접 연결되어 있으면, 이것은 진동을 야기할 수 있다. 또한 진동은 배관 고정물을 통해 벽과 친징으로 전달될 수 있다.

소음 대책

주거용 빌딩 시스템에 설치된 펌프에서 발생하는 소음에 대한 효과적이고 합리적인 보호를 위한 주요 전제조건은 빌딩을 만드는데 관여된 모든 부분의 협조이다. 건축가와 설계자들은 방음이 잘 되도록 평면도를 설계할 의무가 있다. 따라서, 가정용 기술시스템과 같이 소음이 발생하는 기기가 있는 방 또는 구성부품은 생활구역과 가능한 멀리 떨어져 비치하도록 한다.

펌프의 운전은 연결된 배관과 기타 시스템 부품에 의해 영향을 받는다. 이것은 또한 소음 전달에 영향을 미친다. 이 관계는 다양하여 어떤 단순한 규칙을 만들 수 없으며 소음을 완전히 방지할 수 있다고 확실히 말할 수 없다.

펌프를 선택할 때 다음 항목을 준수해야 한다.
• 펌프는 가능하면 최상의 효율 지점에서 작동해야 한다.
• 이것은 압력 손실 산출시 너무 높은 안전율을 적용하지 않을 경우 최상으로 맞출 수 있다.

배관 전도에 의한 유체 소음을 방지하기 위한 대책

펌프와 배관으로 구성된 시스템에서 유체 소음이 발생한 경우, 배관전도 및 유량은 중요한 역할을 한다.

유량

배관의 공칭 직경은 펌프의 공칭 직경과 같거나 더 커야 한다.

단면의 수정이 필요하면 중점적으로 유체의 흐름에 유리하게 설계해야 한다.

아래 표는 펌프 연결 시 유량에 대한 공칭 직경 관련 권장사항이며 소음을 방지하기 위해 유량초과를 해서는 안된다.

펌프 흡입측의 배관라인은 임펠러 입구에서 유체의 흐름 조건이 유리하도록 최소한 5 · d(d:흡입측 배관 직경) 길이만큼의 직관을 연결해야 한다.

펌프 선정 및 결정

펌프는 경제적인 효율성뿐만 아니라 소음이 최소가 되는 최고 효율 지점에서 운전해야 한다. 그럴 경우에는, 별도의 소음 저감 장치가 필요 없다. 보통 주택용 자동제어 시스템용 펌프를 설계할 때, 시스템 저항에 대해 너무 높은 안전율을 적용하는 경향이 있다. 이 경우, 불필요하게 큰 펌프를 선택하여 최고 효율 지점에서 작동하지 못하게 된다. 경험에 의하면, 소음 불만의 대부분은 이러한 문제에 의한 것이다. 적합한 펌프를 선택할 때, 저속의 펌프가 일반적으로 더 저소음 운전을 한다는 사실을 아는 것이 중요하다.

공칭 연결 치수 DN ϕ mm	유속 V m/s
빌딩 설치시	
1 1/4 또는 DN 32	1.2 까지
DN 40 와 DN 50	1.5 까지
DN 65 와 DN 80	1.8 까지
DN100 이상	2.0 까지
장거리 라인	2.5 ~ 최대 3.5

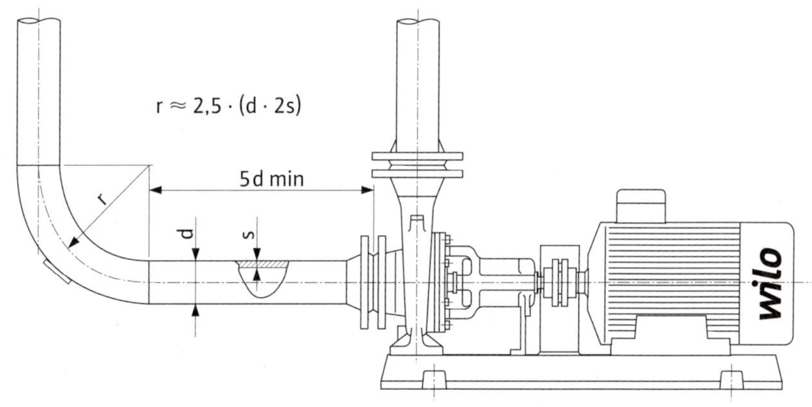

배관 직경을 줄일 때, 급격한 단면적의 변화가 생겨서는 안되며 원뿔형 어댑터를 사용할 수 있다. 기포가 발생할 가능성이 있으면, 편심 레듀셔를 사용해야 한다.

밸브류 등은 펌프 연결 후 배관에 특히 펌프의 입구측에 바로 설치하지 않는다. 여기서, 최소 거리 5 · d(d:배관직경)는 소음 억제에 큰 효과가 있다.

배관을 통한 수인성 및 구조물에 의한 소음 전파에 대한 대책

배관에 발생하는 수인성 및 구조물에 의한 소음은 펌프와 배관에 특별한 저감 조치를 함으로써 방지할 수 있다. 배관 방향 변경에 의한 뛰어난 소음 반사 효과는 가정용 시스템에서의 수인성 소음의 파장과 배관 길이 때문에 기대할 수 없다.

소음 저감 대책을 마련할 때, 그것이 펌프의 안전한 운전에 장애가 되는지, 즉 기능적으로 신뢰성 있는 저감 요소가 선택 되었는지 확인해야 한다.

- 탄성이 없고 길이 제한이 있는 확장 조인트(횡형 확장 조인트)
- 탄성 고무 금속 플랜지가 있고 길이 제한이 있는 확장 조인트
- 길이 제한이 없는 확장 조인트

탄성이 없고 길이 제한이 있는 확장 조인트의 경우,
펌프에 추가적인 배관의 힘이 작용하지 않는다. 하지만 반면에, 이 확장 조인트는 소음 흡수 효과가 아주 미미하다. 길이 제한이 없는 확장 조인트가 소음 흡수 효과가 가장 좋다. 그러나 이것의 경우 가장 큰 추가적인 배관의 힘이 동시에 작용한다. 배관의 힘은 공칭 압력 10 bar, 공칭 구경이 100mm인 경우에 이론적으로 16,000N 정도가 된다. 하지만 실제적으로 탄성력 때문에, 배관의 힘은 이 값의 절반정도만 작용할 수 있다. 지금까지 배관의 힘을 얼마까지 허용할 수 있는가에 대해 공식적인 내용은 없다.

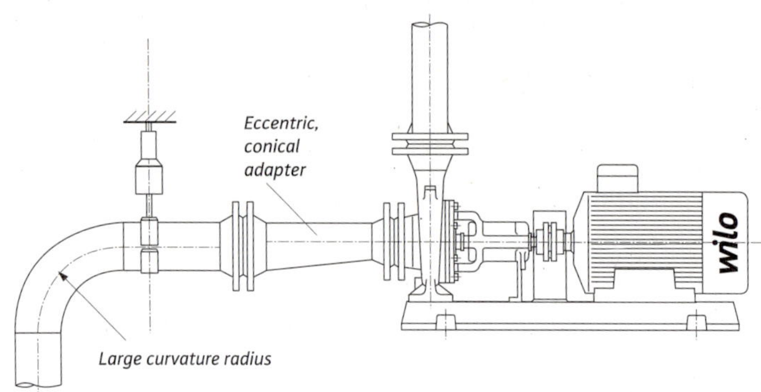

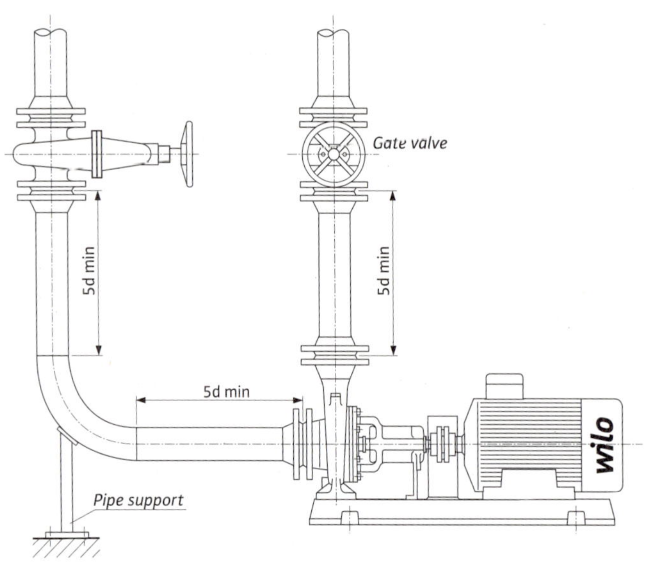

탄성과 길이 제한을 가지는 확장 조인트는 많은 분야에서 소음 흡수와
배관의 힘을 조성하는 "합리적인" 절충안이다. 소음 흡수용으로 사용
할 경우 제한된 서비스 수명과 온수에 대한 민감성을 확인해야 한다.

확장 조인트

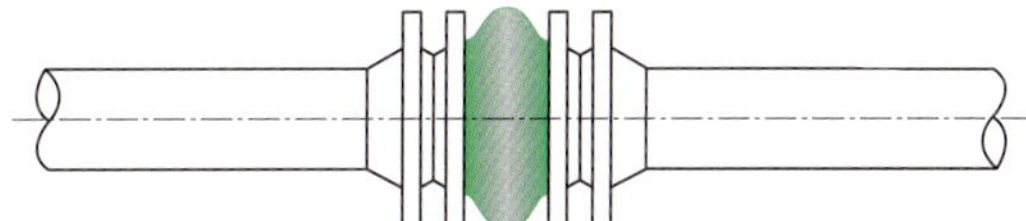

길이 제한이 없는 확장 조인트

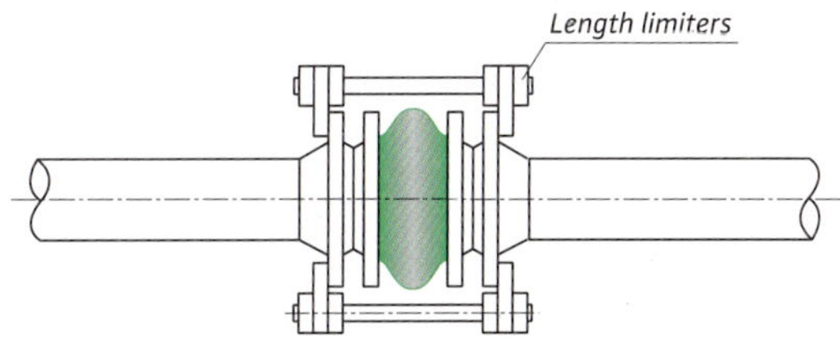

탄성이 없고 길이 제한이 있는 확장 조인트

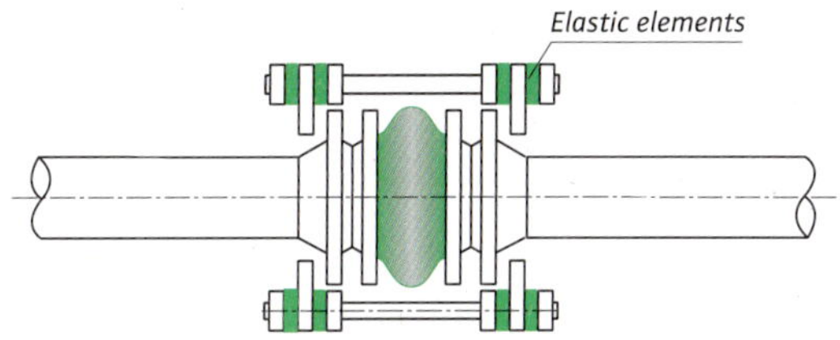

탄성 및 길이 제한이 있는 확장 조인트

소음 흡수 조치의 효과는 페이지 64의 그림에서 온수 순환 펌프에 의
해 진동하도록 만들어진 배관에 대한 구조물에 의한 소음 측정의 오실
로그램을 볼 수 있다. 구조물에 의한 소음의 3가지 각기 다른 사례들
이 설명되며 여과되지 않은 측정 신호와 여과된 저주파수 및 고주파수
부분, 즉 150 Hz의 블레이드 주파수 (4-극 모터, 6개 블레이드가 달린
임펠러) 또는 600 Hz의 전자기 주파수가 포함된다.

첫 번째 사례에서, 펌프와 연결된 배관을 보여준다. 두 번째 사례에서
는, 펌프 흡/토출측에 고무/금속 배관 커넥터의 설치 이후를 보여준다.
보시다시피, 고주파수 부분은 상당히 줄어들어 있다. 고무 재질 확장
조인트를 설치하여 (세 번째 사례), 고주파수 및 저주파수 부분이 상
당히 감소되었다.

각각의 경우에 대하여 사례 2와 3에서 소음 흡수 조치가 적절한지 여부
는 그 시스템에서 발생하는 주 소음의 주파수에 따라 결정된다.

인라인 구조의 펌프를 예로 들어 소음 흡수 조치를 설명한 것은 바닥에
설치되는 펌프에도 당연히 적용할 수 있다.

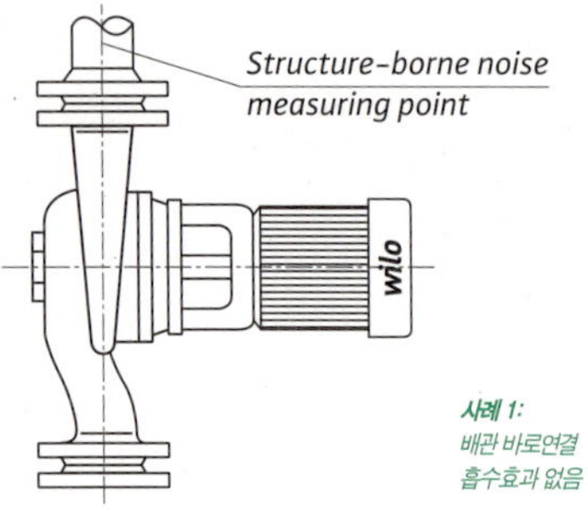

사례 1:
배관 바로연결
흡수효과 없음

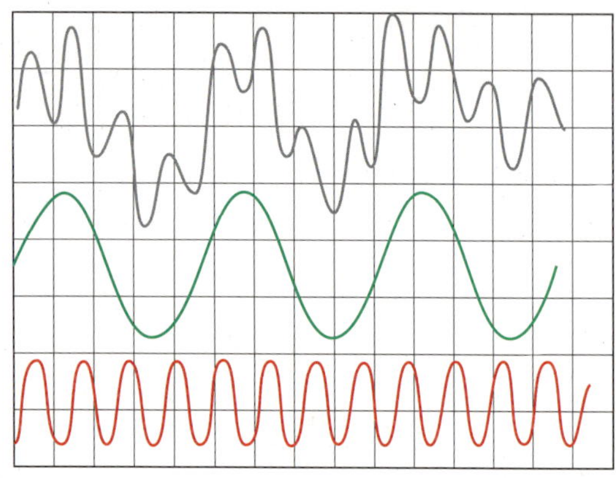

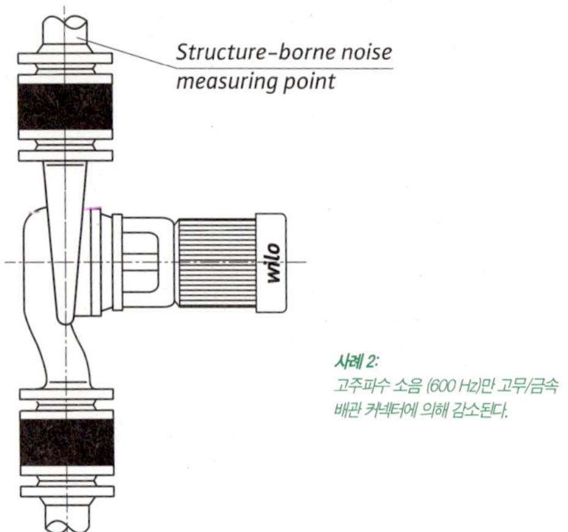

사례 2:
고주파수 소음 (600 Hz)만 고무/금속
배관 커넥터에 의해 감소된다.

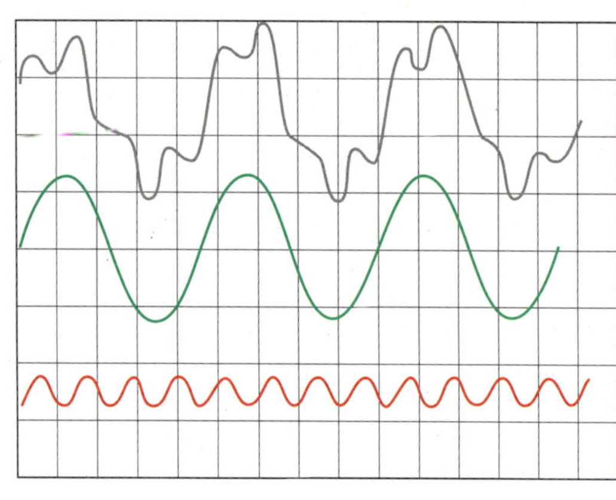

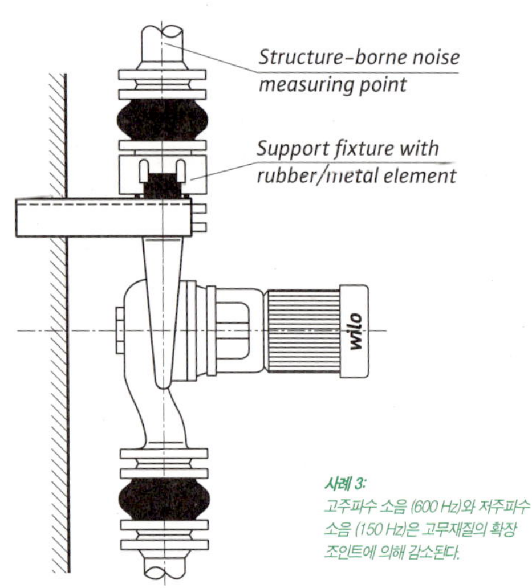

사례 3:
고주파수 소음 (600 Hz)와 저주파수
소음 (150 Hz)은 고무재질의 확장
조인트에 의해 감소된다.

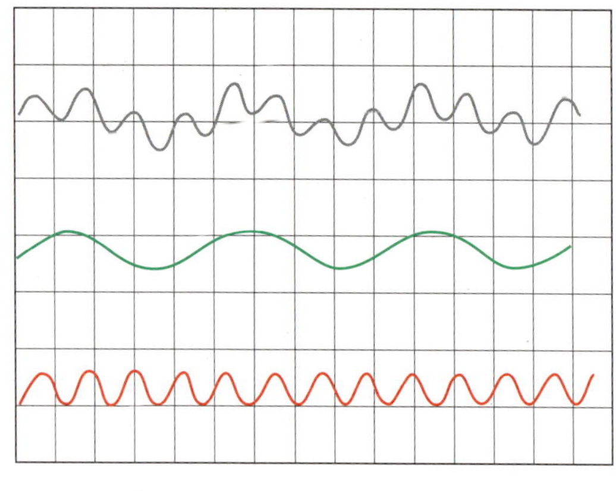

중요점
그래프1: 전체 측정 신호
그래프2: 저주파수 소음 (150 Hz)
그래프3: 고주파수 소음 (600 Hz)

방진가대를 이용한 구조물로 전달되는 소음 방지대책

펌프를 바닥에 설치할 때, 구조물에 의한 소음 전달을 방지하고 배관의 진동을 막기 위해서, 가끔 베이스 플레이트와 바닥 사이에 방진가대가 필요하다. 이 경우, 구조물로 진동이 전달되는 것을 방지할 수 있다. 만약 펌프가 바닥 슬라브에 설치 된다면 방진가대를 무조건 설치해야 한다. 다양하게 속도가 변하는 펌프의 경우 특별한 주의를 기울여야 한다.

탄성 요소는 최저 여자 주파수(대개는 속도)에 따라 선택해야 한다. 스프링의 강도는 속도가 줄어들면 감소해야 한다. 일반적으로 코르크판을 3000rpm 이상의 속도에 사용할 수 있으며, 1000~3000 rpm 속도에서는 고무 / 금속 재질로 된 것을 그리고 1000 rpm 이하의 속도에 대해서는 나선형 스프링을 사용한다. 펌프를 지하층에 설치할 경우, 코르크, 또는 고무로 만든 플레이트를 방진기초로 사용할 수 있다.

그림에서는 펌프의 방진장치가 어떻게 설계되는지를 보여준다. 진동 흡수 효과는 방진 장치의 공명 주파수에 따라 달라진다. 간단히 말하면, 공명 주파수는 펌프의 중량과 방진장치의 스프링 강도에 의해 결정된다.

시스템 f_0의 공명 주파수는 아래 도표에 나와 있다.

만족스러운 진동 흡수효과를 얻기 위하여, 시스템 공명 주파수 f_0는 펌프의 여자 주파수 f_{err}보다 훨씬 아래에 있어야 한다.

펌프 발란싱이 잘 안된 경우(언발란스가 있는 경우), 진동 폭은 기초 중량을 증가시켜 감소시킬 수 있다.

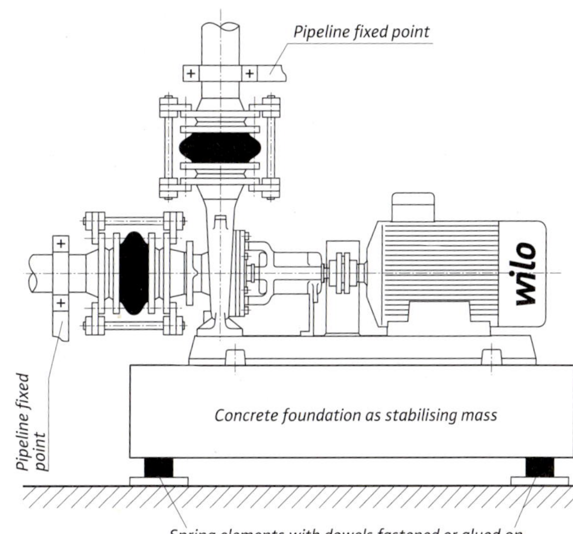

$$f_0\ [Hz] \simeq \frac{16}{\sqrt{\Delta l\ mm}}$$

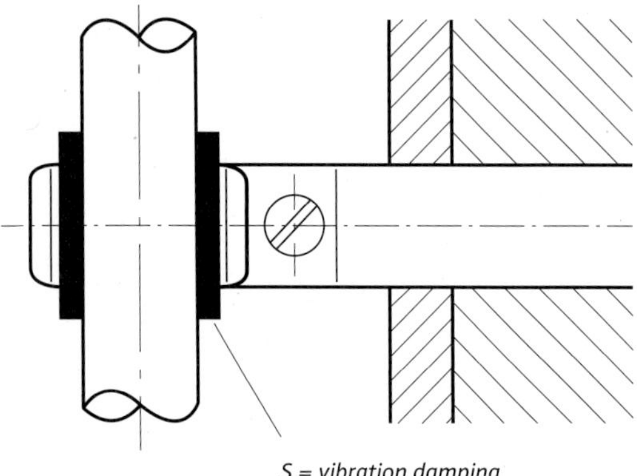

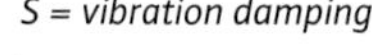

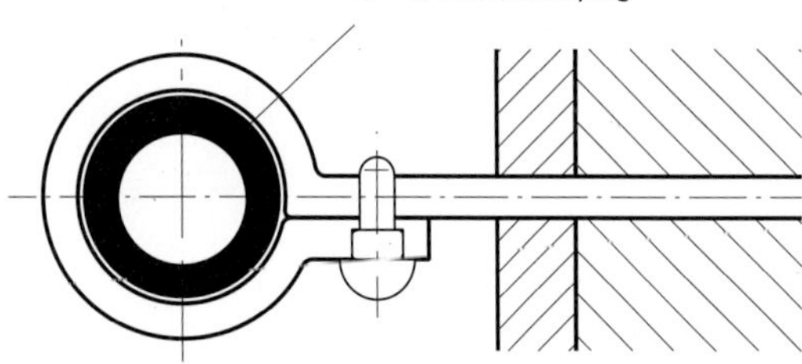

방진가대를 설계할 때, 음향 브릿지가 생기지 않도록 한다. 따라서, 석고보드 또는 타일이 방진가대 주위에 설치되는 것을 피해야 한다. 펌프의 움직임에 있어 모든 장애는 진동 흡수 효과를 없애거나 적어도 상당히 감소시킨다.

배관을 설치할 때, 절대로 빌딩 구조물에 고정하여 단단히 연결해서는 안 된다. 배관 고정물은 구조물에 의한 소음으로부터 방음처리를 해야 한다. 이것은 특히 배관을 벽에 설치할 때 더욱 그렇다. 적합한 조립식 고정 장치는 특수한 경우에 사용할 수 있다.

벽과 천장으로 배관을 설치하는 경우 특히 신경을 써야 한다. 구조물에 의한 소음에 대해 훌륭한 방음효과를 위해 필요한 모든 요건을 맞추는 특수한 경우에 사용하는 조립식 이음 장치가 있다.

구조물에 의한 소음 - 배관이 지나가는 곳에 대한 방음 조치

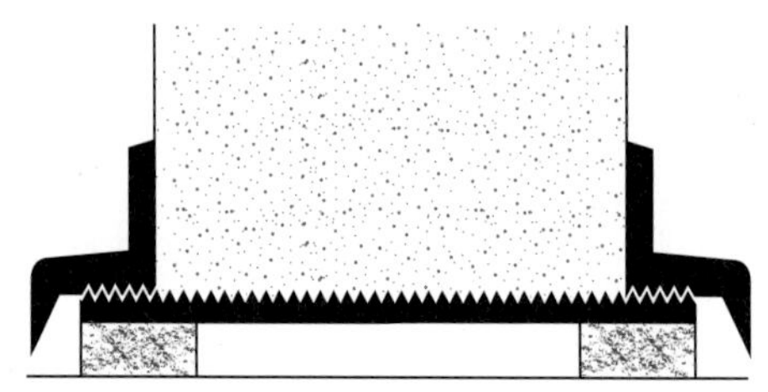

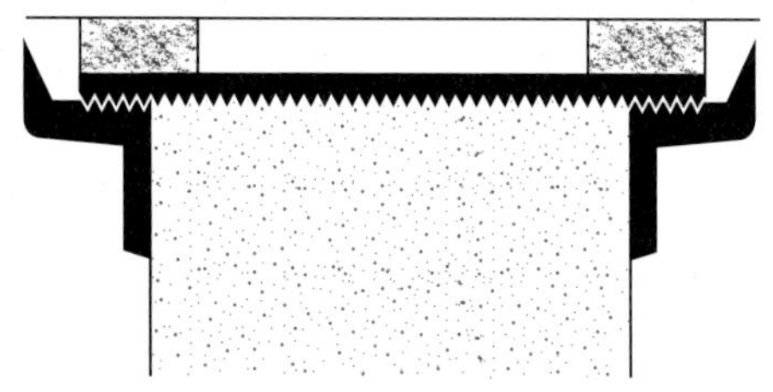

빌딩 구조와 관련하여 구조물에 의한 소음을 방지하기 위한 배관 방음조치는 비록 한 곳에서만 실수를 하더라도 전체 방음 효과에 영향을 미칠 수 있기 때문에 모든 가능한 실수에 대해 세심한 주의를 해야한다.

펌프의 흡입구 압력

펌프 흡입구의 충분한 가압은 임펠러에서 캐비테이션을 방지한다. 캐비테이션은 기포의 생성과 갑작스런 붕괴를 의미한다. 기포는 유체가 끓는 점까지 압력이 감소했을 때 발생된다. 기포는 유체와 함께 이동하며 경로상에서 유체의 포화증기압보다 높아질 때 붕괴된다. 캐비테이션은 유량, 소음 그리고 정숙한 펌프 운전에 부정적인 영향을 미치며 또한 부품의 손상에도 관여함으로 반드시 피해야 한다.

이러한 문제점이 운전시 발생하지 않도록 하기 위해, 펌프의 인입구에 "NPSHre" 이 필요하다.(펌프 카달로그 참조) 이 NPSH 값은 펌프의 유량에 따라 달라진다. 각 펌프는 주어진 속도에서 자체 NPSH 곡선을 가지고 있으며 이것은 측정에 의해 펌프 제조사에서 결정한 것이다. 설계자는 현장의 NPSH 값 (NPSHar)이 동일 사양점에서의 펌프의 NPSH 값보다 크게 선정될 수 있도록 NPSH Curve를 제공해야 한다.

그림은 펌프의 NPSH값과 비교하여 펌프의 흡입측으로 공급되어져야 하는 압력을 보여준다. 곡선은 최대유속 2m/s와 해발 100m의 고도에서 운전하는 기준이다.

100m 보다 높은 고도에서 설치할 경우, 펌프의 NPSH 값과 수온에 따라 달라지는 P_E값은 교정해야 한다. 다음 식을 적용한다.

$$P^* = P_E + X \cdot 0.0001$$

X값은 해발에서 측정한 설치 현장의 실제 고도(m) 이다.

온도에 따른 필요한 인입구 압력

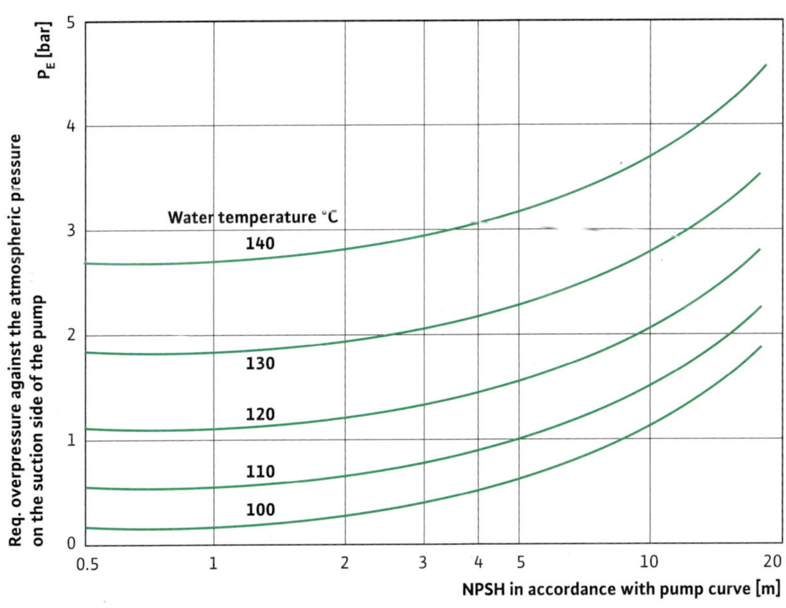

12. 펌프 흡입구

펌프 배수조

펌프 배수조는 유입이 불규칙하거나, 유체를 모두 배출하고 펌프를 정지시켜야 하는 경우 필요하다. 배수조 크기는 펌프 유량 및 모터의 허용 on / off 빈도에 따라 달라진다. 적절한 펌프 배수조의 부피는 다음과 같이 산출한다.

$$Q_m = \frac{Q_e + Q_a}{2}$$

$$V_N = Q_{zu} \cdot \frac{Q_m - Q_{zu}}{Q_m \cdot Z}$$

필요한 경우 역류 양을 여기에 추가할 수 있다.

오물용으로 사용하는 경우에는 오물이 바닥에 퇴적되지 않도록 해야한다. 벽에 60° 또는 최소한 45의 기울기를 주면 이것을 막을 수 있다.

불규칙적인 유입으로 인한 난류 및 전단력 형성을 피하기 위하여, 펌프 배수조에 충격방지면의 설치를 권장한다.

약어	설명
Z	시간당 최대 허용 스위치 횟수
Q_{zu}	전체유량[m³/h]
Q_e	스위치 on 시점에서의 유량 [m³/h]
Q_a	스위치 off 시점에서의 유량 [m³/h]
V_N	펌프 배수조의 사용 용량 [m³]

흡입 탱크

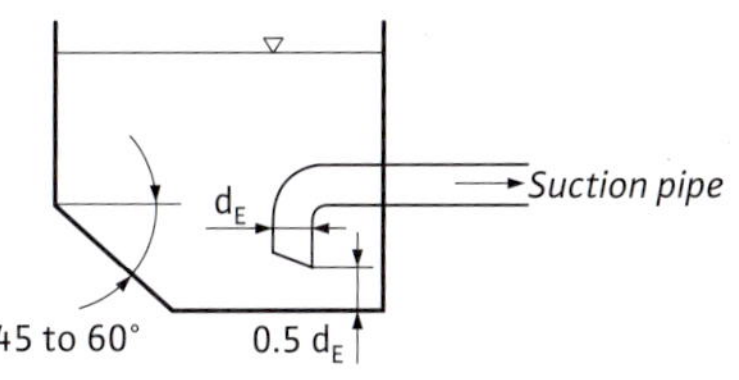

흡입 탱크

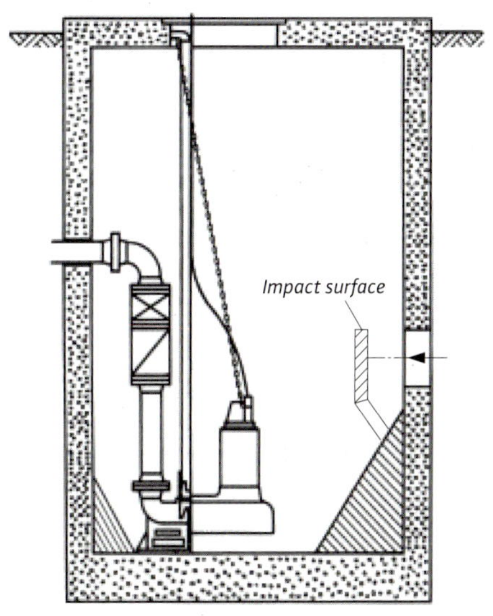

흡입라인 및 흡입 탱크

충격방지면을 갖춘 흡입 탱크

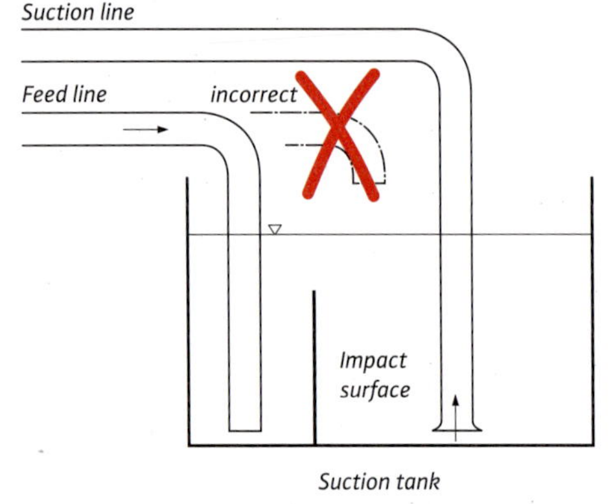

	벽과 탱크 바닥으로부터 흡입라인의 최소 거리								
DN	25	32	40	50	65	80	100	150	200
B in mm	40	40	65	65	80	80	100	100	150

흡입 및 최소 거리

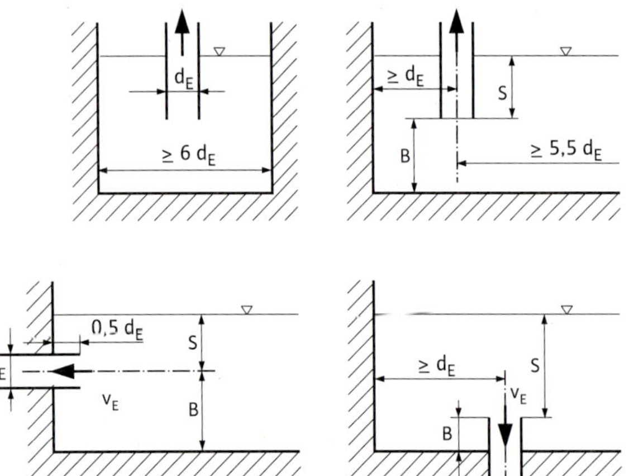

	권장 유속 0,5~3 m/s 에 대한 최소 잠수 Smin :								
DN	25	32	40	50	65	80	100	150	200
S_{min} m	0,25	0,35	0,65	0,65	0,70	0,75	0,80	0,90	1,25

공기 또는 난류가 흡입배관에 들어가는 것을 방지하기 위하여, 흡입배관 및 공급배관 사이의 거리는 충분히 커야 한다. 또한 충격방지면이 설치되어야 한다. 공급 배관은 항상 수위 아래에 있어야 한다.

또한 흡입배관의 흡입구 보다 충분히 높은 수위의 유체가 있어야 한다. 충분하지 못한 경우, 공기가 흡입되어 난류가 발생한다. 처음에는 깔대기 모양의 소용돌이가 유체 표면에 생기고, 나중에는 유체 표면에서 흡입배관까지 공기가 들어가는 라인이 생성된다. 그 결과 난류가 발생하고 펌프 성능이 떨어지게 된다.

정확한 산출을 위해, 유체학회에 따라 다음의 공식을 사용한다.

$$S_{min} = d_E + 2.3 \cdot v_S \cdot \sqrt{\frac{d_E}{g}}$$

약어	설명
S_{min}	최소 참수 깊이 [m]
v_S	유량 = Q/900 d_E^2 [m/s] 권장속도 1~2 m/s 단, 3 m/s 보다 커서는 안된다
Q	유량 [m³/h]
g	중력 가속도 9.81 m/s²
d_E	흡입 배관 또는 흡입측 노즐의 흡입구 측 직경 [m]

최소 참수깊이를 제공할 수 없는 경우, 플로트 또는 와류 방지 유도체를 설치하여 공기 흡입으로 인한 난류를 방지한다.

흡입 탱크와 부벽(浮壁)

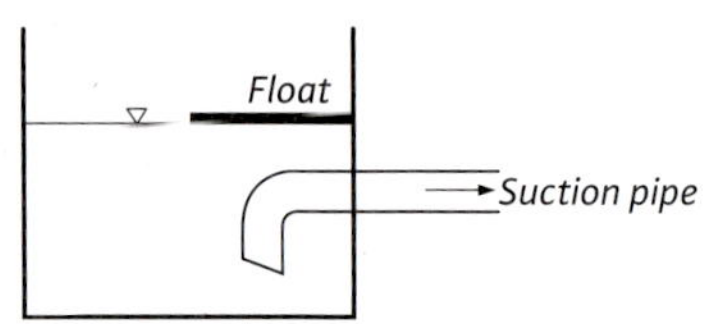

흡입

표준 순환 펌프는 비자흡식이다. 흡입 배관과 펌프케이싱 내부의 공기를 제거해야만 펌프가 정상 운전을 할 수 있다 라는 것을 의미한다. 만약 임펠러가 수위보다 아래에 있지 않으면, 펌프와 흡입 배관은 유체로 채워야 한다. 이러한 지루한 절차는 흡입배관 입구에 풋밸브(역지밸브)를 부착하면 하지 않아도 된다. 다만, 초기 시운전시 또는 밸브에서 누수가 발생하는 경우에는 해야 한다.

흡입 작동

배관, 펌프와 밸브류의 손실로 인해, 실제 최대 흡상높이는 7~8m이다. 높이 차이는 수위 표면에서 펌프 흡입구 까지를 측정한다.

풋 밸브 (foot valve)

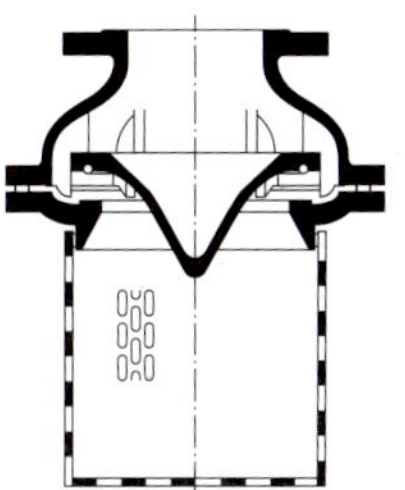

흡입 배관은 적어도 펌프 흡입구의 공칭 직경과 같아야 하고 가능하면 한 사이즈 더 큰 공칭 직경을 적용해야 한다. 특히 미세한 필터는 흡입구로부터 떨어져야 한다. 흡입 배관은 아래 그림에서 보듯이 펌프 쪽으로 기울어져 있어야 하며 공운전을 방지하기 위해 풋 밸브(또는 플로트)를 설치해야 한다. 배관은 가능한 짧아야 한다. 긴 흡입배관의 경우, 마찰 저항이 증가하여 흡상 높이가 심하게 줄어든다.

어떠한 경우에라도 누수에 의한 기포 생성이 되어서는 안 된다. (펌프 손상, 작동 결함)

호스를 설치하는 경우에는, 진공상태나 가압 상태를 견딜 수 있는 나선형 호스를 사용해야 한다.

흡입 라인 설치

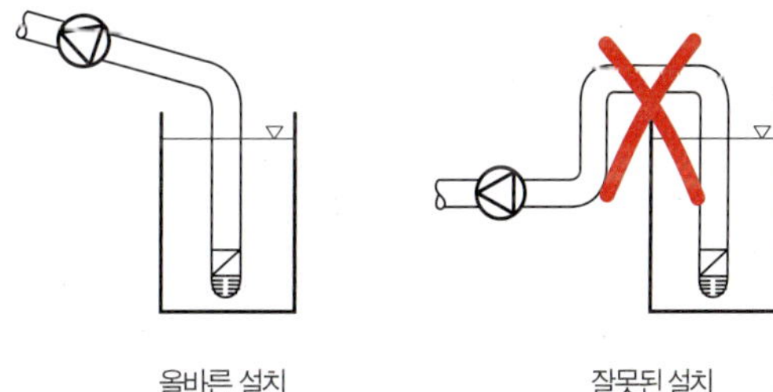

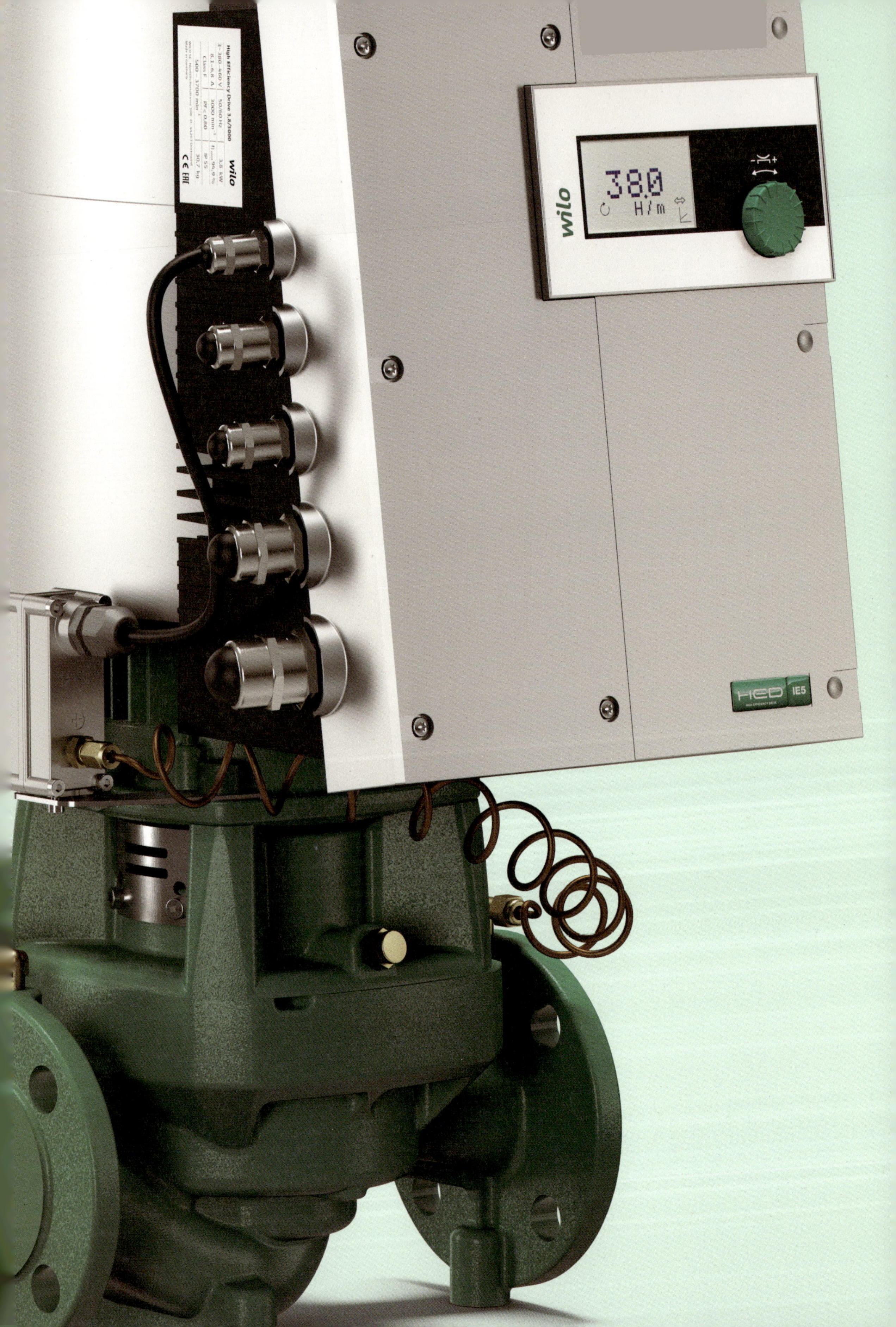
wilo
High Efficiency Drive 3.8/3000
3~ 380-460 V   50/60 Hz   3.8 kW
8.1-6.8 A   3000 min⁻¹   η 94.9 %
Class F   PF < 0.80   IP 55
500 - 3700 min⁻¹   30.7 kg
WILO SE Nordstraße, Postfach and 306 D 44263 Dortmund
Made in Germany
CE EHC
wilo
38.0
H/m
HED IE5

13. 펌프 성능 제어

순환 펌프에 의해 공급되는 유량은 시스템의 열 냉 / 난방 출력 요건에 따라 다르다. 이러한 요건은 다음 요소에 따라 변한다.

- 기후변화
- 사용자 사용양식
- 외부적인 열 영향
- 유압 제어 장치의 영향 등

순환펌프는 시스템의 적절한 운전 상태를 위해 설정 값과 실제 값을 비교하여 최대 부하 상태로 운전이 되도록 설계 되었다. 이 자동 제어는 실제 조건에 맞추어 지속적으로 펌프 성능 및 소비 전력을 조정할 수 있다.

Wilo의 전자제어 펌프는 자동으로 유량을 제어할 수 있다. 이로 인해 시스템 운전 지점에 맞추기 위해 밸브를 조정할 필요가 없게 된다. 밸브 조정 장치 없이, 추가적으로 펌프의 소비전력이 줄어들게 된다. 이로 인해 추가적인 설치비와 재료비가 현저하게 줄어 든다.

Wilo 제어장치 제어반을 사용하는 경우 동일한 결과를 얻을 수 있다.

Δp-c 제어 모드

Δp-c 제어모드에서, 제어반은 펌프의 유량 범위 내에서 설정값 H_S 로 차압을 일정하게 유지한다.

Δp-c 제어

예를 들어, 밸브 조정에 의해 유량이 감소하는 경우, 펌프의 속도를 줄여서 실제 시스템 부하에 맞도록 펌프 성능을 줄이게 된다. 속도변경과 함께, 소비전력은 공칭 전력의 50% 이하로 감소된다. 차압 일정 제어의 경우, 시스템에서 유량 변화가 필요하다. 피크부하 운전은 트윈헤드 펌프와 연계하여 자동으로 부하에 민감하게 영향을 받는다. 만약 제어된 기본부하 펌프의 용량이 증가하는 부하요구를 감당하기에 불충분하면, 두 번째 펌프가 자동으로 기동을 시작하여 증가하는 수요를 감당하기 위해 병행운전을 한다. 그런 다음 가변속도 펌프는 미리 설정한 차압 값에 도달하면 정지된다.

일반적으로 펌프에서 직접 차압을 입력하여 일정하게 유지하는 것을 권장한다. 대안은 시스템에 신호전달기를 설치하는 것이다. 소위 시스템의 인덱스 회로에 원격 신호전달기를 설치하는 것이다. (제어 범위 확장) 원격 신호전달기를 이용하여 제어하면 부분적으로 훨씬 더 큰 속도감소와 펌프 성능 변화가 가능하다. 이와 관련하여 선택된 측정지점은 모든 시스템 구간의 소비성능에 대해 유효하다는 것이 필수적이다. 인덱스 회로에서 이 산출된 측정지점은 배관시스템의 다른 부분으로 이동에 적용되며 최적화는 Wilo DDG 임펄스 셀렉터로 하는 것이 좋다. 2~4까지의 측정 지점은 지속적으로 비교할 수 있다. 가장 낮은 측정값은 CR 제어반에 의한 설정값 / 실제값 비교를 위한 기준을 만든다.

원격신호 선날을 위한 제어 곡선

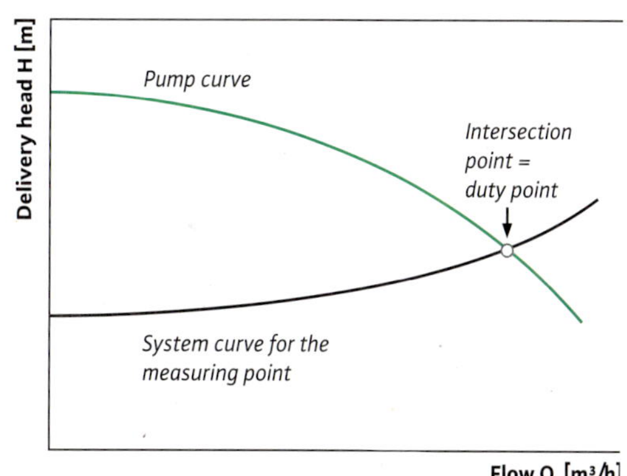

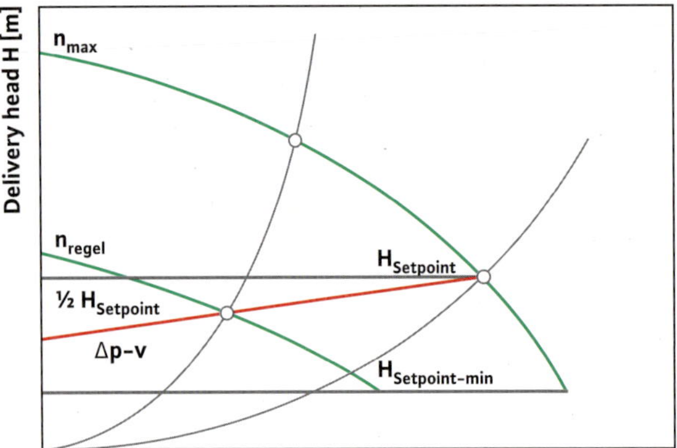

Δp-v 제어 모드

기존의 시스템을 재정비하거나 업그레이드를 할 경우, 가장 낮은 차압이 측정되는 지점은 항상 확인 할 수 없다. 기존의 설치는 몇 년 전에 이루어진 것이며 이후 개별 제어장치를 설치함으로써 제어장치를 설치한 후에 소음문제가 발생된 것이다. 시스템의 제어반이 알려지지 않았거나 새로운 센서를 연결하는 것은 불가능하다. 그러나 제어 범위 확장은 Δp-v 제어모드를 사용하면 가능하다.(1-펌프 시스템 권장)

Δp-v 제어 모드에서, 제어반은 H_S와 1/2 H_S 사이에 선형으로 펌프의 설정 차압 값을 변경한다.

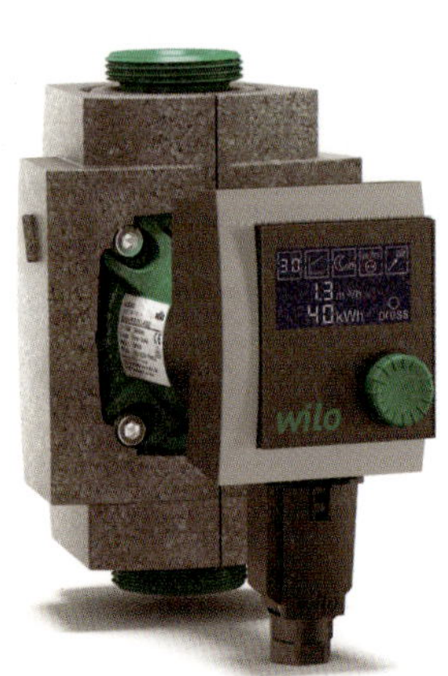
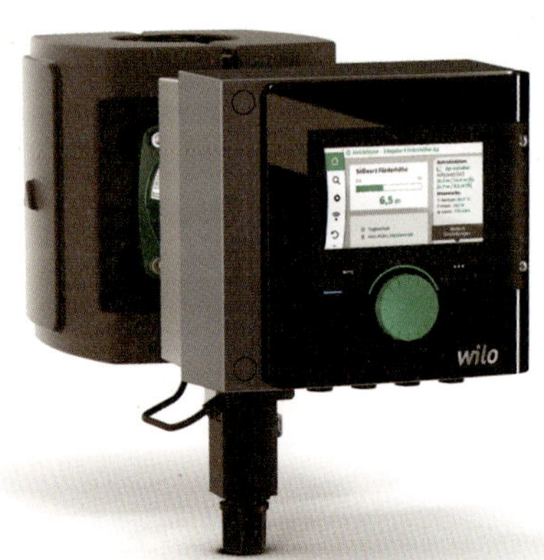

Δp-T 제어 모드

Δp-T 제어모드에서, 펌프의 측정된 유체의 온도에 의해 전기적 회로를 다르게 하여, 사양 지점에서의 압력 차이를 유지한다. 이러한 온도 압력 차 조절 방식은 일정한 크기의 배관, 변화하는 온도 및 유량 시스템에 사용할 수 있다. 반대로, Δp-T 조절 방식은 열처리 펌프에 사용되며 시스템의 순환 배관에 적용된다.

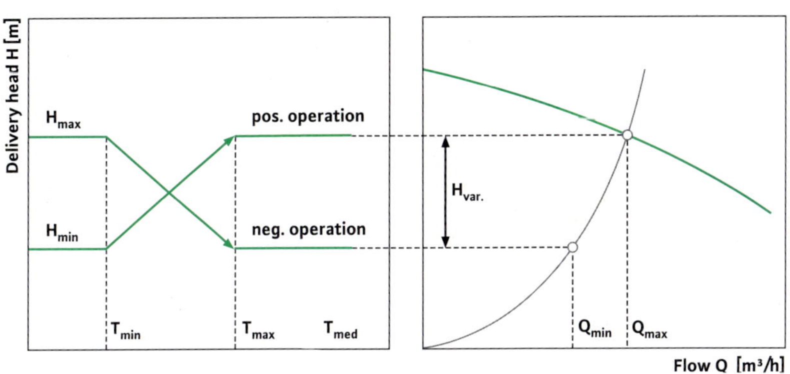

DDC 운전 방식(Direct Digital Control)

이 방식에서 제어를 위해 필요한 현장 / 설정 레벨 평가는 원격제어기와 관련이 있다. 아날로그 신호 (0…10V)는 외부 제어기로부터 인버터가 장착된 Wilo 펌프까지 조작된 변수로 제공된다. 현재의 속도는 화면상에 표시되고 펌프의 수동작동은 비활성된다.

Wilo 제어장치를 사용하는 경우, 설정값은 사용한 신호 전달기에 따라 다르다. 신호 전달기 DDG 40을 사용하는 경우를 예로 들면 설정 값이 '0'%에서의 양정은 '0'이고 100% 일 경우에서는 40m 이다.

아날로그적으로, 이것은 기타 모든 측정 범위에 적용된다.

DDC 작동은 더 큰 용량의 제어기로부터의 신호가 Wilo 제품에 의해 등록되어야 한다는 것을 의미한다. 또한, 스위치 on / off 를 위해 전극봉도 사용한 제품에 따라 필요하다. 또한 공운전 신호 또는 0…10V (0/4-20 mA) 신호는 모니터링 및 로깅을 위해 Wilo 제품에 의해 사용할 수 있다. 자세한 내용은 제품 카달로그에 나와 있다.

인버터가 장착된 DDC 펌프 운전 방식

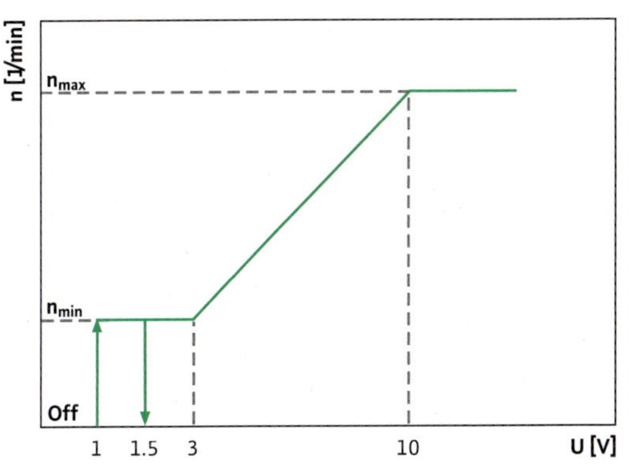

Wilo 스위치기어가 있는 DDC 운전방식

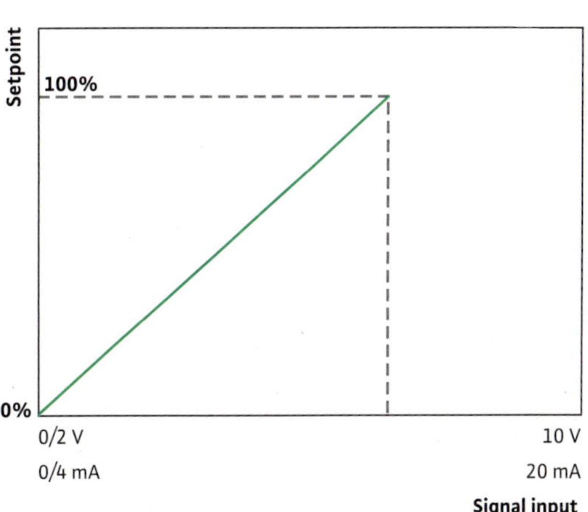

14. 표준 난방시스템을 위한 펌프 기초설계

난방 펌프의 필요한 유량은 현재 난방이 되고 있는 빌딩의 열 소비에 따라 달라진다.
다른 한편, 총양정은 현재의 배관 마찰 저항에 의해 결정된다.
새 난방시스템을 설치할 때, 이 변수들은 오늘날 컴퓨터 프로그램을 사용하여 쉽게 산출할 수 있다.
하지만, 이러한 계산은 기존의 난방시스템을 개조할 경우 더 어렵다. 다양한 대략의 기초적인 견적을 모아 필요한 펌프 용량 데이터를
산출할 수 있다.

펌프 유량

새 순환펌프를 난방시스템에 설치할 때, 그 크기는 다음 공식을 사용하여 유량에 따라 결정된다

$$Q_{PU} = \frac{Q_N}{1{,}163 \cdot \Delta\vartheta} \ [\text{m}^3/\text{h}]$$

Q_{PU} = 설계점에서의 펌프의 유량 [m³/h]
Q_N = 난방할 구역의 열소비 [kW]
1.163 = 특정 열용량 [Wh/kgK]
$\Delta\vartheta$ = 난방 시스템 공급과 회수 사이의 설계온도 차이(스프레드)
       [K]: 여기서 10-20K는 표준 시스템용으로 가정할 수 있다.

펌프의 총양정

유체를 난방시스템의 모든 지점에 운반하려면, 펌프는 모든 저항을 극복해야 한다. 배관작업의 경로와 사용된 배관의 공칭 직경을 결정하는 것은 매우 어렵기 때문에, 다음 공식을 사용하여 총양정을 대략적으로 산출할 수 있다

$$H_{PU} = \frac{R \cdot L \cdot ZF}{10{.}000} \ [\text{m}]$$

R = 직선 배관의 배관 마찰 손실 [Pa/m] 여기서, 50 Pa/m 에서
       150 Pa/m을 표준 시스템용으로 가정할 수 있다.(주택이 지
       어진 년수에 따라 더 오래된 집은 더 큰 공칭 직경의 배관을 사
       용하므로 50 Pa/m의 더 작은 압력강하를 가진다)
L = 공급 및 회수를 위한 최대난방 라인의 길이[m]
       (주택의 길이 + 폭 + 높이) x 2
ZF = 추가 요소
       곡관류/연결부   ≈ 1.3
       온도조절 라디에이터 밸브   ≈ 1.7
       이들 설치된 부품이 다른 부품 사이에 있을 경우 ZF 2.2을 사
       용할 수 있다.
       곡관류/연결부   ≈ 1.3
       온도조절 라디에이터 밸브   ≈ 1.7
       혼합밸브/중력브레이크   ≈ 1.2
       이들 설치된 부품이 다른 부품들 사이에 있을 경우, ZF2.6을
       사용할 수 있다.
10,000 = 환산 계수 [Pa/m]

적용 사례

구식 건축 구조의 다가구 주택의 열원은 계산 또는 문서에 의하면 50 kW의 출력을 가진다.

20K의 온도차 $\Delta\vartheta$ (ϑ_{feed} = 90°C / ϑ_{return} = 70°C)에서, 아래 방정식에서 다음 결과가 나온다 :

$$Q_{PU} = \frac{50\ kW}{1,163 \cdot 20\ K} = 2,15\ m^3/h$$

만약 동일한 빌딩이 10K 정도의 더 적은 온도차이로 난방을 할 경우, 순환 펌프는 열교환기에서 열 소비장치로 필요한 열에너지를 운반하기 위해, 두 배의 유량 즉 4.3m³/h를 내도록 해야 한다.

예를 들어, 혼합밸브와 중력 제동장치가 설치되어 있고 50 Pa/m의 배관 마찰압력 손실, 공급 및 회수용 배관라인 길이가 150m와 추가 계수 2.2를 가정하면 이로 인한 총양정 H은 다음과 같다.

$$H_{PU} = \frac{50 \cdot 150 \cdot 2,2}{10.000} = 1,65\ m$$

"설계 특징"편에서, 우리는 효율 곡선이 펌프 곡선에 따라 어떻게 달라지는지 보았다. 펌프를 선택할 때 효율 곡선을 고려하는 경우, 에너지 면에서 곡선의 중간 1/3이 가장 선호하는 설계 범위이다. 따라서, 가변 용량의 유량이 있는 시스템의 경우, 설계점은 우측 1/3 영역에 있어야 한다. 난방 순환 펌프의 운전점이 중간 1/3로 이동하고 작동 시간의 98% 동안 거기에서 운전하게 되기 때문이다.

시스템 곡선은 저항이 증가하면 예를 들어 온도조절 라디에이터 밸브가 닫히면 더 가파르게 된다.

펌프 카다로그에서 총양정 H와 유량 Q을 위해 계산한 데이터로부터 다음과 같은 결과를 제공한다.

가변 용량 유량의 펌프 곡선 필드에서의 운전점

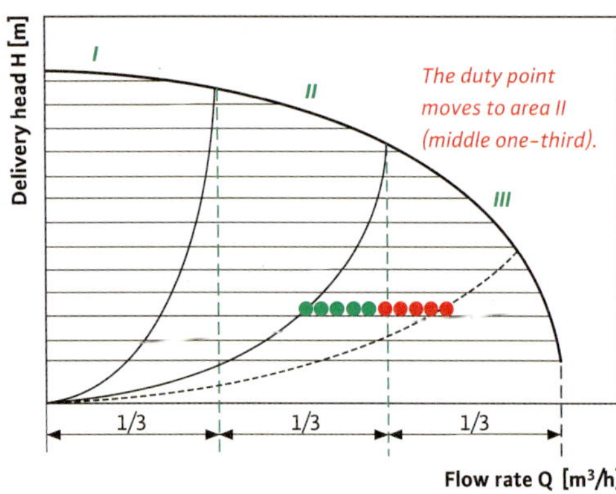

영역 I (좌측 1/3)
운전점이 이 영역에 있으면 더 작은 펌프 선택

영역 II (중간 1/3)
펌프는 작동시간의 98%에 대해 최적의 범위 내에서 작동.

영역 III (우측 1/3)
제어 펌프는 설계점 (당해 가장 무더운 날/가장 추운 날) 에 있을 경우 전체 운전시간의 2% 동안만 최소 선호 영역에서 작동한다.

Wilo-Yonos PICO 펌프 곡선

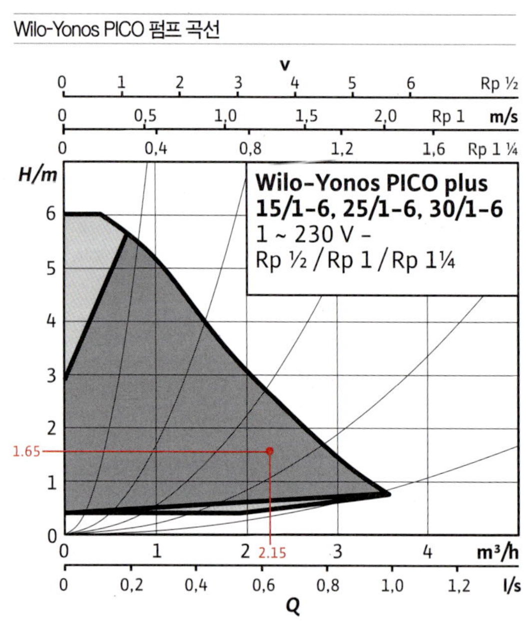

펌프 기초 설계의 영향

잘 모르는 배관 시스템에서 빌딩 열소비를 대략의 계산을 사용하여 결정해야 하는 경우, 이것이 어떤 영향을 갖는지 알 수 없다.

오른쪽에 실내 라디에이터의 전형적인 출력 곡선을 볼 수 있다.

다음과 같은 상관관계를 알 수 있다: 유량 Q가 10%씩 감소되면, 라디에이터의 열 출력은 2%씩만 감소한다. 유량 Q이 약 10%씩 증가하는 경우도 마찬가지다. 이 경우, 라디에이터는 약 2% 더 많은 열 에너지를 방출할 수 있다. 유량이 두 배가 되더라도 열 출력은 약 12%만 증가한다!

이러한 이유는 라디에이터의 유속이 유량과 직접 관련되기 때문이다. 유속이 빠를수록 라디에이터에 물이 체류하는 시간은 더 짧다는 것을 의미한다. 유속이 낮을수록 유체는 실내로 열을 방출하는 시간이 더 많다.

라디에이터 작동 도표

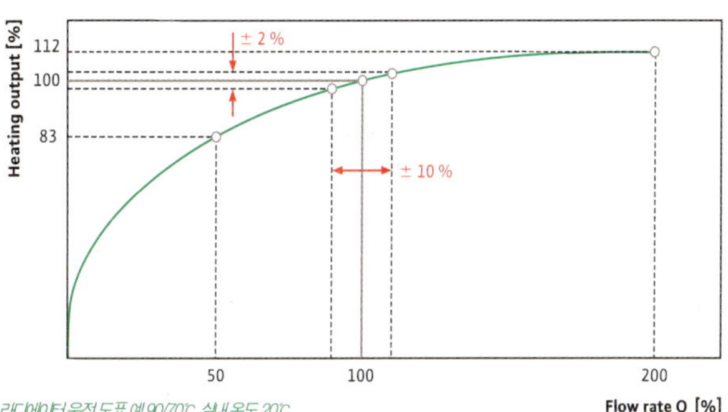

라디에이터 운전 도표 예 90/70℃, 실내 온도 20℃

따라서, "안전여유"를 확보하기 위해 필요한 것보다 더 큰 펌프를 선정하는 관례는 지극히 잘못된 것이다.

상당히 작은 용량의 펌프를 선정하는 것은 상대적으로 작은 영향을 미친다. 50%의 유량에서, 라디에이터는 여전히 약 83%의 열 에너지를 실내로 방출할 수 있다.

펌프 선정 소프트웨어

Wilo-Select와 같은 펌프 선정 소프트웨어는 완벽하고 효과적인 선정 서비스를 제공한다. 펌프 계산에서 설계, 관련 문서까지 필요한 모든 데이터를 제공한다.

Wilo-Select Classic은 펌프, 시스템 및 부품 선정 소프트웨어 프로그램이다. 전문적인 작업의 보조도구로 사용할 수 있으며 다음과 같은 메뉴로 나누어진다.
- 계산
- 설계
- 카다로그 및 관련 내용 검색
- 펌프 교체
- 문서
- 전기비용 및 감가상각 계산
- 수명 비용
- Acrobat PDF, DXF, GAEB, Datanorm, VDMA, VDI, CEF 형식으로 데이터 보내기
- 자동 인터넷 업데이트

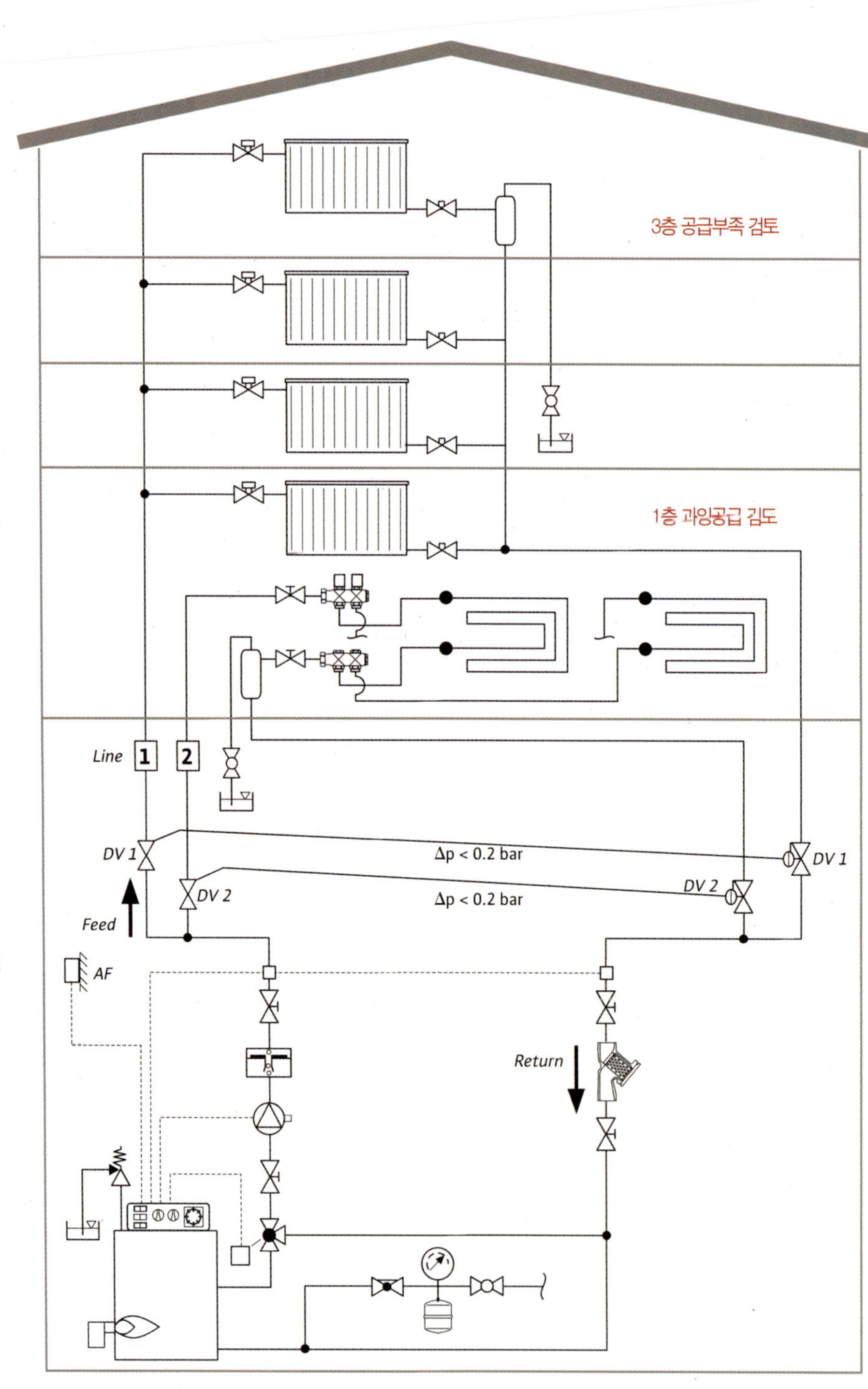
라인 가장 높은 곳의 에어탱크
KFE 밸브
온도조절밸브 (TV)
역류차단
게이트 밸브
전기 액추에이터
역류 차단
차압조절기 (DV)
전자제어 순환펌프
중력제동기(SB)
3-way 혼합기
Socla 필터
KV 부속품 및 KFE 밸브가 달린 다이아프램 팽창탱크
안전밸브
배수
3층 공급부족 검토
1층 과잉공급 검도
Line
1
2
DV 1
DV 2
Δp < 0.2 bar
Δp < 0.2 bar
DV 1
DV 2
Feed
AF
Return
펌프의 효율적인 운전을
위해 유량 조절이 필요

수력학의 시작부터 끝까지

최적의 열 배분과 가능한 가장 낮은 소음 레벨을 얻기 위해, 수력 조절이 필요하다.

수력 조절은 소비장치에 공급이 너무 많거나 너무 작아지는 것을 방지한다.

라인에 공급되는 공칭 유량은 배관시스템의 펌프에 의해 제공된다. 소비장치(예: 라디에이터)는 그 출력의 비율만 요구한다. 비율은 라디에이터의 크기와 출력 외에 온도조절장치와 콘트롤 밸브의 설치에 따라 다르다.

각 개별 소비장치에 정확한 유량과 압력이 공급되도록, 차압 콘트롤러, 라인 조절밸브, 사전설정 온도조절장치 및 콘트롤 밸브 또는 조절이 가능한 회수 배관 유니온을 설치할 수 있다.

소비장치를 위한 설정은 제조회사의 사양 (설계 차압 40과 140mbar)에 따라 밸브와 콘트롤러에서 조정할 수 있다. 소비장치는 초과 펌프 압력으로부터 보호되어야 한다. 예를 들어 온도조절 라디에이터 밸브 앞의 최대 펌프 압력은 2m를 초과해서는 안 된다. 시스템에서 이 압력이 초과되어야 하는 경우, 차압 콘트롤러를 환수 배관에 제공하여 이 한계값을 유지하도록 한다.

페이지 78의 "적용사례" 편 참조

전자제어 순환 펌프 설정

오늘날 전자속도제어장치가 달린 순환 펌프는 잘 모르는 시스템에 대해 필요한 전달 양정을 설정할 수 있는 매우 간단한 옵션을 제공한다.

- 이를 위한 전제조건은 배관라인이 신중하게 보정되고 시스템은 블리딩이 되어야 한다. 모든 콘트롤 밸브를 연다.

- 펌프의 전자장치는 전달 양정을 설정하기 위한 스위치 또는 다이얼을 가진다. 제조회사에 따라, 이들 스위치는 눈금을 가지거나 가지지 않을 수 있다. 펌프 설정 순서는 먼저 가장 낮은 양정을 설정하여 시작한다. 모바일 폰 또는 무전기를 갖춘 동료는 전체 난방 시스템의 가장 먼 라디에이터에 서 있도록 한다.

- 뜨거운 난방수가 이 원격지점에 도달하지 않고 있다는 초기 보고 이후, 조절 다이얼을 이용하여 전달 양정을 천천히 증가시킨다. 이렇게 하면 서 난방 시스템의 관성을 고려한다.

- 가장 멀리 있는 라디에이터에 열에너지가 공급되는 순간, 설정 프로세스는 완성된다.

다중 펌프 연결

이전에 설명된 내용은 원심 펌프 한 대를 기반으로 했지만 실제로 단일 펌프로는 요건을 맞출 수 없는 운전상황이 있다.

이런 경우, 두 대 이상의 펌프가 설치된다. 적용에 따라, 펌프는 직렬 또는 병렬 연결로 설치된다.

특정 운전 기능을 논의하기 전에, 기본적인 (자주 이야기되는) 문제를 먼저 지적하도록 한다. 일반적으로 말하면 직렬로 연결된 2대의 동일한 펌프는 전달 양정에서 두 배가 되고 병렬로 연결된 2대의 동일한 펌프는 유량에서 두 배가 되는 것은 사실이 아니다.

이론적으로 이것이 가능하더라도, 설계 및 시스템과 관련된 이유로 실제적으로는 달성하기 불가능하다.

직렬로 연결된 펌프

두 대의 펌프가 한 줄로 연결되면, 펌프 곡선의 크기가 커지는데 이것은 밸브를 닫으면 압력(양정)이 증가한다. 따라서 Q = 0 일 때의 전달 양정은 동일한 크기의 2대 펌프에 대해 두 배가 된다.

다른 끝단에서, 압력 없이 펌핑을 하는 경우, 두 내의 펌프는 단일 펌프보다 더 많은 양의 액체를 운반할 수 없다.

직렬 운전 펌프 곡선

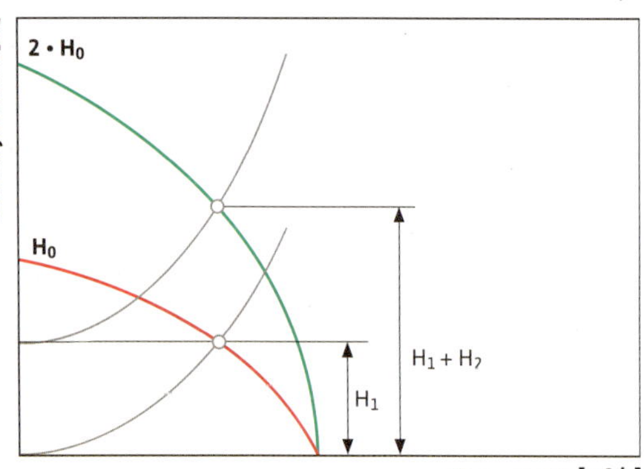

하나의 하우징에 설치된 동일한 유량의 2대의 직렬연결펌프의 양정은 동일한 유량지점에서 추가된다.

두 부분의 수력학에 대한 실제적인 의미는 비례적으로 증가하는 결과를 보인다.

- 곡선 도표의 수직축의 경우, 즉 전달 양정 H의 경우, 이 증가는 시스템 곡선이 좌측으로 갈수록 더 크다.
- 수평축의 경우, 즉 유량 Q의 경우 증가는 상당히 작다.

적용 예: 다중 펌프 회로 (직렬 연결 펌프)

제어 상의 이유로, 큰 난방 시스템은 다중 난방회로로 구성된다. 때때로 또한 다중 보일러로 설치된다.

다중 난방 회로의 시스템 예

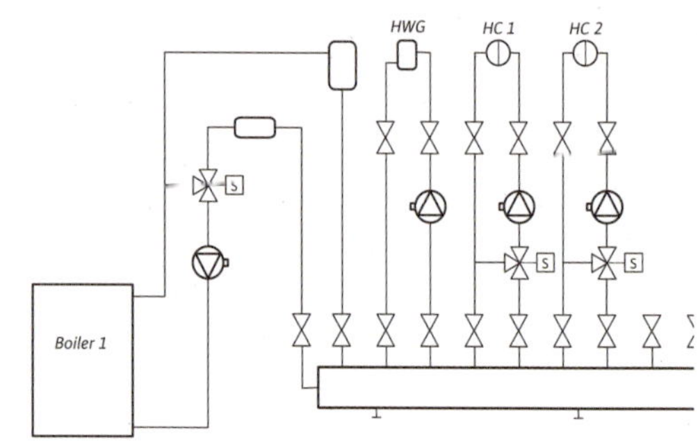

온수 발생 (HWG)용 펌프와 난방 회로 HC1 와 HC2용 펌프는 서로 독립적으로 운영한다. 순환 펌프는 각 시스템 저항을 극복하도록 설계되어 있다. 이 3대의 펌프 각각은 보일러 순환 펌프 BCP와 직렬을 이룬다. 이 펌프의 목적은 보일러 회로에 이미 존재하는 저항을 극복하는 것이다.

앞의 PART에서 이론적 고려사항은 동일한 크기의 펌프로 가정했다. 하지만 용량은 여기에서 보는 도표에서처럼 각 펌프마다 다를 수 있다.

따라서, 이러한 유형의 설치는 유량이 서로 일치하지 않는 경우 큰 위험을 유발한다. 보일러 회로 펌프에 의해 발생되는 펌프압력이 너무 높은 경우, 한 대 또는 모든 분배 펌프 흡입측에서 초과 잔여 인입 압력을 받을 수 있다. 이것은 이 펌프들이 더 이상 펌프로서 작동 하지 못하고 터빈 (발전기 운전)으로 작동한다. 이들은 압력을 받아 매우 빠르게 오동작 및 펌프 고장을 일으킨다. (유압 해체를 위한 솔루션은 이 토론의 영역 이상이다)

병렬 연결 펌프

두 대의 펌프가 병렬로 설치되는 경우, 펌프 곡선은 서로 증가되는데 이것은 압력 없이 작동할 때 예를 들어 개회로 배관에 대해 유량은 누적된다는 것을 의미한다. 따라서 동일한 크기의 두 대 펌프의 최대 전달량은 두 배가 된다.

우리는 이미 이러한 펌프 성능곡선은 오직 이론적 값이라는 점을 지적했다.

다른 끝단에서, 전달 양정이, Q = 0 일 때 병렬 연결의 두 대 펌프는 단일 펌프보다 더 높은 전달 양정을 제공할 수 없다.

두 부분의 수력학에 대한 실제적인 의미는 비례적으로 증가하는 결과를 보인다.
- 곡선 도표의 수평축의 경우, 즉 유량 Q의 경우, 시스템 곡선이 우측으로 갈수록 더 많이 증가한다.
- 수직 축의 경우, 즉 전달 양정 H의 경우, 펌프 곡선의 중간에서 가장 크게 증가한다.

병렬 연결 곡선

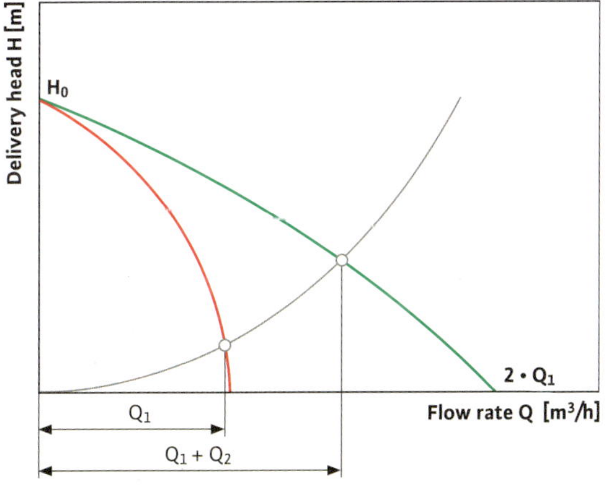

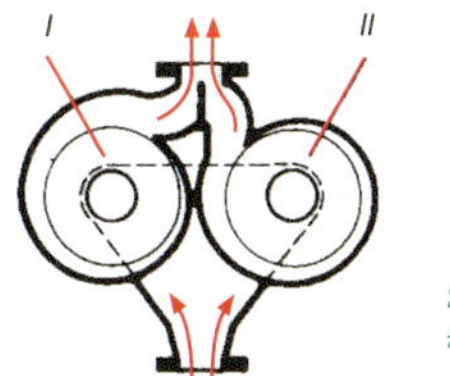

양쪽 펌프 운전
동일한 출력의 2대 펌프의 병렬 연결

적용 예: 병렬 운전

난방 에너지 요구량이 최고점에 도달하면, 펌프 I과 II는 병렬 운전으로 함께 운전된다. 현대의 펌프는 이를 위한 제어장치가 플러그인 모듈 또는 해당 악세서리가 장착된 전자 모듈에 포함되어 있다.

트윈 펌프에 내장된 2대의 단일 펌프는 각각 여러 단계로 조절할 수 있으며 열 요구량에 펌프를 조절할 수 있는 넓은 범위의 가능성을 가지고 있다.

이것은 다음 곡선에서 확인할 수 있다. 점선 곡선은 2대 중 한 펌프의 개별 운전 펌프 곡선이다. 굵은 검은 선은 주/보조 운전에서 합산된 펌프 곡선이다.

Wilo-Stratos D 펌프 곡선

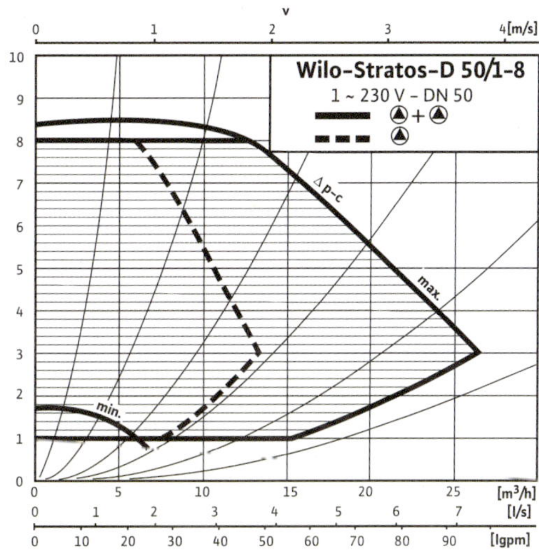

동일한 출력의 2대 펌프의 병렬 연결
- 유량의 실제 증가

트윈펌프 운전 중 한 대의 펌프가 고장나도 50%가 넘는 유량이 공급된다. 라디에이터 운전 도표에 따르면 이것은 라디에이터에서 발산할 수 있는 83% 이상의 열 방출을 의미한다.

페이지 79의 '펌프 기본 설계의 영향편' 참조

적용 예: 주 펌프 및 대기 펌프

난방 시스템의 목적은 추운 계절에 생활공간을 난방하는 것이다. 따라서, 다른 펌프가 고장 날 경우 각 난방 회로에 예비펌프를 제공하는 것을 권장한다. 예를 들어 다가구 주택, 병원 및 공공기관의 경우를 들 수 있다.

한편, 두 번째 펌프 - 필요한 배관 및 제어장치와 함께 - 를 설치하면 설치비용이 상당히 많이 든다. 산업계에서는 트윈헤드 펌프 형태로 좋은 절충안을 제공한다. 2개의 임펠러와 구동 모터는 한 개의 하우징에 조립되어 있다.

주 / 대기 운전시, 펌프 I과 II는 운전시간(예: 각 24시간)에 따라 교대로 운전한다. 한 대의 펌프가 운전되는 동안 다른 펌프는 대기를 한다. 표준 장비에 설치되어 있는 버터플라이 밸브는 정지되어 있는 펌프 측을 통한 유체의 역류를 방지한다.

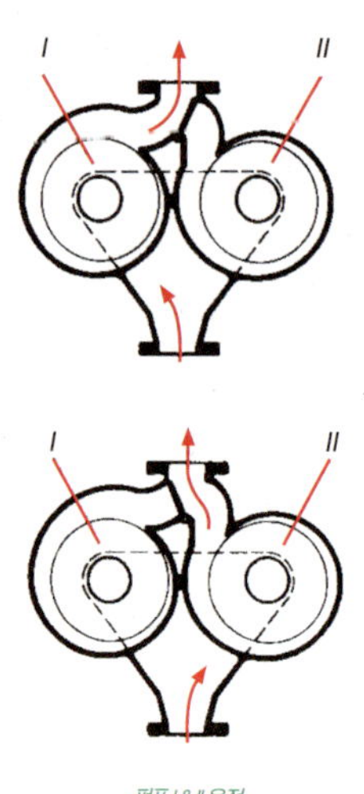

펌프 I & II 운전

이 PART의 초기에 설명했듯이, 펌프 중 하나가 고장나면 운전 순비 중인 펌프로 자동 전환된다.

다중 펌프의 피크 부하 운전

다중, 개별 부분 부하 펌프들은 큰 유량이 필요한 시스템에 설치될 수 있다. 예를 들면, 20개 건물과 중앙에 보일러실이 있는 병원을 들 수 있다.

다음의 예에서, 전자제어장치의 대형 펌프가 서로 병렬로 설치되어 있다. 요구에 따라 다르지만, 피크부하시스템은 2대 이상의 동일한 용량의 펌프로 구성된다.

신호 센서와 연결되어, 제어 시스템은 일정한 펌프 압력(Δp-c)을 유지한다

이 경우, 모든 라디에이터의 온도조절 밸브에 의해 통과가 허용된 유량과 4개의 펌프 중 몇 대가 현재 작동중인가는 크게 중요하지 않다.

이러한 유형의 시스템이 수력학적으로 보정되는 경우, 이들 회로 역시 적절한 공급을 보장하는 원격 지점 평가를 수행하기 위해 사용된다. 이 평가를 위해, 신호 센서는 유량 공급이 가장 어려운(거리상 또는 원격 지점) 시스템의 지점에 설치된다. 신호 센서로부터 제어 신호는 제어 장치로 보내지고 여기서 관성 및 시스템의 다른 특성에 따라 조절된다. 연결된 펌프는 제어장치, 예를 들어 내장된 전자제어장치를 통해 차례로 작동된다.

예에 나와 있는 전체 시스템은 다음과 같이 제어된다.

내장 전자제어장치를 갖춘 기본 또는 주 펌프 P_H는 차압 신호 센서에 의해 최대 속도 n=100%와 최소 속도 n=40% 사이에서 지속적으로 제어된다. 이에 따라 부분 부하 유량은 $Q_{T1} <=25\%$ 범위로 천천히 이동된다. 유량 $Q_T > 25\%$이 필요하면, 처음의 피크 부하 펌프 P_{S1}이 내장된 전자제어장치에 의해 켜진다. 주 펌프 P_H는 요구에 따라 총유량 25%~ 50% 사이에서 조절되도록 무한 가변제어된다.

이 프로세스는 내장 전자제어 펌프를 갖춘 부분부하펌프 P_{S2}와 P_{S3}가 켜지면 각각 최고 속도에서 운전되도록 반복된다. 전체 병원의 최대 열 요구량은 4대의 펌프가 피크부하 유속 V_V인 최대 출력으로 운전되어 만족한다. 유사하게 내장 전자제어장치를 갖춘 피크부하 펌프 P_{S3} ~ P_{S1}은 열 요구량이 줄어들면 꺼지게 된다.

무한 가변 제어장치의 다중 펌프 시스템

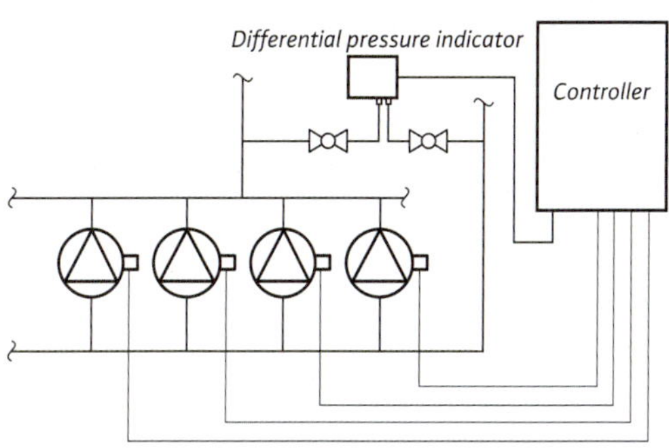

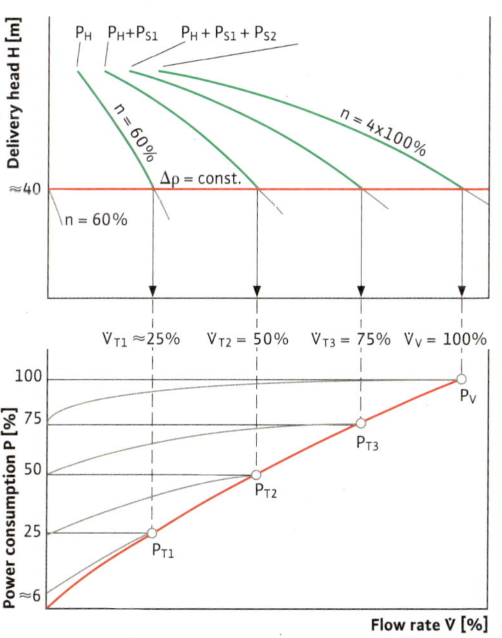

펌프의 운전시간을 가능한 균일하게 유지하기 위해, 주 제어 펌프의 역할이 매일 갱신되어 다른 펌프에 지정된다.

마지막 도표는 각 펌프의 유형에 따라 가능한 소비전력 절감을 포함한 최대의 절감을 보여준다.

대형 시스템의 경우, 수 년 동안의 낮은 운영비 혜택은 낮은 초기 투자비보다 더 중요하다. 내장된 전자장치와 제어반을 갖춘 4대의 소형 펌프는 제어장치 없는 한 대의 대형 펌프보다 더 비용이 들 수 있다. 하지만, 예를 들어 운전시간을 10년으로 가정하면, 제어시스템과 내장 전자제어장치를 갖춘 펌프에 대한 초기 투자비용은 에너지 절감으로 몇 배 이상 만회할 수 있다. 소비장치에 개선된 공급을 함에 따라 더 조용하고 비용대비 효과적으로 시스템에 더 나은 공급을 할 수 있는 추가적인 부가효과가 있다. 이것은 근본적인 에너지 절감을 가져온다.

정보 자료 : 펌프 관련 측정 단위

물리적 변수	기호	규정 측정단위		더 이상 사용되지 않는 측정 단위	권장 단위	비고
		SI 단위	기타단위 (일부)			
길이	l	m	meter	km, dm, cm, mm, µm		m	기본 단위
부피	V	m^3	dm^3, cm^3, mm^3, Liter(1l=1dm^3)	cbm, cdm, …	m^3	
유량/ 체적유량	Q V	m^3/s	m^3/h, l/s		l/s 와 m^3/s	
시간	t	s	second	s, ms, µs, ns … min, h, d		s	기본 단위
속도	n	rps	rpm		rpm	
질량	m	kg	kilogram	g, mg, µg. Ton (1t=1,000kg)	Pound Hundred-weight	kg	기본 단위 제품의 질량을 '무게'라 한다
밀도	ρ	kg/m^3	kg/dm^3		kg/dm^3 kg/m^3	"비중량" 단어는 모호성으로 인해 더 이상 사용하지 않는다 (DIN 1305 참조)
힘	F	N	Newton (=kg m/s^2)	kN, mN, µN...	kp, Mp …	N	1kp=9.81N. 중력은 질량 m과 중력 g의 국지적 가속도의 곱이다.
압력	P	Pa	Pascal (=N/m^2)	Bar (1bar=10^5Pa)	kp/cm^2, at, m head of water, Torr,	bar	1at = 0.981bar = 9.81×10^4Pa 1mm Hg = 1.333mbar 1mm head of water = 0.098mbar
에너지, 일, 열의 양	W Q	J	Joule (=Nm =Ws)	kJ, Ws, kWh … 1kW h=3,600kJ	kp m, kcal, cal WE	J 과 kJ	1kp m = 9.81 J 1kcal = 4.1868 kJ
양정	H	m	meter		M Fl. S.	m	
전력	P	W	Watt (=J/s =N m/s)	MW, kW	kp m/s, horse power	kW	1 kp m/s = 9.81 W 1마력=736W
온도차	T	K	Kelvin	℃	°K, deg.	K	기본 단위

부스터 시스템

Pressure boosting technology

PART-2

유럽을 포함한 전세계 각국의 건축물이 변화하면서, 관련 표준들이 국제적인 유효성을 갖추기 위해 개정되고 있다. 국가 중심의 표준들이 국제적으로 적용할 수 있는 표준을 만들기 위해 재 작업 중이다.

각 국가의 표준 및 보조 표준들은 유효성이 있는 표준 (예: 독일의 DIN 1988)과 충돌하거나 제한하지 않는다면 계속 사용이 가능하다.

독일의 경우 Trinkwasserverordnung 2001 (식수 규정) 및 DVGW (독일 가스 및 수도 기술과학협회) 규칙도 적용하고 있다.

표준은 활용, 사용, 설치, 안전 측정 및 유지보수 분야를 위한 공식적인 가이드라인이다. 이것은 반드시 준수해야 하는 법이 아니라 법적으로 모호한 경우 명확한 판단을 위한 목적으로 사용된다.

이 PART에서 설명하는 가이드 라인은 급수 시스템에서 부스터 시스템을 설계 및 구성할 때 실용적인 나침반이 될 것이다.

이 PART의 내용은 유럽 및 독일의 사례와 표준을 중심으로 기술되어 있어 국내의 기준과 일치하지 않는 부분도 있다.

 송도국제신도시 내에 있는 연면적155,000m², 높이 305m, 지상 68층의 NEATT는 2011년 12월 현재 국내에서 가장 높은 빌딩이다.
 이 초현대식 고층건물은 전세계 유수기업 및 유명패션 브랜드의 상업시설과 함께 33개층의 세계 최고수준의 오피스 시설을 중심으로 비즈니스 활동을 지원하는 각종 편의시설을 갖추고 있다.

 305m라는 높이까지의 물 공급을 위하여 중간기계실을 설치하였으며, 급수의 경우 일정한 고압을 유지할 수 있는 급수시스템으로서 압력레벨 PN25와 유량 Q=27.6m³/h, 양정 H=192m용으로 설계된 시스템으로 설치된 제품은 PUZeN(퓨젠) 모델 중 정밀압제어가 가능한 개별인버터형(PZM) 모델로서 필요한 압력을 유지하였다.

또한 PUZeN의 전자제어기(PCU807)는 급수 시스템에 최고로 적합한 용량을 제공하여 급수 필요시 즉시 대응 가능한 정밀압제어와 에너지 효율이 높은 개별인버터 방식으로 에너지 절감이 타 제품에 비해 월등하다.

men
in Dortmund

01. 기본 원리

음용수는 인류가 살아가기 위한 필수 불가결한 물질이다. 소비자들이 그 물을 충분한 품질과
일정한 유량 및 압력으로 사용 지점에서 사용할 수 있어야 한다. 만약 필요한 만큼의 유량과 양정이
사용 지점에서 확보되지 않는다면 부스터 펌프 시스템을 사용하여야 한다.

부스터 시스템 용어 설명

일반적으로 상수도에서 공급하는 급수압은 고층건물의 높은 층에서 사
용하기에는 충분하지 않다.

필요한 공급압력이 사용지점에서 너무 높거나 배관 시스템의 양정 손실
이 너무 많아서 맞추지 못하는 경우 부스터 시스템을 사용하여야 한다.

부스터 시스템 PART에서 적용한 가이드라인은 다음과 같다.

- DIN1988
  식수공급시스템 (TRWI)

- DIN EN1717
  물 설치 시 음용수의 오염 보호

- DIN 2000
  중앙 식수 공급 - 상수시스템의 설계, 공사, 운용 및 유지보수에 대한
  가이드라인

- DIN EN 806
  사람들이 소비할 수 있도록 물을 수송하여 건물 내에 설치하기 위한
  사양

설계, 계산 방법 및 이행에 대한 다음의 정보 역시 DIN1988의 가이드라
인을 바탕으로 한다.

DIN1988, 5항은 특히 압력 부스팅 적용과 관련된 규칙을 포함한다.
또한 6항은 특히 소화 및 소방시스템과 관련이 있으며 두 항목 모두
DVGW의 실습 코드로 분류되어 있다.

유체의 흐름 및 정압

유체의 압력은 물이 흐르고 있는 동안 다시 말해, 물이 적어도 하나의 추출 지점에서 추출되는 동안 급수 시스템의 측정지점에 존재하는 게 이지 압력이다.

유량속도의 압력 서지와 변이는 부스터 시스템에 의해 기인하는 것이 아니라 사용자, Tab, 배관 부속 및 저장탱크에 의한 것이다.

정압은 물이 흐르지 않을 때 급수 시스템의 측정 지점에 존재하는 게 이지 압력이다.

기본적으로 배관내 요구되는 최소 유량에서의 양정 P_{minF1}은 가장 낮은 지점에 적용되어야 하며 이 지점에서의 최대 정압 P_{maxS}는 5bar를 초과해서는 안된다. 이러한 한계를 준수하여 빌딩의 존을 구분하여야 하고 부스터 시스템을 적용해야 한다.

사용자가 있는 지역에 따라, 이것은 정압 또는 유압으로 명시될 수 있다.

펌핑 중인 액체

음용수는 필수 물질이다.
고객(소비자)이 음용수를 사용하기 위해선, 법적으로 정해진 품질 내에서 충분한 양의 사용 지점과 최소 유량 압력의 요구가 만족되어야 한다.

독일의 경우 음용수(PW)에 대한 품질 요건은 TrinkwV 2001 (식수 법령)과 '기본 원리: "부스터 시스템" 용어 설명' 장에 명시된 DIN 표준에 설정되어 있다. 앞서 언급한 요건을 충족하지 못하는 모든 물은 비음용수 (NPW)로 간주한다.

음용수 생산, 처리, 운반, 저장 및 최종 사용자에게 배분은 일반적으로 공공 상수도회사의 업무이다.

공공주택과 연결된 건물 별 음용수 설치의 설계, 공사, 수정, 유지보수 및 운영은 DIN1988-식수 공급시스템 특성과 같은 규정의 조항을 적용한다.

유량

부스터 시스템의 운전에서 일어날 수 있는 문제들을 방지하기 위해 흡입 측과 토출 측 배관 시스템 모두 다음과 같은 기준을 따라야 한다.

흡입측
일반적으로, 연결 유형에 따라, 빌딩 연결라인과 펌프를 on/off하여 발생하는 부스터 시스템에 대한 소비 라인에서의 유속 또는 최대 유속차이는 일정한 상한을 초과해서는 안 된다. 그 이유는:
- 이웃 빌딩으로의 공급이 압력의 과잉 강하로 인해 수용할 수 없을 정도로 지장을 받지 않아야 한다.
- 수용할 수 없는 압력 서지는 연결라인과 공공 음용수 공급 배관라인에서 방지한다.

부스터 시스템에 대한 연결 라인과 부스터 시스템이 없는 소비라인에 대한 총 유속은 2 m/s를 초과해서는 안 된다.

토출측
토출측에서 부스터 시스템에 연결된 급수 배관 시스템에는 지장을 주는 압력 서지가 있어서는 안 된다.

이러한 사양의 준수는 부스터 시스템에 대한 연결 유형 (직접 또는 간접) 및 완충요소 (흡입 또는 토출 측의 압력탱크)의 선택을 결정한다.

상기의 내용은 독일의 예이며 국내에서는 시수와 부스터 펌프를 직접 연결하지 않고 급수 Tank를 설치한다.

실제 사례:
도르트문트 공항

독일 도르트문트 공항에는 윌로펌프의 글랜드리스 기술의 MVIS
펌프가 적용된 부스터 시스템(Comfort-N)이 설치되어 있다. 4대의
펌프가 순차적으로 기동하면서 시간당 14,000리터의 물을 4bar로
공급하고 있으며 이는 공항의 특성상 한꺼번에 사용량이 늘어나도
신뢰성 있게 대응을 하고 있다는 것을 의미한다.

최고급 스테인레스가 사용된 부스터 시스템으로 엄격한 위생관련
법률들을 만족하며 오랜 기간 사용 가능하도록 설계되었다.

1997년 확장이래 도르트문트 공항은 한낱 지방 공항에서 2006년 2백만 명 이상의 승객이 이용하는 북부 라인-웨스트팔리아 지방에서 세 번째로 가장 큰 공항으로 변모했다.

펌프 유형

부스터 시스템의 경우, 안정된 펌프 성능곡선의 원심 펌프를 사용해야 한다.
자흡식 펌프는 간접 연결로만 사용할 수 있다.

공공 상수도에 대한 부스터 시스템은 토출 용량이 동일한 펌프를 적어도 2개는 갖추고 있어야 한다. 즉 한 개는 운전 펌프이고 다른 하나는 대기 펌프로 최대 유량 V_{maxP}는 두 개의 펌프 각각 100%를 반드시 달성해야 한다.

필요한 펌프 토출 용량은 DIN 1988에 따라 계산한다.
• 최대 유량 V_{maxP}
  DIN1988. 5항, Section 4.2

• 전달압력 ΔPp
  DIN1988. 5항, Section 4.3

구성품, 배관 부속 및 재료 요건
독일에서는 펌프를 포함하여 음용수에 맞추어 설계된 모든 시스템 파트를 TrinkwV 2001 법령, DVGW 관례법 및 KTW 규정에 따라 설치, 시운전 및 유지보수 한다.

펌프용 전기구동 모터는 관련 VDE 규정을 준수해야 한다.

펌프는 어떤 속도에서든 파열소음을 내지 않도록 보장이 되는 한 사용할 수 있다.(DIN 4109, 5항)

자흡식 펌프 (Self-priming pump)

자흡식 펌프는 별도의 외부 장치 없이 흡입 배관을 통해 물을 끌어올릴 수 있는 펌프이며 배관 내 공기를 펌핑해 배출할 수 있다는 것을 의미한다.

펌프가 멈춘 경우에도 펌프 내에 남아있는 물을 흡입에 사용할 수 있지만 흡입 배관 끝에 풋 밸브를 설치하는 것이 좋다.

자흡식 펌프 다이아그램

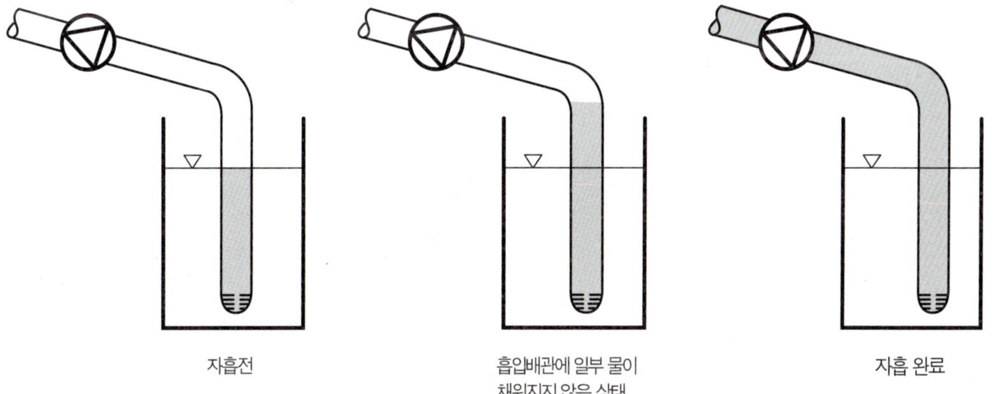

자흡식 펌프는 공공 상수도에 직접 연결해서는 안 된다.

비자흡식 펌프

"비자흡식 펌프"의 흡입 조건인 경우, 펌프와 흡입 배관이 물로 채워져 있을 경우에만 흡상이 가능하다. 흡입 배관 내 풋 밸브는 외부수 (저수조의 물) 흡입이 가능하며 펌프가 운전을 정지할 경우, 흡입 배관 내 누수를 방지한다.

비자흡식 펌프인 경우, 풋 밸브는 항상 흡입배관에 설치해야 하며 펌프의 NPSH 값을 준수해야 한다.

비자흡식 펌프 다이아그램

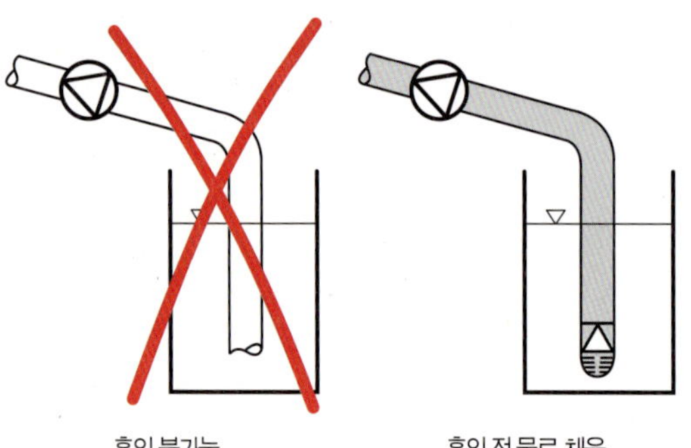

흡입 불가능

흡입 전 물로 채움
풋 밸브만 사용

- *항상 NPSH를 준수한다*
- *공운전 주의*
- *풋 밸브를 사용할 경우, 일반적으로 역지 밸브는 펌프의 흡입 및 토출측에 설치해서는 안 된다.*

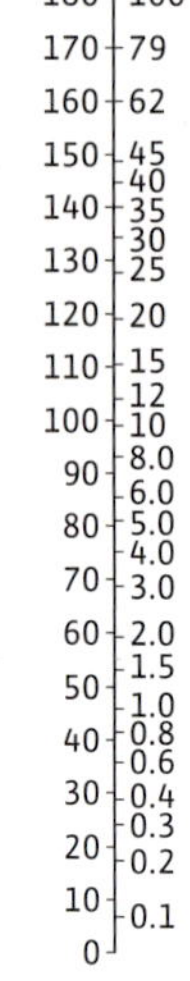

캐비테이션은 펌프를 손상시킬 수 있다.

NPSH (유효 흡입 수두)

펌프 NPSH(NPSHre: 필요 유효 흡입 수두)는 펌프 제조사에서 제시한다.

시스템의 NPSH(NPSHav)는 액체 온도, 흡입 조건과 대기압의 영향을 받는다.

흡입 조건이 나쁜 경우에는 시스템 NPSH를 항상 고려해야 한다.

NPSH에 영향을 주는 요소는 다음과 같다.
- 높은 액체 온도
- 정격 유량 대비 대유량
- 긴 흡입 배관
- 열악한 흡입 조건

캐비테이션을 방지하기 위해서 액체는 특정 흡입 양정에서 원심 펌프로 공급되어야 한다. 최소 흡입 양정은 액체의 온도 및 압력에 따라 다르다. 최대 흡입 양정 H[m]은 다음 공식에 따라 산출할 수 있다.

$$H = P_{Amb} \times 10.2 - NPSH - H_f - H_v - H_s$$

약어	의미
H	캐비테이션 발생되지 않고 안전한 펌프 운전을 위해 요구되는 흡입 압력 H = 양성: 펌프 최대 흡입 양정 [m] H = 음성: 펌프 최소 공급 압력 [m]
P_{Amb}	주변 대기의 절대압 또는 폐회로인 경우 시스템 압력 [bar]
NPSH	정격 지점의 펌프 유효 흡입 양정 (단위: m) (펌프 곡선 참조)
H_f	흡입 배관의 총 손실 양정 [m]
H_v	사용액체의 포화증기압력
H_s	안전율 0.5m

곡선 (가파름, 완만, 안정, 불안정)

펌프 성능곡선

원심 펌프의 유량에 따른 양정이 어떻게 변하는지를 보여준다. 일반적으로, 유량이 감소하면 양정은 상승한다.

- 최대 양정 (체절 양정) H_{max}는 최소 유량 V_0 (제로 유량)을 의미한다.
- 최대 유량 V_{max}는 최소 양정 H_{min}을 의미한다.

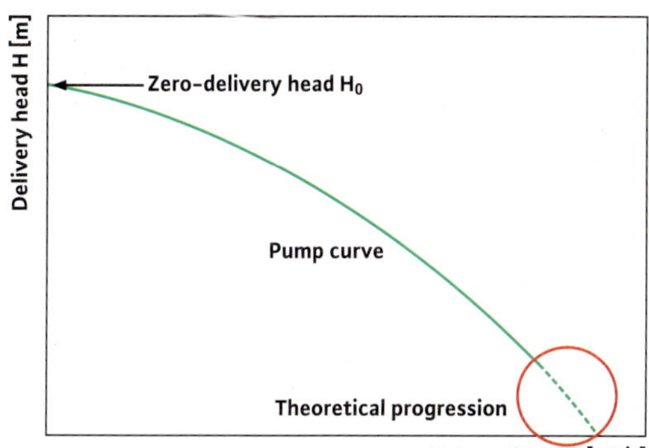

가파르고 완만한 펌프 곡선

펌프 곡선의 기울기는 여러 인자 중에 모터 속도 n과 관련이 있다.

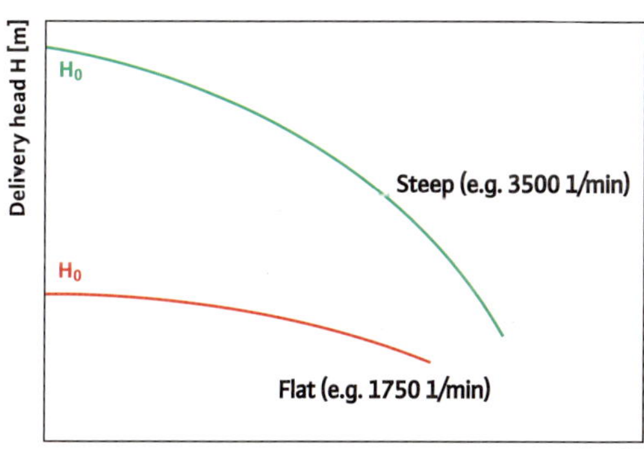

$$\text{Delivery head ratio} = \frac{H_0 - H_{opt}}{H_{opt}}$$

(기울기)

가파르거나 완만한 펌프 곡선의 유량과 양정의 관계
- 완만한 곡선 = 유량 변화 큼
           양정 변화 작음
- 가파른 곡선 = 유량 변화 작음
           양정 변화 큼

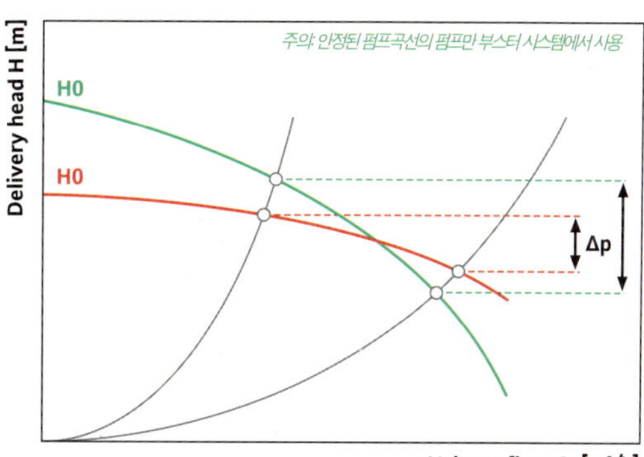

안정 및 불안정한 펌프 곡선

유량이 감소함에 따라 양정이 상승하는 펌프 곡선은 안정적이라 한다. 그런 곡선은 각 양정에 한 개의 유량 지점만 존재하며, 반대로 불안정한 펌프 곡선은 특정 양정에 2개 이상의 유량 지점이 존재할 수 있다.

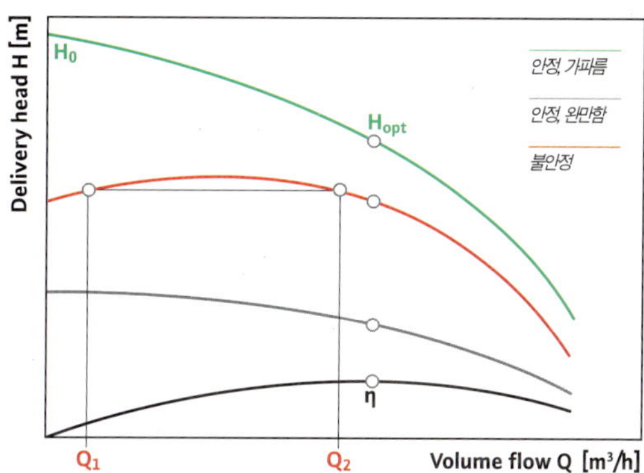

시스템 곡선/시스템 양정 곡선

$H_{st} + p_{Fl} + \Delta p + \Sigma(l \cdot R + Z)$ 가 주어진 경우

약어	의미
Hst	실양정
P_{Fl}	부스터시스템의 흡입측 게이지압
Δp	차압
$(l \cdot R + Z)$	손실합
NPSHR	필요 유효 흡입 수두
Hs	안전율 0.5m

- 완만한 곡선
  = 배관시스템의
    낮은 마찰 손실
- 가파른 곡선
  = 배관시스템의
    높은 마찰 손실

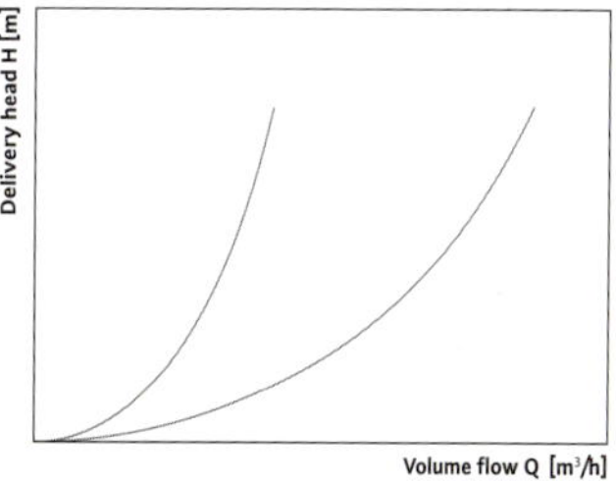

직렬 연결 시 펌프 곡선

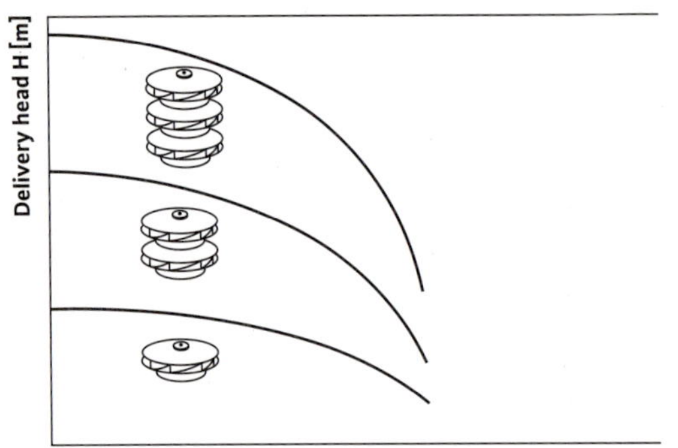

고압 원심 펌프

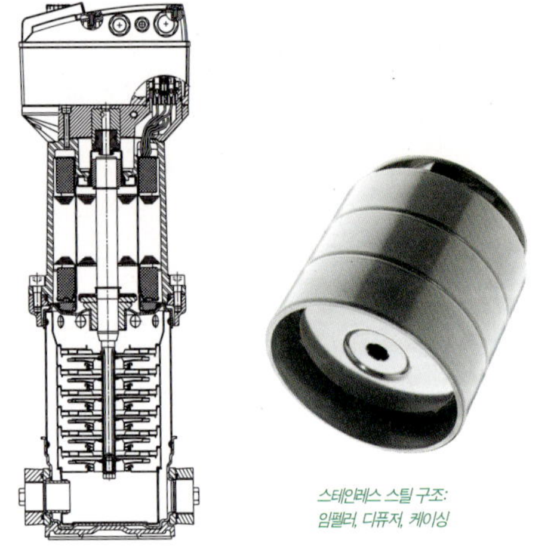
스테인레스 스틸 구조:
임펠러, 디퓨저, 케이싱

병렬 연결 시 펌프 곡선

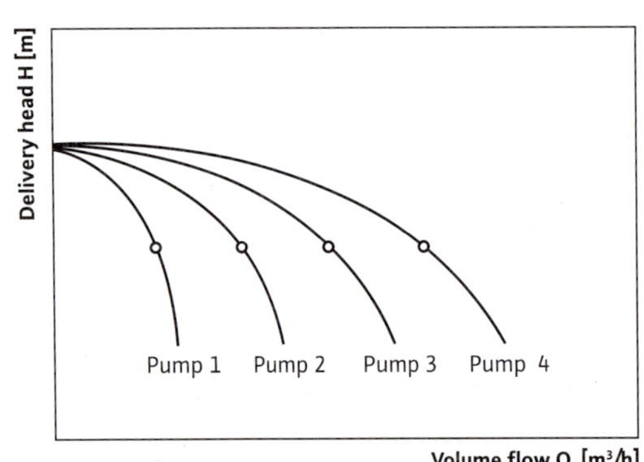

직렬 및 병렬 연결

직렬 연결

일반규칙

일반적으로 다단 임펠러가 펌프 케이싱에 직렬로 연결된 고압 다단 원심펌프인 경우, 양정도 임펠러 단수에 따라 상승한다.

양정은 동일한 유량 지점에서 상승한다.

고압 다단 원심 펌프 직렬연결

일반규칙

펌프가 직렬로 연결되어 있는 경우, 양정도 함께 상승한다.

펌프 병렬 연결

유량은 동일 양정 지점에서 펌프 대수만큼 추가된다.

동일한 용량의 펌프가
2~8개 병렬로 연결

제어 변수

일반적으로 부스터 시스템은 일정 압력 제어 변수로 제어된다. 이것은
시스템의 압력차가 일정하게 유지된다는 의미 뿐만 아니라, 일정 압력
제어모드인 Δp - c 와 관련이 있다.

부스터 시스템의 토출 압력은 적합한 디지털 또는 아날로그 압력 센서
를 사용하여 감지한다.

속도 제어

최근 고압 원심 펌프의 속도 제어는 외부 또는 내장 주파수 변조기
(인버터)를 사용하여 수행한다. 주파수 변조기(인버터)의 출력 주파수
는 f_{min}과 f_{max} 사이에서 변화하며 운전 주파수를 모터 속도를 변화시키
기 위해 모터에 전송한다. 이것은 무한 가변 속도제어와 관련이 있다.

속도제어 부스터 시스템은 주 펌프의 속도를 제어하는 주파수 변조
기(인버터)를 가지고 있다. 또한 주파수 변조기(인버터) 부착형 펌프
로 구성된 부스터 시스템은 어떤 펌프로 운전을 시작해도 속도 제어
가 가능하다.

모터에 따라 주파수 범위는 20~60Hz 사이에 운전 될 수 있다.

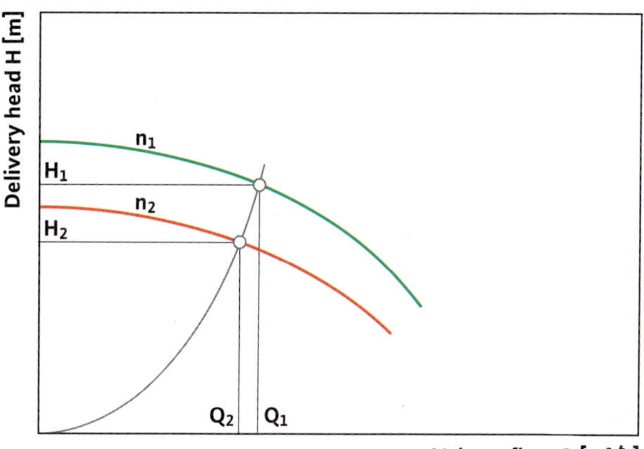

$$\frac{Q_1}{Q_2} = \frac{n_1}{n_2}$$

$$\frac{H_1}{H_2} = \left(\frac{n_1}{n_2}\right)^2$$

$$\frac{P_1}{P_2} \approx \left(\frac{n_1}{n_2}\right)^3$$

자세한 내용은 PART1 "펌프기술의 기본 원리" 참조

02. 시스템 기술의 기본 원리

유량 결정

부스터 시스템의 최대 유량 (V_{maxP}) 결정 [m^3/h]

부스터 시스템은 연결된 모든 수전에 사용액체를 공급하기 위해 동시 사용을 고려하여 (소비자 수전 및 일반 장치에 의한 동시 사용) 필요한 유량 V_{maxP}을 공급할 수 있도록 설계되어야 한다.

음용수 공급을 위한 부스터 시스템

필요 유량은 최대 유량 V_S을 만족해야 한다. 최대 유량은 DIN 1988, 3항 / EN806-3에 준하여 산출되어야 한다. 주거건물의 경우, 필요하면 가구당 소비유량을 2.0ℓ/s를 기초로 하여 대략적으로 산출을 할 수 있다. 하지만 비용 효율성 측면에서, 이러한 포괄적인 예상 유량산출은 널리 사용하지 않는다.

토출 압력 ΔPp 결정

토출 압력은 다음과 같이 계산한다.

<table>
<tr>
<td>필요
토출 압력</td>
<td>=</td>
<td>실양정, 필요 최소 동압(속도수두)
H_{pminFI}과 압력 손실의 합</td>
<td>-</td>
<td>사용 가능한
최소흡입압력 P_{minV}</td>
</tr>
</table>

DIN1988 5항에 따라, 공식 (1)을 사용하여 부스터 시스템의 토출 압력을 계산할 것을 권장한다.(아래 참조)

간접 (저수조) 연결의 경우, 펌프의 흡입측 최소 공급압력은 대개 0 bar이다

공식(1) $\Delta p_P = p_{after} - p_{before}$ **in (bar)**

기호	의미
P_{after}	부스터 시스템 이후의 최대 유량에서 요구 운전 압력
P_{before}	부스터 시스템 이전의 가능한 공급 압력

부스터 시스템 이후의 필요한 토출 압력 [bar]을 위한 공식 (2)

공식(2) $p_{after} = \Delta p_{st\ after} + P_{min\ FI} + \Sigma (I \cdot R + Z)_{after} + \Delta p_{fitt\ after}$ **in [bar]**

기호	의미
P_{after}	부스터 시스템 이후 필요 토출 압력 [bar]
$\Delta P_{st\ after}$	부스터 시스템 이후 실양정 (양정 손실) [bar]
$P_{min\ FI}$	말단 요구압력
$\Sigma(I \cdot R + Z)_{after}$	부스터 시스템 이후 배관 손실 양정 [bar]
$\Delta p_{fitt\ after}$	부스터 시스템 이후 밸브 손실 양정 [bar] 예: 세척밸브, 혼합기, 샤워기 등

부스터 시스템 이전 최대 유량지점에서 사용 가능한 운전 압력을 위한 공식 (3)

공식(3) $p_{before} = P_{min\ before} - [\Delta p_{st\ before} + \Sigma (I \cdot R + Z)_{before} + \Delta p_{WM} + \Delta p_{fitt\ before}]$ **in [bar]**

기호	의미
P_{before}	부스터 시스템 이전에 사용 가능한 공급 압력 [bar]
$P_{min\ before}$	부스터 시스템 이전의 상수도 가압장의 최소 공급 압력 [bar]
$\Delta P_{st\ before}$	부스터 시스템 이전의 실양정 (양정 손실) [bar]
$\Sigma(I \cdot R + Z)_{before}$	부스터 시스템 이전의 배관 손실 [bar]
ΔP_{WM}	유량계 손실 [bar]
$\Delta P_{fitt\ after}$	부스터 시스템 이전 배관 부속 손실 [bar] 예: 필터, 도우징/디스펜싱 장치 등

배관길이에 따른 손실 양정 (Δp/ℓ) 표를 참조하여 Σ(I · R+Z) $_{before}$ 와 Σ(I · R+Z) $_{after}$ 산출

예

조건 : 부스터 시스템 이전 배관 길이: 8.50m

부스터 시스템 이후 배관 길이: 48m

산출

Σ(I · R+Z) $_{before}$ = Σ I $_{before}$ · ΔP/ℓ

= 8.50 m · 20 mbar

= 170 mbar

= 0.17 bar

Σ(I · R+Z) $_{after}$ = Σ I $_{after}$ · ΔP/ℓ

= 48 m · 15 mbar

= 720 mbar

= 0.72 bar

주의: 대략적 산출시에도, 건물의 형태를 반드시 고려해야 한다.

경험 법칙

좁은 건물의 경우 (예: 타워형 건물) H_{st}+10% 허용치 그리고 넓은 면적을 포함하는 건물의 경우 (예: 컨벤션 센터) H_{st} + 20% 허용치는 배관 손실 양정 Σ(I · R+Z)을 감안한 것이다.

배관길이에 따른 손실 양정 (Δp/ℓ) 표	
빌딩 연결장치로부터 부스터 시스템까지 또는 부스터 시스템 으로부터 말단 수전까지의 총 배관 길이 ΣI	부스터 시스템 이전과 이후의 배관 길이에 따른 손실 양정 (PBS)Δp/ℓ = Σ(I · R+Z)/ΣI
m	mbar/m
≤30	20
> 30 < 80	15
> 80	10
Hv	사용액체의 포화증기압력
Hs	안전율 0.5m

부스터 시스템(PBS) 전후의 압력 다이아그램

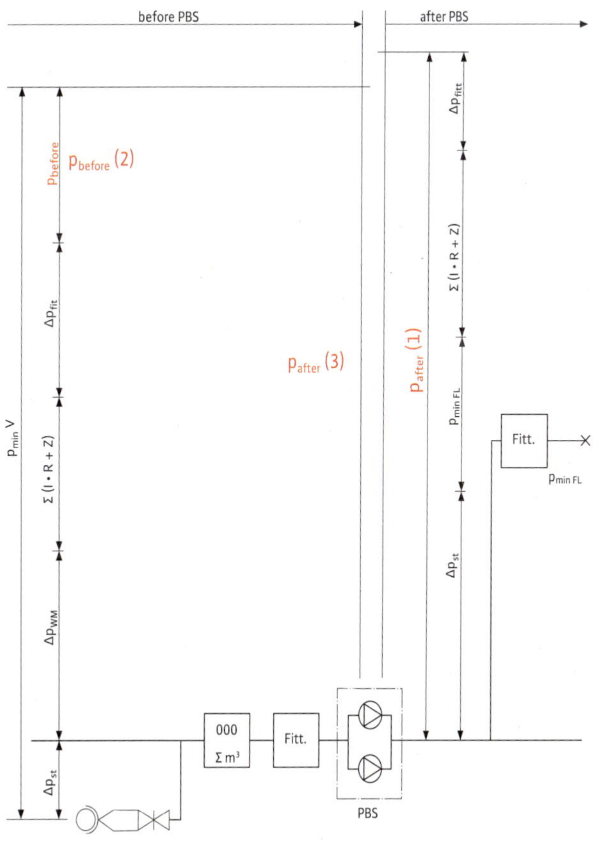

1. 부스터 시스템(PBS) 전체 빌딩 공급

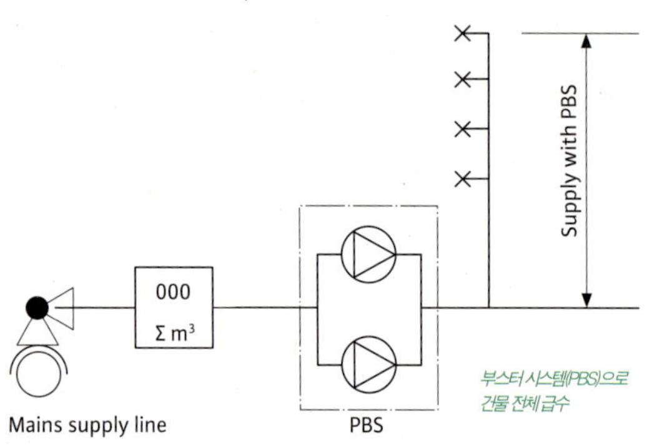

2. 압력조건에 따른 존 구분

정상 존은 시수압에 의해 급수되며 빌딩의 다른 부분 (압력존)은 부스터 시스템 (PBS)에 의해 급수된다.

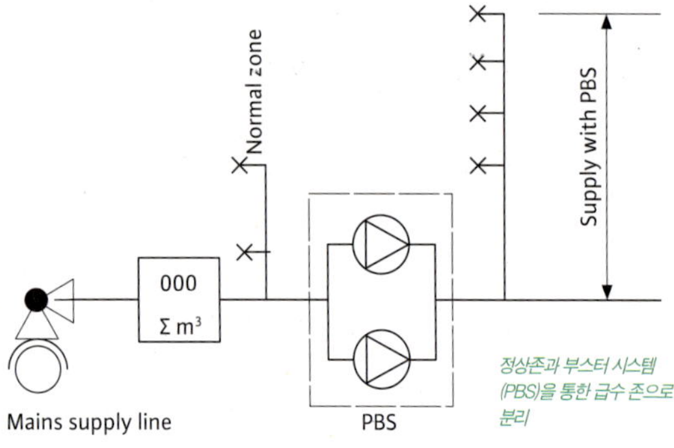

부스터 시스템 (PBS)에 의해 전체 빌딩은 급수되지만 하부 라인은 감압 밸브를 설치한다.

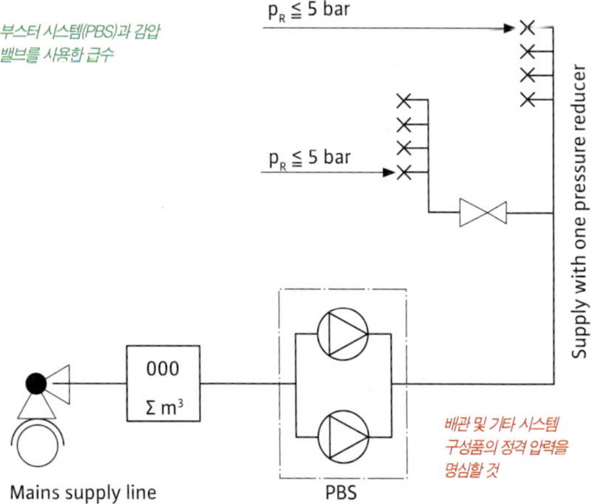

압력 존 구분

압력 존 결정

부스터 시스템이 전체 빌딩에 필요한지 또는 최소 공급 압력으로 지속적으로 공급될 수 없는 일부 빌딩 구역에만 필요한지 평가해야 한다. 판단이 어려운 경우, 부스터 시스템에 대한 적용여부는 DIN 1988. 3항에 따른 차별화된 산출 방식을 사용하여 확인해야 한다.

기본 요건으로, 밸브장치에 의해 요구되는 최소 유압은 적어도 요구 수전까지 감안하며, 요구 수전 토출 압력은 최대 정압 5bar를 초과해서는 안 된다. 이러한 한계 값 준수를 기반으로 하여 음용수 시스템의 압력 존 구분을 구성할 수 있다.

압력 존은 2개의 기본 범주로 나뉜다.

저층은 시수압을 통해 급수하고, 빌딩의 중층부는 부스터 시스템(PBS)을 통해 급수 가능하며, 감압변을 통해 압력 존이 나누어진다. 최상층은 부스터 시스템으로 직접 급수가 가능하다.

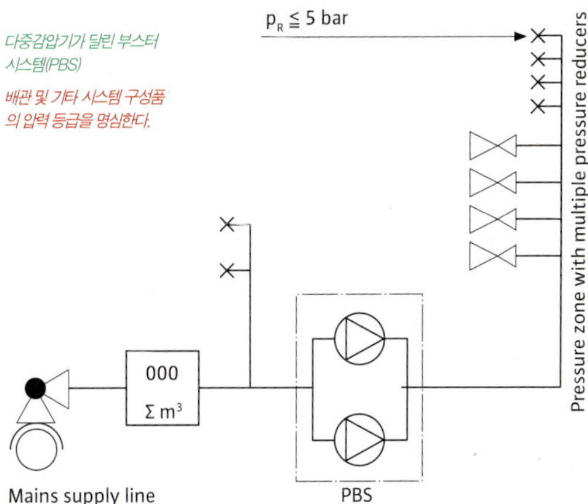

저층은 시수압을 통해 급수하고, 두 종류의 부스터 시스템(PBS)에 의해서 다양한 압력 존을 급수하며, 압력 존에 따라 그룹화 하여 하나의 부스터 시스템으로 급수할 수 있다. 이러한 압력존들은 필요시 감압변을 사용하여 압력존을 세분화할 수 있다.

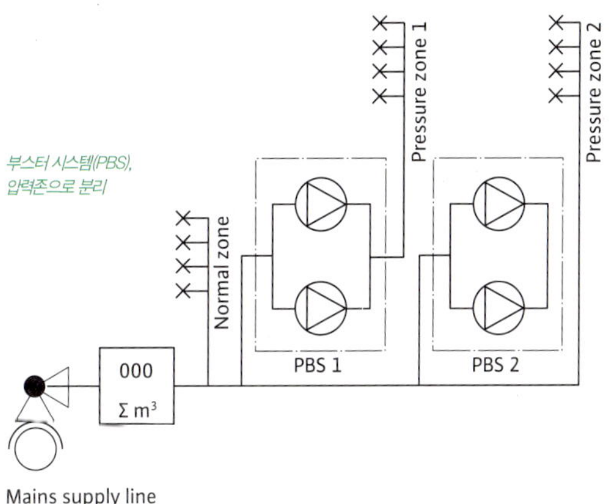

시스템 구성품의 압력 등급

가압 시스템의 안전을 보장하기 위해, 부스터 시스템의 모든 부품들은 적어도 PN10 등급이어야 하며, 운전 압력이 높은 지점은 더 높은 등급의 부품이 필요하다.

DIN 1988에 따라 일반적으로 부스터 시스템을 적어도 PN10 등급으로 설계해야 한다.

부스터 시스템 연결 유형

부스터 시스템 연결 유형은 DIN 1988, 5항에 따라 결정된다.

주의:
여기서 제공된 규격과 상관없이, 연결 유형과 관련하여 지역 상수
도 사업소와 협의해야 한다.

다음의 흐름도는 압력 탱크의 다양한 조합에 따른 가능한 부스
터 시스템 연결유형을 검토한 것이다.

연결 유형 흐름도

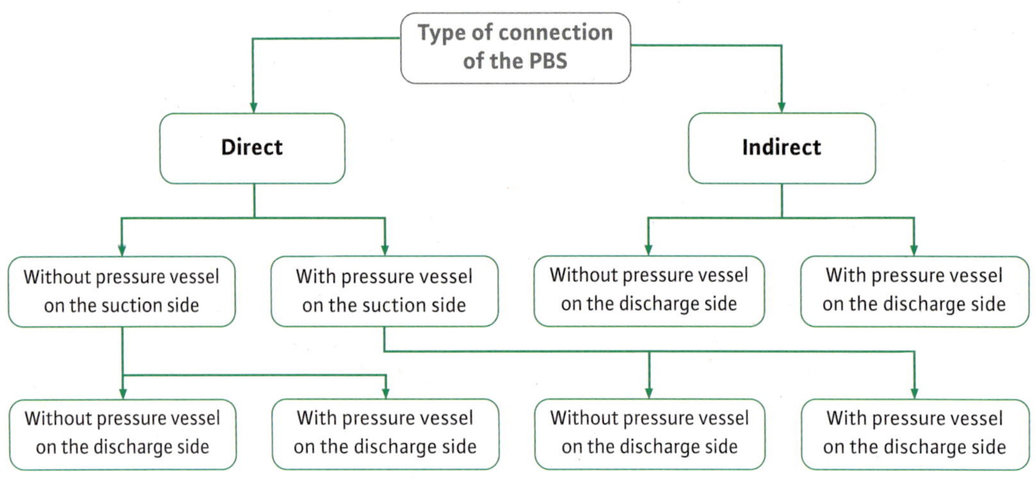

DIN1988, 5항

직접 연결

직접 연결은 주 급수배관에 부스터 시스템 (PBS)을 연결하는 것
이다. 이 유형의 연결은 일반적으로 설치 비용이 적게 들어가므로
선호한다. 이 유형의 연결온 음용수의 비위생적인 오염의 위험이
없고 압력의 손실 없이 사용 가능하다.

본 내용은 독일의 예 이고 국내에서는 시수관과 부스터 펌프 시스템을 직접 연결할 수 없다.

연결 유형 흐름도

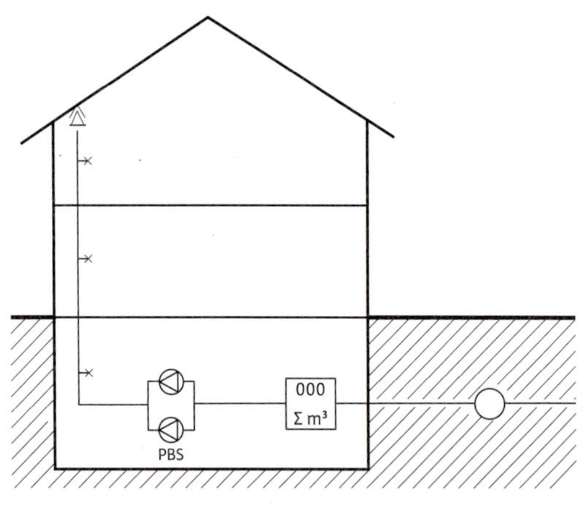

흡입 측은 다음의 조건을 만족해야 한다:

a) 부스터 시스템(PBS)의 연결된 배관의 기동/정지에 따른 유속차이는 최대 0.15 m/s 이하이다.

운전하는 모든 펌프는 이상압력에 대해서 고장이 발생하면 안되며, 흡입 배관과 토출 배관의 유속 차이는 0.5 m/s를 초과해서는 안 된다.

b) 다음 사항을 보장할 수 있다면
- 기동시 최소 흡입압력은 1bar 이상이어야 하며 50% 이상 감소하면 안된다.
- 운전 중인 모든 펌프가 단절 (정전)시 토출측의 압력증가가 1bar 이하 이면 부스터 시스템이 정지한다.

상기의 조건들이 만족하기 위해서, 부스터 시스템의 완충 작용을 위해 흡입측에 압력탱크를 추가로 설치해야 한다.

흡입 및 토출 측에서 압력 탱크없이 직접 연결

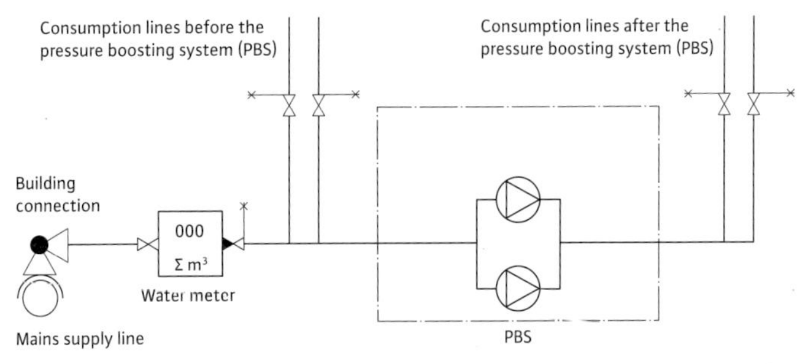

흡입 및 토출 측에서 압력 탱크없이 직접 연결

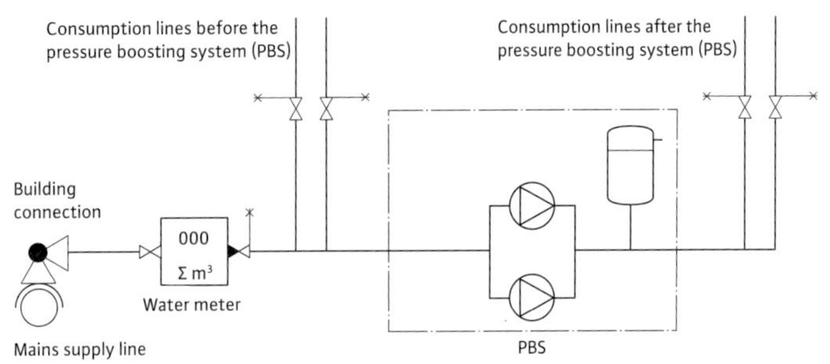

흡입 및 토출 측에서 압력 탱크없이 직접 연결

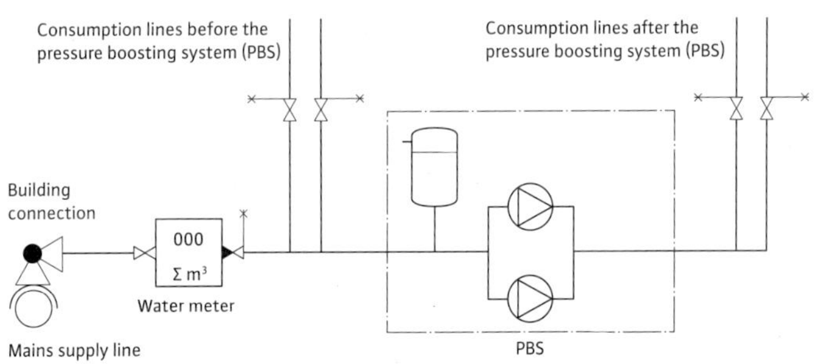

흡입 및 토출 측에서 압력 탱크없이 직접 연결

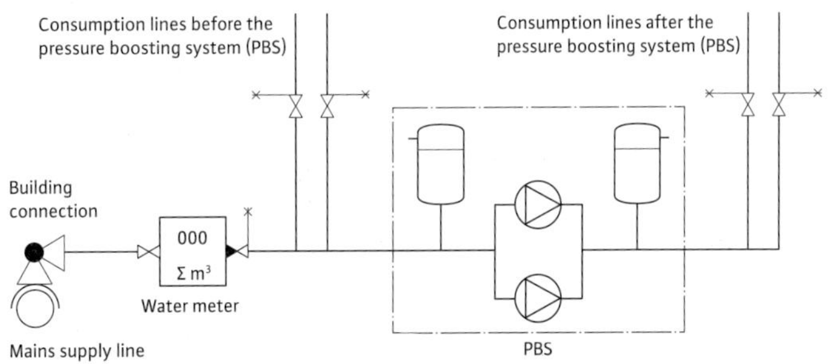

흡입 및 토출 측에서 압력 탱크없이 직접 연결

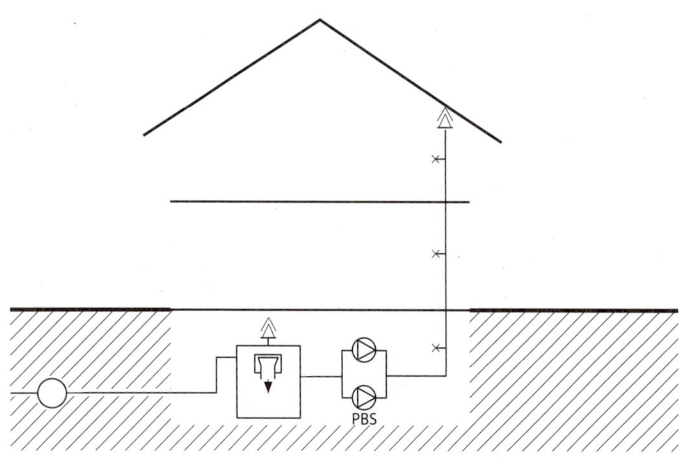

토출 측의 압력 탱크없이 개방된 개방형 저수조와 간접 연결

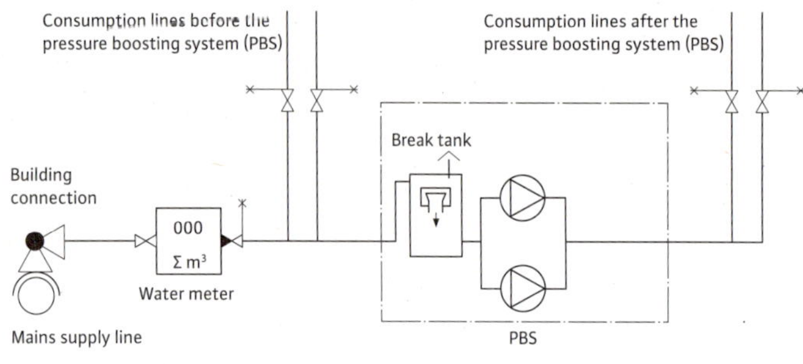

토출 측에 압력 탱크가 있고 개방형 저수조와 간접 연결

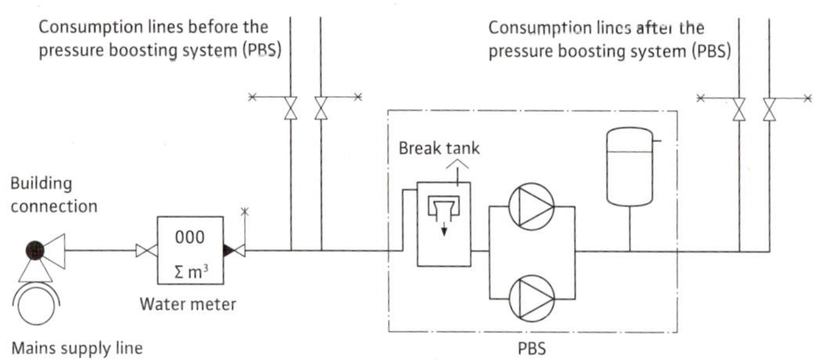

속도 제어 없는 펌프 전용 압력탱크

간접 연결

간접 연결은 저수조를 지나 주배관에 분기관을 설치하여 부스터 시스템 (PBS)과 연결하는 것이다. 이 탱크는 외부 공기에 영구적으로 노출되어 있으며, 수위에 따라 밸브 조절을 통해 물이 채워진다. 직접 연결에 언급된 흡입 측 조건을 반드시 만족해야 한다.

국내의 경우는 간접 연결만 가능하며 다음의 조건들은 독일에서 간접 연결을 적용하는 경우이다.

a) 부스터 시스템 (PBS)의 최대 토출량에 따라 최소 토출 압력을 만족하지 못할 경우
b) 음용수 배관이 수도국과 지하수 (자가급수)라인공용 으로 되어 있는 경우 (DIN1988, 4항 참조)
c) 음용수에 이물질이 포함된 경우 (DIN198, 4항 참조)
d) 급수전이 비위생적일 때

추가로 저수조를 설치해야 하며, 주공급원으로부터의 압력손실이 발생한다. 이러한 점을 보완하려면, 더 큰 용량의 부스터 시스템(PBS)이 필요하다.

연결 옵션

흡입측에 직접/간접의 연결유형으로 압력 탱크의 설치가 가능하다. 토출측에 압력 탱크를 연결할 경우, 부스터 시스템 전체를 고려해서 결정해야 한다.

설계 기준:
a) 유량 및 압력에 의한 이상압력
b) 과잉 작동과 정지
c) 가동되지 않는 상태에서도 물이 차 있어야 함

부스터 시스템의 운전은 이러한 조건들이 만족해야 하고, 소유량의 펌프 조합으로 전체의 유량을 급수한다.("용량 분리")

개방형 저수조 (BT)

EN 1717 과 DIN 1988(2·5·6항)에 명시된 기준을 만족하려면 (흡입 측) 개방형 저수조 (BT)를 설치해야 하고, 추가로 부스터 시스템에 수전들을 설치해야 한다. 개방형 저수조 선택을 위한 참조사항.

간접 연결을 위해 저수조의 가용용량이 필요하고, 아래의 인자들을 고려해야 한다.
- 수도국에서부터 배관의 유량 V와 최소급수압력 p_{minV}
- 산출된 최대 유량 V_S

빌딩의 주배관으로부터 최대 유속을 구할 수 없다면, 탱크의 크기 V_B 는 조절을 통해 결정된다. 크기에 관계가 없다면, 하기의 공식을 통해 산출할 수 있다.

$$V_B = 0.03 \times \dot{V}_{maxP} \ [m^3]$$

저수조와 부스터 시스템 또는 부품은 한 곳에 설치가 가능하다.

기호	의미
V_B	최대 탱크 부피
V_{maxP}	부스터 최대유량

흡입 모드의 압력

모든 펌프는 흡입배관에 풋 밸브의 설치를 권장한다. 이 경우, 토출 측의 역지밸브는 필요하지 않다. 흡입배관은 공용으로 사용하는 것을 권장하지 않는다.

하나의 흡입배관을 공용으로 사용하는 비자흡식 펌프가 운전할 경우, 운전 중이던 펌프의 수위가 낮아져 정지하고 동시에 미케니컬 씰을 통해 공기를 흡입하게 될 가능성이 있다. 하나의 펌프에서 다음의 펌프로 운전이 전환될 경우, 미케니컬씰 부위의 공기로 인해 공운전이 될 수 있으며, 펌프의 성능을 저하시킨다.

개방형 저수조 (BT)의 구성

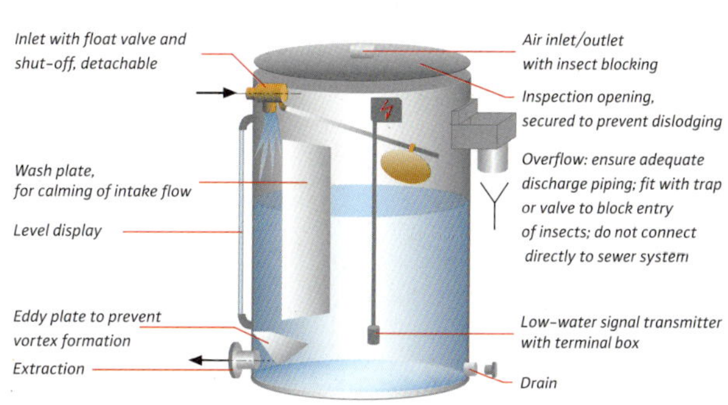

비자흡식 펌프가 달린 부스터 시스템의 다이아그램

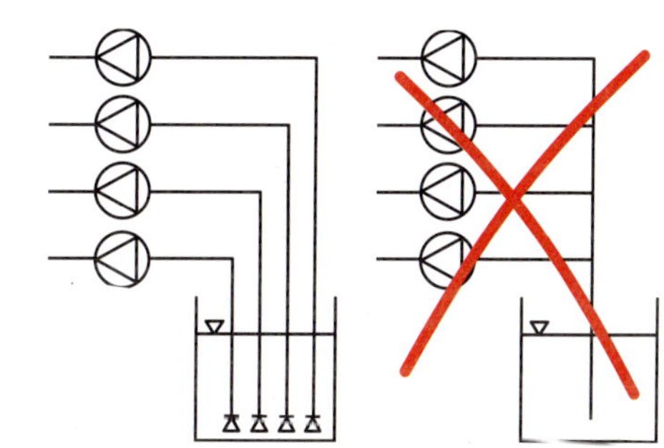

각 펌프별로 별도의 흡입배관을 설치해야 한다.

비자흡식 펌프가 달린 부스터 시스템의 다이아그램

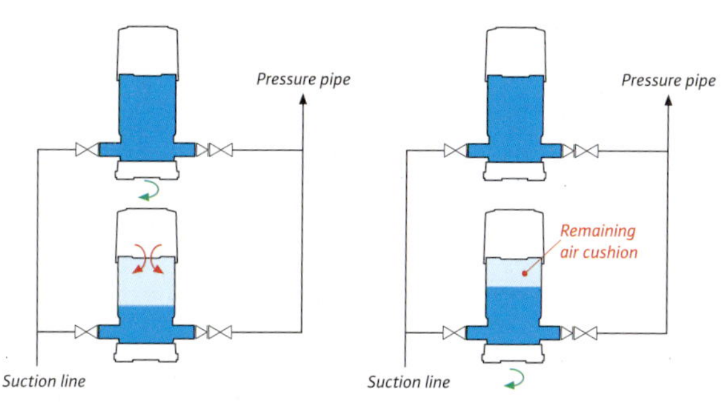

부스터 시스템(PBS) 이전 다이아프램 압력 탱크 (DPV)

다이아프램 압력탱크(DPV)를 통한 순환 (이중 연결)

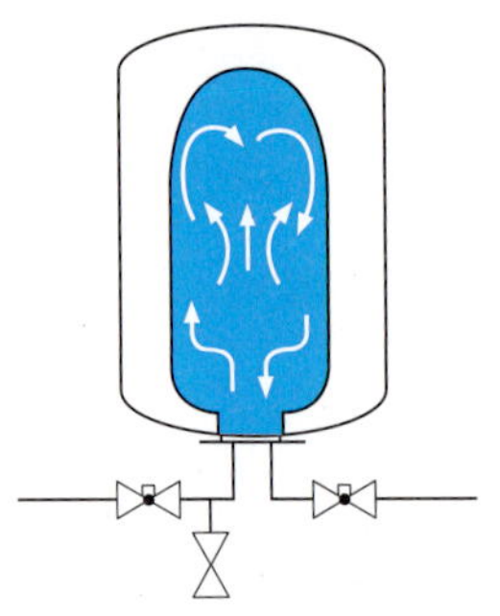

독일에서, 압력탱크는 압력탱크법 (DruckbehV 4807. 5항)을 적용한다

흡입 측의 다이아프램 압력탱크 (DPV)

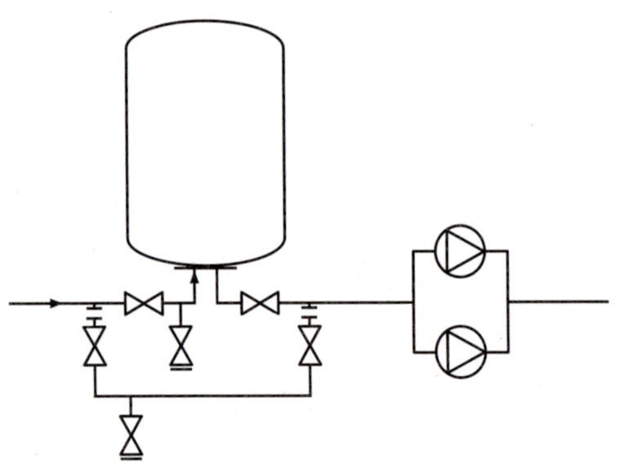

일반적으로 탈부착이 가능한 바이패스 라인만 허용:

다이아프램 압력탱크 (DPV)의 가스 측의 공급 압력

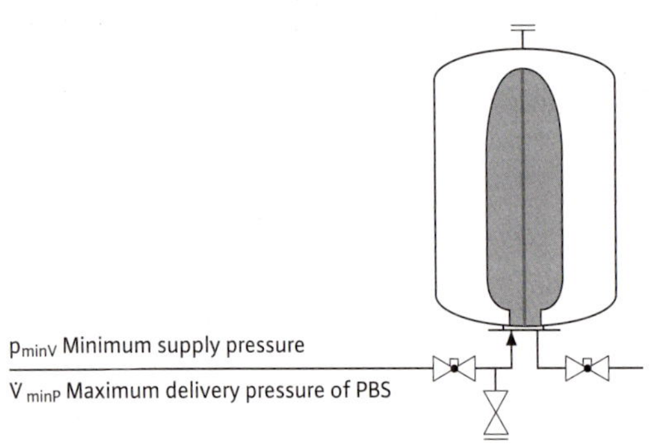

다이아프램 압력 탱크 (DPV)는 다음의 이유로 음용수 시스템에 사용된다.
- 대형 시스템에서의 이상압력 완화
- 부스터 시스템(PBS)의 완충 및 제어

음용수 적용의 다이아프램 압력탱크(DPV)에 대한 주요 요건은 다음과 같다.
- 적절한 순환 (압력탱크 내의 정체가 없어야 함)
- 접액부의 모든 구성품의 내식성
- 위생적으로 안전하고 비금속 재질, 물에 의한 반응이 없고 미생물이 없어야 한다.(KTW C: DVGW W270)

DIN 1988. 5항에 따라, 아래의 표 참조없이 압력 탱크의 용량을 예측할 수 있다.

주의: 지역 상수도사업소의 규정을 준수.

펌프의 유량과 관련하여	
흡입 측의 다이아프램 압력탱크 (DPV)의 총 부피	
부스터 시스템 (PBS)의 유량 V_{maxP}	**펌프의 흡입 측 압력탱크의 총 부피** V_{maxP}
≤ 7m³/h	0.3 m³
> 7 < 15 m³/h	0.5 m³
> 15 m³/h	0.75 m³

DIN1988, 5항

최소 용량은 0.3 m³ 미만은 적용할 수 없다. 이 수치는 압력탱크의 공기와 물의 비율에 따라, DIN 1988 (5항, section 4.4.1 b)의 규격을 만족한다면 낮아질 수 있다.

예

상기 표를 참조하여 시스템 유량 V_{maxP}=10.8 m³/h 일때, 용기의 크기는 VV = 0.5 m³ 이다.

다이아프램 압력탱크 (DPV)의 가스 측 공급 압력은 시운전하는 동안 점검 및 조절해야 하고, 필요한 경우 감압변의 시험 압력은 0.2~1bar 낮게 한다.

$$p_0 = p_a - 0.2 \ldots 1.0^* \ \text{bar}$$

* 감압변과 DPV 사이의 거리가 멀면 1.0 bar로 한다.

운전 모드: 속도제어의 유무에 따라 제어되는 부스터 시스템

속도제어 장치가 없는 압력 제어 부스터 시스템

속도제어장치가 없는 부스터 시스템의 압력은 하나 혹은 그 이상의 on/off 스위치를 통해서 최소 압력 p_{min} 과 최대압력 p_{max} 을 조절하거나 사용압 지점을 조절한다. 주펌프와 보조펌프가 운전하며 최대 속도에서 정지한다. 속도 제어가 되지 않는 시스템의 경우, 압력은 1~2.5bar 사이가 적당하다.

속도 제어장치 없이 압력이 제어된
압력 부스팅시스템
Wilo-Economy 시리즈

속도제어 장치를 갖춘 압력 제어 부스터 시스템

속도제어 부스터 시스템은 압력 센서를 통해서 사양지점의 압력을 미리 설정할 수 있다. 주펌프의 운전속도를 인버터를 통해 다양하게 조절이 가능하다. 필요에 따라 보조펌프의 운전 및 성시도 힐 수 있다. 시스템에서 주펌프는 속도제어로 운전하며 압력은 0.4~1.0 bar가 적당하다.

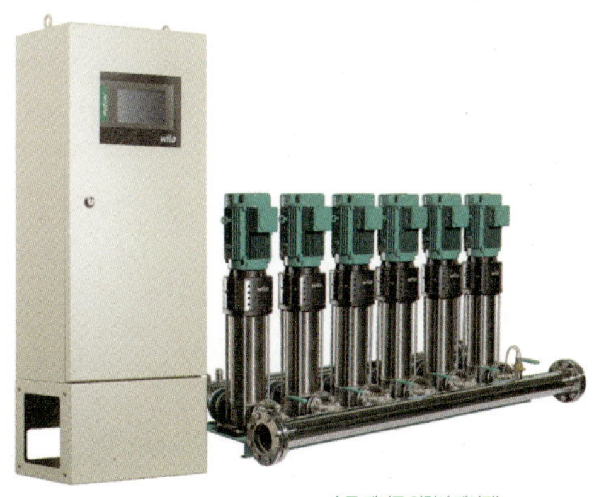

속도 제어로 압력이 제어되는
압력부스팅 시스템 Wilo-PUZeN e 시리즈

최신 부스터 시스템의 경우, 모든 펌프가 인버터를 통해 다양하게 제어가 가능하며, 운전 시 압력 조절이 가능하다. Wilo-HiBoost Multi 시스템의 압력편차는 ±0.1bar 이다.

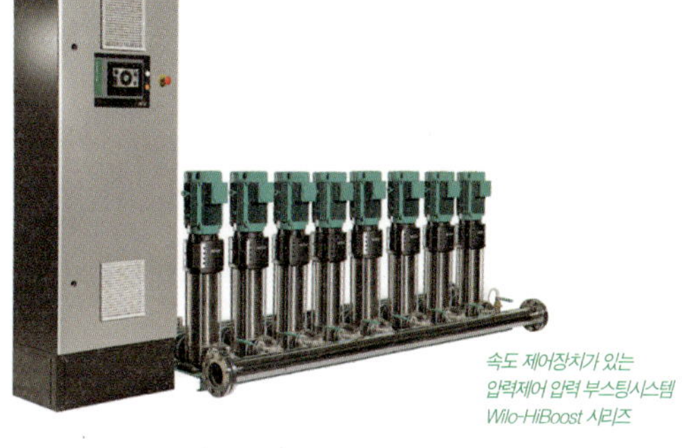

속도 제어장치가 있는
압력제어 압력 부스팅시스템
Wilo-HiBoost 시리즈

펌프 제어

부스터 시스템은 예비 펌프와 함께 구성되어야 한다. 주 펌프에 이상이 발생할 경우 예비 펌프로 요구 유량을 100% 보장해야 한다. 단독주택과 같은 작은 건물의 경우 예비 펌프가 필요하지 않다.

멀티펌프 시스템의 경우, 자동적으로 교번 운전을 통해 고착되는 것을 방지해야 한다. 모든 펌프는 최소 하루에 1번은 작동해야 한다. 만약 펌프가 고장이 나도, 다른 펌프가 급수가능해야 하며 고장시 표시가 되어야 한다. 펌프가 운전시 다른 펌프로 전환될 때의 시스템차압 Δp_{ON-OFF} 이 150 kPa를 초과해서는 안 된다.

직접 연결의 경우, 압력계는 유량계의 바로 뒤에 설치해야 한다. 토출압력은 유량 $Q = 0 \ m^3/h$에서 운전 중인 정지 압력보다 높아야 한다. 이러한 이유로, 일정한 압력 p_{FI} 을 조절하기 위해 속도 제어를 선호하며, 급수압 p_{FI}, 최소 압력 $p_{min \ FI}$, 정압 p_S 이 모두 하나의 곡선상에 있다.

시스템이 정지하여 토출압이 100 kPa 이하로 떨어질 경우, 직접 연결로 사용되도록 설정해야 한다.(저수위에 따른 차단)

진동 및 "헌팅"은 피하도록 한다.

간접 연결의 경우, 공운전에 대해서 보호되어야 하며 반드시 저수위 표시를 해야 한다. 저수위 표시장치를 하는 것이 이상적이다.

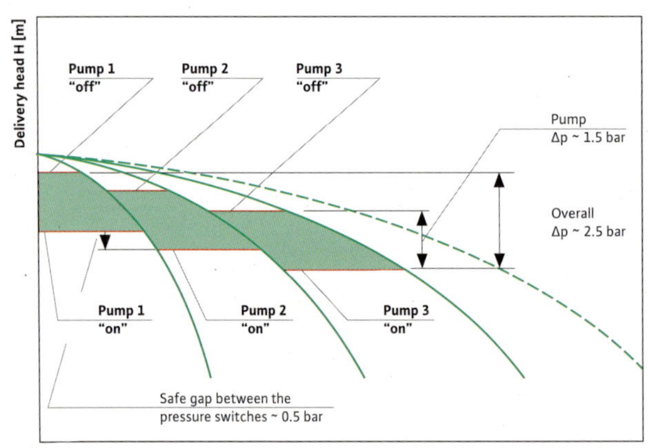

부스터 시스템 설계 및 수력 기능

속도제어장치가 없이 제어되는 시스템

예를 들어, 개별 압력 스위치가 부착된 4펌프 시스템에서 압력스위치를 이용하여 지연 없이 순차 제어를 한다.

순차제어는 정밀하게 제어되지 않는다. 차압의 범위는 약 2.5bar 정도가 가능하다.

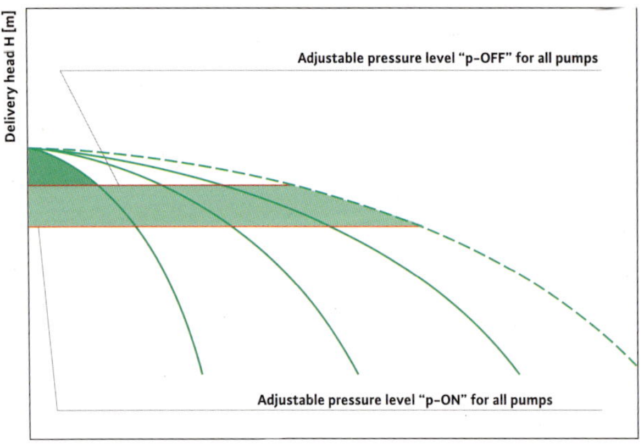

속도제어 장치가 없는 순차제어는 진동(Chatter)을 방지하기위해 주펌프에 대해 지연 운전 기능을 가지고 있다. 주펌프의 정지압력은 펌프의 체절양정과 같다.

속도제어 장치가 없는 순차제어는 압력 센서 또는 접촉식 압력계를 통해 제어된다. 속도 제어를 하지 않고 주 펌프에 대해 시간으로 제어하는 시스템이며 넓은 차압범위를 가지고 있다. 기본 부하 및 최대 부하의 변화에 안정적인 시스템이며 시간제어 때문에 주 펌프의 정지 압력은 항상 펌프의 체절 양정과 같다.

속도제어 시스템 - 인버터를 통해 주펌프 제어

더 좁은 범위의 차압 제어가 가능하며 기본 부하 및 최대 부하 기능의 변환이 안정적이고 정확한 시스템.

유량이 '0'이거나 미세한 부하 범위에서의 압력 상승 방지. 최대 부하 운전시, 압력 변동 방지.

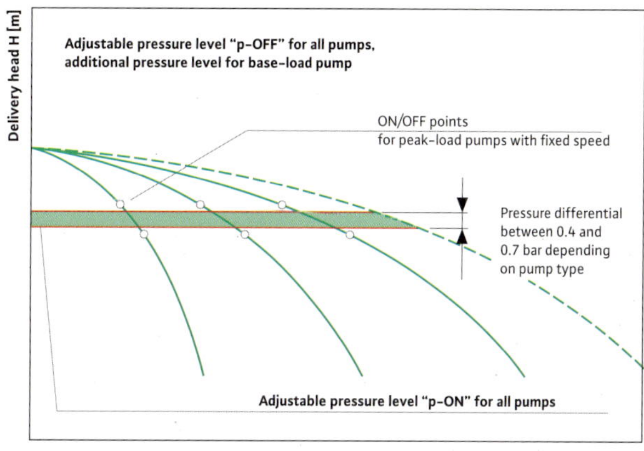

속도 제어 시스템 - 모든 펌프는 속도가 제어된다

매우 좁은 범위의 차압 제어가 가능하며 최대 부하 운전시 최적 효율로 제어되는 안정적이고 정확한 시스템.

유량이 '0'이거나, 미세한 부하 범위에서의 압력 상승 방지. 최대 부하 운전시, 압력 변동 방지.

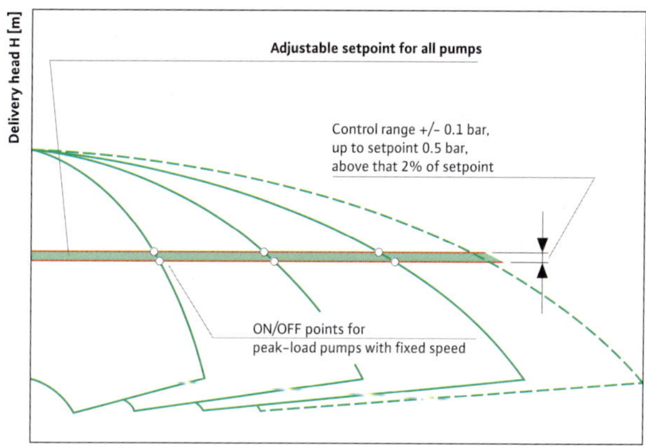

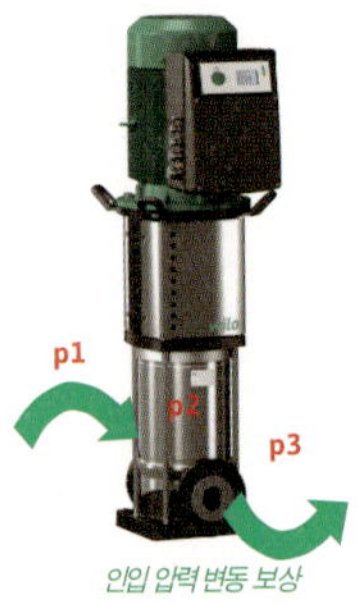

인입 압력 변동 보상

그림:

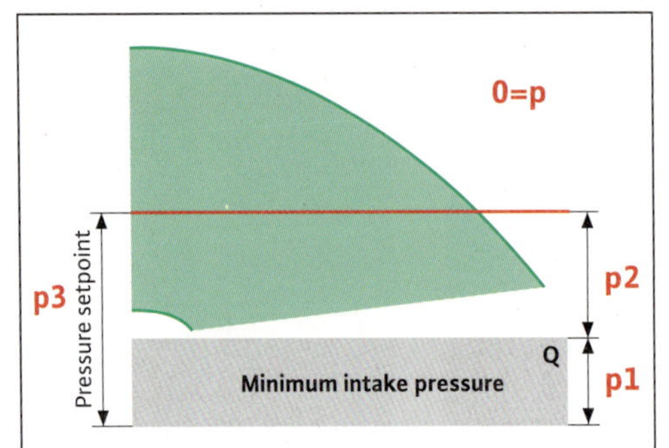

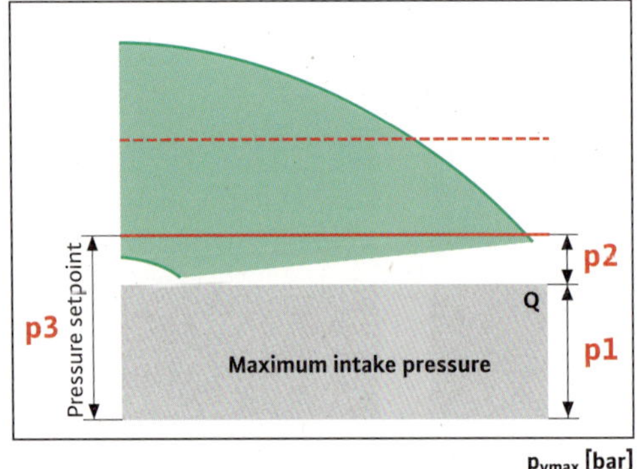

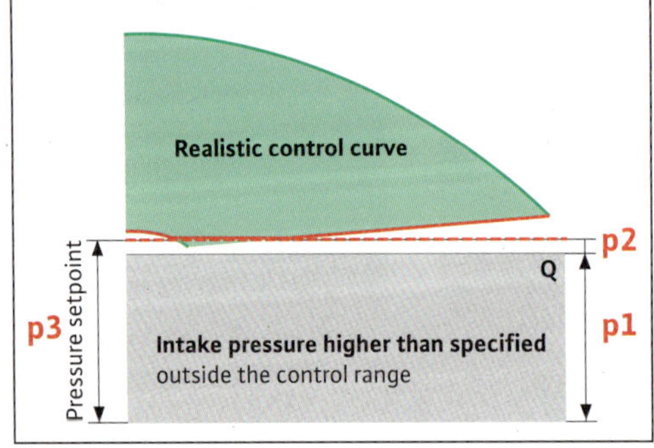

기호	의미
n_{min}	최소 속도
P_{vmin}	펌프의 최소 유량에서의 압력
P_{vmax}	펌프의 최대 유량에서의 압력
pH_{diff}	펌프의 차압
p_v	펌프의 압력
Δp_v	펌프의 유량 차이
ΔH_{diff}	차압

속도제어 부스터 시스템의 특징

인입 압력의 변동은 모든 개별 펌프에 내장된 속도 제어장치에 의해 보상된다.

이것은 압력 변동이 설정 압력과 최소 속도 n_{min}에서 펌프의 체절 양정 H_0 사이의 차이보다 크지 않는 한 가능하다.

압력 변동이 더 크면, 감압기(Pressure Reducer)를 흡입 배관에 설치해야 한다.

예 1

MVISE 805를 사용하면, 데이터는 다음과 같다.

H_0 at n_{min} = 1.7 bar, setpoint = 5 bar,
p_{vmin} = 1.5 bar, p_{vmax} = 3.0 bar

계산

$$\Delta H_{diff} = \text{setpoint} - H_0 \text{ at } n_{min}$$
$$= 5 \text{ bar} - 1.7 \text{ bar}$$
$$= 3.3 \text{ bar}$$

$$\Delta p_v = p_{vmax} - p_{vmin}$$
$$= 3.0 \text{ bar} - 1.5 \text{ bar}$$
$$= 1.5 \text{ bar}$$

결론

$pH_{diff} > \Delta p_v$ (3.3 bar > 1.5 bar): 최대 압력변동은 펌프의 속도 제어장치에 의해 보상될 수 있다.

예 2

MVIE402를 사용하면 데이터는 다음과 같다.

H_0 at n_{min} = 0.6 bar, setpoint = 2 bar,
p_{vmin} = 1.5 bar, p_{vmax} = 3.0 bar

계산

$$pH_{diff} = \text{setpoint} - H_0 \text{ at } n_{min}$$
$$= 2 \text{ bar} - 0.6 \text{ bar}$$
$$= 1.4 \text{ bar}$$

$$\Delta p_v = p_{vmax} - p_{vmin}$$
$$= 3.0 \text{ bar} - 1.5 \text{ bar}$$
$$= 1.5 \text{ bar}$$

결론

$pH_{diff} < \Delta p_v$ (1.4 bar < 1.5 bar): 최대 압력 변동은 펌프의 속도 제어장치에 의해 보상받을 수 없다.

속도제어 시스템에서 다이아프램 압력탱크 적용

다음 규칙을 적용한다. 압력 범위가 적을수록
다이아프램 압력탱크의 사용 체적이 더 작아진다.

운전 중 급격한 변화가 있는 경우 (예: 밸브 닫힘이 빠를 때) 완충 기능
을 수행할 수 있다.

별도의 다이아프램 압력탱크 계산은 각 유형의 시스템에 대해 수행해야 한다

특별 예: 속도제어장치가 없는 시스템

$V_{maxP} = 11.4 \ m^3/h$
$P_{OFF} = 5.5 bar(6.5 \ bar \ absolute)$
$P_{ON} = 3.8 bar : s = 20 \ (1/h)$

계산

$$V_E = 0.33 \cdot \ddot{V}_{maxP} \cdot \frac{(p_A + 1)}{\Delta p_{(OFF-ON)} \cdot s}$$

$$= 0.33 \cdot 11.4 \ m^3 \cdot \frac{6.5 \ bar}{(5.5-3.8) \ bar \cdot 20} = 0.719 \ m^3$$

선정된 탱크는 총 800 리터의 용량을 가지고 있다. 총 탱크용량의 사
용 가능한 비율 VEN은 물 수요를 맞추기 위해 사용할 수 있으며 다
음과 같이 계산된다.

$$V_{EN} - V_E \cdot (\Delta P_{(OFF-ON)} / P_{abs \ OFF}) \ [m^3]$$
$$= 0.800 \cdot (1.7 \ bar/6.5 \ bar)$$
$$= 0.209 \ m^3$$
$$= 209 \ \ell$$

기호	의미
$\ddot{V}_{maxP}$	부스터 시스템 최대 유량
P_{OFF}	부스터 시스템 off 입력
P_{ON}	부스터 시스템 on 입력
V_E	부스터 시스템 토출측의 다이아프램 압력탱크의 총용량
$\Delta P_{(OFF-ON)}$	전환입력차 : 부스터 시스템 off와 on 입력차
V_{EN}	다이아프램 압력탱크 체적 중 사용가능한 비율
$P_{abs \ OFF}$	부스터 시스템 절대 off 입력

특별 예: 속도제어장치가 있는 시스템

$V_{maxP} = 11.4 \ m^3/h$
$P_{OFF} = 4 \ bar(5bar \ absolute)$
$P_{ON} = 3.8 \ bar : s = 20 \ (1/h)$

계산

$$V_E = 0.33 \cdot 11.4 \ m^3 \cdot \frac{5 \ bar}{(4-3.8) \ bar \cdot 20} = 4.7 \ m^3$$

선택한 탱크는 총 800 리터의 용량을 가지고 있다. 총 탱크용량의 사
용 가능한 비율 VEN은 물 수요를 맞추기 위해 사용할 수 있으며 다
음과 같이 계산된다.

$$V_{EN} = 0.800 \cdot (0.2 \ bar/5 \ bar)$$
$$= 0.032 \ m^3$$
$$= 32 \ \ell$$

결론

다이아프램 압력탱크의 총 용량 중 26%와 3%만 각각 압력부스팅 시
스템 스위치를 off 하는 시간부터 다시 on 하는 시간까지 사용할 수
있는 물 용량이다. 토출측의 다이아프램 압력탱크의 기본 기능이 견딜
수 있는 한계 내에서 시간 당 스위치 on 사이클의 수를 유지하는 것이
며 그 기능은 내장된 전자 전환 및 제어시스템에 의해 이루어진다는 것
을 고려할 경우, 토출측의 다이아프램 압력탱크는 대개 비용절감 면에
서 사용할 수 있다.

재질 선정

음용수용으로 사용되는 모든 부품, 부속품과 재질은 반드시 유럽제품 규격이나 제품구조에 대한 EU 승인을 받은 것이어야 한다. 만약 이에 해당되지 않는 것은 각 국가규격이나 지역규정에 따라야 한다.

재질을 계획·선택할 경우, 운전 조건 및 수질을 반드시 고려한다.

표준 EN 12502-1 ~ EN12502-5 에는 부식의 가능성 등과 같은 적절한 금속 재질 선정과 관련하여 모든 사양과 기준을 명시하고 있다.

재질을 선택할 때 다음 사항을 반드시 고려해야 한다.

- 음용수 수질과의 상호작용
- 진동, 응력 또는 침전
- 음용수로부터의 내부 압력
- 내/외부 온도
- 내/외부 부식
- 다른 재료와의 호환성
- 노후, 피로, 크리프 파단 강도 및 기타 기계적 특성
- 확산 특성

배관 연결

음용수용으로 설치하는 모든 배관과 부속품은 관련 규격을 반드시 준수해야 하고, 운전하는 동안 발생되는 응력변화에 대해 방수가 되어야 한다.

배관 연결은 다음 2가지 기본 범주로 나눌 수 있다.

- 끝단을 지지하는 배관 연결 (축 추력을 흡수할 수 있다)
- 끝단을 지지하지 않는 배관 연결 (연결부위에 펌프의 스러스트 하중을 흡수할 수 있는 추가 고정장치가 필요)

배관 연결 재료를 선택할 경우, 국가 및 지역 규정에서 별도로 허용하지 않는 경우 납, 안티몬, 카드뮴이 없는 용접 및 충전제 금속만 사용한다.

납성분이 포함된 배관 및 부속품은 절대로 사용해서는 안된다.

부스터 시스템 (PBS) 이후 다이아프램 압력 탱크 (DPV)

부스터 시스템 압력 탱크

시스템에 연결된 압력 탱크는 소량의 누수가 있는 경우 최소한의 물을 저장하거나 펌프가 on/off 될 때, 진동(Chatter)을 방지하는 기능을 한다. 이러한 압력 탱크는 물의 고임을 방지하는 방식으로 연결해야 한다.

부스터 시스템 압력 탱크

토출 측의 다이아프램 압력탱크 (DPV)

DIN 1988. 5항에 가이드라인으로 명시된 평가 방정식은 물과 공기를 공유할 수 있는 공간을 가진 DIN 4810에 준하는 공기제어 압력탱크에 관한 것이다.

그러나 현재는 더 이상 이러한 공식을 사용하지 않고 제조사의 사용 공식을 많이 적용하고 있다.

토출 측의 다이아프램 압력탱크 (DPV)

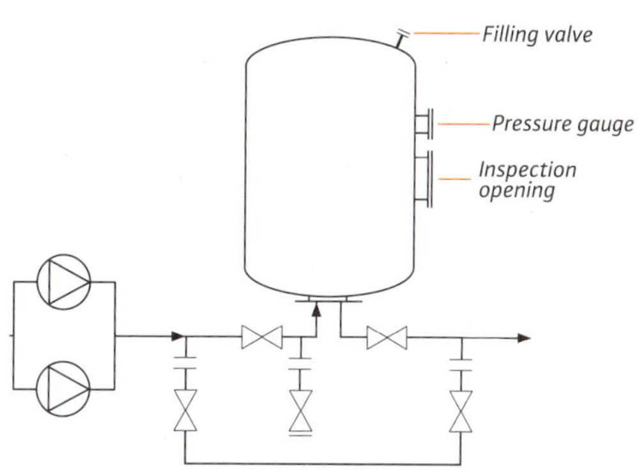

압력손실 다이아프램 탱크

제조회사에서 명시한 유량에서, 시운전시 압력 손실은 0.2bar 보다 커서는 안 된다. DIN 4807, 5항, section 4.1.6에 따라 시험을 해야 한다.

압력탱크는 DIN 4807 5항에 설명된 강제 순환을 가지고 있어야 한다.

독일에서는 압력탱크는 압력탱크규정 (Pressure Vessel Code)을 적용한다. 이것은 충분한 부식 저항을 가진 재료로 만들어야 하며 그 재료는 부식에 대해 충분히 보호되어야 한다.

특성 곡선

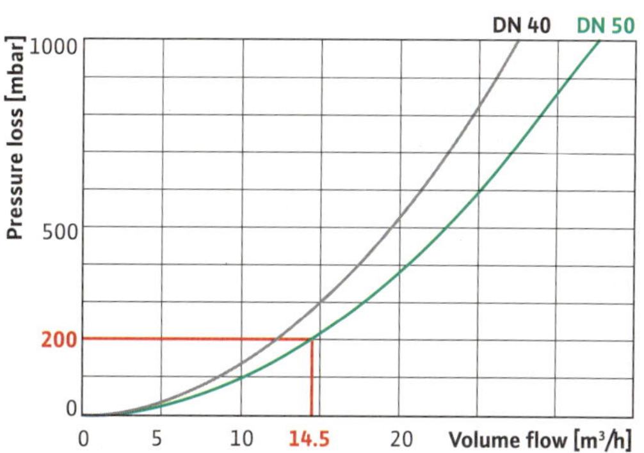

흐름 제한
예: Wilo 유형
D80-180-14.5 m3/h

펌프의 대수

공공상수도를 사용하는 경우, 부스터 시스템(PBS)은 적어도 동일한 용량의 펌프 2대 (주펌프와 예비펌프)를 갖추어야 한다. 최대 유량 VmaxP 는 각각의 펌프에 의해 100% 커버할 수 있어야 한다.

배관의 흡입측과 토출측에서 충분한 유량을 확보하기 위해서, 부스터 시스템을 멀티 펌프 시스템 (3·4·5·6 펌프 시스템)으로 설치할 수 있다. 주펌프가 고장인 경우 최대 유량 V_{maxP}이 100% 커버해야 하는 기본 요건이 적용된다.

필요한 시스템 용량은 DIN 1988에 따라 계산해야 한다.

저수위/안전 특징/감압기 보호

저수위 보호

간접 연결의 경우, 펌프는 저수위로부터 보호되어야 한다.(공운전 보호시스템)

직접 연결의 경우, 시스템은 최소 공급 압력이 1.0 bar로 떨어질 경우 펌프 스위치가 off 되거나 off 상태로 있도록 구성해야 한다.(현지 조건을 고려)

주의

소방시스템의 경우, 현지 규정을 반드시 준수해야 한다.(소방)

Wilo WMS 저수위 차단 스위치기어

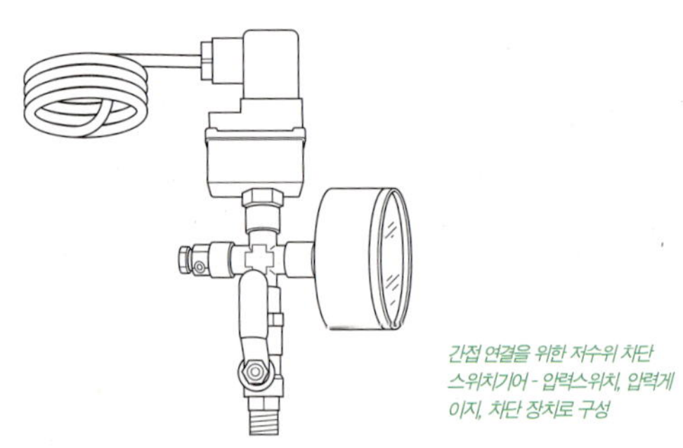

간접 연결을 위한 저수위 차단 스위치기어 - 압력스위치, 압력게이지, 차단 장치로 구성

직접 연결 유형의 저수위 (WMS) 보호

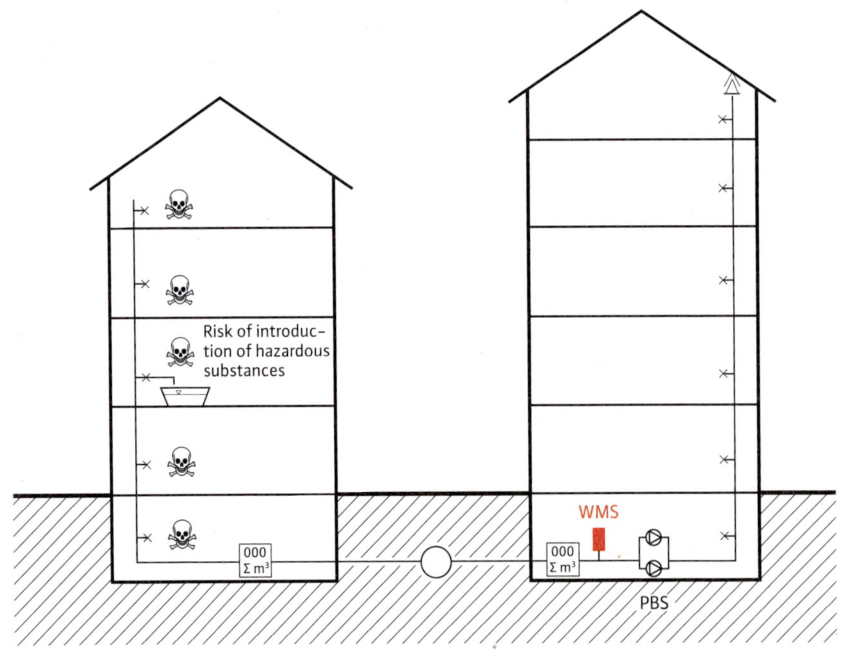

안전 특징 및 부속품

최대 압력 등급

부스터 시스템의 모든 구성품은 적어도 PN10 등급 이상의 부속을 사용하여야 하며 더 높은 압력에서 사용될 경우 더 높은 등급의 부속을 적용해야 한다.

차단 밸브

차단 밸브는 각각의 펌프에 물 공급을 방해하지 않고 분리할 수 있도록 모든 펌프 전후에 장착해야 한다.

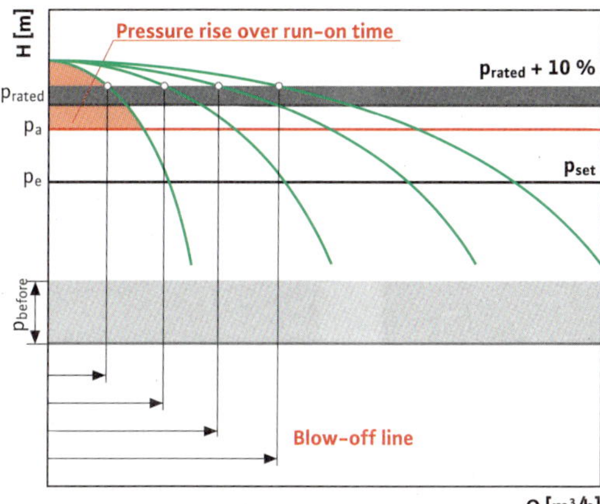

SV 반응 압력 다이아그램

안전밸브는 유일하게 승인된 안전 고정장치이다

SV 설치 및 구성 지침

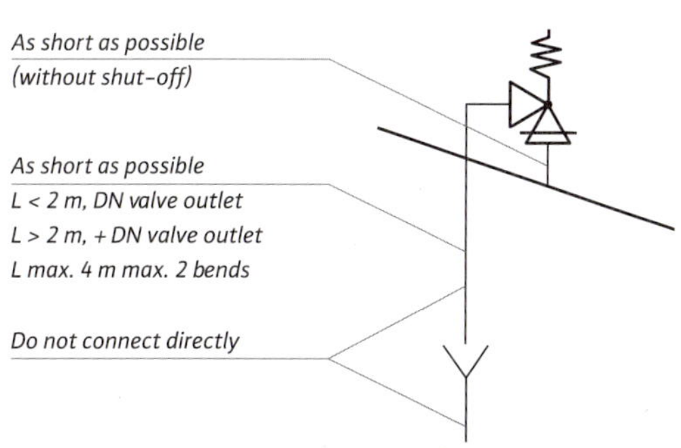

안전밸브와 필요한 경우 안전밸브의 반응 압력을 감소하여 가장 낮은 등급의 압력의 구성부품 사이의 정압 차이를 주의한다

역류 차단밸브

역류차단 밸브는 DIN 3269, 1항과 2항에 따라야 한다.

안전 밸브 (SV)

시스템 압력이 전체 빌딩에 대한 최대 허용 운전 압력의 1.1배를 초과하면, SV를 반드시 설치해야 한다. 시스템 압력은 최대 공급압력과 부스터 시스템 (PBS)의 최대 토출 압력의 합이다. 빌딩 설치에는 일반적으로 배관, 부속품, 압력탱크 및 이차 온수시스템이 포함된다.

SV는 AD-Merkblatt A2에 따라 시험을 해야 한다. 반응 압력에서 (최대 허용 운전 압력의 1.1배) 부스터 시스템 (PBS)의 유량을 토출할 수 있도록 설계되어야 한다. SV로부터 흐르는 물의 흐름은 안전 (EN 12056, DIN 1986-100을 따라) 해야 한다.

정상 운전 동안, 최대 허용 압력은 감압기 등 적절한 장치를 사용하여 초과하지 않도록 하여야 한다.

부스터 시스템의 경우, 최대 허용 압력은 다음 조건들에 의해 초과될 수 있다.
- 잘못된 구성
- 흡입 조건 변경 (그래프 참조)
- 부정확한 작동
- 부적절한 변경

SV 검사 및 유지보수

반응도 점검을 통한 기능 검사: 시스템이 작동하는 동안, SV 리프팅 메커니즘도 시간에 따라 작동해야 한다. 리프팅 메커니즘이 해제 된 경우 밸브가 다시 닫히는지 그리고 밸브 뒤의 물이 토출 라인을 통해 완전하게 흘러 나가는지 관찰한다.

검시 간격

6개월 마다 조작자 또는 전문기술자에 의해 수행

플로트 밸브(Float valve)

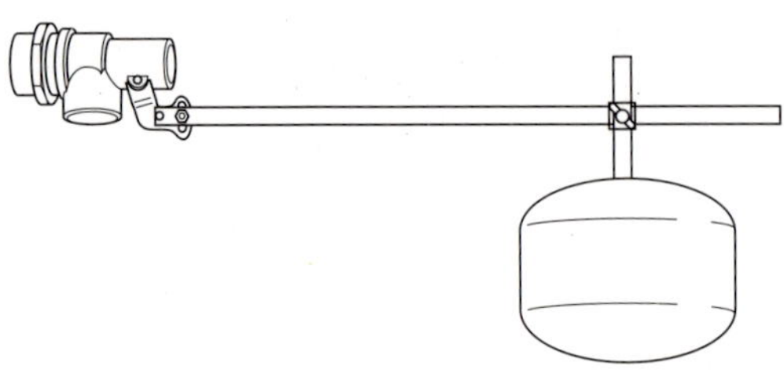

개방형 저수조 (예비 탱크) 내 수위 조절을 위해 사용하는 플로트 밸브. 1,000ℓ 사용 량까지 가능. 플로트 밸브 R1/2는 다이아프램 밸브와 연계하는 조절밸브로 사용.

다이아프램 밸브 (Diaphragm valve)

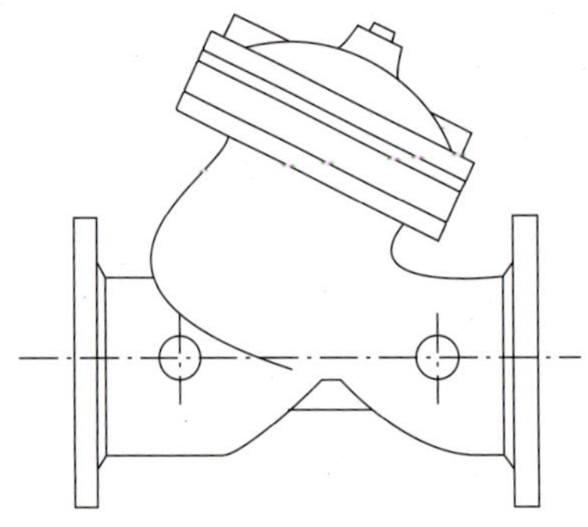

개방형 저수조 (예비 탱크)의 수위조절에 사용하기 위한 다이아프램 밸브는 조절밸브로서 플로트 밸 브 R1/2과 연계하여 1,500ℓ 사용량으로 동작한다.

수위 조절 밸브

수위 조절 밸브(예: 플로트 밸브)를 사용해야 하는 경우, 갑자기 열리거나 닫히지 않는 유형을 선택해야 한다. 개폐시간은 0.5초 이상이어야 한다.

차단 장치는 이러한 밸브 앞에 설치하고 필요한 경우, 감압기를 설치하도록 한다.(주: 정압 최대 5bar)

플로트 밸브의 경우, 최대 공칭직경은 DN50으로 제한된다. 플로트 밸브로부터 흐르는 물의 양이 충분하지 않는 경우

- 여러 개의 밸브를 나란히 설치한다.
  이들 플로터를 다른 수위에 설정해야 하며 (순차제어), 플로터가 자유롭게 움직이도록 한다.
- 조향제어가 되도록 자유로운 토출을 위해 다이아프램 밸브를 설치한다.

감압기

감압기의 설치를 위한 기준은 DIN 1988. 5항에 명시되어 있다.

감압기는 다음과 같은 특징이 있다.
- 초과 공급압력을 제한한다.
- 입력 압력 (공급 압력)이 변동이 심할 때라도 시스템 압력을 일정하게 유지한다.
- 압력이 낮으면 사용 지점에서 적은 물이 흐르므로 물 절약 효과가 있다.
- 유체 소음을 방지한다.

감압기 유형의 예

honeywell Braukmann사의 감압기 D06F와 D15P

감압기는 다음 상황에서 설치해야 한다.
- DIN 4109. 2항(빌딩 건축의 소음 제어)의 적용 분야에서 측정 지점의 정압이 5bar를 초과할 수 있는 경우
- 사용측 운전 압력의 제한이 필요한 경우: 다시 말해, 음용수 시스템의 최대 정압이 허용운전 압력과 같거나 초과할 수 있는 경우 또는 장치와 부속품이 낮은 압력을 받도록 설치된 경우
- 안전 밸브 앞의 정압은 반응 압력의 80%를 초과할 수 있다.
- 빌딩에 설치하는 경우, 부스터 시스템은 전체 건물에 공급하므로 여러 개의 존을 만들어 설치해야 한다. 그 다음 감압기를 특정 층에 공급하는 배관 또는 한 존에서 그 다음 존으로 이어서 올라가는 배관에 설치한다.

예

감압기는 안전밸브 반응 압력이 10bar이면 정압이 8bar을 초과하는 경우 반드시 설치해야 한다.

감압기의 공칭 직경				
공칭 직경	주거용 최대 유량	V_S	산업플랜트 최대 유량	V_S
DN 15	0.5 ℓ/s	1.8 ㎥/h	1.8 ℓ/s(0.35*)	1.8 ㎥/h(1.3*)
DN 20	0.8 ℓ/s	2.9 ㎥/h	0.9 ℓ/s	3.3 ㎥/h
DN 25	1.3 ℓ/s	4.7 ㎥/h	1.5 ℓ/s	5.4 ㎥/h
DN 32	2.0 ℓ/s	7.2 ㎥/h	2.4 ℓ/s	8.6 ㎥/h
DN 40	2.3 ℓ/s	8.3 ㎥/h	3.8 ℓ/s	13.7 ㎥/h
DN 50	3.6 ℓ/s	13.0 ㎥/h	5.9 ℓ/s	21.2 ㎥/h
DN 65	6.5 ℓ/s	23.0 ㎥/h	9.7 ℓ/s	35.0 ㎥/h
DN 80	9.0 ℓ/s	32.0 ㎥/h	15.3 ℓ/s	55.0 ㎥/h
DN 100	12.5 ℓ/s	45.0 ㎥/h	23.3 ℓ/s	83.0 ㎥/h
DN 125	17.5 ℓ/s	63.0 ㎥/h	34.7 ℓ/s	125.0 ㎥/h
DN 150	25.0 ℓ/s	90.0 ㎥/h	52.8 ℓ/s	190.0 ㎥/h
DN 200	40.0 ℓ/s	144.0 ㎥/h	92.0 ℓ/s	330.0 ㎥/h
DN 250	75.0 ℓ/s	270.0 ㎥/h	139.0 ℓ/s	500.0 ㎥/h

* 안전 밸브 그룹

감압기의 공칭 직경 측정

감압기의 공칭 직경 (DN)을 측정하는 요소는 DIN 1988 3항에서 정의한 사용 지점에서의 최대 유량 VS 이다.

감압기는 배관 직경에 따라 결정해서는 안 된다.

특정 감압기의 크기를 결정하려면, DIN 1988 5항에 명시된 표를 사용한다. 이것은 실제 최대 유량이 가능한 표의 값에 가깝도록 하고 그것을 초과해서는 안된다는 것을 보여준다.

표는 DIN 4109 5항의 소음관리요건을 충족하기 위해 필요하거나 (예: 주거용 건물) 또는 그것을 충족하기 위해 필요하지 않는 (예: 산업 플랜트) 시스템을 구별한다.

감압기의 압력 강하

특히 입력 압력 (공급 압력)이 설정 출력 압력 미만으로 떨어질 수 있는 경우 최소한의 압력 강하를 유지하기 위해 상대적으로 높은 Cv 값으로 감압기를 설치할 것을 권장한다.

또한 입력 압력이 설정지점 보다 1bar 떨어지고 물의 양이 공칭 직경 기준으로 측정한 바 2.0m/s 속도와 동일하게 측정되는 경우 압력강하는 설정 출력 압력과 관련하여 2.2 bar보다 커서는 안 된다는 것을 명시한 EN 1567 표준을 준수한다.

예

공칭 직경	DN25
설정출력 압력 P_{eE}	3bar
가용 입력 압력 P_{eA}	2bar
2.0 m/s의 유량	3.6m³/h

허용 최소출력압력 Pmin = 0.8bar

이것은 또한 소방시스템의 대형 감압기 다운스트림에 적용할 수 있다. 소방용의 경우, 권장 유속은 더 이상 관련이 없다. 중요한 것은 많은 물이 가능한 가장 높은 압력에서 사용할 수 있어야 한다. 감압기는 상당히 높은 유량에서도 100% 개빙되므로, 서항 및 압력 강하는 가능한 낮추어서 높은 Cv로 보장할 수 있도록 한다.

감압기의 식별 표시

감압기의 식별 표시는 DVGW Arbeitsblatt(관례법) W375에 따른다.

감압기의 설치

감압기는 일반적으로 유량계를 설치한 후 사용 라인에 설치한다.

혼합기를 포함하는 빌딩에 설치하는 경우, 분산식 압력감소 (예: 보조 온수실린더 인입구의 감압기)는 중앙식 압력 감소 (예: 압력존 분리 지점 이후 바로 설치)로 교체해야 한다.

감압기의 고장 없는 운전을 위해, 적어도 배관의 공칭 직경의 5배 길이의 배관을 운전 구간과 마찬가지로 출력 측에 확보해야 한다.

다음에 대한 상세 정보는 DIN1988. 5항, section 5·4. 8항. 추가정보 A8 및 제조회사의 문서를 참조한다.
- 설치 및 유지보수
- 온수에 대한 특별 구별표시
- 설치 기준
- 안전밸브를 사용하는 시스템 보호
- 바이패스 라인

감압기는 안전밸브가 아니다. 특정 압력이 다운스트림 시스템에서 초과해서는 안 되는 경우, 안전밸브를 반드시 설치해야 한다.

감압기의 유지보수

감압기는 비교적 낮은 힘으로 작동하는 장치이므로 특히 오염물질에 민감하며 (DIN 1988, 8항, 추가정보 A8) 조작자 또는 전문가를 통해 매년 유지보수를 해야 한다.

온수 및 냉수 설치 사이의 압력 조건을 다르게 하는 것이 필요

설치 위치 및 조건

부스터 시스템은 다른 용도로 사용하지 않는 동결이 안되고 환기가 잘되며 보안이 확보되는 곳에 설치해야 한다.

이 공간은 충분한 크기의 배출 연결장치를 갖추고 있어야 하며 유해 가스가 들어오지 않도록 한다.

부스터 시스템용 DPV는 다음 목적으로 설치해야 한다.
• 명판을 쉽게 읽을 수 있고
• 가능한 여러 각도에서 보이며
• 내부 점검을 위해 쉽게 접근 가능하도록 하여야 한다.

부스터 시스템을 설치할 공간은 침실 또는 거실이 바로 가까이에 있지 않는 곳을 선택해야 한다.(DIN 4109는 인접 방에서 최대 30 dbA를 명시하고 있다) 권장사항: 글랜드리스 펌프가 장착된 부스터 시스템 설치(Wilo Multivert MVIS 또는 MVISE)

일반적으로, 부스터 시스템은 항상 기계적 또는 유체에 의한 응력이 없도록 설치해야 한다.(예: 부정확하게 설정된 앵커 포인트)

길이 제한이 있는 벨로우즈 확장 조인트 또는 진동 흡수를 위한 플렉시블 호스를 사용하여 유연한 연결장치를 설치하는 경우, 사용 연한을 고려하여 쉽게 교체 가능하도록 설치하여야 한다.

벨로우즈 확장 조인트와 플렉시블 호스의 제조회사의 설치 및 유지보수 지침을 준수한다.

플렉시블 연결 라인 (플렉시블 호스)

플렉시블 연결라인은 시스템을 스트레스 없이 연결되도록 한다.

벨로우즈 확장 조인트

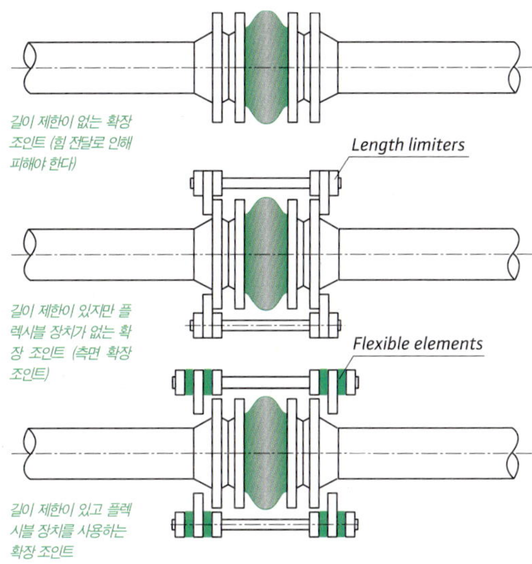

길이 제한이 없는 확장 조인트 (힘 전달로 인해 피해야 한다)

길이 제한이 있지만 플렉시블 장치가 없는 확장 조인트 (측면 확장 조인트)

길이 제한이 있고 플렉시블 장치를 사용하는 확장 조인트

다이아프램 압력탱크 (DPV)를 갖춘 부스터 시스템 (PBS)의 계통도

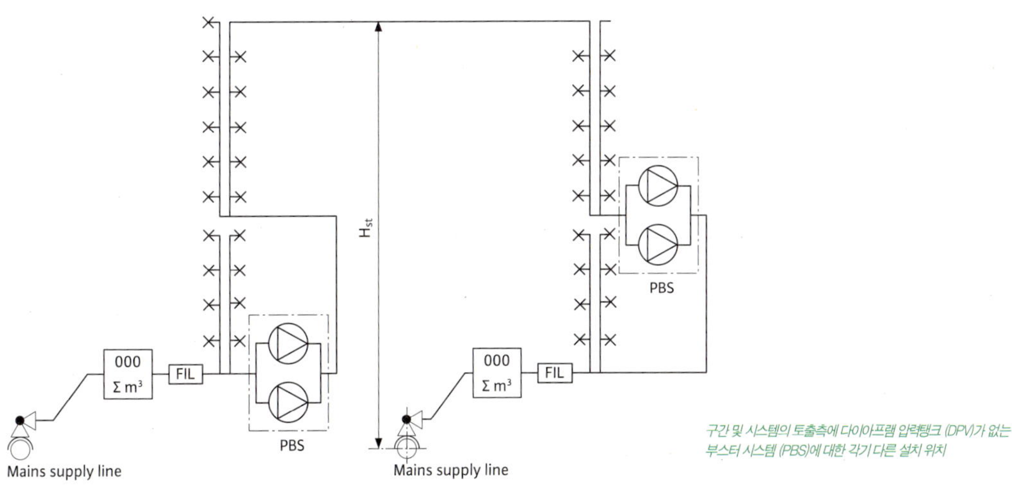

구간 및 시스템의 토출측에 다이아프램 압력탱크 (DPV)가 없는 부스터 시스템 (PBS)에 대한 각기 다른 설치 위치

부스터 시스템의 토출 압력 및 설치 위치

흡입 및 토출 측의 다이아프램 압력탱크가 없는 부스터 시스템 설치 위치는 펌프의 토출 압력 ΔPv 에 대해 아무런 영향이 없다. 배관 시스템 내 이상 저압 또는 초과압력을 방지하기 위해, 다음 요건을 고려하여 설치 위치를 정한다.

- 어느 위치에 설치하더라도 0.5bar 이상의 압력으로 물이 공급되어야 한다.

$$P_{before} > 0.5 \text{ bar}$$

- 높이는 어떤 운전조건이든지 펌프 후단의 운전 압력이 10bar 보다 클 수 있는 시스템의 높이보다 더 커야 한다.

$$P_{after} < 10 \text{ bar}$$

신고시 필요사항

독일에서는 빌딩 소유주 또는 대리인이 DIN 1988 5항에 따라 검사/승인을 위해 관련기관 (일반적으로 상수도 회사)에 모든 시스템 구성품과 전체적인 배치를 보여주는 모든 계획 계산서 및 도면을 제출해야 한다.

소방시스템의 경우, 해당 소방당국의 승인 역시 필요하다. 시스템의 운전 준비를 동일한 방법으로 보여주어야 한다. 시운전을 하기 전에, 전체 부스터 시스템을 설치한 전문 계약업체는 연결요건이 충족되었는지 확인해야 한다.

설치 위치의 효과

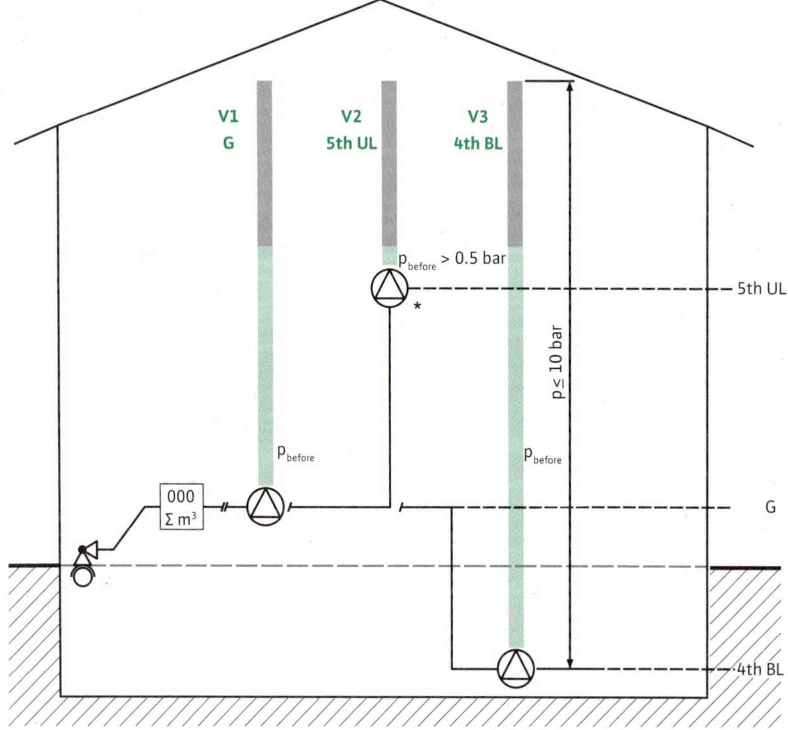

* 경험상 권장: > 1.5bar

03. 부스터 시스템 선정 연습

음용수 공급을 위한 부스터 시스템 (PBS) 선정

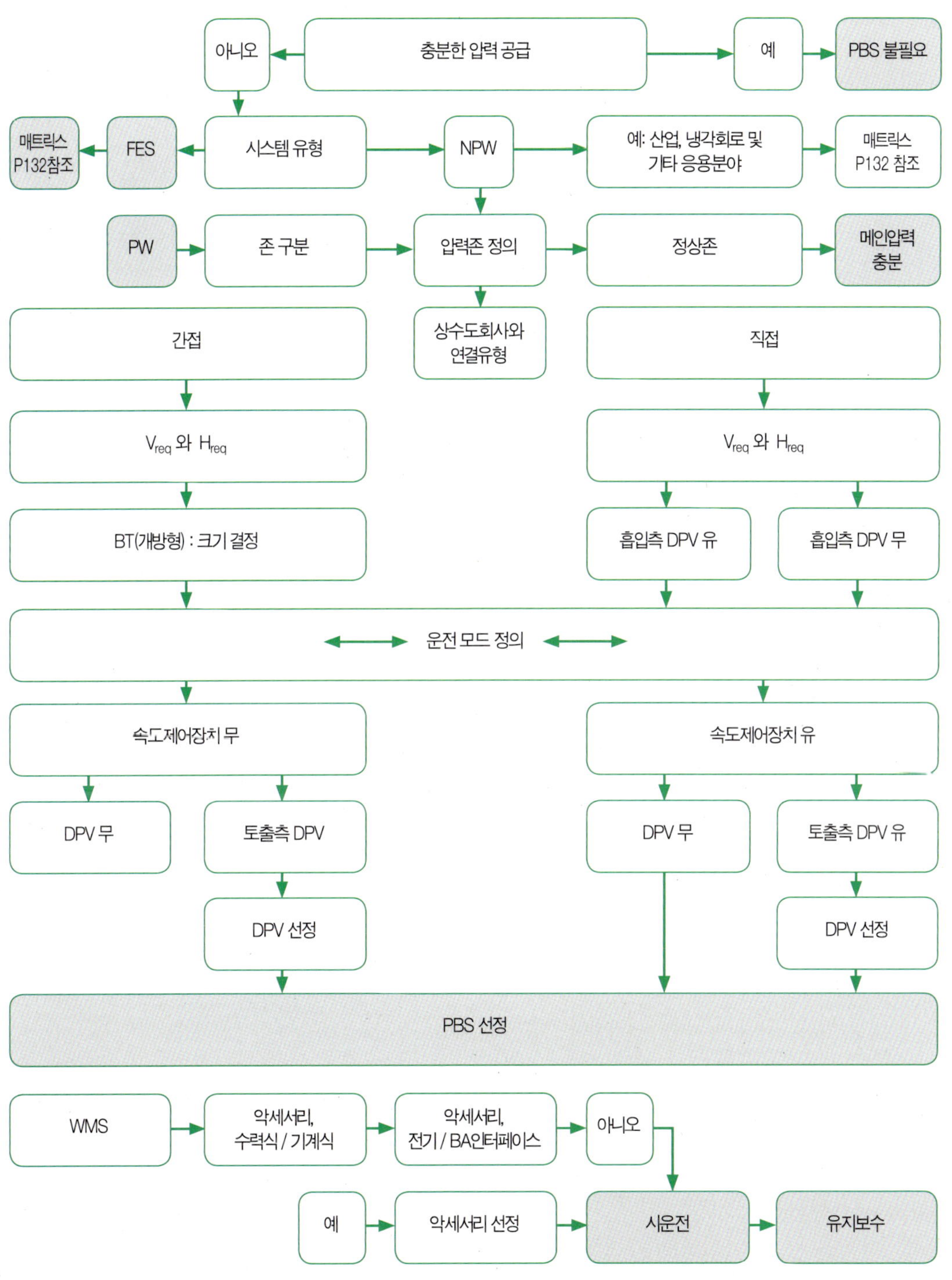

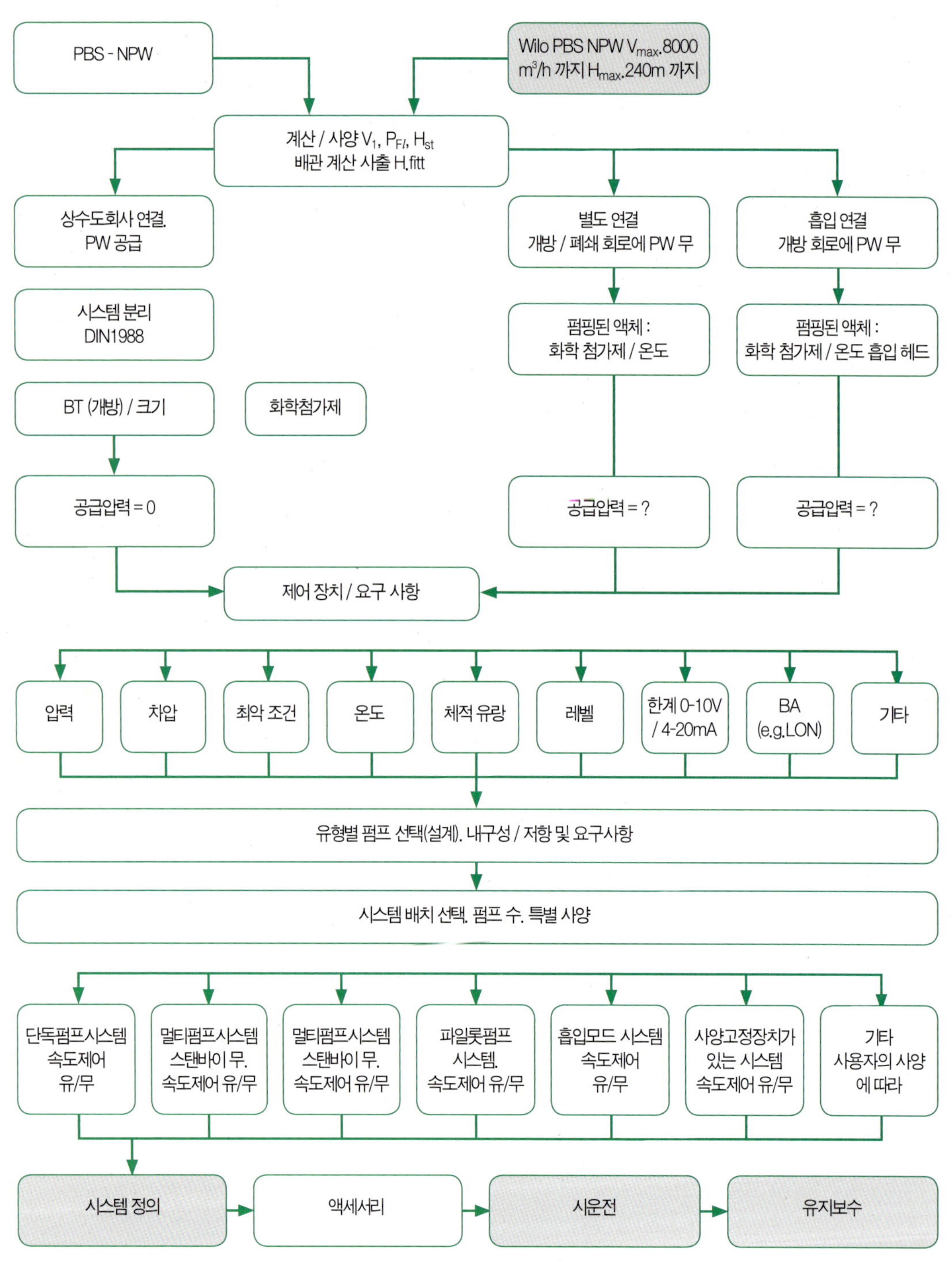

PBS - NPW
Wilo PBS NPW V$_{max}$.8000 m³/h 까지 H$_{max}$.240m 까지
계산 / 사양 V$_1$, P$_{Fl}$, H$_{st}$ 배관 계산 사출 H.fitt
상수도회사 연결. PW 공급
별도 연결 개방 / 폐쇄 회로에 PW 무
흡입 연결 개방 회로에 PW 무
시스템 분리 DIN1988
펌핑된 액체 : 화학 첨가제 / 온도
펌핑된 액체 : 화학 첨가제 / 온도 흡입 헤드
BT (개방) / 크기
화학첨가제
공급압력 = 0
공급압력 = ?
공급압력 = ?
제어 장치 / 요구 사항
압력
차압
최악 조건
온도
체적 유량
레벨
한계 0-10V / 4-20mA
BA (e.g.LON)
기타
유형별 펌프 선택(설계). 내구성 / 저항 및 요구사항
시스템 배치 선택. 펌프 수. 특별 사양
단독펌프시스템 속도제어 유/무
멀티펌프시스템 스탠바이 무. 속도제어 유/무
멀티펌프시스템 스탠바이 무. 속도제어 유/무
파일롯펌프 시스템. 속도제어 유/무
흡입모드 시스템 속도제어 유/무
사양고정장치가 있는 시스템 속도제어 유/무
기타 사용자의 사양 에 따라
시스템 정의
액세서리
시운전
유지보수

주거건물의 부스터 시스템 (PBS) 계산

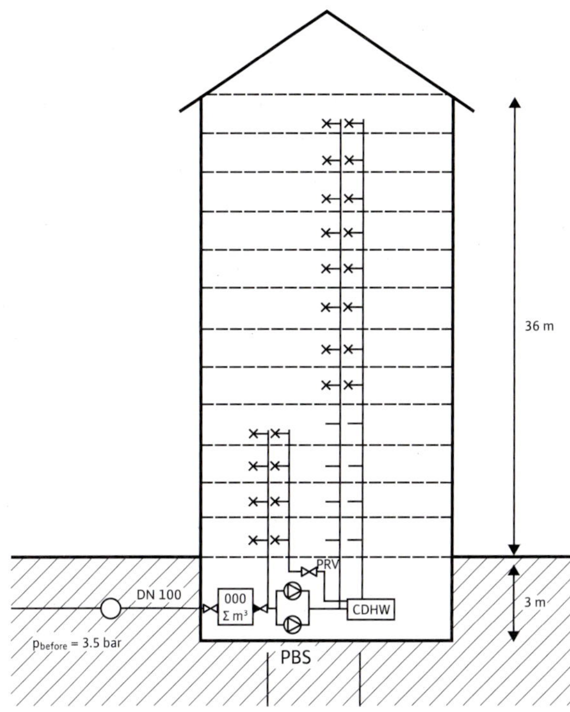

특성	
지상 12층 - 층 높이	3m - 36m
지상 1층 - 층 높이	3m - 3m
	H_{st} = 39m

48 주거 시설 (RU), 층별 4 RU. 표준장치

	연결	냉수	온수
1 WC 수조	DIN15	1	-
1 세면대	DIN15	1	1
1 샤워기	DIN15	1	1
1 부엌 싱크대	DIN15	1	1
1 세탁기	DIN15	1	-
1 식기세척기	DIN15	1	-
부스터 시스템에서 추출 지점까지 배관라인길이		60m	
최소 인입 압력(Pmin)		3.5bar	
최대 압력 변동		+0.3bar	
각 지점별 원하는 유압		1bar	

단계 1: 영역 구분

정상 존: 흡입 압력	3.5bar
유량 압력	1.0bar

= 2.5bar = 25m

압력 손실 (양정 손실)

유량계 + 필터 ≤ 0.5 bar

배관라인 마찰 손실 ≈ 15% of H_{st} ≈ 0.4

≈ 15% of 25m ≈ 4m

계산

정상 존	3.5bar
유량 압력	1.0bar
압력 손실	(0.5bar + 0.4bar) = 0.9 bar

=1.6bar = 16m

유량계의 유형에 따라 손실이 달라진다

지하와 4개 층은 시수압을 사용하여 공급할 수 있다

단계 2: 연결 유형

지역 상수도 사업소에 의해 명시
연결: 직접 (다음 표에 따라 확인)

빌딩 연결 배관의 최대 유속

빌딩 연결배관의 공칭직경	PBS와 PBS가 없는 소비배관에 대한 최대 유량	흡입 측에 압력탱크가 없는 PBS에 직접 연결하기 위한 최대 유량	
	I	IIa	IIb
	Qmax	Qmax	Qmax PBS
	At ΔV$\leq$ 2m/s[㎥/h]	AtTV$\leq$ 0.15m/s[㎥/h]	AtTV$\leq$ 0.5m/s[㎥/h]
25/1	3.5	0.26	0.88
32/1$_{1/4}$	5.8	0.43	1.45
40/1$_{1/2}$	9	0.68	2.3
50/2	14	1.06	3.5
65	24	1.8	6
80	36	2.7	9
100	57	4.2	14
125	88	6.6	22
150	127	9.5	32
200	226	17	5
250	353	26.5	88
300	509	38	127

단계 3: 체절 유량 계산

DIN 1988. 3항에 따라 $\dot{V}_{maxP}$ = 누적 유량을 측정할 것.
연결: 직접 (다음 표에 따라 확인)

전통적인 음용수 사용 장비의 최소 유량 압력 및 설계 유량에 대한 표준 값

최소유량 압력 $P_{min Fl}$	음용수 사용 장비의 유형	설계 유량		냉수 또는 온수
		온수 및 냉수 혼합		
		$\dot{V}_R$ 냉수	$\dot{V}_R$ 온수	$\dot{V}_R$
[l/s]		[l/s]	[l/s]	[l/s]
1.0	가정용 세탁기 DN 15	-	-	0.15
1.0	가정용 세탁기 DN 15	-	-	0.25
	혼합 탭			
1.0	샤워부스용 DN 15	0.15	0.15	-
1.0	부엌 싱크대 DN 15	0.07	0.07	-
1.0	세면대 DN 15	0.07	0.07	-
0.5	DIN 19542 에 따른 화장실 수조 DN 15	-	-	0.13

*혼합유량의 설계는 15℃의 냉수와 60℃의 온수를 기준으로 선정한다.

DIN 1988, 3항에 따라 $\dot{V}maxP$ = 최대 유량을 측정할 것

누적 유량 $\dot{V}_R$ 의 함수로서 최대 유량 $\dot{V}_S$

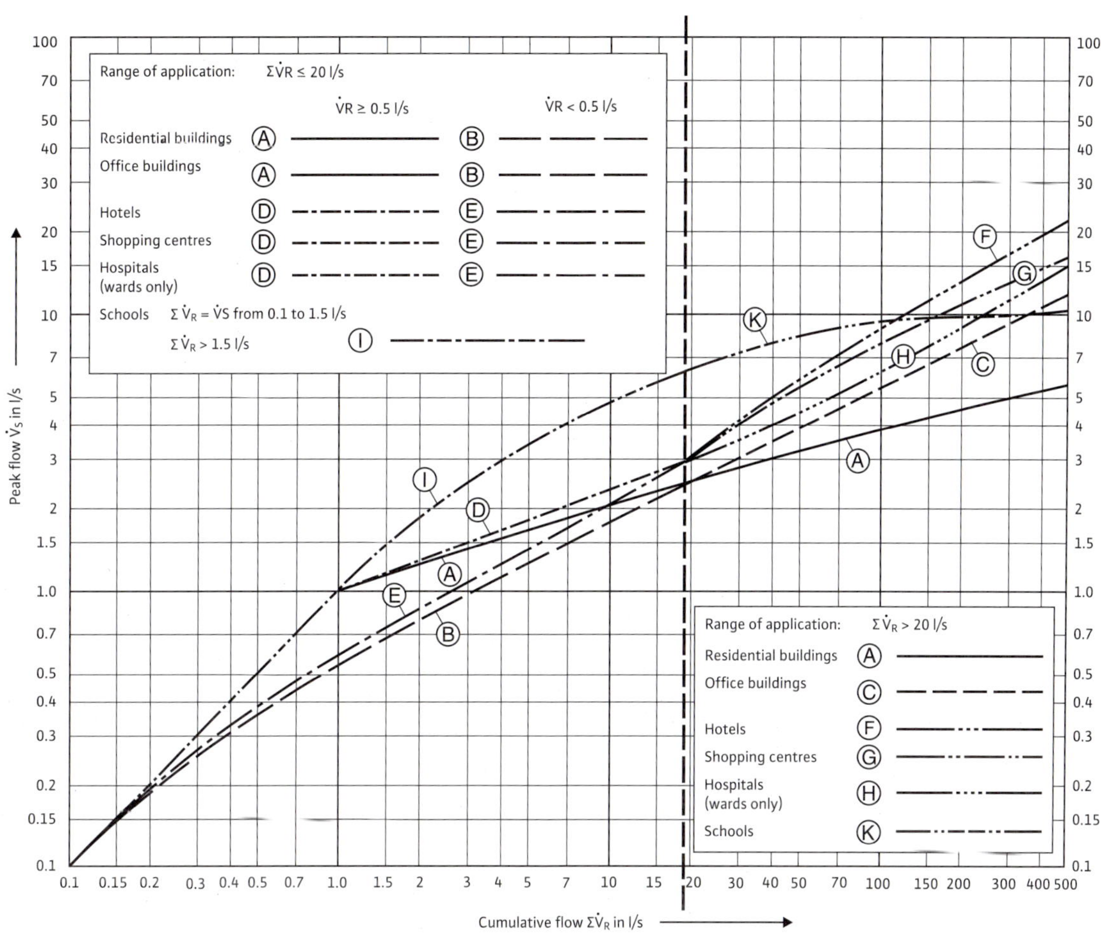

사수압을 사용하는 존에서는 냉수는 부스터 시스템 (PBS)를
선택할 때 고려할 필요가 없다.

시수압 사용 존에서 온수용 누적 유량
4층 · 4주거시설 = 16 주거시설

표준 솔루션

냉수 + 온수   = 1.11 l/s · 32 RU   = 35.52 l/s
냉수 전용   = 0.89 l/s · 16 RU   = 13.76 l/s

$\Sigma\ V_{maxp}$ total   = 49.28 l/s

DIN 1988, 3항에 따른 최대 유량

누적 유량 $\dot{V}_R$ 의 함수로서 최대 유량 $\dot{V}_S$

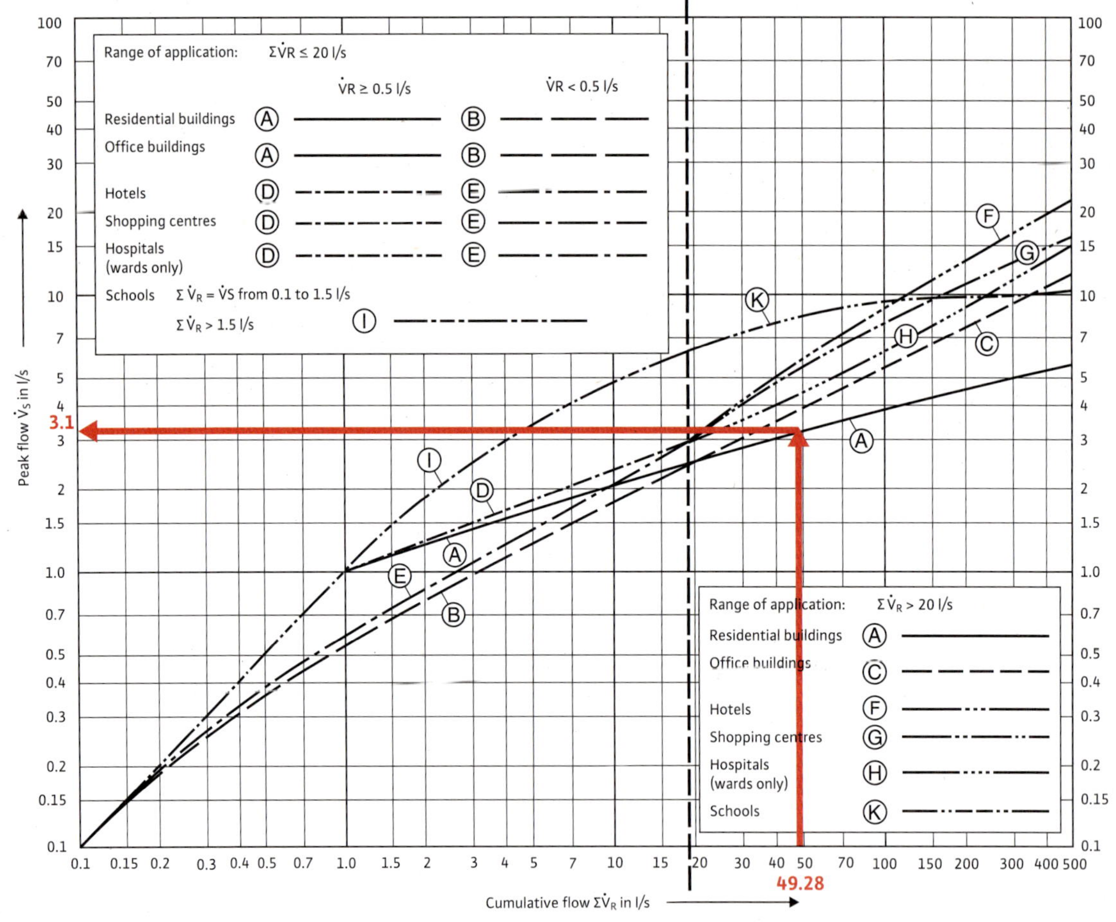

결과

V_S = 3.1 l/s

단계 4: 양정 계산

$$\Delta P_P = H_{req} + P_{minFI} + \Sigma(I \cdot R \cdot Z) + (\Delta P_{fit} + \Delta P_{WM}) - P_{minV}$$
$$= 39\,m + 10\,m + (60m \cdot 0.15) + 5\,m \qquad - 35m$$

$$= 28\,m$$

단계 5: DIN 1988, 3항에 따른 부스터 시스템에 대한 유효 체절 유량 기준

빌딩 연결 배관의 최대 유속

빌딩 연결배관의 공칭직경	PBS와 PBS가 없는 소비배관에 대한 최대 유량	흡입 측에 압력탱크가 없는 PBS에 직접 연결하기 위한 최대 유량	
	I	IIa	IIb
	Qmax	Qmax	Qmax PBS
DN	At $\Delta V \leq 2m/s[\text{m}^3/h]$	At $\Delta V \leq 0.15m/s[\text{m}^3/h]$	At $\Delta V \leq 0.5m/s[\text{m}^3/h]$
25/1	3.5	0.26	0.88
32/1$_{1/4}$	5.8	0.43	1.45
40/1$_{1/2}$	9	0.68	2.3
50/2	14	1.06	3.5
65	24	1.8	6
80	36	2.7	9
100	57	4.2	14
125	88	6.6	22
150	127	9.5	32
200	226	17	57
250	353	26.5	88
300	509	38	127

$V_{maxP} = 11.16\ \text{m}^3/h : 4.2 = 2.657$ pumps

따라서 3 pumps + 1 standby pumps

속도제어 시스템은 압력 서지 없이 펌프가 차단되도록 한다. 즉 페이지 69의 표의 세로칸 IIa의 요건을 무시
할 수 있다는 것을 의미한다.

단계 6: 시스템 선택

• 권장사항:

WHBM34H044-4(Helix V404)

단계 7: 필요한 악세서리

- 직접 연결에 의한 저수위 차단 스위치기어(WMS)

단계 8: 정압 확인

중립 존: 지상 4층까지
고압 존: 지상 5층

확인시, 가장 최악의 조건을 고려해야 한다.

최대 흡입 압력: 3.5bar + 0.3bar = 3.8bar
$Q = 0$ m³/h 에서 시스템의 양정:
정속 시스템 = 54m
속도 제어 시스템 = 불필요. 일정 값(28m)
배관 및 고정장치 마찰 손실은 유량 = 0 m³/h 이므로 포함되지 않는다.

정속시스템

$$P_{maxZ} + P_{maxPp} - H_{st}$$
$$(at\ Q = 0 =/h)$$
$$=\ 38\ m + 54\ m - 18\ m$$
$$=\ 74m$$
$$=\ 7.4\ bar$$

결과

지상 5층에서 최대 가능한 정압을 고려시 지하에서의 압력은 7.4bar (74m)이다.
이것은 최대 허용 5bar 정압보다 더 높다. 따라서 감압밸브를 입력 존 분리와 연계하여 적용해야 한다.

속도 제어시스템

$$P_{maxZ} + P_P\ (const.) - H_{st}$$
$$=\ 38\ m + 28\ m\qquad - 18\ m$$
$$=\ 48\ m$$
$$=\ 4.8\ bar$$

결과

추가 입력 존 분리 및 감압밸브 사용이 필요하지 않다.

산업 플랜트에서 비음용수 시스템의 계산

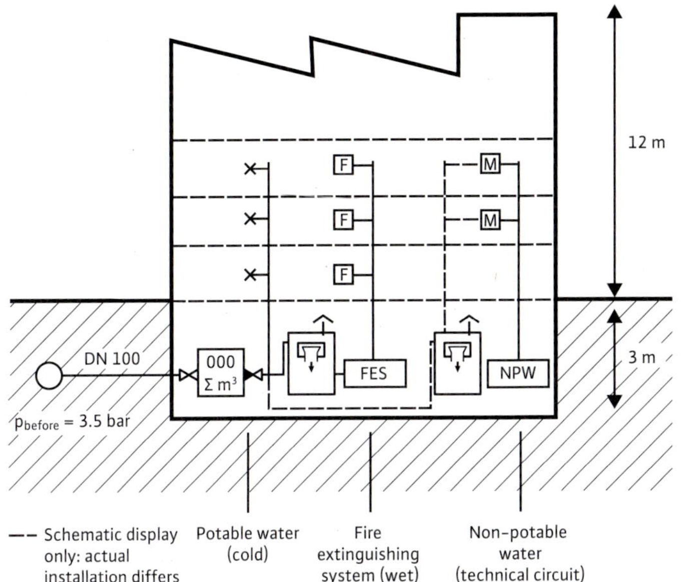

특성	
지상 12층 - 층 높이	3m - 12m
지하 1층 - 층 높이	3m - 3m
	H_{st} = 15m
펌핑 유체	공정 용수
2대 기계에 대한 흡입압	4.2bar
배관의 공칭 직경	DN40
가장 높은 호스 배출구까지 배관 길이	30m
보충수 (음용)용 흡입압	3.5bar

-- Schematic display only: actual installation differs   Potable water (cold)   Fire extinguishing system (wet)   Non-potable water (technical circuit)

유의 사항

- 음용수 이송은 EN1717에 따라 개방형 저수조에서 끝난다.
- 탱크 크기는 다운스트림 시스템의 물 용량에 따라 다르다.

단일 송수 배관, 공급 배관 최대 10 ʤ 1.5 ʟ
만약 > 10 ʤ 1.5 ʤ면, 적절한 대책 (주입장치을 계획한다. 이것은 배관 체적의 적어도 1.5배의 유량을 매주 자동주입하여 교체할 수 있도록 설계한다.
주입과정에서 유속은 최소 1 m/s가 되어야 한다.

단계 1: 총양정 계산

공정 용수에 대한 사양: 2•max. 4.5m³/h = 9 m³/h

P_{Fl}. machine   = 4.2bar

ΔP_P = Hst   + P_{minFl} + Σ(l•R•Z) – 흡입압

    = 15 m + 42 m + 2.2 m   – 0 m

      (Cu.DN40.9m³/h.30m long)

= 59 m

- 높은 운전 신뢰성: 2개의 주펌프와 1대의 예비 펌프
- 공급압은 일정해야 한다.
- 공정 용수의 농도로 인해, STS 304, Viton 의 재질이 요구된다.

단계 3: 시스템 선택

- 속도 제어시스템

- 권장사항 (개별 인버터 적용)
  WHBM33H047-3 (Helix V407)
  특기사항: 접액부의 모든 금속 재질은 최소 STS 3040이고,
  고무재질은 Viton으로 되어 있다.

단계 4: 권장 액세서리

- EN1717에 따른 개방형 저수조 (예비 탱크) - 크기 사양은 고객 요구 또는 시스템의 물 용량에 따라 결정
- 보충을 위한 플로트 밸브 - 보충량에 따른다.
- 공운전 방지 시스템 (저수조에 표준으로 포함)
- 주입 장치

부스터 시스템의 대략적인 용량결정 - 주거 건물용 음용수 시스템

시스템 교체가 계획되어 있는 경우 다음과 같은 대략적인 용량 결정이 필요하다.

절차
성능 데이터 (유량 및 총양정)를 결정하거나 예상한다.

단계 1: 유량 계산

- 주거 시설 (RU) 수 측정 - 건물 입구에 있는 초인종 수에 의해

- 예: 48개 초인종 = 48 가구

- 변수 1: 48 · 표준 주거 1 ℓ/s
  누적 유량 $\Sigma\dot{V}_R = 48$ ℓ/s
  최대 유량 측정 $\dot{V}_S = 3$ ℓ/s = 10.8 m³/h
  (DIN 도표에 따라 - 페이지 135 참조)

- 변수 2: 구 DVGW 관례법 Arbeitsblatt W 314 를 이용하여 유량 측정.
  48 RU = 9.3 m³/h

- 결론: DIN 또는 DVGW 관례법 Arbeitsblatt W 314 에 따라 유량 계산 시, 예비량을 항상 고려해야 한다.
  이 선정 기준들에 따라 측정된 시스템은 실제 요구사항을 맞추어야 한다.

단계 2: 총양정 계산

- 설치 위치에서 최종 송출 지점까지 층의 수를 측정한다. 층별 높이를 3m로 가정한다.
  (주의: 특수한 건물 구조에는 적용하지 않는다)

- 예: 12층 + 지하 1층 = 13 · 3m = 39 m H_{st}

- 배관 및 밸브류의 예상 마찰 손실:
  Hst의 약 10-15% ≈ 5m

- 흡입압을 확인하거나 압력 게이지를 판독한다 (지하에서):
  또한 압력 변동여부를 확인한다 (예: 건물 감독자/관리인)

- 정확한 정보가 없을 경우, 주거건물용 수압 적용
  = 1.5bar

- 지역 온수 난방의 경우 (예: 순간온수기 사용), 더 높은 수압을 적용한다.
  = 2.5 bar

$$\Delta P_P = H_{req} + \Delta P_{loss} + \Delta P_{FI} - P_{rar}$$
$$= 39\,m + 5\,m + 15\,m - 35\,m$$

$$= 24m$$

단계 3: 시스템 선택

- 대략적으로 결정된 시스템에서, 다음과 같은 이유로 속도제어 시스템만을 선택하는 것이 좋다.
    - 유량 변동에 의한 압력 변동이 없다.
    - $Q = 0$ m³/h에서 압력상승이 없다.
    - 공급 압력 변동의 보상
    - 실제 조건에 쉽게 적용
    - 사용의 간편성 및 정밀 제어
    - 특히 주거 건물의 경우, 저소음 저비용 유지보수
      (마모 부품 없음 = 미케니컬 씰)를 위해 글랜드리스 부스터 시스템을 권장한다.

- 권장사항:
  WHBM33H043-3(Helix V403)

04. 추가 정보

지역 및 지방 규정

선정 및 적용은 항상 EN 규격과 (독일의 경우) DIN 규격 그리고 Trink-wasserverordnung (음용수 규정)을 기준으로 해야 한다. 이외에, 앞서 언급한 규격과 차이가 있거나 추가사항이 필요한 특정 지역 및 지방을 위한 더 상세한 규정이 있다. 이러한 규정에 대한 자세한 내용은 해당 지역 및 각 국가의 규정을 따른다.

비음용수 시스템

비음용수 시스템은 음용수 시스템으로 사용하지 않는 모든 시스템을 포함한다.

이들은 다음사항들을 통해 제어가 될 수 있다.
- 폐수 순환을 위한 압력
- 냉각 회로를 위한 차압
- 건축물에서 공업용수 공급을 하기 위해 분기한 배관으로 인한 압력 저하에 대응
- 공정 플랜트, 열저장 탱크, 또는 냉각회로용
- 생산시험에 사용되는 일정한 규모의 물 공급
- 탱크 제어를 위한 급수
  (예: 가변 수위의 고가 탱크)
- 제어반에 대한 외부 위험 요인
  (예: 4-10 또는 4-20 mA)

위에 언급되지 않은 기타 사항은 당사로 문의하시기 바랍니다.

전기 정보

일반적으로 말하면, 전기 시스템은 최신 EN 규격과 (독일의 경우) 최신 DIN VDE 규정, 그리고 정립된 관계법에 따라야 한다. 모든 작업은 적용할 수 있는 안전규칙 및 사고방지규정을 준수해야 한다. 모든 검사 및 조립 작업은 허가를 받은 자격 있는 전문가에 의해 수행되어야 한다.

작업은 전압이 흐르는 장치 또는 시스템 상에서 절대로 실시해서는 안 된다. (VDE 0105 100항 참조). 다시 말해, 전기 장치는 작업을 시작하기 전에 전원공급장치로부터 격리되어야 하며 확실하게 분리되어야 한다. 설치 작업을 하기 전에, 퓨즈 또는 관련 회로용 차단기의 스위치를 off 하거나 해제한다.

퓨즈 또는 회로차단기는 제3자에 의해 조작되지 않도록 보호해야 한다. 이를 위해, 경고 표시를 배전반의 해당 퓨즈 또는 회로차단기 상에 부착해야 한다. 나사-퓨즈-연결 카트리지와 홀더는 퓨즈 박스 내 아무데나 두어서는 안되고 잘 치워야 하며 개구부는 테이프로 봉해 둔다.

어떤 작업이라도 시작하기 전에, 라인에 전압이 차단되었는지 확인한다. 이것을 시험하기 위해 적절한 장비를 사용해야 한다. 일반적인 규칙으로, 작업을 수행하는 사람이 그 작업에 대한 정확한 절차를 확실하게 숙지하지 못하면 누구도 작업을 수행해서는 안 된다. 작업은 항상 훈련을 받은 전문가가 수행해야 한다.

손상되고 마모되거나 노후화한 부품 또는 장치는 절대로 사용해서는 안 된다. 적용 표준 및 규정을 준수하는 재료만 사용한다.
또한 EMC(전자파)를 반드시 고려해야 한다. 잔류 전류 작동 보호 스위치를 인버터와 연계하여 설치할 경우, 범용전류에 민감한 잔류 전류 작동 보호스위치를 DIN/VDE 0664에 따라 장착하도록 한다.

또한 독일에서는 추가 규정을 적용한다.
- 전기시스템의 교환 또는 신규 설치시, VDE 규정을 따른다. 이들 중 가장 중요한 것은 대책을 포함하는 VDE 0100 이다.
- 전기시스템 및 장치에서 작업을 하는 사람은 이들 규정 내용을 숙지해야 한다.

소음 제어

건물의 소음 제어는 입주자의 건강과 웰빙에 있어 가장 중요하다. 주거지는 사람에게 있어서 휴식공간이 되어야 할 뿐만 아니라 외부로부터 독립적인 공간이 되어야 하므로, 특히 주택건설에서 소음 제어는 매우 중요하다.

소음 제어는 학교, 병원, 호텔 및 사무실 빌딩에서도 업무를 위해 중요하다.

DIN 4109 는 소음에 대한 스트레스로부터 빌딩 내 사람들을 보호하기 위한 요구사항을 명시한다.

따라서 저소음 운전은 부스터 시스템의 가장 최신 기술이라고 할 수 있다.

기술 솔루션에는 다음 사항을 포함한다.

- 현재 사용하는 가장 최고의 기술 솔루션은 부스터 펌프에 최신 글랜드리스 기술을 사용하는 것이다. 이것은 매우 낮은 소음 레벨에서 작동하며 기존의 펌프보다 50%가까이 조용하다.(소음 절연 케이싱이 불필요)
- 부스터 시스템에는 높이 조절 방진장치가 설치되어 완충작용을 한다.
- 벨로우 팽창 조인트로 흡입 및 토출측에서 배관 연결
- 배관 분리
- 압력 배관에서 유속의 증가를 방지하기 위한 부스터 시스템의 최적 설계(유체 소음)

비교: 소음 스트레스

	dB (A)
Siren	140
Aircraft	130
Jackhammer	120
Pop concert	110
Factory floor	100
Heavy truck	90
Traffic	80
Office	70
Conversation	60
	50
	40 — Wilo-Multivert MVIS
Rustling leaves	30
	20
Soundproof room	10
	0

실제 사례: 함부르크의 Europa Passage

융페른스티지와 몬크베르크스트라스 사이의 함부르크의 가장 큰 실내 도시형 쇼핑몰은 개개인의 수준에 맞는 세련된 쇼핑 경험을 제공한다. 5층 160미터 길이의 Europa Passage는 100개의 전용 매장 및 세련된 요리로 고객을 유혹한다. Mipim Award를 수상한 경력이 있는 심플한 자연석으로 된 서양식 이 건물은 이음매가 없는 균일한 건축물이다.

Europa Passage의 음용수 공급은 엄격한 기준이 있다. 압력 부스팅을 위한 2개의 Wilo-Comfort-N 설치시설은 미래지향적인 건물 관리를 위해 Wilo-CC System 전자 제어기를 갖추고 있다.

펌프는 Wilo CC System에서 인버터에 의해 자동으로 제어되며, 펌프 속도는 현재 부하에 맞게 지능적으로 조정이 된다. 이 펌프 제어는 유량이 크게 변하더라도 항상 일정한 압력을 유지하도록 한다. 한가지 더 덧붙이자면, 글랜드리스 기술의 Wilo Multivert MVIS 시리즈의 고성능 고압 원심 펌프는 20 dB(A) 로 기존 펌프보다 더 조용하여 완벽하게 평화로운 환경 속에서 편안한 쇼핑을 할 수 있도록 한다.

Allianz Immobillen GmbH

wilo

정속 (압력 제어) 부스터 시스템 (PBS)의 기동압 및 정지압 정의

기동압 P_{ON}은 다음의 합이다.
- 차압 Δp_{st}에 의한 손실 수두
- 배관, 밸브 및 부속품의 마찰손실 Δp_{fitt}에 의한 손실 수두
- 시스템의 최소 유량 지점의 압력 p_{minFl}

압력 제어 시스템의 정지압 P_{OFF} (압력 스위치의 정밀도에 의해 측정)은 기동압 보다 약 1bar 높다.

하지만 실제 정지압은 운전시간과 흡입 압력의 변동에 의한 특정 환경 하에서 Qo 이후의 펌프 곡선의 기울기에 의해 결정된다.

운전시간은 펌프의 잦은 기동(Chatter)을 방지하기 위하여 필요하다. 이것은 DIN1988에 의해 규정된 최대 기동 반복 횟수 (시간당 20회)와 모터에 대한 최대 허용 기동 반복 횟수가 초과하는 것을 방지한다.

정속 시스템의 경우, 토출측의 유량에서 다이아프램 압력탱크를 사용할 것을 권장한다.

정속 (압력 제어)로 부스터 시스템 (PBS)의 기동압 및 정지압 정의

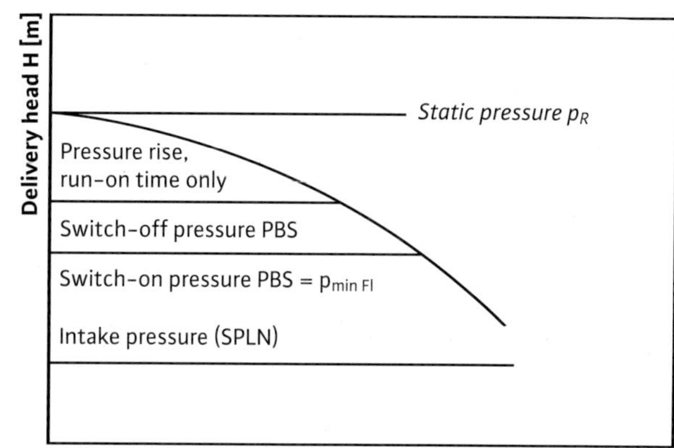

가변속 부스터 시스템 (PBS)의 기동압 및 정지압 정의

기동압 P_{ON}은 다음의 합이다.
- 차압 Δp_{st}에 의한 손실수두
- 배관, 밸브 및 부속품의 마찰 손실 Δp_{fitt}에 의한 손실수두
- 최소 유량지점의 압력 p_{minFl}

속도 제어 시스템의 정지압 P_{OFF} 은 일반적으로 기동압과 거의 동일한 수준이다. 압력을 유지시키는 것이 속도 제어 시스템의 목적이기 때문에 초기의 압력에 차이가 있으면 안 된다. 이 시스템은 일반적으로 유량에 의해 정지한다. Wilo 부스터 시스템 (PBS)의 경우, 유량이 0인 지점에서의 정지는 다음과 같이 자동으로 실행된다. 펌프가 정해진 시간 동안 정속으로 가동될 때, 즉, 유량이 변하지 않을 때 속도는 1-2Hz 증가하고 압력도 0.1-0.2bar 증가한다. 그 이후 속도는 감소된다. 만약, 그 이후에도 압력이 동일한 수준으로 있다면, 유량 0 지점의 매개변수로서 인식되고 펌프는 정지된다.

정속 (압력 제어)로 부스터 시스템 (PBS)의 기동압 및 정지압 정의

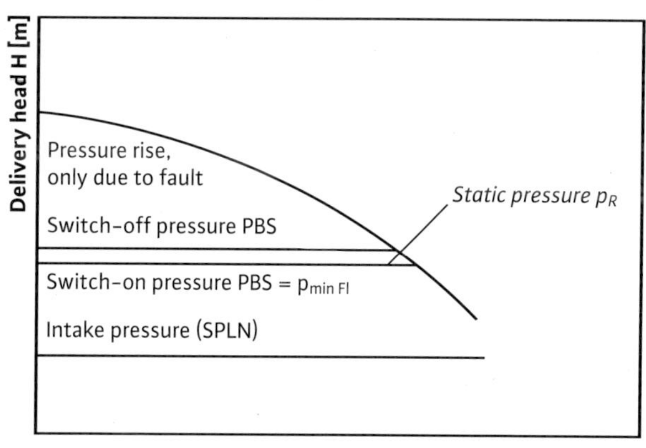

Wilo Comfort Vario 제어반(개별 인버터)을 사용한 부스터 시스템의 제어 반응

Wilo Comfort-Vario 부스터 펌프는 압력 센서와 갈수 센서를 갖춘 Wilo Comfort-Vario 제어기에 의해 조종되고 제어된다. 펌프는 소요 부하에 따른 제어 범위 내에서 상관되는 압력에 따른 Cascade 모드로 기동 및 정지한다. 총 소요 용량은 몇 대의 펌프로 분할하는데 각 펌프에는 인버터가 장착 / 내장된 구조의 무한 변속 제어가 가능한 펌프다. 또한 인버터는 미리 설정된 압력 제어범위 폭 내에 서 부하 / 전력소모의 변화에 따라서 연속적으로 운전 점을 변화시킬 수 있다.

허용 제어 공차 범위는 설정압력 5.0bar까지 ±0.1bar 그리고 설정압력 5.0bar 이상부터는 2.0%이다.

본 기능의 전제조건은 유속의 변화율이 펌프의 제어반응속도 보다 크지 않아야 한다는 것이다.(인버터의 1초 ramp run-up 시간 혹은 펌프의 과부하 = ramp time + 보조펌프 기동 시 지연시간(n)

주펌프 기동

만일 주펌프는 시스템의 압력이 프로그램된 설정 압력 값 보다 낮아질 경우 지체없이 기동한다. 주파수 변조기가 장착된 펌프는, 제어범위 내에서, 펌프의 성능을 무한대의 속도 변화로 시스템 내의 부하 변화에(0부터 최대 유량까지) 따라 일치시킨다.

Helix EXCEL 시리즈 펌프, Helix VE 시리즈 펌프 및 MHIE 시리즈 펌프는 다양한 주파수 범위 내에서 제어된다.

보조펌프의 기동

물이 공급되기 시작하면 맨 처음 주펌프가 기동하여 최고 속도까지 도달할 것이다. 이 시점에서 펌프를 최적의 효율로 운전시키기 위하여 속도 제어 기능을 상실하게 된다. 속도제어 기능은 첫번째 보조펌프로 이동하게 되며 보조펌프는 이미 주펌프의 속도가 96%에 도달했을 때 Comfort-Vario 제어기의 명령에 의해 기동하게 된다. 그러나 이 대기기능(20/26Hz에서의 운전)은 주 펌프가 과부하될 경우에 지체 없이 이관하기 위한 준비 상태이다.

본 기능은 일반적으로 압력변화가 없을 경우에만 보증할 수 있다. 만일, 첫번째 보조 펌프가 기동한 후, 시스템 내의 압력이 평형 상태를 유지한다면 즉, 시스템이 더 이상 유량의 증가를 요하지 않을 경우 보조펌프는 정지 지연시간 15초 후에 정지하게 된다. 그럼으로써 부스터 펌프는 전력의 낭비를 피하게 된다.

1번 보조펌프는 준비상태에 있는 동안에 시스템의 전체 성능에 아무 영향을 주지 않는다. 왜냐하면 최저 속도 20 혹은 26Hz로 운전되기 때문

피크 부하 펌프의 작동 (cut in)

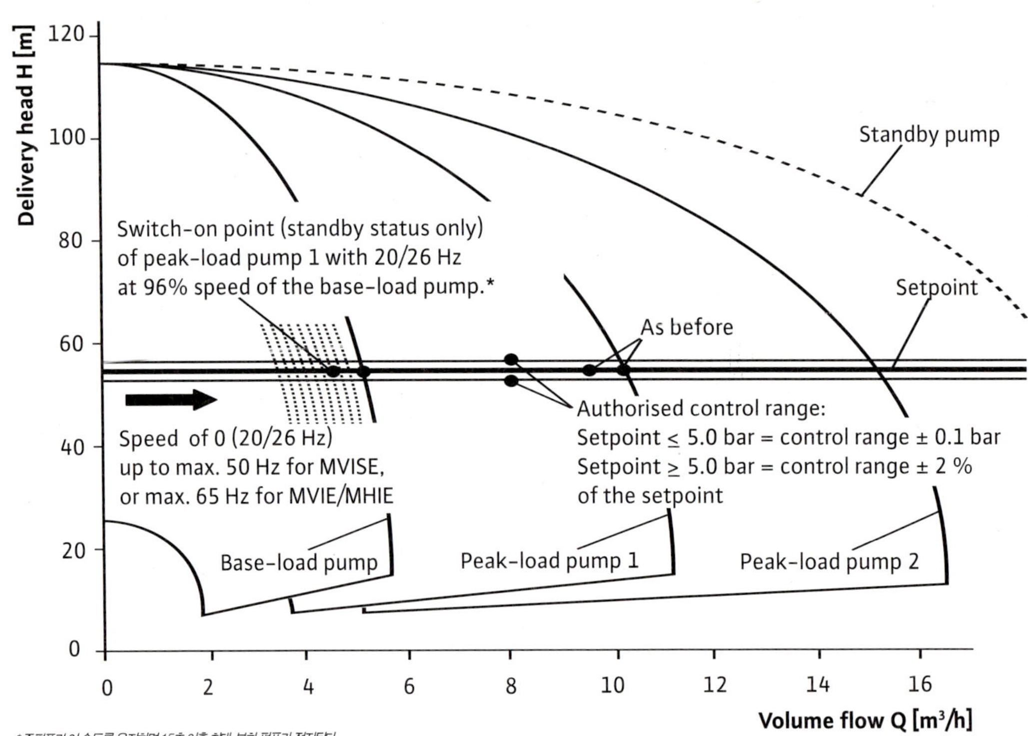

주펌프가 이 속도를 유지하면 15초 이후 최대 부하 펌프가 정지된다.

이다. 추가적인 보조펌프의 기동은 상기 기술한 바와 유사하다.

운전되는 모든 펌프의 속도제어는 제어 운전의 변화에 따라 그 기능을 상실하거나 또는 새롭게 부여 받는다. 그렇게 함으로서 최대 속도와 최대 부하 펌프의 최적의 효율점에서 운전함으로서 경제적인 운전을 이룰 수 있다.

보조펌프의 정지

물의 사용량이 줄어들 때 보조펌프의 운전속도는 부스터 펌프의 성능에 영향이 없을 때까지 떨어질 것이다. 제어속도 변화로 인하여 양정이 운전점에서 설정압력보다 높게 올라갈 경우 그래서 주펌프나 다음의 보조 펌프의 운전범위 이상으로 올라가자 마자 다음과 같은 프로세서를 따른다.

Comfort-Vario 제어기는 다음의 보조펌프 혹은 주 펌프로 자동적으로 속도변환기능을 전환시킨다. 이미 감속된 보조펌프의 속도는 최저의 속도까지 (20Hz 혹은 60Hz) 감소된다.

보조펌프는 정지 지연시간 15초가 지난 뒤 완전히 정지한다. 아직도 가동중인 다른 보조펌프는 상기 기술한 바와 같이 유량이 지속해서 감소함에 따라서 연속적으로 순차 정지하게 된다.

Zero Flow 시험 or 주 펌프의 정지

부스터 펌프의 헌팅과 그로 인한 압력 변동을 방지하기 위하여 Comfort-Vario 제어기는 무 유량 즉, 실제로 아무런 물의 유출이 없는 구간을 완벽하게 감지한다. Zero Flow 시험이라 불리는 본 기능을 수행하기 위한 전제 조건은 Comfort-Vario 제어기를 사용함으로서 확립될 수 있다. 최소한의 필요조건은 주펌프가 홀로 가동중에 있고 부스터 펌프가 가압을 하고 있으며 펌프의 속도가 본 기능을 발휘할 수 있는 일정시간 이상으로 안정되게 유지되어야 한다. 이러한 조건들이 만족되면 Comfort-Vario 제어기는 Zero Flow 시험을 시작하고 수행한다.

본 기능을 위하여 설정 압력이 60초 간격으로 자동적으로 0.1bar(설정압력이 5bar 이하일 때) 증가한다. 설정압력이 5bar 이상일 때에는 2% 상승한다. 압력을 상승시킨 후에는 자동적으로 원래의 압력으로 환원시킨다. 만일 실제 시스템의 압력이 상승된 압력을 유지한다면 부스터 펌프는 시스템으로부터 더 이상의 유량이 필요하지 않기 때문에 정지한다. 그러나 만일, 시스템 압력이 상승된 압력으로부터 0.1bar 떨어지면, 주 펌프는 시스템으로부터 유량요구가 계속되므로 지속적으로 운전한다.

피크 부하 펌프의 정지 (cut out)

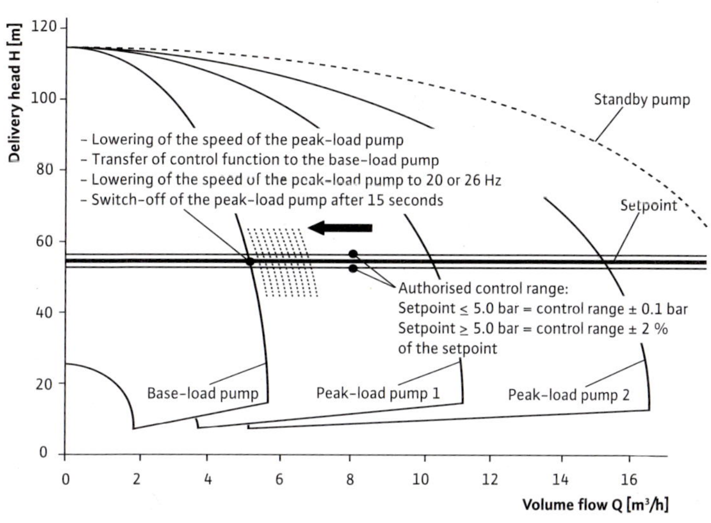

제로 유량 시험: 정지

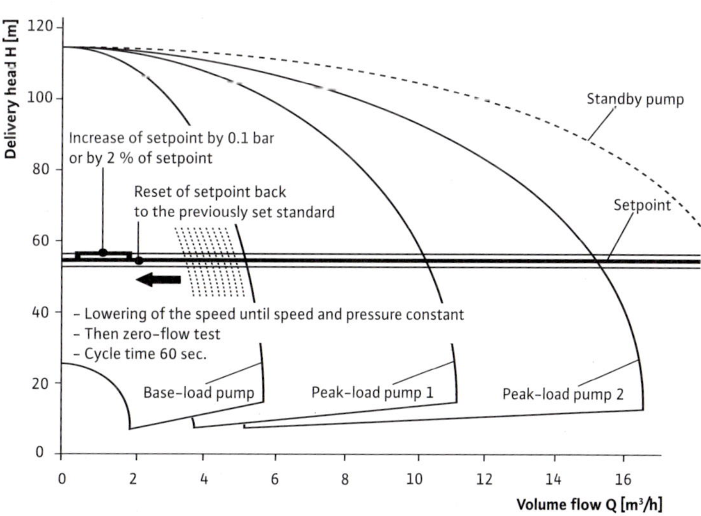

Wilo-HiBoost 제어반을 사용하는 부스터 시스템의 제어 반응

인버터 없는 시스템 기능

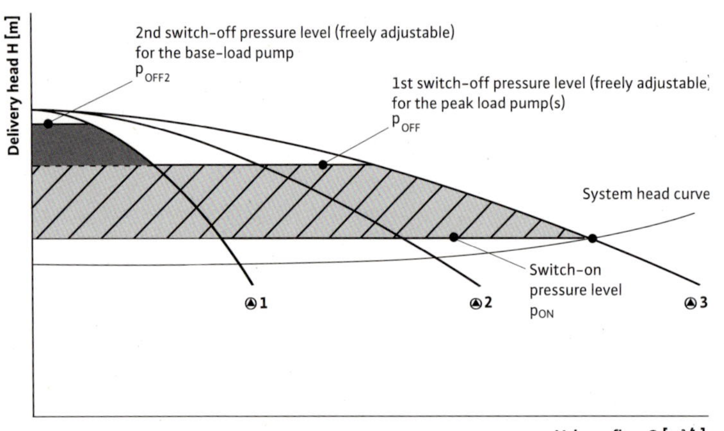

압력 제어 방식

시스템의 운전 범위는 모든 펌프의 기동점 Pon에서 부터 운전펌프의 정지점 Poff1과 주펌프의 운전 정지점 Poff2 사이에 형성된다.

압력 제어 방식의 시스템은 Poff2의 운전정지 지점에 도달한 후 1초~5초간의 최소운전 후 완전히 정지한다.

인버터 제어 방식보다 ΔP의 폭을 좁게 유지할 수는 없지만 1bar 정도의 압력변화를 감지함으로 저층빌딩의 급수가압에 주로 이용된다.

인버터가 있는 시스템 기능

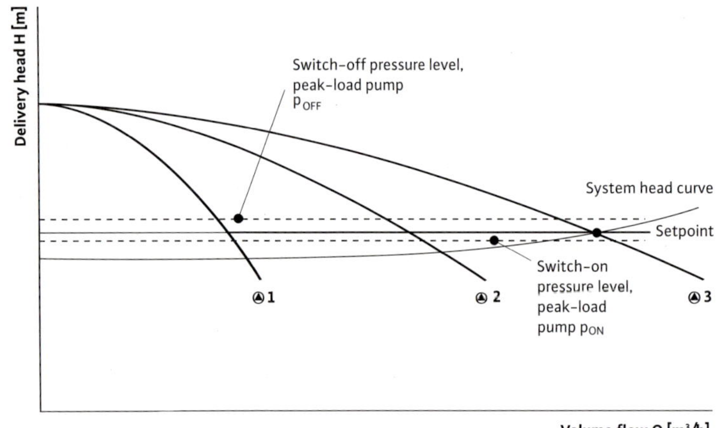

인버터 제어 방식

시스템의 운전 범위는 조정수치 범위를 유지한다.

먼저 운전 중인 펌프의 유량이 100% 도달시와 기동대기 펌프가 구동 직전의 압력이 기동점 Pon 이고 개개의 운전펌프의 정지 압력이 펌프 정지점 Poff가 된다.

따라서 주파수 변조 방식은 ΔP의 폭을 좁게 유지할 수 있으며 인버터로 주펌프의 회전속도를 제어함으로서 대기펌프의 가동시 혹은 운전 펌프의 정지 시 발생하는 급격한 압력의 변화를 보상하는 시스템으로 구성된다.

시스템의 운전은 가동점 부근까지 압력이 낮아지면 주펌프가 인버터에 의해 회전수를 높여 압력을 유지하고 반대의 경우는 회전수를 낮추어 압력을 유지하므로 시스템 헌팅(System Hunting)에 의한 압력변동을 제거한다.

실제 사례: Blue Heaven, Frankfurt-on-Main

앞선 기술력과 고효율에너지로 인해 경제적인 빌딩 서비스 전략은 2005년 말 이래 바로 프랑크푸르트 중심지에 위치한 87층의 Blue Heaven이라는 고급호텔 신축을 통해 그 가치를 인정받았다. 모든 분야의 주요 기능은 현대식 펌프인 부스터 시스템을 통해 그 가치를 인정받았다. 약 37,500 평방미터에 달하는 건면적과 440개의 전용객실, 넓은 헬스 및 회의 시설과 대연회장 등에 냉난방 및 온수/냉수를 공급한다. 또한, 야외의 수도에는 우수를 공급하기도 한다.

특히 관심을 끄는 것은 음용수 시스템으로 18층의 수영장뿐만 아니라 기타 시설에도 공급해야 한다는 것이다. 음용수 배관은 총 14킬로미터로, 이층의 중앙식 위생시설에서부터 수도 연결장치까지 몇 가지 상당한 장애물을 극복해야 했다. 약 20,000리터의 저장용량을 가진 온수 가열시설 또한 중앙식으로 되어 있다. 빌딩의 높이로 인해, 급수는 냉수와 온수로 나누어진 시스템과 함께 별도의 부스터 시스템을 사용하여 2개의 압력 단계에서 수행해야 했다.

프랑크푸르트에 위치한 최고급 호텔 *Blue Heaven*
- 18층에 있는 수영장이 압권이다

2개의 전자식 제어 컴팩트

Wilo-COR-3MVIE/VR 부스터 시스템은 추가로 2개의 온수 공급 시스템과 함께 호텔 객실에 냉수를 공급한다. 이들 시스템은 각각 토출 지점에 적절한 급수를 위해 각각 8m³/h와 16m³/h 의 유량을 가진 Wilo-Multivert MVIE 유형의 전자적으로 제어되는 3개의 고압 다단계 원심 펌프를 가지고 있다. 펌프의 속도는 냉수 및 온수 시스템에서 현재 수요량에 따라 제어되며 토출 지점에 원활하고 최적화된 에너지 전달이 가능하도록 한다.
펌프는 사전 설정된 설정값에 전자식 속도제어 정밀 조절과 더불어 부하에 따라 자동으로 기동 및 정지된다.

약어, 기호 및 단위

용어 및 약어	
약어	**의미**
AISI	미국 철강 협회
BL	지하 수위
BT	저수조 또는 "예비 탱크"
CDHW	중앙식 가정 온수 난방
Cv	마찰 계수 (배관 마찰 손실)
DIN	독일 표준 협회
DN	공칭 지름
DPV	다이아프램 압력탱크
DVGW	독일 가스 및 물 기술과학협회
EN	유럽 표준
FC	인버터
FI	주거용 전류장치
FES	소화시스템
G	지상층
GRD	미케니컬 씰
IP	국제보호등급
KTW	음용수 활용에 사용할 플라스틱 제품의 허가 + 기준
MSL	MSL 이상 = 평균해발 이상 / 고도 사양
NPSH	유효 흡입 수두
NPSHR	필요 흡입 수두
PW	음용수
NPW	비음용수
NRV	역류방지 밸브
PBS	부스터 시스템
pc	정압
SHW	이차 온수
Slip	고정자의 회전 자기장과 회전자 사이의 속도 차이 (일반적으로 자기장 속도의 %로 제공)
SV	안전 밸브
TrinkwV	식수 규정
TRWI	식수 공급 시스템
UL	상측 (지상층 이상의 층)
VDE	전기, 전자 및 정보기술 협회
W/D	집수 및 배수장(습식 / 건식 송수관 포함)
WMS	저수위 차단 장치
WSC	상수도 사업소

기호	의미	단위
d_i	배관 내경	mm
H	양정 또는 수두 (통상적인 기호)	m
H_0	체절양정	m or bar
H_f	흡입측 손실 양정	m
H_{st}	실양정	m
H_{max}	최대 전 양정	m or bar
H_{min}	최소 전 양정	m or bar
H_{opt}	고압 원심 펌프의 최상의 토출 양정	m or bar
H_S	안전 한계	m
H_V	사용 온도에서의 유체의 증기압	m
I	배관 길이	m
k	작동 조건에서 배관 내부벽의 거칠기 (경험기반치)	mm
n	속도	rpm
n_{min}	최저 속도	rpm
p_a	감압기의 시험 압력	bar
P_{OFF}	부스터 시스템의 정지압 / 수두	bar or m
P_{absOFF}	부스터 시스템의 정지시 절대 압력	bar
P_{Amb}	주위 공기의 절대압력 또는 폐쇄시스템의 경우 시스템 압력	bar
P_{ON}	부스터 시스템의 기동압 / 수두	m or bar
P_{eA}	감압기의 유효 압력 입력	bar
P_{eE}	감압기의 조정 출력 압력	bar
P_{FI}	물이 흐를 때 배관 시스템의 측정점에 존재하는 유압, 게이지 정압	bar
pH_{diff}	펌프의 토출 양정차(토출 수두차)	bar or m
P_{maxR}	최대 정압	bar
P_{minFI}	최소 유압	bar
P_{minV}	상수도 회사에 명시된 상수도 회사의 연결라인이 빌딩의 급수라인에 연결된 지점의 최소 공급압력, 최대 게이지 정압	bar
$P_{min\,before}$	부스터 시스템 전단 최소 공급 압력	bar
P_{after}	부스터 시스템 후단 게이지 압력	bar
P_{vmin}	펌프의 최소 유량에서의 압력	l/s
P_{vmax}	펌프의 최대 유량에서의 압력	l/s
P_{before}	부스터 시스템 전단 게이지 압력	bar
P_{min}	감압기용 허용 최소 출력 압력	bar
P_0	다이아프램 압력탱크 공급 압력	bar
Q	유량 (통상적인 기호)	m³/h
Q_{max}	최대 유량	l/s
Q_{min}	최소 유량	l/s
R	배관 마찰 손실	Pa/m
s	전환 빈도: 시간당 부스터 시스템 기동 / 정지 내 펌프당 횟수	1/h

사용 기호

기호	의미	단위
$\dot{V}$	최대 유량에서 유속	m/s
$\dot{V}_E$	부스터 시스템의 토출측에서 다이아프램 압력탱크의 총 용량	l
$\dot{V}_{En}$	다이아프램 압력탱크 용량 중 사용 가능한 비율	l
$\dot{V}$	유량 (표준에 의거)	m/h
$\dot{V}_B$	개방형 저수조의 사용 가능한 유량	
$\dot{V}_{max}$	최대 유량	m³/h
$\dot{V}_{maxP}$	부스터 시스템의 최대 유량	m³/h
$\dot{V}_S$	최대 유량	m³/h
Z	배관 시스템에서 모든 배관 부품과 고정장치의 손실	
ΔH_{diff}	토출 양정 차이	
Δp	차압	bar or m
$\Delta p_{(OFF-ON)}$	전환 압력 차이: 부스터 시스템에서 정지압과 기동압의 차이	m or bar
Δp_{fitt}	부속품의 압력 손실	m or bar
$\Delta p_{fitt\ after}$	부스터 시스템 기동 이후의 부속품의 양정 손실	m or bar
Δp_{st}	정압 손실	m or bar
$\Delta p_{st\ after}$	부스터 시스템 이후의 압력 손실	m or bar
$\Delta p_{st\ before}$	부스터 시스템 이전의 압력 손실	m or bar
$\Delta p/l$	배관 시스템용 기동 평균 압력 강하	m or bar
Δp_p	부스터 시스템의 펌프 토출압과 펌프가 최대유량일 때 부스터 시스템의 유효압력과의 토출양정차	bar or m
Δp_v	유량 차이	l/s
Δp_{TE}	온수 가열기 내 손실	mbar
ΔP_{verf}	유효 압력차	bar
Δp_{WM}	유량계에 의한 압력 손실	m or bar
Δv	유속 변화	bar
η	효율	
§	격리된 저항점의 손실 계수	cm/l
$\Sigma(l \cdot R + Z)$	손실 합	

규정, 표준 및 가이드라인

음용수 시스템

TrinkwV 2001

이 규정은 생활용수에 대한 수질에 적용되며 다음의 경우는 해당되지 않는다.

- 생수 및 병에 든 생수에 적용되는 규정에서 정의한 자연광천수
- 의약 규정에서 정한 온천수

이 규정은 급수 시스템 뿐만 아니라 가정용으로 사용되는 음용수 이외의 물을 제공할 목적으로 설치된 시스템에 대해서만 적용된다.

인용 표준 및 가이드라인	
DIN 표준	내용
DIN 1988-1	식수 공급 시스템 (TRWI): 일반: DVGW 작업표준: DIN 표준
DIN 1988-2	식수 공급 시스템 (TRWI): 설계 및 설치: 구성품: 기기: 재료: DVGW 작업표준: DIN표준
DIN 1988-3	식수 공급 시스템 (TRWI): 배관 크기: DVGW 작업표준: DIN 표준
DIN 1988-4	식수 공급 시스템 (TRWI): 식수 보호: 식수 품질관리: DVGW 작업표준: DIN 표준
DIN 1988-5	식수 공급 시스템 (TRWI): 압력 부스팅 및 축소: DVGW 작업표준: DIN 표준
DIN 1988-6	식수 공급 시스템 (TRWI): 소방 및 화재방지 설치: DVGW 작업표순: DIN 표준
DIN 1988-7	식수 공급 시스템 (TRWI): 부식 및 스케일링 방지: DVGW 작업표준: DIN 표준
DIN 1988-8	식수 공급 시스템 (TRWI): 운전: DVGW 작업표준: DIN 표준
DIN 2000	중앙 식수 공급: 공공식수공급 시스템의 설계, 공사, 운영 및 유지보수에 대한 요건 작성을 위한 가이드라인: DVGW 작업표준: DIN 표준
DIN 2001	소형 시설 및 비정류 플랜트로부터 식수 공급 - 식수에 대한 가이드라인: DIN 표준
DIN 3269-1	가정용 식수 설치를 위한 밸브: 체크 밸브 PN10: 요건
DIN 3269-2	가정용 식수 설치를 위한 밸브: 체크 밸브 PN10: 시험
DIN 4046	급수: 용어: DVGW 작업표준: DIN 표준
DIN 4109	빌딩 내 소음 절연: 요건 및 시험
DIN 4109-5	빌딩 내 소음 절연, 국산 플랜트 및 기기의 소음에 대한 절연
DIN 4807-5	식수 설치를 위한 부재가 달린 폐쇄형 팽창 탱크: 요건: 시험: 구성 및 라벨링: DIN 표준
DIN 14463-1	소화용 급수 시스템 - 원격 조정에 의한 집수 및 배수 장치: 파트 1: "습식 / 건식" 호스 릴 시스템: 요건: 시험: DIN 표준
DIN EN 806-1	사람의 소비를 위해 물을 전달하는 건물 내 설치를 위한 사양: 일반: DIN 표준
DIN EN 806-2	사람의 소비를 위해 물을 전달하는 건물 내 설치를 위한 사양: 설계: DIN 표준
DIN EN 1074-3	급수용 밸브: 목적요구사항과 적절한 증명시험을 위한 적합성: 첵크 밸브
DIN EN 1567	빌딩 밸브 - 감압 밸브 및 콤비네이션 감압 밸브: 요건 및 시험: DIN 표준
DIN EN 1717	음용수 설치시 오염 보호 및 역류로 인한 오염방지를 위한 장치의 일반 요건: DIN 표준
DIN EN 12056	빌딩 내 비중 배수 시스템
VDI Guideline 60023	위생 관련 계획: 식수 공급 시스템의 설계 및 유지보수: DIN 표준
W 375	DVGW Arbeitsblatt: DN 50까지 압력 감소 밸브의 공사 및 시험

계산 예에 대한 표 및 도표

기존의 음용수 사용 지점의 최소 압력 및 설계 유량에 대한 표준 값

최소 압력 Pmin FI	음용수 사용 지점 유형		사용 시 설계 유량		
			냉수 및 온수 혼합[1]		냉수 또는 온수 전용
			V_R 냉수	V_R 온수	V_R
[bar]			[l/s]	[l/s]	[l/s]
	플러그 밸브				
0.5	공기 거품 없음[2]	DN 15	-	-	0.30
0.5		DN 20	-	-	0.50
0.5		DN 25	-	-	1.00
1.0	공기 거품 있음	DN 10	-	-	0.15
1.0		DN 15	-	-	0.15
1.0	가압 스프레이 청소용 스프레이 노즐	DN 15	0.10	0.10	0.20
1.2	플러싱 밸브 (DIN 3265, Part 1 기준)	DN 15	-	0.70	0.70
0.4	플러싱 밸브 (DIN 3265, Part 1 기준)	DN 20	-	1.00	1.00
1.0	플러싱 밸브 (DIN 3265, Part 1 기준)	DN 25	-	1.00	1.00
0.4	소변기용 플러싱 밸브	DN 15	-	0.30	0.30
0.5	소변기용 앵글 밸브	DN 15	-	0.30	0.30
1.0	가정용 식기세척기	DN 15	-	0.15	0.15
1.0	가정용 세탁기	DN 15	-	0.25	0.25
	혼용수전				
1.0	샤워부스	DN 15	0.15	0.15	-
1.0	욕조	DN 15	0.15	0.15	-
1.0	부엌 싱크대	DN 15	0.07	0.07	-
1.0	세면대	DN 15	0.07	0.07	-
1.0	비데	DN 15	0.07	0.07	-
1.0	혼용 수도꼭지	DN 20	0.30	0.30	-
0.5	화장실 수조 (DIN 19542 기준)	DN 15	-	-	0.13
1.0	전기 주전자	DN 15	-	-	0.10[3]

1) 혼합수의 추출을 위한 설계 유량은 냉음용수의 경우 15℃, 온음용수의 경우 60℃ 를 기준으로 한다.
2) 공기 거품이 없고 호스 유니온이 있는 플러그 밸브의 경우, 호스의 압력 손실 (10 m 길이까지)과 연결 부품 (예: 정원 스크링쿨러)은 최소 압력에 추가되는 고정량으로 간주된다. 이 경우, 최소 압력은 1.0 ~ 1.5bar 증가한다.
3) 유량제어 나사 열림

누적 유량 $\dot{V}_R$의 함수로서 최고 유량 $\dot{V}_S$

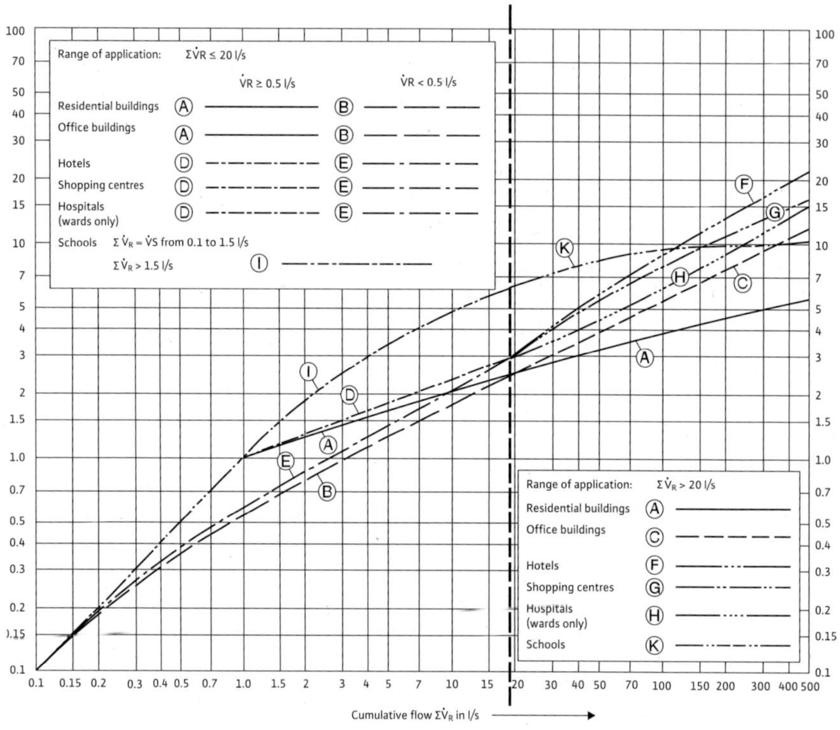

Arbeitsblatt W 314 DVGW 에 따른 물 수요량 도표

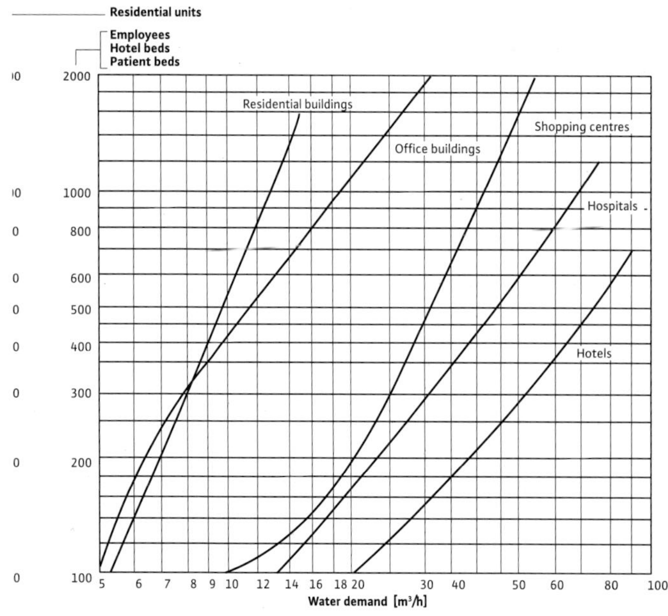

Io Planning Guide: Pressure Boosting Technology 02/2008

노즐 또는 스파우트 노즐의 유량 값

압력				내경 d[min]		
p	41	62	8	93	10	124
bar				유량 Q[l/min]		
3.0	18	41	73	93	115	165
3.5	20	45	79	100	125	180
4.0	21	48	85	105	130	190
4.5	22	50	90	115	140	200
5.0	24	53	95	120	150	215
6.0	26	58	105	130	160	235
7.0	28	63	110	140	175	250

DIN 14365 1항에 따라,

1 노즐이 있는 DM 스파우트와 동일 (d5=4)
2 노즐이 있는 CM 스파우트와 동일 (d5=9)
3 노즐이 있는 DM 스파우트와 동일 (d2=6)
4 노즐이 있는 DM 스파우트와 동일 (d2=12)

수도계량기의 양정 손실 ΔP_{WM} (표준화 값)

계량기 유형	정격 유량 $V_n[m^3/h]$	V_{max} 에서 최대 양정 손실 Δp [mbar] DIN ISO 4062, Part 1 기준
임펠러 미터	< 15	1000
수직 터빈 미터 (WS)	≥ 15	600
병렬 터빈 미터 (WP)	≥ 15	300

DIN ISO 4064 1항에 따른 수도계량기의 연결, 정격 유량 및 최대 유량

계량기 유형	연결		정격 유량 $V_n[m^3/h]$	최대 유량 $V_{max}[m^3/h]$
	연결 나사 DIN ISO 228, 1항 기준	연결 크기, 공칭 직경		
용적식 미터 및 임펠러 미터	G 1/2 B	–	0.6	1.2
	G 1/2 B	–	1	2
	G 3/4 B	–	1.5	3
	G 1 B	–	2.5	5
	G 1 1/4 B	–	3.5	7
	G 1 1/2 B	–	6	12
	G 2 B	–	10	20
터빈 미터	–	50	15	30
	–	50	15	30
	–	65	25	50
	–	80	40	80
	–	100	60	120
	–	150	150	300
	–	200	250	500

*미터기의 식별을 위해 사용. 주어진 정격 유량 Vn의 경우, DIN ISO 4064, 1항은 지정값 대신 표에서 두 번째로 가장 높은 열 또는 낮은 열로부터 연결 나사의 사용을 허용한다.

온수 가열기들의 양정 손실 ΔP_{TE} 에 대한 표준값

장치 유형	양정 손실 ΔP_{TE}[1] bar
전기 순간 온수기	
온도에 의한 조절	0.5
수력식 조절[2]	1.0
전기 또는 가스 온수 실린더	
정격 용량 80 l 까지	0.2
가스 순간 온수기 및 가스 겸용 온수기	
DIN 3368, 2항과 4항 기준	0.8

1) 안전 및 연결 밸브에 대한 양정 손실은 이 값에 포함되지 않는다.
2) 요구변경 차압에 상응한다.

강관 (steel pipe)의 양정 손실

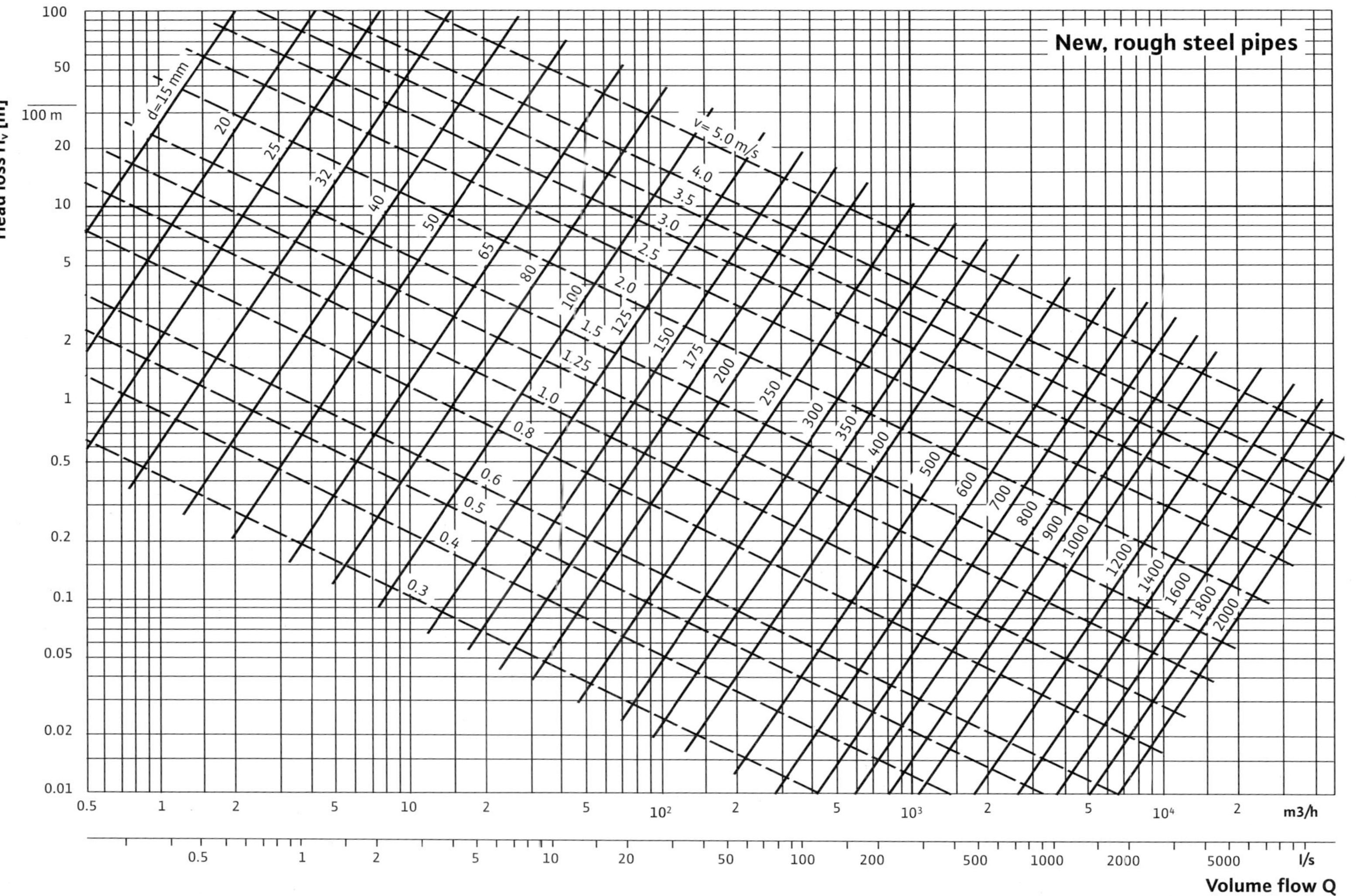

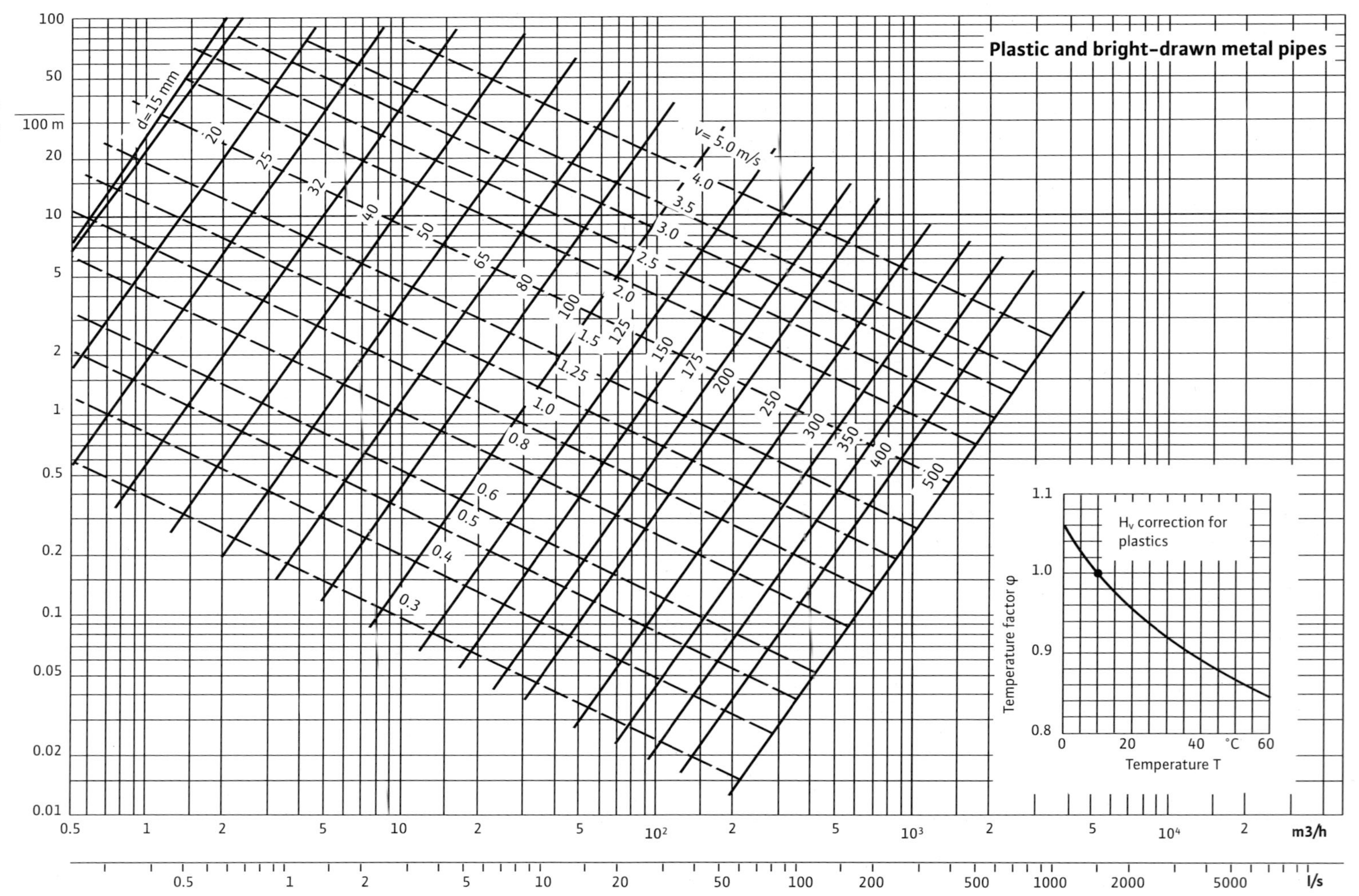

Plastic and bright-drawn metal pipes
Head loss Hv [m]
d = 15 mm
v = 5.0 m/s
Hv correction for plastics
Temperature factor φ
Temperature T
°C
m3/h
l/s
Volume flow Q

누적 유량을 통해 최대 유량을 결정하기 위한 양식

공사 프로젝트:
회사:　　　　　　　　작성자:　　　　　　　　날짜:　　　　　　　　Sheet No.:

상승 배관 (라인) No.	층	수량	추출 밸브 겸용 추출 밸브	최소입력 양정손실 $p_{min Fl}$ [mbar]	비례		혼합	누적 유량			
								층 공급배관 (라인)		상승배관	
					PW V_R l/s	SHW V_R l/s	ΣV_R l/s	PW ΣV_R l/s	SHW ΣV_R l/s	PW ΣV_R l/s	SHW ΣV_R l/s
1	2	3	4	5	6	7	8	9	10	11	12

공사 프로젝트:

회사:　　　　　　　　작성자:　　　　　　　　　　날짜:　　　　　　　　Sheet No.:

냉 음용수: ☐　　　온 음용수: ☐

시스템:　　　　a) 주유입 배관에 연결　　　　b) 중앙 온수기: ☐

　　　　　　직접: ☐　　간접: ☐　　　　그룹 온수기: ☐

No.	내 용	기호	단위	1	2	3	4	5	
1	감압기 또는 부스터 시스템 이후 최소 공급 압력 또는 출력측 압력	$p_{min\,V}$	mbar						
2	정수두 차이에 의한 양정 손실	Δp_{st}	mbar						
3	부속품에서의 양정 손실								
	a) 수도계량기 (페이지 98의 표 하단 참조)	Δp_{WM}	mbar						
	b) 필터	Δp_{Fil}	mbar						
	c) 연화 장치	Λp_{EH}	mbar						
	d) 주입/분배 시스템	Δp_{Dos}	mbar						
	e) 그룹 온수기 (페이지 99의 표 하단 참조)	Δp_{TE}	mbar						
	f) 기타 부속품	Δp_{fitt}	mbar						
4	최소 압력	$\Delta p_{min\,Fl}$	mbar						
5	층 공급라인과 개별 공급기 라인의 양정 손실	Δp_{flr}	mbar						
6	No.2~No.5 까지 총 헤드 손실	$\Sigma\Delta p$	mbar						
7	배관 마찰과 격리된 저항점의 양정 손실에 대해 사용. No.1에 의한 값과 No.6에 의한 더 적은 값	Δp_{verf}	mbar						
8	—%에서 격리된 저항점에 대한 예상 비율	–	mbar						
9	배관 마찰로 인한 양정 손실에 대해 사용 No.7에 의한 값과 No.8에 의한 더 적은 값	–	mbar						
10	배관라인 길이	l_{tot}	m						
11	배관 마찰 압력 강하 가능 No.10에 의한 값으로 나누어진 No.9에 의한 값	R_{Verf}	mbar/m						

냉동, 공조 및 냉방기술

Refrigeration, air-conditioning and cooling technology

PART-3

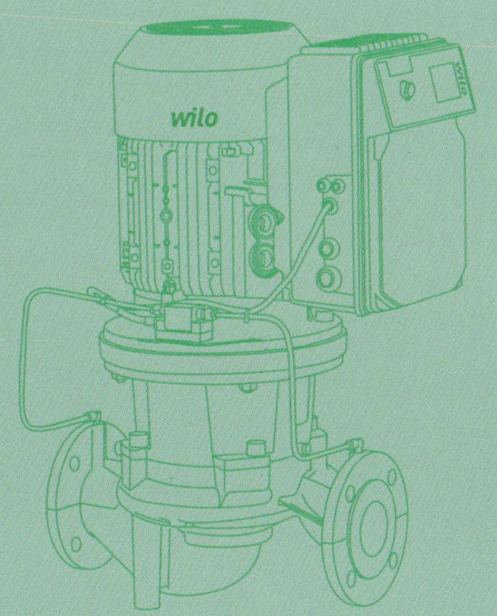

냉동, 공조 및 냉각수 순환 시스템은 빌딩 내에서 중요한 역할을 한다.

냉수는 산업기계의 냉각과 빌딩의 증발기 냉각을 위해 사용된다.

공조기는 열운반 매체를 필요로 하고 보다 빠른 열교환을 위해 순환펌프를 활용한다.

냉각탑의 경우, 유체는 펌프를 통해 유체 처리시설과 함께 또는 유체 처리시설 없이 업무를 수행한다.

열 운반매체는 유체이송을 위해 다양한 화학적, 물리적, 기계적 그리고 경제적 요건을 충족시키는 펌프 및 시스템이 필요하다.

01. 기체 액화 장치 부분의 냉동 회로

발전기측면에서 냉각회로는 개방형과 밀폐형으로 구분된다. 더욱이 우물, 저장탱크 지하수, 강물 등의 물을 1차측에
사용할 수 있으며 발전기의 고온부를 공기로 냉각할 수 있다. 열화수에 의해 빌딩의 난방 또한 가능하다.

냉각 탑 / 비상 냉각기

수중 펌프가 응축기에 우물물을 직접 급수한다. 이 펌프는 강 또는 저수
지에 설치할 수 있다. 수중 펌프는 물에 의한 부식에 강해야 한다. 응축
기 회로에서의 압력 손실에 대한 토출 양정과 우물 바닥과 증발기의 최
상단의 양정 차이에 의해 펌프의 크기가 정해진다.

일반적으로 건물 꼭대기에 설치된 저수조가 있는 냉각탑은 응축기의 열
을 식혀준다. 계속적으로 산소와 접촉하기 때문에 황동 또는 플라스틱
재질로 만들어진 펌프를 선정하는 것이 좋다. 응축기 회로에서 압력 손실
에 대한 토출 양정과 우물 바닥과 냉각탑 노즐부의 양정 차이에 의해 펌
프의 크기가 정해진다.

콘덴서에서 직접 사용을 위한 지하수

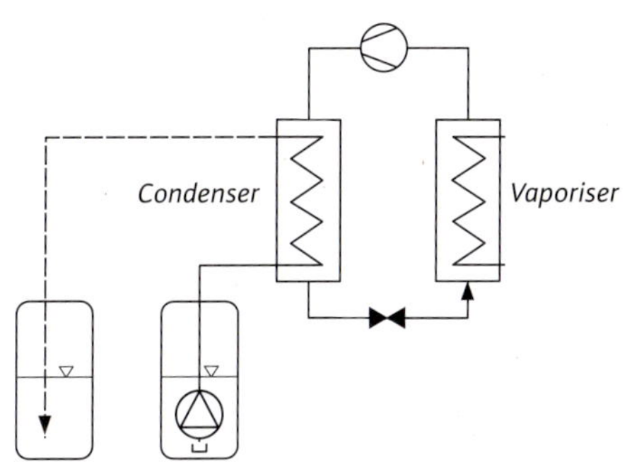

개방형 냉각 탑 시스템

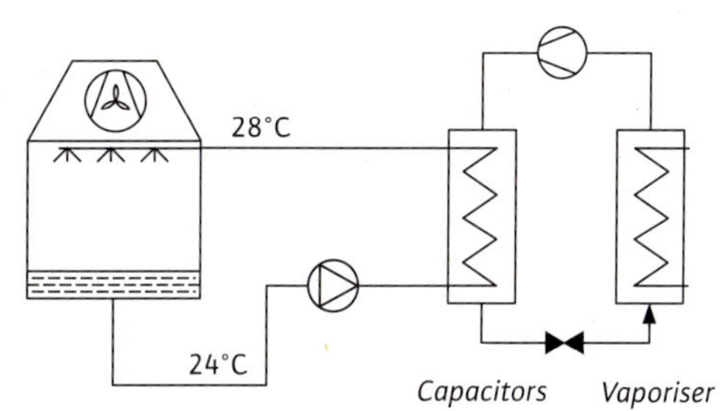

수중 펌프는 판 열 교환기에 우물물을 직접 급수한다. 이 펌프는 강 또
는 저수지에 설치할 수 있다. 열 교환기의 주요 부위에 스테인레스강 또
는 플라스틱 재질을 사용하여, 부식 손상을 방지할 수 있다. 냉동기는 일
반적인 재질로 만들 수 있다. 응축기 회로에서의 압력 손실에 대한 토출
양정과 우물 바닥과 열교환기 시스템의 최상단의 양정 차이에 의해 펌
프의 크기가 정해진다.

밀폐형 회로에서는 표준 재질이 가능하다. 초기충진은 퇴적물 및 부식을
방지하기 위하여 VDI 2035에 따라 물로 채워야 한다.

응축기에서 밀폐형 냉각탑 시스템

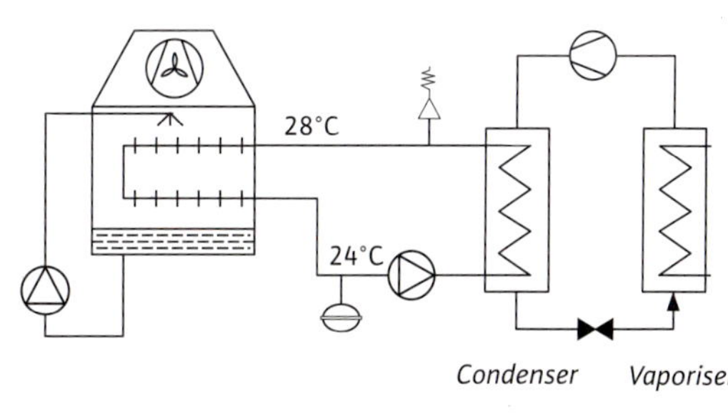

콘덴서에서 간접 사용을 위한 지하수

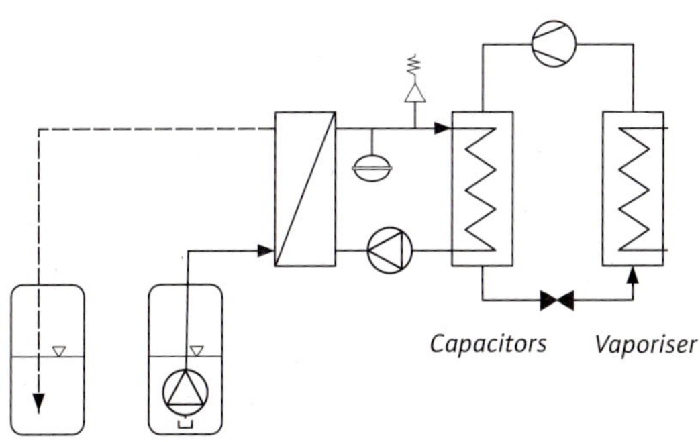

열 회수

냉각수 간접 가열

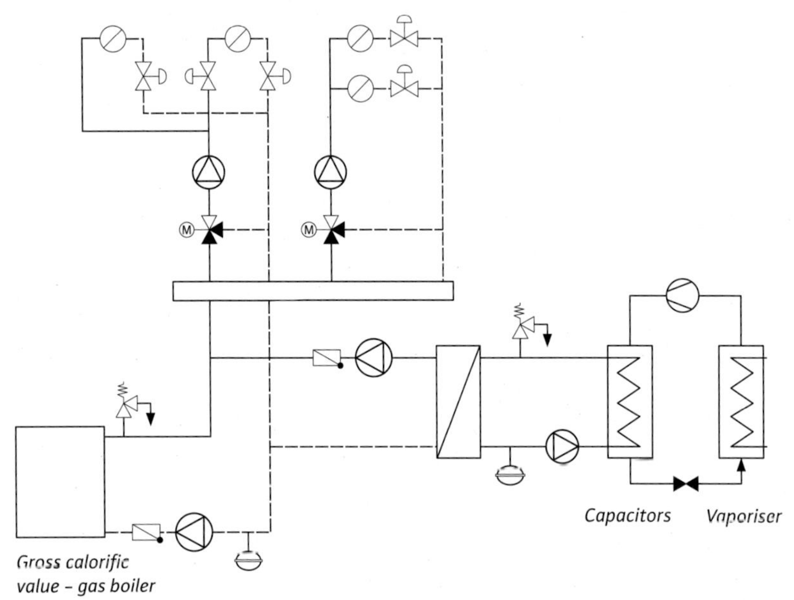

냉동기의 응축기에서 가열된 냉각수는 열 교환기를 통해 열이 전도된다. 응축기 내의 전기절연에 의해 생기는 저항을 보상하기 위해 펌프를 선정해야 한다. 밀폐형 회로에서는 재질 선정에 크게 구애받지 않는다. 비상 냉각기를 응축기 회로에 설치하는 경우, 펌프는 그 조건을 고려하여야 하고 열 교환기와 비상 냉각기 사이에는 반드시 수력적 밸런싱이 있어야 한다. 부식을 방지하기 위해 비상 냉각은 밀폐형 냉각탑만을 적용하여야 한다.

냉각수 직접 가열

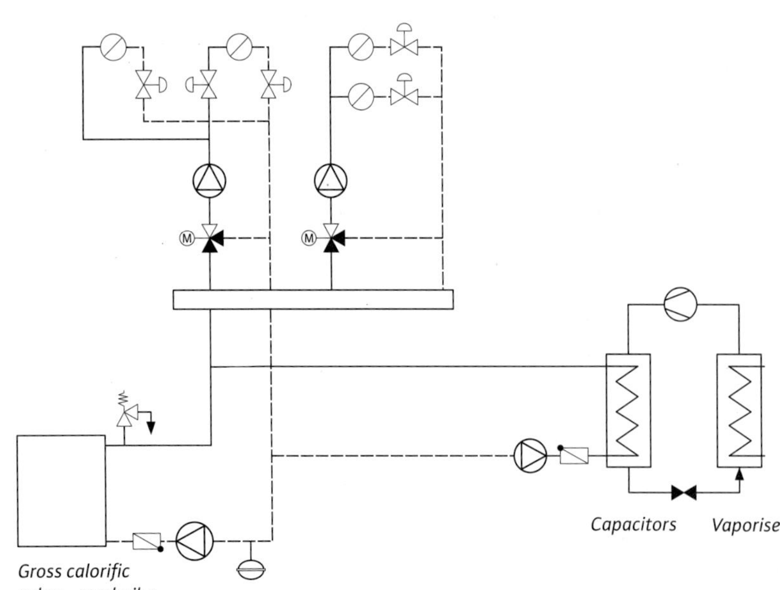

냉동기의 응축기에서 가열된 냉각수는 가열 작업을 위해 직접 사용된다. 직접 연결시, 응축기 회로의 펌프는 응축기 내 압력 손실과 수전기까지의 배관라인의 압력 손실을 감안해 선정해야 한다. 재질 선택은 가열 회로에 맞추어야 한다. 비상 냉각기를 콘덴서 회로에 부착하는 경우, 펌프는 그 조건을 고려하여야 하고 열 교환기와 비상 냉각기 사이에는 반드시 수력적 밸런싱이 있어야 한다. 비상 냉각기에 자체 펌프 회로를 설치하는 것이 더 낫다. 부식을 방지하기 위해 비상 냉각은 밀폐형 냉각탑만을 적용하여야 한다.

응축기 회로의 지열

응축기와 지상의 열 교환기 배관 사이의 밀폐형 회로에서, 펌프는 마찰 저항을 보상하기 위해 선정해야 한다. 결빙 방지를 위해, 글리콜과 물을 혼합하여 유체로 사용하는 것이 중요하다. 재질 특성은 이러한 조건을 고려하여야 한다.

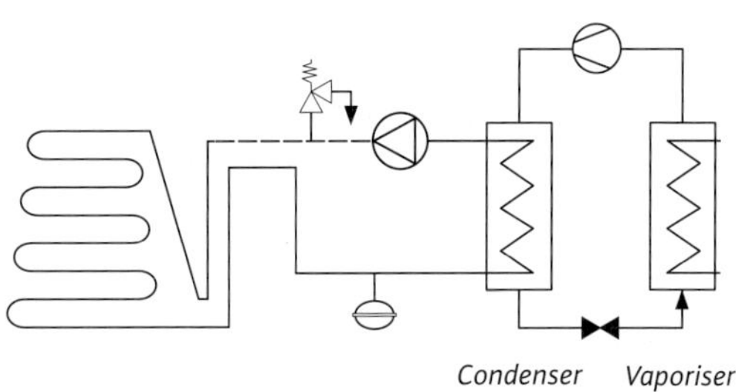

냉각 및 열 저장을 위한 열교환기

응축기와 지열을 이용하는 밀폐형 회로에서, 펌프는 마찰 저항을 고려하여 선정하여야 한다. 결빙 방지를 위해, 글리콜과 물을 혼합하여 유체로 사용하는 것이 중요하다. 재질 특성은 이러한 조건을 고려하여야 한다.

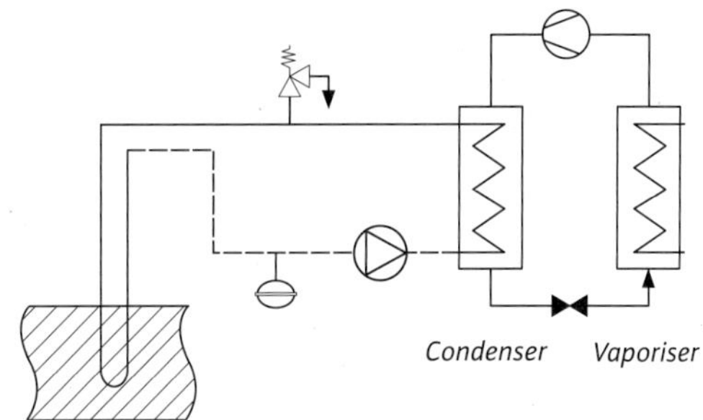

냉각 및 열 저장을 위한 지열

02. 증발기 부분의 냉동기 회로

기본적인 수력학 시스템에 대한 개념과 상관없이, 냉각시스템에서는 물이 증발기를 지날 경우 유량의 10% 정도의 편차가 발생한다. 그렇지 않으면 냉동기의 제어에 어려움이 발생할 수 있다.

시스템의 효율이 너무 낮으면 동결의 위험이 있다. 부하 측에 있는 공조제어에 의해서 증발기의 일정한 유량이 만족해야 한다. 최근에는 증발기에서 일정한 유량이 요구되면서 다양한 유량을 만족하는 냉동기가 개발되었다. 따라서 에너지 절감 속도 제어 펌프 역시 1차측 회로에 사용할 수 있다.

다양한 부하에서 여러 개의 냉동회로를 오류 없이 관리하기 위해 주회로와 보조회로로 연결망을 나누어야 한다.

증발기 회로의 일정한 유량

증발기의 오작동을 방지하고 일정한 유량을 유지하기 위해 회수라인측에 오버플로우를 설치한다. 펌프의 크기는 부하측의 압력 손실과 수력학적으로 최악의 조건을 감안하여야 한다. 펌프가 부하 측 앞에 위치하면, 정격 출력은 유량에 의해 조절되며, 부하 유량은 확보 되어야 한다. 증발기 회로의 최소 유량을 확보하기 위해서 더 많은 유량이 필요하다.

밸브 회로에 의한 일정한 체적 유량의 증발기 회로

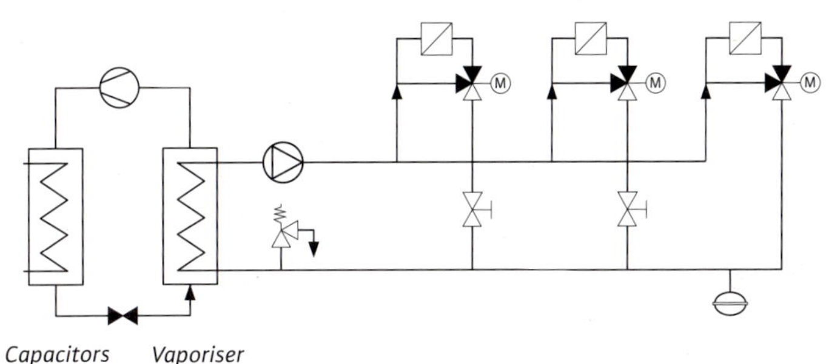

증발기의 오작동을 방지하고 일정한 유량을 유지하기 위해 회수라인측에 오버플로우를 설치한다. 펌프의 크기는 증발기에서의 압력 손실과 흡수기 전체에 대한 저항을 기준으로 정해진다. 증발기의 체적 유량이 펌프에 필요한 유량이다.

수력 흡수기에 의한 일정한 유량의 증발기 회로

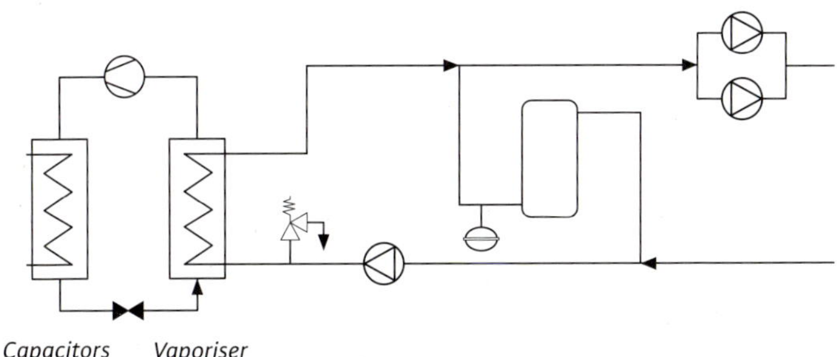

증발기 회로의 가변 유량

수력 흡수기를 통한 가변 유량의 증발기 회로

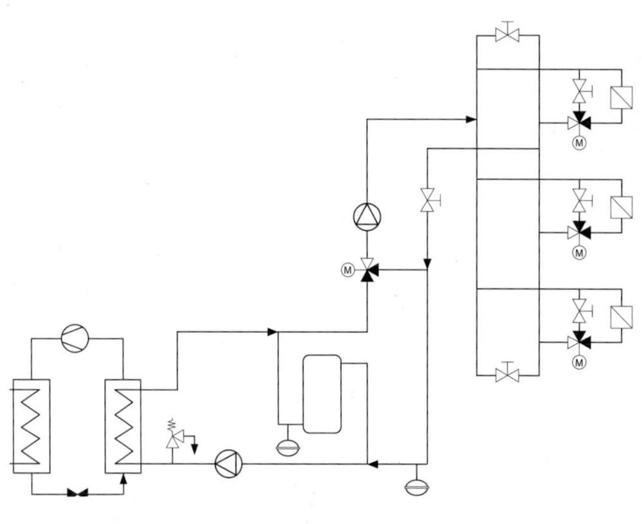

밸브에 의한 가변 유량의 증발기 회로

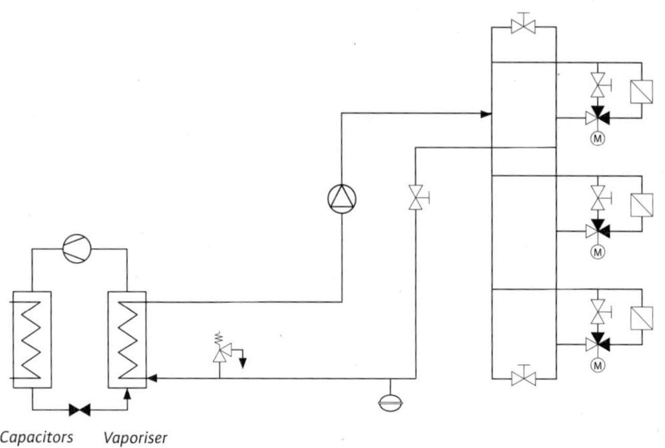

과부하 가변 유량의 증발기 회로

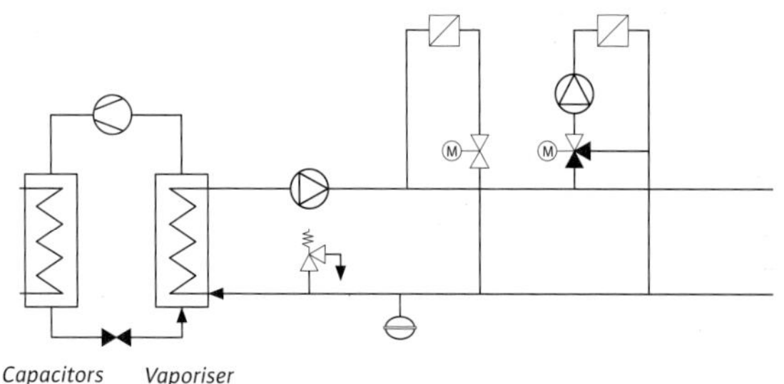

증발기의 오작동을 방지하고 일정한 유량을 유지하기 위해 회수라인측에 오버플로우를 설치한다. 펌프의 크기는 증발기에서의 압력 손실과 흡수기 전체에 대한 저항을 기준으로 정해진다. 증발기의 유량이 펌프에 필요한 유량이다. 부하 용량을 확보하기 위해서, 흡수기 연결 배관은 증발기의 필요 용량보다 더 크게 설계 되어야 한다. 현대 냉동기는, 온도 규정을 통하여 펌프의 용량을 필요 부하에 맞출 수 있다. 증발기의 최소 유량은 펌프 운전의 한 계속도까지 보증한다.

차압 규정을 통해 펌프의 용량을 필요 부하에 맞출 수 있다. 증발기 및 펌프의 최소 유량은 오버플로우 부분에서 확보 할 수 있다. 오버플로우 체적을 키워 부하에 대해 급수배관이 냉온 상태를 유지할 수 있도록 해야 한다. 전체 유량에 대한 부하와 오버플로우 부분의 펌프 용량을 반드시 고려해야 한다. 긴 배관이 필요한 경우, 부하의 전면에 3-way 밸브가 필요하다. 분배관 근처에 연결된 경우, 냉수에 대응할 시간이 필요하다.

'0'의 체적과 공칭 체적 사이에서 펌프의 용량을 규정하는 몇 가지 방법이 있다. 냉동기는 이러한 방법이 적절하지 않으며, 순환펌프는 자체 냉각 및 자체 윤활을 위한 최소 유량이 필요하다.

냉수 부하

실내 온도 조절을 위한 공조시스템에는 두 가지 주요한 차이가 있다. 첫 번째는 실내에 공급되는 공기(대류)의 온도를 조절하는 것이고, 두번째는 실내 온도를 열교환기를 통해 조절한다. 수력학적 구조물의 경우, 두 시스템 모두 2개, 3개 또는 4개의 배관 연결을 가질 수 있다.

냉수 이송의 경우, 2개의 배관이 있다. 세 번째와 네 번째 배관은 실내 온도를 더 낮은 외부온도에 맞추어 유지할 수 있도록 하는 난방부품이다. 3개 배관 설치시, 난방 및 냉각은 공동 회수관을 가진다. 4개 배관 연결은 냉각 및 난방 부품을 열 교환기까지 별도로 설치한다. 실내로 전달하는 것은 공동 전도체 또는 각 난방 또는 냉각 각각에 의해서만 일어날 수 있다.

다음의 내용들은 냉각수의 공급 및 회수에 관한 것이다.

유량 제어

외부 유입 공기에 의해 실내의 온도는 계속하여 변하기 때문에 냉각 용량 또한 변해야 한다. 이 회로는 분배관이 부하와 멀리 있지 않을 경우에만 권장한다. 일반적으로 모든 부하는 이런 방식으로 연결되지 않는다. 모든 냉동기 또는 순환펌프는 유량 없이 작동하지 않는다. 동결 또는 공운전으로 인한 손상을 방지하기 위해, 회로의 변경 또는 분배 회로를 선택할 수 있으며 또한 배관망의 끝에는 제어 오버플로우가 있다. 스로틀 바이패스나 바이패스 조절기를 통해서 정해진 오버플로우의 조절이 가능하다. 바이패스 제어기는 모든 제어밸브의 위치를 모니터링하고 체적 한계가 부족한 경우 오버플로우로 조정한다.

용량은 유량변화에 의해 실내 부하에 맞추어진다. 바이패스를 통해 온도 유지나 냉동기 및 펌프의 최소 유량 유지를 위해 대유량이 요구될 경우 밸런싱 밸브를 바이패스에 설치한다.

일정한 공급 온도에서 직선통과 밸브의 유량 제어

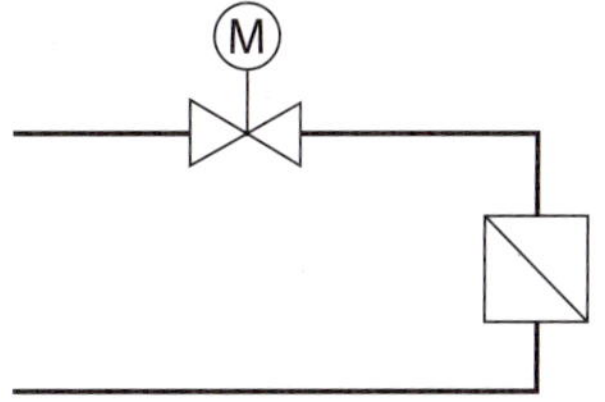

일정한 공급온도에서 분배 밸브의 유량 제어

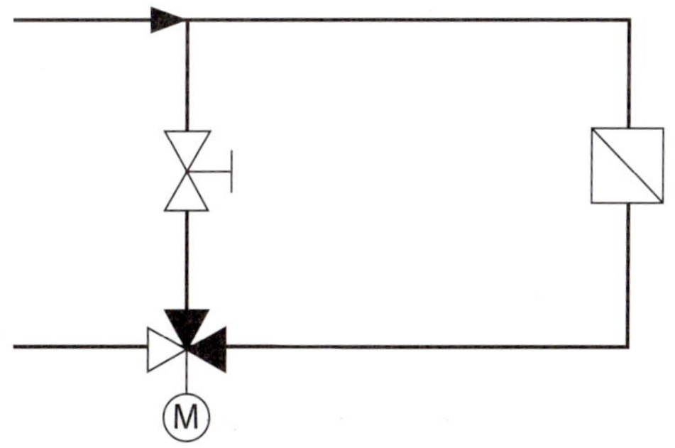

유량 제어는 항상 순조로운 것은 아니다. 혼합회로는 제습 및 이슬점 이하로 떨어지는 것을 방지하기 위하여 사용할 수 있다. 공급 온도는 실내 부하에 맞추어 조정할 수 있고 실제 온도값을 측정하여 시스템의 임계점 이하로 유지 할 수 있다. 부하 회로의 유량은 일정하게 남아있다.

혼합 밸브의 온도 제어

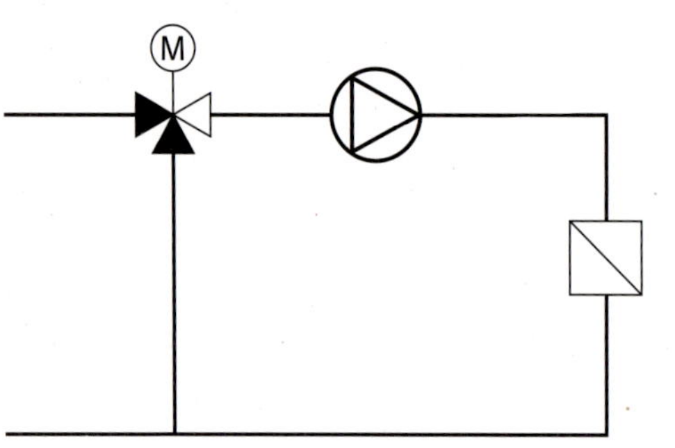

펌프는 부하 회로의 용량과 마찰 저항에 따라 설계해야 한다. 제어 루프의 입력부에는 제로 차압이 있어야 한다. 이것은 제어된 피드 펌프를 사용하더라도 실제적으로 항상 얻을 수 없다. 따라서 차압 제어기는 보조 전원 없이 부하 회로의 배관에 장착한다. 하중 부하 회로의 제어가능성을 유지하고 스러스트 힘의 손상으로부터 펌프를 보호하기 위하여 ≤ 0.3bar 의 차압을 유지해야 한다.

복귀 시 분배 밸브는 공급시 혼합 밸브와 동일한 제어 기능을 수행한다. 차압 제어기는 항상 동일한 라인에 설치해야 한다. 이것은 혼합 밸브를 공급할 경우 밸브 앞에 설치해야 하고 분배 밸브로 복귀할 경우 그 뒤에 설치해야 한다는 것을 의미한다. 공급시에는 폐 배관계와 같은 부화 회로에서 가압시스템으로 작용하며, 회수시에는 방해한다. 만약 제로 냉각 용량이 부하 회로의 밸브 설정에 의해 설정되면, 외부의 영향에 의한 유체 온도의 변화에 따라 압력의 증감이 있다. 그러므로 모든 순환 펌프는 에너지를 유체로 전송하며 압력 보호장치가 있는 분배 회로는 폐 부하회로에 압력 상승의 결과를 가져온다.

DEUTSCHES FUSSBALL MUSEUM
UNTERSTÜTZT VOM DEUTSCHEN FUSSBALLMUSEUM
adidas
OTEL

03. 펌프와 냉동기의 국제 준수사항

모든 기술 장치에는 물리적인 제약이 있다. 냉동기는 결빙(icing)을 방지하기 위해 일정 처리량을 요구한다.
만약 증발기 제어를 위한 최소 필요 물 량이 흐르지 않으면, 안전 차단이 되지 않아 기계 손상이 발생한다.

냉동기의 최소 가동시간 및 버퍼 모드

일정 유량으로 운전하는 경우, 냉동기의 빈번한 스위치 on / off가 되지않 아야 장비에 무리 없이 운전이 가능하다. 이것은 냉동기의 최소 운전시간 을 확보 할 수 있는 충분한 순환 유량이 필요 하다는 것을 의미한다. 하 지만 경험에 의하면, 냉동 시스템의 90% 정도는 추가적인 장치 없이 냉 동기의 최소 운전시간을 확보하기는 어렵다.

버퍼

버퍼의 목적은 경제적 효율성과 작동 안전, 스위치 on / off 사이클을 보장하여 냉수기에 대해 긴 가동 / 유휴시간을 가지고 냉수기와 냉방 시스템으로부터 수력적 완충을 하는 것이며, 수력적 완충작용으로 가 능하다.

버퍼의 효율은 탱크 내 노즐 배관과 겹쳐놓은 판에 의해 향상된다. 버퍼 로서 수력완충기 용량은 다음과 같이 측정한다.

$$Si = \frac{kW \cdot F_{tl} \cdot 14.34 \cdot min}{\Delta tw}$$

특정 인자의 유도 14.34

$$\dot{m}_w = \frac{Q_w\,[kW] \cdot \dfrac{KJ}{s} \cdot 3600 \cdot \dfrac{S}{h}}{Cpw\ 4.2\ \dfrac{KJ}{kg \cdot k} \cdot K\,[\Delta tw]}$$

$$\dot{m}w = \frac{KJ \cdot kg \cdot K \cdot 3600\ s}{s \cdot 4.2\ KJ \cdot h \cdot K} = 857\ \frac{kg}{h} \approx 860\ \frac{kg}{h}$$

$$Factor = \left[\frac{L}{min}\right] = \frac{860\ kg\ h}{K \cdot 60\ min} = 14.34\ \frac{kg}{min} = \frac{L}{min}$$

비열 용량에서 변화가 있으면, 특정 인자는 재설정 해야 한다.

버퍼로서 수력 완충기

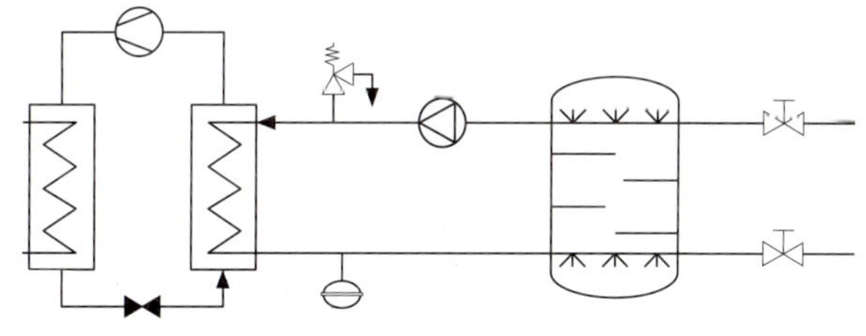

최소 시스템 구성물 (Si)은 다음 요소에 따라 달라진다.

k_W	공칭 냉각 용량
F_{tl}	냉각기의 단계별 부하요소
min	최소 가동 시간
Δ_{tw}	온도 차
C_{pw}	비열 용량

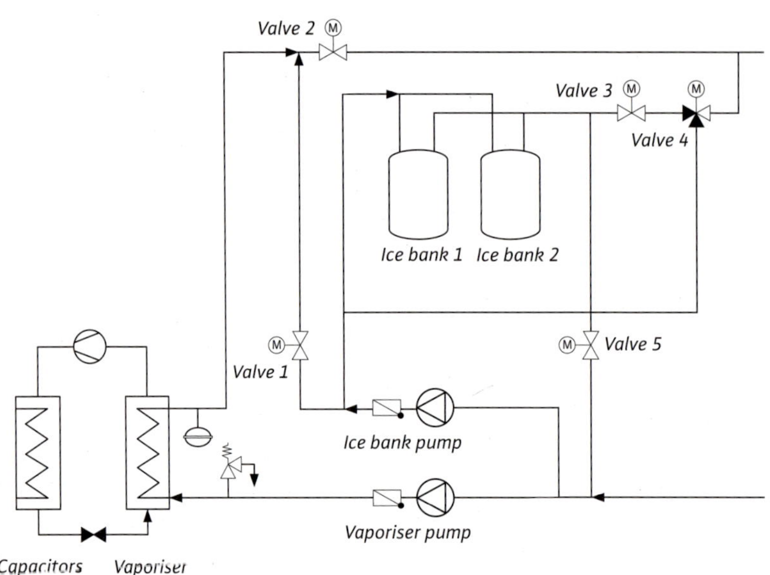

기능표 - 빙축열 시스템의 계통도

운전모드	냉동기	증발기 펌프	얼음 저장 펌프	밸브 1	밸브 2	밸브 3	밸브 4 게이트1	밸브 4 게이트2	밸브 4 게이트3	밸브5
얼음저장방출	off	off	on	닫힘	열림	열림	조절	조절	조절	닫힘
네트워크상의 냉동기	on	on	off	닫힘	열림	열림	/	/	/	닫힘
얼음저장방출 네트워크상의 냉동기	on	on	on	열림	닫힘	열림	조절	조절	조절	닫힘
얼음저장충전	off	on	off	열림	닫힘	닫힘	닫힘	열림	열림	열림

빙축열조

유지보수가 간편한 빙축열 시스템을 갖춘 공조시스템이 최근 몇 년간 구축되었다. 재 냉각 용량을 포함하여 냉동기와 연결된 부하는 기본 부하에 대해서만 산정한다. 최대 부하의 약 50% 이상의 부하는 저장된 얼음으로 커버한다. 브라인은 열 매체로 역할을 한다. 시스템 구조에 따라, 시스템으로의 연결은 수력완충기 또는 시스템 절연기(열 교환기)를 통해 할 수 있다.

각 부하 상태에 대한 밸브의 스위칭 상태는 위 표에 나와 있다.

순환펌프를 통한 시스템 제어는 다양한 유량 저항이 나타난다. 저장냉수가 방출되면, 빙축열 조 펌프는 밸브 3과 4의 빙축열조의 저항을 극복해야 한다.

최대 부하로 운전시 추가 유량은 밸브 1의 위치에 따라 증발기 회로에 의해 유량이 강제적으로 추가되므로, 빙축열조 펌프는 더 큰 유량의 저항을 극복할 필요성이 있다.

증발기 펌프용으로 3가지 다른 부하 상태가 주어진다. 먼저 냉동기는 네트워크상에서 단독운전 하는 것이다. 밸브 2는 저항으로 표현된다. 만약 부하 작동이 필요하면, 밸브 1, 3 및 4뿐만 아니라 빙축열조의 저항도 있다. 만약 빙축열조가 충전되면, 밸브 1과 5 그리고 빙축열조에 대한 전원 손실은 증발기 펌프에 의해 극복되어야 한다. 이런 조건들 때문에 부피 또는 온도에 대한 증발기 펌프 제어는 증발기 후단에서 제어가 되어야 한다.

증발기 회로의 냉동기 보호

증발기 회로는 순환 펌프에 의해 영향을 받는다. 펌프 용량이 너무 작으면, 결상보호 또는 유량 제어기가 냉동기를 오작동 상태로 전환시켜 중지가 된다. 압축기를 가동 하기 전에 증발기 펌프를 가동 하고 follow-up 시간을 갖는다. 순환 펌프는 점화 / 시동 회로에 따라 정격 전력에 도달하려면 2초~1분 정도의 시간이 소요된다.

전원 차단 시, 일반적으로 순환 펌프는 2초 이내에 정지한다. 만약 3상 전원에서 1상이 누락되거나 전압이 부족하면, 전동기 작동이 저하된다. 순환 펌프는 모터 보호 계전기 해제를 하지 않고 정격 전원 하에서 가동한다.

이로 인해, 유량은 시스템에 의해 줄어들 수 있거나 또는 압축기 용량에 적합하지않게 제어될 수 있으므로, 증발기 회로는 결상 보호 및 유량 제어기를 반드시 갖추어야 한다. 패들(paddle), 차압 또는 유량 스위치를 유량 제어를 위해 사용할 수 있다. 또한 증발기 회로는 가압시스템과 안전 릴리프 밸브에 의해 정압 및 동압을 제어할 수 있다.

자체 순환 펌프가 달린 여러 대의 증발기가 운전하는 동안 필요 유량을 만족하기 위해서, 다른 배관 작업 및 수력 완충기 설치를 권장한다.

냉각수 운전을 위한 안전 규정

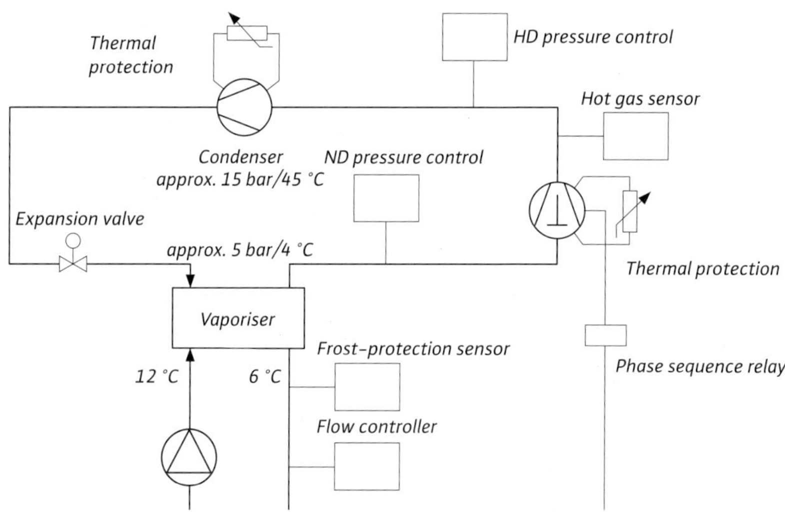

응축기 시스템의 냉동기 보호

응축기를 보호하기 위한 최소 운전(Setback)은 냉동기 특히 팽창 밸브의 기능을 위해 최소온도값이 필요하며 이 최소값은 각 제조회사의 사양서에서 얻을 수 있다. 응축기의 온도는 압축기용량과 인입 / 배출 온도에 따라 다르다. 냉각수 배출온도는 순환된 유량 및 응축기 인입 유체(냉매)온도에 따라 다르다. 보통의 경우, 냉동기를 보호하려면, 응축기 출력의 온도 모니터링을 해야 한다.

특정 환경에서는 재 냉각 시스템을 보호하기 위해 더 많은 안전장치를 요구한다. 따라서 손상을 방지하려면, 배수구의 인입 온도 또는 바닥 난방온도가 최대 허용 값을 초과해서는 안 된다. 전류 없이 자동적으로 닫을 수 있는 속동 밸브(Quick-acting valves)는 상기의 온도 조절을 위해 필요할 수 있다.

콘덴서 회로를 보호하기 위한 최소 운전

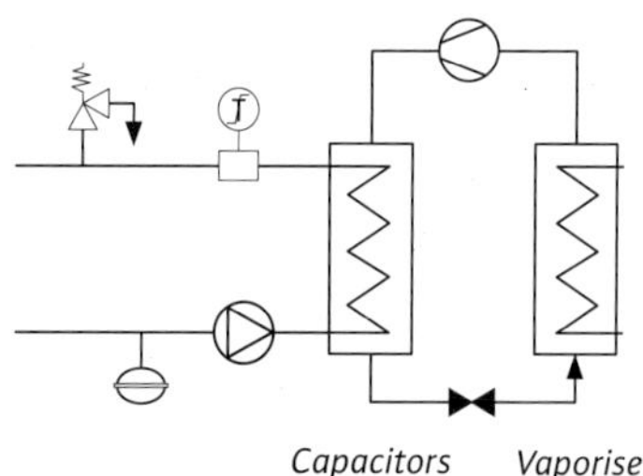

또한, 응축기 회로는 가압 시스템과 안전 릴리프 밸브로 불안정한 정압 및 동압을 제어해야 한다. 자체 순환 펌프와 함께 여러 대의 증발기를 병행 운전하는 동안 필요 유량을 만족하기 위해서 수력 완충기 설치를 권장한다.

순환펌프의 보호

만약 국제사항을 준수하지 않으면, 순환 펌프는 부정확한 압력, 유체, 힘, 온도, 회로, 전원공급, 진동, 위치 및 제어 / 운전 모드에 의해 손상 또는 파손될 수 있다.

유체 압력, 유압

케이싱과 임펠러는 순환 펌프의 흡입측에서 과다하게 낮은 정압으로 캐비테이션에 의해 손상되거나 파괴될 수 있다. 흡입 배관 내 가스 및 공기로 인하여 진동이 발생한다면 흡입측 부위에 기계적 파손이 일어난다. 파손은 바로 일어나지 않더라도 장기간의 피로 누적으로 손상될 수 있다. 글랜드리스 펌프에서는 베어링 윤활이 되지않으며 글랜디드 펌프의 경우, 메카니칼씰 표면의 냉각막이 사라진다. 이러한 현상은 압력 게이지 또는 진공계 흡입 압력을 모니터링하여 방지할 수 있다.

과다하게 높은 정압은 케이싱 파손 및 메카니칼씰 기능을 상실 시키는 원인이 될 수 있다. 메카니칼씰에 과다하게 높은 접촉 압력은 메카니칼씰의 온도 상승 및 마모 속도를 앞당길 수 있다. 최내 압력 제어기로 펌프의 운전을 멈추거나 감압장치를 펌프 앞에 설치하여 방지한다.

펌프의 흡입측과 토출측 사이에 과도하게 높은 차압은 구동 에너지에 의한 펌프 내의 과열을 야기하고 베어링과 씰의 조기 마모의 원인이 된다. 위와 같은 상황으로 운전시 펌프성능이 낮아지므로, 효율적 펌프 운전을 할 수 없다. 이것은 차압 제어, 펌프가 없는 휠링 밸브 또는 오버플로우 제어기에 의해 관리된다.

펌프 데이터 시트에 표기된 흡입과 토출 사이의 차압은 전동기의 과부하 및 베어링에 한계치 이상의 힘을 야기한다. 유체와 접촉되는 회전 부품의 윤활막이 파괴된다. 이러한 상태는 차압 제어 또는 펌프의 체적 제한장치에 의해 방지할 수 있다.

예를 들어 펌프가 펌프 이후 부하의 공급기로써 수력 완충기 후에 설치되며, 부분 부하의 경우, 이 펌프의 잔여 차압은 너무 높지 않다. 그 다음 부하 펌프가 기동하여 과운전을 하게 된다. 이러한 작동 상황이 예상되면, 이차 펌프 앞의 차압 제어기가 그 해답이다.

유체

시스템 내의 열 매체로서 브라인 혼합수를 사용한다면, 펌프의 성능 데이터는 더 이상 적합하지 못하다. 모든 제조회사들은 각자 카달로그에 물의 특성을 명시한다. 결국 밀도와 점도를 1로 가정하게 된다. 혼합수에 의한 밀도 변화는 또 다른 유량을 의미한다.

유체내 마모물질은 펌프 고장을 앞당기는 원인이 된다. 이러한 이유로, VDI 2035 또는 VDTUV 승인된 유체로 채운다. 자세한 내용은 카달로그 및 각 유체 유형에 대한 유인물을 참조한다.

예를 들어 어떤 시스템이 물로 가압되고 비워진 다음 6주 후 브라인으로 채우면, 브라인 억제제가 배관의 녹을 용해하여 펌프의 회전부분의 조기 마모를 가져온다. 개방형 시스템의 경우, 유체는 지속적으로 모니터링을 해야 되고 적절한 재료를 선택해야 한다.

물 혼합물을 사용할 때 시스템은 정확한 혼합비율로 프리믹싱 탱크(Premixing Tank)에 의해 채워져야 한다. 나중에 혼합물을 추가하면 어디에서나 만족하는 농도로 되지 않으며, 에너지 운반은 일정하시 낳게 된다. 또한 부식의 위험이 증가하게 된다.

힘

펌프는 온도에 따른 팽창 또는 진동에 의해 힘이 발생하는 배관라인 시스템에 설치되며, 흐르는 유체를 통하여 진동이 전달된다. 안전상의 이유로 펌프는 연결에 따른 부하 및 인장력이 없는 배관 시스템에 설치된다. 배관 고정에 대한 사항은 기술규격을 참조한다.

흐르는 상태의 유체는 곡관부 또는 밸브장치에 의해 야기된 유동의 방향 변화로 인해 역동적 힘이 발생한다. 이러한 이유로, 펌프는 흡입부와 토출부에 리퓨즈와 정류기와 함께 안정화된 구역에 설치 되어야 한다. 특히, 대유량인 경우 더욱 더 위 사항을 준수해야 한다.

온도

제어장치 고장으로 유체가 설계사양을 벗어나면 과다한 유체 온도로 인하여 캐비테이션 또는 과다한 유량이 발생한다. 유체 온도가 계획보다 낮으면 유량이 떨어진다. 두 가지 경우 모두, 전동기에 과부하가 발생하며 모터 보호장치가 펌프를 보호하기 위해 정지시킨다. 오늘날 시스템은 비용을 고려하여 관리자 없이 운전하므로, 경보 장비와 함께 온도를 모니터링 할 것을 권장한다.

펌프 주변 온도는 전동기 및 케이싱에 직접 작용한다. 케이싱은 갑작스러운 온도 변화만 제외하고, 주변 온도에 민감하지 않다. 전동기는 특수 설계 없이는 0℃ 이하 또는 40℃ 이상으로 작동할 수 없다. 따라서 기계 설치실은 환기가 잘 되거나 서늘해야 한다. 전동기에 직접 열이 방사되는 것에 주의 해야 한다.

회로

Y/△ 기동용 모터는 Y결선으로 영구 기동하지 않을 수 있다. 220V 구동 장치는 380V 환경에 사용 될 수 없다. 저전압은 모터의 손상을 발생시킬 수 있다. 메인전원은 전동기에 적절하게 연결되어야 한다. (카달로그 참조)

모든 펌프는 유체에 에너지를 공급한다. 이러한 운동에너지는 에너지 보전법칙에 따라 열로 전환된다. 유체가 있는 한, 펌프로부터 열이 전달된다. 스트레이트 밸브 또는 부하의 혼합 밸브는 닫히게 되고 열의 전도가 차단된다. 절연은 에너지 절감 규정을 따르며, 보온병의 원리와 동일하게 펌프부가 데워진다.

실제로 특히 냉각 부분의 경우, 가압 시스템은 110℃ 이상의 온도에 대해 대응되도록 설계되어 있지 않다. 하지만 펌프의 토출 밸브가 완전히 닫힌 상태에서는 초과할 수 있다. 유체를 냉각시키기 위해서는 오버플로우 장비가 도움이 된다. 모든 제어 밸브의 닫힘 위치를 모니터링하여 펌프 운전을 정지시키는 것이 더 중요하다. 또한 유체 신호 전달기로 차단할 수 있다. 이때 펌프는 제어 밸브의 열림을 확인 하기 위하여 강제 시동으로 간헐적으로 다시 운전될 수 있다.

압력제어기로 운전점 압력을 감지하지 못하고, 작은 펌프의 유량지점에 도달 시 요구 압력을 만족하지 못한다면 동일 용량의 펌프를 사용하여 직렬운전하여야 한다.

유량제어기로 운전점 유량을 감지하지 못하고 작은 펌프가 운전하여도 요구 유량을 만족하지 못 할 경우에는 동일 용량 펌프를 사용하여 병렬운전하여야 한다.

밀폐형 시스템에서, 토출 양정은 배관내 손실을 제외하고 펌프의 흡입측으로 전달 된다. 이러한 이유로, 가압 시스템은 항상 펌프의 흡입면에 있거나 유량을 조절하여 흡입측 압력을 감소 시킬 수 있는 제어 장치가 있어야 한다. 만약 설치 이유로 인해 이것이 불가능하면, 가압 시스템의 구성 압력은 펌프의 체절 양정까지 증가할 것이다.

메인 전원으로부터의 전원공급은 전동기 및 제어장치 설계 시 고려해야 하는 사항이다. 단전과 과열의 위험을 동반하는 전압 강하는 라인이 너무 길거나 너무 얇은 경우 발생할 수 있다. 제어 라인과 전원 라인은 유도 전자기 때문에 별도로 장치해야 한다. 시스템은 과전압(예: 번개)에 대해 보호를 받아야 하고 저전압에서는 스위치 off 되어야 한다. 서지 방지장치 및 전체 상의 절연기능을 갖춘 메인 계전기로 해결 가능하다.

제어장치 또는 악세서리 모듈과 함께 Wilo 펌프를 작동할 경우, VDE 0160에 설정된 전기 작동 조건을 준수하여야 한다. 글랜드리스 및 글랜디드 펌프를 Wilo에 의해 공급되지 않은 주파수 컨버터와 연결하여 작동할 때, 모터 소음을 줄이고 유해한 전압 정점을 방지하기 위해 출력 필터를 사용하고 다음의 한계값을 준수하는 것이 필요하다.
- P2의 글랜드리스 펌프와 P2≤1.1kW 전압 상승등급 du/dt〈500 V/μs, 전압 정점 û 〈650V 인 글랜디드 펌프
- 글랜드리스 펌프 모터의 소음 감소의 경우, du/dt 필터 (RC 필터) 보다는 사인 필터 (LC 필터)를 사용할 것을 권장한다.
- P2〉1.1kW 전압 상승 등급 du/dt 〈500V/μs, 전압 정점 û 〈850V 인 글랜디드 펌프

컨버터와 모터 사이를 긴 케이블 길이 (l〉10m)로 연결한 것은 du / dt 및 û 레벨(공명)의 증가를 야기할 수 있다. 동일한 현상이 한 개의 전원에서 4개 이상의 모터 장치를 작동하는 경우 발생할 수 있다. 출력 필터는 컨버터 제조회사 또는 필터 공급업체가 선택하거나 권장하는 것을 사용한다. 펌프는 주파수 컨버터가 모터 손실을 야기하는 경우 정격 모터속도 최대 95%에서 작동해야 한다. 만약 글랜드리스 펌프가 주파수 컨버터에서 작동하는 경우, 다음 한계값은 떨어지지 않을 것이다.

U_{min} = 150 V, f_{min} = 30Hz

순환 펌프의 서비스 수명 및 운전 신뢰성은 적절한 모터 보호 장치의 선택 범위에 따라 달라진다. 모터 보호 스위치는 인버터로 운전하여 다른 여러 전류에서 운전되는 펌프의 보호에는 적합하지 않다. 모든 글랜드리스 순환 펌프는 다음의 특징을 갖는다.

- 전류차단
- 한계치 이상의 높은 권선 온도에 대해 내부 보호
- 전선온도 감지기 및 별도 계전기를 통한 모터 보호
- 모터 보호 및 내장 자동 트립 구조 (카탈로그 데이터 참조)
- 고객에 의한 추가 모터 보호는 이것이 전류방지 모터를 차단하기 위해 규정된 경우 그리고 한계치 이상의 높은 권선 온도에 대한 내부 보호 장치를 갖춘 모터에 대한 경우를 제외하고는 필요하지 않다.

표준 글랜디드 펌프는 공칭 전류 설정치를 갖춘 현장 모터 보호스위치에 의해 보호받는다. 하지만 완벽한 모터 보호를 위해서는 권선온도감시기 또는 PTC 서미스터를 추가하여 모니터링한다.

글랜디드 펌프가 모터 하우징에 장착된 제어장치를 갖추고 있으면, 제조회사의 완전한 모터 보호장치를 갖추고 있는 것이다.

보호 접지의 보호 방식은 3상 전류 연결장치를 갖춘 주파수 컨버터 제어기용으로 사용된다. 잔여 전류 보호 장비는 DIN VDE 0664에 따라 허용되지 않는다.
예외: 보편적 전류 민감형 잔여 전류 회로차단기 (권장 공칭 잔여 전류 Δ=300mA)

최대 백업 퓨즈는 현장 조건에 따라 설치 되어야 하고 설치된 장치는 DIN/VDE 에 따른다. 최대 허용 케이블 / 와이어 교차구간에 대한 정보는 카탈로그에서 얻을 수 있다. 케이블 선택 시 주위 환경을 고려해야 한다. 수압 수밀성 또는 수압차폐와 같은 특수 조건을 요구할 수 있다.

진동

모든 순환기계 및 모든 유체는 진동을 발생시킨다. 모든 Wilo 펌프는 저진동 설계되어 있다. 하지만 시스템의 설치에 따라, 공명이 발생할 수 있으며 진동은 증폭된다. 이러한 이유로 다음 사항을 준수한다.

배관라인과 펌프는 응력이 없는 조건에서 설치해야 한다. 배관라인은 펌프가 배관라인의 중량을 지지하지 않는 방식으로 고정해야 한다. 인라인 펌프는 배관라인에 직접 수평 및 수직 설치용으로 설계되어 있다. 18.5kW 이상의 모터가 장착된 펌프의 경우 펌프축을 수평식으로 설치하는 것은 허용되지 않는다. 수직으로 설치된 펌프의 경우, 배관라인은 응력이 없어야 하고 펌프는 펌프 발자리에서 지지되어야 한다. 진동 증폭을 방지하기 위하여, 베이스 상의 설치를 권장한다. 모노블록 또는 표준 펌프는 콘크리트 기초부 또는 마운팅 브라켓 위에 설치된다.

펌프의 정확한 선정은 펌프의 저소음 작동을 위해 결정적으로 중요한 요소 중 하나이다. 펌프와 베이스 사이의 직접적이고 견고한 연결은 질량을 증가시켜 진동을 흡수하며 보상이 되지 않는 힘을 보상하기 위해 권장된다. 하지만 방진 설치는 블록 자체를 기초로부터 분리하기 위한 탄력성이 있는 방진을 요구한다.

선택할 방진의 유형 및 재료는 회전속도, 골재 질량 및 중력중심, 공사 설계 (건축) 및 기타 배관라인에 의해 야기된 다른 영향을 포함하여 다른 여러 가지 요소들과 영역 또는 책임에 따라 달라진다.(설계자 / 설치회사)

구조적으로 음향적으로 관련된 기준을 모두 고려하여 자격을 갖춘 빌딩 음향전문가가 필요한 구성 및 설계 작업을 하도록 권장한다.

베이스 블록의 외부치수는 길이와 폭이 15x20cm로 펌프 장치의 외부 치수보다 더 길어야 한다. 화반죽, 타일 또는 보조 공사에 의해 구성되지 않는 받침대는 방음효과를 없애거나 줄일 수 없다는 것을 명심해야 한다.

설계자 / 설치회사는 펌프에 연결되는 배관이 설계 시 완전하게 응력이 없어야 하고 펌프 하우징에 어떤 중력 또는 진동 영향을 가할 수 없도록 해야 한다.

흡/토출 배관은 펌프 발자리에 어떤 고정도 하지 않도록 권장한다.

표준 펌프는 날씨변화로부터 보호해야 하며 서리 / 먼지가 없고 환기가 잘 되며 폭발성 기체가 없는 곳에 설치해야 한다. 실외 설치의 경우, 특수 모터 및 특수 부식방지가 필요하다.

모터와 단자함이 아래로 향하도록 설치하는 것은 허용되지 않는다. 모터, 랜턴 및 임펠러를 분리할 때 필요한 자유 공간이 최소(1.2m) 제공 되어야 한다. 4kW 보다 더 큰 공칭 모터 전원의 경우, 설치 및 유지보수 작업을 위해 적절한 조임 지지대가 필요하다. 만약 펌프를 지상보다 1.8m 더 높은 곳에 설치하는 경우, 영구적으로 설치되거나 또는 이동형으로 언제든지 설치할 수 있는 현장 작업 플랫폼이 반드시 있어야 한다.

심정용과 수중형 펌프는 사양에 따라 커버가 있어야 한다. 또한 항상 펌프를 내리거나 올리기 위해 또는 그러한 배관작업을 위해 충분한 여유공간이 있어야 하다. 배수구 설치의 경우, 설치 및 유지보수 작업을 위한 중간 플랫폼은 사고 방지규정에 따라 항상 사용할 수 있어야 한다.

펌프 용량을 시험하기 위해, 흡·토출부 측정부는 배관 설치 시 설치되어야 한다.

측정 지점 Ad 와 As에 대한 최소 치수는 Us5+Nq/53 과 Ud2.5는 배관 직경의 2배이다. 테스트 코크가 달린 압력게이지를 설치할 것을 권장한다.

모든 정격 전원 데이터 및 운전 값은 정격 주파수 60Hz, 정격전압은 5.5kW까지 전압 220/380V 7.5kW 이상은 380V이다. 주위온도는 40℃이하 고도는 해발기준 1,000m이다. 이외의 조건에서는, 정격 전원 감소를 적용하거나 더 큰 모터 또는 더 높은 절연 등급을 선택해야 한다.

펌프 압력을 점검하기 위한 측정 지점의 최소 거리

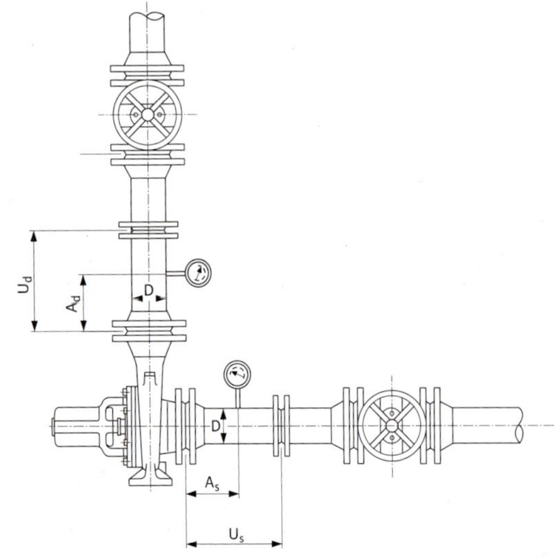

제어 유형

일차 가압펌프 역할을 하는 펌프는 이차측의 최소 / 최대 유량의 변화에 의해서만 on / off 한다. 여러 대의 가압 펌프가 병렬로 작동하는 경우, 허용 작업 범위에서 개별 펌프의 자동 스위치 on / off 가 필요하다.

이차 회로의 순환 펌프는 일차 회로가 필요한 최소 유량을 전달할 경우에만 스위치 on 한다. 이 펌프는 일차 가압 펌프가 너무 많은 압력을 제공하여 체적 유량이 너무 높은 경우에 스위치 off 한다.

속도제어 장치가 있으면, 최소 및 최대 속도는 과부하가 없고 모터 자체 냉각 기능을 보장할 수 있는 속도로 제한된다. 펌프 회로 내 스로트 및 바이패스 제어기는 최대 및 최소 유량이 항상 보장되도록 구성 되어야 한다. 유체 온도에 따른 진동 차단기능을 모니터 하는 것이 중요하다.

펌프의 병렬작동이나 한 대 또는 여러 대의 펌프가 동시적이고 단계가 없는 제어부하에 민감한 자동스위치 on / off 또는 유량과 양정에 따라 가능하다.

오작동 및 손상을 방지하기 위하여, 일차 가압 시스템을 모니터링 한다. 제어된 펌프 회로에서는 압력이 계속 변하므로, 공급 유량의 변화가 항상 가능하다.

04. 콘덴서 회로의 펌프 선택

웰 시스템 (Well system)

열을 콘덴서로부터 멀리 유도하기 위해 웰 시스템이 선택되었다. 냉동기 설치 장소의 10m 아래에 냉매 역할을 위한 우물이 설치된다. 높이 차이로 인해, 수중 펌프시스템을 선택했다. 30m 길이의 배관라인은 수중 펌프와 냉동기 연결장치 사이에 놓여있다. 콘덴서의 흡입면은 싱크홀 쪽으로 배관라인의 가장 높은 지점의 2m 아래에 있다. 총 배관의 길이는 45m가 된다. 열 용량은 200kW이며 6K 온도차이의 웰 시스템쪽으로 유도해야 한다. 순환 유량은 다음과 같이 결정한다.

체적 유량 $\dot{V}_{PU}$ 공식

$$\dot{V}_{PU} = \frac{\dot{Q}_N}{1.16 \cdot \Delta\vartheta} \ m^3/h$$

산출

$$\dot{V}_{PU} = \frac{200}{1.16 \cdot 6} \ m^3/h$$

$$\dot{V}_{PU} = \mathbf{28.74 \ m^3/h}$$

펌프 양정은 배관라인의 조건에 따른 값이다. 총고도 차이는 12m이다. 배관라인의 재료는 PVC 이며 공칭직경은 100이다. R 값은 약 1m/s의 유량에서 100Pa/m 이다. 설치된 고정장치, 곡관과 콘덴서 저항, 8개의 추가 곡관,흡입 밸브와 2개의 차단 밸브는 114.13의 값이 된다.

압력 / 양정 H 공식

$$H_{Ges} = H_{geo} + H_A \qquad\qquad H_A = H_{VL} + H_{VA}$$

산출

$$H_{Ges} = H_{geo} + H_{VL} + H_{VA}$$

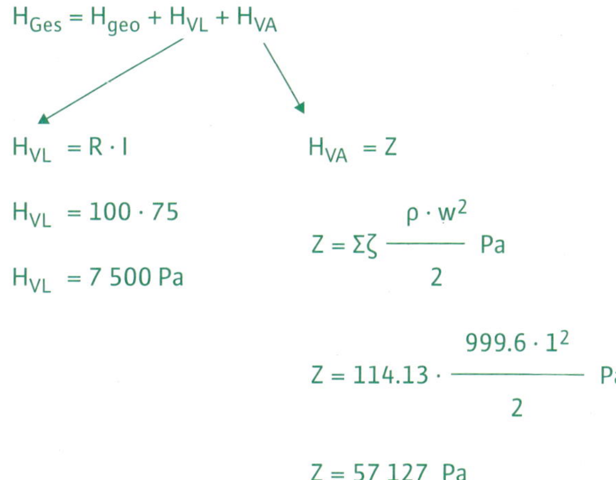

$$H_{VL} = R \cdot l \qquad\qquad H_{VA} = Z$$

$$H_{VL} = 100 \cdot 75 \qquad\qquad Z = \Sigma\zeta \ \frac{\rho \cdot w^2}{2} \ Pa$$

$$H_{VL} = 7\,500 \ Pa$$

$$Z = 114.13 \cdot \frac{999.6 \cdot 1^2}{2} \ Pa$$

$$Z = 57\,127 \ Pa$$

결과

$$H_{Ges} = H_{geo} + H_{VL} + H_{VA}$$

$$H_{Ges} = 120\,000 \ Pa + 7\,500 \ Pa + 57\,127 \ Pa$$

$$H_{Ges} = \mathbf{184\,627 \ Pa}$$

약어	설명
1.16	사양. 열 용량 [Wh/kgK]
$\Delta\vartheta$	측정 온도 차
[K]	표준 시스템에 대해 10-20K
Q_N	열 요구량 [kW]
H_A	시스템의 압력손실 Pa
H_{geo}	압력계 높이차이 Pa (1 m WS ~ 10 000Pa)
H_{Ges}	총 압력 손실 Pa
H_{VL}	배관라인 압력손실 Pa
H_{VA}	고정장치 압력손실 Pa
R	배관마찰저항 Pa/m
L	배관 길이
ζ	저항 값 Pa
ρ	유체 밀도 kg/m³
w^2	유량 m/s²
Z	고정장치에서의 압력손실 Pa
Σ	총 손실

유량과 양정이 다음과 같은 수중펌프를 선택한다.
Q=28.74m³/h, 양정 H=18.5m

선택한 펌프는 냉각 자켓이 있는 Wilo-Sub TWU 6-2403 제품이다.

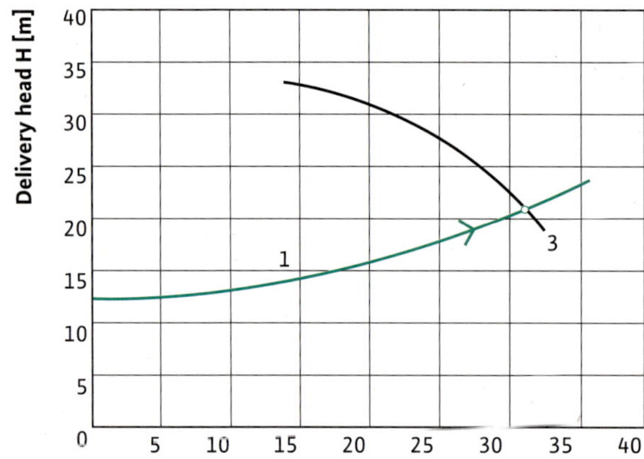

운전 데이터 사양

유량	28.74 m³/h
양정	18.5m
펌프 유체	물
유체 온도	10℃
밀도	0.9996 kg/dm³
동 점도	1.31 mm²/s
포화증기압	0.1 bar

유압 데이터 (사양점)

유량	31.3 m³/h
양정	20.3 m

개방형 냉각탑 시스템

콘덴서 회로는 개방형 냉각탑을 통해 냉각된다. 동일한 200kW 용량과 5K 온도차이에서, 다음의 체적 용량이 나온다.

체적 유량 $\dot{V}_{PU}$ 공식

$$\dot{V}_{PU} = \frac{\dot{Q}_N}{1.16 \cdot \Delta\vartheta} \ \ m^3/h$$

$$\dot{V}_{PU} = \frac{200}{1.16 \cdot 5} \ \ m^3/h$$

$$\dot{V}_{PU} = \mathbf{34.48 \ m^3/h}$$

압력손실 산출의 경우, 88m 길이의 배관은 14개의 곡관과 4개의 밸브 그리고 최소수위와 노즐 고정장치 사이의 고도차이 2.2m가 주어진다. PVC 배관작업은 공칭 직경 80으로 선택한다. 이 경우 저항 계수ζ=59.7 이다.
결과는 다음과 같다.

압력 / 양정 H 공식

$$H_{Ges} = H_{geo} + H_A \qquad\qquad H_A = H_{VL} + H_{VA}$$

산출

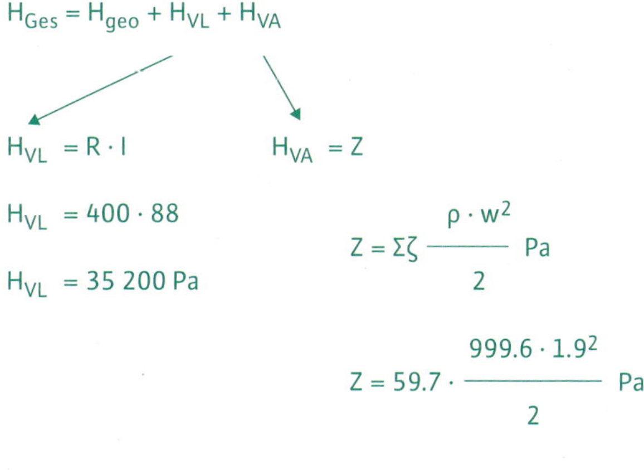

$$H_{Ges} = H_{geo} + H_{VL} + H_{VA}$$

$$H_{VL} = R \cdot I \qquad\qquad H_{VA} = Z$$

$$H_{VL} = 400 \cdot 88$$

$$H_{VL} = 35\,200 \ Pa$$

$$Z = \Sigma\zeta \ \frac{\rho \cdot w^2}{2} \ \ Pa$$

$$Z = 59.7 \cdot \frac{999.6 \cdot 1.9^2}{2} \ \ Pa$$

$$Z = 107\,230 \ \ Pa$$

결과

$$H_{Ges} = H_{geo} + H_{VL} + H_{VA}$$

$$H_{Ges} = 22\,000 \ Pa + 35\,200 \ Pa + 107\,230 \ Pa$$

$$H_{Ges} = \mathbf{164\,430 \ Pa}$$

유량 Q=34.48m³/h 이고 양정 H=16.5m인 모노블록 펌프를 선택한다.

약어	설명
1.16	사양. 열 용량 [Wh/kgK]
$\Delta\vartheta$	측정 온도 차
[K]	표준 시스템에 대해 10-20K
Q_N	열 요구량 [kW]
H_A	시스템의 압력손실 Pa
H_{geo}	압력계 높이 차이 Pa (1 m WS ~ 10 000Pa)
H_{Ges}	총 압력 손실 Pa
H_{VL}	배관라인 압력손실 Pa
H_{VA}	고정장치 압력손실 Pa
R	배관마찰저항 Pa/m
L	배관 길이
ζ	저항 값 Pa
ρ	유체 밀도 kg/m³
w^2	유량 m/s²
Z	고정장치에서의 압력손실 Pa
Σ	총 손실

선택한 펌프는 황동 임펠러의 Wilo-CronoBloc - BL40/130-3/2
이다.

캐비테이션은 냉각탑의 수위가 펌프 흡입구 보다 약 12m 위에 있으므로
고려하지 않는다. 유체는 레지오넬라균 처리를 위해 일정한 염분성분이
있어야 하며 부식방지 처리를 하여야 한다.

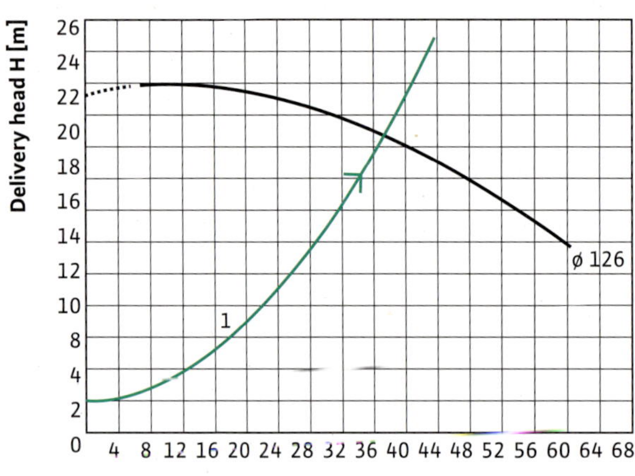

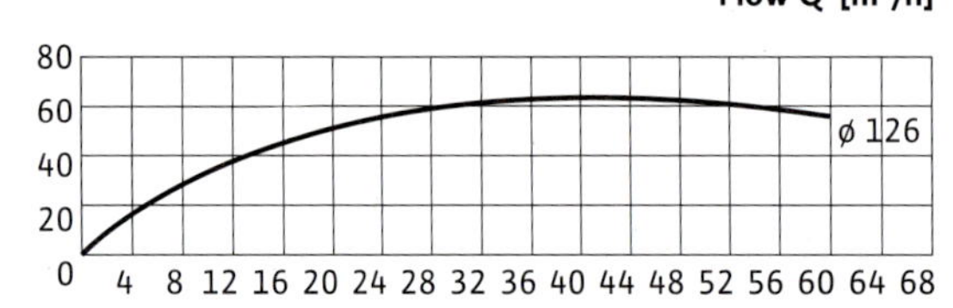

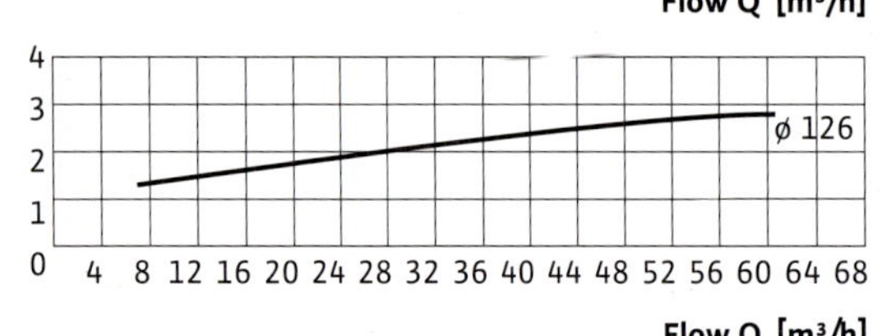

운전 데이터 사양

유량	34.48 m³/h
양정	16.5m
펌프 유체	물
유체 온도	32℃
밀도	0.9951 kg/dm³
동 점도	0.7605 mm²/s
기체 압력	0.1 bar

유압 데이터 (사양점)

유량	37.3 m³/h
양정	19 m
축동력 P2	2.51 kW
속도	2000 rpm
NPSH	3.43m
임펠러직경	125mm

밀폐형 냉각탑 시스템

동절기 보호를 위해, 200kW의 용량이 밀폐형 냉각탑을 통해 재냉각된다. 농도 40~60%의 물로 된 Antifrogen L을 채워 동결을 방지한다.

체적 유량 $\dot{V}_{PU}$ 공식

$$\dot{V}_{PU} = \frac{\dot{Q}_N}{1.04 \cdot \Delta\vartheta} \ m^3/h$$

산출

$$\dot{V}_{PU} = \frac{200}{1.04 \cdot 5} \ m^3/h$$

$$\dot{V}_{PU} = \textbf{38.46 m}^3\textbf{/h}$$

88m 길이의 배관은 14개의 곡관과 4개의 밸브와 함께 압력손실을 산출하기 위해 주어진다. PVC 배관작업은 공칭 직경 80으로 선택한다. 이 경우 저항 계수 ζ =59.70이다.
결과는 다음과 같다.

압력 / 양정 H 공식

$$H_{Ges} = (H_{geo} + H_A) \cdot f_p \qquad\qquad H_A = H_{VL} + H_{VA}$$

산출

$$H_{Ges} = (H_{geo} + H_{VL} + H_{VA}) \cdot f_p$$

$$H_{VL} = R \cdot I \qquad\qquad H_{VA} = Z$$

$$H_{VL} = 400 \cdot 88$$

$$H_{VL} = 35\,200 \ Pa$$

$$Z = \Sigma\zeta \cdot \frac{\rho \cdot w^2}{2} \ Pa$$

$$Z = 59.7 \cdot \frac{1\,034 \cdot 1.9^2}{2}$$

$$Z = 111\,422 \ Pa$$

결과

$$H_{Ges} = (H_{geo} + H_{VL} + H_{VA}) \cdot f_p$$

$$H_{Ges} = (0 + 35\,200 \ Pa + 111\,422 \ Pa) \cdot 1.36$$

$$H_{Ges} = \textbf{199\,406 Pa}$$

유량 Q=38.46m³/h 이고 양정 H=19.9m인 모노블록 펌프를 선택한다.

선택한 펌프는 Wilo-CronoBloc-BL40/140-4/2 이다.

밀폐형 회로에서는 캐비테이션을 고려하지 않아도 된다. 다이아프레임 팽
창탱크는 2~5%의 부피팽창에 대해 측정된다.

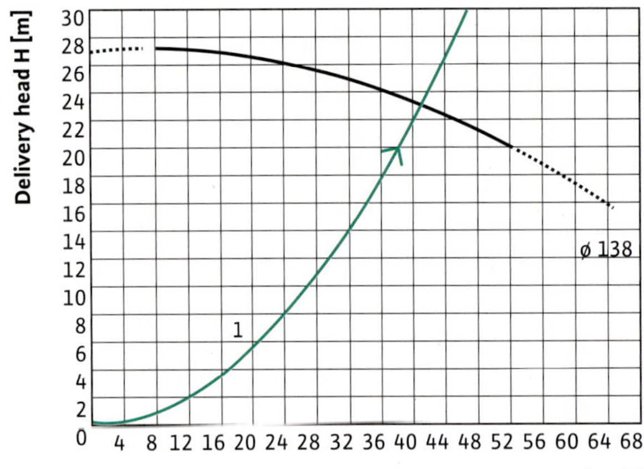

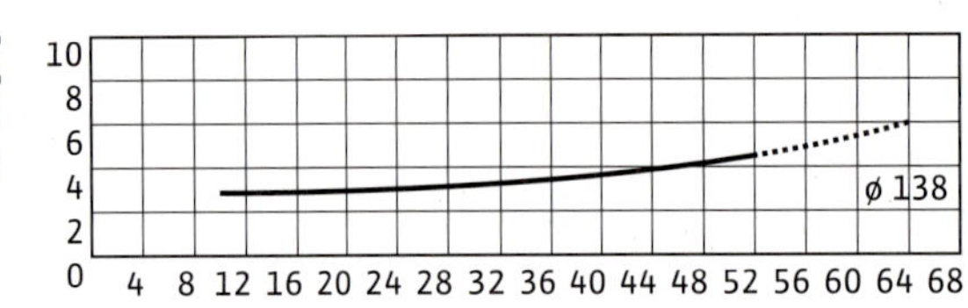

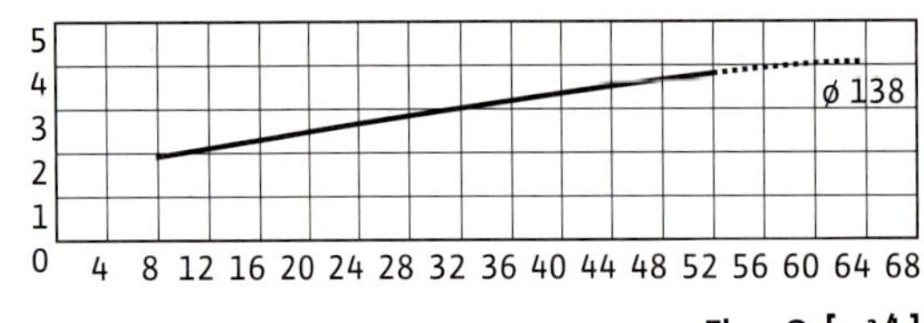

운전 데이터 사양

유량	34.46 m³/h
양정	19.9 m
펌프 유체	Antifrogen L(40%)
유체 온도	27℃
밀도	1,039 kg/dm³
동 점도	5,963 mm²/s
기체 압력	0.1 bar

유압 데이터 (사양점)

유량	41.3 m³/h
양정	23.1 m
축동력 P2	2.57 kW
속도	2000 rpm
NPSH	3.67 m
임펠러직경	138 mm

빌딩 난방 및 온수 공급을 위한 열 회수

열 회수의 경우, 유량은 큰 온도차이에 따라 결정할 수 있으며 20K 차이가 적합하다. 동일한 200kW 용량과 20K 온도차이에서, 다음의 체적 유량이 나온다.

체적 유량 $\dot{V}_{PU}$ 공식

$$\dot{V}_{PU} = \frac{\dot{Q}_N}{1.16 \cdot \Delta\vartheta} \ \ m^3/h$$

산출

$$\dot{V}_{PU} = \frac{200}{1.16 \cdot 20} \ \ m^3/h$$

$$\dot{V}_{PU} = \mathbf{8.62 \ m^3/h}$$

스틸 배관작업은 공칭 직경이 50인 36m 길이의 배관과 8개의 곡관과 4개의 평평한 슬라이드밸브로 구성된다. 이 경우 저항 계수 ζ=74.90이다. 결과는 다음과 같다.

압력 / 양정 H 공식

$$H_{Ges} = H_{geo} + H_A \qquad\qquad H_A = H_{VL} + H_{VA}$$

산출

$$H_{Ges} = H_{geo} + H_{VL} + H_{VA}$$

$$H_{VL} = R \cdot l \qquad\qquad H_{VA} = Z$$

$$H_{VL} = 160 \cdot 36$$

$$H_{VL} = 5\ 760 \ Pa \qquad\qquad Z = \Sigma\zeta \cdot \frac{\rho \cdot w^2}{2} \ \ Pa$$

$$Z = 74.9 \cdot \frac{977.7 \cdot 0.98^2}{2} \ \ Pa$$

$$Z = 35\ 165 \ \ Pa$$

결과

$$H_{Ges} = H_{geo} + H_{VL} + H_{VA}$$

$$H_{Ges} = 0 + 5\ 760 \ Pa + 35\ 165 \ Pa$$

$$H_{Ges} = \mathbf{40\ 925 \ Pa}$$

유지비용을 최소화하기 위해, 유량 Q=8.62m³/h 이고 양정 H=4.09m인 글랜드리스 펌프를 선택한다.

약어	설명
1.16	사양. 열 용량 [Wh/kgK]
$\Delta\vartheta$	측정 온도 차
[K]	표준 시스템에 대해 10-20K
Q_N	열 요구량 [kW]
H_A	시스템의 압력손실 Pa
H_{geo}	압력계 높이 차이 Pa (1 m WS ~ 10 000Pa)
H_{Ges}	총 압력 손실 Pa
H_{VL}	배관라인 압력손실 Pa
H_{VA}	고정장치 압력손실 Pa
R	배관마찰저항 Pa/m
L	배관 길이
ζ	저항 값 Pa
ρ	유체 밀도 kg/m³
w^2	유량 m/s²
Z	고정장치에서의 압력손실 Pa
Σ	총 손실

선택한 펌프는 Wilo-TOP-S 50/43-PN 6/10 이다.

밀폐형 회로에서는 캐비테이션을 고려하지 않아도 된다. 다이아프레임 팽창탱크는 2~5%의 부피팽창에 대해 측정된다.

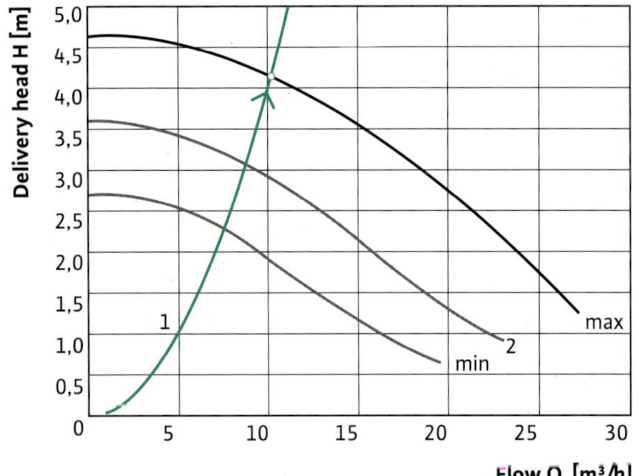

운전 데이터 사양

유량	8.62 m³/h
양정	4.09 m
펌프 유체	물
유체 온도	70℃
밀도	0.9777 kg/dm³
동 점도	0.4084 mm²/s
기체 압력	0.3121 bar

유압 데이터 (사양점)

유량	8.88 m³/h
양정	4.3 m
수비전력 P1	0.205 kW
속도	2600 rpm

주의사항!

펌프는 냉동기가 작동 중일 때 필요한 수량을 일정하게 순환시켜야 한다. 이것은 수압 스위치, 열 교환기, 차압밸브 또는 바이패스로 확인한다.

필요한 냉각탑은 앞서 설명한 대로 자체 펌프와 같이 설계되어야 한다. 부동액을 첨가할 경우, 열 교환기와 함께 시스템 분리를 권장한다.

지상 콜렉터 시스템

시스템 동결을 보호하기 위하여, 이 시스템은 글리콜 혼합물(40% 안티프로겐 N + 60% 물)로 채워져 있다. 순환되는 양은 다음과 같이 결정한다.

체적 유량 $\dot{V}_{PU}$ 공식

$$\dot{V}_{PU} = \frac{\dot{Q}_N}{0.97 \cdot \Delta\vartheta} \; m^3/h$$

산출

$$\dot{V}_{PU} = \frac{200}{0.97 \cdot 6} \; m^3/h$$

$$\dot{V}_{PU} = \mathbf{34.29 \; m^3/h}$$

원하는 펌프 양정은 배관라인의 조건에 따라 달라진다. PVC 배관작업은 공칭 직경 125로 선택한다. R 값은 유량이 약 0.8 m/s에서 50 Pa/m 이다. 설치된 배관부속, 곡관과 콘덴서 저항을 기준으로, 8개의 곡관과 2개의 차단 밸브를 추가하면 값은 109.63 이 된다. 또 다른 20 kPa는 집수기에 대한 산출에 포함되며 고려하는 배관 길이는 75m 이다.
결과는 다음과 같다.

압력 / 양정 H 공식

$$H_{Ges} = (H_{geo} + H_A) \cdot f_p \qquad H_A = H_{VL} + H_{VA}$$

산출

$$H_{Ges} = (H_{geo} + H_{VL} + H_{VA}) \cdot f_p$$

$$H_{VL} = R \cdot I \qquad H_{VA} = Z + collector\ resistance$$

$$H_{VL} = 50 \cdot 75$$

$$H_{VL} = 3\,750 \; Pa$$

$$Z = \Sigma\zeta \cdot \frac{\rho \cdot w^2}{2} \; Pa$$

$$Z = 109.63 \cdot \frac{1\,070 \cdot 0.8^2}{2} \; Pa$$

$$Z = 37\,537 \; Pa$$

결과

$$H_{Ges} = (H_{geo} + H_{VL} + H_{VA}) \cdot f_p$$

$$H_{Ges} = (0 + 3\,750 \; Pa + 57\,537 \; Pa) \cdot 1.47$$

$$H_{Ges} = \mathbf{90\,092 \; Pa}$$

유량 Q=34.29 m³/h 이고 양정 H=9.0 m인 글랜드리스 펌프를 선택한다.

약어	설명
1.16	사양. 열 용량 [Wh/kgK]
$\Delta\vartheta$	측정 온도 차
[K]	표준 시스템에 대해 10-20K
Q_N	열 요구량 [kW]
H_A	시스템의 압력손실 Pa
H_{geo}	압력계 높이 Pa (1 m WS ~ 10 000Pa)
HG_{es}	총 압력 손실 Pa
H_{VL}	배관라인 압력손실 Pa
H_{VA}	고정장치 압력손실 Pa
R	배관마찰저항 Pa/m
L	배관 길이
ζ	저항 값 Pa
ρ	유체 밀도 kg/m³
w^2	유량 m/s²
Z	고정장치에서의 압력손실 Pa
Σ	총 손실

선택한 펌프는 Wilo-CronoLine-IL 65/170-1.5/4 이다.

밀폐형 회로에서는 캐비테이션을 고려하지 않아도 된다. 다이아프레임 팽
창탱크는 2~5%의 부피팽창에 대해 측정된다.

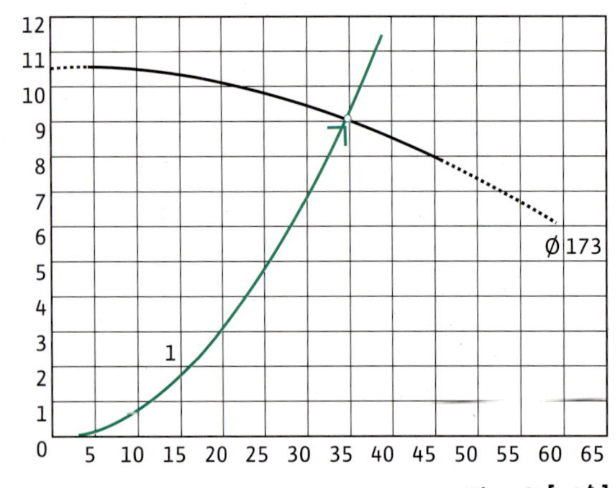

운전 데이터 사양

유량	34.29 m³/h
양정	9 m
펌프 유체	Antifrogen L(40%)
유체 온도	10℃
밀도	1.073 kg/dm³
동 점도	4.507 mm²/s
기체 압력	0.1 bar

유압 데이터 (사양점)

유량	34.7 m³/h
양정	9.22 m
축동력 P2	1.31 kW
속도	1450 rpm
NPSH	2.39 m
임펠러직경	173mm

지상 스파이크 시스템

지상 스파이크 시스템의 밀폐형 회로는 3.1m의 압력손실이 명시되어 있다. 콘덴서(2m)용 압력이 추가된다. 펌프는 적어도 5.1m의 전달 헤드를 얻어야 한다.

동결로부터 보호하기 위하여, 이 시스템은 글리콜 혼합물 (40% Antifrogen N + 60% 물)로 채워져 있다. 순환되는 양은 다음과 같이 결정한다.

체적 유량 V_{PU} 공식

$$V_{PU} = \frac{\dot{Q}_N}{1.01 \cdot \Delta\vartheta} \ m^3/h$$

산출

$$V_{PU} = \frac{200}{1.01 \cdot 4} \ m^3/h$$

$$V_{PU} = \mathbf{49.32 \ m^3/h}$$

유량 Q=49.32 m³/h 이고 양정 H=5.1 m인 펌프를 선택한다.

약어	설명
0.97	사양. 열 용량 [Wh/kgK]
$\Delta\vartheta$	측정 온도 차
[K]	표순 시스템에 대해 2-6k
Q_N	열 요구량 [kW]

선택한 펌프는 Wilo-CronoBloc-BL 80/150-1.5/4 이다.

밀폐형 회로에서는 캐비테이션을 고려하지않아도 된다. 다이아프레임 팽창탱크는 2~5%의 부피팽창에 대해 측정된다.

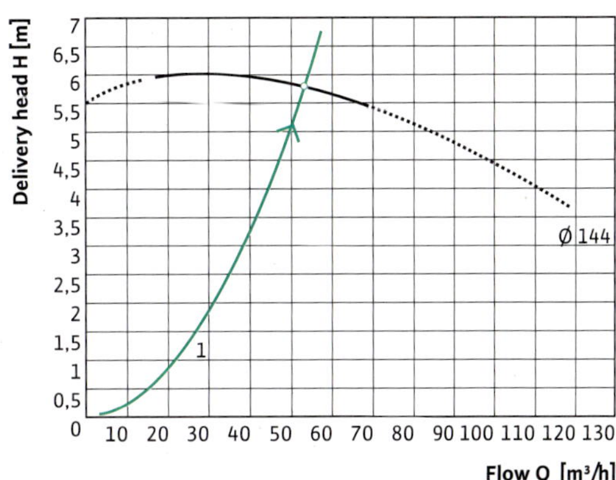

운전 데이터 사양

유량	49.32 m³/h
양정	5.1 m
펌프 유체	Tyfocor L(40%)
유체 온도	10℃
밀도	1.045 kg/dm³
동 점도	6.604 mm²/s
기체 압력	0.1 bar

유압 데이터 (사양점)

유량	52.6 m³/h
양정	5.78 m
축동력 P2	1.41 kw
속도	1450 rpm
NPSH	2.54 m
임펠러직경	144 mm

05. 냉수 회로의 펌프 선택

2방향 밸브를 통한 유량제어

2방향 밸브와 펌프 성능 조정으로 유량 제어

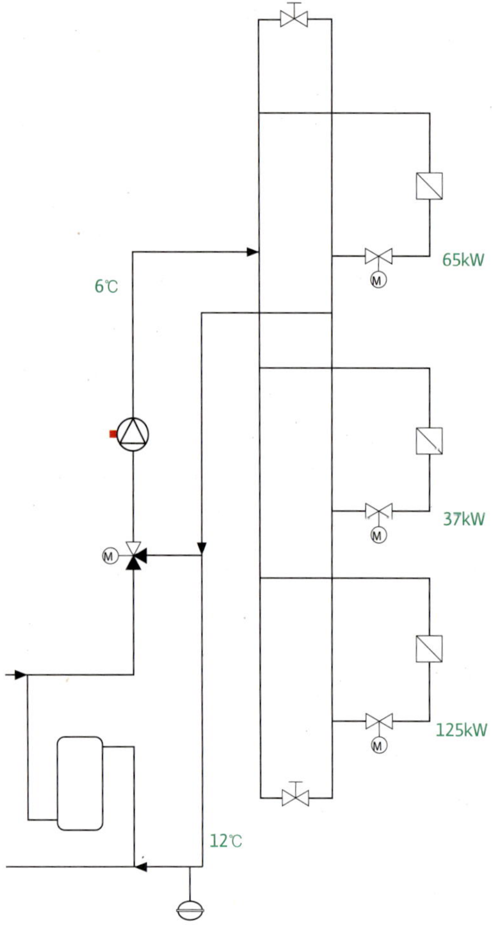

유량은 다음과 같이 측정한다.

체적 유량 $\dot{V}_{PU}$ 공식

$$\dot{V}_{PU} = \frac{\dot{Q}_N}{1.16 \cdot \Delta\vartheta} \ \ m^3/h$$

약어	설명
1.16	사양. 열 용량 [Wh/kgK]
$\Delta\vartheta$	측정 온도 차
[K]	표준 시스템에 대해 2-6k
Q_N	열 요구량 [kW]

산출

$$\dot{V}_{PU} = \frac{227}{1.16 \cdot 6} \ \ m^3/h$$

$$\dot{V}_{PU} = \textbf{32.61 m}^3\textbf{/h}$$

시스템(4.65 m)의 압력손실은 배관계산에서 펌프 양정으로 얻게 된다. 개별 부하회로에서 3m 의 압력손실로 인해, 일정한 압력 조절을 할 수 있는 펌프를 선택해야 한다.

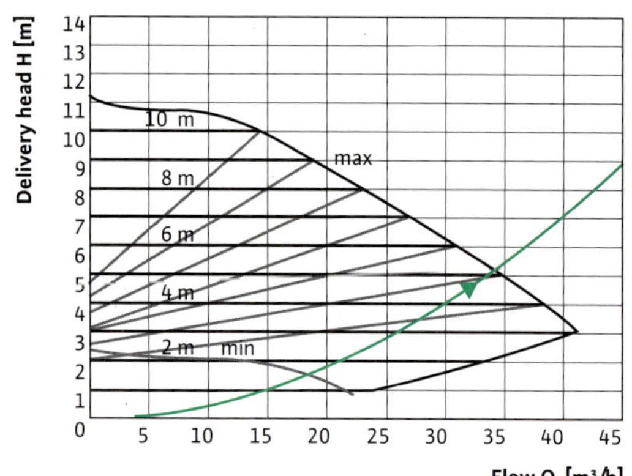

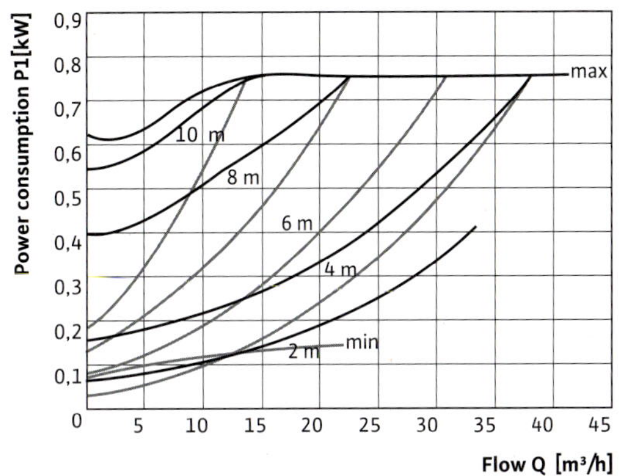

Wilo-Stratos 65/1-12 PN 6/10 가 적합한 모델이다.
이 펌프는 유지보수비가 작고 에너지가 적게 소모된다. 응축수에 의한
부식을 방지하기 위하여 펌프는 Wilo Clima Form이 부착 된다.

제어 밸브의 열려 있는 상태를 모니터링하여, 밸브가 건식 가동하지 않도
록 닫혀 있을 때 스위치를 off 한다. 만약 이것이 불가능하면, 예를 들어
배관 라인의 거리가 너무 멀기 때문에, 10%의 초과운영을 배관 라인 끝에
항상 확보해야 한다. (계통도에서 설치 그림 참조)

주의 10%의 초과 유량을 확보하기 위해 큰 용량의 펌프가 필요하다.

밀폐형 회로에서는 캐비테이션을 고려하지 않아도 된다. 다이아프레임 팽
창탱크는 2~5%의 부피팽창에 대해 측정된다.

운전 데이터 사양

유량	32.61 m³/h
양정	4.65 m
펌프 유체	물
유체 온도	6℃
밀도	0.9999 kg/dm³
동 점도	1.474 mm²/s
기체 압력	0.1 bar

유압 데이터 (운전점)

유량	32.6 m³/h
양정	4.65 m
소비전력 P1	0.699 kW

3방향 밸브를 통한 유량제어

3방향 밸브와 펌프 성능 조정으로 유량 제어

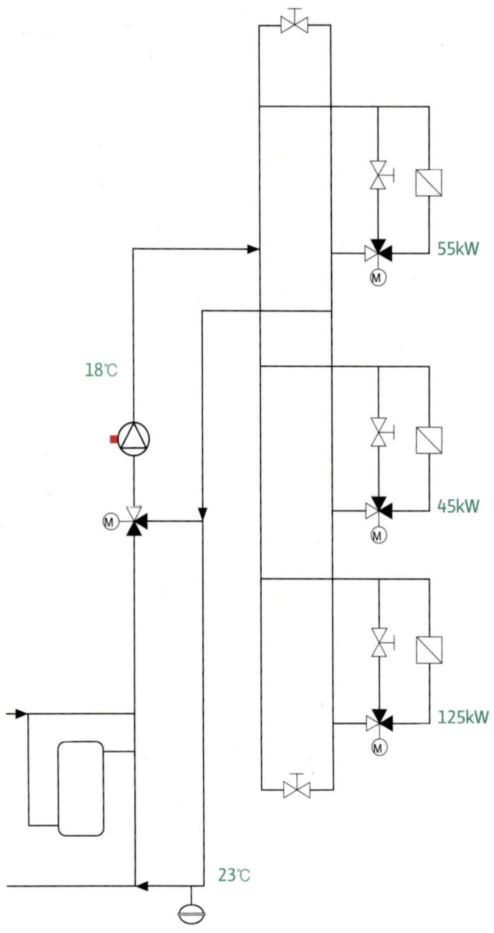

부하의 제어시스템에서 온도를 유지하는 경우, 유량조절 밸브가 있는 유량제어를 선택한다. 펌프는 가장 적은 부하의 정격 지점에서 유량 10%를 필요로 하며 이것은 전체 배관 라인에서 스로틀 밸브 또는 유량 조질 밸브를 통해 이루어진다.

유량은 다음과 같이 측정한다.

체적 유량 V_{PU} 공식

$$V_{PU} = \frac{\dot{Q}_N}{1.16 \cdot \Delta\vartheta} \; m^3/h$$

약어	설명
1.16	시스템 사용시 사용되는 열 용량(상수값)
$\Delta\vartheta$	측정 온도 차
[K]	표준 시스템에 대해 10-20k값 (상수)
Q_N	[kW]

산출

$$V_{PU} = \frac{227}{1.16 \cdot 5} \; m^3/h$$

$$V_{PU} = \mathbf{38.79 \; m^3/h}$$

배관길이기 길 경우 부하를 줄여야 하므로, Δp-v 제어펌프를 사용할 수 있다. 아래 그래프에서 보듯이 펌프의 필요 양정이 8.2m에서 부하를 줄임으로써 4m 만 필요하다.

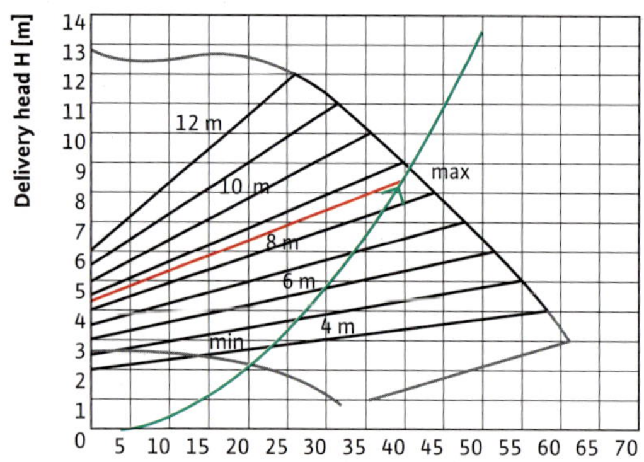

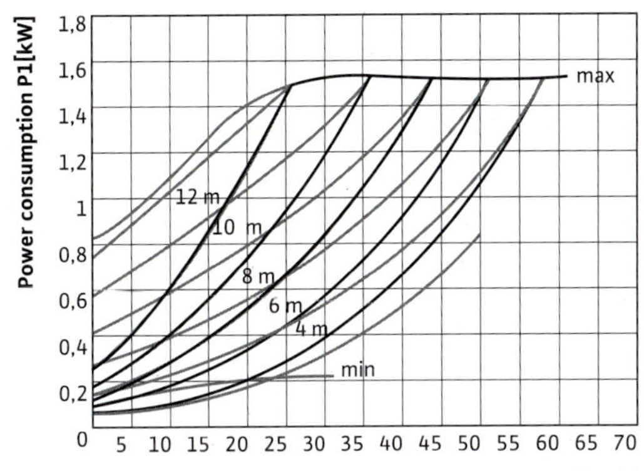

낮은 유지보수비와 운영비를 고려하면 Wilo-Stratos 80/1-12 가 적합한 선택이다. 제어 상태에서 조정되는 성능 곡선은 8.6 m (최대 속도)와 4.3 m (최소 제어속도) 사이에서 작동한다. 이것은 최대 측정 유량의 10%만 바이패스 구간이 정확하게 구성되어 있는 경우 회로에서 온도를 일정하게 유지해 준다.

밀폐형 회로에서는 캐비테이션을 고려하지 않아도 된다. 다이아프레임 팽창탱크는 2~5%의 부피팽창에 대해 측정된다.

운전 데이터 사양

유량	38.79 m³/h
양정	8.2 m
펌프 유체	물
유체 온도	18℃
밀도	0.9999 kg/dm³
동점도	1.053 mm²/s
압력	0.1 bar

요구사양 (정격지점)

유량	32.6 m³/h
양정	8.2 m
소비전력 P1	1.34 kW

온도제어를 위한 복합회로

3-way 밸브와 펌프 성능 변화를 위한 복합 회로

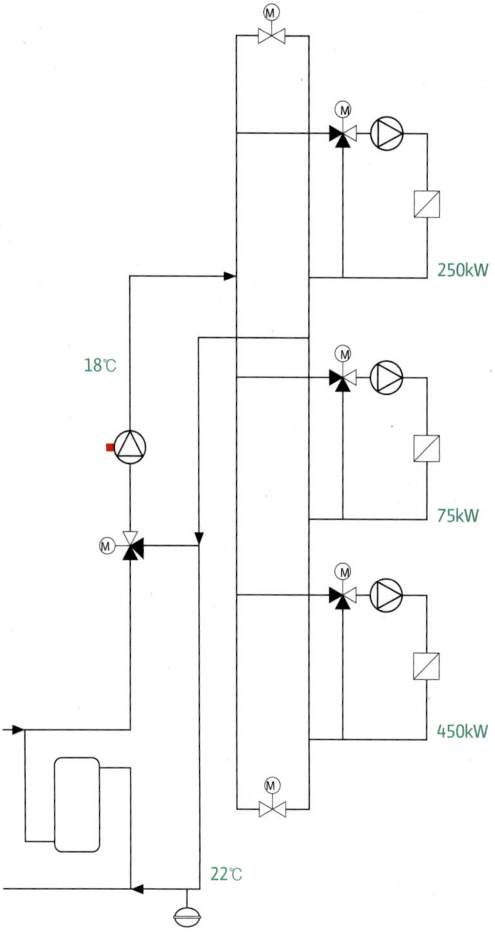

전원 변경이 필요한 경우 부하에 직접 영향을 미치는 복합 회로로 구성된다. 온도 변화는 회로 구성에 영향을 미치지 않으며, 필요한 유량은 아래 계산식에 의해 계산되어 진다.

체적 유량 $\dot{V}_{PU}$ 공식

$$\dot{V}_{PU} = \frac{\dot{Q}_N}{1.03 \cdot \Delta\vartheta} \ \text{m}^3/\text{h}$$

약어	설명
1.03	시스템 사용시 사용되는 열 용량(상수값)
$\Delta\vartheta$	측정 온도 차
[K]	표준 시스템에 대해 10-20k값 (상수)
Q_N	소비전력 [kW]

산출

$$\dot{V}_{PU} = \frac{775}{1.03 \cdot 4} \ \text{m}^3/\text{h}$$

$$\dot{V}_{PU} = \mathbf{188.11 \ m^3/h}$$

펌프의 양정이 16,5m가 필요하다면 배관 손실을 고려해야 하며, 펌프시스템의 동파를 방지하기 위해, 부동액과 물을 40%~60%로 혼합하여 사용한다. 밸브에 가해지는 부하를 줄이기 위해, 펌프에 일정한 차압이 필요하다. 차압 밸브 또는 보조전원이 없는 차압 제어기 대신, 정상적인 운전을 위해 펌프만으로 제어 할 수도 있다.

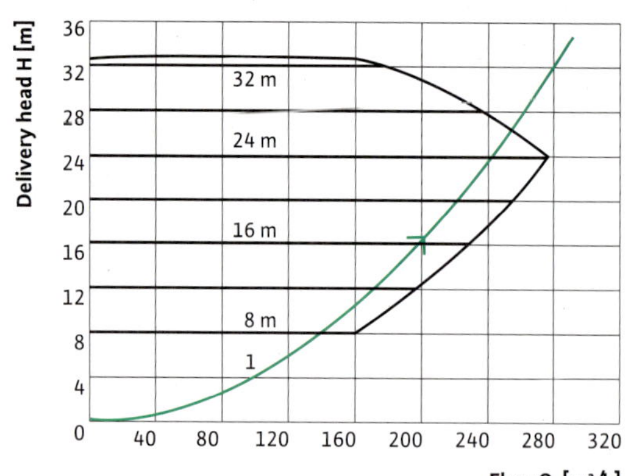

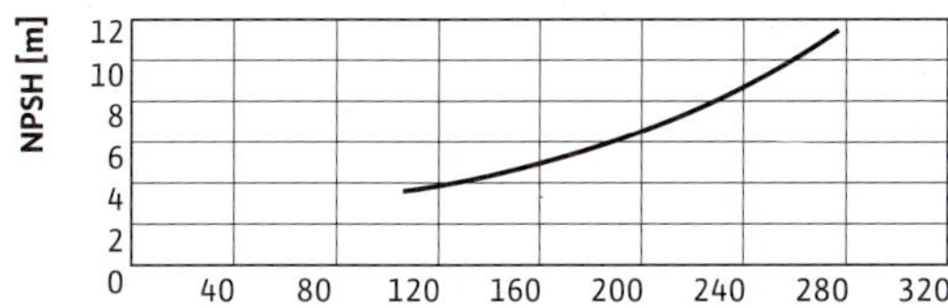

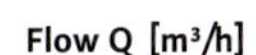

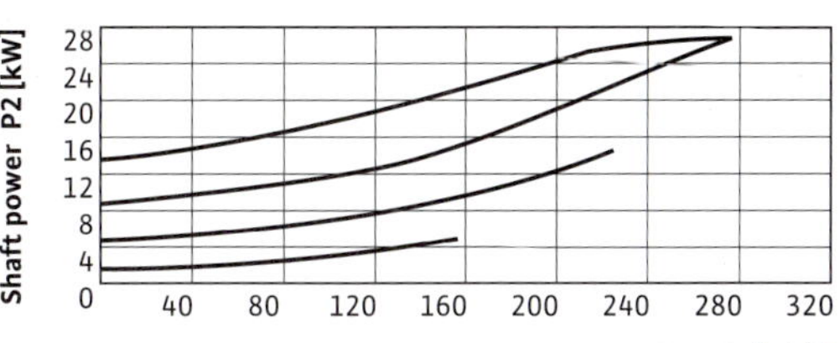

선정된 모델 Wilo-CronoLine-IL-E 100/8-33 BF R1 은 20m³/h 의 최소 유량이 필요하며 이것은 양정 16.5m 지점에서 확인 할 수 있다. 만약 부하를 조절하는 제어기가 흡입측에 있으면 90% 이상 차압밸브는 열려져 있어 펌프를 보호 할 수 있다.

밀폐형 회로에서는 캐비테이션을 고려하지 않아도 된다. 다이아프레임 팽창탱크는 2~5%의 부피팽창에 대해 측정된다.

운전 데이터 사양

유량	188.1 m³/h
양정	16.5 m
펌프 유체	타이포코르 L(40%)
유체 온도	18℃
· 밀도	1.061 kg/dm³
동점도	4.14 mm²/s
압력	0.1 bar

요구사양 (정격지점)

유량	188 m³/h
양정	16.5 m
소비전력 P1	13.1 kW
NPSH	6.58 m
임펠러 외경	0 mm
최소유량	20 m³/h at Δp=16.5m

06. 증발 회로에서 펌프 선택

일정한 유량을 위한 증발 회로

아래 그림의 펌프 시스템은 양정 13.1m로 명기되어 있으며, 감압기에 의해 5m가 감압된다. 따라서 펌프는 최소한 18.1 m의 양정이 필요하다.

선택된 펌프 모델은 Wilo-CronoLine-IL 50/260-3/4 이다.

밀폐형 회로에서는 캐비테이션을 고려하지 않아도 된다. 다이아프레임 팽창탱크는 2~5%의 부피팽창에 대해 측정된다.

증발기를 이용한 설치 계통도

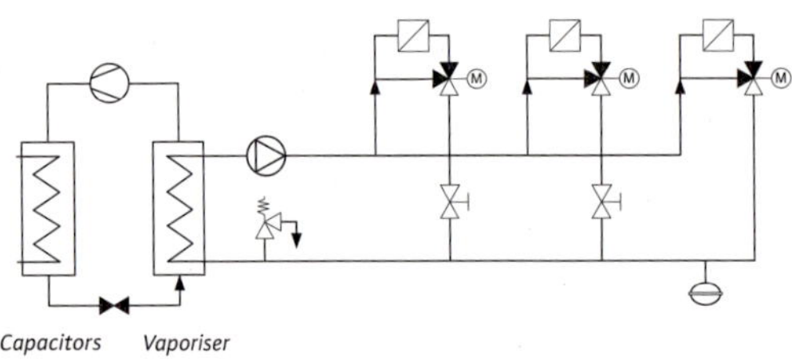

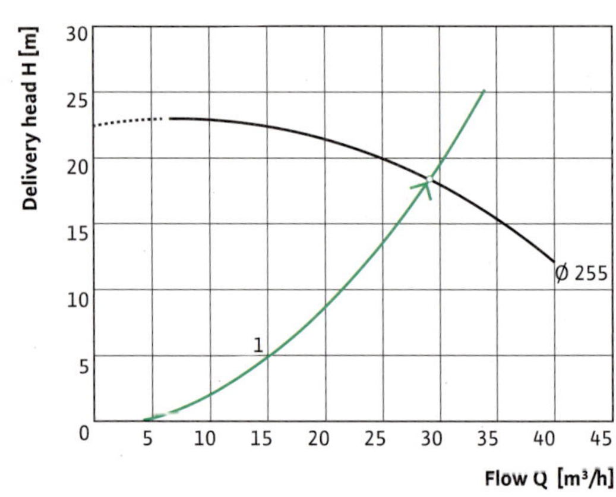

유량은 아래와 같이 결정되어 진다.

체적 유량 $\dot{V}_{PU}$ 공식

$$\dot{V}_{PU} = \frac{\dot{Q}_N}{1.16 \cdot \Delta\vartheta} \ m^3/h$$

약어	설명
1.03	시스템 사용시 사용되는 열 용량(상수값)
$\Delta\vartheta$	측정 온도 차
[K]	표준 시스템에 대해 10-20k값(상수)
Q_N	소비전력 [kW]

산출

$$\dot{V}_{PU} = \frac{200}{1.16 \cdot 6} \ m^3/h$$

$$\dot{V}_{PU} = \mathbf{28.74 \ m^3/h}$$

유량이 Q = 28.74 m³/h 이고 H = 18.1 m 인 펌프를 선택한다.

운전 데이터 사양

유량	2874 m³/h
양정	18.1 m
펌프 유체	물
유체 온도	16℃
밀도	0.9989 kg/dm³
동점도	1.11 mm²/s
압력	0.1 bar

요구사양(정격지점)

유량	29 m³/h
양정	18.4 m
축 동력 P2	2.66 kW
회전수	1450 rpm
NPSH	2.56 m
임펠러외경	255 mm

증발 회로의 유량 감소

증발회로에서의 유량 감소를 포함하여 5.85 m의 양정손실이 표기되어 있으며, 펌프는 최소한 5.85 m의 양정을 확보해야 한다. 유량은 아래와 같이 계산되어 진다.

체적 유량 V_{PU} 공식

$$V_{PU} = \frac{\dot{Q}_N}{1.16 \cdot \Delta\vartheta} \quad m^3/h$$

약어	설명
1.16	시스템사용시 사용되는 열 용량(상수값)
$\Delta\vartheta$	측정 온도 차
[K]	표준 시스템에 대해 10-20k값(상수)
Q_N	소비전력 [kW]

산출

$$V_{PU} = \frac{223}{1.16 \cdot 4} \quad m^3/h$$

$$V_{PU} = \mathbf{48.1\ m^3/h}$$

유량 Q=43.1 m³/h 이고 양정 H=5.85 m인 펌프를 선택한다.

증발 회로에서의 유량 감소를 표시한 설치 계통도

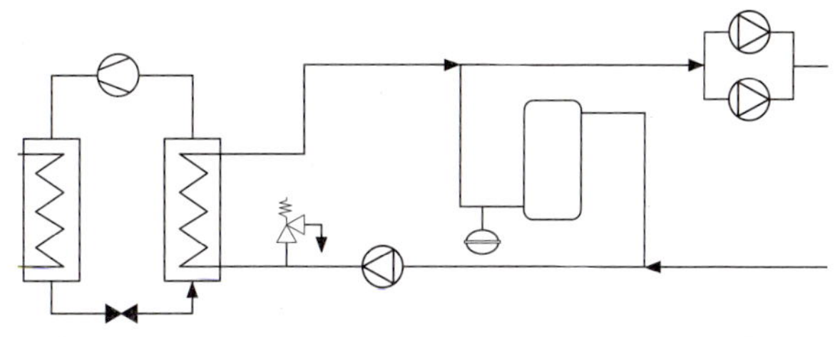

운영비와 유지비를 최소화하기 위하여, 최적의 펌프 모델인 Wilo-Stratos 80/1-12 를 선택한다. 이 펌프 사용 정격 지점 설정을 위한 추가적인 콘트롤 밸브를 장착할 필요가 없다는 것이 장점이다. 이것은 펌프의 설정 값을 조절하여 사용할 수 있다.

밀폐형 회로에서는 캐비테이션을 고려하지 않아도 된다. 다이아프레임 팽창탱크는 2~5%의 부피팽창에 대해 측정된다.

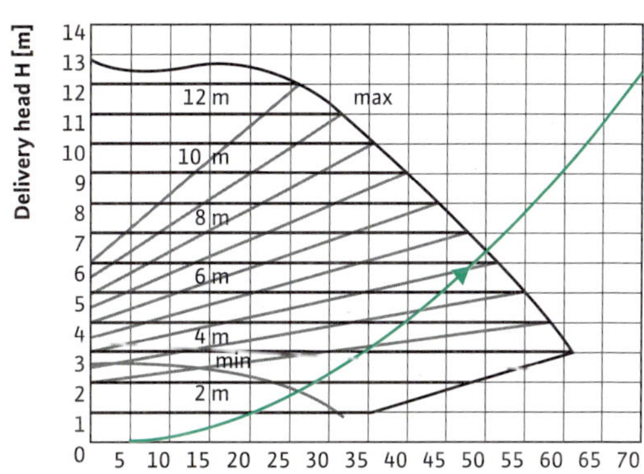

운전 데이터 사양

유량	48.1 m³/h
양정	5.85 m
펌프 유체	물
유체온도	16℃
밀도	0.9989 kg/dm³
동점도	1.11 mm²/s
압력	0.1 bar

요구사양 (정격지점)

유량	48.1 m³/h
양정	5.85 m
소비전력 P1	1.37 kW

빙축열을 이용한 증발 회로

실 사용 액체로 정확한 운전 확인을 위해, 안티프로겐 L / 물 혼합물 (40%~60%)를 펌프 유체로 선택한다. 유량을 다음과 같이 측정한다.

체적 유량 $\dot{V}_{PU}$ 공식

$$V_{PU} = \frac{\dot{Q}_N}{1.02 \cdot \Delta\vartheta} \; m^3/h$$

약어	설명
1.03	시스템 사용시 사용되는 열 용량(상수값)
$\Delta\vartheta$	측정 온도 차
[K]	표준 시스템에 대해 10-20k값(상수)
Q_N	소비전력 [kW]

산출

$$V_{PU} = \frac{100}{1.02 \cdot 3} \; m^3/h$$

$$V_{PU} = \textbf{32.68 } m^3/h$$

시스템 압력 손실은 선정된 모델에서 9m 로 가정한다. 예비 펌프 데이터는 아래 그림과 같이 설치 후 단계 별로 측정한다.

1단계

$$B = 2.80 \cdot \frac{(15.41)^{0.50}}{(32.68)^{0.25} \cdot (9)^{0.125}} \; 3.49$$

2단계

$$C_Q \approx C_H \approx (2.71)^{-0.165} \cdot (\log 3.49)^{3.15} \approx 0.98$$

3단계

$$Q_W = \frac{32.68}{0.976} = 33.48 \; m^3/h$$

$$H_W = \frac{9}{0.98} = 9.22 \; m$$

---

100 kW와 유체 온도 -4℃의 얼음 저장 작동

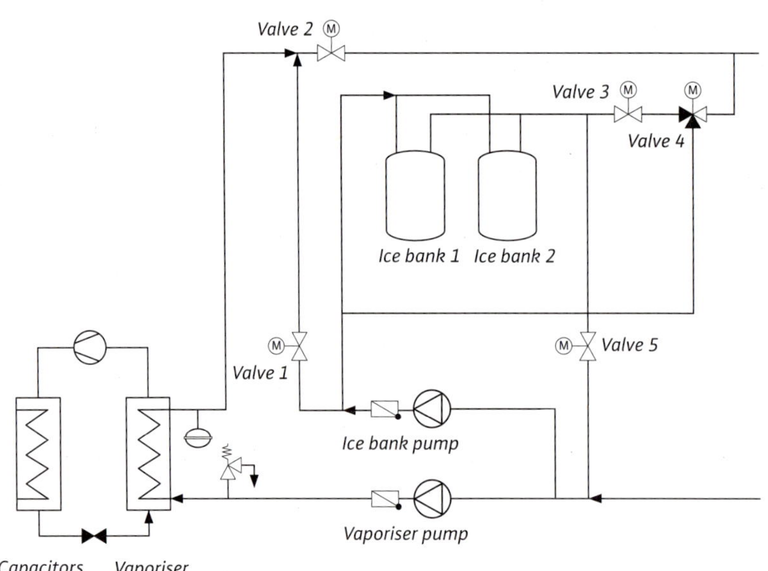

4 단계

소비전력 100 kW의 얼음저장 모드의 Wilo-Stratos 80/1-12

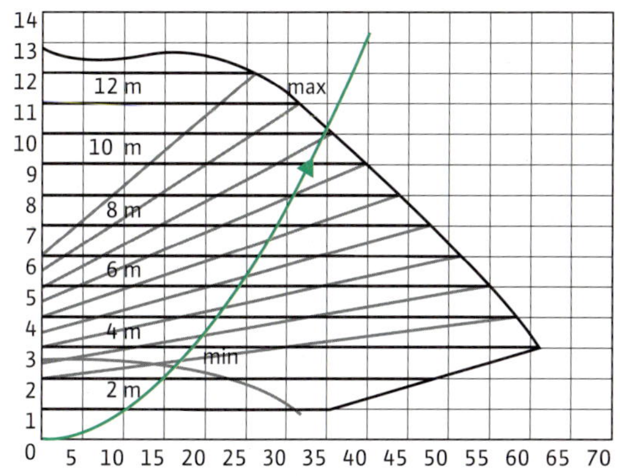

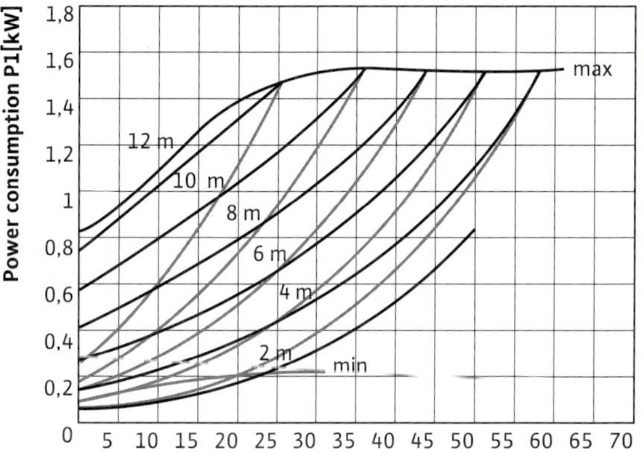

5 단계

$$C_\eta = 3.49^{-(0.0547 \cdot 3.49^{0.69})} = 0.85$$

$$\eta_{vis} = 0.85 \cdot 0.66 = 0.56$$

6 단계

$$P_{vis} = \frac{33.48 \cdot 9.22 \cdot 1.053}{367 \cdot 0.56} = 1.58 \text{ kW}$$

선정한 모델 Wilo-Stratos 80/1-12 최대 용량 지점에서 측정한다. 운전 온도를 -4℃ 이하로 낮추는 것은 불가능하므로 동일한 원래의 데이터에서 -3℃에서 운전하는 것이 바람직하다.

밀폐형 회로에서는 캐비테이션을 고려하지 않아도 된다. 다이아프레임 팽창탱크는 2~5%의 부피팽창에 대해 측정된다.

운전 데이터 사양

유량	33,48 m³/h
양정	9,22 m
펌프 유체	물
유체 온도	20℃
밀도	0,9982 kg/dm³
동점도	1,001 mm²/s
압력	0,1 bar

요구사양 (정격지점)

유량	33,5 m³/h
양정	9,22 m
소비전력 P1	1,34 kW
압력	0,1 bar

모터 사양

정격출력 P2	1,3 kW
소비전력 P1	1,57 kW
정격 회전수	3300 rpm
정격전압	11,34 kW-230V, 50Hz
최대소비전류	6,8A
보호등급	IP 44
허용 전압오차	+/-10

가변 유량의 증발기 회로

순환 펌프에서 사용되는 증발 회로의 수력 흡수기

수력흡수기가 포함된, 증발 회로에서는 5.85m의 압력 손실이 발생된다. 이에 펌프는 감압 적어도 5.85m의 토출양정을 확보해야 한다. 증발기는 전원을 단계적으로 조절함으로서 유량을 30%~100% 가변할 수 있다.

순환 펌프에서 사용되는 증발 회로의 수력 흡수기

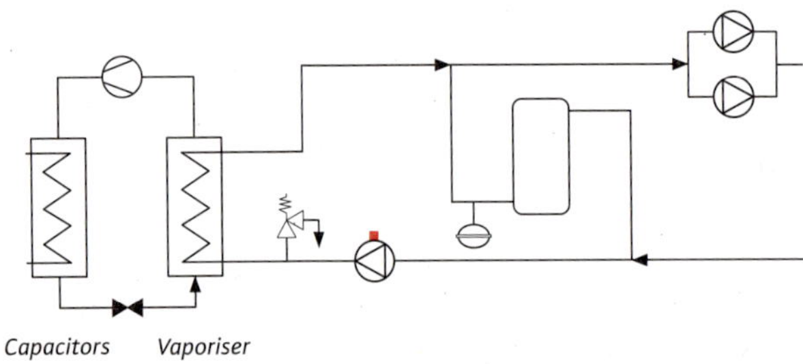

순환되는 양은 다음과 같이 계산된다.

체적 유량 $\dot{V}_{PU}$ 공식

$$V_{PU} = \frac{\dot{Q}_N}{1.16 \cdot \Delta\vartheta} \ m^3/h$$

약어	설명
1.16	시스템 사용시 사용되는 전력(상수값)
$\Delta\vartheta$	측정 온도 차
[K]	표준 시스템에 대해 2-12k값(상수)
Q_N	소비전력[kW]

산출

$$V_{PU} = \frac{200}{1.16 \cdot 4} \ m^3/h$$

$$V_{PU} = \textbf{43.1 m}^3\textbf{/h}$$

유량 Q=43.1 m³/h 이고 양정 H=5.85 m인 펌프를 선정한다.

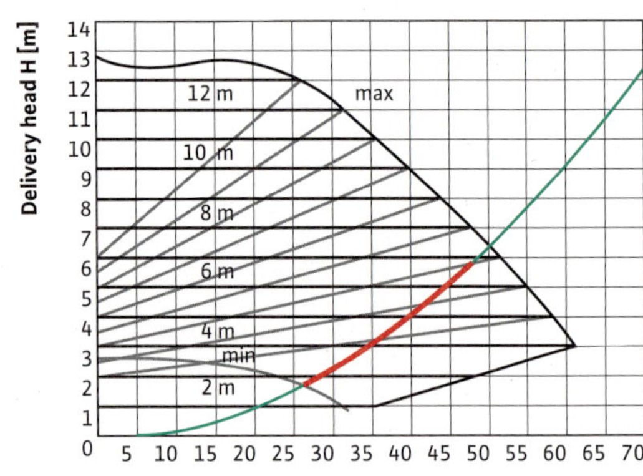

운전 데이터 사양

유량	43.1 m³/h
양정	5.85 m
펌프 유체	물
유체 온도	16℃
밀도	0.9989 kg/dm³
점도	1.11 mm²/s
압력	0.1 bar

요구사양 (정격지점)

유량	48.1 m³/h
양정	5.85 m
소비전력 P1	1.37 kw

운영비와 유지비를 최소화하기 위하여, LON 모듈을 사용하는 글랜드리스 펌프 Wilo-Stratos 80/1-12 를 선택한다. 이 펌프는 밸브제어가 아닌 기기 제어를 통해 사양점을 조절하며 요구하는 목표값의 냉각 유량과 유체의 온도를 적절하게 나타내어 준다. 수동 제어모드 역시 가능하며 20 m³/h ~ 48.1 m³/h 사이의 유량에서 속도를 구체적으로 나타내어 준다.

밀폐형 회로에서는 캐비테이션을 고려하지 않아도 된다. 다이아프레임 팽창탱크는 2~5%의 부피팽창에 대해 측정된다.

분배기 회로와 증발기 회로의 가변 유량

기화기 및 부하의 일반적인 회로에서, 유량은 요구에 따라 가변할 수 있다. 기화기는 17.5 m³/h와 43.1 m³/h 사이에서 작동한다. 가변시 분배기 라인의 저항은 9.0 m이며, 이 저항은 기화기를 포함한 상승 배관의 첫번째 출구까지의 저항이다. 입상배관의 저항은 최대유량에서 3.0m로 고려한다.

17.3 m³/h의 유량에서 4.48m의 손실이 변환되는과정에서 발생한다.

Wilo-VeroLine-IP-E 80/115-2.2/2 의 경우 현장 제어를 통해 설정점의 작동 상태를 표시할 수 있다. 공급배관과 변환 과정에서 많은 손실이 발생할 경우 차압 센서를 장착할 수도 있다. 제어 곡선은 아래 그림에서 적색과 같이 표시된다.

최소요구 체적 유량 17.5 m³/h 는 분배기와 바이패스 유량을 사전 설정하여 보장된다.

밀폐형 회로에서는 캐비테이션을 고려하지 않아도 된다. 다이아프레임 팽창탱크는 2~5%의 부피팽창에 대해 측정된다.

배분기 회로와 증발기 회로의 가변 유량

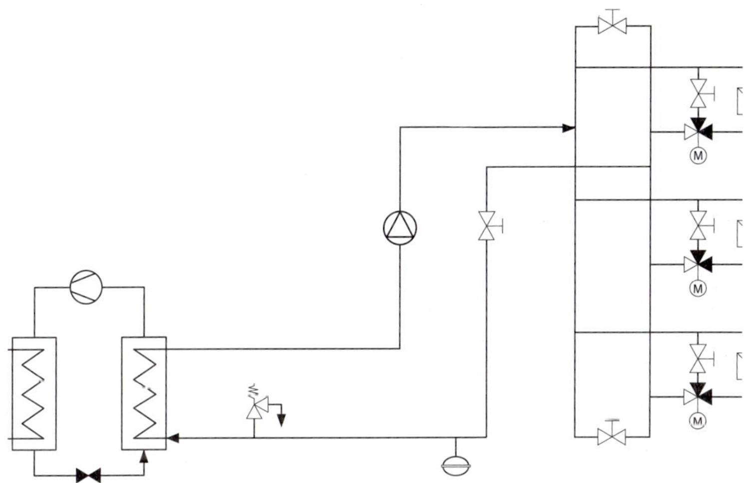

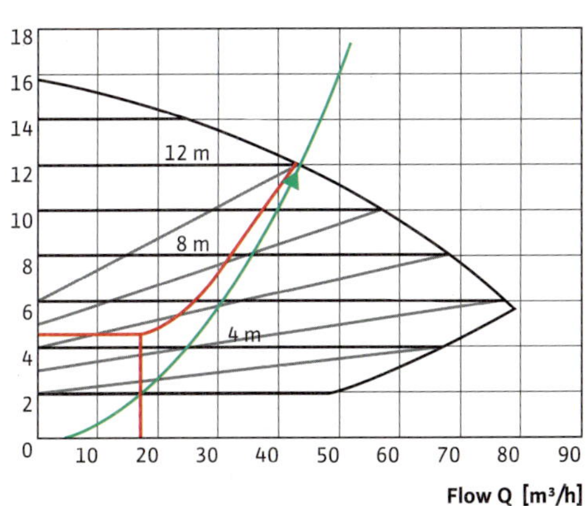

운전 데이터 사양

유량	43.1 m³/h
양정	12 m
펌프 유체	물
유체 온도	16℃
밀도	0.9989 kg/dm³
동점도	1.11 mm²/s
압력	0.1 bar

요구사양 (정격지점)

유량	43.1 m³/h
양정	12 m
소비전력 P1	2.52 kW
동력회전수	2880rpm
NPSH	1.99 m
임펠러	115 mm

기화기 회로의 유량 제어

하나의 시스템 내, 유량을 조절하는 펌프와 혼합회로를 가진 기화기는 각기 다른 성능을 낼 수 있다. 회로의 제어성을 잘 유지하려면, 특정 전 제조건 하에서 일관된 유량이 필요하다. 오리피스와 압력변화에 의해, 펌프는 각각의 사양을 일정하게 유지할 수 있다.

350 kW의 냉각 용량이 감소한다면 50 m³/h 의 유량이 필요하다. 만약 모든 이차 회로가 닫히면, 이 유량은 짧은 회로를 흐른다. 만약, 1차 회로에서 2차 회로로 유량이 흐른다면 3m의 차압이 발생하게 되며, 이것은 1차 회로의 펌프가 5.8m가 아닌 2.8m의 차압만 만들면 된다는 것을 의미한다.

Wilo-Stratos 100/1-12 는 Wilo CRn 시스템과 연결하여 체적 유량을 일정하게(PID 제어기의 조절) 유지한다. 차압은 오리피스를 통하여 일정하게 유지된다. 일정한 유량은 자동으로 설정된다. 바이패스의 밸브는 Full Speed에서 바이패스를 통해 50m³/h 만이 흐르도록 설정한다. 2차 회로의 설정범위에서 유량이 공급될 경우 압력 강하가 유량이 줄어드는 경우 압력이 상승한다. 그 결과, 바이패스 밸브를 통한 유량은 제로에 근접한다.

밀폐형 회로에서는 캐비테이션을 고려하지 않아도 된다. 다이아프레임 팽창탱크는 2~5%의 부피팽창에 대해 측정된다.

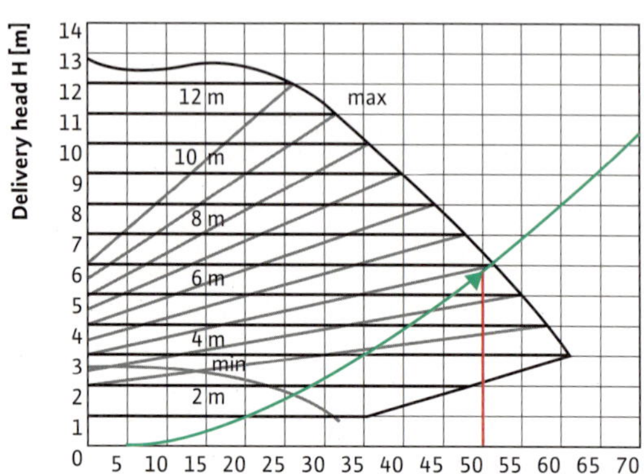

운전 데이터 사양

유량	50 m³/h
양정	5.8 m
펌프 유체	물
유체 온도	6℃
밀도	0.9989 kg/dm³
동점도	1.474 mm²/s
압력	0.1 bar

요구사양 (정격지점)

유량	50 m³/h
양정	5.8 m
소비 전력 P1	1.45kW

측정 오리피스가 있는 기화기 회로

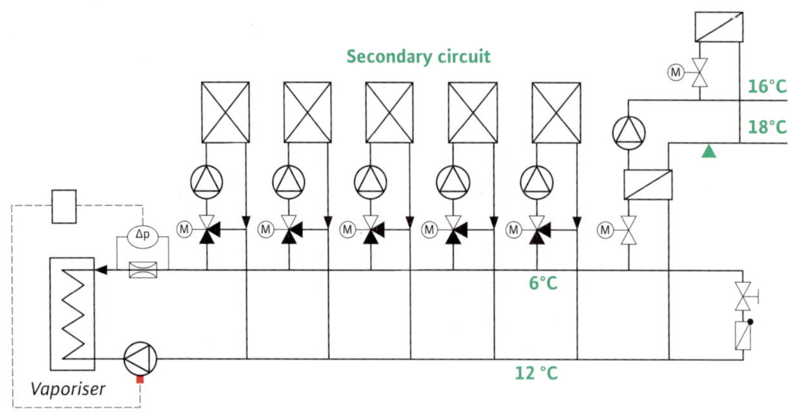

07. 구성품 설치 시 경제적 고려사항

냉동과 공조가 하나의 시스템을 이루기 위해서는 서로 다른 장비들이 필요하다. 설계자는 기초 단계부터 투자비와 운영비를 고려하여 이것들을 최소화 해야 한다. 여기서, 구성품과 전체 시스템 각각의 효율성은 결정적인 역할을 한다. 왜냐하면 시스템에 걸리는 부하(완전부하 / 부분 부하)에 따라, 효율성이 달라지고 그것이 에너지 수요와 운영비에 부정적인 영향을 미치기 때문이다.

최적화를 위한 옵션은 어떤 것이 있을까? 계획과 운영적인 면에서 우리는 그러한 문제를 어떻게 관리하고 다루어야 할까? 부하지점을 냉각시키는 시스템을 생각해보자. 순환펌프는 RLT 장치, 팬코일, 냉각팬 들과 같은 장비에 냉각수를 공급한다.

여기서, 냉수는 배관라인 (교차구간)과 제어 밸브를 통해 분배된다. 기본적으로, 각 장비들을 구성하는 것은 투자비와 운영비에 따라 달라진다. 투자비가 낮으면 배관 및 장비들이 소형화되며, 이러한 시스템은 상수도 네트워트에서 큰 압력 손실을 가져와 결과적으로는 많은 운영비를 발생시킨다. 하지만, 반대로 투자비를 늘인다고 해서 운영비가 자동적으로 낮아지는 것은 아니다.

일반적으로 현장에서 불필요한 장비들이 사용된 시스템을 종종 볼 수 있다.

이것은 안전에 대해 부정확한 이해와 지식이 없음으로 인해 비롯되며, 이로 인해 불필요한 운영비가 발생한다. 일반적인 시스템의 운영에 필요한 비용을 고려하는 것은 매우 중요하다. 앞으로 소개될 예시는 모든 생산, 행정 또는 주거 분야에 적용할 수 있으며, 물리적이고 경제적인 조건은 동일하다. 본 냉각수 분배 시스템의 기준은 기능적으로 좀더 안전하며 좀더 경제적인 시스템이 될 것이다.

측정 오리피스가 있는 기화기 회로

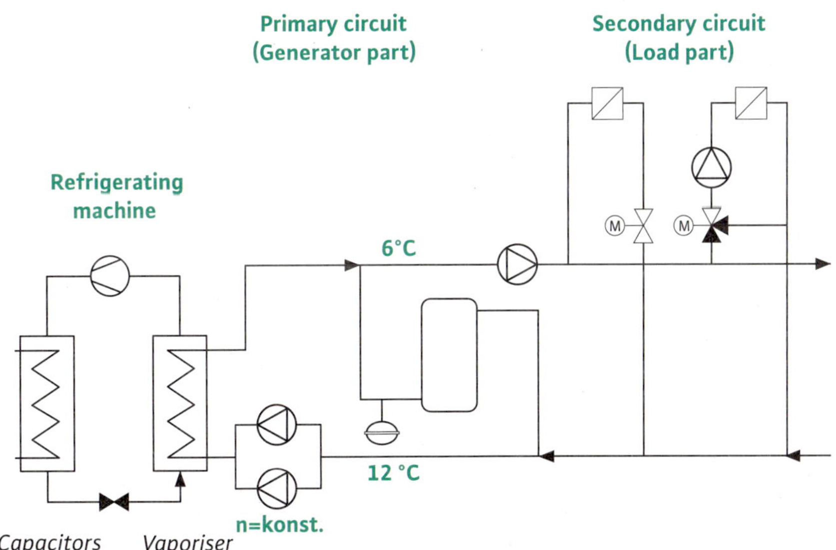

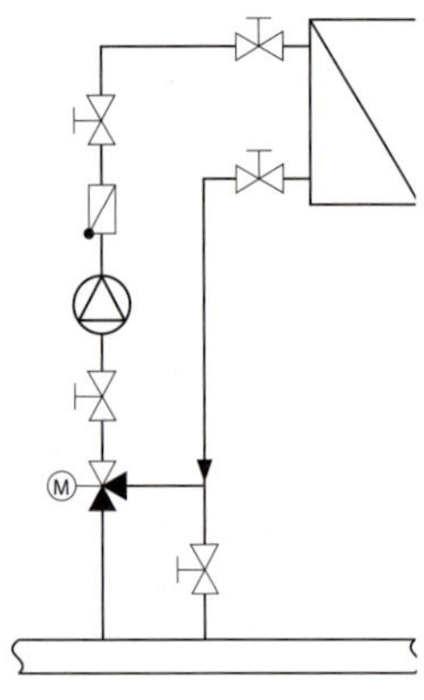

밸브류	공칭지름	Kv 값
차단밸브	50	80
3-way 밸브	40	50
체크 밸브		45 50

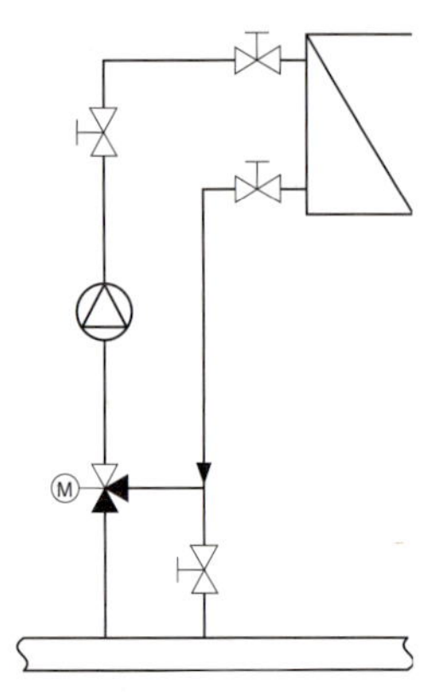

밸브류	공칭지름	Kv 값
차단밸브	100	800
3-way 밸브	100	50
체크밸브	-	-

경제적인 이유로 냉각기와 실내공기냉각시스템은 별도의 장비로 구성한다. 기기부분에서, 20200.00 kg/h 물과 글리콜 혼합물이 순환 펌프로 이동하게 된다. 온도는 혼합 밸브와 적용한 부하에 의해 제어된다. 예시의 유량에서는 DN 50의 펌프가 적절하다. 배관라인은 DN 100으로 선택한다. 시공 및 유지보수 비용을 줄이기 위해 펌프의 흡·토출 격리 밸브는 DN 50으로 선택한다. kv 값 40의 제어밸브는 70% 지점에서 가장 효율적이라고 가정하면 이러한 시스템에서는 90kPa의 성능을 낼 수 있는 펌프가 필요하다. 년간 3800 시간의 가동과 € 0.15 의 전기료를 감안한다면 연간 운영비는 € 604.00 이다.

대안으로, 44%의 효율을 가지는 Kv값 50의 DN 100의 차단 밸브를 설치 할 경우를 보자. 만약, 3-way 밸브를 선택한다면 차단 밸브는 생략할 수 있다. 이런한 시스템에서는 71 kPa의 성능을 낼 수 있는 펌프가 필요하며 년간 유지비는 € 457.00 이다. 12년 동안 운영한다면 같은 조건에서 € 1764.00 을 절약할 수 있다. 투자비 측면에서 € 300.00 이 너 발생되지만, 운영비는 매년 € 147.000이 절약된다.

다른 시스템을 동일한 조건에서 고려해 보자. kv 값이 더 높은 고품질의 제어 밸브와 차단밸브를 선택한다면 투자비 회수기간은 2년 이하, 그리고 운영비를 더 절약할 수 있게 된다.

시스템이 제대로 이루어진 경우 역류방지 밸브가 설치된다. 3-way 밸브를 선택하여 사용한다면 이 밸브는 생략할 수 있다. 중력에 의한 원치않는 유체의 흐름을 방지하고 싶다면 배관 설치시 주의해야 한다.

상용화가 가능한 플랩 트랩은 10 kPa 이상의 차압으로 작동해야 한다. 낮은 차압은 사양점에서 플랩이 불안정하게 작동하며 소음 및 진동을 발생 시킨다. 유량이 가변적인 두개의 배관을 사용하는 경우, 안정적인 운전을 위해 가장 작은 유량을 선택한다. 이 경우 10 kPa 이상의 플랩 저항이 발생하며, 완전부하 상태에서는 50 kPa 이상의 차압이 발생한다. 1~70m³/h로 가변되는 펌프의 경우, 펌프의 효율에 따라 연간 €130.00~€3643.00의 운영비가 추가로 발생할 수 있다. 사용하지 않을 때 닫히는 두개의 공조시스템의 냉각수 시스템의 경우, 차단 밸브와 액츄에이터 기능이 있는 볼밸브 사용을 권한다. 이 경우 연간 운영비가 약 €656.00 이하가 된다.

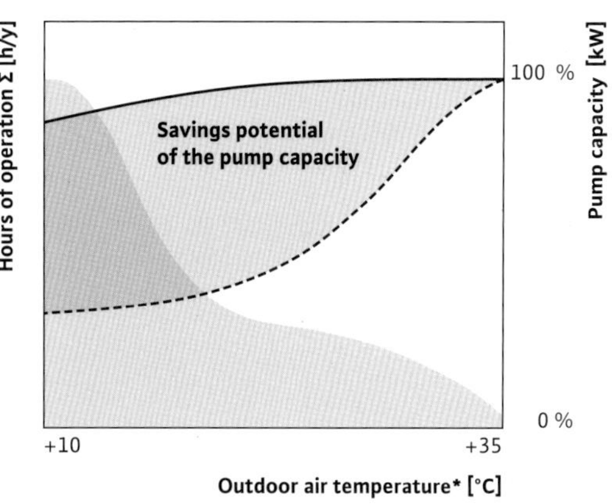

비조절 펌프용 펌프 용량 및 방향변경 회로

조절 펌프 필요 용량 및 스로틀 제어 사용

**독일의 에센 도시 (NRW) 기준*

수중펌프 기본 원리

Sewage Engineering

PART-4

01. 기본

건물 배수 표준

EN 12056
DIN EN 12050
DIN 1986-100
DIN EN 12050
DIN 1986-100
EN 752
ATV-DVWK
2005년 시작,
DWA "독일 급수, 하수 및 폐수 협회"
건물 영역
설비 영역

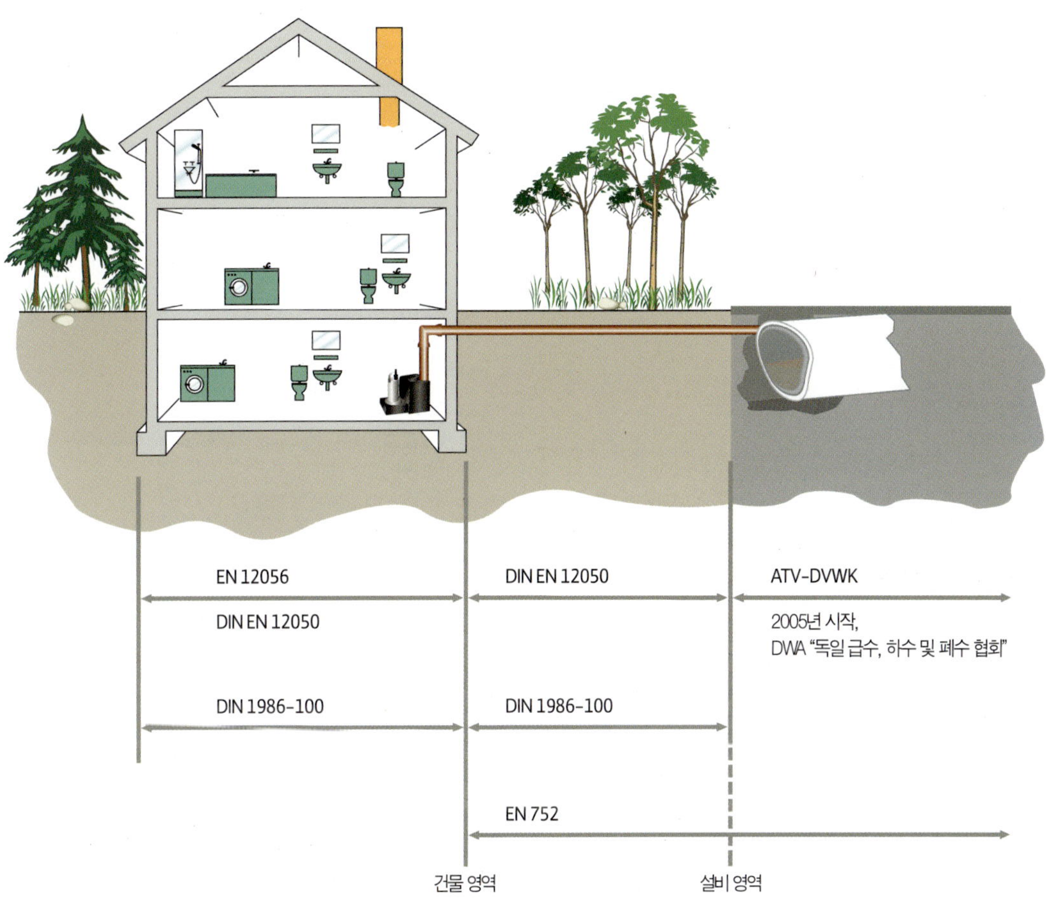

일반적인 기본 개념

유출 계수 C

포장도로와 같이 빗물이 떨어져 배수가 되는 지표면 구성과 관련한 강수량에 대한 값 또는 인자를 말한다.

배수 계수 K

배수원이 사용되는 빈도에 대한 값을 말한다. 따라서, 비차원 인자는 모든 배수원에 지정되어 있다. (추가정보의 표 1"특정 배수 K값" 참조)

마모

하수에 포함된 고체입자의 마찰접촉 및 설치 물 (예를 들면 펌프 부품 및 배관)의 해당 표면으로 인한 재질 손실. 마모를 가장 빈번하게 일으키는 요인은 모래이다.

하수 생성

하수 생성량은 건물의 유형, 사용시간 및 거주자의 습관에 따라 좌우된다. 강수량도 하수 생성에 추가된다. (페이지 232의 "결합 시스템", 페이지 234의 "분리 시스템" 참조)

하수 유형

하수는 주거 및 산업지역에서 발생한 오염수의 여러 가지 유형으로 정의하며, 여기에는 우수, 오수, 산업용폐수 등이 포함된다.

가정 하수

가정 하수는 음용수와 유기질 및 무기질의 혼합물이 고체 및 희석된 형태로 혼합되어 있다. 경험에 의하면 기본적인 가정용 하수의 주요성분은 사람의 배설물, 머리카락, 음식물 쓰레기, 청정제 및 세제 외에 다양한 유형의 화학물, 휴지, 헝겊조각, 모래 (예를 들면 오수 침식을 통한 복합 시스템에서) 등이 대부분을 차지한다. 하지만, 경험에 의하면 모든 종류의 쓰레기는 규정의 무시와 미준수에 따라 발생하며 배수원을 통해 그대로 배출하고 있음을 알 수 있다.

 그러나, 다음의 물질은 시스템과 그 주변의 설치물에 손상을 입힐 수 있으므로 가정용 하수에 유입되어서는 안된다.

- 생활폐기물과 같은 부피가 큰 폐기물
- 모래, 재, 조각(파편)과 같은 고형 입자
- 채소 폐기물, 껍질, 뼈다귀와 같은 가정용 음식물 쓰레기
- 천조각, 여성용 생리대 등
- 화학성이 강한 용제와 같은 위험물질

우수(Rain water)

<table>
<tr><td>DIN
1986-100</td><td rowspan="2">대기 오염물, 빗물이 흐르는 지표면의 먼지에 들어있는 불순물 또는 기타 생태 환경에 의해서만 오염되는 미사용 우수. 오염 정도는 기본적으로 지리적 요건, 도시와 근접성(대기 및 지표 오염) 및 강우 빈도에 따라 다르다. 불순물은 흔히 오일, 소금, 모래 또는 그리스 등이 포함된다.</td></tr>
<tr><td>ATV-DVWK
A118</td></tr>
</table>

강수량은 기후에 따라 크게 달라지는 조건을 기반으로 다를 수 있다. 강수량은 강우의 빈도와 강도에 따라 구별되며, 기준값은 DIN 1986-100에 나와 있다. (추가정보 표 4 "독일의 강우 강도" 참조).

기후조건이 변하기 때문에, 더 정확한 정보는 기상청 또는 기상관련 기관과 협의가 필요하다. 300 ℓ /(s x ha) 값은 모든 상황 하에서 홍수를 피해야 하는 경우 대략의 계산에 사용할 수 있다.

강우 강도 계산은 큰 비가 짧은 시간에 지속되는 폭우 형태인 경우를 기본으로 한다. 오래 지속되는 비는 이 강도가 없다. 비의 양은 지속시간이 증가하면 감소한다. (페이지 229의 "강우 강도 설계" 참조)

공장 하수 (공장 폐수)

공장 하수는 화학성분이 크게 변할 수 있고 설치물에 손상을 입힐 위험이 있으므로 더 세밀한 분석이 필요하다. 부식 손상은 가장 자주 관찰되는 유형의 손상에 속한다. 특히 직물 및 음식물 처리시설에서 나오는 하수에 주의를 기울여야 한다. 임펠러 유형 (막힘), 집수정 크기 (배수의 큰 차이로 인해) 및 재료 조합(부식)은 이와 관련한 가장 중요한 요점이 된다.

응축액

미네랄 성분의 감소로, pH 값은 중성 미만이다. (중성 = pH7) 미네랄 성분이 증가하면 부식성이 증가한다. 독일 가이드라인 (예. ATV A251)에 따라, 배설물(탈황화수소 전의 높은 pH 값)과 응축액(낮은 pH 값)의 혼합비율이 어떠한 경우일 지라도 응축액은 하수시스템에 직접 배출 하지 않는다.

응축수의 구성 (기본값).
기름 연소 보일러. 1.8~3.8 pH (중성화는 의무적)
가스 연소 보일러. 3.8~5.3 pH

- 25kW까지의 플랜트는 발생한 응축액의 충분한 혼합이 추정되므로 무해한 것으로 분류된다.
- 200kW까지의 플랜트는 응축액에 비례하여 하수양의 25배가 동일한 전송 시점에 배출되는 한 무해한 것으로 분류되며, 이것 또한 충분한 혼합이 된다.
- 큰 규모의 플랜트는 응축액 리프팅 장치 또는 하수도로 유입하기 전에 일반적인 중성화가 되어야 한다.

해수(sea water)

해수는 일반적으로 각기 다른 염도를 가진 바닷물을 말한다. 설계 단계에서 재료 선정을 위한 전제조건은 각 구성성분의 농도를 아는 것이다. 높은 이온화로 인해, 전도율이 7500 μS/m에 이른다. 유체는 이미 3200 μS/m의 전도율에서 부식효과가 나타나기 시작한다. 온도 영향과 관련하여, 이것은 상승온도가 반응 촉진제로 작용하므로 부식을 가속화한다. 다음은 염화나트륨 이온을 포함하는 여러 가지 이온 농도에 대한 기준값이다.

- 대서양   3.0~3.7% = 30~37 g/ℓ
- 태평양   3.6% = 36 g/ℓ
- 인도양   3.5% = 35 g/ℓ
- 북해   3.2% = 32 g/ℓ
- 발틱해   〈2% = 〈 20 g/ℓ
- 카스피해   1.0~3.0% = 10~30 g/ℓ
- 지중해   3.6~3.9% = 36~39 g/ℓ
- 사해   29% = 290 g/ℓ
- 홍해   3.7~4.3% = 37~43 g/ℓ

염수 (Brackish water)

기수는 각기 다른 유형의 물 또는 물 기반 유체의 혼합물을 말한다. 염수는 신선한 물과 해수의 혼합물과 오일, 석유 및 배설물 성분이 섞인 해수의 혼합물을 말한다. 비균일 구성성분의 농도 (시간에 따라 변하는 성분 포함)는 사용할 재질을 선택하는 절차를 복잡하게 한다. 물을 분석하지 않고는 어떤 제품도 선정 할 수 없다.

장치의 사용 조건

이 소형 리프팅 장치(예. Wilo-Drain-Lift KH32)는 역류 수위 아래 위치한 변기 바로 뒤에 설치된다.(페이지 232 참조) 그러나, 이들 시스템의 사용에는 몇 가지 제약이 있다. 예를 들면, 소형 리프팅 장치가 고장 나는 경우 사용을 위한 역류 수위 보다 높은 대체 변기가 있어야 한다. 또한, 흡입구는 최대 한 개의 세면대, 한 대의 샤워기 및 한 대의 비데 (소변기)로 제약되며 이 모두는 동일한 공간에 위치해야 한다. 욕조, 세탁기 또는 식기세척기는 허용되지 않는다. 역류 수위 위에 설치하는 것은 리노베이션과 같은 특수한 경우에만 허용된다.

배수 연결값 DU

배수원의 평균 배수량을 말한다. 단위는 ℓ/s로 표시한다. (추가정보 표 2 "위생시설을 위한 배수 연결값 (DU)" 참조)

설치 유형

고정 습식 집수정 설치

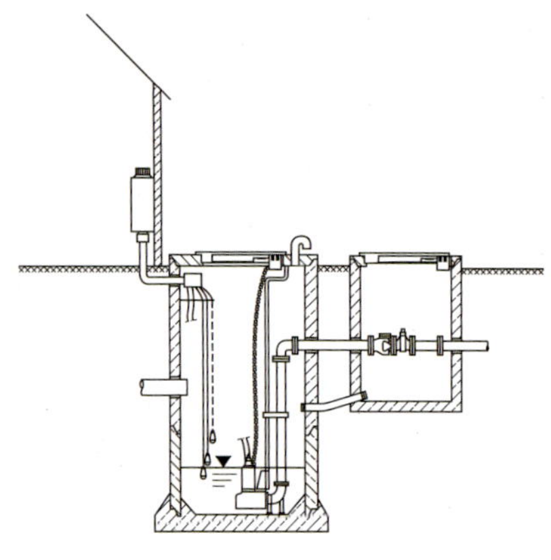

최근에는 콘크리트와 플라스틱으로 만든 사전제작된 집수정이 빠르고 쉽게 저렴한 설치비용으로 설치할 수 있는 잇점으로 널리 사용되고 있다. 습식집수정 설치에서 펌프의 장점은 비용과 공간 고려에 있으며 별도의 펌프 챔버는 건식 집수정 설치의 경우와 같이 펌프 설치시 필요하지 않다. 반대로, 유지보수가 필요한 경우, 펌프를 리프팅하려는 요구에 의해 펌프 점검 및 수리에 대한 노력이 더 필요하다.

대부분의 펌프 제조사들 (예. Wilo-Drain WS)이 제안하는 솔루션의 경우, 집수정은 지속성과 긴 수명을 보장하는 최적의 기술력을 적용하였다. 추가로, 모든 부품은 서로 연결되어 있으며 모든 악세서리는 전달 영역에 포함된다.

고정식 수직건조 집수정 설치

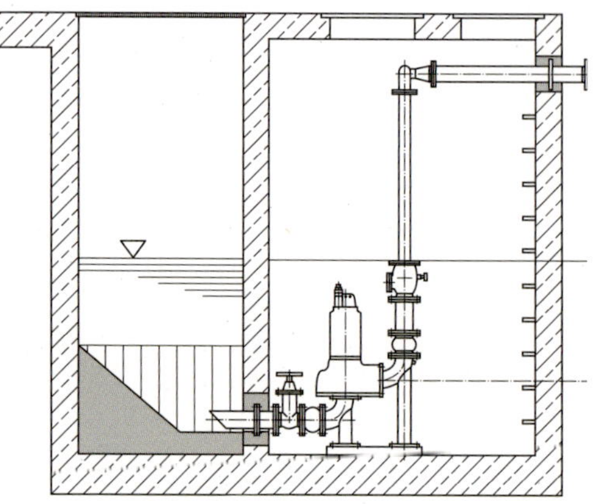

고정식 수평 건조 집수정 설치

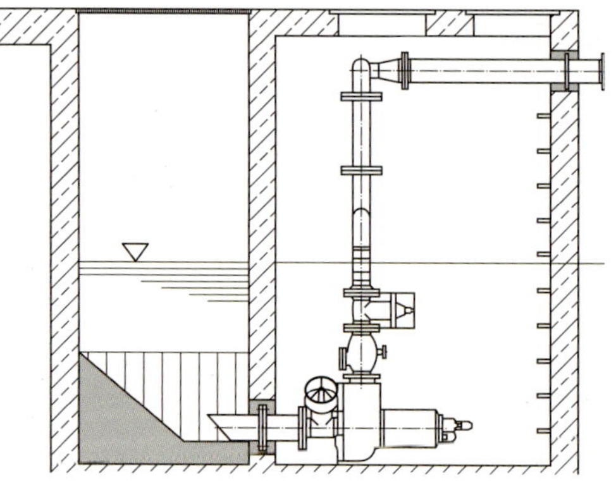

과거 많은 펌프장에서는 글랜디드 펌프를 갖추고 있었다. 하지만 이제는 아래와 같은 이유로 상황이 바뀌게 되었고 더 많은 펌프장에서 수평적으로 설치하든 수직적으로 설치하든 상관없이 건식 수중 펌프를 설치하고 있다.

이유 > 장점

- 홍수방지 > 운전 신뢰성
- 저렴한 유지보수용 SiC/SiC 미케니컬 씰 사용 > 비용절감
- 커플링 또는 V-벨트 없음. 마모 부품이 거의 없고 유지보수 노력이 적게 든다는 것을 의미 > 비용절감
- 씰링 워터 연결장치 또는 별도의 그리스 윤활 없음 > 비용절감
- 강제 케이싱 냉각 > 소음 감소
- 유지보수 및 수리가 쉽다 > 비용절감

휴대용 습식 집수정 설치

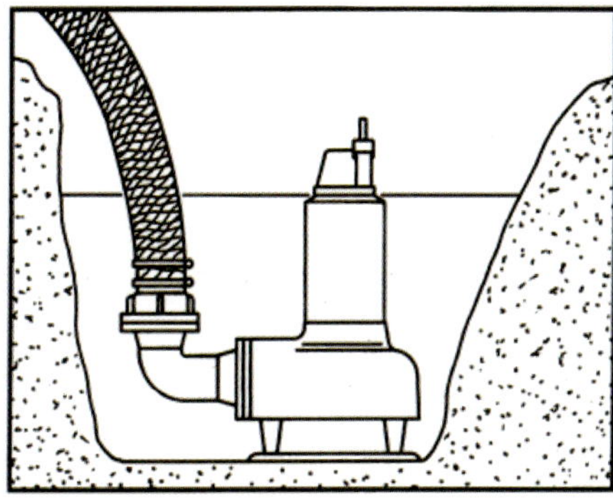

휴대용 습식 집수정 설치의 경우, 장치에는 펌프 베이스가 장착되어 있다. 연결은 고압호스나 배관 모두 가능하다. 배수 저수조 또는 탱크의 경우, 펌프는 일시적으로 그 유체에 맞추어 내려진다.

 펌프는 난단하고 비틀림이 없는 방식으로 기초부에 위치하여 흔들리거나 비틀리지 않도록 해야 한다. 또한, 장치는 체인 또는 케이블에 매달아 운전해서는 안된다. 휴대용 설치는 임시 설치방법이다! 만약 장기 솔루션으로 사용하는 경우, 펌프에 대한 지속적인 진동 및 관련된 부정적인 영향으로 인해 수명이 단축될 수 있다는 점을 반드시 고려해야 한다.

부력 방지

부력 방지는 해당 구역이 홍수가 난 경우(또는 지하수위가 증가한 경우) 상향 부력을 방지하기 위하여 펌프를 바닥 (또는 지하 집수정)에 닻으로 고정시키는 방법이다. 그렇지 않을 경우 연결장치 / 배관에 손상을 야기하고 유체 누수의 원인이 되기도 한다. 부력 보호는 탱크에 직접 위치하고 새로 장착하거나 아예 통합하여 주조하기도 한다.

환기

prEN 12380
EN 12056-1

공기 환기는 중력식 배수장치용으로 prEN 12380을 준수하는 경우 허용된다. 차수작업은 연결배관 또는 폐수 수직홈통과 연결하여 실시해야 한다. 리프팅 플랜트의 환기는 EN 12056-1을 따라야 한다.

강우 강도 설계

DIN 1985-100 and ATV-DVWK A118

이 값은 지역관할기관에서 규정한다. 기준값은 DIN 1986-100 과 ATV-DVWK A 118 Tab.3에 나와 있다. 최소값은 r5(0.5)로 가정한다. 만약 어떤 값도 r 에 대해 명시되어 있지 않으면, 200 ℓ /(s x ha)를 일반적으로 제한된 침투의 표면에 대해 추정할 수 있다. 일반적으로 홍수가 방지되어야 한다면, 경험상 300 ℓ /(s x ha) 값을 사용하여 계산할 수 있다. 하지만, 관할기관의 사양서를 항상 따르도록 한다.(페이지 226의 "하수 유형 - 우수" 참조)

지붕 면적 (유효)

지붕 면적은 수평으로 투영된 지붕깊이에 지붕의 처마 길이를 곱하여 계산한다. 바람의 영향은 적용 국가의 법령에서 요구하지 않는 한 일반적으로 고려하지 않는다. 이 계산은 각 지붕 면적마다 실시한다.

바람 영향 무시

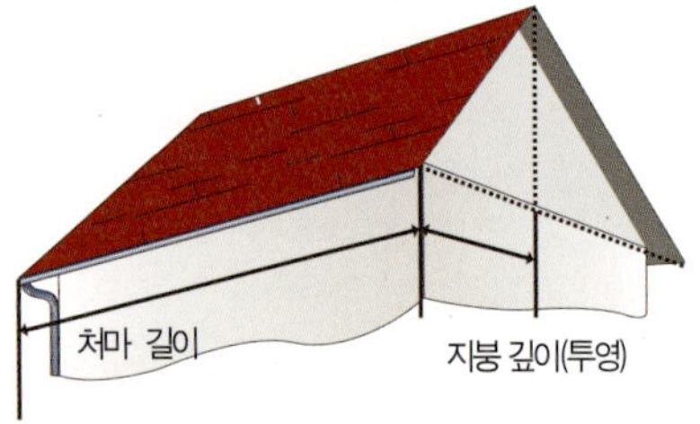

바람 영향 고려

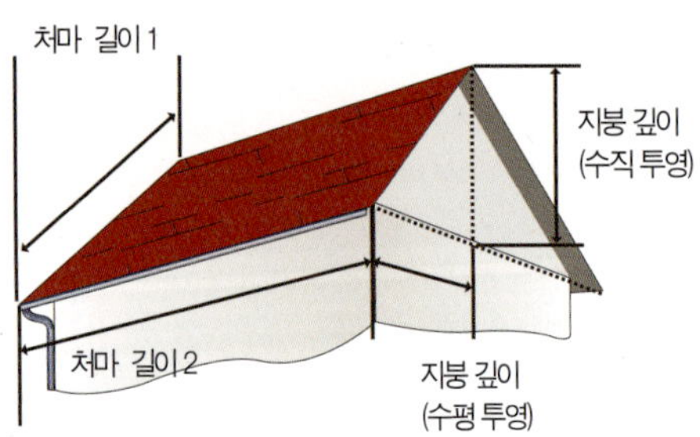

평평한 지붕의 면적.
지붕 면적 = 처마 길이 1 x 처마 길이 2

26°각노의 지붕의 면적.
지붕 면적 = 처마 길이 2 x [지붕 깊이(수평) + 0.5 x 지붕 깊이 (수직)]

강우시 벽의 면적을 계산 할 때에도 바람의 영향을 고려해야 한다. 이것은 지붕 면적에 더해지며 다음과 같다.

강우시 벽면적 = 0.5 x 벽면적

총 면적 = 지붕 면적 + 강우시 벽 면적

DIN 1986

독일에서는 DIN의 일부만이 표준으로 유효하다. DIN 1986은 DIN EN 12050과 EN 12056과 같은 새로운 표준으로 교체되었다. 오늘날, 독일에서는 이것이 DIN 1986-100의 형태로 EN 752을 보충해주는 표준으로서만 활용되고 있다.

DIN EN 12050

유럽국가들의 국제표준은 EN이며 모든 EU 국가들은 이 표준의 규격과 지침을 따르도록 되어 있다. DIN EN 12050은 부분적으로, 플랜트와 체크밸브의 공사 및 시험의 원칙에 적용된다.

DIN EN 1250

DU 값

페이지 228의 "배수 연결값 DU" 참조.

압력 배수 (ATV-DVWK 데이터 시트 A116에 따라)

EN 1671

중력식 하수도 (중력 배수)가 지리학적 또는 비용 문제로 불가하거나 어려운 경우, 배수를 위해 배수장을 사용할 수 있다. 배관은 링 형태 또는 배수구역에서 처리장까지 가지형태로 분기할 수 있다.

EN 1671 and DIN EN 12050-3

ATV-DVWK A116 and ATV-DVWK A134

커터기능이 없는 펌프 시스템의 경우, 배관 직경은 PN 10의 DN 800이 되어야 한다. 커터기능이 있는 펌프의 경우, 직경 DN 32의 배관을 사용할 수 있다. 가압식 공기 플러싱 스테이션은 유량과 토출을 조절하여 폐수제거를 용이하게 한다. 이러한 유형의 설치는 폐수의 정체 시간을 단축하고 물때가 쌓이는 것을 줄여주고 산소의 유입을 높여주는 장점이 있다. 펌프 운전은 4~8시간 마다 (주/집수 토출 배관에서는 4시간 마다, 토출 배관에서는 8시간 마다) 배관내 유량이 완전히 교체되도록 해야한다.

압력 배수장치를 사용하는 기타 다른 이유는 다음과 같다.

- 불충분한 지형 경사도
- 높은 지하수위
- 낮은 인구밀도
- 어려운 심토(하층토)
- 간헐적인 하수 발생(야영장, 유원지 레스토랑 등)
- 환경 관련

설치유형 및 배수기법 평가

	내부설치*	외부설치	압력배수
불필요한 냄새	-	o	o
불필요한 소음	o	+	+
배관비용 (배관설치비용)	o	-	+
설치비	+	-	-
유지보수용이	++	o	+
정전 등 오작동의 경우 사후관리 비용	–	o	o
결합수(우수)	불가	+	불가

*	세분 없음	o	보통
++	매우 양호	-	부족
+	양호	–	매우 부족

전기 전도성

전기 전도성은 일부 수위 측정 시스템과 잔치이 수명에 모두 중요하다. 이것은 유체의 염분농도와 관련이 있다. 전도성은 일반적으로 $\mu S/cm$ (=10-4 S/m) 또는 $\mu S/m$으로 명기된다.

EN 12056

유럽국가들의 국제표준은 EN이며, 모든 EU 국가들은 이 표준의 사양 및 지침을 따르도록 되어 있다. 이 표준은 회원국가 중 선진국에 의해 선행되어 지고, 빌딩 내 중력식 배수장치 사용과 관련이 있다. 따라서, 예를 들면 리프팅 플랜트에 필요한 설치 공간처럼 인장이 없는 설치 즉 고정장치 및 배관의 중량이 지지되어야 한다는 의미로, EN 12056-4, 5.1에 따라 정의되어 있다. 적절한 사용을 위해 필요한 유지보수 간격 역시 명시되어 있다.

유체

펌프의 정확한 설계 및 선정을 위해 이송액에 대한 정확한 지식이 필요하다. 오수에만 해당되는 것이 아니다. 오수펌프의 특징은 다양한 유체를 이송할 수 있다는 것을 의미한다. 오수에 대한 더 정확한 정의에 대해서, "하수 유형" (페이지 226), "재료 특성" (페이지 236), "자유(볼) 통과" (페이지 239), "임펠러 유형" (페이지 241) 참조.

소음 발생 ("방음" 참조)

빌딩 설계를 할 때, 장기간의 소음은 스트레스 요인이 되므로 설치시 소음조건을 반드시 고려해야 한다. 개별적인 허용 스트레스 부하는 해당 국가 및 지역별 지침에서 EN 12056-1을 따라 정의한다. 독일의 경우, 이와 관련하여 DIN 4109를 적용한다. 따라서 인근 공간의 최대 허용 소음수치는 30dB[A]이다.

부식

"부식"이라는 용어는 재료가 기체 또는 액체 환경에 반응하는 것을 말한다. 이 반응은 재료의 표면의 구조적 변화를 일으키고 원래 기능을 하지 못하도록 한다. 부식의 강도는 재료가 가진 유체에 대한 저항성에 따라 달라진다. 경험에 의하면 플라스틱과 세라믹 재료가 가장 저항성이 강하다.

금속 재료를 사용하는 경우, 단점은 표면 또는 용접부위 및 이음매 부위가 손상되는 것이다.

염화물

금속재료는 염화이온에 약하며 150 mg/ℓ 농도에서 금속 재료의 부식으로 인한 구멍이 만들어지기 시작한다.

질산염

질산염은 낮은 농도에서도 금속 재료를 부식시킨다. 30mg/ℓ 까지의 농도만으로도 경도가 낮은 금속의 부식을 일으키기에 충분하다.

아질산염

아질산염은 배설물을 포함한 오수의 성분으로 낮은 농도에서도 부식성이 강하다.

황산염

황산 이온은 금속 재료 및 콘크리트를 부식시킨다. 이들은 250mg/ℓ 농도에서 구멍을 내기 시작하며 더 낮은 농도에서도 콘크리트를 녹이기도 한다. 이 경우, PE 집수정를 권장한다.

결합 시스템

우수, 오수 및 배설물이 포함된 물을 하나의 배관을 통해 배출하는 하수장치. 결합 시스템의 사용 여부에 대한 정보는 지역별 법령에 나와 있거나 지방관할기관으로부터 얻을 수 있다.

사용가능 유량 (= 필요저수 유량)

사용가능 유량 - 필요저수 유량이라고도 함 - 은 일반적으로 펌프의 기동 및 정지점 사이의 유량을 말한다. 양수장으로의 인입구는 펌프의 기동점 아래에 있고 이에 따라 역류가 되는 특수 상황에서, 인입 유량은 필요 저수 유량을 담당하기 위해 사용할 수 있다. 이것은 각 펌핑 과정 동안 교체되어야 한다.

$$V\,[m^3] = \frac{Q\,[\,\ell/s\,] \times 0{,}9}{z}$$

pH 값

pH 값은 물 또는 수소이온의 농도를 말한다. 물은 염분, 질산염, 황 또는 이산화탄소 성분을 포함하고 있다. 황산염, 황화물, 유지성분, 석유 및 용제 역시 pH값에 영향을 미친다. 한편, 부분적으로 또는 전체적으로 탈염되지 않은 물에 미네랄이 부족하면, 이것 또한 산성화 를 의미한다.(여기서, 예를 들면, pH 값이 중성 수준 아래로 내려간다는 것을 의미한다)

- **pH 0 ~ 3.9 = 강산성**
  (맥주양조*에 의한 오수* ~4, 가스 연소 보일러에 의한 응축수 ~3.5, 기름 연소 보일러에 의한 응축수 ~2.0)
- **pH 4~ 6.9 = 약산성**
  (강물 또는 호수물* ~5.5, 탈황화수소 오수 〈6.5)
- **pH7 = 중성**
- **pH 7.1 ~ 10 = 약알카리성**
  (도축장으로부터 오수 * ~ 8.2, 해수 ~8)
- **pH 10.1 ~ 14 = 강알카리성**
  (황화수소 제거 전 배설물이 포함된 오수 ~10.5)
  *약 20℃에 대한 사양

가정용 오수 는 일반적으로 pH 6.5~pH 7.5 범위 내에 있다. 결합수 시스템에서, 미네랄이 더 작은 물 (더 낮은 pH 값은 염분이 풍부하고 미네랄이 풍부한 물과 혼합되며 혼합 비율에 따라 중성화 된다.

역류 수위

EN 12056-1

오수가 상승할 수 있는 설치물의 가장 높은 지점을 말한다. 역류 수위는 직경이 가장 큰 구역에 있다. 설치물은 하수도의 물이 양수장으로 역류하지 않도록 설계해야 한다. 이것은 도시 하수도가 이러한 수량에 대해 설계가 되어 있지 않은 경우, 폭풍, 홍수 및 큰비가 오는 경우에도 발생할 수 있다. 이런방식으로 야기된 손해는 보험 처리가 되지 않으며 소송에서도 승소할 수 없다. 보호시설을 하는 것은 소유주 / 운전자의 책임이다. 역류 수위 높이를 명시하는 정보는 지방 법령에 나와 있다. 경험에 의하면 대략의 계산의 경우, 도로층을 역류 수위로 가정할 수 있다.

역류 수위 위로 설치

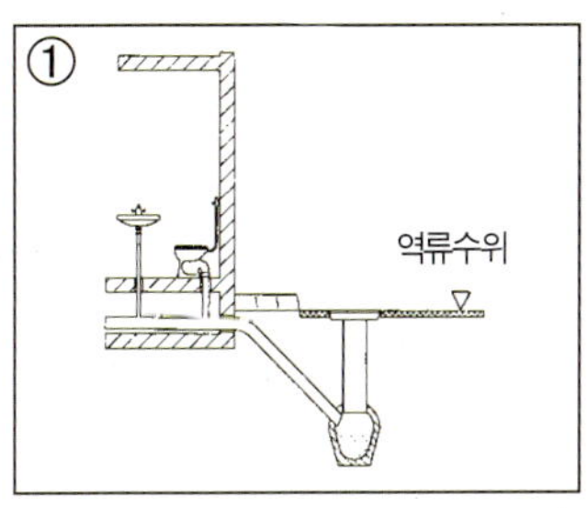

역류 수위 아래 설치

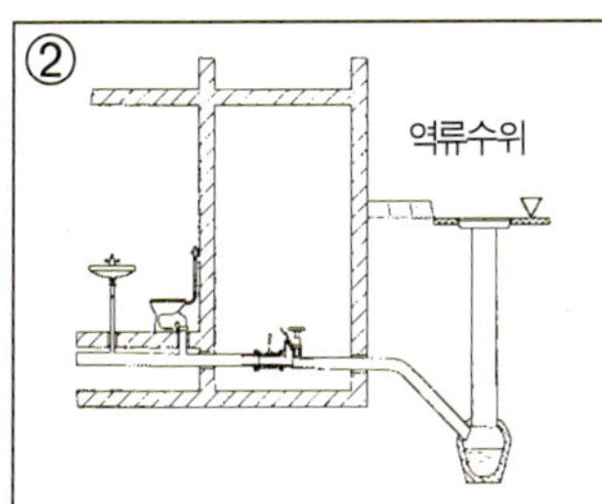

역류방지용 씰의 사용은 펌프 챔버용으로 허용되지만 100% 보호를 보장하지 않는다.

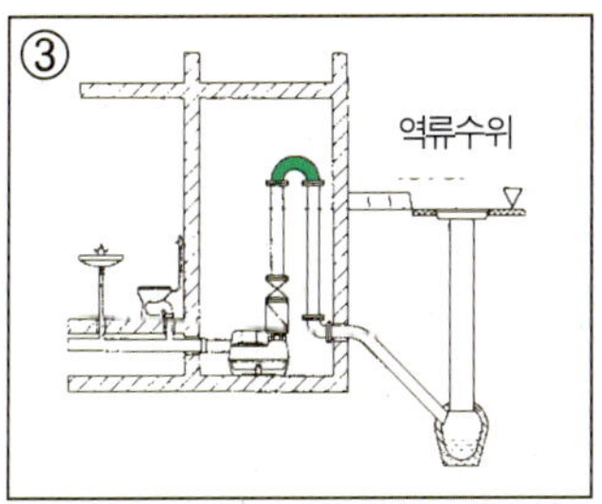

리프팅 플랜트 사용은 유체의 역류 방지 및 역류 루프 사용으로 하수의 제거를 보장한다.

하수도에 중력 유량 없이 역류 수위 아래 설치

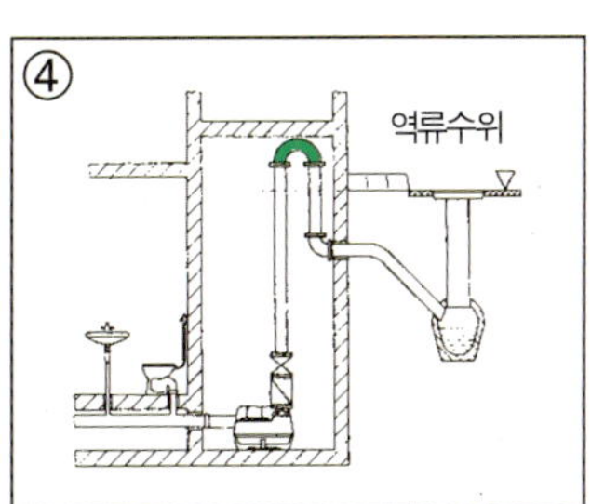

하수는 리프팅 플랜트의 도움으로만 제거할 수 있다.

역류의 원인으로는 폭우, 물때 또는 장애물에 의한 배관의 자유로운 통행 감소, 그외에 하류 펌프장의 인 고장 등이 포함된다.

역류 루프

역류 루프는 역류수가 먼저 낮은 위치의 빈 공간을 통해 퍼져나갈 수 있도록 인공적으로 올려놓은 (역류 수위 이상. 페이지 233, 그림 3과 4 "역류 수위"참조) 배관을 말한다. 충분한 유량을 전체 배관시스템에 사용할 수 있으므로, 역류 루프는 역류방지를 위한 가장 신뢰할 수 있는 대안이다.

 독일의 경우 역류로 부터의 보호가 충분하지않거나 전체적으로 부족하면, 그 책임은 그 작업을 수행한 사람이 져야 하며 주택소유자는 보험혜택을 상실하게 된다.

집수정 덮개

집수정은 특정 부하 운반용량 등급으로 나누어진다. 이들 등급은 기본적으로 돔과 커버 공사로 규정되며 한편 샤프트 자체의 강도는 지면압력(the earth pressure)으로 규정된다.

등급A.	진행가능	보행자 통로, 자전거 통로
등급B.	제한적으로 구동 가능	보행자 통로, 보행자 구역, 자동차 주차장, 주차데크
등급C.	구동가능	한계 내 연석가장자리 구역 (0.5m까지 도로쪽으로 들어감)
등급D.	구동가능	차도, 갓길, 주차구역, 대형트럭통행구역, 물류구역 및 포크리프트 통행의 공장지역
등급E.	구동가능	독크시설, 활주로
등급F.	구동가능	활주로

방음 ("소음발생" 참조)

설치시 불필요한 소음을 최소로 유지할 수 있도록 처음부터 적절한 대책을 강구해야 한다. 왜냐하면 이는고비용과 전체 면적의 가치감소와 관련이 있기 때문이다. 이에 대한 가이드라인은 DIN 4109에 나와 있다.

적절하게 설계된 배관 부속품과 배관 내 적절한 유속 그리고 적절한 덕트(wall duct) 등을 미리 갖추면 불필요한 소음을 줄일 수 있다. 최대 소음 수치인 30dB[A]는 생활 공간 및 침실에서 허용되는 수치이다. 교실및 작업장에서는, 최대 35dB[A]이 허용 수치이다. 여기에는 밸브, 배관 부속품 등으로 인해 야기된 단기간 소음 레벨 최고는 포함되지 않는다.

만약 이를 준수하지않을 경우, 소음이 발생하거나 (예를 들면, 고압의 물이 배관벽을 칠 경우) 소음이 줄어들면서 (과도한 유속, 유량 방향의 급작스런 변경) 큰 장해를 야기할 수 있다. 이러한 소음은 진동에 의해 배관 및 유체를 통해 전달되므로, 이를 위해 적절한 대책 (방음벽, 유속, 배관 재질 등)이 강구되어야 한다.

분리 시스템

우수 및 폐수가 별도 배관에서 배수되는 배수시스템을 말한다. 각기 다른 유형의 하수는 하수 리프팅 장치가 건물 내에 있는 경우 반드시 분리되어야 한다.

우수는 배관을 통해 건물내로 들어가서는 안된다!
(지역기관 또는 지방관할기관 참조)

유지보수

EN 12056-4

기술 점검 및 시스템의 수명을 보장하고 손상 및 고장으로부터 시스템을 보호하기 위해 구성품이나 교체 하는 것을 말한다. 플랜트 시스템의 운전 조건과 유형에 따라, EN 12056-4에 의해 다음의 점검주기를 권장한다.

- 개인용소형 건물 (단일 가구): 매년
- 다가구 주택 및 아파트: 6개월 마다
- 상업용: 분기별

물의 경도

물의 경도는 알칼리 토양 이온의 농도를 말한다. 이는 주로 염화물, 황산염, 탄산수소염 등이다. 경도는 연수 (soft. 독일 경도의 7 정도), 약경수 (독일 경도의 14 정도), 경수 (독일 경도의 21 정도), 그리고 "강경수" (독일 경도의 21 정도 이상)로 분류된다. 경도의 정도가 높을 수도록 물 속의 이온이 더 많이 있다는 것을 의미한다. 오늘날, "독일 경도의 정도" (°d)는 더 이상 사용되지 않는다. 대신 mmol/ℓ 이 사용된다.

총 경도[mmol/l]	[°d](원형)	분류
0-1	0-6	강연수
1-2	6-11	연수(단물)
2-3	11-17	약경수
3-4	17-22	경수(센물)
>4	>22	강경수

재질

ABS (아크릴로니트릴 부타디엔 스티렌)

뛰어난 내충격성과 강도 특성을 지닌 내열성 및 비가연성 플라스틱을 말한다. 이것은 Wilo-DrainLift Con 응축수 리프팅 플랜트 등에 사용된다.

콘크리트

DIN EN 206 and DIN 4034-1

DIN 4034-1에 따른 건물 집수정용 재료를 말한다. Wilo가 사용하는 콘크리트 품질은 DIN EN 206 (이전에는 DIN 1045로 알려짐)에 맞춘 것이다. 정확한 명칭은 B45WU이며 표준에서 기술되어 있는 바 최대 수분 침투 깊이는 30mm 이다. 경험에 의하면 Wilo-DrainLift WB의 최대 침투 깊이는 약 20mm이다. 다음의 물질은 콘크리트를 부식시킨다. pH 값이 6.5 이하인 유체, 황산, 염산, 낙산, 젖산, 황산염, 염분, 동물성 및 식물성 지방과 기름 등이다.

주철(cast iron)

주철은 펌프에 사용되는 표준 재질이다. 최근 몇 년 동안, 대부분의 펌프는 주철로 만들어졌다. 주철의 기본적인 장점은 가격과 단단함이다.

스테인레스 스틸 1.4301-V2A
(AISI304 - X5CrNi18-10)

"V2A"라는 명칭은 크롬-니켈강에 대한 Thyssen Krupp (독일의 "Versuchsreihe 2 Typ Austenit") 의 정의에서 비롯된다.

이것은 펌프 산업에서 일반적으로 사용하는 스테인레스 스틸 표준이며 훌륭한 온도저항에 뛰어난 강도 속성이 결합된 것이다. 또한 이 재질은 유기물 용액에 아주 뛰어난 저항성을 가지고 있다.(페이지 236의 "재질 특성" 참조)

스테인레스 스틸 1.4404-V4A
(AISI 316L-X2CrNiMo17-12-2)

"V4A"라는 명칭은 크롬-니켈강에 대한 Thyssen Krupp(독일의 "Ver-suchsreihe 2 Typ Austenit")의 정의에서 비롯되며 때때로 해수에서도 사용할 수 있는 몰리브덴 성분을 가진 더 강한 합금 스테인레스 스틸(1.4301과 비교하여)을 말한다. 높은 강도와 탄성력은 스테인레스 스틸이 주철보다 우수하다.(페이지 236의 "재질 특성" 참조).

HDPE (고강도 폴리에틸렌)

하수 배관에 가장 많이 사용되는 재질로 매우 뛰어난 내화학성과 낮은 표면 거칠기를 가지고 있어 침전 및 유량 손실을 방지한다. 또한 우수한 내충격성, 온도 변화에 강한 인장강도 등이 장점이다. PE100 재질은 PE80과 구상흑연주철을 대체하며 점점 더 많이 활용되고 있다. 개보수 시에는 배관 삽입과 같은 장점으로 큰 비용절감효과를 제공한다. (페이지 236의 "재질 특성" 참조)

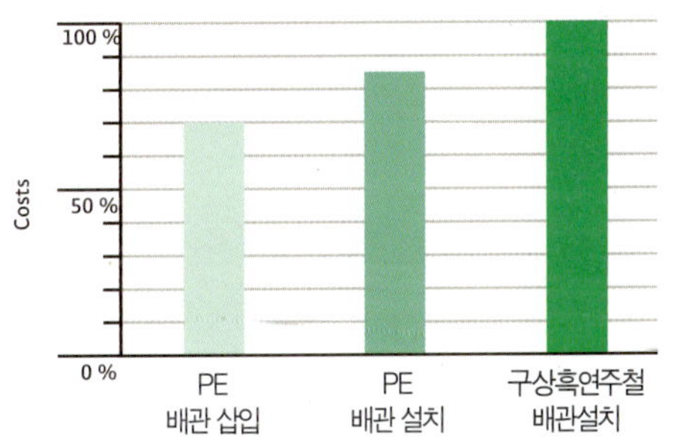

PP (폴리프로필렌)

이 재질의 가장 큰 특징은 온도 저항성과 내화학성이다. 높은 내충격성으로 인해, 아주 단단하다. (페이지 236의 "재질 특성" 참조)

PUR (폴리우레탄)

PUR은 여러 다양한 상황에서 사용이 가능하다. 산업용분야에서 자체적으로 입증이 되었고 Wilo에서 사용하고 있는 Baydur GS는 산과 알칼리, 모터 오일, 지방, 석유 등을 희석하기 위한 높은 내화학성과 내부식성 그리고 미생물 저항성을 특징으로 한다. 이러한 탁월한 장점은 부식성이 강한 유체용으로 사용하기에 이상적이다. 또한 뛰어난 내마모성과 내부패성, 내후성, 내열변형성과 내충격성을 특징으로 하며 주철과 같은 금속 재질보다 상당히 경량인 점도 특징이다. (페이지 236의 "재질 특성" 참조)

PVC (염화폴리비닐)

DIN19537-1
and
DIN 8075

DIN 8061

PE 집수정은 DIN 19537-1에 따라 설계되며 내구성, 유연성, 용이한 설치성 및 설치비 절감을 포함, 전통적인콘크리트 집수정과 비교하여 큰 장점을 가지고 있다. 이 내연 재질은 기계적인 강도와 내화학성을 통합한 것이다. (페이지 236의 "재질 특성" 참조)

재질-표준 표

DIN 명칭	US 명칭	화학 기호	유럽 표준	미국 표준
재질 번호	AISI		EN	ASTM
오스테나이트강				
1.4301	304	X5CrNi18-9	10088-3	A 167 / 276
1.4401	316	X5CrNiMo17-12-2	10088-3	A 167 / 276
1.4404	316 L	X2CrNiMo17-12-2	10088-3	A 167 / 276
1.4571	316 Ti	X6CrNiMoTi17-12-2	10088-3	A 167 / 276

명칭	사용 온도[℃]	사용적합유체	사용부적합유체	적용 부품
밀봉 재질				
EPDM	–30 ~ +120	화학첨가물이 없는 물 가성소다, 염산, 인산, 소금물	연료, 등유, 황산, 질산	오링, 가스켓류, 미케니컬 씰, 벨로우즈
FPM(=Viton)	–25 ~ +140	pH3~pH10의 하수, 중유, 석유, 인산 및 황산	아세트산, 질산, 벤젠	오링, 가스켓류, 미케니컬 씰, 벨로우즈
NBR	–30 ~ +100	pH6~pH9의 하수, 화학첨가물이 없는 물, 중유, 석유, 소금물	질산, 황산	오링, 가스켓류 , 미케니컬 씰, 벨로우즈
케이싱 재료 / 부속재료				
PE	0 ~ +90	pH 4 ~ pH9의 하수, 화학 첨가물이 없는 물, 무기질이 약한 유체	강산 (~pH3)과강알카리 (pH10~)	펌프 케이싱, 임펠러, 배관, 집수정 및 고정 샤프트
PP	0 ~ +90	pH4 ~ pH9의 하수, 화학 첨가물이 없는 물, 무기질이 약한 유체, 소금물	강산 (~pH3)과강알카리 (pH10~)	펌프 케이싱, 임펠러, 체크밸브, 집수정
PUR	0 ~ +80	해수*), 산, 염기물, pH3 ~ pH13, 지방, 기계유, 석유	초강산 (~pH2)과염기물	펌프 케이싱, 임펠러, 조임장치, 교반기
Stainless steel 1.4301 (AISI 304, V2A)	–20 ~ +120	석유, 화학 첨가물이 없는 물, 알코올	해수*), 염산, 강산(~pH3)과강알카리 (pH10~)	모터 케이싱, 디퓨져, 임펠러
Stainless steel 1.4401 (AISI 316, V4A)	–20 ~ +120	석유, 화학 첨가물이 없는 물, 알코올, 해수*)	해수*), 염산, 강산(~pH3)과강알카리 (pH10~)	모터 케이싱, 디퓨져 , 임펠러

*) 표시된 유체 온도 및 기타 유기물 및 무기물 함량에 따라 재질 적합여부가 달라짐.

기본적인 수력 개념 및 배관

시스템 곡선 (배관 곡선)

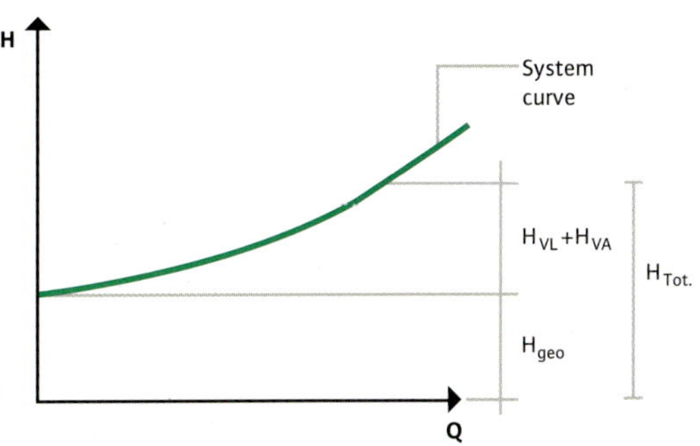

H_{DP} = 배관 압력 강하 (손실)
H_{DF} = 밸브류 압력 강하 (손실)
H_{geo} = 실양정 (극복해야 할 측지 높이)
H_{Tot} = 총 손실양정

시스템 곡선은 시스탬 H_{Tot}에서 요구하는 토출양정을 보여준다. 이것은 구성요소 H_{geo}, H_{DP}와 H_{DF}로 구성된다. H_{geo} 가(정적으로) 유량과 독립적으로 남아 있는 동안, H_{DP}와 H_{DF}는 배관, 밸브류, 금형부품 내 각기 다른 종류의 손실을 통하여 (동적으로) 증가하고 온도에 의한 마찰도 증가한다.

하수관/배관 연결하기

DIN 4045에 따라 공공 하수관과 건물의 배관 사이의 연결을 기술한다.

운전점

운전점은 시스템 곡선과 펌프 곡선의 상호교차점을 말한다. 정속 펌프의 경우, 운전점은 시스템 곡선의 이동에 따라 변경된다.

예. 탱크 내 변동이 심한 수위

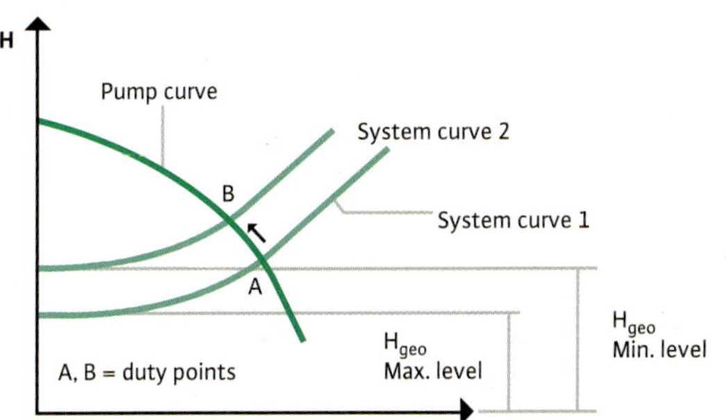

하수 수조의 수위가 변동함에 따라서 펌프의 운전점도 변한다. 펌프 운전점은 성능곡선 상에서만 변화함으로 운전점이 변화함에 따라, 펌프에 의해 공급 되는 유량도 변한다. 집수정 또는 탱크내 각기 다른 수위가 운전점 변동의 원인이다.
이 경우 펌프의 흡입압이 서로 다른 수위에 의해 변하기 때문이다. 말단 토출측에서, 이런 운전점의 변화는 배관의 막힘 (물때의 쌓임) 또는 밸브 또는 소비장치의 개폐율에 의해 야기될 수 있다.

토출 배관

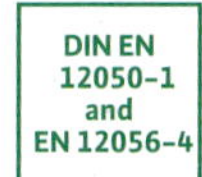

이 용어는 근접 시스템 또는 펌프와 관련된 배관을 말한다. 사용된 배관 직경은 DIN EN 12050-1과 EN 12056-4를 준하여 선정 된다. 분쇄장치가 포함되지 않은 시스템의 경우, 최소 공칭 직경 DN 800이 요구되며, 분쇄장치가 포함된 시스템의 경우, DN 32가 필요하다.

워터 해머(Water hammer)

워터 해머는 속도 변경으로 인한 배관 시스템 내의 충격을 말한다. 강도에 따라, 워터 해머는 설치물을 손상 또는 파괴할 수 있다. 특히 위험한 것은 일정한 기울기와 하강이 없는 배관에 놓여 있는 설치물의 경우이다. 물기둥이 높은 위치(진공 형성)에서 파열될 수 있고 물기둥이 붕괴될 때 증가된 압력이 발생할 수 있으므로, 배관이 파열될 수 있다.

특히 워터 해머에 주의해야 할 곳은 빠른 유속이 흐르는 대형 배관과 시스템들이다.

배관과 밸브류의 압력 강하

압력 강하는 구성품의 흡입구와 토출구 사이의 압력의 감소를 말한다. 이들 구성품에는 배관과 밸브류가 포함되며, 난류와 마찰로 인해 손실이 발생한다. 각 배관과 밸브류는 재질 및 표면 거칠기에 따라 자체 특정 강하값을 가지고 있다.(제조사의 사양을 참조) Wilo가 사용하는 밸브류와 그 강하값에 대한 개요는 추가정보에 나와 있다.(추가정보 표 6 "HDPE 플라스틱 배관의 유량에 따른 압력 강하" 참조)

개별 운전

펌프의 운전점은 펌프 곡선과 시스템 곡선의 상호교차점에 있는 펌프의 운전을 말한다.

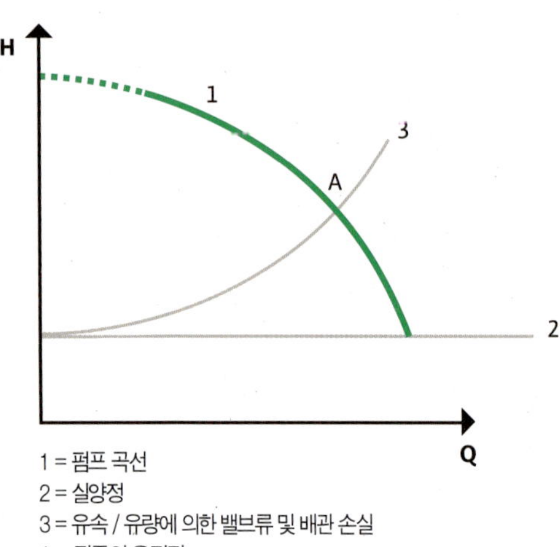

1 = 펌프 곡선
2 = 실양정
3 = 유속 / 유량에 의한 밸브류 및 배관 손실
A = 펌프의 운전점

환기

DIN EN 12050-1 and EN 12056-2

빌딩 내 설치물에 대한 환기 배관의 설계는 DIN EN 12050-1, 5.3에 기술되어 있다. 배설물이 포함된 폐수에 대한 리프팅 플랜트의 표준에 따라, 적어도 DN 50의 환기 배관 (지붕 높이 이상의 환기)이 현재 적절하며 반면 옛날 국가 가이드라인인 DIN 1986에는 DN 70으로 명기되어 있다. 이러한 환기 배관은 일차 및 이차 배관 모두에 공급이 된다. 환기장치 / 환기밸브는 배설물을 포함하는 폐수에 대한 리프팅 플랜트의 환기 배관의 대체용으로는 허용되지 않는다.

폐수 리프팅 플랜트에는 환기가 필요하지만 그 유형과 방식은 EN 12056-2에 명시되어 있지 않다. 환기는 지붕 높이 이상으로 순환이 되거나 활성 탄소 필터가 장치되어 있어야 한다.

수직흠통(downpipe)

지붕 높이 이상에 환기장치를 가진 건물 안과 건물 위에 있는 모든 수직 배관을 말한다.

유속

하수 내의 고형물과 부유물이 배관에 침전을 일으키고 배수 시스템을 막히게 한다. 배관이 막히지 않도록 하려면, 다음의 최소 유속을 준수할 것을 권장한다.

중력 배수		
표준	**표준에 따른 값**	**권장값**
수평 배관	-	Vmin=0.7-1.0 m/s
수직 배관	-	Vmin=1.0-1.5 m/s
하수관 배관	표준에 따른 값	Vmin=2.0-3.0 m/s
압력 배수		
표준	**표준에 따른 값**	**권장값**
가압 에어 플러싱 배관 EN 1671	0.6≤Vmin≤0.9	0.7≤Vmin
비플러싱 배관 ATV-DVWK A134	0.5＜Vmin＜0.9	0.7≤Vmin≤2.5

EN 1671 and DIN 1986 –100

유체의 구성성분 (예. 높은 모래성분, 슬러지 펌핑)에 따라, 상기 표시된 값은 더 높아질 수 있다. 하지만, 적용되는 지역 및 국가별 표준과 가이드라인을 반드시 따라야 한다. 유속은 표면적(m²)의 단위에 따라 유량(m³/s)으로 측정하며 일반적으로 0.7m/s ~ 2.5m/s 사이가 되어야 한다. 배관 직경을 선정할 때는 다음 사항을 반드시 고려해야 한다.

유속이 클수록, 침전물은 작아지며 막힘 현상도 줄어든다. 하지만, 배관의 저항은 유속이 증가할수록 증가하며 시스템을 비효율적으로 만들고 유체속의 마모성 성분을 통하여 시스템 부품에 조기 손상을 야기할 수 있다.

자유(볼) 통과

유체에 따라 내용물과 구성성분이 다르기 때문에, 하수 펌프와 그 수력 부품은 내용물과 구성성분을 고려해서 선택해야 한다. 하지만, 임펠러 설계는 각 유체와 그 구성성분에 가장 잘 맞도록 해야 한다.

 그러나, 자유(볼) 통과를 확대하면 수력적 효율을 감소시킨다는 것을 주의해야 한다. 그 결과, 동일한 성능을 얻기 위해 더 많은 동력이 필요하며 이것은 운영비와 구매비에 영향을 준다. 따라서, 경제적 관점에서 세심한 설계가 필수적이다.

배설물이 없는 하수 (=폐수)

자유통과를 위해 요구 되는 입자크기	권장 임펠러	Wilo 시리즈
배수되는 물 10-14mm	볼텍스, 멀티베인	TMW, TS, CP, TC40, VC
침출수 10-14mm	볼텍스, 멀티베인	TMW, TS, CP, TC40, VC
가정용 하수 10-12mm	볼텍스, 멀티베인	TMW, TS, CP, TC40
우수, 소형 유가수[1], 대형유가수[2] 12-35 mm 35-50 mm[1] 70-100 mm[2]	볼텍스, 단일베인 멀티베인	TMW, TS, CP, TC40, TP50-65, TP80-150, STC80-100
상업용 폐수 35-50 mm	볼텍스, 멀티베인	TC40, TS, TP50-65, TC40, TP80-150, STC80-100, STS80-100
펌프장의 폐수 ≥100mm	볼텍스, 원베인, 멀티베인	TP100-150, STS100, TP80

배설물 포함 폐수, 결합수 (=하수)

자유통과를 위해 요구 되는 입자크기	권장 임펠러	Wilo 시리즈
가정용 하수 10-80mm 오수이송장치	단일베인, 볼텍스,	MTS40, TP50-100
상업용 하수 〈 80mm	단일베인, 볼텍스,	TP80-150, STC80-100, STS80-100

중력식 배수 배관

EN 476 DIN 1986 –100 중력식 배수 배관에서, 배수는 지형적 기울기에 의해 일어난다. 배관의 상부에만 부분적으로 유체가 채워져 있다.

토출 양정(delivery head)

펌프의 토출 양정 H는 펌프의 흡입구와 토출구 사이의 유체의 에너지 차이를 말한다. 토출 양정의 단위는 m 또는 bar (10m ~ 1bar)이다. 에너지 양은 에너지 양정 (=토출 양정)으로 표시된다. 압력은 에너지 양정의 구성요소이지만 일반적으로 에너지 차이에 대한 동의어로 사용된다.
(에너지 차이 = 압력)

펌프에서 공급되는 토출양정(에너지 차이)은 지형적 수직 높이 차이(= 정수두 차이)와 배관 및 밸브류 내 압력 강하 (= 미터 단위의 강하)의 합이다.

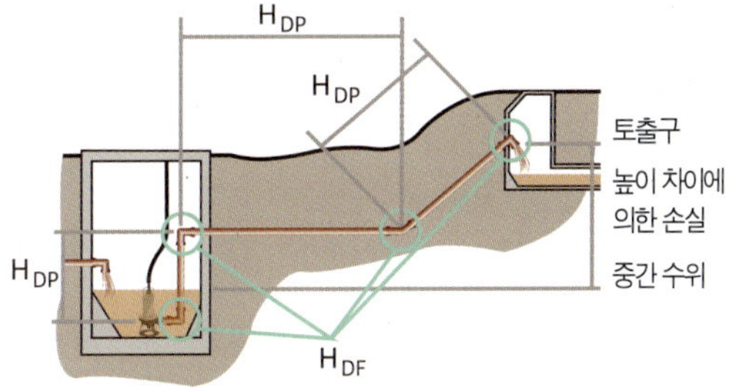

H_{DP} = 배관내 압력 강하
H_{DP} = 밸브류와 곡관 내 압력 강하

(페이지 237의 "시스템 곡선" 참조)

토출 양정을 명시할 때, 압력을 정확하게 지정해야 한다. 최적의 운전점의 압력, 펌프의 최상의 효율에서의 압력 (H_{opt})과 펌프의 최대 압력 (H_{max}) 사이에는 기본적인 차이가 있다. 만약 사양을 잘못 이해하여 펌프가 너무 크거나 너무 작은 펌프를 선택하면 설치물과 장치에 손상을 줄 수 있으며 시스템의 단기 고장을 야기할 수 있다. 이러한 점을 고려하여 가능한 높은 운전점을 제공한다. 즉 배관의 최대 운전점은 $H_{geo-max}$이다.

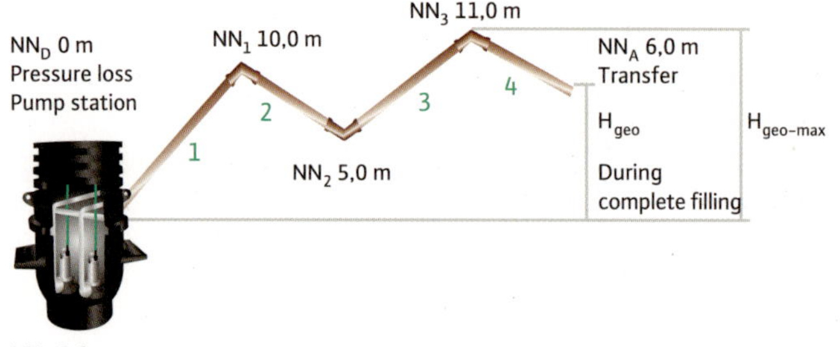

기울기가 다양하고 공기 빼기를 할 수 없는 토출 배관의 경우, 개별값은 높이의 변화에 따라 추가되어야 한다. 이것은 개별적인 높이 차이로 인해 배관이 부분적으로 채워질 수 있고 따라서 여러 번 겹쳐진 물기둥이 추가되어야 한다는 사실에 기인한 것이다.

부분적으로 물로 채워진 배관의 경우, 상승되는 부분배관이 추가된다.

$$H_{geo-max} = (NN1 - NN) + (NN3 - NN2)$$
$$= [10\,m - (-1\,m)] + (11\,m - 5\,m)$$
$$= 17\,m$$

배관 시스템의 완전한 물채움을 가정할 경우, 탱크의 중간수위와 이송 사이의 실양정만 계산할 필요가 있을 것이다.

완전히 물로 채워질 경우

$$H_{geo} = NNA - NN$$
$$= 6\,m - (-1\,m)$$
$$= 7\,m$$

계산을 위한 도움

공기 빼기 없이 펌프를 기동한 경우. 하강 배관(배관 2)의 공기가 압축되므로 모든 하강 배관(배관 1 + 배관 3)을 계산에 추가한다. 왜냐하면 높은 압력지점을 극복하기 위하여 높은 압력이 필요하다.

공기 빼기 없이 운전하는 동안. 공기가 배관 밖으로 밀려나간 후, 배관은 완전히 물로 채워진다. 따라서 펌프에서 공급되는 압력은 토출 / 이송 NN_A와 집수정 정지 수위 NN 사이의 최대 측지 높이 차 H_{geo}가 된다.

공기 빼기 후 펌프 기동한 경우. 여기서, 집수정의 수위 (펌프 기동점)와 시스템의 최상 높이 지점 사이의 입력차이 $H_{geo-max}$를 반드시 고려해야 한다.

운전하는 동안 공기 빼기가 되는 경우. 운전하는 동안, 펌프는 상기 "공기 빼기 없이" 상태에 명시한 것과 동일한 방법으로 작동한다.

 따라서, 펌프의 적절한 운전을 위하여, 완전한 채움과 부분적인 채움양을 계산해야 한다. 왜냐하면 운전점이 과감하게 변할 수 있고 이에 따라 펌프가 허용된 범위 밖에서 작동할 수 있기 때문이다.

유량 (= 전달 유량 = 유량)

유량 Q는 일정한 시간 단위 즉 l/s 또는 m^3/h로 펌프에서 공급된 수력적 유량 (펌핑을 한 유체량)을 말한다. 유량 계산 시 포함 되지 않는 내부 냉각용수 및 누수 손실은 전력 손실이다. 펌핑될 양을 명시할 때, 이것이 운전시 펌프의 최적점 (Q_{opt})인지, 최대요구유량 (Q_{max})인지 또는 최소요구유량 (Q_{min})인지 반드시 명시해야 한다.

 만약 사양을 잘못 이해하여, 펌프가 너무 크거나 너무 작은 펌프를 선택하면 설치물과 장치에 손상을 줄 수 있으며 시스템의 단기 고장을 야기할 수 있다.

하수배관(Ground pipe)

하수가 흐르는 지하 배수관을 말한다.

캐비테이션 (NPSH 참조)

캐비테이션은 임펠러 인입구에서 압력 강하가 생기며 이 때 저압부가 형성 되어 그 압력이 액체의 포화 증기압보다 낮아져 기포(공동) 형성 및 내파를 말한다. 캐비테이션으로 인해 출력 (토출 양정)과 효율이 감소되며 가동이 순조롭지 않고 소음 및 펌프 내부의 재질 손상을 야기하게 된다. 압력이 더 높은 구역에서 아주 작은 공기 방울의 팽창과 파열(내파)을 통해 미시적 폭발은 압력 충격을 발생시켜 케이싱 및 임펠러를 손상 또는 파괴시킨다. 이에 대한 첫번째 신호는 임펠러 인입구로부터의 소음 또는 임펠러 인입구의 손상이다.

부품에 대한 손상은 그 구성성분에 따라 달라진다. 따라서, 스테인레스 스틸 1.4408 (AISI 316)는 펌프 산업의 표준 재료인 주철 (GG25) 보다 무려 20배나 높은 강도를 가지고, 청동의 경우 주철 대비, 수명이 2배가 되는 것으로 추정한다.

유속, 압력 및 증발온도의 관계를 감안하면 캐비테이션을 방지할 수 있다. 높은 유속은 압력이 낮음을 의미하고 유체의 끓는 점도 더 낮아진다. 따라서, 예를 들어, 기포의 형성은 흡입압을 높이면 감소 / 방지할 수 있다.(예를 들어, 물을 더 많이 채워서, 집수정 내 수위를 더 높임). 추가 기동점에 대해서는 페이지 287의 "고장 진단" 편에 나와 있다.

임펠러 유형 - 사용의 장점

단일베인 또는 멀티베인 임펠러는 고형물을 포함한 유체에 적합하다. 이들은 또한 우수, 냉가수, 공정 용수 및 산업용수에도 사용된다.

볼텍스 임펠러는 얽혀있는 섬유 뭉치가 더 커지지 않도록 하기 때문에 긴 섬유입자가 들어있는 유체에 아주 적합하다. 강하고 조용하게 가동되므로, 이 유형은 빌딩 기술에 적용하면 이상적이다. 또 다른 탁월한 특징을 들면 모래와 같은 유체의 마모 성분에도 높은 내마모성을 가지고 있다는 점이다.

권장사항

	개방형 단일베인 임펠러	개방형 멀티베인 임펠러	볼텍스 임펠러
원활한 운전	●●	●	●●●
가스성분 유체	●	●	○
진흙	●	●	●
효율	●●	●●	○
저소음 운전	●	●●	●●●
내마모성	●●	●●	●●●
곡선 가파름	●	●	○

●●●최적　●●매우 양호　● 양호　○제한적

중력 배수를 위한 배관 기울기

모든 하수 배수용 배관은 중력에 의해 자체적으로 비울 수 있어야 한다. 또한 유량소음과 침전물은 배관을 적절하게 설치하여 방지할 수 있다. 또한 모든 배관은 동결 방지를 위해 충분히 깊이 설치해야 한다. (독일의 권장 최소 깊이 > 80cm)

DIN 1986 Part 1에 따른 배관 최소 기울기			
DN	폐수	우수	결합수
불필요한 냄새	-	o	o
빌딩 내 배관			
≥100	1.50	1.100	1.50
150	1.66.7	1.100	1.66.7
200	1.100	1.100	1.100
빌딩 내 배관			
≥100	1.50	1.100	1.50
150	1.66.7	1.100	1.66.7
200	1.100	1.100	1.100

배관 최소 기울기

성능 범위	최소 기울기	참조 표준 및 단원
비환기 연결 배관	1.0%	DIN EN 12056-2, 표5 DIN 1986-100, Section 8.3.2.2
환기 연결 배관	0.5%	DIN EN 12056-2, 표 8
하수배관 및 집수배관 a) 폐수	0.5%	DIN EN 12056-2, Section 8.3.4, Section 8.3.5
b) 우수 (채움 수위 0.7)	0.5%	DIN 1986-100, Section 9.3.5.2
하수배관 및 집수배관 DN 90 (수세 유량이 4.5l~6l인 변기)	0.5%	DIN 1986-100, 표 A.2
빌딩 밖 우수에 대한 하수배관(채움 수위 0.7)	0.5%	DIN 1986-100, Section 9.3.5.2
DN 200까지	0.5%	
DN 250부터	1.DN*	

*적어도 0.7m/s 에서 최대 2.5m/s 까지의 유속

개방형 하향배관은 집수정 이후로 정압없이 배출할 수 있다.

최소 공칭 직경

최소 공칭 직경은 설치 시 가장 작은 공칭 직경 (연결 치수) 또는 가장 작은 요구 배관 치수를 말한다.

저수조 유량

저수조 유량은 유체 누수에 대비해 제공된 추가 보호 장치를 말한다. 이것은 발생된 폐수의 일일 평균량을 토대로 하며 그 수치의 25%로 산출한다. 이것은 펌프 시스템의 기동점과 유체 누수 사이에 제공되는 추가 유량과 동일하다. 실제로, 배관의 흡입측 유량은 안전율로 감안하여 계산에 포함된다.

NPSH (캐비테이션 참조)

원심 펌프의 한 가지 중요한 값은 NPSH (유효흡입양정)이다. 이것은 캐비테이션 없이 작동하기 위해 이 펌프 유형에서 필요로 하는 펌프 흡입구의 최소압력을 말한다. 즉 유체의 증발을 방지하고 액체 상태로 유지하기 위해 필요한 추가 압력을 말한다.

NPSH에 영향을 미치는 펌프 요소는 임펠러 유형과 펌프 속도이다. NPSH에 영향을 미치는 환경적인 요소는 유체 온도와 수위 그리고 대기압이다. NPSH 값에는 두 가지 다른 유형이 있다.

1. NPSH pump = NPSH required
이것은 캐비테이션을 방지하기 위해 필요한 흡입압을 말한다. 수위 (집수정 내 펌프 흡입과 수위 사이의 높이 차이) 또한 흡입압에서 고려된다.

2. NPSH system = NPSH present
이것은 펌프 흡입구에 있는 압력을 말한다.

$$NPSH_{system} > NPSH_{pump} \ or \ NPSH_{present} > NPSH_{required}$$

수중용 배수펌프의 경우, NPSHsystem은 대기압과 펌프 흡입측 가압을 더하고 사용액체의 포화증기압을 빼서 계산한다. 육상용 배수펌프의 경우 흡입양정 및 흡입 배관 내 총 손실수두를 빼야 한다. NPSH-pump는 캐비테이션 기준의 정의와 함께 제조자가 명시한다.

병렬 연결

병렬 운전의 목적은 유량을 증가시키기 위한 것이며 병렬연결은 2대 이상의 펌프의 운전과 관련이 있으며 모든 펌프는 공유된 토출 배관 (각 펌프는 자체 밸브류와 자체 공급배관을 가지고 있다)으로 동시에 토출한다. 만약 모든 펌프가 동시에 펌핑을 하면, 총 토출양정을 계산하기 위해 동일한 토출양정에 유량이 추가됨을 감안해야 한다.

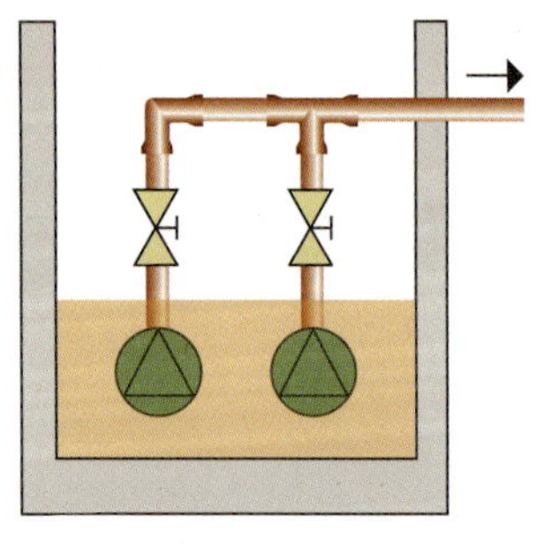

개별 운전과 마찬가지로, 펌프 곡선의 운전점은 시스템 곡선과 함께 펌프 곡선의 교차점으로부터 얻을 수 있다. 각 펌프는 자체 펌프 곡선에서 계속 작동한다. 동일한 유형의 펌프의 경우, 이것은 모든 펌프가 동일한 유량을 가지고 있다는 것을 의미한다.(페이지 243의 그래프 참조) 하지만 주의할 점은 각각의 펌프 배관에 밸브를 가지고 있으므로 각각의 밸브 손실을 감안해야 한다. 이것은 운전점을 계산할 때 반드시 빼야 한다.

기본적으로, 이 규칙은 용량이 다른 두 대의 펌프의 운전에 적용되며 이들 펌프는 개별 성능곡선 상에서 운전되며 이에 따라 서로 간의 유량을 구분한다.(동일한 압력에서, 유량이 증가한다)

다중 펌프를 사용하는 데는 여러 가지 이유가 있다.
- 주운전 펌프와 보조운전 부하 펌프의 해당 기동의 병렬운전, 이 경우 펌프는 유량이 증가함에 따라 주펌프로 공급이 부족할 경우 보조펌프가 운전한다.(예. 주펌프의 최대 유량범위를 넘어 설 때)
- 운영비를 낮추기 위해 또는 변화가 큰 조건에서 유량을 나누기 위한 병렬 운전

- 정상 운전 중이던 펌프가 고장 시 예비펌프나 보조펌프가 운전

교번운전을 통해서, 각 펌프의 운전 시간을 일정하게 함으로써, 펌프의 설치 수명을 더 길게 보장 할 수 있도록 한다. Wilo에서 제공하는 다중 펌프 개폐 장치는 이러한 기능을 제공한다.

Graphic procedure for the calculation.

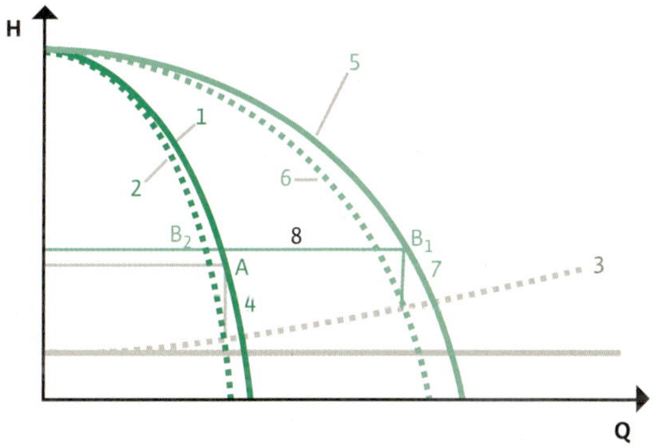

1. 펌프 성능곡선1 그리기
2. 토출 배관 내 손실 (예. 밸브류 또는 배관저항으로 인해)에 의한 펌프곡선1 감소
3. 시스템 특성 곡선 그리기
4. 감소된 펌프 성능곡선과 함께 시스템특성 곡선의 교차점을 원래의 펌프 성능곡선까지 수직으로 올리기
   A=개별 운전을 위한 펌프의 사양점
5. 펌프 성능곡선2 그리기 (동일한 토출양정과 함께 유량 증가)
6. 토출 배관 (집수 배관 까지) 내 손실 (예. 밸브류 또는 배관저항으로 인해)에 의한 펌프 성능곡선2 감소
7. 감소된 펌프 성능곡선의 시스템 특성 곡선의 교차점을 원래의 펌프 곡선까지 수직으로 올린다
   B_1 = 병렬 운전시 시스템의 사양점
   B_2 = **병렬 운전시** 개별펌프 1 또는 2의 사양점

직렬 연결

직렬 연결의 목적은 압력 (토출 양정)을 높이기 위한 것이다. 이 용어는 두 대 이상의 펌프의 운전과 관련이 있으며 모든 펌프가 하나의 토출 배관으로 동시에 토출한다.(각 펌프는 자체의 수전 및 흡입배관을 가지고 있다)

펌프의 전체 성능곡선을 계산하려면, 동일한 유량에서의 압력을 더해야 한다.

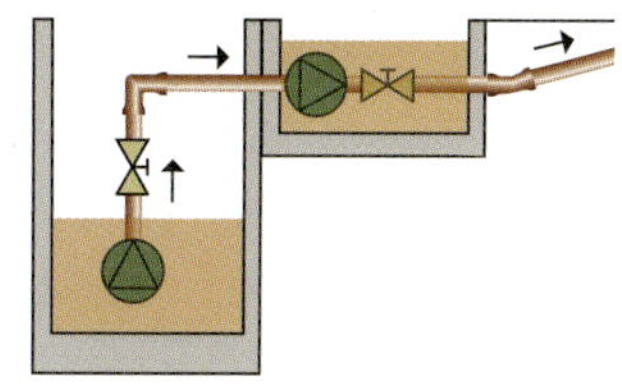

그러나, 직렬 연결은 여러 가지 문제가 발생할 수 있으므로 여러가지 측면에서 접근해야 한다.

이 범위는 캐비테이션에서 터빈 효과까지 정할 수 있으며 첫번째 펌프가 두번째 펌프를 구동시키면 두번째의 펌프에 손상을 일으킬 수 있다. 정확한 설계 및 지속적인 모니터링이 절대적으로 필요하다.

유효체적

이것은 시스템의 기동 및 정지점 사이에 놓여 있는 탱크 (예. 집수정) 내 하수 유량을 말한다. 기동과 정지는 플루우트 스위치나 수위센서를 통해 정해진다. 이것은 양수 과정 동안 펌프로 토출되는 탱크 내 하수량을 명시한다.

집수정체적

이것은 펌프가 수위센서에 의해 정지된 후 집수정 내 잔여 유량을 말한다.

기본적인 전기 개념과 그 영향

기동 전류(starting current)

이것은 마찰 손실과 기동 토오크를 극복하기 위하여 기기를 기동하는 과정에 필요한 전류를 말한다. 기동방식에 따라, 기동 전류는 정격 전류의 7배까지 될 수 있다. 만약 주동력원이 불안정하거나 더 큰 모터가 필요한 경우, 적절한 장치를 제공하여 기동 전류를 줄이도록 한다. 이들 장치에는 소프트 스타터, 인버터 또는 유사장치들이 포함된다. 기동 전류를 감소 시키려면 독일의 경우 모터전력 P2 > 4 kw에 대해서 현지 에너지회사에서 명시한 Y-△ 모터를 선택하면 된다.

ATEX(유럽 방폭 인증[Atmospheres Explosibles])

페이지 245의 "방폭(explosion protection)" 참조.

운전모드
(DIN EN 60034-1에 따라)

S1= 연속 운전

모터 온도는 운전 온도(열 정상상태)까지 운전하는 동안 증가한다. 운전하는 동안, 열은 냉각수 또는 주변 유체에 의해 소멸되어, 모터는 과열에 대해 문제없이 운전할 수 있다. 설치 유형 (수면 지상 / 수중) 또는 명시된 설치 내용을 반드시 감안해야 한다. 연속 운전은 이에 대한 정보를 제공하지 않는다. S1은 하루 24시간, 365일을 의미하지 않는다!

 관련 문서에 제공된 연간 펌프 수명 사양과 가동시간을 참고 한다.

S2 ~ S9

모터는 발열에 의한 전력 손실로 인해서 지속적인 운전이 불가하다. 결국 모터는 과열이 되고 모터 보호장치를 통해 정지될 수 있다.

S3

이 운전모드는 하수 펌프용의 공통 부하이다. 이것은 정지시간에 대한 운전시간 비율을 명시한다. 양쪽 값은 명판 또는 운전 지침에서 볼 수 있어야 한다. S3 모드의 경우, 계산은 운전시간 10분과 관련이 있다.

예

S3-20%는	운전시간이 10분의 20%인 =2분 이고, 정지시간이 10분의 80%인=8분 임을 의미한다.
S3-3min.는	운전시간이 3분이고 정지시간이 7분임을 의미한다.

만약 두 값이 명시되어 있으면, 이것은 예를 들어

S3-5min./20min. 는	운전시간이 5분이고 정지시간이 15분임을 의미한다.
S3-25%/20min.는	운전시간이 5분이고 정지시간이 15분임을 의미한다.

BUS 기술

BUS 기술은 전기 부품의 지능적 네트워킹을 말한다. 여기서, BUS 라인은 정보가 교환되는 데이터 고속도로이다. 다양한 종류의 시스템이 존재한다.(페이지 246의 "LON" 참조)

개별 운전 신호

개별 운전 신호는 장치의 운전을 표시한다.(운전 준비가 아님!)

개별 고장 신호

이것은 개별 펌프의 고장을 나타내며 빌딩 관리 시스템을 위해 정확한 평가 방법을 제공한다.

방폭

방폭은 EU에서 수정 되어 왔다. 방폭에 대한 유럽 지침 94/9/EC는 2003년 7월 1일 이래로 발효가 되었다. 일반적으로 수정 안은 전체 시스템(전기 부분만 아니라)을 방폭측면과 관련하여 점검하고 확인해야 한다. 방폭을 제공하는 존을 규정하는 것은 소유주 / 관리자의 책임이다. Wilo가 방폭으로 인증하는 장치는 Zone 1Group II, Category 2 용 즉 높은 안전표준과 잠재 폭발 가능성이 존재하는 곳을 위해 설계된 것이다.

방폭

예. EEx de IIB T4

EEx 일반 약어

de 보호 유형에 대한 약어
  d 내압방폭
  o 유입방폭
  p 압력방폭
  q 충전방폭구조
  e 안전증 방폭
  i 본질안전 방폭

II 전기기구의 그룹에 대한 약어
  I 광업
  II 지상산업

B 그룹 II의 세분
  A - B - C
  경계 갭에 대한 서로 다른 치수,
  최소 점화 전류

T4 온도 등급 약어
  T1 < 450℃
  T2 < 300℃
  T3 < 200℃
  T4 < 135℃
  T5 < 100℃
  T6 < 85℃

방폭 격리 릴레이

방폭 격리 릴레이를 따라 사용하는 경우, 플로우트 스위치를 폭발가능성이 있는 환경에 사용할 수 있다.(오물이 포함된 유체에 대해서는 Zone 1) 이들 릴레이는 고장이 난 경우에도 유체 또는 주변환경에 발화를 일으킬 수 있는 점화 스파크를 발생하지 않는 레벨까지 전류 흐름을 감소시킨다.

IP 보호 등급

IP 분류를 지정하기 위해 사용되는 번호는 2자리 숫자로 구성되어 있다. 첫 번째 자리수는 접촉에 대한 보호와 이물질에 대한 보호를 나타내며 두 번째 자리수는 물로부터의 보호 정도를 표시한다. 여기 나와 있는 표는 기준값을 보여준다. 더 상세한 정보는 EN 60034-5와 IEC 34-5에 나와 있다.

예

카다로그에 주어진 정보에 따라, Wilo-Drain TP 80 E 160/14는 보호등급 IP 68이다.

이 모델의 보호등급은 접촉과 먼지나 고형물(6..)에 대해 완전히 보호되고 있으며 장시간 (..8) 유체 속에 담글 수 있다는 것을 의미한다.(방수형)

자리수 1 - 이물질로 부터 보호	자리수 2 - 물로 부터 보호
0 특별보호 없음	0 특별보호 없음
1 고형물 유입에 대한 보호 >50mm	1 수직으로 물방울이 떨어지는 것을 보호
2 고형물 유입에 대한 보호 >12mm	2 수직으로 물방울이 떨어지는 것을 보호(15° 기울기)
3 고형물 유입에 대한 보호 >2.5mm	3 분사되는 물 (60° 기울기)
4 고형물 유입에 대한 보호 >1mm	4 어느 각도에서도 분사되는 물
5 먼지로부터 보호 (더 작은 량에서 허용) - 방진, 접촉으로부터 보호	5 일정한 방향에 압력을 가지는 물의 분사에 대한 보호
6 내진, 접촉으로부터 완전한 보호	6 어떠한 방향에 압력을 가지는 물의 분사에 대한 보호
	7 일정한 압력 및 시간 조건하에서 물에 잠수
	8 제조자가 기술한 운전 조건에서 지속적인 잠수

출력

펌프의 출력은 전기 출력과 수력 출력(수동력)으로 나눌 수 있다. 수력 출력은 Q (m³/h 또는 ℓ/s) 와 H (m 또는 bar)로 명기한다. 반대로 전기 출력은 여러 개의 매개변수로 나누어 진다.
예를 들면, 소비전력은 P_1으로 정하고 킬로와트(kW)로 표시한다.
P_2는 모터의 축동력 즉 모터에 의한 수력학적으로 출력되는 동력을 말한다. P_3은 펌프의 수력 출력(수동력)을 나타낸다.

소비전력 P_1

$$P_1 = \sqrt{3}\,U \times I \times \cos\varphi$$

(3상 전류)

축동력 P_2 (정격 동력)

$$P_2 = M \times 2n \times \pi$$

수동력 P_3

$$P_3 = \rho \times g \times Q \times H$$

U = 전압 [V]
I = 전류 [A]
$\cos\phi$ = 모터 제조사의 사양
M = 공칭 토오크 [Nm]
n = 공칭 속도 [rpm]
p = 유체 밀도 [g/dm³]
q = 9.81 m/s²
Q = 유랑 [m³/h]
H = 토출양정 [m]

LON (Local Operating Network)

이것은 펌프, 개폐 장치와 같은 분산된 구성품에 대해 작동하도록 하는 자동화 네트워크(예. 빌딩 자동화)를 말한다. 표준화된 프로토콜을 사용하여, 모든 기능을 해당 접점에서 평가할 수 있다. 네트워크의 모듈구조는 지속적인 유연성과 확장성을 제공한다. 표준화된 구조는 모든 시스템 구성부품이 모든 방향으로 정보를 전달할 수 있으므로 더 이상 필요하지 않다. (페이지 244의 "버스 기술(Bus technology)" 참조)

모터 보호

열 과전류 릴레이 (예. PTC 서미스터)

이 릴레이는 온도에 의해 개폐되며 장치의 운전을 간섭한다. 이것은 특정 온도(권선의 온도상승에 의해)와 전류소비 증가에 의해 작동한다. 이 발열은 수력적 막힘 또는 전압 변동에 의해 야기될 수 있다.

모터 보호 스위치

모터 보호 스위치는 전기기구를 보호하기 위하여 개폐 장치에 내장되어 있다. 이것은 차단용량과 과전압의 유입에 따라 모터를 기동 또는 정지시킨다. 이것은 또한 단락 및 결상 고장에 대한 보호장치의 역할을 하기도 한다. 이것은 PTO(바이메탈 스위치)와 PTC에 의해 개폐된다.

통합 온도 센서

이 온도센서는 모터의 권선이 과열되는 것을 방지하기 위해 통합되어 있다. 이것은 권선의 직접 온도 모니터링을 한다.

- 바이메탈 스위치

  이 보호 기능은 온도에 따라 바이메탈로 개폐된다. 사전에 설정된 온도가 초과할 경우 바이메탈 디스크의 모양변화에 따라 접점이 개방된다. 이것은 실질적으로 냉각이 된 후에만 원래의 모양으로 돌아간다.(장비의 재가동을 위해 초기상태로 복귀)
  교류 장치의 경우, 운전을 위한 이 간격은 개폐 장치없이 가능하다. Wilo에서 사용하는 새로운 보호 릴레이는 개폐 장치없이도 3상 전류에 대해 이 기능이 가능하다. 카달로그 사양참조.

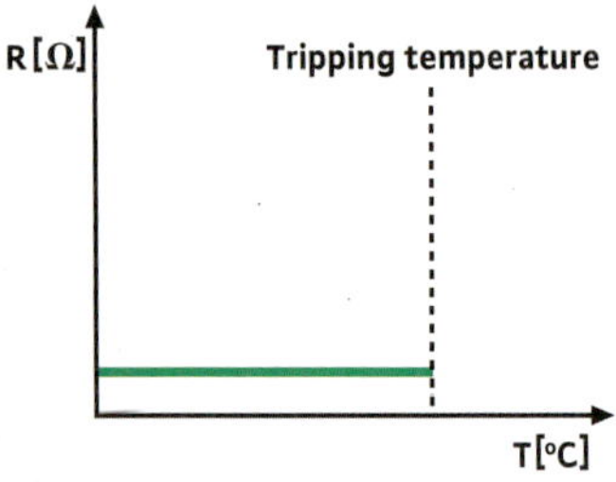

- **서미스터**

  PT100 서미스터를 사용하는 경우, 온도 상승과 관련되는 선형 저항 곡선을 정보로 사용한다. 또 다른 유형의 서미스터는 PTC이다.

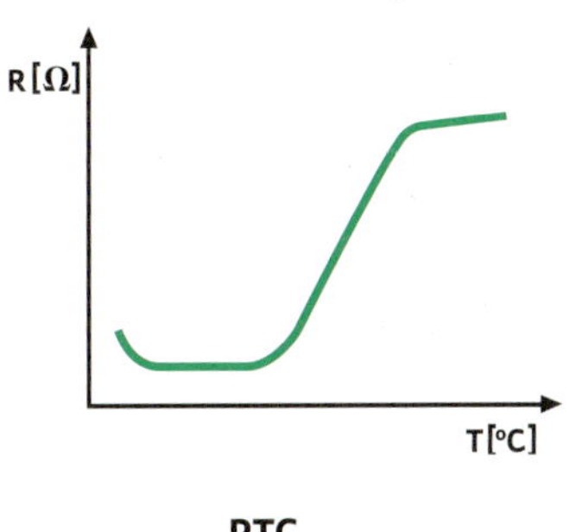

PTC

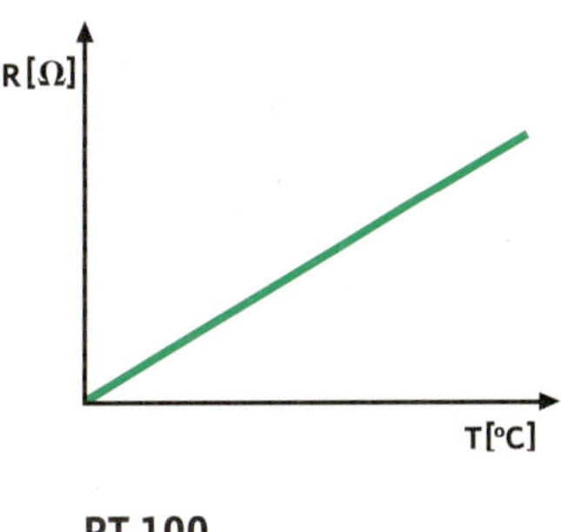

PT 100

PT100 을 사용하는 경우, 지속적이고 정확한 권선 온도를 ℃와 ℉ 단위로 확인 할 수 있다.

수위 제어 시스템

전기유체 수위신호를 사용하는 수위 관리

플로우트 스위치 (예. Wilo MS1)

각 플로우트 스위치는 각각의 개폐 수위에 달려 있다. 어떤 스위치는 접촉장치가 열려 있는 경우 전송된 전류를 차단하는 플로우트 스위치에 위치하여 해당 정보를 개폐 장치에 제공한다. 방폭 격리 릴레이와 함께 사용하는 경우, 플로우트 스위치는 폭발가능성이 있는 환경(배설물이 포함된 유체의 경우 Zone 1)에서도 사용힐 수 있다. 이들 릴레이는 고장이 난 경우에도 유체 또는 주변환경에 발화를 일으킬 수 있는 점화 스파크를 발생하지 않는 레벨까지 전류 흐름을 감소시킨다. 플로우트 스위치의 갯수는 펌프의 대수와 퓨즈 유형 및 수량에 따라 달라진다. 각 플로우트 스위치는 저수조의 상단에 매달려 있으며, 이동이 자유로우며 유체의 표면에 있거나 공기중에 떠 있다. 만약 유체가 특정 수위를 초과하면, 기준축에 표시되어 개폐 장치에서 기능을 준비하도록 한다. 이 수위 스위치는 저수조의 케이블 길이에 의해 정해진다.

 저수조 내에 강한 난류가 있을 경우, 다중 플로우트 스위치의 "꼬임"을 방지하기 위하여, 보호 배관을 고정장치까지 케이블 위로 끌어 당겨야 한다.

플로우트 스위치 (Wilo MS1)

플로우트 스위치 개수에 따라, 더 작은 저수조 직경에 대해 수위 조절의 여러 다른 유형 (측정 벨 또는 압력 센서)을 선택할 수 있다.

정역학적 개폐 신호를 통한 수위 조절

이러한 유형의 신호 측정에서, 유체 수위는 다이아프램의 주위 압력을 통해 측정한다. 이 주위 압력은 주변의 유체에 의해 야기된 것이다. 이 정보는 전기적으로(아날로그) 또는 압력 신호(기압적으로) 전달된다. 스위칭 기어 (플로우트 스위치와 달리)에 설정치 값에 도달할 때까지 저수조 내에 유체 수위의 규정은 없다.

측정 벨 (잠수종)

개구부의 면적이 더 크기 때문에, 측정 벨은 이물질이 많은 유체에 적합하다. 주철은 고밀도 유체에서도 무거운 중량으로 물에 잠긴 상태로 남아 있도록 잠수종에 대한 재료로 사용된다.

측정벨이 유체에 잠기면 수위에 따라 남은 내부 공기가 압축된다. 이러한 압력 변화는 설치된 전자식 수위 변환기, 계폐장치, 스위치 장치의 눈금값에 의해서 평가 된다. 이것은 수위에 대해 지속적인 측정이 가능하고 평가(단위. cm, m)할 수 있고, 폭발 가능성이 있는 구역(오물을 포함하는 하수 Zone1)에서 순수 압력신호를 전달함으로써 추가적인 안전장치가 필요 없이 기포폭기 방법을 통해 사용 가능하다는 장점이 있다. 이것은 장치의 통합 센서를 사용하여 개폐 장치 내에서 평가하는 것이다.

기포폭기 방법 (공기 압축기)은 시스템 내 공기 양을 균일하게 유지할 수 있도록 한다.

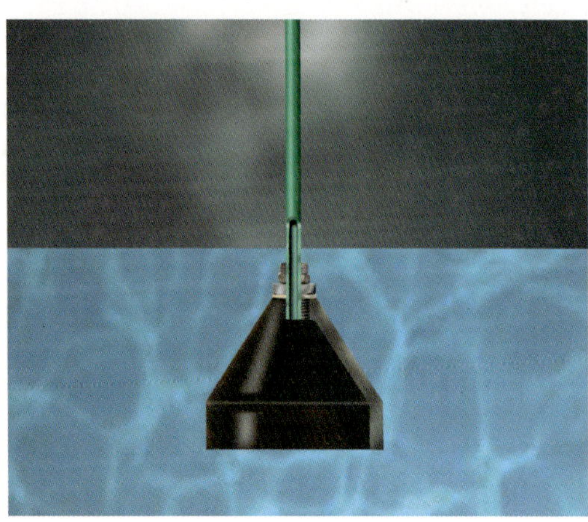

측정 벨

전자 압력 센서

전자 압력 센서는 잠수종과 동일한 원리에 따라 기능 작동을 한다. 주된 차이는 압력 변환기는 직접 압력 센서에 통합되어 있으며 이것은 압력 신호가 저수조 내에서 직접 아날로그 전기신호 (4-20mA)로 변환되는 것을 의미한다. 따라서, 개폐 장치는 추가적인 압력 변환기는 필요하지 않다. 잠수종을 사용하는 경우, 압력호스의 누수 또는 호스의 공기량에 대한 관련 영향으로 열 변화가 일어나는 등의 요소로 인해 부정확한 수치가 나올 수 있다. 전자 압력 센서를 사용하여 평가를 하면 더 정확할 수 있다.

또한, 압력 센서에서 사용하는 재료의 경우 내부식성이 더 강하다.(일반적으로 AISI 316 또는 그 이상) 센서는 저수조 내부에 매달아 설치되며; 유체 내에 강한 난류가 있으면 보호 배관 내에 설치할 수 있다. Wilo에서 사용하는 센서는 폭발가능성이 있는 환경에도 사용할 수 있다. 고장 / 결함이 있을 경우 폭발 할 수 있는 점화스파크를 방지 하기 위해 제너 배리어(Zener barrier)를 사용 하여야 한다.

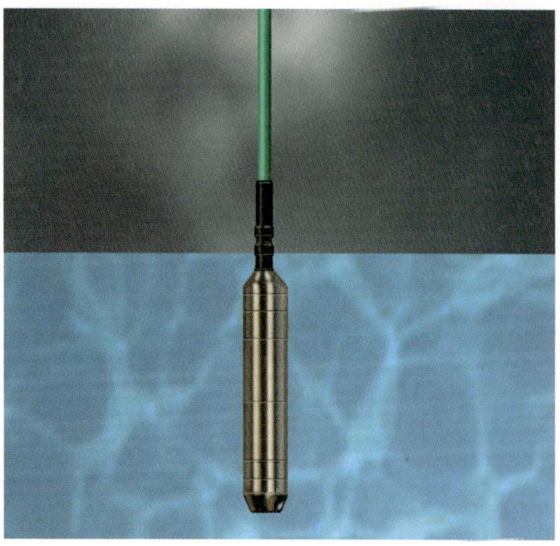

전자압력센서

더 높은 안전을 위해, 추가로 Wilo MS1 플로우트 스위치를 고수위 경보기로 설치할 수 있다.

공칭 전류

규정된 전압으로 최상의 효율점에서 구동장치에 의해 소비되는 전류를 말한다.

플로우팅 NC 접점

플로우팅 NC 접점은 개폐 장치의 평가 접점이다. 이것은 다운스트림 장비용 신호 및 제어접점 역할을 하며 외부 전압공급장치가 필요하다. 접점의 경우, 최대 전압전달용량은 볼트(V)로 명시하고 최대 전류전달용량은 암페어(A)로 명시한다. 하수 용도에서 사용하는 Wilo 개폐 장치의 경우, 이 값은 최대 250 V/1A 이다. 이 접점은 엄격히 말하면 출력이고 개폐 장치에서 조정을 하기 위해 사용할 수 없다. 과전류, 과온도, 누수 등 자주 요청하는 정보는 평가 시스템 (예. PC, 신호카드, 빌딩 관리시스템 등)으로 출력할 수 있으며 다운스트림 기능의 별도 조정을 위해 릴레이에서 출력할 수 있다.

일괄운전 신호

일괄운전 신호는 시스템의 운영준비를 나타낸다.

일괄고장 신호

신호점에는 음향경보, 시각경보, 카운터 등이 포함된다. 시스템 중 한 개의 구성부품이 고장나면 즉시 일괄 고장 신호가 전체 시스템의 고장 메시지로 작동한다.(개별 펌프 아님!)

전압 공급

일정한 전원공급장치 (주전압)는 전자 장치의 수명을 길게 해 준다. 모터에서 필요한 전류가 저전압으로 공급되면, 권선 온도도 따라서 증가된다. 이로 인해 소손속도가 빨라지고 고장이 일찍 일어난다. 전압 상승은 낮은 효율과 유도저항의 감소로 이어지며, 또한, 모터 토오크와 rpm이 감소하고 그 결과 장치는 원래 설계된 수동력을 이행하지 못하게 된다. 이때 모터 보호 스위치가 있다면 장치를 정지시킨다. AC 펌프에서는, 캐페시터가 손상된다.

다음의 개요는 전압 변동이 있을 경우 상호작용에 대한 경향을 나타낸다.

전압이 정격 전압의 10%로 증가한다.
- 속도가 동일함.
- 전부하의 효율이 조금 증가한다.
- 기동전류가 10%까지 증가한다.
- 전부하에서 성격전류가 /%까시 감소한나.
- 권선온도가 약간 떨어진다.

전압이 정격 전압의 90%까지 감소한다.
- 속도가 동일함.
- 효율이 전부하에서 약간 감소한다.
- 기동전류는 10% 까지 감소한다.
- 전부하에서 정격전류는 10%까지 증가한다.
- 권선온도가 증가한다.

고장 신호

이 신호는 개별 또는 일괄 고장 신호 중 하나이다. 이 신호는 개폐 장치에 의해 기록 및 표시되고 프로그램화 하는 경우 차단기능을 수행한다. 이것은 너무 높거나 낮은 수위 및 모터의 결함이 원인이다. (페이지 244의 "개별 고장 신호"와 페이지 249의 "일괄 고장 신호" 참조)

제너 배리어 (Zener barrier)

제너 배리어는 레벨 측성 시스템을 폭발가능성이 있는 구역에 사용할 수 있도록 공급되는 전류 및 전압을 감소시키기 위한 무저항의 구성부품을 말한다. 제너 다이오드 (Zener diode)는 전압을 제한하며 내부 저항계는 전류를 제한한다. 고장 시, 내장된 퓨즈가 개폐하여 연결을 차단한다. 제너 배리어는 수위 센서와 연계한 경우에만 사용할 수 있다.

02. 설치 및 계산

계산을 위한 일반 지침

일반 지침

- 펌프에 의해 공급되는 유량은 하수 유입 유량을 초과해서는 안된다. 펌프는 장기간 수명과 최적의 성능을 보장하기 위해 가능하면 최적의 운전점에서 가동하도록 한다.

- 시간이 지나면 펌프의 성능이 감소한다는 점을 고려해야 한다. 마모 및 부식은 유량과 양정에 부정적인 영향을 미칠 수 있다.

- 펌프는 최고의 효율점 기준 ±15% 범위 내에 있도록 설계를 해야 한다.

- 가파른 펌프 성능곡선은 유량이 줄게 되면 급격히 양정이 증가하여 토출 배관에 있는 침전물을 제거하여 토출 배관의 막힘을 방지한다.

- 부속품의 재질선정 시, 내부식성과 내마모성을 고려하여 재질을 선정 하여야 한다.

- 토출 양정이 높은 경우, 워터 해머를 줄이기 위해 개폐가 빠른 밸브류를 사용 해야한다.

- 유입 유량이 많을 경우 경제성과 안전을 고려하여 한대는 운전, 한대는 예비펌프로 병렬연결 운전을 하는 것이 좋다. 만약 배수하는 이송점이 집수정 수위보다 낮으면 환기 장치를 설치 해야 한다. 이 경우 이송점이 집수정 수위보다 낮으면 집수정을 완전히 배수 할 수 있으며, 집수정에는 환기 문제가 발생 되어 사전에 적절한 예방조치를 강구해야 한다.

- 토출 배관의 기울기가 다른 여러 배관에 대해서는 각기 다른 운전 조건에 주의 해야 한다. 부분 또는 전체 물 채움 과관련한 사항을 반드시 고려 해야 한다.(페이지 239/240의 "토출 양정" 참조)

토출배관 및 펌프 재질

- 시스템을 설계할 때, 다음의 사항이 시스템에 대해 영향을 줄 수 있다는 점을 주의한다.

  - 유체의 유속 〉 소음, 마모
  - 유체의 pH값 〉 재료 손상, 부식
  - 유체의 화학성분 〉 부식
  - 습도, 공기 속 염분함유량과 같은 대기 조건 〉부식
  - 외부온도 및 유체 온도 〉 유체 성분변경, 부식
  - 배관 내 유체의 체류기간 〉 악취 생성

- 재질 변경 및 그에 따른 압력 등급의 변경으로 인해, PN10 배관은 지하 배관으로 항상 사용해야 한다.

내부 설치를 위한 설계 지침

건물 내 폐쇄된 공간에 설치되는 펌프
배설물이 포함된 유체 - 분리 시스템

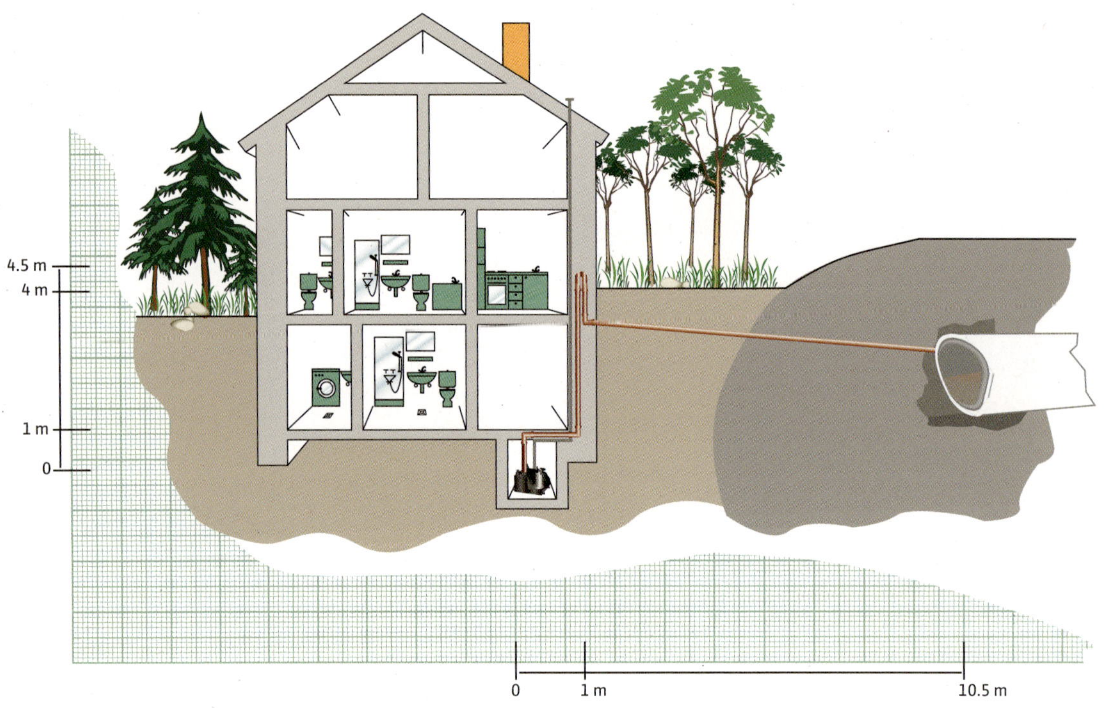

1. 사용조건 결정	• 집 내부에 있는 배설물이 포함된 폐수용 공간	• DIN EN 12050
	• 분리 시스템	• EN 12056
	• 역류 될수 있는 수위가 도로면에 있음.	• EN 752
		• DIN 1986-100
		• EN 1610
		• ATV-DVWK

2. 경계 조건 정의	전류 / 전력공급 결정하기
	• AC 와 3상 전류 가능
	• 60Hz 주파수

3. 폐수 유입량 Q_w 계산

주거건물용 배수계수 K. 0.5 ℓ/s

배수원	DU 값
샤워기 2대	2 x 0.8 ℓ/s
욕조 1대	1 x 0.8 ℓ/s
부엌싱크 1개	1 x 0.8 ℓ/s
식기세척기 1대	1 x 0.8 ℓ/s
세탁기 1대(10kg)	1 x 1.5 ℓ/s
바닥배수 2개 DN50	2 x 0.8 ℓ/s
수조가 있는 3개 변기	3 x 2.5 ℓ/s
세면조 4개	4 x 0.5 ℓ/s
	16.6 ℓ/s

배수계수 [ℓ/s]
배수연결값 [ℓ/s]
특수 부하용 배수값 [ℓ/s]

$$Q_s\ [\ell/s] = K \times \sqrt{\sum DU} + Q_b$$

$$Q_s = 0,5\ \ell/s \times \sqrt{16,6\ \ell/s} + 0$$

$$= 2.04\ \ell/s > 2.5\ \ell/s\ (9\ m^3/h)$$

계산값이 가장 큰 배수원의 배수연결값 (DU 값) 보다 작은 경우,
이 둘 중 더 큰 값을 나머지 계산을 위해 사용하도록 한다!

• 추가정보의 표1 "특성 배수값 K" 참조.
• DIN EN 12050
• EN 12056

• 추가정보의 표2 "위생시설을 위한 배수연결값 (DU)" 참조.
• DIN EN 12050
• EN 12056

---

4. 우수 유입량 Q_r 계산

불필요, 시스템이 분리 시스템임

---

5. 혼합수 유출량 Q_c 계산

불필요, 시스템이 분리 시스템임

---

6. 배관 구성 및 최소 유속 결정하기

제공. 15.5 m 배관
선택. 주철 (GG) 배관 재질
공칭 직경 DN 80

• ATV-DWWK A134
• EN 12056-4

필요 유량 [m³/h]

$$V_{min}\ [m/s] = \cfrac{Q_{ben}}{\cfrac{\pi}{4} \times (d_i)^2}$$

배관 내경 [m]

$$\cfrac{Q_{ben}[m^3]}{\cfrac{\pi}{4} \times (d_i[m])^2 \times 3600\ s}$$

유속 확인

$$V_{min} = \cfrac{9\ m^3/h}{0,785\ s \times (0,08\ m)^2} = \cfrac{9\ m^3}{2826\ s \times 0,0064\ m^2}$$

$$= 0.5\ m/s$$

• 추가정보의 표 7 "신규관의 내경" 참조.

배관 직경은 손실 및 침전물에 대한 보호와 관련하여 적절하게 차수가 정해
져 있지 않다.
0.7 m/s < Vmin < 2.5 m/s
실제 운전점과 관련하여 필요한 펌프의 성능곡선으로 확인

7. 필요한 배관 부속품 선정

1 x 차단밸브 DN80 ≙ 0.56m
1 x 체크밸브 DN80 ≙ 3.3m
5 x 90°엘보 DN80 ≙ 3.95m

• 추가정보의 표9
  "배관 부속품
  손실" 참조.
• DIN EN 12050-1
• DIN 1988-T3

---

8. 필요한 총양정 계산

A. 지표면과의 높이 차

$$H_{geo-max}\,[m] = NN_1 - NN_0$$

이송 높이 또는 역류점에서 역류 루프의 배관 하단 [m] — 수위 높이 [m]

$$H_{geo-max} = 4.5\ m - 0\ m$$
$$= 4.5\ m$$

B. 배관 내 손실

$$H_{DP}\,[m] = H^{*}_{DP} \times L$$

다이어그램에 따른 배관 손실 — 배관 길이 [m]

15.5m 주철 배관, DN80, 신형배관에 대한 다이어그램에 따라.

$$H^{*}_{DP} = 0.45m/100m$$

는 100m 당 0.45m의 손실을 0.0045m/m으로 계산한다.

$$H_{DP} = 0.0045 \times 15.5\ m$$
$$= 0.07\ m$$

• 추가정보의 표8
  "배관마찰손실과
  보정인자" 참조.

C. 배관 부속품 내 손실

$$H_{DF}\,[m] = (H_{DF1} + H_{DF2}\ldots + H_{DFn}) \times H^{*}_{DP}$$

배관 부속품1 손실 [m] — 배관 부속품2 내 손실 [m] — 다이아그램에 따른 배관 내 손실

$$H_{DF} = (0.56\ m + 3.3\ m + 3.95\ m)$$
$$\times 0.0045$$
$$= 0.035\ m$$

• 추가정보의 표9
  "배관 부속품
  손실" 참조.
• DIN EN 12050-1
• DIN 1988-T3

D. 총 손실

$$H_{Tot}\,[m] = H_{geo-max} + H_{DF} + H_{DP}$$

지표면과의 높이 차 [m] — 배관 부속품 손실 [m] — 배관 내 손실 [m]

$$H_{Tot} = 4.5\ m + 0.07\ m + 0.035\ m$$
$$= 4.61\ m$$

계산된 운전점 (최소값)

$$Q_{max} = 9\ m^3/h\ (2.5\ \ell/s)$$
$$H_{tot} = 4.61\ m$$

9. 펌프선정

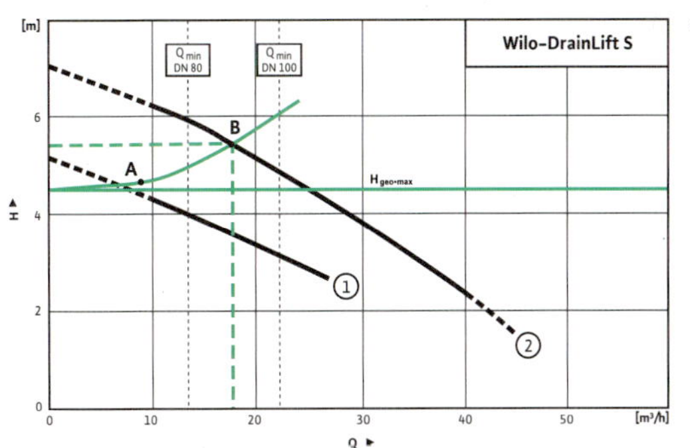

1 = DrainLift S 1/5 A = 계산된 운전점
2 = DrainLift S 1/7 B = 실제 운전점

선정한 모델은 Wilo-DrainLift S 1/7이며 이것은 압력에 의해 운전점이 변하고 최소유량 이상으로 기준을 맞춘다. 펌프의 가동시간은 이에 따라 수명에 대한 부정적인 영향이 없으므로 줄어든다.

Wilo-DrainLift S 1/7의 실제 운전점

$$Q_{Real} = 16\ m^3/h\ (4.44\ \ell/s)$$

$$H_{Real} = 5.2\ m$$

• Wilo Catalogue 참조

10. 배관 구성 및 실제 유속 결정하기

실제 운전점의 유량 [m³/h]

$$V_{min}\ [m/s] = \dfrac{Q_{Real}}{\dfrac{\pi}{4} \times (d_i)^2}$$

배관 내경 [m]

$$\dfrac{Q_{kor}[m^3]}{\dfrac{\pi}{4}\ (d_i[m])^2 \times 3600\ s}$$

$$V_{min} = \dfrac{16\ m^3/h}{2826 \times 0{,}0064\ m^2}$$

$$= 0.88\ m/s$$

11. 제어 시스템과 부속품 선택

전장품
구성에 필요한 장비들은 공급범위에 포함 되어 있다.
기계 부속품
- 1 x 체크밸브 (2005년 초 공급영역에 포함)
- 1 x 게이트밸브 DN80
- 5 x 엘보 DN80

• Wilo Catalogue 참조

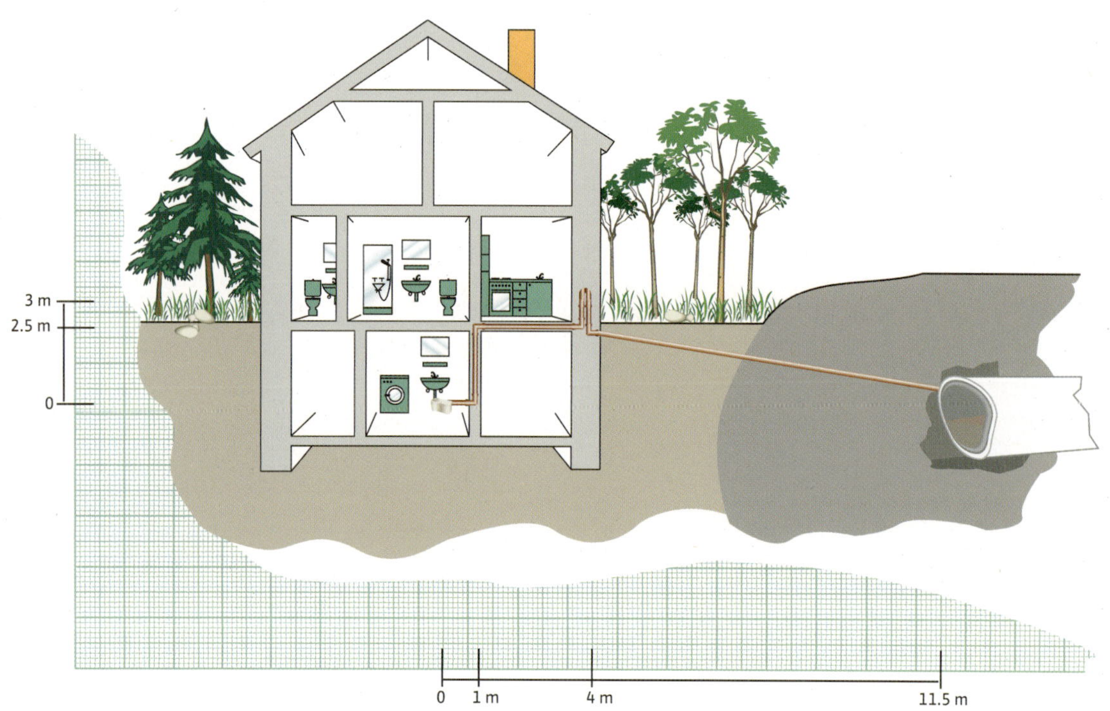

1. 사용조건 결정	• 집 내부에 있는 폐수 펌프	• DIN EN 12050
	• 분리 시스템	• EN 12056
	• 역류 될 수 있는 수위가 도로면에 있다.	• EN 752
	• 역류 수위 이상의 모든 배수원은 직접 배수된다.	• DIN 1986-100
		• EN 1610
		• ATV-DVWK

2. 경계 조건 정의	전류 / 전력공급 결정하기
	• AC 와 3상 전류 가능
	• 60Hz 주파수

3.폐수 유입량 Q_w 계산

단독주택용 배수계수 K. 0.5 ℓ/s

• 추가정보의 표1
  "특성 배수값 K"
  참조.
• DIN EN 12050
• EN 12056

• 추가정보의 표2
  "위생시설을 위한
  배수연결값
  (DU)" 참조.
• DIN EN 12050
• EN 12056

배수원	DU 값
세탁기 1대(10kg)	1 x 1.5 ℓ/s
세면조 1개	1 x 0.5 ℓ/s
	2.0 ℓ/s

배수연결값 [ℓ/s]

배수계수 [ℓ/s]

$$Q_s\,[\,\ell/s\,] = K \times \sqrt{\Sigma DU} + Q_b$$

특수 부하용 배수값 [ℓ/s]

$$Q_s = 0,5 \; \ell/s \times \sqrt{2,0 \; \ell/s} + 0$$

$$= 0.71 \; \ell/s > 1.5 \; \ell/s \; (5.4 \; m^3/h)$$

계산값이 가장 큰 배수원의 배수연결값 (DU 값) 보다 작은 경우,
이 둘 중 더 큰 값을 나머지 계산을 위해 사용하도록 한다!

---

4. 우수 유입량 Q_r 계산

불필요, 시스템이 분리 시스템임

---

5. 혼합수 유출량 Q_c 계산

불필요, 시스템이 분리 시스템임

---

6. 배관 구성 및 최소 유속 결정하기

제공. 15 m 배관
선택. PE100HD 배관 재질
　　　공칭 직경 DN 40

• 추가징보의 표 7
  "신규관의
  내경" 참조.

필요 유량 [m³/h]

유속 확인

$$V_{min}\,[\,m/s\,] = \cfrac{Q_{ben}}{\dfrac{\pi}{4} \times (d_i)^2}$$

배관 내경 [m]

$$\cfrac{Q_{ben}[m^3]}{\dfrac{\pi}{4} \times (d_i[m])^2 \times 3600\ s}$$

$$V_{min} = \cfrac{5,4\ m^3/h}{0,785\ s \times (0,041\ m)^2}$$

$$= \cfrac{5,4\ m^3}{2826\ s \times 0,0017\ m^2}$$

$$= 1.12 \; m/s$$

7. 필요한 배관 부속품 선정

6 90°엘보 DN40   ≙ 1.62m

• 추가정보의 표9
  "배관 부속품
  손실" 참조.
• DIN EN 12050-1
• DIN 1988-T3

---

8. 필요한 총토출양정 계산

A. 지표면과의 높이 차

$$H_{geo-max} [m] = NN_1 - NN_0$$

이송 높이 또는 역류점에서의   수위 높이 [m]
배관 하단 [m]

$$H_{geo-max} = 3.0 \text{ m} - 0 \text{ m}$$
$$= 3.0 \text{ m}$$

B. 배관 내 손실

$$H_{DP} [m] = H^*_{DP} \times L$$

다이어그램에 따른   배관 길이 [m]
배관 손실

15m HDPE 배관, DN40, 신형배관에 대한
표에 따라.

$$H^*_{DP} = 3.5m/100m$$

는 100m 당 3.5m의 손실을 0.035m/m으로
계산한다.

$$H_{DP} = 0.035 \times 15 \text{ m}$$
$$= 0.53 \text{ m}$$

• 추가정보의 표6
  "플라스틱 배관의
  유량에 따른 압
  력 강하" 참조.

C. 배관 부속품 내 손실

$$H_{DF} [m] = (H_{DF1} + H_{DF2}... + H_{DFn}) \times H^*_{DP}$$

배관 부속품1 내   배관 부속품2 내 손   다이아그램에 따른
손실 [m]   실 [m]   배관 내 손실

$$H_{DF} = (1.62 \text{ m}) \times 0.035$$
$$= 0.06 \text{ m}$$

• 추가정보의 표9
  "배관 부속품
  손실" 참조.
• DIN EN 12050-1
• DIN 1988-T3

D. 총 손실

$$H_{Tot} [m] = H_{geo-max} + H_{DF} + H_{DP}$$

지표면과의   배관 부속품   배관 내
높이 차 [m]   손실 [m]   손실 [m]

$$H_{Tot} = 3.0 \text{ m} + 0.06 \text{ m} + 0.053 \text{ m}$$
$$= 3.59 \text{ m}$$

계산된 운전점 (최소값)

$$Q_{max} = 5.4 \text{ m}^3/h \ (1.5 \ \ell/s)$$
$$H_{tot} = 3.59 \text{ m}$$

9. 펌프선정

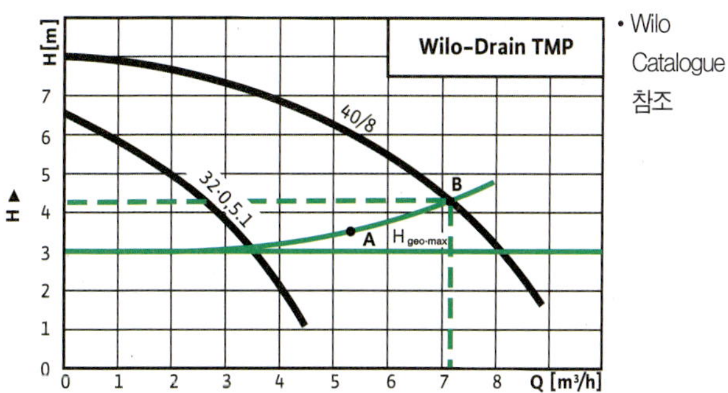

• Wilo
Catalogue
참조

A=계산된 운전점
B=실제 운전점

선정한 모델은 Wilo-DrainLift TMP 40/8 이 선정 된다.

Wilo-DrainLift TMP 40/8의 실제 운전점

$Q_{Real} = 7.2 \ m^3/h \ (2.0 \ \ell/s)$

$H_{Real} = 4.2 \ m$

---

10. 배관 구성 및 실제 유속 결정하기

수정된유량 [m³/h]

$$V_{min} \ [m/s] = \frac{Q_{Real}}{\frac{\pi}{4} \times (d_i)^2}$$

배관 내경 [m]

$$= \frac{Q_{kor}[m^3]}{\frac{\pi}{4} (d_i[m])^2 \times 3600 \ s}$$

$$V_{min} = \frac{7,2 \ m^3}{2826 \ s \times 0,0017 \ m^2}$$

$$= 1.5 \ m/s$$

---

11. 제어 시스템과 부속품 선택

전장품
구성에 필요한 장비들은 공급범위에 포함 되어 있다.
• 미니 경보 스위치기어 또는 Wilo-Alarm Control 1 옵션
기계 부속품
• 6 x 90° 엘보

• Wilo
Catalogue
참조

배수펌프장 외부 설치계획 지침

특성
8개의 욕실 (4개는 샤워기와 욕조가 있고, 4개는 샤워기만 있음)
식기세척기가 있는 4개 부엌
4대의 세탁기(10kg)와 바닥배수 DN50의 세탁실
배관 길이. 하수도까지 25m 높이 차. 4 m
역류 수위 아래 위치한 모든 배수원은 미니 리프팅 제품모델을 통해 집수정으로 배수된다.
지붕 면적. 150 m²
포장된 진입로. 30m²
4개의 단일 차고, 각 10m²

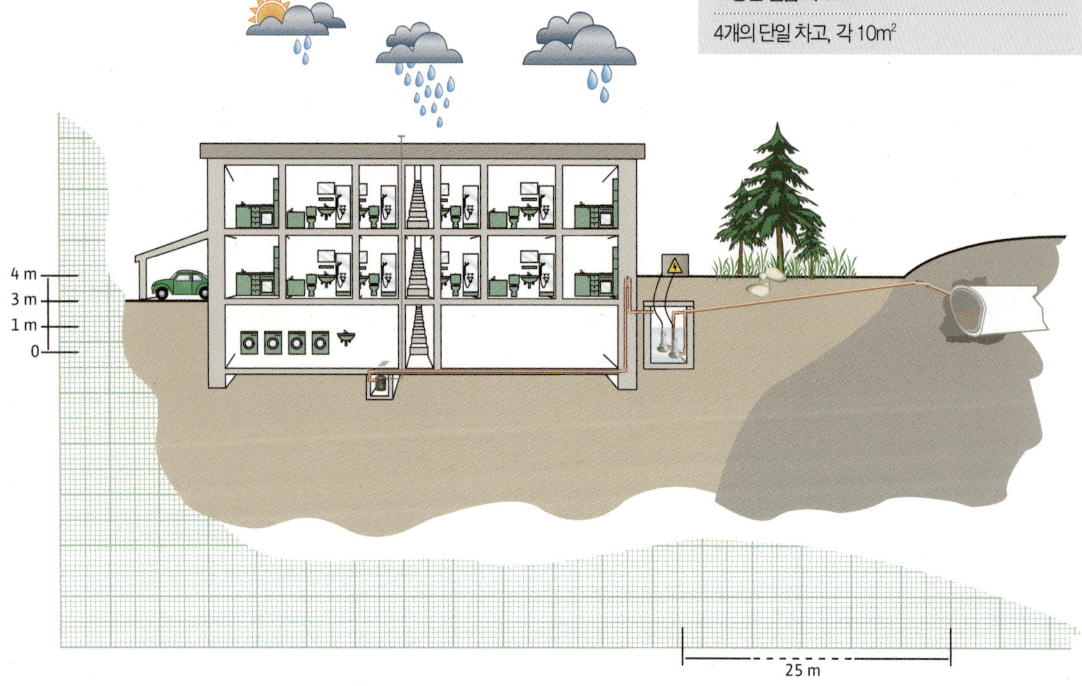

1. 사용조건 결정	• 건물 밖에 저수조 설치	• DIN EN 12050
	• 혼합수 처리 허용	• EN 12056
	• 역류 될 수 있는 수위가 도로면에 있다.	• EN 752
	• 트윈-헤드 펌프장, 다가구주택	• DIN 1986-100
	• 바람의 영향은 무시한다.	• EN 1610
	• 빗물은 지붕에서 수직으로 떨어짐 (150m²)	• ATV-DVWK

2. 경계 조건 정의

전류 / 전력공급 결정하기
• AC 와 3상 전류 가능
• 60Hz 주파수

3. 폐수 유입량 Q_w 계산

다세대용 배수계수 K. 0.5 ℓ/s

배수원	DU 값
샤워기 8대	8 x 0.8 ℓ/s
욕조 4대	4 x 0.8 ℓ/s
부엌싱크 4개	4 x 0.8 ℓ/s
식기세척기 4대	4 x 0.8 ℓ/s
세탁기 4대(10kg)	4 x 1.5 ℓ/s
바닥배수 1개 DN50	1 x 0.8 ℓ/s
6ℓ 수조가 있는 8개 변기	8 x 2.5 ℓ/s
세면조 9개	9 x 0.5 ℓ/s
	43.3 ℓ/s

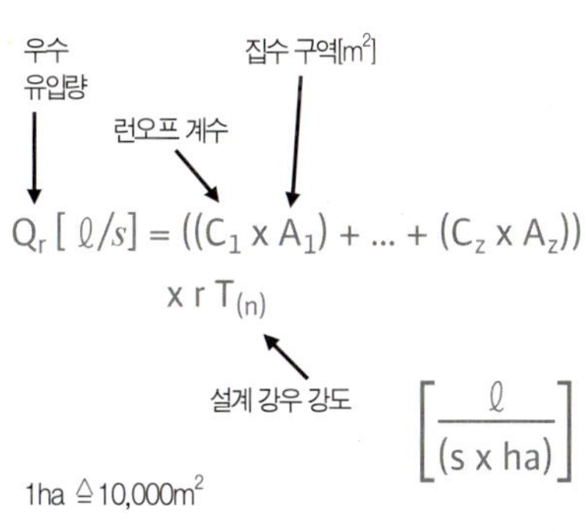

$$Q_s\ [\ell/s] = K \times \sqrt{\sum DU} + Q_b$$

$$Q_s = 0{,}5\ \ell/s \times \sqrt{43{,}3\ \ell/s} + 0$$

$$= 3.29\ \ell/s\ (11.84\ m^3/h)$$

가장 큰 배수원의 배수연결값 (DU 값) 보다 계산값이 작은 경우, 이 둘 중 더 큰 값을 나머지 계산을 위해 사용하도록 한다!

- 추가정보의 표1 "특성 배수값 K" 참조.
- DIN EN 12050
- EN 12056

- 추가정보의 표2 "위생시설용 배수연결값 (DU)" 참조.
- DIN EN 12050
- EN 12056

4. 우수 유입량 Q_r 계산

지역건물관할기관에의 제공값이 없을 경우 홍수 방지값 300 ℓ/(s x ha)를 적용 한다.

밀폐지역	계수 C
지붕면적 150m^2	1.0
신입보, 콘크리트포장 30m^2	0.7
단일차고, 각 10m^2	1.0

우수 유입량
런오프 계수
집수 구역[m^2]

$$Q_r\ [\ell/s] = ((C_1 \times A_1) + ... + (C_z \times A_z))$$
$$\times r\ T_{(n)}$$

설계 강우 강도

$$\left[\frac{\ell}{(s \times ha)}\right]$$

1ha ≙ 10,000m^2

$$Q_r = ((1 \times 150\ m^2) + (0.7 \times 30\ m^2) +$$
$$(1 \times 40\ m^2)) \times \frac{300\ \ell/(s \times ha)}{10.000\ m^2}$$

$$= 211 \times 0.03\ \ell/s$$

$$= 6.33\ \ell/s$$

- 추가정보의 표4 "독일의 강우 강도" 참조.

- 추가정보의 표5 "강우량 Qr 계산을 위한 자료유출 계수 C" 참조.
- DIN 1986-100
- EN 12056-A
- EN 12056-3,2001-01
- DIN EN 752-2_1996-09

5. 결합수 유출량 (Q_c) 계산

$$Q_c\ [\ell/s] = Q_w[\ell/s] + Q_r[\ell/s]$$

$$Q_c = 3.29\ \ell/s + 6.33\ \ell/s$$

$$= 9.62\ \ell/s\ (34.63\ m^3/h)$$

6. 배관 구성 및 최소 유속 결정하기

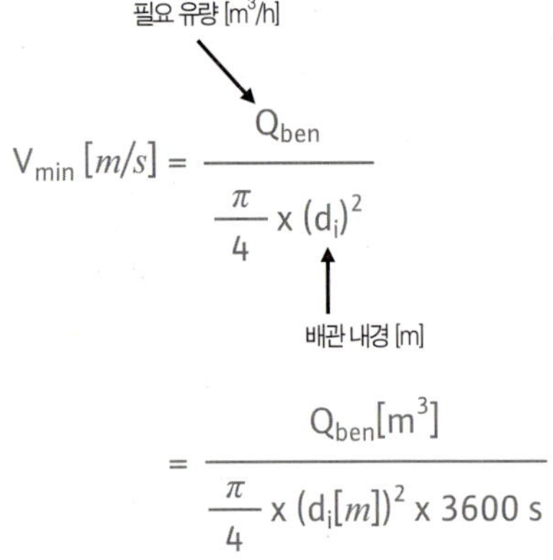

$$V_{min}\,[m/s] = \cfrac{Q_{ben}}{\cfrac{\pi}{4} \times (d_i)^2}$$

필요 유량 [m³/h] → Q_{ben}

배관 내경 [m] → d_i

$$= \cfrac{Q_{ben}\,[m^3]}{\cfrac{\pi}{4} \times (d_i\,[m])^2 \times 3600\ s}$$

고정조건. 25 m 배관
선택조건. 주철 (GG) 재질 배관
공칭경 DN100

유속 확인

$$V_{min} = \cfrac{34{,}63\ m^3/h}{0{,}785\ s \times (0{,}1\ m)^2}$$

$$= \cfrac{34{,}63\ m^3}{2826\ s \times 0{,}01\ m^2}$$

$$= 1.23\ m/s$$

배관 직경은 손실 및 침전물 보호와 관련하여
잘 설계되어 있다.
$0.7\ m/s < V_{min} < 2.5\ m/s$

- 추가정보의 표 7 "신규관의 내경" 참조.

---

7. 필요한 배관 부속품 선정

1 x Y-piece DN100 ≙ 8,85m
1 x 차단밸브 DN100 ≙ 0,7m
1 x 체크밸브 DN100 ≙ 4,26m
1 x 베이스지지 엘보DN100 ≙ 1,11m
1 x 90°엘보 DN100 ≙ 1,11m

- 추가정보의 표9 "배관 부속품 손실" 참조.
- DIN EN 12050-1
- DIN 1988-T3

---

8. 필요한 총토출양정 계산

A. 지표면과의 높이 차

$$H_{geo-max}\,[m] = NN_1 - NN_0$$

이송 높이 또는 역류점에서의 배관 하단 [m] → NN_1

수위 높이 [m] → NN_0

$$H_{geo-max} = 4\ m - 1\ m$$

$$= 3\ m$$

B. 배관 손실

도표에 따른 배관 손실 → H^*_{DP}

배관 길이 [m] → L

$$H_{DP}\,[m] = H^*_{DP} \times L$$

25m HDPE 배관, DN10, 신형배관에 대한
다이어그램에 따라

H^*DP = 배관의 2m/100m

는 100m 당 2m의 손실을 0.02m/m으로 계산한다.

$$H_{DP} = 0.02 \times 25\ m$$

$$= 0.5\ m$$

- 추가정보의 표6 "플라스틱 배관의 유량에 따른 압력 강하" 참조.

C. 배관 부속품 내 손실

$$H_{DF}\,[m] = (H_{DF1} + H_{DF2}\ldots + H_{DFn}) \times H^*_{DP}$$

배관 부속품1 손실 [m]   배관 부속품2 손실 [m]   도표 따른 배관 내 손실

$$H_{DF} = (8.95\,m + 4.26\,m + 0.7\,m + 1.1\,m + 1.1\,m) \times 0.02$$
$$= 0.32\,m$$

- 추가정보의 표9 "배관 부속품 손실" 참조.
- DIN EN 12050-1
- DIN 1988-T3

D. 총 손실

$$H_{Tot}\,[m] = H_{geo\text{-}max} + H_{DF} + H_{DP}$$

지면과의 높이 차 [m]   배관 부속품 손실 [m]   배관 내 손실 [m]

$$H_{Tot} = 3\,m + 0.5\,m + 0.32\,m$$
$$= 3.82\,m$$

계산된 운전점 (최소값)

$$Q_{max} = 34.63\,m^3/h\ (9.62\,\ell/s)$$
$$H_{tot} = 3.82\,m$$

---

9. 배관 구성 및 실제 유속 결정하기

- 사양과 용도에 적합한 임펠러를 선택한다
- 안정되고 문제가 없는. 볼텍스
- 비용 측면에서의 운전. 단일베인 또는 멀티베인
- 여기서. 광범위하게 변하는 유체특성으로 인해 볼텍스를 권장.

- 기본 수력 개념 및 배관 - 임펠러 유형" 에 대한 장 참조

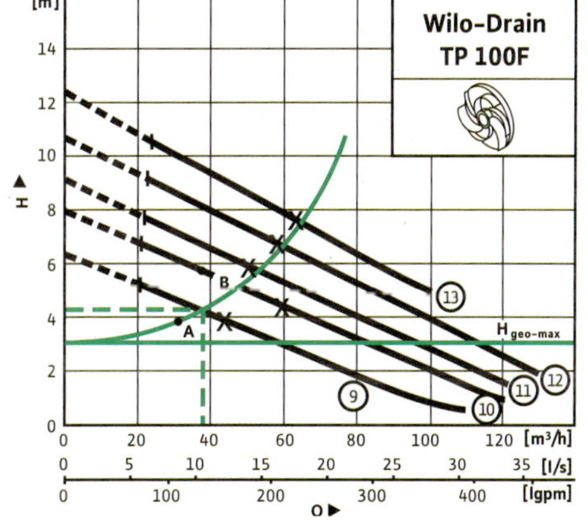

- Wilo Catalogue 참조.

9 = TP 100 F 155/20   12= TP 100 F 190/32
10= TP 100 F 165/24   13= TP 100 F 210/34
11= TP 100 F 180/27

A = 계산된 운전점   B = 실제 운전점

선택한 펌프는 Wilo-Drain TP 100 F 155/20
(3~400V에서. 6.1A)

Wilo 펌프의 실제 운전점

$$Q_{max} = 38\,m^3/h\ (10.6\,\ell/s)$$
$$H_{tot} = 4.2\,m$$

10. 저수조 구성

• 추가정보의 표10 "Wilo 펌프의 시간당 운전 사이클" 참조.

A. 사용가능한 유량

가장 큰 펌프의 유량 [ℓ/s]

$$V_{Nutz} \, [m^3] = \frac{0,9 \times Q}{Z}$$

운전 사이클 [시간당]

$$V_{Nutz} = \frac{0,9 \times 10,6 \, \ell/s}{20 \,^1/h}$$

$$= 0.48 \, m^3$$

B. 저수조 높이 (내부)

a. 유량에 따른 인입구 높이

• Wilo Catalogue 참조.

사용가능한 탱크 용량 [m^3]

탱크 최소수위 = 펌프의 운전범위내

$$H_{Zu-Q} \, [m] = \frac{V_{N-Beh}}{\left(\dfrac{\pi}{4} \times (D_{Beh})^2\right)} + H_{Beh-min}$$

제조자의 사양에 따른 탱크 직경[m]

최소값 계산

$$H_{Zu-Q} = \frac{0,48 \, m^3}{\left(\dfrac{\pi}{4} \times (1,5 \, m)^2\right)} + 0,34 \, m$$

$$= \frac{0,48 \, m^3}{(0,785 \times 2,25 \, m^2)} + 0,34 \, m$$

$$= 0.79 \, m$$

b. 총 저수조 높이

유량을 토대로 한 인입 배관 높이[m]

토출 배관의 직경[m]

$$H_{Smp-Tot} = H_{In-Q} + H_{In-DL} + H_{Di-L} + H_{Fr}$$

인입 배관 직경[m]

동파방지 설치를 위한 안전설치 높이[m]

최소값 계산

$$H_{Smp-Tot} = 0.79 \, m + 0.15 \, m + 0.1 \, m + 1 \, m$$

$$= 2.04 \, m$$

11. 전환점 계산

사용가능한 탱크 용량 [m^3]

$$H_{Signal} [m] = \frac{V_{N-Beh}}{\frac{\pi}{4} \times (D_{Beh})^2}$$

제조자의 사양에 따른
저수조의 내경[m]

$$H_{Signal} = \frac{0,48 \ m^3}{(\frac{\pi}{4} \times (1,5 \ m)^2)}$$

$$H_{Signal} = \frac{0,48 \ m^3}{(0,785 \times 2,25 \ m^2)}$$

$$= 0.27 \ m$$

- **최소 기동점. 0,61m**
- **정지점. 0,34m**

12. 제어 시스템과 악세서리 선택

전장품
- Wilo-DrainControl PL2 (제어시스템)
- Wilo 레벨 센서 4-20mA (레벨 측정)

고정식 습식 저수조 설치를 위한 기계 부속품
- 2 x 베이스 지지 엘보 (가이드 포함)
  2 x 체크 밸브
- 1 x 게이트 밸브
- 1 x 배관 90°엘보
- 1 x Y-piece
- 2 x 체인, 5m

Wilo-Drain WB는 공상에서 완전한 상태로
출하됩니다.

- Wilo Catalogue
  참조
- "추가정보
  Planning guate
  수중 펌프용
  개폐 장치 선택" 의
  장 참조

중력 배수
배설물 포함 유체 - 결합 시스템

특성

샤워기와 욕조가 딸린 욕실 1개

샤워기가 딸린 욕실 1개

손님용 화장실 1개

1대의 세탁기(10kg)와 1개의 바닥배수,
1개의 세면조가 있는 세탁실 1개

식기세척기와 핸드싱크가 포함된 부엌 1개

포장된 진입로, 총면적 40m²

10m² 건평의 단일 차고

주택 길이=10m (홈통 길이2)

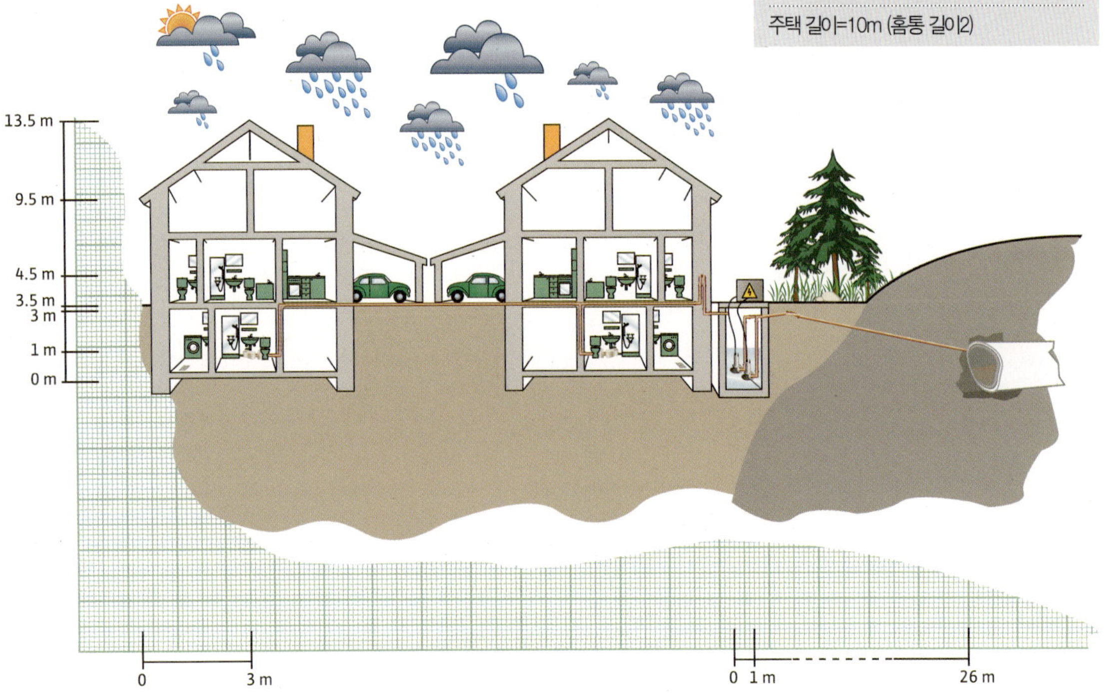

1. **사용조건 결정**

- 결합수 처리 허용
- 두개의 주택이 동일한 건평을 가진다.
- 위치. 독일, 도르트문트
- 트윈-헤드 펌프장
- 우수에 대한 바람의 영향 없음
- 빗물은 지붕면적에 수직으로 내림
- 배수할 우수의 양은 바람막이가 없으므로 각 집마다 동일하다.
- 모든 배수원은 집수정으로 배수된다.
- 미니 리프팅 플랜트는 지하의 대상물을 집수정으로 배수한다.

- DIN EN 12050
- EN 12056
- EN 752
- DIN 1986-100
- EN 1610
- ATV-DVWK

2. **경계 조건 정의**

전류 / 전력공급 결정하기
- AC 와 3상 전류 가능
- 60Hz 주파수

3. 폐수 유입량 Q_w 계산

주거건물용 배수계수 K. 0.5 ℓ/s

배수원	DU 값
샤워기 4대	4 x 0.8 ℓ/s
욕조 2대	2 x 0.8 ℓ/s
부엌싱크 2개	2 x 0.8 ℓ/s
식기세척기 2대	2 x 0.8 ℓ/s
세탁기 2대(10kg)	2 x 1.5 ℓ/s
바닥배수 2개 DN50	2 x 0.8 ℓ/s
6 l 수조가 있는 6개 변기	6 x 2.5 ℓ/s
세면조 8개	8 x 0.5 ℓ/s
	28.6 ℓ/s

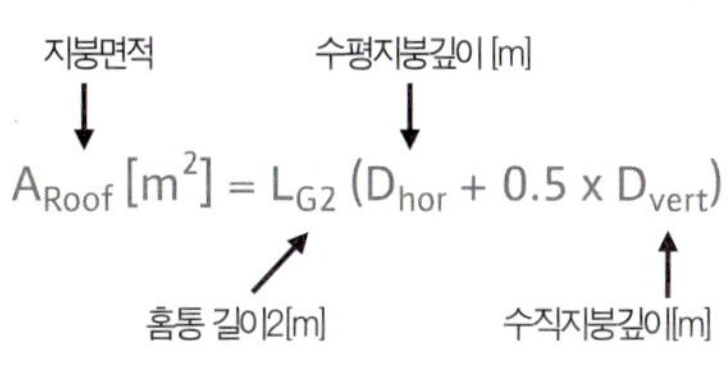

$$Q_s\ [\ell/s] = K \times \sqrt{\sum DU} + Q_b$$

$$Q_s = 0{,}5\ \ell/s \times \sqrt{28{,}6\ \ell/s} + 0$$

$$= 2.67\ \ell/s\ (9.61\ m^3/h)$$

- 추가정보의 표1 "특성 배수값 K" 참조.
- DIN EN 12050
- EN 12056

- 추가정보의 표2 "위생시설용 배수연결값 (DU)" 참조.
- DIN EN 12050
- EN 12056

---

4. 우수 유입량 Q_r 계산

A. 지붕면적 계산

수평지붕깊이 [m]

$$A_{Roof}\ [m^2] = L_{G2}\ (D_{hor} + 0.5 \times D_{vert})$$

홈통 길이2[m]　　수직지붕깊이[m]

$$A_{Roof} = 10\ m\ (3\ m + 0.5 \times 4\ m)$$

$$= 50\ m^2\ \textbf{(지붕 단면적당)}$$

$$= 100\ m^2\ \textbf{(가구당 지붕면적)}$$

- "기본 개념 - 지붕면적"의 장 참조.
- EN 12056-3

B. 벽면적 계산

벽면적　　홈통 길이2[m]

$$A_{Wall}\ [m^2] = 0.5 \times (L_{G2} \times H_{Wall})$$

벽면적

$$A_{Wall} = 0.5 \times (10\ m \times 6\ m)$$

$$= 30\ m^2$$

C. 지붕당 총집수면적 계산

지붕면적[m²]　　벽면적[m²]

$$A_{Total}\ [m^2] = A_{Roof} + A_{Wall}$$

각 집의 경우

$$A_{Total} = 100\ m^2 + 30\ m^2 = 130\ m^2$$

총 수량

$$130\ m^2 \times 2 = 260\ m^2$$

D. 우수 유입량 Q_r 계산

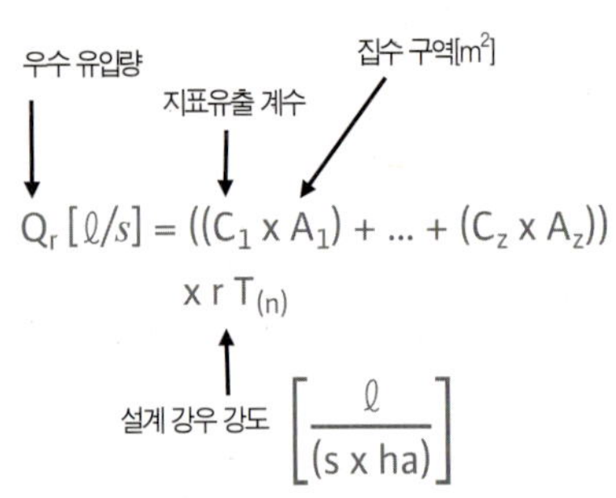

$$Q_r\,[\ell/s] = ((C_1 \times A_1) + \ldots + (C_z \times A_z)) \times r\,T_{(n)}$$

$$\left[\frac{\ell}{(s \times ha)}\right]$$

위치. 독일, 도르트문트

밀봉 구역	계수 C
지붕면적 260m²	1.0
진입로, 콘크리트포장 40m²	0.7
2개 차고, 각 10m²	1.0

$$Qr = ((1 \times 260\ m^2) + (0.6 \times 40\ m^2) + (1 \times 20\ m^2)) \times \frac{277\ \ell/(s \times ha)}{10.000\ m^2}$$

$$= 8.42\ \ell/s$$

- 추가정보의 표4 "독일의 강우 강도" 참조.
- "사전조건 결정 하기" 참조
- DIN 1986-100
- ATV-DWWK A 118

---

5. 결합수 유출량 Q_c 계산

$$Q_c\,[\ell/s] = Q_w\,[\ell/s] + Q_r\,[\ell/s]$$

$$Q_c = 2.67\ \ell/s + 8.42\ \ell/s$$

$$= 11.09\ \ell/s\ (39.92\ m^3/h)$$

---

6. 배관 구성 및 최소 유속 결정하기

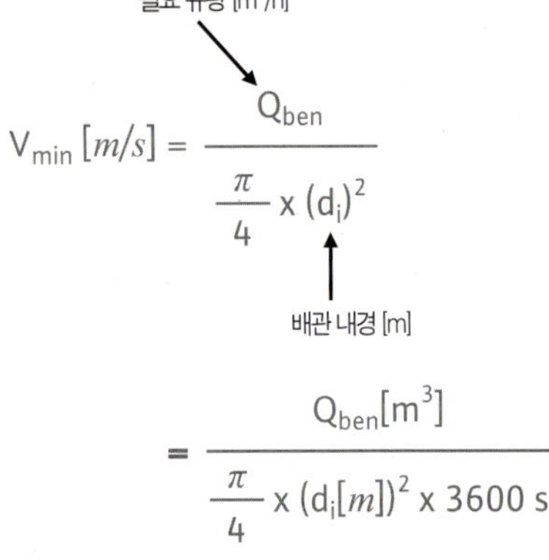

$$V_{min}\,[m/s] = \frac{Q_{ben}}{\frac{\pi}{4} \times (d_i)^2}$$

$$= \frac{Q_{ben}[m^3]}{\frac{\pi}{4} \times (d_i[m])^2 \times 3600\ s}$$

제공. 29m 배관
선택. HDPE 배관 재질
    공칭 직경 DN80

유속 확인

$$V_{min} = \frac{39,9\ m^3/h}{0,785\ s \times (0,08\ m)^2}$$

$$= \frac{39,9\ m^3}{2826\ s \times 0,0064\ m^2}$$

$$= 2.21\ m/s$$

배관 직경은 손실 및 침전물 보호와 관련하여 잘 설계되어 있다.
0.7 m/s < Vmin < 2.5 m/s
이것은 배수되는 물의 큰 입자를 이송하는데도 적합하다.

- 추가정보의 표 7 "신규관의 내경" 참조.

---

7. 필요한 배관부속품 선정

1 x Y-piece DN80≙ 6.58m
2 x 차단밸브 DN80 ≙ 1.12m
2 x 체크밸브 DN80 ≙ 6.6m
2 x 베이스지지 엘보 DN80 ≙ 1.58m
1 x 45°엘보 DN80≙ 0.79m

- 추가정보의 표9 "배관부속품 손실" 참조.
- DIN EN 12050-1
- DIN 1988-T3

8. 필요한 총토출양정 계산

A. 측지 높이 차

$$H_{geo-max} [m] = NN_1 - NN_0$$

이송 높이 또는 역류점에서
역류 루프의 배관 하단 [m]

수위 높이 [m]

$$H_{geo-max} = 3\ m - 1m$$
$$= 2\ m$$

B. 배관 내 손실

$$H_{DP} [m] = H^*_{DP} \times L$$

다이어그램에 따른
배관 손실

배관 길이 [m]

29m 주철 신형배관의 다이어그램에 따라.

$H^*_{DP} = 7.5m/100m$ 배관은

$0.075m/m$ 와 일치한다.

$$H_{DP} = 0.075 \times 29\ m$$
$$= 2.18\ m$$

• 추가정보의 표8
  "배관 마찰 손실
  및 보정계수"
  참조.

C. 배관부속품 내 손실

$$H_{DF} [m] = (H_{DF1} + H_{DF2}... + H_{DFn}) \times H^*_{DP}$$

배관부속품1 내
손실 [m]

배관부속품2
내 손실 [m]

다이아그램에 따른
배관 내 손실

$$H_{DF} = (6.58\ m + 1.12\ m + 6.6\ m +$$
$$1.58\ m + 0.79\ m) \times 0.02$$
$$= 0.33\ m$$

• 추가정보의 표9
  "배관부속품
  손실" 참조.
• DIN EN
  12050-1
• DIN 1988-T3

D. 총 손실

$$H_{Tot} [m] = H_{geo-max} + H_{DF} + H_{DP}$$

측지
높이 차 [m]

배관부속품 손
실 [m]

배관 내
손실 [m]

$$H_{Tot} = 2\ m + 2.18\ m + 0.33\ m$$
$$= 4.51\ m$$

계산된 운전점 (최소값)
$Q_{max} = 39.92\ m^3/h\ (11.09\ \ell/s)$
$H_{Tot} = 4.5\ m$

- 사용자의 우선순위에 맞는 임펠러를 선택한다
- 안정되고 문제가 없는. 볼텍스
- 비용효과적인 운전. 단일베인 또는 멀티베인

- "기본 수력 개념 및 배관 - 임펠러 유형"에 대한 장 참조

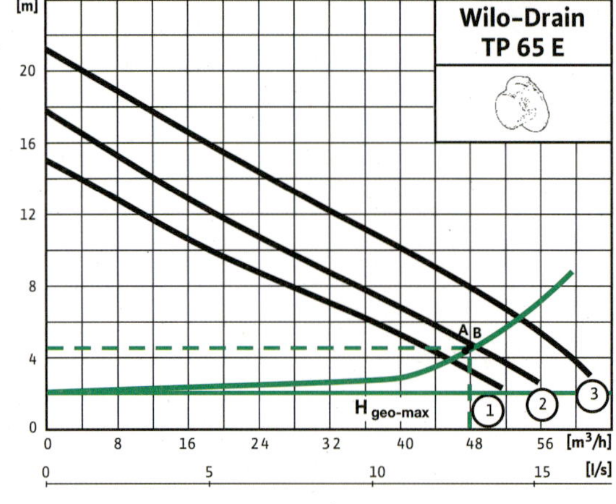

1 = TP 65 E 114/11
2 = TP 65 E 122/15
3 = TP 65 E 132/22

A=계산된 운전점
B=실제 운전점

선택한 펌프는 Wilo-Drain TP 65 E 114/11 (3~400V에서. 3.2A)

Wilo 펌프의 실제 운전점

$Q_{Real} = 48 \text{ m}^3/\text{h} \ (13.3 \ \ell/s)$

$H_{Real} = 4.6 \text{ m}$

- Wilo Catalogue 참조.

---

10. 배관 구성 및 실제 유속 결정하기

A. 사용가능한 유량

가장 큰 펌프의 유량 [ℓ/s]

$$V_{Nutz} \ [\text{m}^3] = \frac{0{,}9 \times Q}{Z}$$

운전 사이클 [시간당]

$$V_{Nutz} = \frac{0{,}9 \times 13{,}3 \ \ell/s}{20 \ ^1/\text{h}}$$

$$= 0.6 \text{ m}^3$$

- ATV-DWWK A 134

- 추가정보의 표10 "Wilo 펌프의 시간당 운전 사이클" 참조.

B. 집수정 높이 (내부)

a. 유량에 따른 인입구 높이

사용가능한 탱크 용량 [m³]

탱크 최소수위
= 펌프의 운전 최저수위

$$H_{Zu-Q}\,[m] = \frac{V_{N-Beh}}{\left(\frac{\pi}{4} \times (D_{Beh})^2\right)} + H_{Beh-min}$$

제조자의 사양에 따른 탱크 직경[m]

$$H_{Zu-Q} = \frac{0{,}6\ m^3}{\left(\frac{\pi}{4} \times (1{,}5\ m)^2\right)} + 0{,}3\ m$$

$$= \frac{0{,}6\ m^3}{(0{,}785 \times 2{,}25\ m^2)} + 0{,}3\ m$$

$$= 0.64\ m$$

b. 총 집수정 높이

유량을 토대로 한
인입 배관 높이[m]

토출 배관의 직경[m]

$$H_{Smp-Tot}\,[m] = H_{In-Q} + H_{In-DL} + H_{Di-L} + H_{Fr}$$

동결방지 설치를 위한
안전 높이[m]

인입 배관 직경[m]

$$H_{Smp-Tot} = 0.64\ m + 0.1\ m + 0.08\ m + 0.6\ m$$

$$= 1.42\ m$$

가용 유량과 총유량이 매우 작으므로
Wilo-DrainLift WS 1100 표준 배수조용이 권장된다.

---

11. 전환점 계산

사용가능한 탱크 용량 [m³]

$$H_{Signal}\,[m] = \frac{V_{N-Beh}}{\frac{\pi}{4} \times (D_{Beh})^2}$$

제조자의 사양에 따른
집수정의 내경[m]

$$H_{Signal} = \frac{0{,}6\ m^3}{\left(\frac{\pi}{4} \times (1{,}5\ m)^2\right)}$$

$$H_{Signal} = \frac{0{,}6\ m^3}{(0{,}785 \times 2{,}25\ m^2)}$$

$$= 0.34\ m$$

- **최소 기동점.** 0.64m
- **정지점.** 0.3m

---

12. 제어 시스템과 악세서리 선택

전기 악세서리
- Wilo-DrainControl PL2 (제어시스템)
- Wilo 레벨 센서 4-20mA (레벨 측정)

고정식 습식 집수정 설치를 위한 기계 부속품
2 x 베이스 지지 엘보 (가이드 포함)/ 2 x 체크 밸브/ 2 x 게이트 밸브 / 2 x 배관 곡관 /1 x Y-piece/ 2 x 체인, 5m

Wilo-Drain WS는 공장으로부터 조립완제품 상태로 공급된다. (집수정에 추가 배관부속품이 필요하지 않음)

- Wilo Catalogue 참조.
- Wilo Catalogue 참조
- "추가 계획 가이드-물에 잠기는 펌프용 개폐장치 선택"의 장 참조

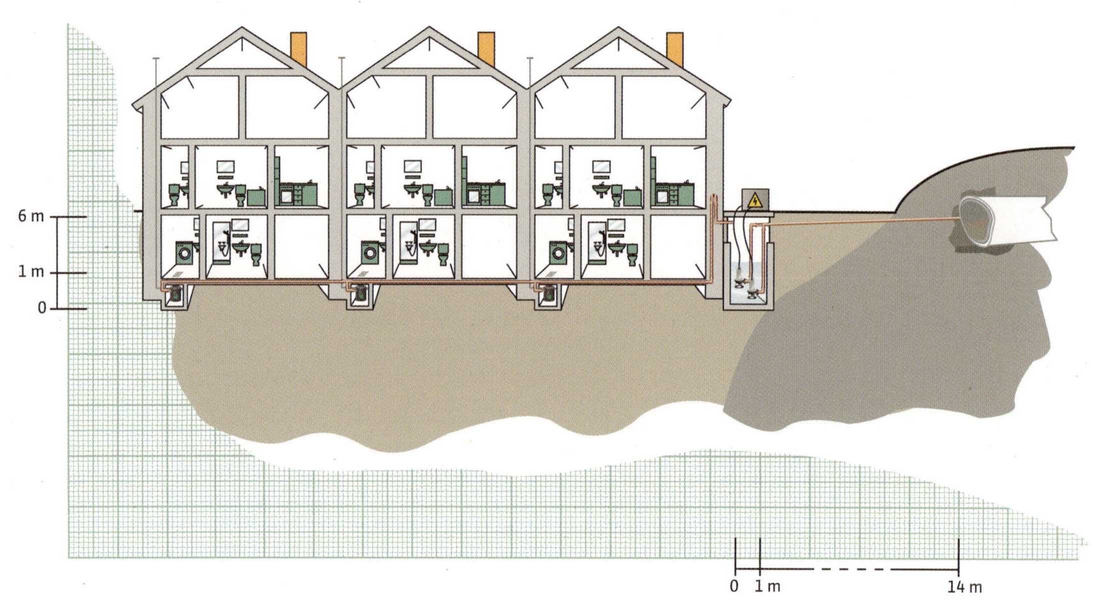

1. 사용조건 결정		
	• 테라스가 있는 3개 단독주택	• DIN EN 12050
	• 분리 시스템	• EN 12056
	• 역류 수위가 도로면에 있다.	• EN 752
	• 건물 밖에 집수정 설치	• DIN 1986-100
	• 트윈-헤드 펌프장	• EN 1610
	• 역류장치 아래 위치한 모든 배수원은 미니 리프팅 플랜트를 사용하여 집수정으로 배수된다.	• ATV-DVWK

2. 경계 조건 정의

전류 / 전력공급 결정하기
• AC 와 3상 전류 가능
• 60Hz 주파수

3. 폐수 유입량 Q_w 계산

단독주택용 배수계수 K. 0.5 ℓ/s

배수원	DU 값
샤워기 3대	3 x 0.8 ℓ/s
욕조 3대	3 x 0.8 ℓ/s
부엌싱크 3개	3 x 0.8 ℓ/s
식기세척기 3대	3 x 0.8 ℓ/s
세탁기 3대(10kg)	3 x 1.5 ℓ/s
바닥배수 3개 DN50	3 x 0.8 ℓ/s
6 l 수조가 있는 9개 변기	9 x 2.0 ℓ/s
세면조 9개	9 x 0.5 ℓ/s
	39 ℓ/s

* 추가정보의 표1 "특성 배수값 K" 참조.
* DIN EN 12050
* EN 12056

* 추가정보의 표2 "위생시설을 위한 배수연결값 (DU)" 참조.
* DIN EN 12050
* EN 12056

$$Q_s\,[\ell/s] = K \times \sqrt{\sum DU} + Q_b$$

배수계수 [ℓ/s] · 배수연결값 [ℓ/s] · 특수 부하용 배수값 [ℓ/s]

$$Q_s = 0.5\,\ell/s \times \sqrt{39\,\ell/s} + 0$$

$$= 3.12\,\ell/s\ (11.23\ \mathrm{m^3/h})$$

계산값이 가장 큰 배수원의 배수연결값 (DU 값) 보다 작은 경우, 이 두 개 중 더 큰 것을 나머지 계산을 위해 사용하도록 한다!

4. 우수 유입량 Q_r 계산

불필요, 시스템이 분리시스템이므로

5. 결합수 유출량 Q_c 계산

불필요, 시스템이 분리시스템이므로

6. 배관 구성 및 최소 유속 결정하기

제공. 20 m 배관
선택. PE100HD 배관 재질
　　　공칭 직경 DN50

* 추가정보의 표 7 "신규관의 내경" 참조.

필요 유량 [m³/h]

$$V_{min}\,[m/s] = \frac{Q_{ben}}{\dfrac{\pi}{4} \times (d_i)^2}$$

배관 내경 [m]

$$= \frac{Q_{ben}[m^3]}{\dfrac{\pi}{4} \times (d_i[m])^2 \times 3600\,s}$$

유속 확인

$$V_{min} = \frac{11.23\ \mathrm{m^3/h}}{0.785\,s \times (0.051\ \mathrm{m})^2}$$

$$= \frac{11.23\ \mathrm{m^3}}{2826\,s \times 0.0026\ \mathrm{m^2}}$$

$$= 1.53\ m/s$$

0.7 m/s < Vmin < 2.5 m/s 요건을 만족한다. 더 많은 침전물이 생길 수 있으므로 큰 배관직경을 사용해서는 안된다.

1 x Y-piece DN50 ≙ 3.87m

1 x 차단밸브 DN50 ≙ 0.38m

1 x 체크밸브 DN50 ≙ 1.84m

1 x 베이스 지지엘보 DN50 ≙ 0.38m

1 x 90°엘보 DN50 ≙ 0.38m

- 추가정보의 표9 "배관 부속품 손실" 참조.
- DIN EN 12050-1
- DIN 1988-T3

---

8. 필요한 총토출양정 계산

A. 측지 높이 차

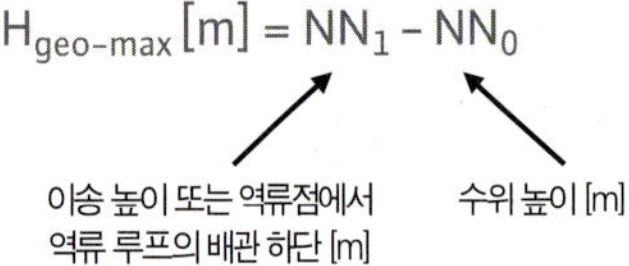

$$H_{geo-max}\,[m] = NN_1 - NN_0$$

이송 높이 또는 역류점에서 역류 루프의 배관 하단 [m] / 수위 높이 [m]

$$H_{geo-max} = 6\,m - 1\,m$$
$$= 5\,m$$

B. 배관 내 손실

20m PE100(DN50)에 대한 표에 따라.

$H^*_{DP} = 0.05m/100m$ 배관은

0.0005m/m 와 일치한다.

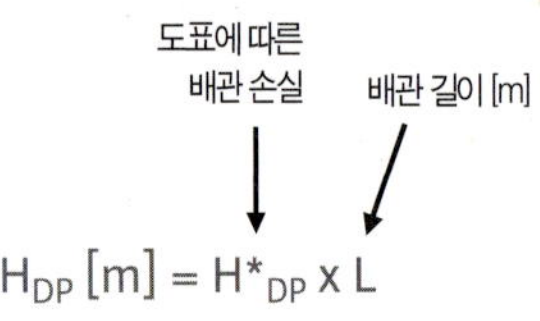

도표에 따른 배관 손실 / 배관 길이 [m]

$$H_{DP}\,[m] = H^*_{DP} \times L$$

$$H_{DP} = 0.06 \times 20\,m$$
$$= 0.1\,m$$

- 추가정보의 표8 "배관마찰손실과 교정인자" 참조.

C. 배관 부속품 내 손실

$$H_{DF}\,[m] = (H_{DF1} + H_{DF2}... + H_{DFn}) \times H^*_{DP}$$

배관 부속품1 내 손실 [m] / 배관 부속품2 내 손실 [m] / 다이아그램에 따른 배관 내 손실

$$H_{DF} = (3.87\,m + 0.38\,m + 1.84\,m + 0.38\,m + 0.38\,m) \times 0.1$$
$$= 0.69\,m$$

- 추가정보의 표9 "배관 부속품 손실" 참조.
- DIN EN 12050-1
- DIN 1988-T3

D. 총 손실

$$H_{Tot}\,[m] = H_{geo-max} + H_{DF} + H_{DP}$$

지표면과의 높이 차 [m] / 배관 부속품 손실 [m] / 배관 내 손실 [m]

$$H_{Tot} = 5\,m + 0.69\,m + 1.2\,m$$
$$= 6.9\,m$$

계산된 운전점 (최소값)

$$Q_{max} = 11.24\,m^3/h\ (3.12\,\ell/s)$$
$$H_{Tot} = 6.9\,m$$

9. 펌프 / 리프팅 플랜트 선택

- 사용자의 우선순위에 맞는 임펠러를 선택한다.
- 안정되고 문제가 없는 구조. 볼텍스
- 비용효과적인 운전. 단일베인 또는 멀티베인

- 여기서. 오수 이송장치가 장착된 펌프 권장

- "기본 수력 개념 및
  배관 - 임펠러유형"
  장 참조

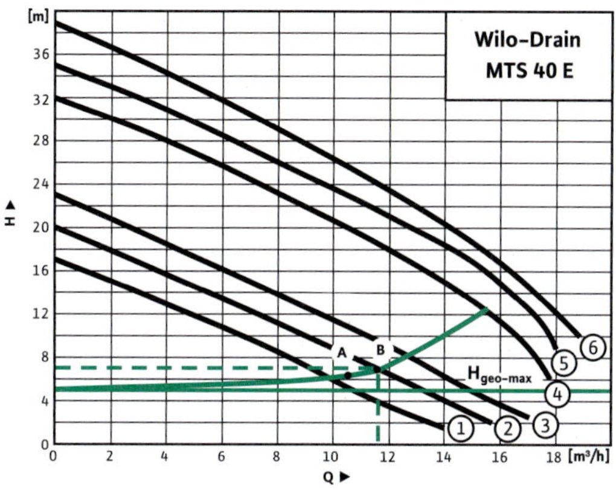

- Wilo 카탈로그
  참조

1 = MTS 40 E 17.13/11
2 = MTS 40 E 20.14/13
3 = MTS 40 E 23.15/15
4 = MTS 40 E 32.14/21
5 = MTS 40 E 35.15/23
6 = MTS 40 E 35.15/23

A = 계산된 운전점
B = 실제 운전점

선택한 펌프는 Wilo-Drain MTS 40E 20.14/13 이다.
(3~400V에서 2.8A)

Wilo 펌프의 실제 운전점

$Q_{Real} = 11.4 \ m^3/h \ (3.2 \ \ell/s)$

$H_{Real} = 7.8 \ m$

---

10. 집수정 구성

A. 사용가능한 유량

- ATV-DWWK A 134

- 추가정보의 표10
  "Wilo 펌프의 시간
  당 운전 사이클"
  참조.

가장 큰 펌프의 유량 [l/s]

$$V_{Nutz} \ [m^3] = \frac{0{,}9 \times Q}{Z}$$

운전 사이클 [시간당]

$$V_{Nutz} = \frac{0{,}9 \times 3{,}2 \ \ell/s}{20 \ ^1/h}$$

$$= 0.14 \ m^3$$

B. 집수정 높이 (내부)

a. 유량에 따른 인입구 높이

사용가능한 탱크 용량 [m^3]

탱크 최소수위
= 펌프의 운전 최저수위

$$H_{Zu-Q}\,[m] = \frac{V_{N-Beh}}{\left(\dfrac{\pi}{4} \times (D_{Beh})^2\right)} + H_{Beh-min}$$

제조자의 사양에 따른 탱크 직경[m]

$$H_{Zu-Q} = \frac{0{,}14\ m^3}{\left(\dfrac{\pi}{4} \times (0{,}84\ m)^2\right)} + 0{,}245\ m$$

$$= 0.5\ m$$

b. 총 집수정 높이

유량을 토대로 한
인입 배관 높이[m]

토출 배관의 직경[m]

$$H_{Smp-Tot}\,[m] = H_{In-Q} + H_{In-DL} + H_{Di-L} + H_{Fr}$$

동결방지 설치를 위한
안전 높이[m]

인입 배관 직경[m]

$$H_{Smp-Tot} = 0.5\ m + 0.05\ m + 0.05\ m + 1\ m$$

$$= 1.6\ m$$

집수정의 사용 가능한 총유량이 매우 작기 때문에,
Wilo-DrainLift WS 1100 표준 집수정이 권장된다.

---

11. 제어 시스템과 부속품 선택

전장품
- Wilo-DrainControl PL2 (제어시스템)
- Wilo 레벨 센서 4-20mA (레벨 측정)

고정식 습식 집수정 설치를 위한 기계 부속품
- 2 x 베이스 지지 엘보 (가이드 포함)
- 2 x 체크 밸브
- 1 x 게이트 밸브
- 1 x 배관 90엘보
- 1 x Y-piece
- 2 x 체인, 5m

Wilo-Drain WS는 공장으로부터 조립완제품 상태로
공급된다. (집수정에 추가 배관부속품이 필요하지 않음)

• Wilo Catalogue 참조.

• Wilo Catalogue 참조
• "추가 계획 가이드-물에 잠기는 펌프용 개폐 장치 선택"의 장 참조

외부 설치 - 압력 배수
배설물 포함 유체 - 분리 시스템 - 대략 계산

1. 사용조건 결정	• 측지 높이 차이는 알려져 있다 (빨간색 자리수) • 거주자 인원수는 126명이다. • 분리 시스템이다.	• EN 1671 • ATV-DVWK A 116
2. 경계 조건 정의	전류 / 전력공급 결정하기 • AC 와 3상 전류 가능 • 50Hz 주파수	

3. 폐수 유입량 Q_w 계산

DIN EN 1671에 따른 공식

소비자 값 [ℓ/s]

$$Q_{max} [\ell/h] = \text{Pers.} \times 0.005 \; \ell/s \times 1.5$$

인원수   안전 계수

$$Q_{max}[\ell/h] = \frac{\text{Pers.} \times 120 \; \ell}{10 \; h}$$

일일 펌프가동시간의
평균시간(경험치)

---

4. 우수 유입량 Q_r 계산

---

5. 결합수 유출량 Q_c 계산

---

6. 배관 구성 및 최소 유속 결정하기

필요 유량 [m³/h]

$$V_{min} [m/s] = \frac{Q_{ben}}{\dfrac{\pi}{4} \times (d_i)^2}$$

배관 내경 [m]

$$= \frac{Q_{ben}[m^3]}{\dfrac{\pi}{4} \times (d_i[m])^2 \times 3600 \; s}$$

6개 주거용건물에 126명 거주
(건물당 21명)

$$Q_{max} = \frac{126 \; \text{Pers} \times 120 \; \ell}{10 \; h}$$

$$= 1512 \;\; \ell/h \; (\sim 1.5 \; m3/h = 0.42 \; \ell/s)$$

다음에서, 계산 예는 경험치에 의해 계산된 것이다. 따라서, 경험치를 토대로 한 계산은 현실적이지만 DIN EN 1671과 일치하지 않는다.

불필요, 시스템이 분리시스템이므로

불필요, 시스템이 분리시스템이므로

제공. 769 m 최대. 배관 길이
선택. HDPE, 공칭 직경 DN50

유속 확인

$$V_{min} [m/s] = \frac{1,5 \; m^3/h}{0,785 \; s \times (0,051 \; m)^2}$$

$$= \frac{1,5 \; m^3}{2826 \; s \times 0,003 \; m^2}$$

$$= 0.18 \; m/s$$

유속은 침전을 피하기에는 충분하지않다. 이것은 펌프를 선택한 후 다시 확인해야 한다.

• DIN EN 1671

• Wilo 주의사항
측정을 통해 80-90 l의 평균값을 얻었다. 경험에 의하면, 안전 계수를 포함, 거주자 한 명당 일일 값 120 l 은 펌프 시스템을 계산 할 때 현실적인 값이다.

• 추가정보의 표 7 "새 배관의 내경" 참조.

7. 필요한 배관 부속품 선정

2 x 90°엘보 DN50 ≙ 0.76m
1 x 체크밸브 DN50 ≙ 1.84m
1 x 게이트 밸브 DN50 ≙ 0.38m

- 추가정보의 표9 "배관 부속품 손실"참조.
- DIN EN 12050-1
- DIN 1988-T3

---

8. 필요한 총토출양정 계산

A. 측지 높이 차

$$H_{geo-max}\,[m] = NN_1 - NN_0$$

이송 높이 또는 역류점에서 역류 루프의 배관 하단 [m] ／ 수위 높이 [m]

$$H_{geo-max} = 55\,m - 50\,m$$
$$= 5\,m$$

B. 배관 내 손실

다이어그램에 따른 배관 손실 ／ 배관 교정값

$$H_{DP}\,[m] = H^*{}_{DP} \times L \times C$$

배관 길이 [m]

769m 주철 신형 배관 (DN50)에 대한 다이아그램에 따라

H*DP = 4m/100m 배관은

0.045m/m 와 일치한다.

$$H_{DP} = 0.04 \times 769\,m \times 0.007$$
$$= 0.22\,m$$

- 추가정보의 표8 "배관마찰손실과 교정인자" 참조.

C. 배관 부속품 내 손실

배관 부속품1 내 손실 [m] ／ 배관 부속품2 내 손실 [m]

$$H_{DF}\,[m] = (H_{DF1} + H_{DF2} \ldots + H_{DFn}) \times H^*{}_{DP} \times H_C$$

다이아그램에 따른 배관 내 손실 ／ 교정 인자 (스테인레스스틸 부품참조)

$$H_{DF} = (0.76\,m + 1.84\,m + 0.38\,m) \times 0.02 \times 0.8$$
$$= 2.98\,m \times 0.02 \times 0.8$$
$$= 0.05\,m$$

- 추가정보의 표9 "배관 부속품 손실" 참조.
- DIN EN 12050-1
- DIN 1988-T3

D. 총 손실

$$H_{Tot}\,[m] = H_{geo\text{-}max} + H_{DF} + H_{DP}$$

측지 높이 차 [m]　　배관 부속품 손실 [m]　　배관 내 손실 [m]

$$H_{Tot} = 5\,m + 0.05\,m + 0.22\,m$$
$$= 5.27\,m$$

계산된 운전점 (최소값)

$$Q_{max} = 1.5\ m^3/h\ (0.42\ \ell/s)$$
$$H_{tot} = 5.27\,m$$

---

9. 펌프/리프팅 플랜트 선택

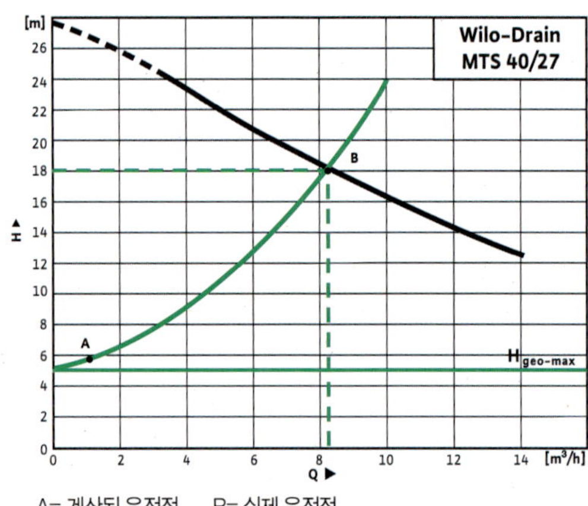

A= 계산된 운전점　　　B= 실제 운전점

• 기본 수력 개념 및 배관 - 임펠러유형"장 참조

병렬 운전 펌프는 이 시스템에서 배제된다.

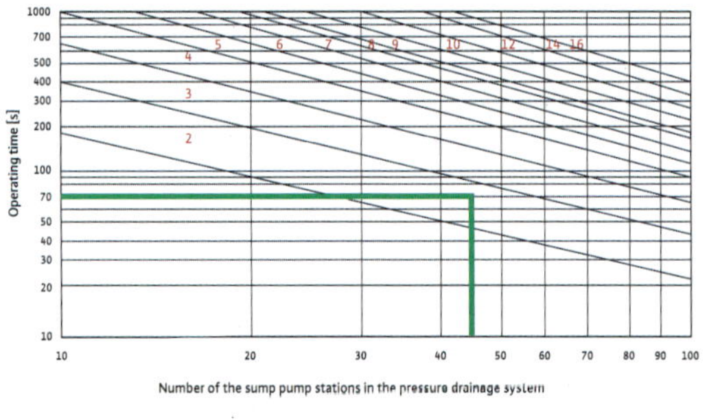

• 추가정보의 표11 "병렬운전의 집수정 펌프장" 참조

펌프의 병렬운전이 필요하면, "기본 수력 개념 - 병렬 연결" 편 참조할 것.

선택한 펌프는 Wilo-Drain MTS 40/27 F (3~400V에서 3.0A) 이다.

Wilo 펌프의 실제 운전점

$$Q_{Real} = 8.1\ m^3/h\ (2.25\ \ell/s)$$
$$H_{Real} = 18.2\,m$$

필요 운전점과 관련하여 변경된 펌프 용량으로 인해, 펌프의 필요 운전 시간이 감소되어 펌프의 수명에 긍정적인 영향을 주고 있다.

10. 배관 구성 및 실제 유속 결정

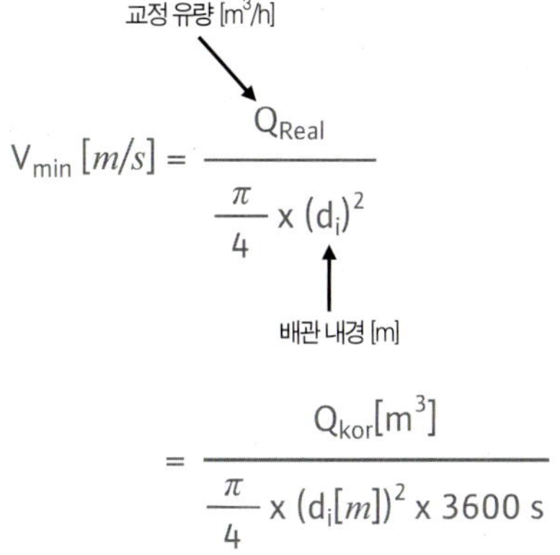

$$V_{min}\,[m/s] = \cfrac{Q_{Real}}{\cfrac{\pi}{4} \times (d_i)^2}$$

교정 유량 [m³/h]

배관 내경 [m]

$$= \cfrac{Q_{kor}[m^3]}{\cfrac{\pi}{4} \times (d_i[m])^2 \times 3600\ s}$$

$$V_{min}\,[m/s] = \cfrac{8,1\ m^3/h}{0,785\ s \times 0,0017\ m^2}$$

$$= \cfrac{8,1\ m^3}{2826\ s \times 0,0017\ m^2}$$

$$= 1.69\ m/s$$

---

11. 집수정 선택

선택. 사용가능한 유량 120 ℓ
조건. Wilo-Drain MTS 40/27
  Q = 8,1 m³/h
  H = 15,9m
  일일 용량 120 ℓ /명

집수정 유량. 일일 용량의 25%

$$Q_{Res}\,[\,\ell\,] = Q_{usbl} \times Pers. \times Q_{day}$$

사용가능한 유량 [ℓ]

가구당 구성원 수   일일 용량[%]

$$Q_{Res} = 120\,\ell \times 21 \times 25\%$$

$$= 630\,\ell$$

선택한 Wilo 집수정. Wilo-Drain WS1100

• Wilo 주의사항:
경험치

• Wilo
Catalogue
참조.

---

12. 제어 시스템과 부속품 선택

전장품
더 나은 기동을 위해 3상 전원 권장
• Wilo-DrainControl PL1 (제어시스템)
• Wilo 레벨 센서 4-20mA (수위 측정)

고정식 습식 집수정 설치를 위한 기계 적 부속품
• 1 x 베이스 지지 엘보
• 1 x 체크 밸브
• 1 x 게이트 밸브
• 2 x 배관 플러싱 연결이 가능한 곡관
• 1 x 체인, 5m

Wilo-Drain WS1100에는 공장으로부터 공급될 때 배관작업이 이미 완료된 상태로 공급된다. (집수정에 추가 배관부속품이 필요하지 않음)

• Wilo
Catalogue
참조

03. 추가 정보

부속물

토출 배관 환기

토출 배관에 하수가 오래 정체하면 황화수소에 의해 악취가 발생할 수 있다. 이때 공기를 공급하면 하수의 퇴적물을 방지하고 "쾌적하게" 유지한다. 문헌에 의하면 두 시간 마다 배관 내용물의 10% 정도의 공기를 공급하면 하수를 "쾌적하게" 유지할 수 있다. 토출 배관으로 공급되는 공기는 보일러 없이 적절한 압축기로 공급한다.

토출 배관 플러싱 또는 토출 배관 배기

만약 토출 배관의 유속이 필요 최소량에 못미치거나 토출 배관이 높은 지점과 낮은 지점에 놓여 있으면 (이 경우, 환기는 다음 높은 지점에만 이루어진다), 압력 배기가 도움이 된다. 압축공기시스템의 전달율은 물기둥의 유속 또는 토출 배관의 개별 워터 플러그가 적어도 1 m/s 가 되도록 설계해야 한다. 일반적으로, 플러싱 또는 배기시 필요 공기압과 공기량의 계산은 펌프 시스템에 대한 계산과 같다. 물기둥의 속도는 토출 배관이 압축공기시스템의 특성에 따라 점차 비워지면서 증가한다. 시스템 계산은 따라서 이론적으로 유리한 경우, 플러싱 또는 배기 과정 시작에 따라 달라진다.

그리스 분리기

그리스 분리기는 유기물 오일 및 그리스를 억제하기 위해 사용된다. 배설물이 포함된 하수 우수 및 무기물 오일 또는 그리스가 섞인 하수는 처리할 수 없다. 그리스 분리기는 슬러지 트랩, 그리스 분리기 그리고 샘플링 포인트로 구성된다. 떠있는 물질은 슬러지 트랩에서 분리된다. 그리스 분리기에서 오일 및 그리스의 분리는 중력을 이용하여 처리한다. 오일 및 그리스의 유화 및 분산은 아주 적거나 전혀 일어나지 않는다.

배설물을 포함하는 하수 또는 우수는 유입되지 않을 수 있다. 작동은 폐수에만 제한된다.

만약 분리기가 역류 수위 아래에 위치하면, 리프팅 플랜트를 설치해야 한다. 그리스 분리기의 설계는 폐수 유입, 설치물 (호텔, 구내식당 주방 등)의 연결 그리스 인입구에 의해 결정된다.

오일 / 석유 분리기

오일 / 석유 분리기는 상수와 하수도의 환경 보호를 위해 사용된다. 이들의 기능적인 원리는 수용성 / 불용성물질의 차이를 토대로 한다. 수면의 물질은 해당 흡입시스템에 의해 물과 분리되며 별도로 배수된다.

수중펌프용 개폐 장치 선택하기

개폐 장치 선택

개폐 장치를 선택할 때 다양한 요소를 고려해야 한다. 따라서, 기능 선택만이 중요한 요소가 아니며 더 중요한 것은 펌프의 전기적 부품이 얼마나 개폐 장치와 잘 맞느냐이다. 가장 중요한 핵심은 해당 공칭 전압에서의 정격 모터 출력 (명판에 표시된 것 기준 +10% 이상 설정)과 개폐 장치에 명시된 전류 값 사이의 조절이며 모터 보호와 같은 안전 기능 (개폐 기능)은 이러한 값을 기준으로 하고 있다.

더구나, 개폐 장치는 설치물과도 맞추어야 한다. 따라서, 여기서는 설치 위치도 고려해야 한다. 이것은 개폐 장치가 수분의 유입을 방지하기 위하여 정확한 보호 등급 (IP)을 가지고 있어야 한다는 것을 의미한다. 마찬가지로 방폭지침을 준수하는 것도 아주 중요한 요소이다.

	ER1_A	SK530 (플로우트 스위치 포함)
연결가능 펌프 대수	1	2/1 가능
전기 연결		
3-380V	●	●
3-220V	●	-
1-220v	●	●
중성선	불필요	불필요
직입 기동	●	●
직입 기동을 위한 최대 전력	$P_2 \leq 4\,kW$	$P_2 \leq 3\,kW$
직입 기동을 위한 전류	0.5 - 10 A	1 - 10 A
Y-△ 기동	-	-
Y-△ 기동을 위한 최대 전력	-	-
Y-△ 기동을 위한 최대 전류	-	-
50Hz 주파수	●	
주파수 60Hz	●	
보호등급	IP 41	IP 41
레벨 시스템		
공압센서 (잠수종)	-	-
전자압력 센서 (4-20mA) (레벨 센서)	-	-
플로우트 스위치	있음 (최대 2개)	있음 (최대 3개)
모터 모니터		
평가열권선 접점 (WSK)	●	●
평가PTC	●	-
평가누수 (Di)	-	-
모터 보호	●	●
모터 보호 스위치	-	-
고장신호/운전신호		
일괄 운전신호	●	●
일괄 고장신호	●	●
개별 운전신호	-	○
개별 고장신호	-	○
고수위용 별도 신호접점	-	-
통합 경보 (부저)	-	-
배터리 동력 경보 (통합 배터리)	-	-
운전/표시		
LCD 표시	-	-
매개변수 조정	전위차계	전위차계
마이크로프로세서-제어	-	-
플러그와 케이블 장착 버선	-	-
메인 스위치 (3-극)	●	
소프트웨어		
펌프 기동	-	-
경과시간 표시기	-	-
자동 펌프 운전 사이클링	-	●
일반사항		
주위 온도	0 ~ +40℃	0 ~ +40℃
조정 가능한 지연시간	0 - 120초	-
시험 기동	●	-
입력 로직 전환	●	-
주요 적용		
	TC40, TS40, TS50, TS65, TP50, TP65, TM/TMW 32, MTS40, STS80, STC80, CP	TC40, TS40, TS50, TS65, TP50, TP65, TM/TMW32, MTS40, STS80, STC80, CP

● 표준　○ 옵션　- 기능사용불가

Wilo가 제공하는 개폐 장치는 "폭발가능성이 없는 환경"에서 설치하도록 설계되어 있다.

이것은 이들 장치들이 방폭시설을 갖추지 않은 공간에 설치해서는 안된다는 것을 의미한다. 하지만, 개폐장치는 방폭 절연 처리된 릴레이와 제너 배리어(Zener Barrier)를 사용하여 폭발가능성 있는 구역에 사용할 수 있다.(페이지 245의 "방폭 격리 릴레이" 와 페이지 248의 "제너 배리어(Zener barrier)" 참조). 이 추가 개폐함은 개폐장치와 폭발가능성이 있는 구역 밖의 펌프 / 레벨 제어장치 사이에 놓여있다. 개폐장치 기능의 선택은 펌프와 설치(평가할 수 있는 정보, 신호 기능, 경보 등)의 관점에서 판단해야 한다. 모터 보호기능(모터 모니터)은 다른 방법으로 펌프 내에서 가동할 수 있으며 따라서 개폐 장치의 능력에 따른다.

DrainControl 1	DrainControl 2	DrainControl PL1	DrainControl PL2	SK 545
1	2	1	2 / 1 가능	1 or 2
●	●	●	●	●
●	●	-	-	-
●	●	●	●	-
유/무	유/무	필요	필요	불필요
●	●	●	●	-
P2 ≤ 4 kW	P2 ≤ 4 kW	P2 ≤ 4 kW	P2 ≤ 4 kW	-
0.5-10 A	0.5-10 A	0.3-12 A	0.3-12 A	-
●	●	●	○	-
P2 ≤ 5.5 kW	P2 ≤ 5.5 kW	-	○	-
55.1-71A	55.1-71 A	-	○	-
●	●	●	●	●
-	-	●	●	-
IP 54	IP 54	IP 65	IP 65	IP 20
-	-	●	●	-
●	●	●	●	-
있음 (최대 5개)	있음 (최대 5개)	있음 (최대 3개)	있음 (최대 4개)	
●	●	있음 (2x열권선 접접)	있음 (2x열권선 접점)	●
●	●	-	-	-
●	●	-	-	●
●	●	●	●	
-	-	○	○	
-	-	-	-	-
●	●	●	●	-
●	●	-	●	●
-	-	-	●	
-	-	●	●	
-	-	●	●	
●	●	●	●	-
메뉴-제어/키	메뉴-제어/키	메뉴-제어/회전손잡이	메뉴-제어/회전손잡이	-
●	●	●	●	
-	-	-	-	
●	●			
-	-	●	●	-
●	●	●	●	
-	-	-	●	●
0 to +40℃	0 to +40℃	-20 to +60℃	-20 to +60℃	0 to +40℃
기본운전펌프 0-60초	기본운전펌프 0-60초	0-180초	기본운전펌프 0-180초	-
-	-	●	●	-
-	-	-	-	-
TC 40, TS 40, TS 50, TS 65, TP 50, TP 65, TP 80-150, STS 80-100, STC 80-100, MTS 40, CP	TC 40, TS 40, TS 50, TS 65, TP 50, TP 65, TP 80-150, STS 80-100, STC 80-100, MTS 40, CP	TC 40, TS 40, TS 50, TS 65, TP 50, TP 65, MTS 40, STS 80, STC 80, CP	TC 40, TS 40, TS 50, TS 65, TP 50, TP 65, MTS 40, STS 80, STC 80, CP	TP 80-150, MTS 40, CP

집수정 설계

집수정 설계 / 계획

- 집수정 크기와 펌프 선택은 펌프장의 크기를 정하는데 중요 요소가 아니다. 오히려 배관, 배관부속품 및 배관작업과 같은 집수정의 설치된 부품이 결정적인 중요성을 갖는다.

- 서비스와 보수작업을 위하여 항상 차단밸브를 설치한다. 어떤 경우에는 이 밸브들이 이미 표준으로 설계되어 있다.

- 토출배관의 끝단 표준에서 명시한 매개변수(예: 유속)에 따라 크기를 정한다.

- 항상 토출 배관의 집수정 상단에 역류 밸브를 두어 침전물을 방지할 수 있다.

- 집수정 바닥은 펌프 케이싱으로 고형물의 유입을 용이하게 하기 위하여 최대 40°까지의 각도가 있도록 설계해야 한다.

- 집수정의 인입구에 칸막이를 제공하여 유입되는 물에 의한 펌프의 손상을 방지하고 유체를 안정화한다. (펌프 내 공기 유입을 방지한다)

- 공사단계에서, 기초부 접지 전극 또는 접지 막대를 설치한다.

- 역지밸브와 고정축의 게이트는 배관의 최상단에 설치해서 유지보수, 청소 및 검사를 위해 접근이 용이하도록 한다.

- 워터 해머를 최소화하려면, 워터 해머 방지장치를 체크밸브 위 가까이에 제공한다. (플로팅 볼과 함께하면 더 좋음) 플로팅 볼이 있는 체크밸브를 사용하여 비슷한 결과를 얻을 수 있다.

- 만약 이송처(하수구)가 집수정 수위 아래에 있으면, 환기장치를 반드시 제공해야 한다. 그렇지 않으면 펌프를 포함, 전체 집수정을 완전히 배수해야 하며, 그렇지 않으면 환기문제가 발생한다.

고장 진단

고장 진단 (페이지 289의 "유지 점검표" 참조)

케비테이션은 언제 발생하며 캐비테이션 문제는 어떻게 해결하는가?

- 높은 유체온도와 너무 작거나 막힌 공기빼기 배관의 조합
  > 공기빼기 배관을 설치/재설계 또는 청소한다.
- 건식 집수정 설치 펌프용 긴 흡압배관
  > 적절한 새 펌프를 선택한다.
- 유체 내에 공기 또는 가스가 있다.
  > 펌프의 물 채움이 정확한지 확인하고 워터제트가 펌프 가까이 충격을 주지 않도록 흡입구에 칸막이를 설치한다. 신호 전달기의 위치를 변경한다.
- NPSHsystem > NPSHpump 또는 NPSHpresent > NPSHrequired는 펌프를 선정시 기준을 따르지 않았다.
  > 임펠러 크기를 줄이고, 유량/양정을 줄이고, 유체 온도를 줄이고, 적합한 펌프로 재구성한다.
- 펌프 흡입구가 막혀있다.
  > 배관이 흡입구 또는 집수정을 청소한다. 펌프 내부를 청소한다.
- 유체온도가 꽤 높다. (>75℃)
  > 적합한 새 펌프를 선택한다.
- 펌프/토출배관에 공기가 있어 펌프가 환기를 할 수 없다.
  > 환기배관을 설치하거나 기존의 것을 청소한다.
- 펌프는 상대압력을 가지고 있지 않으며 우측방향의 곡선 밖에서 작동한다.
  > 적합한 펌프를 선택한다. 추가 곡관, 배관 마찰손실값이 더 큰 배관과 같은 저항을 더 추가하여 토출배관 끝단의 의 저항을 증가시킨다.

펌프는 왜 원하는 용량(H, Q)을 공급하지 못 하는가?

- 펌프의 회전방향이 잘못됨. (3상 전류만 해당)
  > 회전 방향을 교정시키기 위하여 2개의 상을 뒤바꾼다.
- 임펠러가 마모 또는 부식으로 손상되어 있다.
  > 손상된 부품 (부식된 임펠러)을 교체한다
- 펌프 흡입구 또는 임펠러가 막혀있다.
  > 내부를 청소한다.
- 차단밸브가 막혀있거나 차단되어 있다.
  > 배관부속품을 청소한다.
- 토출 배관의 게이트밸브가 항상 열려 있지 않다.
  > 항상 게이트 밸브를 연다.
- 유체 내에 공기 또는 가스가 있다.
  > 펌프의 물채움이 정확한지 확인하고 워터제트가 펌프 가까이 충격을 주지 않도록 흡입구에 칸막이를 설치한다.
- 펌프의 모터 베어링에 결함이 있다.
  > 모터 베어링을 교체한다. Wilo A/S 팀에 연락한다.
- 펌프 공기빼기 배관이 막혀있다. (토출양정 문제가 있는 경우)
  > 점검하고 필요한 경우 청소한다.

개폐 장치는 왜 과전류 / 과부하 신호를 작동하는가?

- 주전압이 강하되었다.
  > 전압변동을 점검한다.
- 유체의 점도가 너무 높아 모터의 부하가 더 높아진다.
  > 임펠러 크기를 줄이거나 새 펌프를 설치한다.
- 펌프가 명시된 곡선에서 작동하지 않는다.
  > 필요한 경우, 상대압력을 증가시키기 위해 차단밸브를 사용하여 펌프 출력을 제한한다.
- 모터의 온도상승이 너무 높다
  > 모터의 시동 / 정지 횟수를 점검하고 필요한 경우 지연시간기능을 통하여 개폐 장치를 사용하여 이 횟수를 제한한다.
- 펌프의 회전방향이 잘못되어 있다. (3상 전류에만 해당)
  > 회전 방향을 교정시키기 위하여 2개의 상을 뒤바꾼다.
- 펌프의 전원공급장치의 1개 상이 고장이다.
  > 전원공급장치를 점검하고 고장이면 퓨즈를 교체한다.
- 펌프의 권선이 고장이다.
  > Wilo A/S 팀에 연락한다.
- 펌프의 모터 베어링이 고장이다.
  > 모터 베어링을 교체하거나 Wilo A/S 팀에 연락한다.

왜 펌프케이싱과 토출배관이 침전물로 막히게 되는가?

- 낮은 유량과 유속으로 인해 침전물이 쌓인다.
  > 유속과 관련하여 펌프의 운전지점과 배관의 크기를 점검한다.
- 너무 작은 양으로 자주 운전한다.
  > 시스템의 개폐 레벨 (토출 과정에 따라 더 큰 유량)을 재설정한다.
  필요한 경우 개폐 장치를 이용하여 지연시간을 증가시킨다.

무엇이 워터 해머를 야기하며 어떻게 줄이거나 방지할 수 있는가?

- 펌프를 가동할 때, 작은 배관직경을 통해 큰 유량이 밀려나온다.
  > 유속과 관련하여 펌프의 운전점과 배관크기를 점검한다.
- 토출배관의 에어쿠션
  > 역지밸브 바로 위 또는 배관의 높은 위치에 환기밸브를 설치한다.
- 펌프가 전체 유량을 너무 빨리 토출배관으로 토출한다.
  > 2극 펌프에서 4극 펌프로 전환하거나 더 느린 펌프 시동을 위해 소
  프트 스타터 / 시작 램프가 있는 인버터를 사용한다.
- 펌프가 너무 자주 기동하여 토출배관에 불규칙적인 압력 파장을 야
  기한다.
  > 개폐 장치를 사용하여 지연시간을 조정한다.
- 토출배관의 끝단에 너무 빨리 배관부속품이 닫힌다.
  > 배관부속품을 교체하고 천천히 닫히는 배관부속품을 사용한다.

무엇이 역지밸브의 소음을 야기하며 어떻게 소음을 줄이거나 방지할 수 있는가?

- 밸브가 충분히 빨리 닫히지 않으며, 펌프가 정지한 후, 그것을 덮고 있
  는 물기둥에 의해 밸브 시트 쪽으로 심하게 닫힌다.
  > 닫힘 속도가 빠른 밸브로 교체하고, 고무시트가 달린 역지밸브를 사
  용하며, 개폐 장치를 사용하여 지연시간을 조정한다.

왜 펌프시스템이 너무 큰 소리가 나는가? 소음문제는 어떻게 해결할 수 있는가?

- 펌프의 회전방향이 잘못됨. (3상 전류만 가능)
  > 회전 방향을 교정시키기 위하여 2개의 상을 뒤바꾼다.
- 임펠러가 마모 또는 부식으로 손상되어 있다.
  > 손상된 부품 (부식된 임펠러)을 교체한다.
- 펌프 흡입구 또는 임펠러가 막혀 있다.
  > 내부를 청소한다.
- 펌프의 모터 베어링이 고장이다.
  > 모터 베어링을 교체하고 Wilo A/S 팀에 연락한다.
- 펌프 공기빼기 배관이 막혀 있다.
  > 점검 및 필요한 경우 청소
- 탱크 내 유체 수위가 너무 낮다.
  > 레벨 스위치를 점검하고 필요한 경우 재조정
- 배관이 진동 소음을 일으킨다.
  > 탄성 연결장치를 점검하고 배관이 적절한 위치에 고정되어 있는지 확
  인하고 월덕트를 점검한다.
- 집수정 내 펌프 소리가 건물 내에 날 수 있다.
  > 적절한 방음이 집수정과 건물 사이에 이루어져 있지 않다. 건물과 집
  수정 사이에 직접적이고 단단한 연결을 해제한다.
- 시스템이 건물 전체에서 소리가 난다.
  > 시스템이 바닥 / 벽에 방음장치가 되어있지 않다. 방음띠를 사용하
  여 방음을 한다.

Wilo A/S 팀 연락처

전화 : 1688-5890

설치, 운전 및 유지보수를 위한 점검표

점검표 - 설계

1. 사전조건 결정하기

토출 기준 정하기	☐ 분리시스템	☐ 결합시스템

우수 처리   건물 위치: ________________________________

(결합시스템의 경우)	우수에 대한 바람의 영향 고려	☐ 예	☐ 아니오

지붕면적에 대한 강우 ______________ °

홈통 길이 1 ______________ m

홈통 길이 2 ______________ m

지붕 깊이 (수직) ______________ m

지붕 깊이 (수평) ______________ m

건물 유형	☐ 단독주택	☐ 다가구주택
	☐ 사무실 건물	☐ 산업용 건물
	☐ 공공건물	

설치기준	☐ 건물 내	☐ 건물 밖

역류 수위   역류 수위 또는 집수정 덮개가 펌프 위 ______________ m 에 위치한다.

설치   **원하는 펌프 대수** ________ 대

그 중 예비 펌프 대수 ________ 대

2. 경계조건 정하기

전류/전압 공급	☐ 1-220V	☐ 3-400V	☐ 50Hz
	☐ 1-230V	☐ 3-340V	☐ 60Hz

폐수 및 하수 유형

☐ 가정용 하수   ☐ 우수

☐ 산업용 폐수   ☐ 해수

☐ 염수   ☐ 예   ☐ 아니오

배설물 포함 유체   ☐ 예   ☐ 아니오

고형물 포함 유체 ______________ m

고형물의 최대 크기:ø   ☐ 예   ☐ 아니오

유체 내 긴 섬유입자

pH 값: __________   __________ °F

유체 온도: __________ ℃

Zone 1 방폭 필요 유체에 대한   ☐ 예   ☐ 아니오

추가 정보:

____

____

이 목록은 완벽하지 않지만 방향설정에 도움이 됩니다. 당사는 이 정보에 대한 책임을 지지 않습니다.

3. 폐수 유입량 Q_w 정하기

폐수 계산			
샤워기	대수 x 0.8 ℓ /s =	____________	ℓ /s
욕조	대수 x 0.8 ℓ /s =	____________	ℓ /s
비데	대수 x 0.8 ℓ /s =	____________	ℓ /s
싱크	대수 x 0.8 ℓ /s =	____________	ℓ /s
식기세척기	대수 x 2.0 ℓ /s =	____________	ℓ /s
세탁기(10kg)	대수 x 1.5 ℓ /s =	____________	ℓ /s
변기	대수 x 1.0 ℓ /s =	____________	ℓ /s
세면조	대수 x 1.0 ℓ /s =	____________	ℓ /s
바닥배수 DN50	대수 x 0.8 ℓ /s =	____________	ℓ /s
바닥배수 DN70	대수 x 1.5 ℓ /s =	____________	ℓ /s
바닥배수 DN100	대수 x 2.0 ℓ /s =	____________	ℓ /s
소변기	대수 x 0.5 ℓ /s =	____________	ℓ /s
	합계	____________	ℓ /s

4. 우수 유입량 Q_r 정하기

밀봉 면적				
간이의자	____________ m²	차고	____________ m²
주차공간	____________ m²	통로	____________ m²
간이차고	____________ m²	기타	____________ m²
진입로	____________ m²		

5. 결합수 유입량 Q_c 정하기

$$Q_c = Q_r + Q_w = \text{\_\_\_\_\_\_\_\_\_\_\_\_} \ \ell \ /s = \text{\_\_\_\_\_\_\_\_\_\_\_\_\_\_} \ m^3/h$$

6. 배관 구성

a) 기존 배관

토출 배관 길이
토출 배관*DN ____________________   재질 ____________________
흡입 배관 DN ____________________   재질 ____________________

b) 신설 배관

토출배관 길이 = 하수도 거리 ____________
펌프의 공칭 구경* DN   ____________
토출 배관*DN   ____________   재질 ____________________
흡입 배관 DN   ____________   재질 ____________________

* 배설물 포함 하수의 경우

배관의 공칭 직경 ≥ 펌프의 공칭 직경

이 목록은 완벽하지 않지만 방향설정에 도움이 됩니다. 당사는 이 정보에 대한 책임을 지지 않습니다.

6. 배관 구성

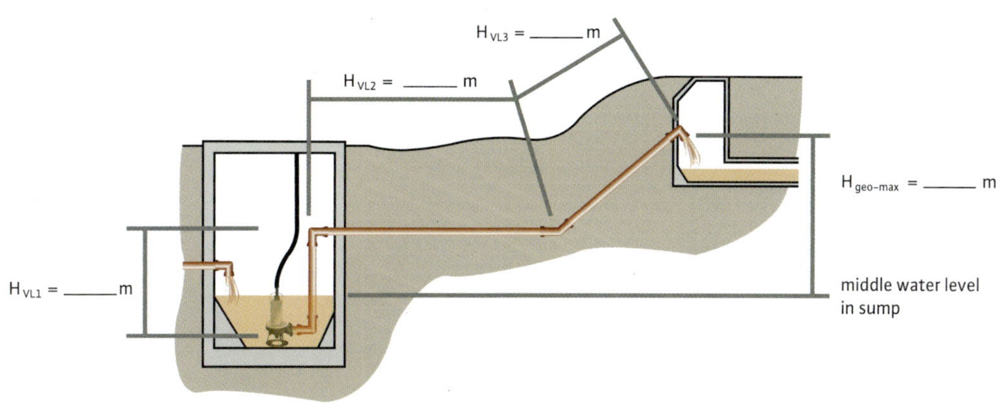

c) 기존 배관 부속품

기존 곡관 90°	________________ 개		DN __________	
기존 곡관 60°	________________ 개		DN __________	
기존 곡관 45°	________________ 개		DN __________	
확장기	________________ 개	DN ________ ~	DN __________	
레듀서*	________________ 개	DN ________ ~	DN __________	
3-WAY	________________ 개		DN __________	

d) 신설 배관부속품

기존 곡관 90°	________________ 개		DN __________	
기존 곡관 60°	________________ 개		DN __________	
기존 곡관 45°	________________ 개		DN __________	
확장기	________________ 개	DN ________ ~	DN __________	
레듀서*	________________ 개	DN ________ ~	DN __________	
3-WAY	________________ 개		DN __________	

* 배설물 포함 하수의 경우
배관의 공칭 직경 ≥ 펌프의 공칭 직경

이 목록은 완벽하지 않지만 방향설정에 도움이 됩니다. 당사는 이 정보에 대한 책임을 지지 않습니다

예 / 아니오

주위 온도	__________ ℃
지연 시간	__________ 초
시험 기동	☐ / ☐

평가 정보

펌프 기동	☐ / ☐
경과시간 표시기	☐ / ☐
자동 펌프 운전 사이클링	☐ / ☐
연결가능한 펌프 대수	__________ 대

제어 기능

공압 센서 (잠수종)	☐ / ☐
전자압력 센서 (레벨 센서 = 압력 센서)	☐ / ☐
플로우트 스위치	☐ / ☐

전기 연결

1-220V	☐ / ☐
3-220V	☐ / ☐
3-380V	☐ / ☐
중성선	☐ / ☐
직입 기동	☐ / ☐
Y-△ 기동	☐ / ☐
최대 전류 (펌프 명판 참조)	__________ A
주파수	__________ Hz
보호등급	IP __________

모터 모니터

열권선 접점을 통한 평가	☐ / ☐
PTC를 통한 평가	☐ / ☐
누수 모니터링	☐ / ☐
모터 보호	☐ / ☐
모터 보호 스위치	☐ / ☐

고장/운전 신호

일괄 운전 신호	☐ / ☐
일괄 고장 신호	☐ / ☐
개별 운전 신호	☐ / ☐
개별 고장 신호	☐ / ☐
별도 고수위 신호 접점	☐ / ☐
통합 경보(부저)	☐ / ☐
배터리 동력 경보	☐ / ☐

표시/운전

LCD 디스플레이	☐ / ☐
LED	☐ / ☐
적색 버튼	☐ / ☐

기능 유형

마이크로프로세서-제어	☐ / ☐
전자	☐ / ☐
전자기계	☐ / ☐

버전

메인 스위치	☐ / ☐
플러그와 케이블이 달린 개폐장치	☐ / ☐

이 목록은 완벽 하지 않지만 방향설정에 도움이 됩니다. 당사는 이 정보에 대한 책임을 지지 않습니다.

설치 점검표(1)

건물 내 배설물을 포함하는 폐수용 리프팅 플랜트

플랜트

• 분쇄하지 않은 배설물을 포함하고 최소공칭직경이 DN80인 리프팅 플랜트	DIN EN 12050-1	☐
• 분쇄하지 않은 배설물을 포함하고 최소공칭직경이 DN32인 리프팅 플랜트	DIN EN 12050-1	☐
• 플랜트의 운전에 따라 달라지는 건물의 경우, 트윈-헤드 펌프를 제공한다.	DIN EN 12050-1	☐
• 배설물을 포함하는 폐수의 리프팅 플랜트는 주변 공간으로부터 폐쇄된다.	EN 12056-4	☐
• 플랜트는 뒤틀림 및 동결 방지가 되도록 설치한다.	EN 12056-4	☐
• 플랜트는 부력 및 수압으로부터 보호 받도록 설치한다.	EN 12056-4	☐
• 콜렉터 탱크는 건물과 구조적으로 연결되어 있지 않다. (예:집수정); 탱크가 독립되어 있다.	EN 12056-4	☐
• 플랜트를 둘러싸는 면적은 적어도 모든 면마다 60cm 이다.	EN 12056-4	☐
• 우수는 빌딩 내 위치한 배설물을 포함하는 폐수용 리프팅 플랜트에 공급되지 않는다. (건물 밖에만 복합 배수 허용)	EN 12056-4	☐
• 검사 개구부는 독립형 설치를 위해 제공된다.	EN 12056-4	☐
• 역류 보호는 역류 수위의 ______cm 이상으로 설치되어 있다.	EN 12056-4	☐
역류는 다음의 경우에만 밀봉한다. • 하수도에 기울기가 있다. • 보조용 공간이 있다. • 다른 변기가 역류 수위 이상으로 제공된다. • 역류의 경우 배수없이 하는 것이 가능하다.	EN 12056-"4	☐
• 단일펌프장용 비상배수를 위한 다이아프램 핸드 펌프가 설치되어 있다.	DIN EN 12050-1	☐
• 기계실 배수를 위한 펌프 집수정이 설치되어 있다.	DIN EN 12050-1	☐
• 체크밸브가 토출측에 설치되어 있다. (예외: 토출 배관의 유량이 플랜트의 사용 유량보다 적다)	DIN EN 12050-1	☐
• 차단밸브가 흡입측에 설치되어 있다.	DIN EN 12050-1	☐
• 차단밸브가 체크밸브 뒤의 압력측에 설치되어 있다.	DIN EN 12050-1	☐
• 지붕 레벨 위 리프팅 플랜트의 공기빼기 (존재하는 경우) 분쇄가 있는 리프팅 플랜트의 경우 적어도 DN 70 / 분쇄가 없는 경우 DN 50	DIN EN 12050-1	☐
• 모든 연결장치는 방음이 되도록 설계되어 있다.	DIN 4109	☐
• 유해물질 (운전지침 참조)은 유체가 장치에 도달하기 전에 이미 제거되어 있다.		
• 고장신호 장치 (음향, 시각적 또는 건물관리시스템)가 쉽게 눈에 띄는 곳에 설치되어 있다.		

배관

• 배관 스스로 비울 수 있다.	EN 12056-4	☐
• 모든 배관이 인장이 없이 놓여 있다.	EN 12056-4	☐
• 배관부속품과 배관 중량이 지지대/고정장치에 의해 지지된다.	EN 12056-4	☐
• 리프팅 플랜트 뒤에 토출 배관에 다른 연결장치가 없다. (예: 수직홈통)	EN 12056-4	☐
• 배관 단면적은 어떤 지점에서도 점점 가늘어지지 않는다.	EN 12056-4	☐
• 개별 배관은 침전물을 방지하기 위하여 상단부 또는 집합 배관에 연결되어 있다.		

이 목록은 완벽하지 않지만 방향설정에 도움이 됩니다. 당사는 이 정보에 대한 책임을 지지 않습니다.

운전 신뢰성

- 선택한 운전점이 최적의 용량사용 및 서비스수명을 달성하기 위하여 제조자가 제공한 성능 곡선의 중간 1/3지점에 있다. ☐
- 펌프를 통과하는 입자의 크기가 요구사항을 만족한다. ☐
- NPSHsystem > NPSHpump 또는 NPSHpresent > NPSHrequired ☐
- 서비스와 유지보수를 위한 접근성이 좋다. ☐
- 장치가 외부 영향으로부터 적절하게 보호된다. ☐
- 전원공급장치를 전압변동과 관련하여 점검을 해왔다. ☐
- 해당 설정치가 개폐장치에 설정되어 있다. ☐
- 개폐장치의 위치가 홍수에 대비되는 곳이다. ☐
- 토출배관에는 레듀서가 없다.   EN 12056-2 ☐

제한 사용 플랜트

- 플랜트가 역류 수위 아래 설치되어 있다. (리노베이션, 플랜트 위에도 허용)   EN 12056-1 ☐
- 플랜트가 화장실 바로 뒤에 설치되어 있다.   EN 12056-1 ☐
- 모든 연결 배수원이 동일한 공간에 있다.   EN 12056-1 ☐
- 플랜트는 화장실과 동일한 레벨에 있다.   EN 12056-1 ☐
- 욕조, 세탁기 또는 식기세척기는 연결되어 있지 않다.   EN 12056-1 ☐
- 별도의 환기 장치가 연결되어 있지 않다.   DIN EN 12050-3 ☐
- 환기는 플랜트의 내장된 환기장치를 통하여 냄새가 하나도 발생하지 않는다.   DIN EN 12050-3 ☐
- 토출배관과 다음 배관부속품의 최소 내경은 분쇄기가 포함된 경우 적어도 20mm이다.   DIN EN 12050-3 ☐
  (분쇄기가 없는 경우, 25mm)
- 하수도로 연결된 수직 배관의 역류 수위 위에 화장실이 있다.   DIN EN 12050-3 ☐
- 사용자에게 생리대, 콘돔 등에 의해 막힐 위험이 있음을 알려준다.   DIN EN 12050-3 ☐

펌프장 (건물 밖)

- 배관이 높은 지점과 낮은 지점의 완만한 상향 / 하향 경사에 설치되어 있다. ☐
- 공기빼기 밸브가 높은 지점에 설치되어 있다. ☐
- 최소 유속은 항상 확인한다. ☐
- 압력배수의 경우, 배관의 내용물은 적어도 ≤8hers. 이하에서 세척한다. (EN 1671): ☐
  권장사항: 배출 ≤4hers.!
- 모든 배관부속품은 배관과 동일한 내용물을 통과 시킬수 있다. ☐
- 펌프 집수정은 유체가 펌프로 더 잘 유입되도록 _____°의 기울기를 가진 깔대기 모양을 하고 있다. ☐
- 펌프 집수정의 표면이 매끄럽다. ☐
- 모든 공사 잔해를 치우고 집수정 펌프가 깨끗하다. ☐
- 집수정 배관 유량을 유지할 수 있다. ☐
- 토출 손실이 설계시 고려되었다. ☐
- 집수정 압축은 ATV-A 139와 DIN EN 1610을 따른다.   DIN EN 1610 ☐
- 압력시험은 압력배수장에 적합한 지침에 따라 실시되었다. (높은 지점은 먼저 블리딩을 한다)   DIN 4279 T1-T9 ☐

이 목록은 완벽하지 않지만 방향설정에 도움이 됩니다. 당사는 이 정보에 대한 책임을 지지 않습니다.

시운전

• 개폐장치의 매개변수가 펌프의 명판 사양과 일치한다.	☐
• 폭발가능성이 있는 구역은 방폭에 대비한 요구사항을 점검한다.	☐
(명판, 설치 및 운전 매뉴얼): Ex Zone(방폭존)은 사용자/관리자의 명시에 따른다.	☐
• 집수정은 시운전을 하기 전에 청소가 되어 있다.(특히 공사 잔해물 제거)	☐
• 집수정은 시험목적으로 물을 채운다: 반복적으로 깨끗한 물을 수동으로 채우는 것이 필요하다.	☐
• 모든 설치관련 부품은 서로 연결되어 있다.(배관, 펌프 유량 등)	☐
• 펌프는 토출배관에서 환기가 된다.(체인에 의해 펌프를 조심해서 끌어올려)	☐
• 모터(3~)의 회전방향을 점검했다.	☐
• 펌프의 소비전류를 점검했다.	☐

유지보수

하수 리프팅 플랜트는 EN 12056-4에 따라 자격을 갖춘 전문가에 의해 유지보수를 해야 한다. 유지보수작업 동안 상해 및감염을 방지하기 위하여 반드시 보호장갑을 착용한다. 깨끗한 물로 플랜트를 반복적으로 채우는 작업은 시험목적으로 제공되어야 한다. EN 12056-4, 5.1에 따른 정기적인 유지보수 기간을 유지한다.

제한된 용도로 정기적으로 사용되는 미니 리프팅 플랜트에서 이루어지는 유지보수작업 (예: Wilo-DrainLift KH32):
• 플랜트를 여러 번 세척한다.
• 전원 플러그를 당겨 덮개를 분리한다.
• 오수이송장치에 의한 상해위험에 대비해 보호장갑을 착용한다.
• 슬리브 바스켓을 청소하고 탱크의 고형물을 제거하고 환기장치를 청소한다.
• 사용중인 탄소 필터를 교체한다.
• 장치를 재조립한다.
• 전원 플러그를 삽입한다.

배설물을 포함하는 폐수용 리프팅 플랜트에서 이루어지는 유지보수작업 (예: Wilo-DrainLift S1/7):
• 배관 및 배관부속품의 연결부품에 대한 누수 시험을 한다.
• 게이트의 기능과 움직임의 용이성을 점검한다. 필요한 경우 역지 밸브를 청소한다.
• 펌프 장비를 점검한다. (탱크/펌프/임펠러)
• 전원공급장치를 분리한다.
• 게이트 밸브를 닫는다.
• 집수탱크의 물을 배수한다.(예를 들어, 다이아프램식 핸드펌프를 사용한다)
• 탱크의 벽에 있는 불순물을 제거하고 깨끗한 물로 탱크를 여러 번 세척한다.
• 장치를 재조립한다.
• 게이트 밸브를 열고 전원공급장치를 재연결한다.
• 개폐 장치와 탱크를 육안으로 검사한다.
• 개폐장치의 기능을 점검한다.
• 소비 전류를 점검한다.
• 전원 플러그를 삽입한다.

집수정 펌프 스테이션에서 이루어지는 유지보수작업 (예: Wilo-Drain WS):
• 모든 전기장비의 전원이 끊어져 있는지 확인한다.
• 펌프 부품 및 집수정 벽으로부터 침전물을 제거한다.
• 토출 배관을 점검하고 깨끗이 세척한다.
• 개폐장치 메모리/빌딩관리시스템/고장메시지 계수를 점검한다.
• 전기장비 및 배관부속품의 기능을 점검한다.
• 레벨 센서를 육안으로 검사한다.
• 전원을 켜고 소비전류를 점검한다.
• 펌프시트의 누수를 점검한다.(육안 검사)

이 목록은 완벽하지 않지만 일반적인 유지보수의 방향설정에 도움이 됩니다. 당사는 이 정보에 대한 책임을 지지 않습니다.

계산을 위한 도표

표 1: 배수 K 특성 값

건물 유형	K 값
주거건물, 식당, 게스트하우스, 호텔, 사무실 빌딩 등과 같이 불규칙적으로 사용되는 건물	0.5
병원, 대형식품서비스시설, 호텔시설 등	0.7
학교와 같은 규칙적으로 사용되는 건물, 세탁소, 공중화장실, 공중샤워시설 등 자주 사용하는 설치물	1.0*
산업운영에서 연구소와 같은 특수 용도를 위한 설치물	1.2

* 다른 정의된 배수값이 알려져 있지 않은 경우

표 2: 위생시설을 위한 배수연결값 (DU) (EN 12056-2:2000 기준)

부분적으로 채워진 연결 배관이 장착된 단일 하향 시스템

위생시설 DU[l/s]		DU[m3/h]
세면대, 비데	0.5	1.8
싱크, 가정용 식기세척기, 주방 배수	0.8	2.88
멈춤장치가 없는 샤워기	0.6	2.16
멈춤장치가 있는 샤워기	0.8	2.88
세탁기, 세탁물 6kg 까지	0.8	2.88
세탁기, 세탁물 10kg	1.5	5.4
상업용 및 산업용 식기세척기	2.0**	7.2
플러시밸브가 있는 소변기 (단일)	0.5	1.8
2개까지의 소변기	0.5	1.8
4개까지의 소변기	1	3.6
6개까지의 소변기	1.5	5.4
2개의 추가 소변기당	0.5	1.8
바닥 배수: DN 50	0.8	2.88
DN 70	1.5	5.4
DN 100	2.0	7.2
6 ℓ 플러싱 물탱크가 있는 화장실	2.0	7.2
7.5 ℓ 플러싱 물탱크가 있는 화장실	2.0	7.2
9 ℓ 플러싱 물탱크가 있는 화장실	2.5	9
족욕기	0.5	1.8
욕조	0.8	2.88

**제조자의 사양 참조.

표 3: 물소비 량 (DIN 1986-100, 표 4 기준)		
사용 예	**부터 (리터)**	**까지 (리터)**
단독/다가구		
음용, 요리, 청소용, 1인/일	20	30
세탁, kg당	25	75
일회 변기 물내림	6	10
목욕	150	250
샤워	40	140
잔디물주기, m²/일	1.5	3
채소물주기, m²/일	5	10
호텔/기관		
학교, 1인/일	5	6
병영(막사), 1인/일	100	150
병원, 1인/일	100	650
호텔, 1인/일	100	130
공공수영장, m3/일	450	500
소화전, 초당	5	10
상업/산업		
도축장, 큰 가축의 마리당	300	500
도축장, 작은 가축의 마리당	150	300
세탁실, 세탁 장치당	1000	1200
증류소, 맥주 헥토리터당	250	500
목장, 우유 1리터당	0.5	4
방직공장, 직물 1kg 당	900	1000
설탕공장, 설탕 1kg 당	90	100
정육공장, 고기/소시지 1kg 당	1	3
제지회사, 백상지 1kg 당	1500	3000
콘크리트 공장, m3 콘크리드 당	125	150
건축업, 몰타르 사용 1000 개 벽돌당	650	750
식품공업, 전분 1kg 당	1	6
식품공업, 마가린 1kg 당	1	3
방직공장, 양털 1kg 당	90	110
광업, 석탄 1kg 당	20	30
농업		
큰 소, 소마리당/일	50	60
양, 송아지,돼지,염소, 마리당/일	10	20
운송		
자동차 청소	100	200
화물차 청소	200	300
화차 청소	2000	2500
가금류 운송차 청소	7000	30000

$r_{X(Y)}$는 X 분 동안 지속되고 (지속성) 통계적으로 $1/Y$ 년마다 통계적으로 발생하는 강우 강도를 의미한다.
예: $r_{5(0.5)}$는 통계적으로 1/0.5(=2) 2년마다 발생하는 5분 강우.

위치	$r_{5.2}$ [ℓ/(s x ha)]	$r_{15.2}$ [ℓ/(s x ha)]	$r_{5.30}$ [ℓ/(s x ha)]	$r_{15.30}$ [ℓ/(s x ha)]	$r_{5.100}$ [ℓ/(s x ha)]
Aachen	240	121	431	214	516
Aschaffenburg	293	143	539	267	649
Augsburg	285	138	499	243	595
Aurich	240	121	416	214	494
Bad Salzuflen	282	133	455	233	532
Bad Tölz	416	205	655	355	762
Bayreuth	285	144	524	276	630
Berlin	341	169	605	321	723
Bielefeld	260	132	475	248	570
Bonn	266	132	505	248	611
Braunschweig	289	143	498	267	591
Bremen	238	118	403	202	477
Chemnitz	340	162	552	288	646
Cottbus	260	129	477	232	574
Dessau	292	137	530	250	635
Dortmund	277	134	441	226	513
Dresden	297	145	540	268	648
Düsseldorf	227	135	518	245	626
Eisenach	269	135	478	249	570
Emden	246	124	444	230	532
Erfurt	243	121	404	214	476
Frankfurt/Main	314	145	577	268	695
Halle/Saale	285	137	503	250	601
Hamburg	258	129	423	232	497
Hannover	275	124	538	230	655
Heidelberg	338	158	579	287	686
Ingolstadt	283	138	456	243	534
Kassel	273	140	505	266	608
Kiel	230	112	404	192	481
Köln	281	138	535	266	648
Leipzig	324	147	545	276	690
Lingen	316	148	588	284	709
Magdeburg	277	129	517	232	624
Mainz	333	164	603	304	723
Munich	335	166	577	305	685
Münster	283	137	510	250	611
Neubrandenburg	330	148	607	284	731
Nuremberg	296	145	533	272	638
Rosenheim	402	191	733	350	880
Rostock	232	118	375	202	438
Saarbrücken	255	131	448	240	534
Stuttgart	349	169	663	325	802
Würzburg	293	140	511	266	608

표 5: 강우량 Qr 계산을 위한 지표유출 계수 C

(DIN 1986-100:2002-03, 표6)

No.	표면 유형	지표유출 계수 C
1	비침투면	
	• 경사진 지붕 $>$ 3° 기울기	1.0
	• 콘크리트 표면	1.0
	• 경사로(램프)	1.0
	• 이음매 충전재를 사용한 단단한 표면	1.0
	• 역청 포장	1.0
	• 줄눈 포장	1.0
	• 경사진 지붕 ≤3° 기울기	1.0
	• 자갈 옥상	0.8
	• 녹화 옥상*	
	• 중량형 녹화	0.5
	• 시스템 두께가 10cm 이상인 경량형 녹화	0.3
	• 시스템 두께가 10cm 미만의 경량형 녹화	0.5
2	반침투 및 낮은 지표유출 표면:	
	• 비포장 도로, 마당, 산책로	0.5
	• 슬라브 표면	
	• 이음매로 연결한 포장 표면 $>$ 전체 면적의 15%	0.6
	예: 10cm x 10cm 및 더 작은 면적	
	• 물경계 표면	0.5
	• 옹벽이 있는 놀이터	0.3
	• 배수구가 있는 스포츠 시설	
	• 합성표면, 인공 잔디	0.6
	• 테니스코트 및 유사 스포츠 시설 표면	0.4
	• 천연잔디 표면	0.3
3	지표유출이 거의 없거나 전혀 없는 침투면	
	• 공원 및 조림지, 자갈	0.0
	슬래그 표면, 조약돌, 부분적으로 단단한 표면	
	• 물다짐 덮개가 있는 정원 통로	0.0
	• 잔디돌이 있는 진입로 및 단일 주차공간	0.0

* Guidelines for the planning, execution and upkeep of green-roof sites-Guidelines for green-roof sites 를 따름

(DIN 1986-100: 2002-03, 표 6)

공칭구경	DN 25		DN 32		DN 40		DN 50		DN 65	
dxs	32 x 2.9		40 x 3.7		50 x 4.6		63 x 5.8		75 x 6.9	
dl	26.2		32.6		40.8		51.4		61.2	
Q	v	압력 강하 ΔP	v	압력 강하 ΔP	v	압력 강하 ΔP	v	압력 강하 ΔP	v	압력 강하 ΔP
[ℓ/s]	[m/s]	[bar/100 m]	[m/s]	[bar/100 m]	[m/s]	[bar/100 m]	[m/s]	[bar/100 m]	[m/s]	[bar/100 m]
0.0315	0.06	0.041								
0.04	0.08	0.0061								
0.05	0.09	0.0088	0.06	0.0031						
0.063	0.12	0.013	0.08	0.0045						
0.08	0.15	0.0195	0.1	0.0067	0.06	0.0024				
0.1	0.19	0.0285	0.12	0.0098	0.08	0.0034				
0.125	0.24	0.0417	0.15	0.0144	0.1	0.005	0.06	0.0017		
0.16	0.3	0.0638	0.19	0.0219	0.12	0.0076	0.08	0.0027	0.05	0.0011
0.2	0.38	0.0939	0.24	0.0321	0.15	0.0111	0.1	0.0037	0.07	0.0016
0.25	0.47	0.1384	0.3	0.0473	0.19	0.0163	0.12	0.0055	0.09	0.0024
0.315	0.59	0.2072	0.38	0.0796	0.24	0.0244	0.15	0.0082	0.111	0.0036
0.4	0.75	0.3152	0.48	0.1071	0.31	0.0369	0.19	0.0123	0.14	0.0054
0.5	0.94	0.4672	0.6	0.1585	0.38	0.0544	0.24	0.0182	0.17	0.0079
0.63	1.19	0.7039	0.76	0.2381	0.48	0.0816	0.30	0.0272	0.21	0.0119
0.8	1.51	1.0776	0.96	0.3634	0.61	0.1242	0.39	0.0413	0.27	0.018
1.0	1.88	1.6072	1.2	0.5405	0.77	0.1842	0.48	0.0611	0.34	0.0266
1.25	2.35	2.4022	1.5	0.8053	0.96	0.2738	0.6	0.0906	0.43	0.0394
1.6	3.01	3.7567	1.92	1.2547	1.22	0.4253	0.77	0.1403	0.54	0.0609
2.0			2.4	1.8774	1.53	0.6345	0.96	0.2088	0.68	0.0904
2.5			3	2.8148	1.91	0.9483	1.21	0.3112	0.85	0.1345
3.15					2.41	1.4406	1.518	0.4714	1.07	0.2033
4.0					3.06	2.2247	1.928	0.7254	0.36	0.3123
5.0							2.41	1.0873	1.7	0.467
6.3							3.036	1.6567	2.14	0.7098
8.0									2.72	1.0965
10.0									3.4	1.6493

표 6: HDPE 플라스틱 배관의 유량에 따른 압력 강하

(계속)

공칭구경	DN 80		DN 100		DN 100		DN 125		DN 150	
dxs	90 x 8.2		110 x 10.0		125 x 11.4		140 x 12.8		160 x 14.6	
dl	73.6		90		102.2		114.4		130.8	
Q	v	압력 강하 ΔP	v	압력 강하 ΔP	v	압력 강하 ΔP	v	압력 강하 ΔP	v	압력 강하 ΔP
[ℓ/s]	[m/s]	[bar/100 m]	[m/s]	[bar/100 m]	[m/s]	[bar/100 m]	[m/s]	[bar/100 m]	[m/s]	[bar/100 m]
0.3	0.06	0.01								
0.3	0.07	0.0015								
0.4	0.09	0.0023	0.06	0.0009						
0.5	0.12	0.0033	0.08	0.0013	0.06	0.0007				
0.6	0.15	0.0049	0.1	0.0019	0.08	0.001	0.06	0.0006		
0.8	0.19	0.0075	0.13	0.0029	0.1	0.0016	0.08	0.0009	0.06	0.0005
1.0	0.24	0.0111	0.16	0.0043	0.12	0.0023	0.1	0.0014	0.07	0.0007
1.3	0.29	0.0163	0.2	0.0063	0.15	0.0034	0.12	0.0002	0.09	0.0011
1.6	0.38	0.0252	0.25	0.0097	0.2	0.0054	0.16	0.0031	0.12	0.0016
2.0	0.47	0.0374	0.31	0.0143	0.24	0.0078	0.2	0.0046	0.015	0.0024
2.5	0.59	0.0555	0.39	0.0212	0.31	0.0116	0.24	0.0068	0.19	0.0036
3.2	0.74	0.0838	0.5	0.032	0.38	0.0174	0.31	0.0102	0.23	0.0054
4.0	0.94	0.1285	0.63	0.489	0.49	0.0266	0.39	0.0155	0.3	0.0082
5.0	1.18	0.1917	0.79	0.0729	0.61	0.0396	0.49	0.0231	0.37	0.0121
6.3	1.48	0.2908	0.99	0.1103	0.77	0.0598	0.61	0.0348	0.47	0.0183
8.0	1.88	0.448	1.26	0.1695	0.98	0.0919	0.78	0.0534	0.6	0.0281
10.0	2.35	0.6722	1.57	0.2537	1.22	0.1373	0.97	0.0797	0.74	0.0419
13.0	2.94	1.0104	1.97	0.3804	1.52	0.2056	1.22	0.1193	0.93	0.0625
16.0			2.52	0.5966	1.95	0.3219	1.56	0.1865	1.19	0.0976
20.0			3.14	0.8977	2.44	0.4836	1.95	0.2798	1.49	0.1463
25.0					3.05	0.7279	2.43	0.4205	1.86	0.2195
32.0							3.0650	0.6424	2.34	0.3347
40.0									2.98	0.5188

모두 공칭 구경의 가장 작은 구경 임

DN	주철관 PN16 [mm]	PVC 관 PN10 [mm]	PE80HD 관 SDR11 PN12,5 [mm]	PE100HD 배관 SDR11 [mm]	DIN EN12056-2 에 따른 최소값 (주철) [mm]
32	명시되지 않음	36	32.6	32.6	n. s.
40	n. s.	45.2	40.8	40.8	34
50	n. s.	57.0	51.4	51.4	44
65	n. s.	67.8	61.2	61.2	n. s.
80	80	81.4	73.6	73.6	75
100	100	99.4	90.0	90.0	96
150	151	144.6	130.8	130.8	146
200	202	203.4	184	184	184

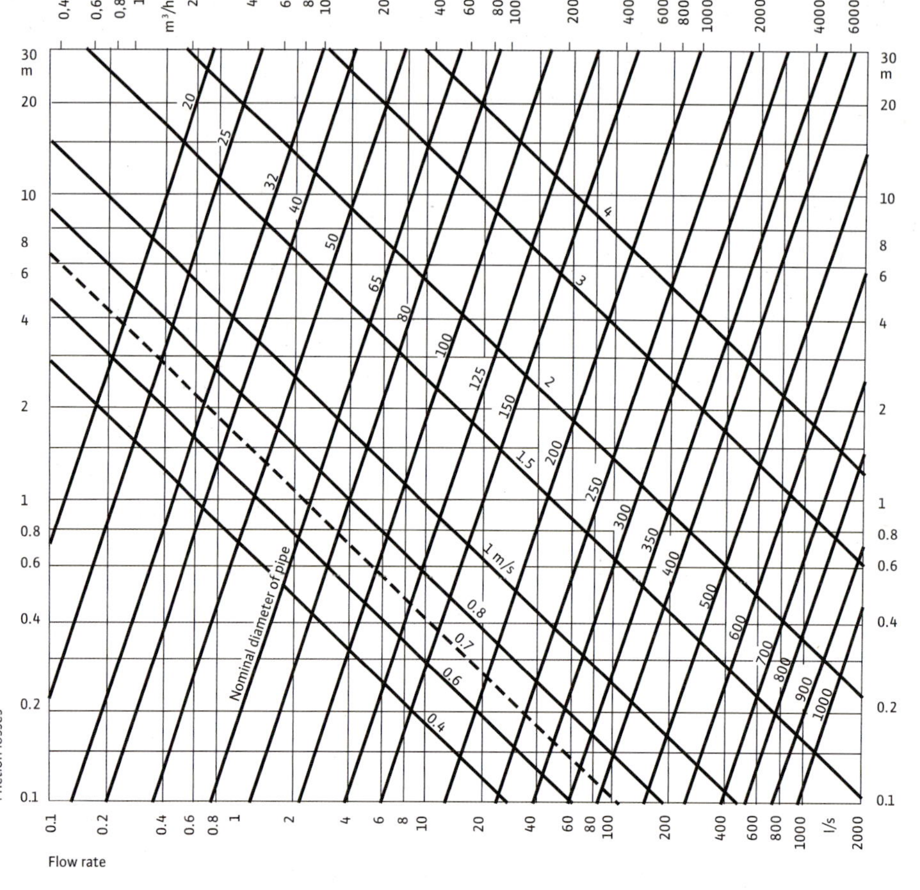

다른 재질 또는 낡은 관의 보정 계수는 303페이지를 참조 하십시오.

표 8: 배관 마찰 손실 및 보정 계수

(계속)

기타 재질 또는 낡은 관의 보정 계수

0.1	신규 아연 도금 강관
0.8	신규 압연 강관, 신규 플라스틱관
1.0	신규 주철관, 역청코팅 주철관
1.25	낡은 녹슨 주철관
1.5	신규 아연 도금 강관, 깨끗한 주철관
1.7	피복관
2	신규 콘크리트관, 중간-매끄러운 정도
2.5	도관
3	신규 콘크리트관, 매끄러운 마감
15-30	얇은 또는 두꺼운 피복 주철관

표 9: 배관 부속품 손실

대략의 손실 계산을 위한 참고값, 배관 길이는 [m]로 명기
(축소관 또는 확관의 경우, 더 큰 구경을 참조)

저항유형		DN32	DN40	DN50	DN65	DN80	DN100	DN150	DN200
분기관 또는 T 이음		2.02	2.74	3.87	5.61	6.58	8.85	15.45	23.36
확관		-0.85	-1.13	-1.5	-2.29	-2.4	-3.72	-5.02	-13.22
축소관(레듀서)		1.08	1.45	1.94	2.46	3.19	4.85	8.04	19.25
급격한 확관		-0.24	-0.34	-0.48	-0.56	-0.76	-1.05	-1.96	-2.6
급격한 축소관 (레듀서)		0.29	0.42	0.6	0.7	0.95	1.31	2.45	3.25
R=d 와 매끄러운 표면 45°의 곡관		0.11	0.15	0.2	0.3	0.4	0.55	0.95	1.4
60°		0.15	0.2	0.28	0.43	0.59	0.93	1.5	2.28
90°		0.19	0.27	0.38	0.58	0.79	1.11	2.06	3.18
체크밸브		1.7	1.48	1.84	2.6	3.3	4.26	7.26	10.58
게이트밸브, 볼밸브		0.27	0.3	0.38	0.49	0.56	0.7	1.08	1.45

표10: Wilo 펌프의 시간당 운전 사이클 (권장)	
Wilo-Drain TMW	30
Wilo-Drain CP	15
Wilo-Drain TC 40	30
Wilo-Drain VC	20
Wilo-Drain TS 40–65	20
Wilo-Drain MTS 40	20
Wilo-Drain TP 50–65	20
Wilo-Drain TP 80–150	20
Wilo-Drain STS 80–100	20
Wilo-Drain STC 80–100	15
Wilo-Drain FA 15.xx–20.xx	10

Operating time 운전시간

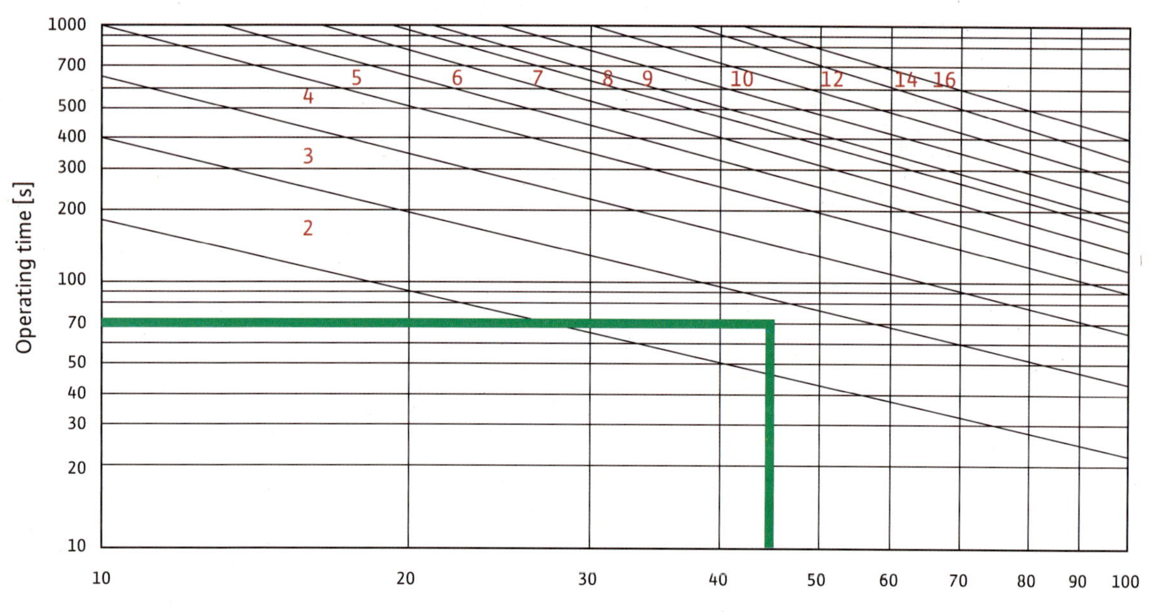

Tzabo, Debrecan 헝가리에 따름 (KA 8/1988)
확률 약 95%

단위 환산표(Conversion tables of dimensions)

표 12: 환산표 - 길이, 체적 및 중량

0.03937 inch = 1 mm		25.4 mm =	1 inch	
0.3937 inch = 1 cm		2.54 cm =	1 inch	
39.37 inches = 1 m		0.0254 m =	1 inch	
3.281 ft = 1 m		0.03048 m =	1 ft	
1.0936 yd = 1 m		0.9144 m =	1 yd	
0.6214 miles = 1 km		1.609 km =	1 mile	
1 kW = 1.341 hp		0.7455 hp =	1 kW	
1 inch = 0.0833 ft		1 ft =	12 inches	
1 ft = 0.3333 yd		1 yd =	3 ft	
1 yd = 0.000568 miles		1 mile =	1.76 yd	
1 l/sec = 0.016 l/min		1 l/min =	60 l/sec	
1 l/min = 0.016 l/hr		1 l/hr =	60 l/min	
1 l/sec = 60 l/hr		1 l/hr =	3600 l/sec	

	cm	m	in	ft	yd
1 cm	1	0.01	0.3937	0.0328	0.0109336
1 m	100	1	39.37	3.2808	1.0936
1 in	2.54	0.00254	1	0.0833	0.028
1 ft	10.48	0.3048	12	1	0.333
1 yd	91.44	0.9144	36	3	1

	cm^2	m^2	in^2	ft^2	yd^2
$1\ cm^2$	1	10^{-4}	0.15499969	1.0763867×10^{-3}	1.1959853×10^{-3}
$1\ m^2$	104	1	1549.9969	10.763867	1.1959853
$1\ in^2$	6.4516	6.4516258×10^{-4}	1	6.9444444×10^{-3}	7.7160494×10^{-3}
$1\ ft^2$	929.034	0.092903412	144	1	2
$1\ yd^2$	8361.307	0.8361307	1296	9	0.1111111

	cm^3	in^3	ft^3
$1\ cm^3$	1	0.061023378	3.5314455×10^{-4}
$1\ in^3$	16.387162	6.4516258×10^{-4}	1
$1\ ft^3$	2.8317017×10^{-4}	0.092903412	144
1 ml	1.000028	0.8361307	1296
1 l	1.000028×10^{-3}	836.1307	1296000
1 gal	3.7854345×10^{-3}	4.3290043×10^{-3}	7.4805195

	ml	litres	gal
$1\ cm^3$	0.999972	0.9999720×10^{-3}	2.6417047×10^{-4}
$1\ in^3$	16.3867	1.63870×10^{-2}	4.3290043×10^{-3}
$1\ ft^3$	2.831622×104	28.31622	7.4805195
1 ml	1	0.001	2.641779×10^{-4}
1 l	10^{-3}	1	0.2641779
1 gal	3.8785329×10^{-3}	0.3785329	1

	g	kg	lb	metric ton	ton
1 g	1	10^{-3}	2.2046223×10^{-3}	10^{-6}	1.1023112×10^{-6}
1 kg	103	1	2.2046223	10^{-3}	1.1023112×10^{-3}
1 lb	4.5359243×10^2	0.45359243	1	4.5359243×10^{-4}	0.0005
1 mt ton	10^6	10^{-3}	2204.6223	1	1.1023112
1 ton	907184.86	907.18486	2000	0.90718486	1

기존단위	환산 단위	환산 공식
°C	°F	$t\,[°F] = 1.8 \times t\,[°C] + 32$
	K	$T\,[K] = t\,[°C] + 273.15$
°F	°C	$t\,[°C] = (t\,[°F] - 32) : 1.8$
	K	$T\,[K] = (t\,[°F] + 459.67) : 1.8$
K	°C	$t\,[°C] = T\,[K] - 273.15$
	°F	$t\,[°F] = 1.8 \times T\,[K] - 459.67$

약어

약자	설명
AISI	American Iron and Steel Institute (미국철강협회)
ASTM	American Society for Testing and Materials (미국재료시험학회)
ATV-DVWK	German Wastewater Association (독일폐수공학협회)
DWA	German Association for Water, Wastewater and Waste; (독일 상수, 하수 및 폐수협회)
IEC	International Electrotechnical Commission (국제전자기술위원회)
ISO	International Standards Organization (국제표준기구)
DIN	German Institution for Standardization (독일규격협회)
EN	CEN (European Committee for Standardization, 유럽 표준화 위원회)에서 발행한 유럽표준
UL	Underwriters Laboratories (미국보험협회 시험소)
CSA	Canadian Standards Association (캐나다표준협회)
VDE	German Association of Electrical Electronic & Information Technologies (독일 전기 기술 협회)
VDMA	German Mechanical and Plant engineering Association (독일 기계 및 플랜트 공업협회)

표준

ASTM 182 = EN 10088-3

Stainless steels

ATV-DVWK A 116 (DWA A 116)

Special Sewer Systems – Vacuum Drainage Service
– Pressure Drainage Service

ATV-DVWK A 134 (DWA A 134)

Planning and Construction of Wastewater Pump
Stations with Small Inflows

ATV-DVWK A 157 (DWA A 157)

Construction of Sewer Systems

ATV-DVWK M 168 (DWA M 168)

Corrosion of Wastewater Systems – Wastewater Discharge

DIN EN 476

General requirements for components used in discharge pipes, drains and sewers for gravity systems

DIN 1986 Part 1

Wastewater lifting plants for buildings and sites, technical requirements for construction

DIN 1986-100: 2002-03 Annex A

Rainfall events in Germany

DIN 4109

Sound insulation in buildings

DIN EN 12050-1

Wastewater lifting plants for buildings and sites – Principles of construction and testing – Part 1: Lifting plants for wastewater containing faecal matter

DIN EN 12050-2

Wastewater lifting plants for buildings and sites – Principles of construction and testing – Part 2: Lifting plants for faecal-free wastewater

DIN EN 12050-3

Wastewater lifting plants for buildings and sites – Principles of construction and testing – Part 3: Lifting plants for wastewater containing faecal matter for limited applications

DIN EN 12050-4

Wastewater lifting plants for buildings and sites – Principles of construction and testing – Part 4: Non-return valves for faecal-free wastewater and wastewater containing faecal matter

EN 752 Part 1

Drain and sewer systems outside buildings – Generalities and definitions

EN 1671

Pressure sewerage systems outside buildings

EN 12056-1

Gravity drainage systems inside buildings – Part 1: General and performance requirements

EN 12056-2

Gravity drainage systems inside buildings – Part 2: Sanitary pipework, layout and calculation

EN 12056-3

Gravity drainage systems inside buildings – Part 3: Roof drainage, layout and calculation

EN 12056-4

Gravity drainage systems inside buildings – Part 4: Waste water lifting plants; Layout and calculation

EN 12056-5

Gravity drainage systems inside buildings – Part 5: Installation and testing, instructions for operation, maintenance and use

EN 10088-3 = ASTM 182

Stainless steels

수중펌프 기술

Sewage technology for water management

PART-5

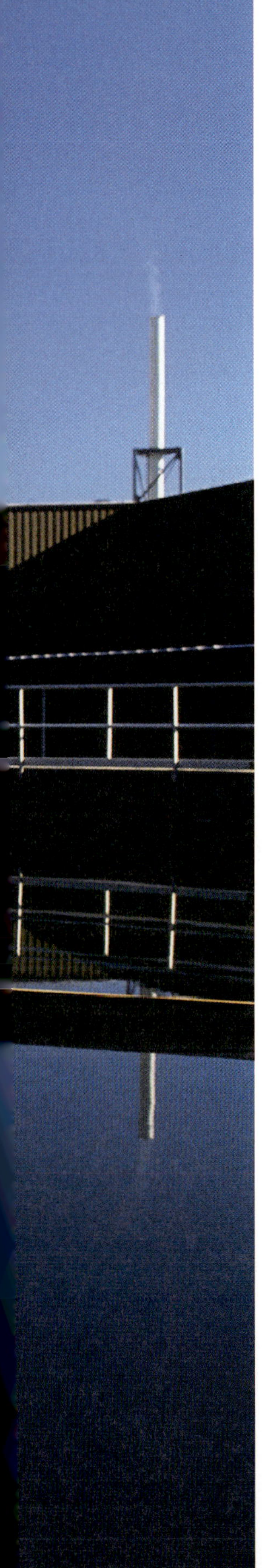

배수 및 오수 - 천 년의 주제

사람들이 대규모 정착지에 함께 모여 살게 된 이래로 배수와 오수를
어떻게 처리할 것인가라는 주제는 오랫동안 인간이 해결해야 할
과제였다. 도시발전과 관련하여 이 문제는 과거는 물론 현대에서도
도시발전에 따라 반드시 해결해야 할 과제이다.

오늘날 우리가 누리는 기술들은 과거에도 중력과 기계 원리를 바탕으로 복잡한 시스템을 사용하여 기술자들이 이미 다루었던 것이다. 첨단소재 및 전자기기 대신, 그들은 장인의 솜씨로 놀라울 정도의 풍부한 창의력을 발휘했다.

"배수 및 오수" 문제는 문명이 시작된 이래로 가장 중요한 부분을 차지했다. 기원전 3000년 경에 최초의 오수 통로의 흔적이 발견되었다. 미노스(크레타) 문명 동안, 크로소스 궁은 돌벽이나 테라코타로 만든 배관으로 하수를 처리했다.

로마의 목욕문화 역시 배수와 하수처리 시스템 없이 이루어질 수 없었다. 유일하게 로마가 Cloaca Maxima 를 사용하여 티베르 강으로 배수한 것은 아니다. 콜로냐에서도 로마시대에 만들어진 지하 오수통로 구간이 여전히 사용되고 있다.

사람들이 점점 더 많이 함께 모여 살면서 사람의 배설물을 처리하는 부분이 시급한 문제로 대두 되었다. 하지만, 중세시대부터 근대까지 우리가 상상할 수 없는 많은 문제들이 있었는데, 가장 혁신적인 것은 수로를 따라 배수를 하고 가장 가까운 강으로 보내는 것이었다.

중세시대 독일의 베를린에 살았던 사람들 중에 6천명 이상이 재래식 화장실을 사용해야 했다. 밀폐된 하수 처리시스템은 그 당시에는 존재하지 않았고 따라서 우수, 하수 및 슬러지 등이 배수로 에서 뒤섞여 처리되지 않은 상태로 가까운 슈프레 강으로 흘러 들어갔다.

1870년에 이미, 베를린은 인구 100만이 넘는 거대 도시가 되었다. 건물에 자체 화장실이 거의 없었기 때문에, 남자와 여자 모두 거리와 공공장소에 많이 있던 "공중화장실"을 이용해야 했으며, 그중 일부는 난방이 되기도 했다. 공공 화장실은 하수 처리 시스템과 연결되어 있었지만, 오수는 여전히 처리되지 않고 슈프레 강으로 흘러 들어갔다.

산업화의 시작과 급격히 늘어나는 도시인구로 인해, 오수처리 시스템 관리가 불가피하게 되었다. 이와 관련하여, 함부르크는 선구자 중의 하나였다. 최초의 독일 중앙식 오수처리시스템이 1856년 함부르크에서 개발되었다.

하지만 이 획기적인 도시개발은 수 세기에 걸쳐 대도시의 특권으로 남아 있다. 농촌지역의 경우, 오수와 배설물은 여전히 집수정과 수채통에 모아졌다. 2000년까지 가구들이 하수도에 연결되는 것과 하수 처리시스템을 통하여 물을 정화하여 배출하는 물순환 사이클이 법적 규제 사항이 아니었다.

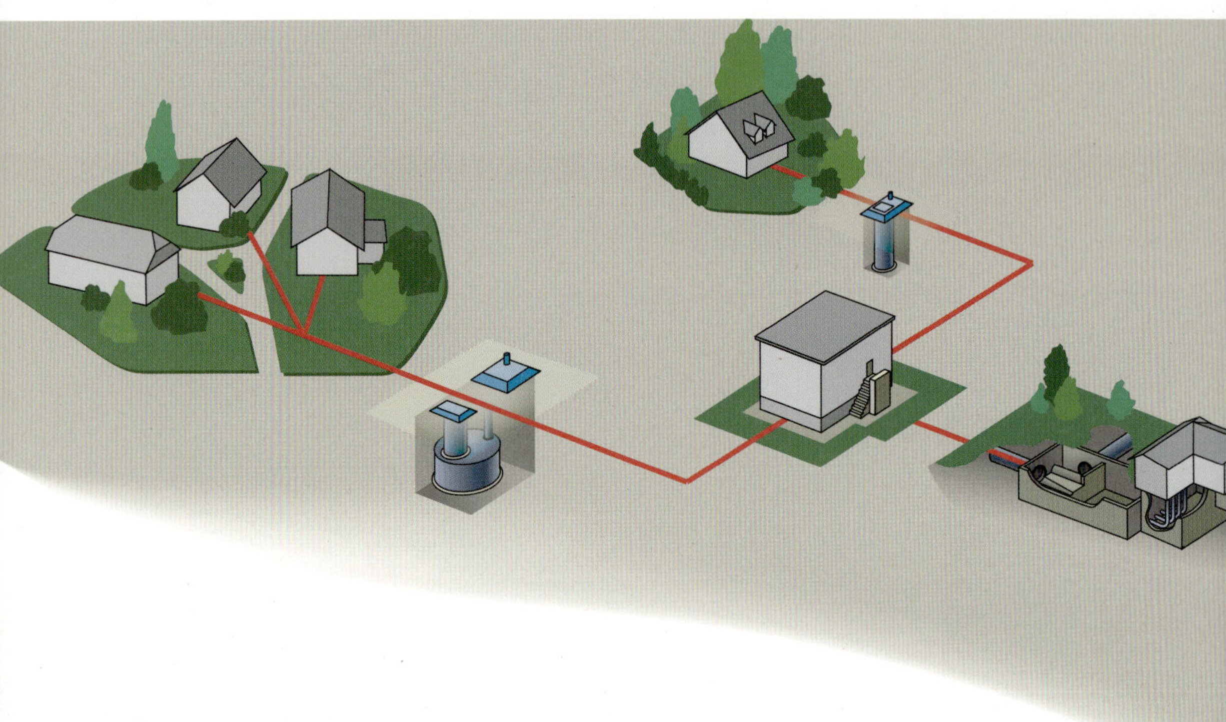

〈참고〉독일 법적 요구 사항

표준, 가이드라인 및 워크시트에 대한 주요 사항(발췌)	
DIN 4045	
DIN EN 752, Parts 1–7	건물 밖 배수 시스템
DIN EN 1671	건물 밖 압력 배수 시스템
DIN EN 1299	기계 진동 및 타격, 기기의 진동방지
DIN 24260, Part 1	원심 펌프 및 원심 펌프 시스템: 용어, 공식 기호, 단위
DIN 24293	원심 펌프 - 기술 문서 - 용어, 전달 범위, 버전
VDE 0100	공칭 전압 1000V 까지의 강전류장치 설치를 위한 사양
VDE 0105	강전류장치 운전
VDE 0106	전자장비를 갖춘 강전류장치 장비
DIN EN 61800, Part 3	가변속도의 전기 드라이브
VDE 0165	폭발가능성이 있는 구역에 전기시스템 설치하기
VDE 0170/0171	폭발가능성이 있는 구역에 대한 전기장비
DIN EN 50018	폭발가능성이 있는 구역에 대한 전기장비, 내압식 엔클로져
VDE 0660	저압 판넬
DIN EN 60439 T1-5	저압 개폐 장치 조합
DIN EN 60947 T1-7	저압 개폐 장치

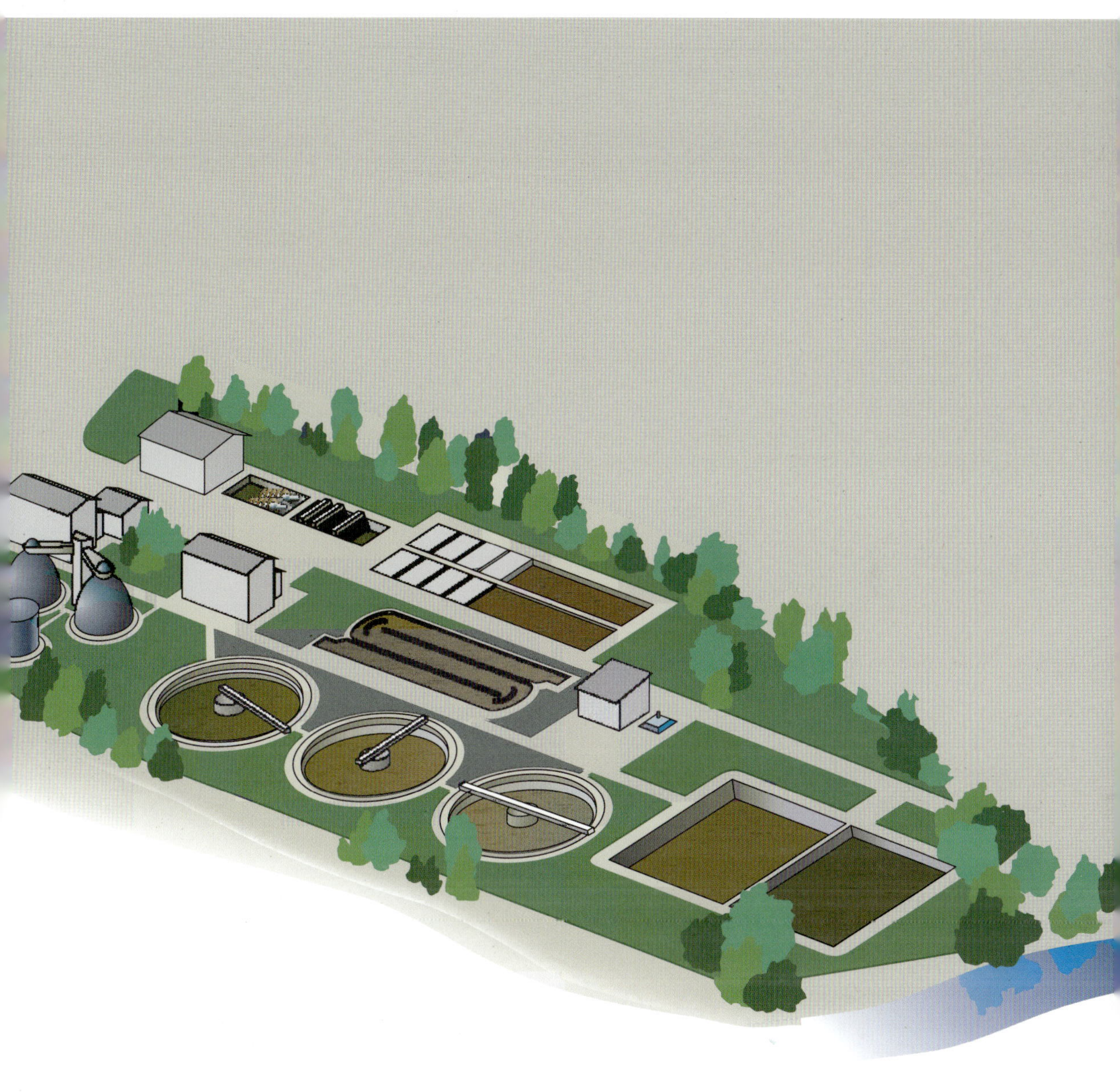

01. 기초적인 수력 원리

원심 펌프의 기능

펌프는 유체 이송 및 배관 시스템내의 배관 마찰 저항을 극복하기 위해 필요하며
다양한 양정의 시스템에 대응이 가능해야 한다.

펌프 설계 및 에너지 전환 유형에 따르면, 원심 펌프는 수력 유체흐름 기기이다. 다양한 범위의 설계가 있지만, 모든 원심 펌프는 유체가 축방향으로 임펠러에 들어간다.

전동기는 임펠러가 장착되어 있는 펌프 축을 구동한다. 펌프 흡입구를 통하여 임펠러로 유입된 물은 방사형으로 임펠러 베인(날)에 의해 방향을 바꾸게 된다.(예외. 프로펠러 펌프 및 다단 펌프) 각 유체 입자에 영향을 미치는 원심력은 유체가 임펠러 구역을 지나는 동안 압력 및 속도를 증가시킨다.

임펠러를 통과한 유체는 나선형 케이싱에 모이게 된다. 이때 케이싱 구조에 의해 에너지 변환이 이루어져 유량은 약간 감소하고 압력은 약간 늘어난다. 펌프는 다음 주요 구성부품으로 구성되어 있다.

- 펌프 케이싱
- 전동기
- 임펠러

설치 유형

지방자치단체에서 활용하는 수중 펌프 시스템에는 아주 다양한 설치유형이 사용된다. 설치 유형은 주로 활용 목적 및 투자 금액에 따라 달라진다.

기본적으로, 다음 세 가지 설치 유형으로 구별된다.
- 수중용, 고정식
- 수중용, 이동식
- 육상용, 고정식

배관 집수정 설치 역시 필요하다. 설치 유형은 주로 설계자와 관리자의 요구에 따라 달라진다. 여러 가지 다른 관점이 발생할 수 있으며 각각의 관점은 개별적인 활용 분야에 따라 정해진다.

수중용, 고정식 설치

수중용 펌프 설치의 경우, 펌프가 이송을 할 유체안에 설치된다. 전동기는 순환하는 오수에 의해 냉각된다. 이러한 유형의 설치의 이점은 더 복잡한 육상용 펌프장 설계와 비교하여 투자비용이 낮다는 것이다. 이 경우, 지상 공사 또는 집수정 내 펌프용 중간 베이스가 필요하지 않다. 집수정이 깊어 질수록 배관 지지용 서포터가 필요하다.

펌프는 간편한 유지보수를 위해 강하 메카니즘의 착탈장치를 사용하여 고정할 수 있다. 이러한 경우 지상에서 체인 등을 끌어당겨 인양이 가능하다.

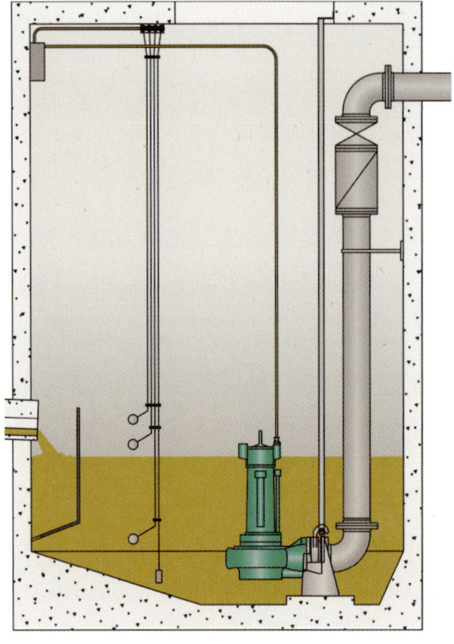

커플링 베이스와 엘보는 대개 하나의 주물로 되어 있으며 가이드는 두 개의 배관으로 구성되어 있어 뒤틀림을 방지한다. Wilo 커플링 연결은 씰 링이 떨어져나가는 것을 방지하기 위해 립이 있다.

아연도금 강관 또는 스테인레스 스틸 배관으로 만들어진 압력 배관은 플랜지를 통하여 착탈 장치와 연결되고, 펌프 집수정 밖으로 나가는 구조이다. 집수정은 EN 1917(DIN 4034 T1) 에 따라 탄성폴리머 씰을 갖춘 콘크리트 집수정을 낮은 비용으로 만들 수 있다. 하지만, 이음매가 없이 하나로 이루어진 PEHD 집수정은 외부수 침투를 막아주므로 훨씬 더 좋은 구조이다.

다이아그램에서 보듯이, 이러한 설치 유형은 관리자로 하여금 개별 요구에 맞는 특수 펌프 집수정 구조를 선택하고 추가 플러싱 밸브를 사용 또는 특수 혼합기 헤드 기술로 볼텍스(vortex) 임펠러를 설치할 수 있도록 한다.

수중용 설치의 단점은 유지보수가 쉽지 않다는 것이다. 또한, 수중용 배수펌프의 경우, 수중 상태에서 전동기를 최적 냉각할 수 있으므로, 수위가 일정 수준 이상으로 관리해야 한다.

수중용 이동식 설치

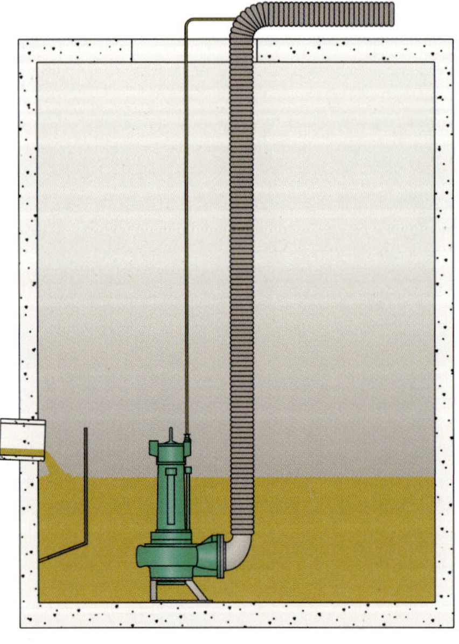

수중용, 이동식 설치의 경우, 전동기는 수중용, 고정식 설치와 같은 방식으로 냉각되지만, 펌프가 착탈장치에 의해 집수정에 단단히 고정되지 못한다. 따라서 펌프는 펌프 케이싱의 베이스를 통해 집수정에 설치할 수 있고 커플링과 적절한 길이의 호스를 압력 포트에 설치할 수 있다. 펌프를 선택할 때, 체적 유량 및 토출양정 또는 펌프의 NPSH와 같은 수력 조건을 반드시 고려해야 한다.

이동식 펌프는 지방자치단체에서 비상배수 또는 잔여 배수 펌프로 활용하기 위해 자주 사용된다.

건식, 고정식 설치

건식 설치 수중 펌프가 육상설치나 습식 설치 수중 펌프와 비교해 볼 때, 더 많은 이점이 있다.

건식, 고정식 설치 원리

습식 설치 수중 펌프와 가장 큰 차이점은 전동기의 디자인이다. 이것은 내부 밀폐형 회로에서 냉각 기능을 가지는 완전 밀폐형 모터가 있다. 개방형 냉각시스템과 폐쇄형 냉각시스템 사이에는 뚜렷한 차이가 있다. 개방형 냉각시스템의 경우, 이송되는 유체를 냉각수로 사용한다. 폐쇄형 냉각시스템(단일 챔버 또는 두 개의 챔버 시스템)의 경우, 냉각은 물, 글리콜 또는 의료용 백유와 같은 외부 유체에 의해 폐쇄형 회로에서 이루어진다.

습식 설치 수중 펌프와 또 다른 큰 차이점은 건식 설치 수중 펌프는 이송되는 유체 안에 직접 설치하지 않는다는 점이다. 기술적 구조 측면에서, 중간 베이스가 펌프장에 직접 필요하다. 큰 이점은 조합이다. 이 수중 펌프는 건식 설치 펌프의 모든 장점을 제공하며 다른 한편으로는 오버플로우를 방지하는 등 수중 펌프의 모든 장점을 제공한다.

이미 언급했듯이, 펌프는 별도의 펌프실에 설치된다. 펌프는 엘보 배관을 통하여 흡입배관에 고정된다.

건식 설치 펌프(비수중 펌프)와 비교한 경우의 장점
- 오버플로우 방지 및 이에 따른 운전신뢰성 증가
- 미케니컬 씰을 통해 관리가 용이함
- 커플링 또는 V-벨트가 없어 마모 부품이 거의 없어 유지보수가 필요하지 않음
- 방폭이 가능
- 깨끗하고 위생적인 작업조건
- 유지보수 용이

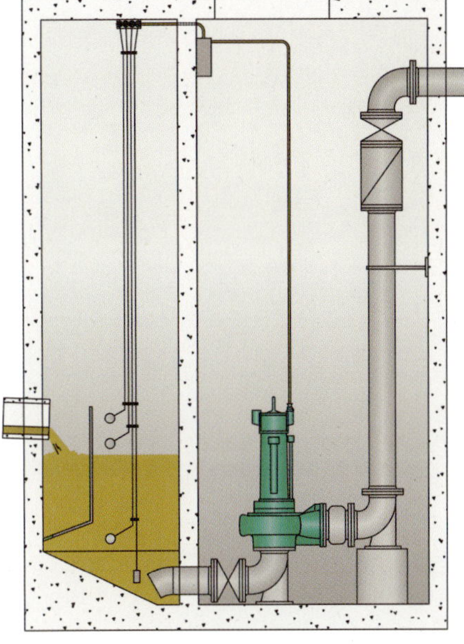

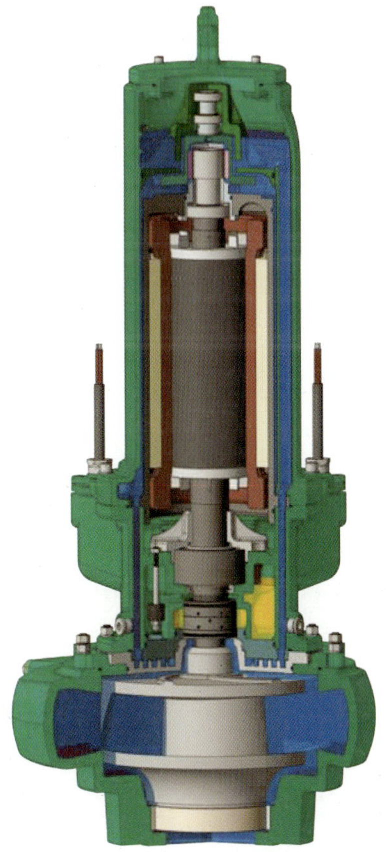

내부 폐쇄형 회로 냉각.

내부 냉각 회로는 과열을 방지한다.

전동기열은 이송유체를 이용한 열교환기를 통해 소멸된다. 구성부품에 대한 운전 온도와 열부하는 낮은 상태로 있다.

wilo
wilo
wilo

02. 이송된 유체 / 임펠러 형상

이송된 유체(미처리 오수, 슬러지)

고형물

고형물에 따라, 다음과 같은 펌프의 적용이 가능하다.(간략한 가이드 라인)

8% 까지의 고형물이 있는 경우

- Non-Clog 임펠러 및 Vortex 임펠러
- 사류형 Non-Clog 임펠러 펌프

12% 까지의 고형물이 있는 경우

- 사류 펌프

12% 이상 고형물이 있는 경우

- 피스톤 펌프, 캐비티 펌프

물을 잘 흡수할수록 값은 작아지고 물을 잘 흡수하지 못할 경우 그 값은 커진다. 모든 경우에 완벽한 이송을 위한 전제조건은 펌프 속 유체가 그 자체로 흐르는 것이다.

점도

펌프 성능 곡선과 시트에 주어진 전동기 동력값은
물 = 1.0×10^{-6} m²/sec 의 이송에 적용된다.
마찰손실에 대한 다이아그램 선도는 물에만 적용된다.
만약 유체의 점도가 v = 1.5×10^{-6} m²/sec. 보다 더 크면, 다음과 같은 면을 특히 관찰할 필요가 있다.

- 배관 내 마찰손실 증가
  (토출양정을 결정할 때)
- 펌프의 동력 요건 증가
  (구동력을 결정할 때)

비중

유형 시트에 주어진 전동기 동력값은 유체(=1kg/dm³)로써 물에 적용된다.

유체의 비중이 물보다 더 큰 경우, 펌프의 동력 요건 증가를 고려할 필요가 있다.

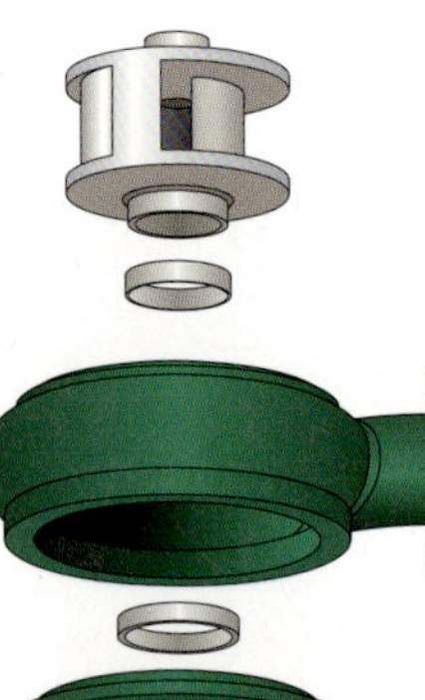

클로즈형(Close) 단일 베인 임펠러(단일 채널 임펠러)

특성

- 펌프 막힘 거의 없음
- 큰 고형물에 대해 통과 용이함
- 마모에 강함
- 부드러운 이송
- 임펠러 D2 조정을 통해 동력 변경 가능
- 높은 효율
- 슬러지 유형에 따라 8% 고형물 까지 가능
- 고정형 웨어링과 카운터 링 교체로 마모에 대응
- 뒷날개로 인한 축 스러스트(Thrust)의 수력 보정으로 베어링의 부하 감소

적용 분야

- 미처리 오수
- 순환 및 가열 슬러지
- 혼합수
- 슬러지 및 분해된 슬러지
- 활성 슬러지

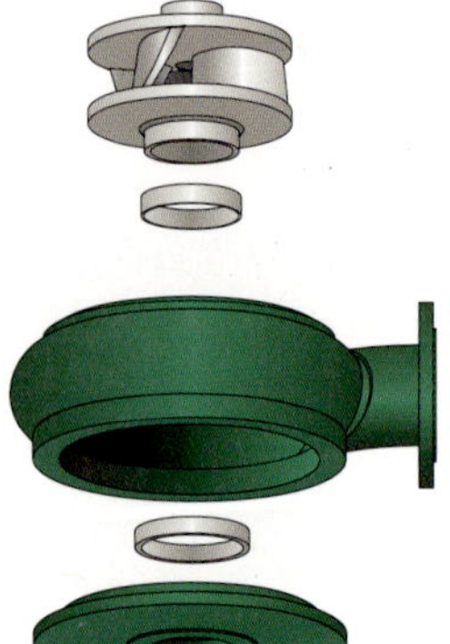

클로즈형(Close) 멀티 베인 임펠러(다채널 임펠러)

특성

- 부드러운 운전
- 펌프 막힘 거의 없음
- 큰 고형물에 대해 통과 용이함
- 마모에 강함
- 부드러운 이송
- 임펠러 D2 조정을 통해 동력 변경 가능
- 높은 효율
- 슬러지 유형에 따라 5% 고형물 까지 가능
- 고정형 웨어링과 카운터 링 교체로 마모에 대응
- 뒷날개로 인한 축 스러스트의 수력 보정으로 베어링의 부하 감소

적용 분야

- 세정된 오수
- 기계적으로 처리된 오수
- 산업폐수
- 매립지 폐수
- 활성된 슬러지
- 산업용 오수

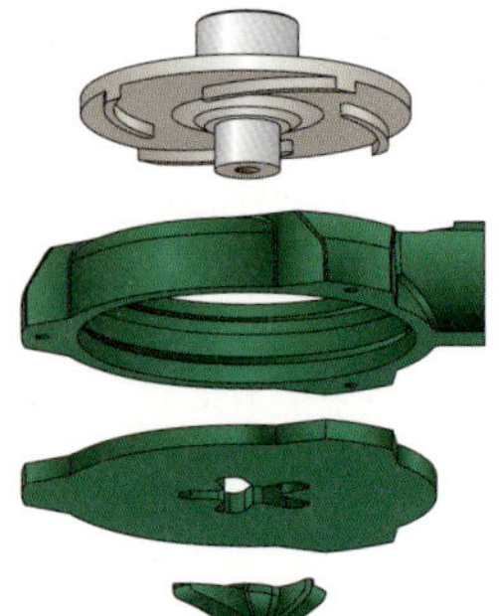

절단장치가 있는 오픈형(Open) 멀티 베인 임펠러

상류의 오수이송 시스템은 오수의 혼합물을 필요한 크기로 절단한다. 오수이송 시스템은 Abrasite 오수이송장치와 1.4034 재질로 만든 절단판으로 구성되어 있다.

오수이송 시스템은 다양한 크기의 고형물 대해 적용 가능한 옵션이 있다.

특성

- 펌프 막힘 거의 없음
- 작은 볼 통과
- 마모성 유체에 취약함(예. 모래 포함)

적용 분야

- 가정용 오수
- 배설물 / 폐수
- 저압력 배수에 적합

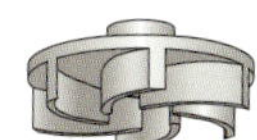

볼텍스(Vortex) 임펠러

특성

- 거의 막힘이 없음
- 갭 씰링이 없음
- 일반적 고형물에 대해 통과 용이함
- 일부 거품형성 유체에 적합
- 임펠러 D2 조정을 통해 동력 변경 가능
- Non -Clog 임펠러에 비해 효율성 낮음
- 슬러지 유형에 따라 8% 까지의 고형물 가능
- 섬유로 된 오수에 사용 가능
- 뒷날개에 의한 축 스러스트의 수력 보정으로 베어링 부하 감소
- 마모율 낮음
- 거품형성 유체에 적합

적용분야

- 미처리 오수
- 활성된 슬러지
- 슬러지 및 분해된 슬러지
- 혼합수
- 문제 성분이 있는 유체
- 마모성 성분이 있는 유체

혼합기(Mixer) 헤드가 있는 볼텍스(Vortex) 임펠러

Vortex 임펠러에 혼합기 헤드를 부착하여 펌프 인입구 쪽에 침전물이 쌓이지 않도록 혼합하여 준다.

혼합기 헤드는 내마모성이 우수한 특수 재질인 Abrasite로 만들어져 있다.

특성

- Vortex 임펠러 참조
- 고형화된 모래 침전물이 풀어짐
- 내마모싱 높옴
- 자체 청소 혼합기 헤드

적용 분야

- 모래받이 상자
- 모래 및 자갈이 있는 시스템
- 슬러지 침전 못
- 퇴적물 탱크
- 침전물이 가능한 곳 어디서나

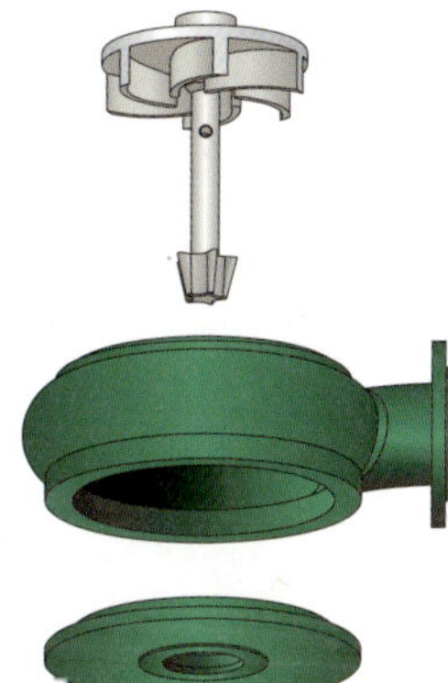

나선형 임펠러

특성

- 높은 점성의 유체용
- 작은 고형물에 대해 통과 용이함
- 마모성 유체에 취약함(모래 포함)
- 아주 부드러운 이송
- 제한된 범위에서만 동력 변경 가능
- 슬러지 유형에 따라 12% 농축된 고형물에 적용
- 소비전력은 체적 유량 증가에 따라 일정하게 변한다.

적용분야

- 순환 및 난방 슬러지
- 슬러지 및 분해된 슬러지
- 점성 유체
- 12% 까지의 고형물이 포함된 유체

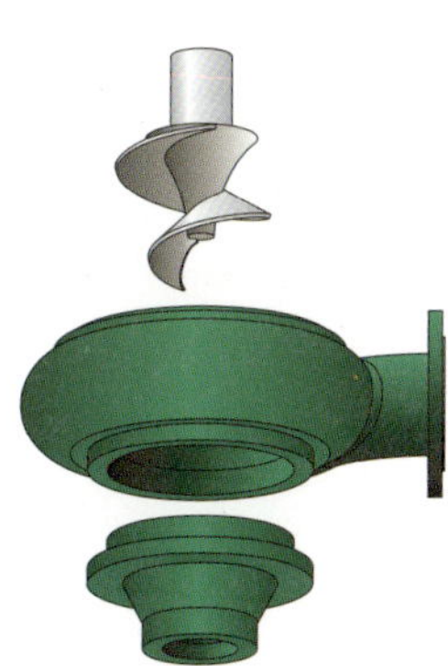

프로펠러 임펠러(축류 임펠러)

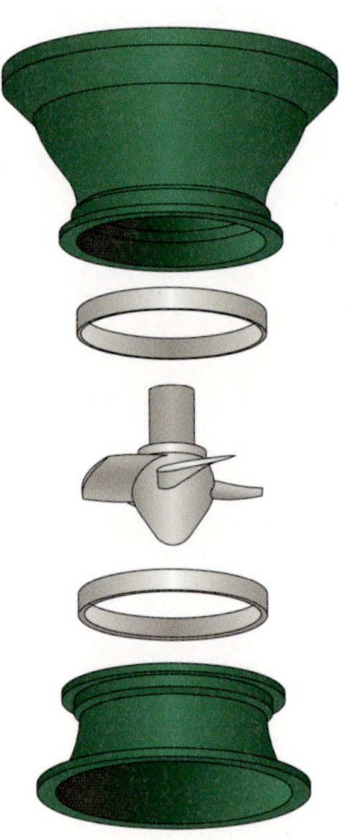

특성

- 체적 유량이 매우 많고 토출양정이 매우 낮은 경우
- 효율이 매우 높음
- 유량이 증가함에 따라 소비동력이 떨어짐
- 폐쇄형 슬라이드 밸브에 대해 작동하지 않을 수 있음

적용분야

- 소량의 이물질이 포함된 유체
- 우수
- 활성 슬러지 복귀
- 활성 슬러지의 순환
- 물 토출 장치 등

기타 임펠러 모양은 사류 임펠러나 항아리 모양의 임펠러이다.

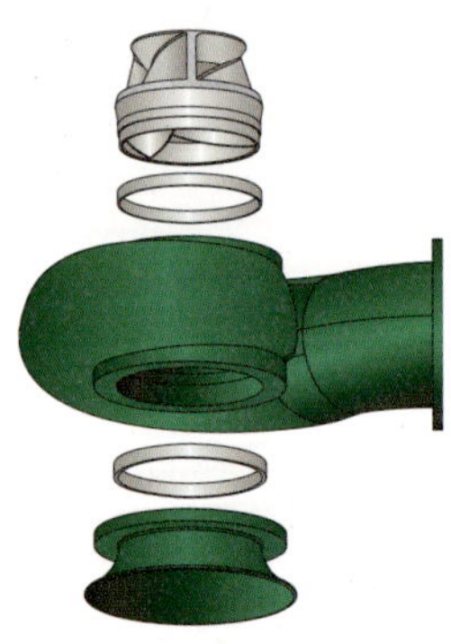

사류 임펠러

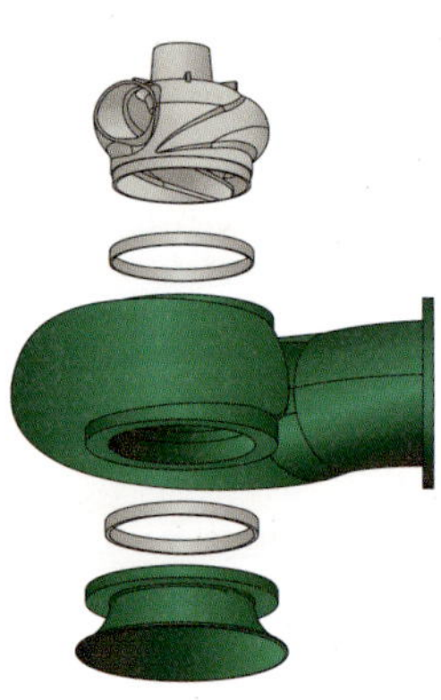

항아리모양 임펠러

임펠러 선택

올바른 임펠러의 선택은 다음 요소에 달려 있다.

- 적용 조건
- 시스템 조건
- 펌프의 사양지점
- 기타 여러 요소

이러한 요소들은 사례별로 주의해서 확인해야 한다.

임펠러 특성도							
	막힘저항	펌프 성능곡선 ++ = 매우 가파름 - = 매우 편평함	가스함유 유체의 이송	이송 슬러지	효율성	원활한 운전	내마모성 (카운터링 & 고정식 마모링)
Vortex 임펠러	+++	-/+	+	+	0	+++	+++
Close형 단일 베인 임펠러	++	+	-	+	++	+	++*
Close형 멀티 베인 임펠러	+	+	0	+	++	++	++*
나선형 임펠러	+	++	++	+++	++	+	0
사류 임펠러	+	+	0	0	+++	++	+*
프로펠러 임펠러	-	++	0	-	+++	++	0
항아리형 임펠러	+++	++	+	+	++	+++	++*

+++ = 이상적   ++ = 매우 양호   + = 양호   0 = 제한적   - = 비우호적

(볼)자유 통과

하수펌프 및 그 수력 구성부품은 각기 다른 조건과 이송된 유체 구성성분에 맞추어져 있다. 하지만, 어떤 모양의 임펠러가 해당 구성성분에 가장 적합한지 고려할 필요가 있다. 고형물의 크기가 면 수력 효율이 감소한다는 것을 의미한다. 결과적으로 높은 동력로 동일한 성능을 내며 운전 및 원가에 영향을 미친다.

- 경제적 측면
- 오수 펌프의 고장없는 작동
- 운전 신뢰성

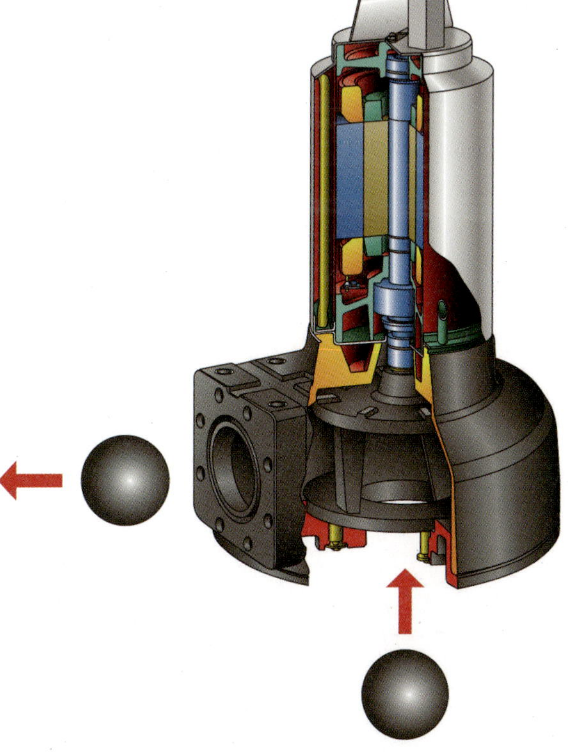

03. 배수펌프 기본 원리

유량(Q)

유량(Q)는 ℓ/s 또는 m³/h와 같은 특정 시간단위의 펌프 유량(이송된 유체의 양)을 말한다. 내부 냉각을 위해 필요한 순환 또는 누수 손실은 유량에는 영향을 주지 않는 전력 손실이다.

유량을 규정할 때, 다음 사항을 구별해야 한다.
- 펌프의 최고 효율 지점(Qopt)
- 최대 유량(Qmax)
- 최소 유량(Qmin)

토출양정(H)

펌프의 토출양정 H은 펌프 흡입과 토출 사이의 유체의 에너지 차이를 말한다. 토출양정의 단위는 m 또는 bar(10m~1bar)이다. 에너지 비율은 속도수두(=토출양정)로 표현된다. 압력은 속도수두의 에너지 차이(에너지 차이=압력)와 동의어로 사용된다.

펌프에 의해 얻어지는 토출양정(에너지 차이)은 정앞 차이와 배관과 밸브 내의 압력 손실(=양정 손실)의 합이다.

$$H_{max}=H_{stat}+H_{VL}+H_{VA}$$

토출 양정을 규정할 때, 압력을 정확하게 준수해야 한다. 최적의 운전점에서의 압력인 최상의 펌프 효율을 갖는 압력(H_{opt})과 최대 펌프압력(H_{max}) 사이에는 기본적인 차이가 있다. 모호한 사양으로 인해 설치물과 장치에 손상을 줄 수 있으며 이로 인해 크기가 너무 크거나 선택한 펌프가 너무 작아 설치물과 장치가 일시적으로 고장을 일으킬 수 있다. 예를 들어 배관의 최대 높은 지점($H_{stat-max}$)과 같은 가능한 최대 지점을 고려해야 한다.

연속적으로 놓여있지 않는 에어밴트가 없는 압력배관의 경우, 개별값은 높이의 변화에 따라 추가된다. 즉 개별적인 높이의 차로 인해, 배관에 공기가 찰수 있고 이에 따른 영향 값을 추가해야한다.

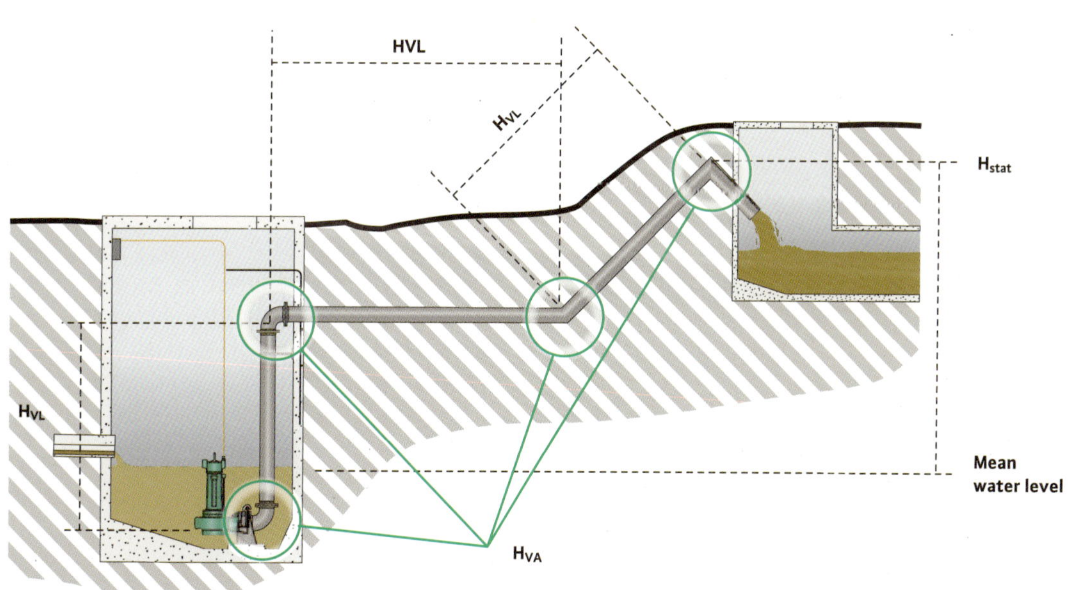

H_{VL} = 배관의 압력 손실
H_{VA} = 밸브와 곡관의 압력 손실
H_{stat} = 높이차에 의한 압력 손실

부분 채움의 경우, 오름순으로 세부항목을 추가한다.

$$H_{stat-max} = (MSL_1 - MSL) + (MSL_3 - MSL_2)$$
$$= [10\ m - (-1\ m)] + (11\ m - 5\ m)$$
$$= 17\ m$$

만약 배관 시스템의 완전 채움을 가정하는 경우, 오직 탱크의 평균 수위와 가장 높은 지점 사이의 정압 차이를 계산해야 한다.

완전 채움의 경우

$$H_{stat} = MSL_3 - MSL = 11.0\ m - (-1\ m)$$
$$= 12\ m$$

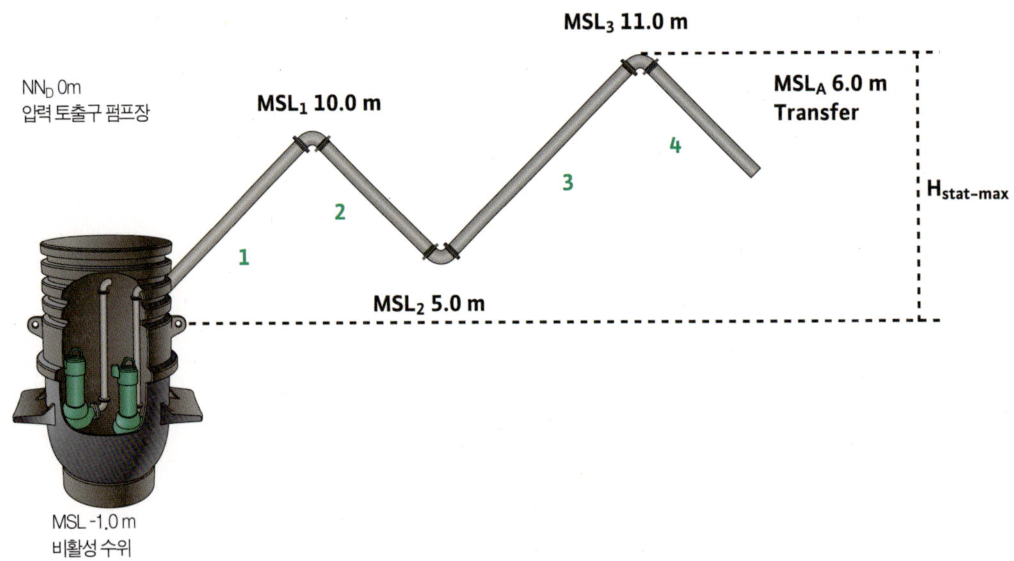

유속

오수 속의 고형물과 침전물은 배관에 침전되어 배수 시스템을 막히게 할 수 있다. 배관의 막힘을 방지하기 위하여, 다음의 최소 유속을 유지하는 것이 바람직하다.

DWA A 116-2에 따른 권장 유속

압력 배관	수평 배관	V_{min} = 0.7–1.1 m/s*
	수직 배관	V_{min} = 1.0–1.5 m/s
	오수구 배관	V_{min} = 2.0–3.0 m/s
압축공기로 세척한 배관	EN 1671	0.7 ≤ V_{min}
비세척 배관	DWA-DWWK A 134	0.7 ≤ V_{min} ≤ 2.5

*DN 100까지   0.70 m/s
DN 150까지   0.80 m/s
DN 200까지   0.90 m/s
DN 250까지   0.95 m/s
DN 300까지   1.00 m/s
DN 400까지   1.10 m/s

유체의 구성에 따라(예. 높은 모래함유량, 이송 슬러지), 상기 언급한 값이 높아질 수 있다. 하지만, 해당 지역 및 국가별 표준과 가이드라인을 준수해야 한다. 유속은 면적(㎡)당 전체 유량(㎥/s)에 의해 결정되며 일반적으로 0.7 m/s ~ 2.5 m/s 사이에 있어야 한다. 다음은 배관 직경을 선택할 때 반드시 고려해야 한다.

유속이 높을수록.

- 침전물이 적어지며
- 배관손실은 더 커지고
- 경제적인 비용이 적어지며
- 마모위험은 더 커진다

성능 곡선

펌프 내 압력 증가를 토출양정(delivery head)이라 한다.

토출양정의 정의

펌프의 토출양정 H는 펌프에서 유체로 전달된 기계적 일이며 이송된 유체에 중력 가속도가 작용한 무게와 관련이 있다.

$$H = \frac{E}{G} \ [m]$$

E = 유용한 기계 에너지 [N · m]
G = 무게 [N]

펌프에서 생성된 압력증가와 펌프를 지나는 유량은 상호 의존적이다. 이러한 의존성은 성능 곡선의 형태로 다이아그램에 표시되어 있다.

펌프의 토출양정 H은 세로좌표 축, 즉 수직축에 [m] 단위로 표시되며 다른 단위도 가능하다. 다음 환산값을 적용한다.

$$10 \ m \approx 1 \ bar = 100 \ 000 \ Pa = 100 \ kPa$$

시간당 세제곱미터 [m³/h]의 펌프의 유량 Q에 대한 단위는 가로좌표, 즉 수평축에 표시된다. 각기 다른 단위도 가능하다. 예. (ℓ/s)

성능 곡선의 진행은 다음 관계를 보여준다. 펌프의 전기 에너지(전체 효율을 고려)는 수력 에너지 형태, 압력 증가 및 운동으로 전환된다. 만약 펌프가 밸브가 닫힌 상태에서 운전하면, 펌프의 최대 압력이 나온다. 이것을 펌프의 체절양정 H_0 라고 한다. 만약 밸브가 천천히 열리면, 유체가 흐르기 시작한다. 따라서 에너지의 일부분이 운동에너지로 전환된다. 그러면 원래의 압력을 더 이상 유지할 수 없게 되며 성능 곡선이 떨어진다. 이론적으로, 성능 곡선과 유량 축 사이의 교차점은 물이 오직 운동에너지만 함유하고 압력이 더 이상 만들어지지 않을 때만 도달한다. 하지만, 배관 시스템이 항상 내부 저항을 가지고 있으므로, 실제 성능곡선은 이송 유량이 축에 도달하기 전에 끝난다.

펌프 곡선

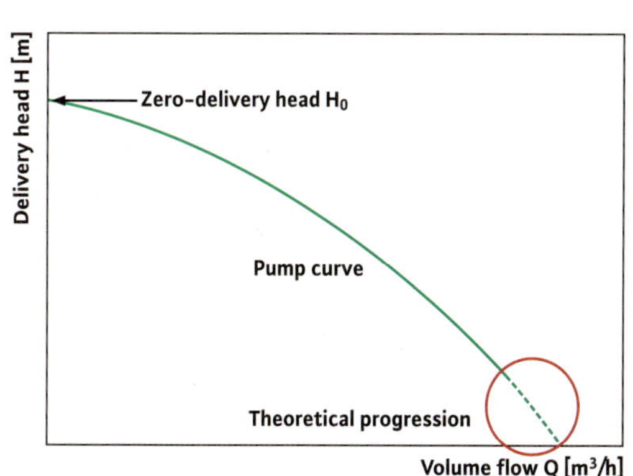

성능 곡선 모양

다음 다이아그램은 전동기 속도에 따라 성능 곡선의 각기 다른 기울기 모양을 보여준다.

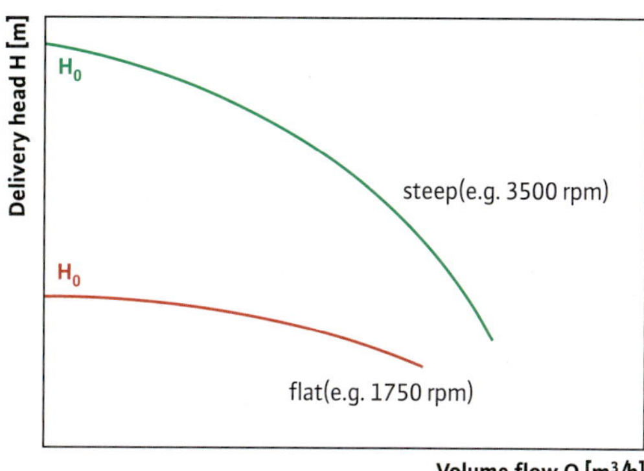

곡선의 가파른 정도와 운전점의 변화에 따라, 각기 다른 유량과 압력변화가 나타난다.

- 평평한 성능 곡선 진행 - 유량이 더 많이 변할수록 압력은 더 작게 변한다.
- 가파른 성능 곡선 진행 - 유량이 변화가 적을수록 압력은 더 크게 변한다.

오랜 시간 동안 연속으로 운전하는 경우, 펌프는 성능 곡선에서 가장 왼쪽 또는 가장 오른쪽 범위에 운전점이 있는 것을 절대로 선택하면 안 된다.

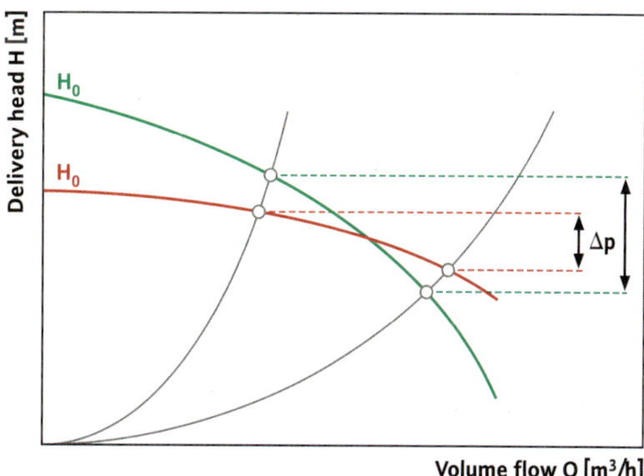

다양한 유량과 압력변화

사례 1
펌프는 하나의 운전점에서만 가동한다. 따라서 토출양정은 일정하다. 일
반적으로 한 단계 높은 동력의 전동기를 선택한다.(보기. 2.5kW)

사례 2
펌프의 성능은 특정 성능 범위 내에서 변동하거나 또는 펌프는 성능 곡
선의 전체 범위 내에서 작동한다. 이 경우, 최대 동력의 전동기를 사용한
다.(보기. 4.0kW)

동력

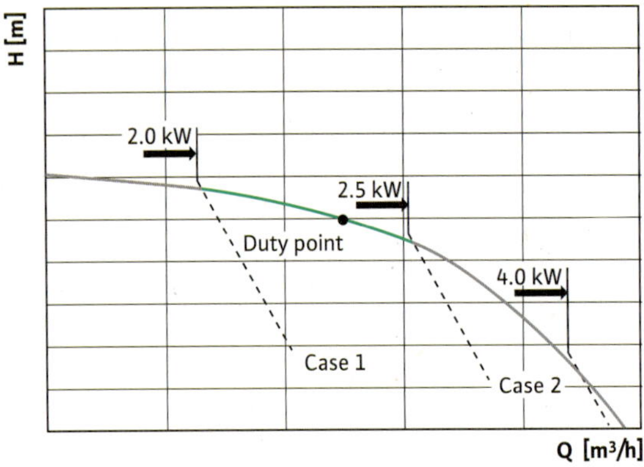

Wilo에서 규정한 전동기 동력값은 10~15%의 예비전력을 포함한다. 이
예비전력은 일반 청수를 배수하다가 크기가 크거나, 섬유질 또는 마찰이
큰 이물질로 인해 보다 더 많은 동력을 필요로 하는 경우를 고려한 것이
다. 특수 조건, 예를 들어 높은 고형물 함유, 높은 점도, 높은 비중, 유체
내 특수 성분 등의 조건 하에서, 동력은 경험에 따라 별도로 결정해야 한
다. 이러한 조건은 일반적으로 높은 농도의 경우 더 많이 발생한다.

시스템 곡선

H_{VL} = 배관의 압력 손실
H_{VA} = 밸브의 압력 손실
H_{stat} = 정압차
   (극복해야할 정수두)
H_{tot} = 총 높이 손실

시스템 곡선은 시스템에 의해 필요한 토출양정 Htot을 보여준다. 이것은 Hstat, H_{VL}과 H_{VA} 구성성분으로 구성되며 Hstat(정압)는 유량과 상관없이 일정하며 H_{VL}과 H_{VA}(동압)는 배관, 밸브, 배관 부속품의 각기 다른 손실과 온도에 의한 마찰 증가로 인해 증가한다.

운전점(Duty point)

운전점은 시스템 곡선과 성능 곡선 사이의 교차점이다. 이 운전점은 고정된 속도의 펌프에서는 자동적으로 정해진다.

예를 들어, 고정식 오수펌프장의 경우, 운전점은 정적 토출양정이 최대값과 최저값 사이에서 변동하는 경우에만 변한다. 이것은 성능 곡선에서 운전점을 변경할 수 있으므로 펌프에 의해 이송되는 유량을 변화시킨다.

운전점 변동의 이유로는 집수정 또는 탱크내 각기다른 수위의 변화에 따라 펌프로 유입되는 압력이 변하기 때문이다. 토출 측에서는, 이러한 변화는 배관의 막힘(이물질 퇴적)에 의해 또는 밸브 또는 사용측의 조작에 의해 일어날 수 있다.

시스템 곡선(배관 곡선)

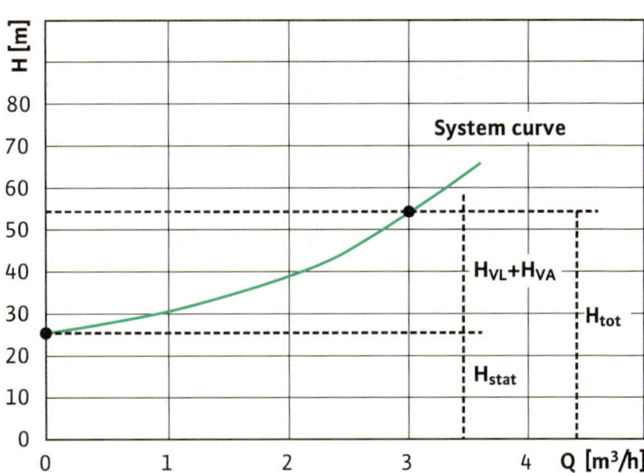

예.
탱크 내 변동 수위

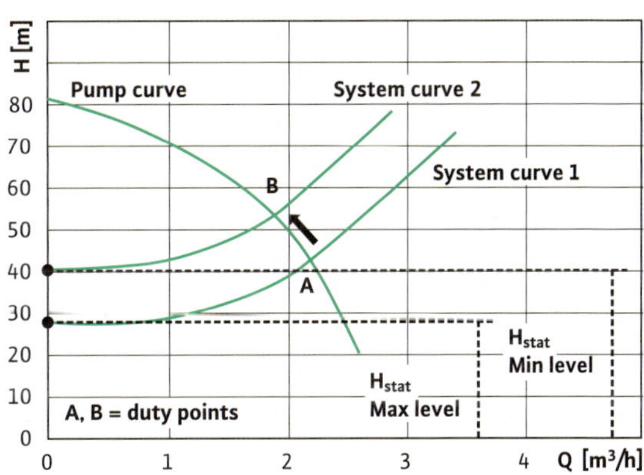

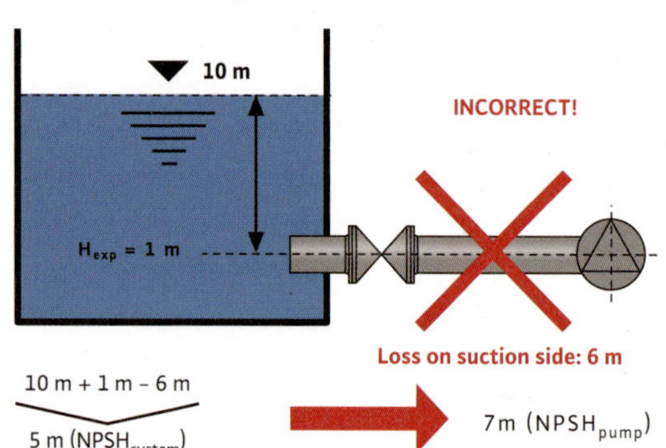

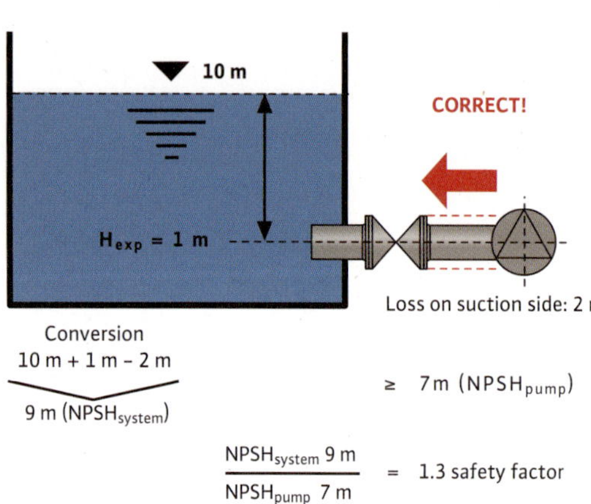

NPSH 값

NPSH(Net Positive Suction Head. 유효흡입양정)은 원심 펌프의 중요한 매개변수이다. 캐비테이션 없이 운전할 수 있도록, 펌프 설계에 의해 펌프 흡입구에서 필요한 최소압력, 즉 유체의 증발을 방지하고 액체 상태를 유지하기 위하여 필요한 추가 압력을 규정한다. 펌프의 NPSH는 임펠러 모양, 펌프 속도 및 유체 온도와 수중 및 대기압에 의한 주위 조건에 의해 영향을 받는다.

2개의 NPSH 값 사이에 구별이 이루어졌다.

1) $NPSH_{pump}$ = NPSH required

캐비테이션을 피하기 위해 필요한 흡입 압력을 표시한다. 흡입 압력은 또한 펌프의 설치 깊이와 관련이 있다.(펌프 흡입 측과 집수정 내 수위 사이의 높이차)

2) $NPSH_{system}$ = NPSH present

펌프 흡입구의 압력을 표시한다.

$$NPSH_{sysem} > NPSH_{pump} \text{ or } NPSH_{pres.} > NPSH_{req.}$$

습식 우물에 설치한 펌프의 경우, $NPSH_{system}$ 값은 대기압과 유체 내 펌프의 설치 깊이를 더하고 포화 증기압을 빼서 계산을 한다. 건식 우물에 설치한 경우, 흡입측의 압력 손실을 뺀다. $NPSH_{pump}$ 값은 캐비테이션 기준의 정의에 따라 제조자가 규정한다.

NPSH 곡선

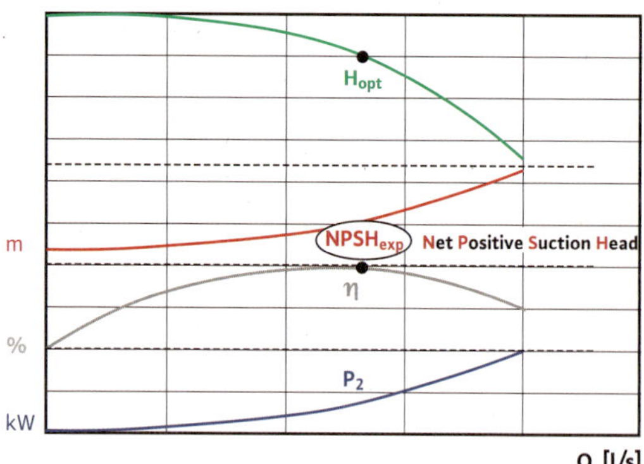

캐비테이션

캐비테이션은 임펠러 입구에서 이송될 유체가 포화증기압 하에서 압축되어 형성된 기포의 폭발을 말한다. 이로 인해 출력(토출양정)이 낮아지고 원활하게 가동이 되지 않으며 효율 감소, 소음 및 재질의 파괴(펌프 내부) 등이 발생된다. 미시적으로 높은 압력 범위에서(임펠러 토출구의 앞단계에서) 작은 기포의 팽창 및 폭발로 인해 소규모 폭발은 내부 충격을 야기하여 펌프 내부를 손상시키거나 파괴한다. 이러한 현상의 첫번째 신호는 소음 또는 임펠러 입구의 손상이다.

재질의 손상은 그 구조에 따라 다르다. 예를 들어, 1.4408의 주조 스테인레스 스틸(AISI 316)은 펌프 산업에서 사용하는 표준재질 즉 그레이 주철(GG 25) 보다 저항성이 약 20배가 된다. 황동은 적어도 수명이 두 배가 된다.

유량, 압력 및 해당 증발 온도를 이용하면 캐비테이션을 방지할 수 있다. 높은 흡입 높이는 압력이 더 작다는 것을 의미하며 유체의 끓는 점이 낮게 된다. 예를 들어, 기포의 생성은 유입 압력이 증가하면 줄어든다.(예. 수중펌프의 잠수 깊이증가 / 집수정 내 높은 수위)

최소 흡입 양정 H_{req} 계산

$$H_{req} = H_H + 0.5 + \frac{105 \cdot PD}{\rho \cdot g} - P_b \ [m]$$

약어	설명
H_{req}[m]	흡입구에서의 최소 흡입 양정
$H_HO.NPSH$[m]	성능곡선에서 펌프의 운전 유량에 대해 필요한 유효흡입 양정
0.5	안전율
P_D[bar]	증기압표에서, 해당 유체 온도에 대한 절대압으로서의 유체의 증기압력
P[kg/㎥]	유체의 밀도
g[m/s^2]	국부적 중력 가속도
P_b[m]	국부적 기압

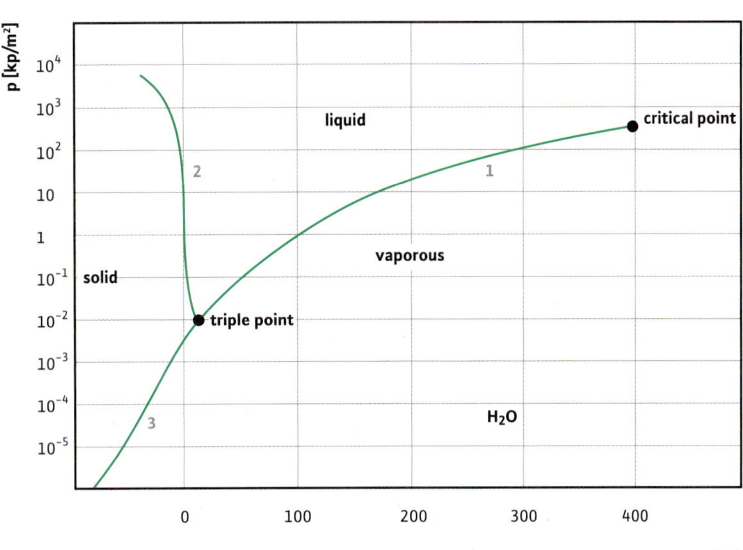

증기압 곡선

기포는 유체의 흐름을 따라 전달되며 정압이 기체압력보다 다시 증가하면 갑자기 폭발한다. 인접한 재료 표면이 부식으로 인해 캐비티 생성 파괴된다.

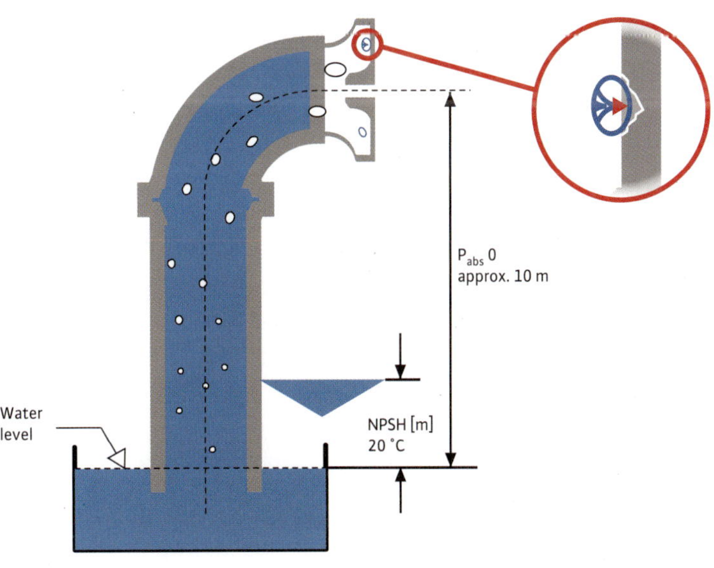

동력

펌프의 동력과 관련하여, 전력과 수력 사이에 구별을 둘 수 있다. 수력은 $Q(㎥/h$ 또는 $l/s)$ 와 $H(m$ 또는 $bar)$로 표시하며, 전력의 경우, 여러 개의 매개변수로 구별된다. 소비전력은 P_1이라 하고 킬로와트(kW)로 표시한다. P_2는 전동기의 출력 즉 전동기에서 수력 장치로 전송된 전력을 말한다. P_3는 전동기에 의한 수력 출력을 말한다.

사용한 유효 전력 P_1

$$P_1 = \sqrt{3}U \cdot I \cdot \cos \varphi \text{(three-phase current)}$$

출력 P_2(공칭 전력)

$$P_2 = M \cdot 2n \cdot \pi$$

유효 수력 P_3

$$P_3 = \rho \cdot g \cdot Q \cdot H$$

약어	설명
U	전압[V]
I	전류[A]
$\cos\varphi$	전동기 역률
M	공칭 토오크[Nm]
n	공칭 속도[rpm]
p	유체 밀도[kg/d㎥]
g	9.81 m/s²
Q	유량[㎥/h]
H	토출양정[m]

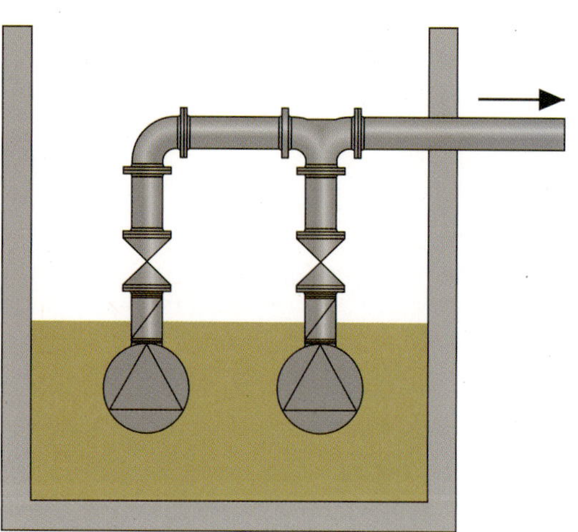

여러 개의 펌프로 구성된 시스템의 경우, 다음의 운전 모드로 구별할 수 있다.

병렬 운전

병렬 운전의 목표는 유량을 증가시키는 것이다. 이것은 2개 이상의 펌프의 운전을 말하며 운전 동안 모든 펌프는 공동의 배관에 동시에 이송된다. 만약 모든 펌프가 동시에 동일한 토출양정의 유량을 이송한다면 그 유량들을 더하여 총유량을 계산한다.

병렬 운전

개별 운전에서와 마찬가지로, 운전점은 펌프 곡선과 시스템 곡선 사이의 교차점이다. 모든 펌프는 자체 펌프 성능곡선 상에서 가동된다. 동일한 펌프의 경우, 이것은 동일한 체적 유량을 가지고 있다는 것을 의미한다.(그래픽 계산 절차를 참조) 하지만, 토출 측에 손실을 발생시키는 밸브가 포함되어 있다. 이것은 운전점 계산시 감안해야 하는 부분이다.

기본적으로, 이 규칙은 각기 다른 크기의 두 개의 펌프의 운전에도 적용되며, 이 경우 두 개의 펌프 모두 자체 펌프 곡선 상에서 가동하며 체적 유량은 이에 따라 나누어진다.(동일한 입력에서, 유량의 추가)

여러 개의 펌프를 사용하는 데는 다양한 이유가 있다.

- 주 펌프와 예비 펌프의 병렬 운전에서 예비 펌프는 주 펌프가 증가한 유량 등을 충족 시킬 수 없을 때 기동한다.(예: 주 펌프 최대 유량보다 더 많은 하수를 배출해야 하는 경우)
- 운전 비용을 줄이기 위해 또는 아주 변화가 큰 조건에서 예비 유량을 나누기 위한 병렬 운전
- 예비 펌프와 함께 한 개의 펌프 운전(주펌프가 고장이 나는 경우 기동)

펌프의 교번 운전은 모든 펌프 사이의 운전 시간의 분배를 최적화하여 설치물의 서비스 수명을 더 오래도록 하기 위해 반드시 고려해야 한다. Wilo의 멀티펌프 제어콘트롤은 이 기능을 제공한다.

예상 성능곡선 계산

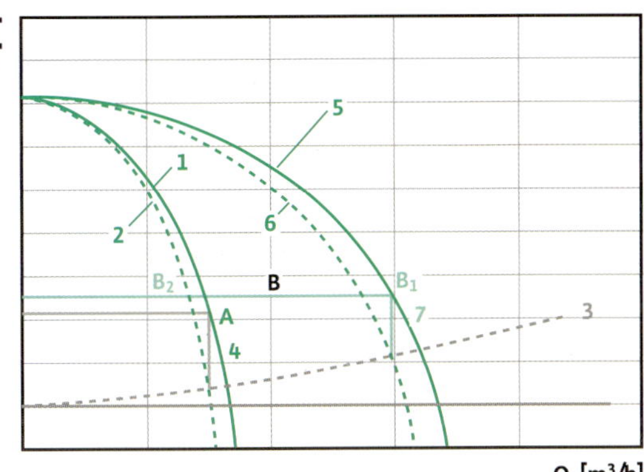

1) 펌프 1에 대한 성능곡선
2) 토출 배관에서(매니폴더까지) 손실(밸브 또는 막힘에 의한)에 의한 성능곡선 1의 감소
3) 시스템 곡선
4) 원래의 성능곡선까지 감소된 펌프 곡선과 시스템 곡선의 교차점의 수직 투영
5) 펌프2에 대한 펌프 곡선
  (동일한 토출양정을 위한 체적 유량의 추가)
6) 토출 배관에서(매니폴더까지) 손실(밸브 또는 막힘에 의한)에 의한 성능곡선 2의 감소
7) 원래의 성능곡선까지 감소된 펌프 곡선과 시스템 곡선의 교차점의 수직 투영

A = 개별 운전을 위한 펌프의 운전점
B₁ = 병렬운전을 위한 시스템의 운전점
B₂ = 병렬운전을 위한 개별운전 관점에서 펌프 1 또는 2의 운전점

직렬 연결

직렬 연결의 목적은 압력 증가(토출양정)이다. 이것은 2개 이상의 펌프의 운전을 말하며 이 운전 동안 모든 펌프는 공동 배관으로 동시에 이송된다.(별도의 밸브와 별도의 공급배관과 함께)

펌프의 전체 해당 곡선을 계산하려면, 동일한 체적 유량에 대해 압력값을 더한다.

하지만, 직렬연결의 성능평가는 여러 가지 어려움이 발생할 수 있기 때문에 쉽지 않다.

여기에는 캐비테이션 외에 터빈 효과가 포함되며, 첫번째 펌프가 두번째 펌프를 구동시킬 수 있다. 이것은 두 개의 펌프 모두 손상될 수 있다는 것을 의미한다. 정확한 설계 및 일관된 모니터링이 필수적이다.

직렬 연결

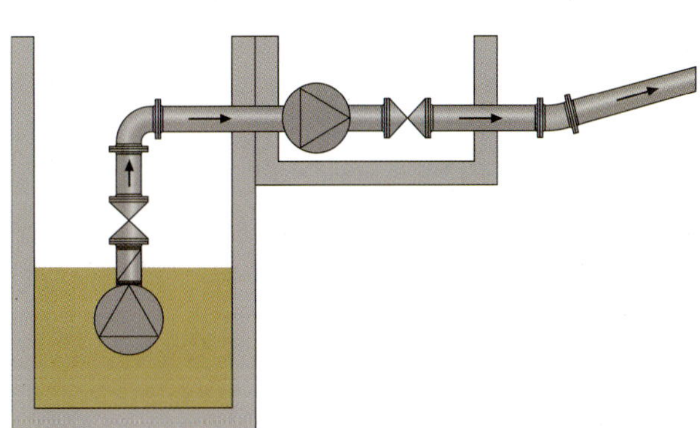

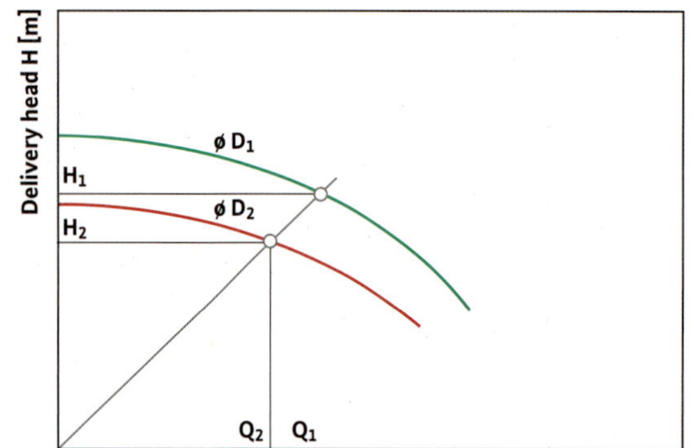

$$\frac{Q_1}{Q_2} = \left(\frac{D_1}{D_2}\right)^2 \quad D_2 \approx D_1 \sqrt{\frac{Q_2}{Q_1}}$$

$$\frac{H_1}{H_2} = \left(\frac{D_1}{D_2}\right)^2 \quad D_2 \approx D_1 \sqrt{\frac{H_2}{H_1}}$$

전동기의 크기준수

임펠러의 변경에 의한 전력 교정

임펠러 직경의 변경은 전동기 동력의 변경을 의미한다.

$$\frac{P_1}{P_2} = \left(\frac{D_1}{D_2}\right)^3 = \text{speed } n$$

만약 본 곡선과 비교하여 유량 Q 또는 토출양정 H의 교정이 필요한 경우, 임펠러의 직경을 줄이는 것이 합리적이며 레디얼 타입의 임펠러인 경우에만 가능하고 사류형에 가까운 임펠러의 경우, 제한적으로 적용 된다. 이 때 펌프의 효율은 감소된다.

속도의 변화에 의한 전력 교정

원심 펌프의 속도를 바꾸면 펌프곡선이 변한다.

상사 법칙에 따라, 다음 조건은 체적 유량 Q와 토출양정 H에 적용된다.

속도가 배가되면
- 유량 Q = 2배값
- 토출 양정 = 4배값
- 요구 동력 P = 8배값

속도 변경하기

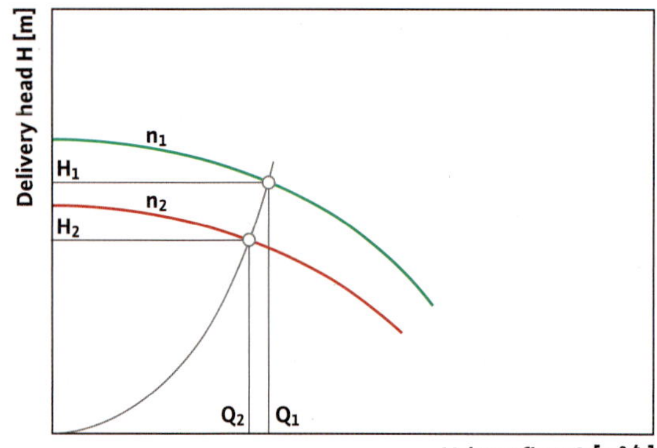

$$\frac{Q_1}{Q_2} = \frac{n_1}{n_2}$$

$$\frac{H_1}{H_2} = \left(\frac{n_1}{n_2}\right)^2$$

주파수 변경에 의한 전력 교정
FC(인버터)를 사용할 경우, 다음 사항을 준수한다.

성능 변화
- 운전점은 시스템 곡선을 따라 아래로 이동
- 토출양정과 유량이 떨어짐
- 배관 마찰손실이 떨어짐
- 요구동력이 떨어짐

전기적 변화
- 로터 손실 증가
- 로터 온도 증가
- 전동기 효율 증가
- 더 강력한 전동기 필요
- 토오크는 일정하게 남음
- 소비전력은 감소

FC(인버터)는 왜 사용하는가?
- 에너지 비용을 절약하기 위해
- 지속적인 이송을 위해
- 프로세스 자동화를 위해
- 펌프 출력을 조정하기 위해

컨버터
Wilo의 수중 펌프는 상업적으로 사용할 수 있는 FC(인버터)와 함께 작동할 수 있다. "전류제어", "전압제어" 및 펄스폭 변조 컨버터를 사용할 수 있다.

간섭 전압
습식 권선의 수중 전동기는 전압 피크에 의해 건식 전동기보다 위험도가 더 높다. 전압 피크의 위험을 줄이기 위해 적절한 보조 장비(스로틀, 필터)를 사용해야 한다.

EMC 가이드라인(전자기 호환성)을 준수하기 위해, 차폐형배관을 사용 또는 금속 배관 내 케이블 설치 및 필터 설치 등이 필요할 수 있다.

전동기 보호
- PTC 서미스터 온도센서(PTC)
- 저항온도센서(PT 100)

방폭 전동기는 항상 PTC 서미스터를 갖추어야 한다.

컨버터를 공급하는 경우 전동기와 주변 부하
사인파 전원공급장치와 함께 운전하는 경우를 비교하면, 전동기와 그 부속물은 다음에 의해 추가적인 부하에 노출되어 있다.
- 권선 및 강자성 회로의 가열
- 교대 토오크
- 소음 생성
- 축 전압 및 베어링 전류
- 권선 절연 부하

주파수 변화

| 전력 | 주파수 | |
데이터	50Hz	60Hz
n	950rpm	1140rpm
	1450rpm	1740rpm
	2900rpm	3480rpm
Q	100%	=120%
H	100%	=145%
P	100%	=175%

$$n = \frac{120 \cdot f}{P}$$

f = 주파수
P = 극의 수

운전점의 변경

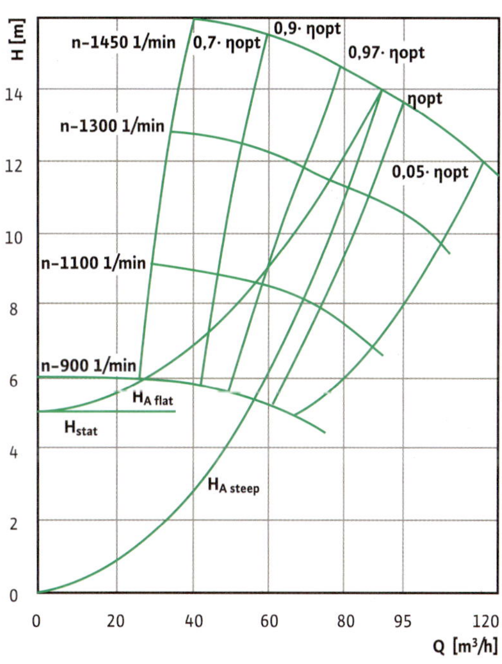

만약 속도를 줄이면, 모든 운전점은 거의 일정한 효율로 포물선을 따라 제로점을 향해 이동한다.

FC(인버터)는 어느 정도 여유율을 가져야 하는가?
약 20%

전동기는 어느 정도 여유율을 가져야 하는가?
추가적으로 적어도 10%

wilo

04. 마모

원심 펌프를 운전할 때, 특히 임펠러와 펌프 케이싱은 가변 부하에 노출되어 있다.
용도에 따라, 이것은 펌프를 파괴할 수도 있다. 마모에 대해 영향을 주는 주요 요소는 유체와 펌프의 운전점이다.
이들 영향 요소들은 특수 재질의 사용과 같은 각기 다른 방법에 의해 반응하는 마모의 유형에 따라 결정된다.

마모 유형

- 부식
- 마모(abrasion)
- 캐비테이션

부식

부식은 주변 환경의 화학적 또는 전자화학적 반응에 의해 재료가 파괴되는 것이다. 대부분의 경우, 부식은 4-10pH 값에서 비합금주철에 일어난다. 이 경우, 이것은 공기 속 산소에 의해 일어난 산화라고 한다. 반응 생성물을 "녹"이라고 한다. 유체의 공격성은 첨가제 등과 같은 여러 가지 성분에 의해 증가될 수 있다. 또 하나 매우 중요한 부식 요소는 바로 pH 값이다.

마모(abrasion)

마모는 어떤 대상(여기서는 펌프 또는 펌프 구성부품)으로부터 물질을 제거하는 것을 말한다. 이것은 유체의 구성부분(예. 모래)에 의해 일어날 수 있다. 고체 구성성분이 유량 또는 펌프 케이싱 내 압력 증가로 긁힘이 일어나고 재료가 조금씩 제거되는 것을 말한다.(예. 이것은 샌드페이퍼 효과와 매우 유사하다.)

캐비테이션

"캐비테이션" 장(페이지 331) 참조.

pH 척도(기준온도 25℃)	
pH 값	화학 반응
1~3	강산성
4~6	약산성
7	중성
8~10	약알카리
11~14	강알카리

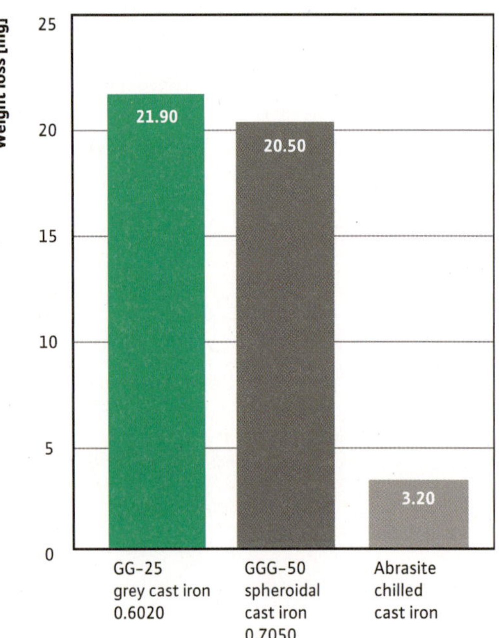

펌프 구조 재료

Abrasite(내마모 냉경주철)

수 년 동안, Abrasite는 펌프 케이싱, 임펠러, 믹서 헤드 및 업스트림 마셀레이터에 사용되고 있다. 단단한 캐스트 크롬은 크롬 복합 카바이드 비율이 높은 마텐자이트 기본구조로 내마모성이 강하다.

서비스 수명

이 재질은 서비스 수명이 동일한 적용 조건에서 일반 주철 캐스트 재료보다 7배가 더 길다.

재료 버전

	특성	장점	적용
Abrasite 냉경주철	고합금 캐스트크롬	• 기계저항 강함 • pH>6 유체에 사용	• 펌프 케이싱 • 임펠러 • 업스트림 마셀레이터
RF 버전 1.4581	내부식 재료	• 산과 알카리에 매우 강한 내부식성	• 펌프 케이싱 • 임펠러
RF 버전 1.4517	부식 및 내산성 듀플렉스 주강	• 입자간 부식 및 응력부식균열에 매우 강한 저항성 • 뛰어난 강도 및 내구성 값	다음의 유체에 사용 • 산성 성분 • 염화물 성분이 강한 산성 현탁액 • 해수 및 염수 • 소금물 및 소금혼합용액

Ceram - 부식 및 마모 보호

유체와 접촉되는 구성성분은 모두 부식 및 마모의 영향을 받기 쉽다. 이에 대해, Wilo는 유체에 세라믹 코팅, Ceram을 제안한다. 이것은 부식과 마모에 대해 안정된 보호를 해 준다.

아연 분말 하도에 타르 에폭시 수지의 3 중 코팅을 한 것과 같은 일반적인 무거운 부식보호방법을 양파층 모델이라고 한다. 아연 분말 하도의 장점은 아연분말과 아연탄산염이 미세한 균열을 밀봉할 수 있다는 것이다. 이것을 코팅의 자가치료 효과라 한다. 단점으로는 이러한 아연 분말 하도의 습식 접착은 매우 강하지 않다는 것이다. 전통적인 용액포함 코팅의 양파층 모델로 인해, 접착력은 개별 층의 질에 따라 달라지기 때문이다.

우측의 그림은 아연 분말 하도에 타르 에폭시 수지코팅 한 것의 구조를 보여준다. 이 코팅은 총 코팅 두께가 380 μm인 4개의 개별층으로 구성되어 있다. 3개의 진회색 라인은 이러한 코팅의 약점을 나타낸다. 검은색 라인은 미리 정해진 한계점이다.

Ceram 코팅은 한편 다이아몬드 모델을 기반으로 한다. 이것은 한 개의 중합구조체에 세라믹 입자를 결합하여 2개의 재료의 좋은 속성을 통합하는 것이다.

세라믹 입자는 매트릭스에 갇혀있으며 따라서 미리 정해진 한계점이 없으며 Ceram C0 15 N/mm³의 경우 접착력이 매우 강하다. Ceram은 용제가 없으므로, 이 코팅은 한 개층에 적용할 수 있다.

우측의 그림은 Ceram C0 코팅의 구조를 보여준다. 이 코팅은 단일층으로 이루어지며 총 코팅두께는 400 μm 이다. 에어리스 분사식 방법을 사용하여 적용하므로 매우 높은 표면 품질을 얻을 수 있다.

아연 가루 바탕층의 타르 에폭시 수지 코팅

아연 가루 바탕층의 타르 에폭시 수지 코팅

Ceram 품질	층	두께 [mm]	적용
Ceram C0	1	0.4	완전한 외부 및 내부 코팅
Ceram C1	1-3	1.5	임펠러 및 흡입구 코팅
Ceram C2	1	1.5	펌프 케이싱 코팅(내부)
Ceram C3	1	3	펌프 케이싱 코팅(내부)

Ceram 코팅은 4개 품질 단계로 사용이 가능하다. 이것은 마모성 부식에 대한 저항 측면에서 아주 뛰어나다. 내부식성은 2개 품질 단계 모두 아주 훌륭하지만, 내마모성은 입자가 굵은 세라믹 입자를 처리하므로 코팅의 단계가 높을수록 증가한다.(C0=마모성 낮음, C3=마모성 매우 좋음)

개별층은 점점 더 두꺼워지고 대형, 중형 및 소형 알루미늄 산화물 입자의 혼합물은 입자가 고운 모래로 인한 마모의 경우에도 코팅은 매우 안정적이다. 특수 유체에서 사용하는 경우, 개별 Ceram 품질은 서로 결합할 수 있다. 예: C2 + C1. Ceram 코팅은 또한 해양 환경에서 사용할 경우 아주 적합하다.

Ceram 품질	구성	특성
Ceram C0	• 용매가 없는 폴리아민 경화제와 여러 가지 희석제를 포함한 무용매 에폭시 폴리머	• 내기계 및 내화학성이 강하고 내마모성이 뛰어난 거칠고 지속성이 있는 코팅 • 습식 접착이 뛰어나고 스틸 표면의 단일층 코팅으로 음극 부식보호에 적합 • 스틸 표면에 접착력 아주 우수 • 타르를 포함하는 코팅 교체 • 긴 서비스수명으로 비용절감, 낮은 유지비용 및 수리 용이 • "Bundesanstalt fur Wasserbau"(독일연방 수력공학협회)에서 시험(BAW) • 무용매 • 경화 코팅은 하이글로시 마감
Ceram C1	• 기본 화합물 및 강화제로 만든 폴리머 / 세라믹 합성재료 • 기본 화합물. 지방족 경화제로 두 부분으로 만든 변형 폴리머 • 강화제. 산화 알루미늄 및 희석제로 만든 혼합물 (지적재산권에 의해 보호) • 이 세라믹 혼합물은 내마모성이 뛰어나며 활용성이 우수	• 완전하게 경화된 Ceram C1 코팅은 글로시 마감을 하며, 기공이 없고 청소가 쉬우며, 기계적 저항성이 우수하고 내마모성과 접착력이 아주 뛰어나다. • Ceram C1은 수축없이 경화되며 많은 양의 화학물, 오일, 그리스, 용제, 희석된 유기 및 무기의 산염기 그리고 소금물에 저항성을 갖는다. • Ceram C1은 마찰을 감소시키고 유량 및 효율을 향상시킨다. • 뛰어난 부식방지
Ceram C2	• 기본 화합물 및 강화제로 만든 폴리머 / 세라믹 합성재료 • 기본 화합물. 지방족 경화제로 두 부분으로 만든 변형 폴리머 • 강화제. 산화 알루미늄 및 실리콘카바이드 입자로 만든 혼합물(지적재산권에 의해 보호) • 이 세라믹 혼합물은 내마모성이 뛰어나며 활용성이 우수	• 뛰어난 내마모성으로 장기 운전이 가능하며 일반적으로 용접 금속 코팅보다 지속력이 우수 • 어떤 금속표면에도 쉽게 비를 수 있다. • 거친 합성 수지구조는 온도변화에 저항성을 갖는다. • 뛰어난 접착력은 신뢰성을 높이고, 벗겨짐을 방지한다. • 간단한 적용으로 작업비용 및 시간 절감 • 금속 문제가 발생하는 다양한 운전조건에 화학적으로 잘 견딘다. • 4.1의 중량과 부피 혼합비율
Ceram C3	기본 화합물 및 강화제로 만든 폴리머 / 세라믹 합성재료 • 기본 화합물. 지방족 경화제로 두 부분으로 만든 변형 폴리머 • 강화제. 산화 알루미늄 및 실리콘카바이드 입자로 만든 혼합물(지적재산권에 의해 보호) • 이 세라믹 혼합물은 내마모성이 뛰어나며 활용성이 우수	• 뛰어난 내마모성으로 장기 운전이 가능하며 일반적으로 용접 금속 코팅보다 지속력이 우수 • 거친 합성 수지구조는 온도변화에 저항성을 갖는다. • 뛰어난 접착력은 신뢰성을 높이고 벗겨짐을 방지한다. • 간단한 적용으로 작업비용 및 시간 절감 • 금속에 문제가 발생하는 다양한 운전조건에서 화학적으로 잘 견딘다. • 4.1의 중량과 부피 혼합비율 적용

재료 비교

물을 점점 더 아껴 쓰기 때문에 사용하는 물 안의 오염물질의 농도도 증가하고 있다. 이것은 부식성 및 마모성 성분의 농도가 높아지고 있다는 것을 의미한다. 오수장치는 항상 이러한 공격적인 유체에 노출되어 있다. 부식과 마모는 펌프의 표면과 재료의 구조에 영향을 미치고 때로는 재료를 상당히 손상시키기도 하기 때문에 성능에도 영향을 미친다.

이것은 펌프 효율을 상당히 감소시키며 소비전류도 증가된다. 한편, 펌프는 최적상태에서 더 이상 작동을 하지 못하며 레디알 포스가 증가하고 베어링과 미케니컬 씰에 더 많은 응력이 발생하고 기기의 서비스 수명이 감소된다.

높은 응력에서 회주철과 같은 표준 재료를 사용하는 경우, 500시간운전 이후 구성부품을 교환하는 것이 필요하다. Ceram 코팅은 서비스 수명을 4배 까지 증가시키고 동일한 수준의 높은 효율성을 보장하여 최소 에너지 비용이 가능하게 한다.

만약 펌프의 전체 서비스 수명에 대해 전체 비용을 고려해야하는 경우, Ceram으로 코팅한 장치의 투자비용은 10% 이하이며 무시해도 된다. 또한, 수리할 필요가 없어 비용절감이 되고 시스템 고장도 거의 없다. 효율성이 더 높으므로 투자비 회수도 빠르다.

비교. 회주철로 만든 임펠러와 Ceram 코팅 임펠러

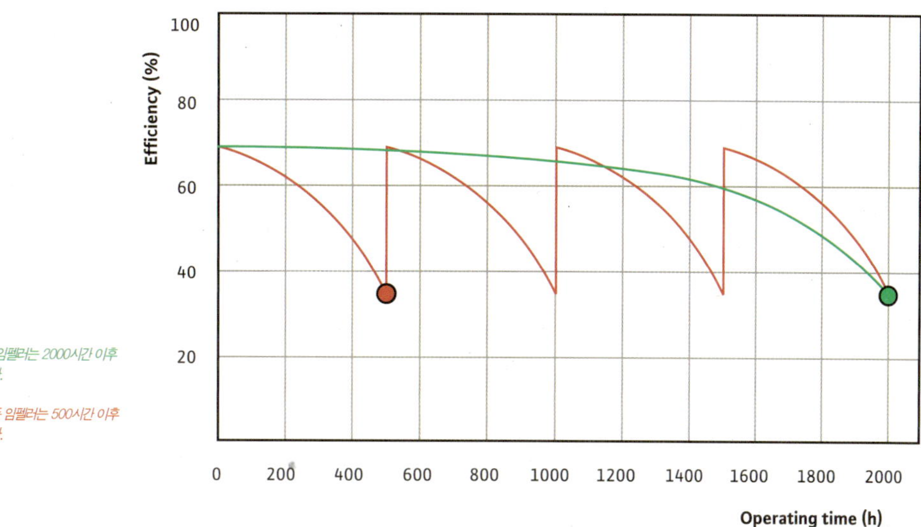

비교. 교체비용과 서비스 수명

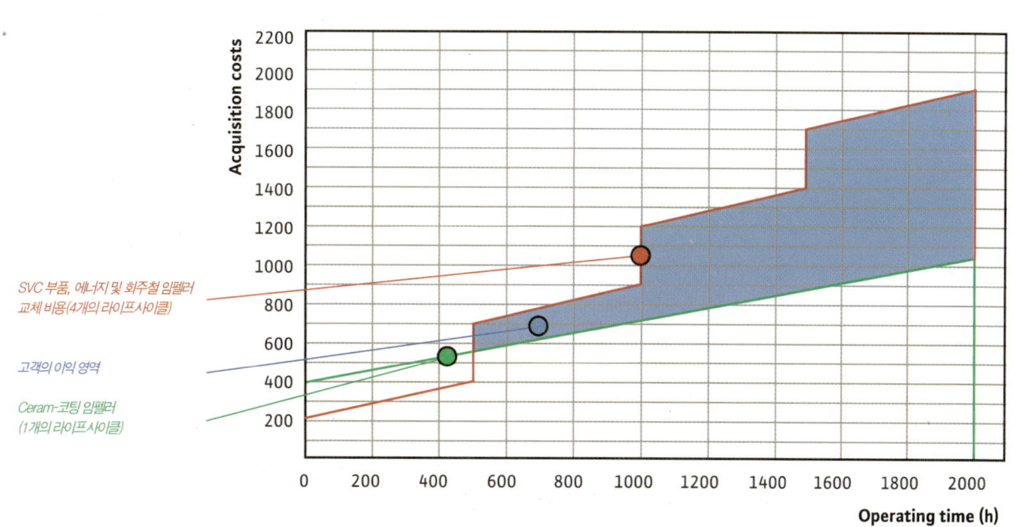

05. 배수 펌프장

배수 펌프장의 경우, 접근하기 힘든 건물 지하에 배관을 복잡하게 설치하지 않아도 되면서
오수 배수측면에서 경제적인 효율이 증가되었다.

배수펌프장은 단순한 배관 시스템과 동일하게 신뢰성을 줄 수 있도록 설계되어야 한다. 기본적으로 고장없이 자동으로 운전되도록 설계한다. 비위생적이고 위험한 유지보수 작업은 최소한으로 제한되어야 한다.

기본적인 차이는 두 가지 유형의 구조 즉 건식 육상용 설치와 수중 설치로 이루어져 있다.

건식 육상용 설치의 장점은 항상 접근할 수 있는 기계 시스템과 펌프가 유체에 잠기지 않아 위생 정도가 더 높다는 점이다. 지상의 운전 조건은 제어 기술 또는 하수에 직접 닿지 않기 때문에 위생설치용으로 사용할 수 있다.

하지만, 수중 설치의 경우, 단순한 구조로 비용을 더 많이 절감한다. 펌프는 유체가 직접 닿도록 설치하므로 별도로 펌프 운전에 필요한 건물이 필요하지 않다. 전기 장치는 외부 판넬에 설치되어 있다.

배수펌프장의 크기에 따라, 콘크리트로 만든 집수정, 레미콘 집수정, GRP 또는 PEHD로 만든 집수정을 사용해야 한다. 레미콘 집수정과 비교하여, GRP 또는 PEHD로 만든 집수정은 절대적으로 갭이 없고 직경 3.5m까지 단단히 밀봉이 될 수 있는 장점이 있다. 따라서 외부로부터 물이 침투될 수 없다.

건식 육상용 설치의 경우, PEHD 집수정은 집수정 내부 표면에 액체의 응결이 형성되는 것을 방지하는 매우 작은 k 값을 갖는 장점이 있다. 이로 인해 집수정 내부 전체는 부식이 없게 된다.

지붕위로 흡입 수조 환기

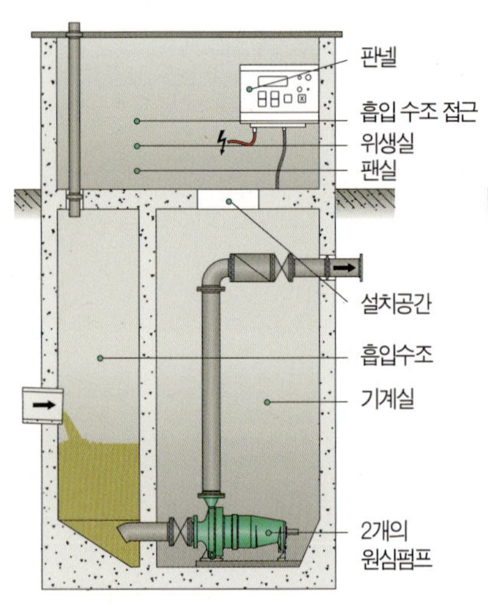

현지 조건에 따라 집수정 커버가 열린 또는 덮힌 흡입수조

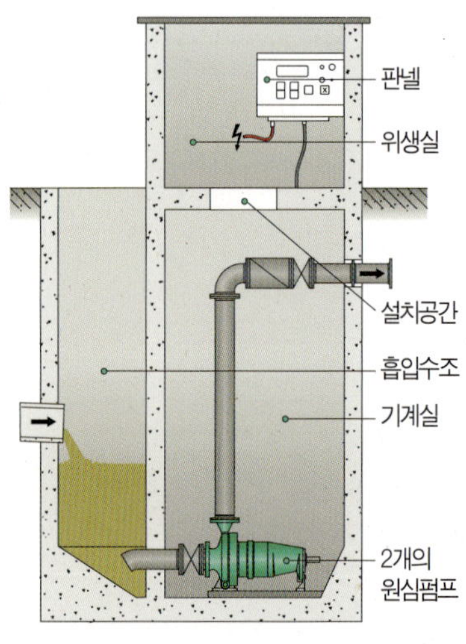

현지 조건에 따라 집수정 커버가 열린 또는 덮힌 흡입수조

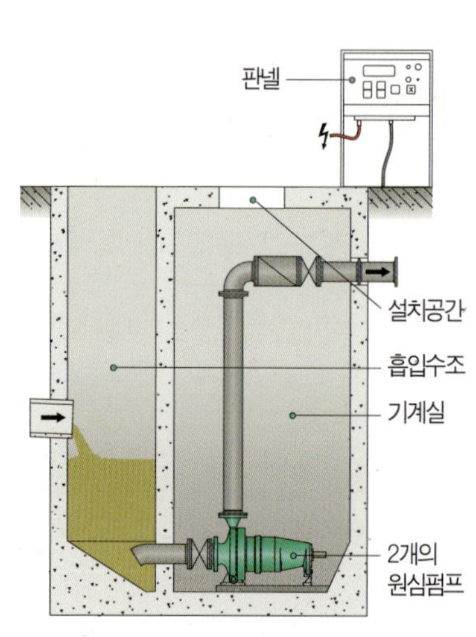

지붕위로 흡입 수조 환기

현지 조건에 따라 상단이 열린 또는 덮힌 흡입수조

현지 조건에 따라 집수정 커버가 열린 또는 덮힌 흡입수조

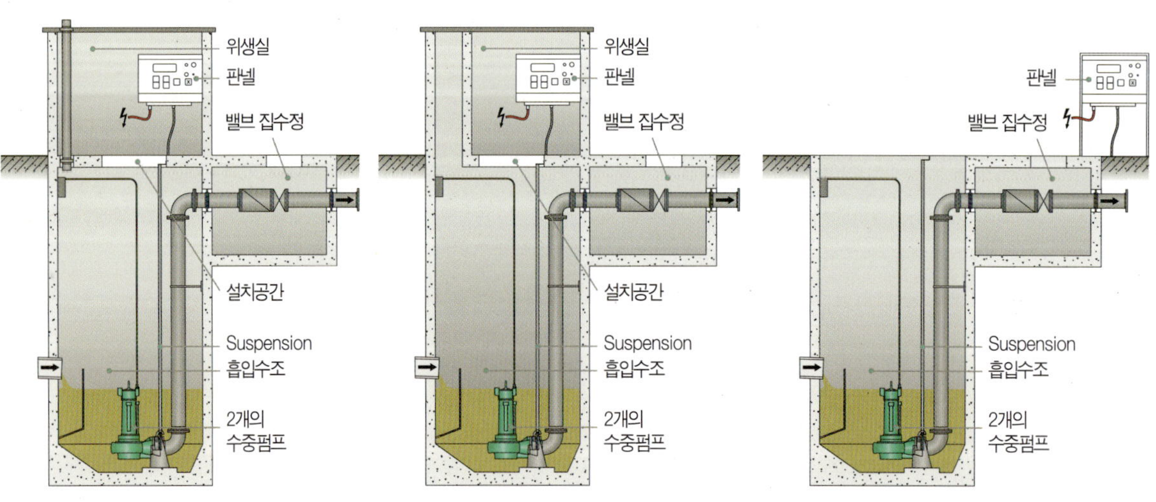

체적 유량 정하기

펌프장의 크기를 정하려면, 일일 오수유입량을 정해야 한다.

영향을 주는 요소는 다음과 같다.
- 오수 유입의 유형(혼합 또는 분리 시스템)
- 오수구역의 크기 및 구조
- 주민 수
- 연결된 산업 및 상가지역의 수와 유형

펌프장의 총유입량은 두 부분으로부터 계산한다.

총 유입량 = 우수량 + 오수량

우수 유입

우수 유입량은 그 장소의 크기 정도에 따라 다르다. 그 양은 설계 기술자가 결정해야 하며 또는 토목회사와 상의를 해야 한다. 독일의 경우, 그 양은 북부 또는 남부독일에 대해 36~144 l/(m² · h) 범위에서 변동이 된다.

오수 유입량

단일 및 두 가구 주택 주거지역의 경우, 이 값을 결정하는 옵션이 두 가지 있다.
- 그래프 이용
- 공식 이용

일반적으로 음용수의 소비가 오수량과 동일하기 때문에 그 양에 대한 급수시설을 참고할 수 있다.

단일 및 두 가구 주택 주거지역

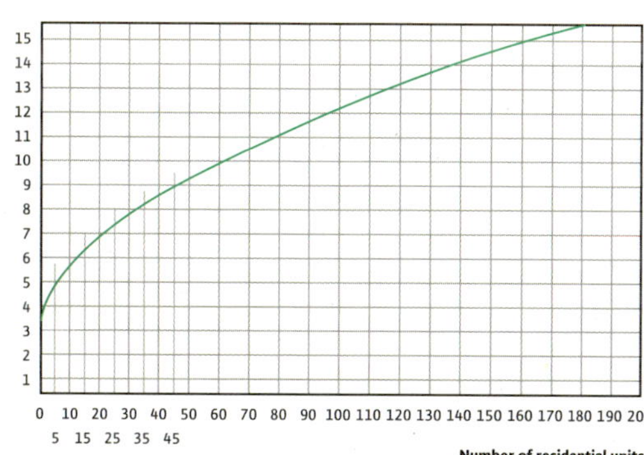

$$Q_{max} = \frac{E \cdot a}{14 \cdot 60 \cdot 60}$$

$$= 0.003 \; \ell/s$$

$$or = 10 \; \ell/h/person$$

호텔과 병원의 경우, 이 값을 결정하는 옵션이 두 가지다.
- 그래프 이용
- 모든 화장실, 샤워기, 세탁기 수를 계산

그래프. 호텔 및 병원

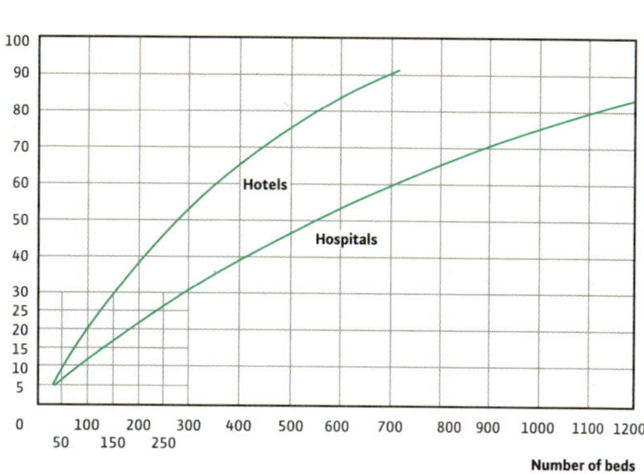

$$Q_s \; [\ell/s] = K \cdot \sqrt{\Sigma DU}$$

쇼핑센터 및 사무실 빌딩의 경우, 오수 유입량은 그래프를 이용하여 결정한다.

쇼핑센터 및 사무실 빌딩

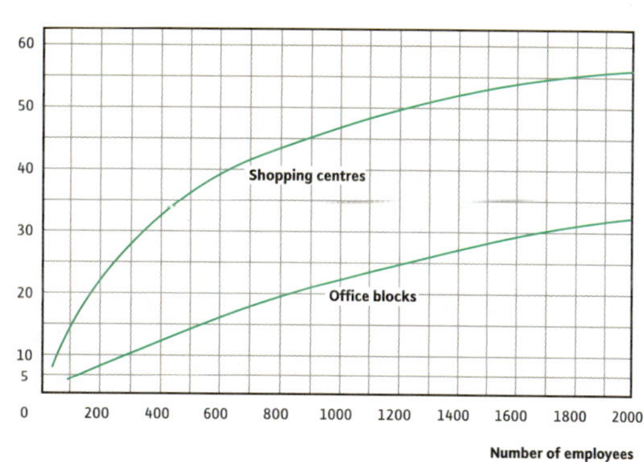

기타 모든 건물의 경우, 필요량은 개별적으로 화장실, 샤워기, 세탁기 등의 수를 계산하여 결정한다.

약어	설명
Q_{max}	최대 유량 ℓ/s
E	주민
a	일일 주민 한 사람당 소비 예. 독일 150 ℓ/일
Q_s	초당 배수량
K	빌딩 유형에 대한 인자
DU	예상 배수

펌프 집수정, 집수정 체적 유량 계산

흡입공간의 사용 가능한 집수정 체적 유량은 허용되는 기동횟수와 가장 크게 설치된 펌프의 유량에 따라 다르다. 두 개의 동일한 펌프로 자동 및 교대 운전하는 경우, 체적이 반으로 줄어들 수 있다.

허용 전환 주파수 S
약 35kW 까지 - 시간당 15

전동기 용량이 더 크거나 허용 전환 주파수가 더 높은 경우, 당사와 상의를 권한다. 그래프에 표시된 유량은 원활한 펌프 운전을 보장하기 위한 최소값이다. 이것은 펌프의 유량이 집수정 체적유량의 절반인 경우이다. 이것은 시간당 최대 가능 수치를 나타낸다.

사용 가능한 체적 공식

$$V_{useable} \, [m^3] = \frac{0.9 \cdot Q}{Z}$$

약어	설명
Q	가장 큰 펌프의 체적 유량 [ℓ/s]
Z	전환 주파수 [ℓ/s]

이 결과는 한 대의 펌프에 대한 것이고 두 개 펌프의 경우 결과는 반이 된다.

사용 가능한 집수정 유량

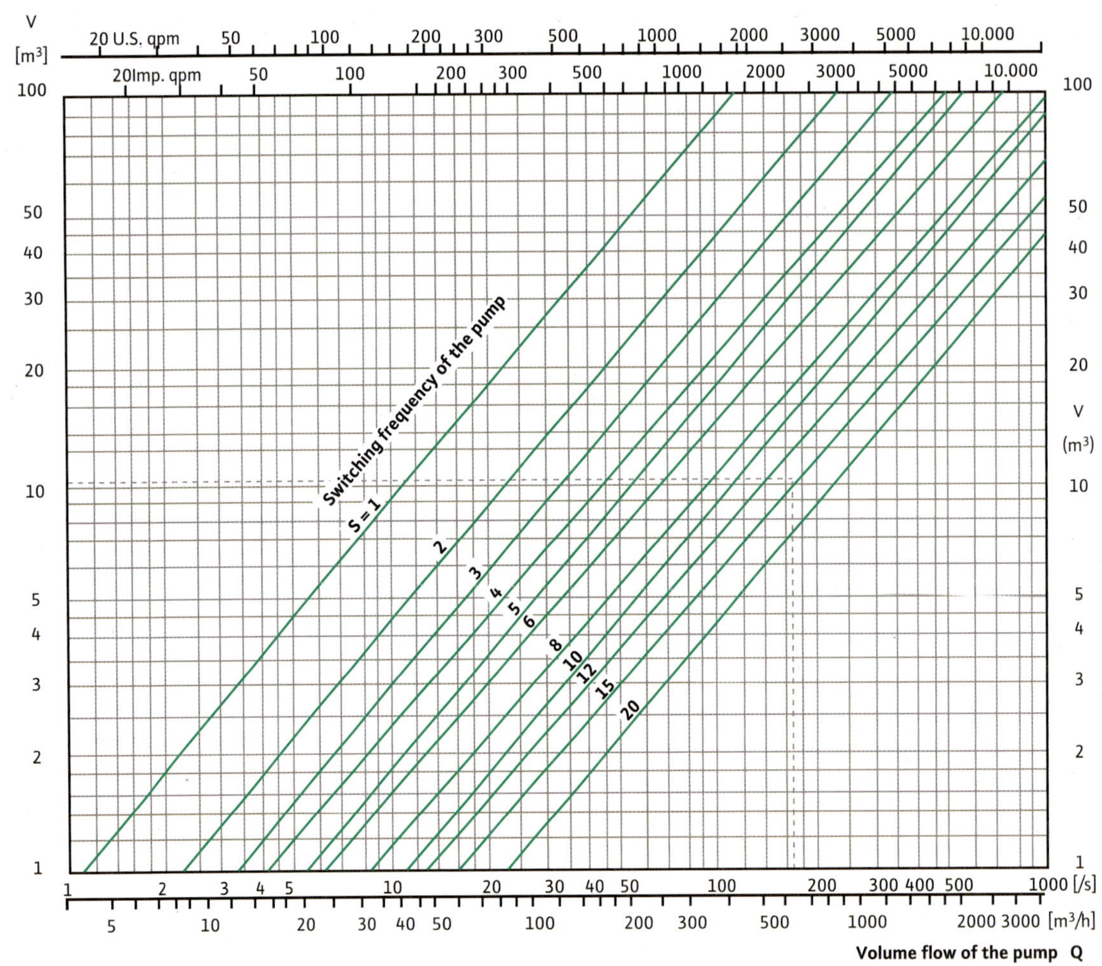

인입구에 유입 직접 설치

인입구에 유입 직접 설치

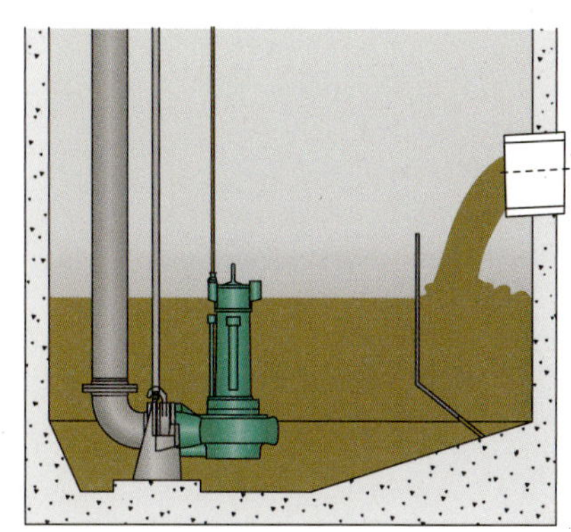

집수정 장비

집수정 펌프장은 일반적으로 간단하고 비용대비 효율적인 펌프장으로 수중 펌프를 갖추고 있다. 수중 펌프는 하수 집수정 안에 설치되어 있다. 일반적으로 그곳은 공간이 부족 하다. 따라서 개별적인 기능 구성 부품은 서로 영향을 가지지 않는 것이 중요하다. 특히 인입구는 집수정 펌프장에 직접 설치하도록 한다. 인입구의 하수는 펌프에 직접 영향을 주도록 해서는 안된나. 만약 인입구의 하수가 물 표면을 타격하면, 기포가 형성되고 인입구의 바로 근처에 와류가 증가한다. 이 간섭 구역에 설치된 펌프는 원활하게 작동하지 못하며 따라서 펌프 수명이 단축 된다. 따라서 펌프는 공기유입 및 와류로부터 효과적으로 보호되어야 한다. 유입 시트 설치는 효과적인 방법이다. 유입시트의 하부 가장자리는 항상 물에 잠겨야 한다. 즉 집수 집수정의 최소 수위 아래로 내려가야 한다.(그림 참조)

하수 펌프장은 압력상승이 우려되는 토출배관이 설치되어 배수가 끝난 뒤 펌프를 정지하면 유체의 고형물 특히 무거운 성분(예. 모래)은 배관으로 역류하여 배관 압력이 상승한다. 따라서 고형물질들이 스크린 같은 배관 부속품에 직접 침전할 수 없도록 설치하여 펌프의 성능 저하를 방지한다.

수직 위치. 체크 밸브에 직접 고체 침전

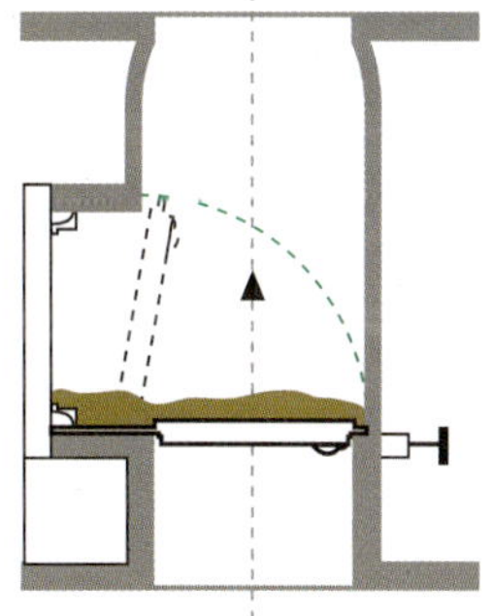

수평 위치. 체크 밸브의 상단 및 하단에 직접 고체 침전

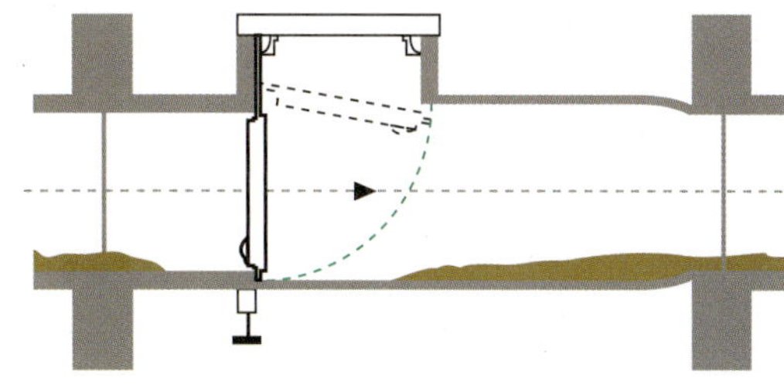

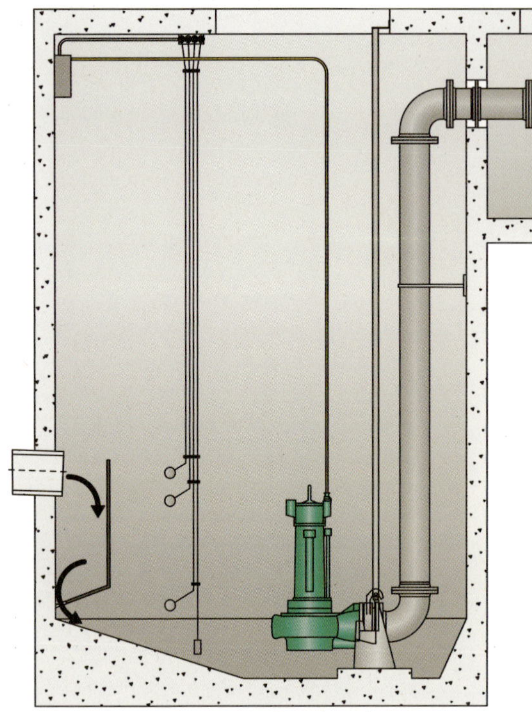

긴 압력 배관의 경우, 밸브류는 항상 수평으로 배치해야 한다.

추가로, 밸브 접근은 쉬워야 하고 어떤 필요한 검사 및 청소에 아무런 문제가 없어야 한다. 집수정 펌프장의 경우, 펌프장에 직접 별도 토출 배관에 밸브를 설치해야 한다. (그림 참조)

검사 및 청소에 지장이 없도록 밸브는 점검 및 청소가 용이한 곳에 설치하여야 한다.

인입구에 가이드 튜브 직접 설치

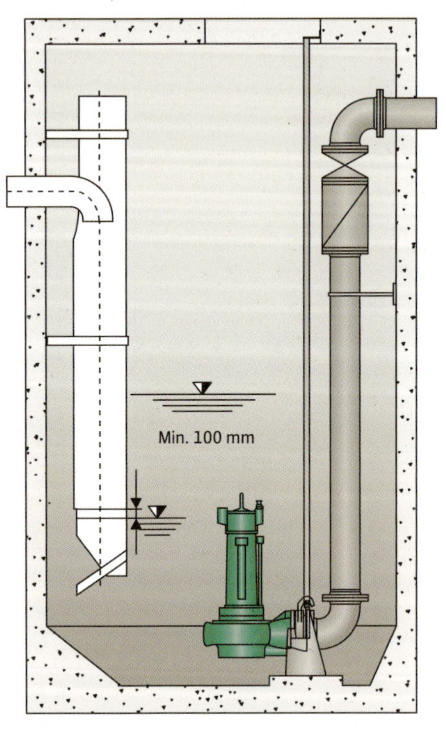

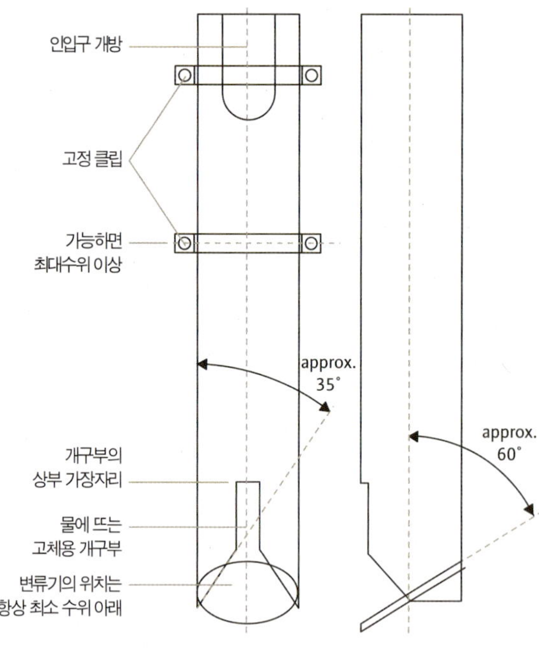

가이드 튜브의 권장 설치는 매우 좁은 공간에서 효과적인 에어밴트와 운동에너지를 감소시킨다.

장점

- 상업적으로 사용할 수 있는 플라스틱 배관(또는 강관) 예. 40 ℓ/s 까지 유량에 대해 DN 300
- 많은 공간 필요하지 않음
- 간단한 고정
- 집수정 모양 독립적

오수를 이송할 때, 유체 내 고체가 침전될 수 있다는 것을 항상 고려해야 한다. 이 고형 침전물의 농도가 높으면 밸브 및 펌프 오작동을 일으킬 수 있다. 만약 펌프가 연결배관에 연결되어 있으면, 이러한 침전물은 체크밸브류 또는 펌프에 들어갈 수 없도록 해야 한다.

다음의 요건들을 만족해야 한다.

집수 배관의 연결부는 '바닥에 설치되어서는 안 된다. 이 경우, 고체는 단일 배관으로 직접 유입될 수 있고 회수 장치 및 펌프에 고장을 일으킬 수 있다. 단일 배관은 따라서 항상 유입 방향에서 집수 배관의 상단 쪽으로 연결해야 한다. 밸브(회수 장치 및 슬라이드 밸브)는 연결지점 앞에 직접 배치되어야 한다.(그림 참조)

단일 배관은 집수 배관으로 유도되어 유입 방향의 상단 쪽으로 집수 배관에 연결되는 경우 추가 보호를 확보할 수 있다.(그림 참조)

집수배관에 펌프 연결방법

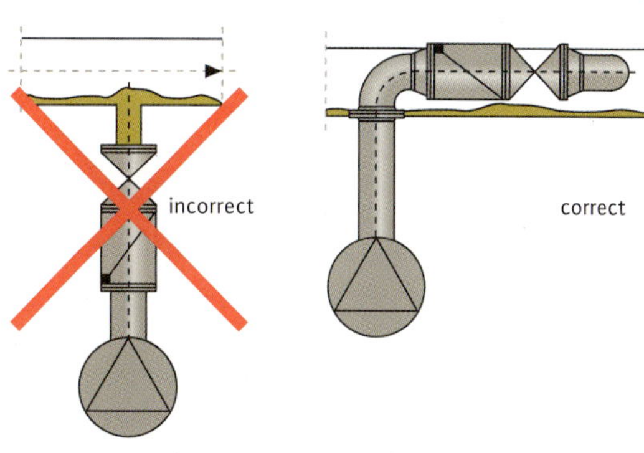

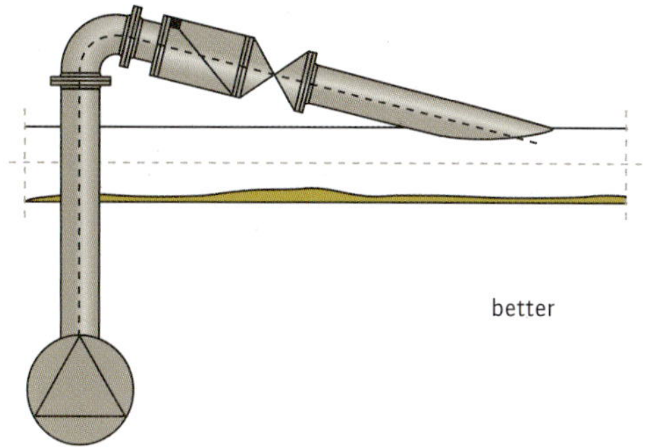

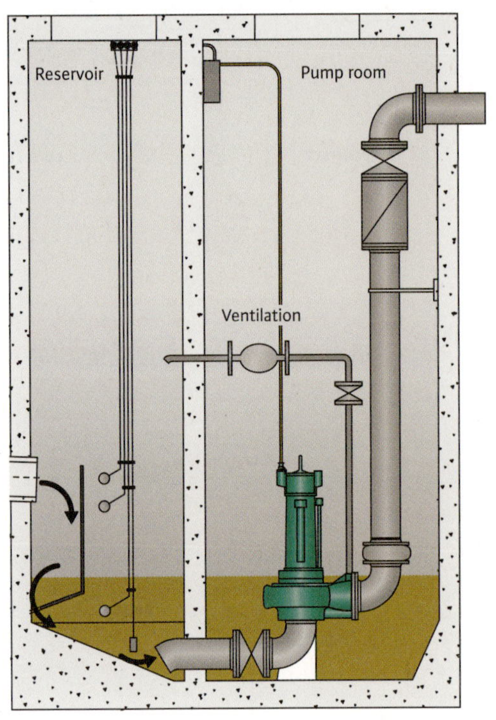

비자흡식 원심펌프의 경우, 유체는 항상 펌프 내에 있어야 한다. 펌 핑은 원심 펌프의 임펠러가 실제로 유체와 함께 완전히 가압이 된 경 우 시작된다.

펌프장의 초기 운전 동안, 펌프와 배관은 유체가 흡입 양정 또는 흡입 압력에 따라 펌프 또는 흡입 배관에서 흡입될 수 있다.

일반적으로, 공기빼기는 압력을 받은 부위에서 펌프 쪽으로 배출되거 나 체크 밸브 쪽으로 초기 운전 전에 배출해야 한다.

일단 펌프 케이싱에 물이 들어오면, 펌프는 어느 때고 펌핑을 시작할 수 있다.

펌프가 일단 최소 수위에 도달하면 지속적인 공기 빼기는 필요하지 않 다. 최소 수위는 펌프의 임펠러가 항상 물이 차있고 공기가 흡입배관을 통해 흡입이 되지 않는 높이이다.

만약 이 요건을 이행할 수 없다면, 일정한 공기빼기를 반드시 해야 한 다. 이를 위해, 공기빼기 배관은 정상적으로 펌프의 압력을 받는 부위 로 부터 집수정의 공기실로 설치되어야 한다.(그림 참조)

오수 펌프의 설치

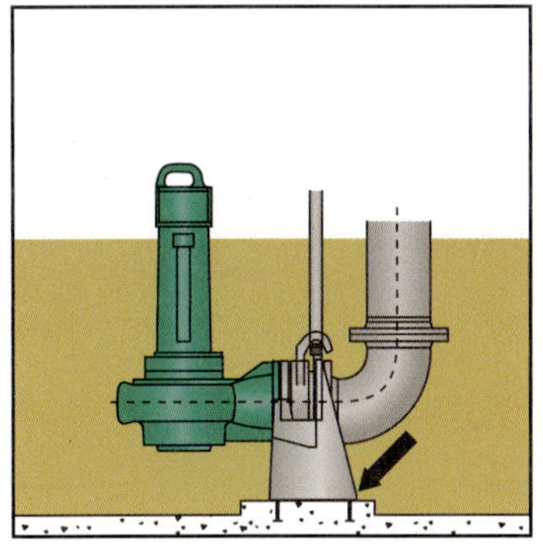

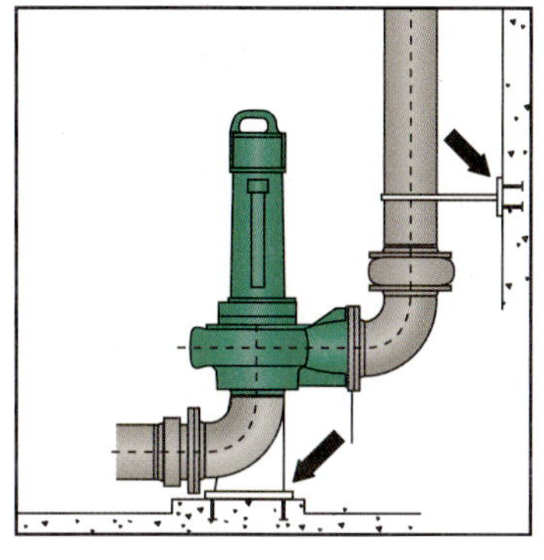

만약 여러 대의 **펌프**가 펌프장에서 운선하는 경우, 집수 환기 배관을 최대 수위 위에서 옵션으로 장착해야 한다. 그 다음 각 개별 펌프를 자체 환기 배관을 통해 합류되는 환기 배관에 연결한다.

고정식 설치의(운전시간이 더 긴) 경우, 펌프는 매끄러운 표면에 자유롭게 설치해서는 안 된다. 기동압력, 유체의 파동 및 자연적인 진동으로 인해, 펌프는 매끄러운 표면 위에 일정하게 이동하여 운전에 지장을 초래한다. 이 경우, 펌프는 집수정 바닥에 고정시키거나 그 위치에 고정하기 위해 다른 방법으로 고정시켜야 한다.

펌프의 고정은 진동을 방지하고, 진동으로 인한 펌프 수명 단축 등을 방지할 수 있는 고정된 시스템에서 이루어져야 한다.

콘크리트 구조(또는 집수정)의 바닥에 직접 설치하는 펌프 베이스(건식 우물 설치) 또는 착탈 장치(수중 집수정 설치)는 펌프의 고정에 적합해야 한다.

고주파에서 자체 진동하거나 이러한 진동에 노출되는 시스템에 펌프를 고정시키는 것은 역효과를 불러 일으킨다.

수중 집수정 설치

수중펌프는 폭발 가능성이 있기 때문에 방폭 수중모터를 사용하여 유체속에 잠기게 한다.

펌프는 일반적으로 연결부위 위쪽으로 길게 뻗은 배관과 연결된다.

수조의 물을 배수하지 않고 분해 작업을 거치지 않고서도 체인을 이용해 펌프를 끌어 올려 유지 보수가 가능하다.

설계 시, 충전 유량과 사용 가능한 유량을 구별하는 것이 필요하며 사용 가능 유량은 ON 과 OFF 개폐지점 사이의 차이로 계산한다. 내부에 모터 냉각 기능이 있는 펌프는 낮은 OFF지점을 가지고 있으며, 비수중 조건에서도 운전이 가능하다. 기타 모든 전동기에서, OFF 전환점은 일반적으로 전동기의 상부 가장자리가 된다.

펌프장. Wilo-DrainLift WS

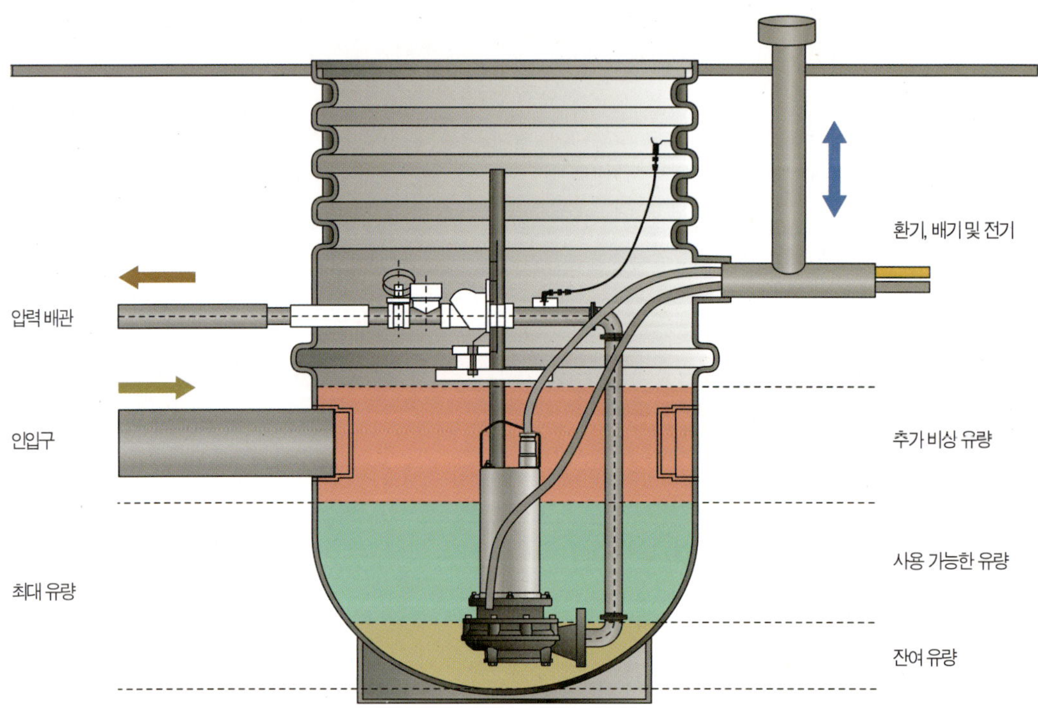

건식 우물 설치

펌프는 건식 기계실 상부에 연결되어 있으며, 이러한 시스템은 언제나 구동할 수 있다. 방폭 모터는 필요하지 않다.

건식 설치시 펌프는 일반 모터를 채택할 수 있으며 커플링 또는 v벨트를 통해 구동된다. 수직형 모터의 사용으로 입형 설치 또한 가능하다.

일반모터적용 배수 펌프에 비해 수중펌프를 수평(제조사의 정보를 반드시 준수) 또는 수직으로 건식 설치하는 것이 더 나은 선택이라 할 수 있으며, 이들은 내부 오일 순환 냉각 장치 또는 재킷 냉각 장치를 가지고 있다. 이러한 설치 방식은 펌프장 내 잔류수를 완전히 이송할 수 있다.

여기서 OFF 높이는 주의해서 설정해야 한다. 이것은 항상 수력 장치 위에 있어야 하며 그렇지 않으면 배관 내 공기가 포함될 우려가 있으며 그로 인해 양수가 제대로 되지 않을 수 있다.

흐름 조건

100 ℓ/s까지의 유량에 대한 펌프. 펌프가 on 인 경우, 펌프의 유체는 적어도 0.5m의 상류수 압력으로 흘러야 한다. 공기의 유입을 방지하려면, 집수정의 흡입구 수중 깊이가 적어도 0.5m 가 되어야 한다. 펌프의 취수 배관은 일정하게 상승하는 배관으로 설치해야 한다. 100 ℓ/s 이하의 성능을 가진 펌프에서 펌프의 기동시 최소 0.5m의 가압조건이 필요하다. 공기의 유입을 방지하기 위해서 최소 0.5m정도는 배관의 흡입구가 수면 아래로 잠겨 있어야 한다. 그리고 흡입배관은 펌프 방향으로 지속적으로 상승하도록 설치해야 한다.

표준 전동기 및 V-벨트 구동의 건식 설치 펌프

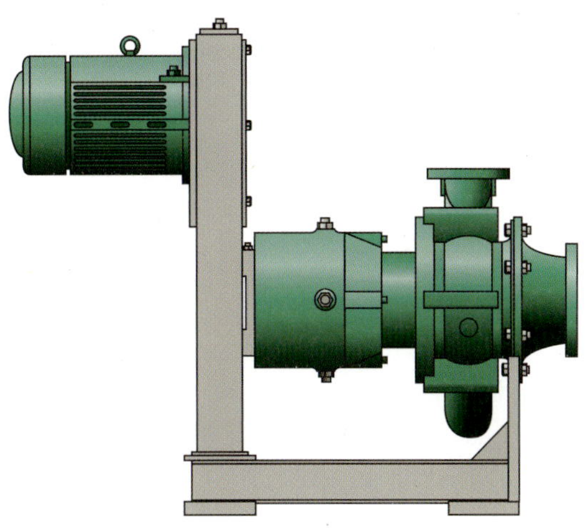

커플링이 장착된 전동기의 수직 설치 펌프

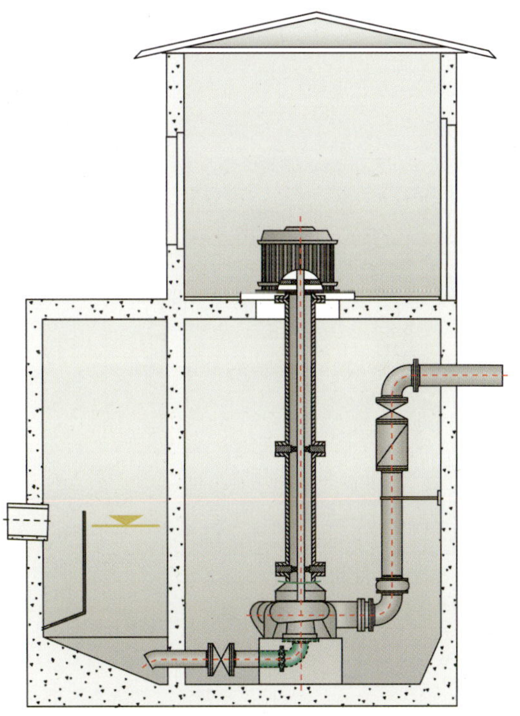

양쪽 경우 모두, 충분한 전동기냉각을 해야 한다.

추가 냉각 장치가 필요 없는 내부 밀폐 회로 냉각장치의 건식 설치 수중 펌프

하수 펌프의 배관 연결

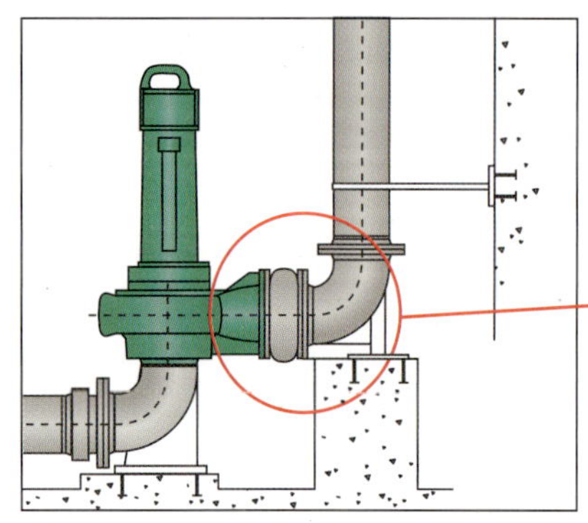

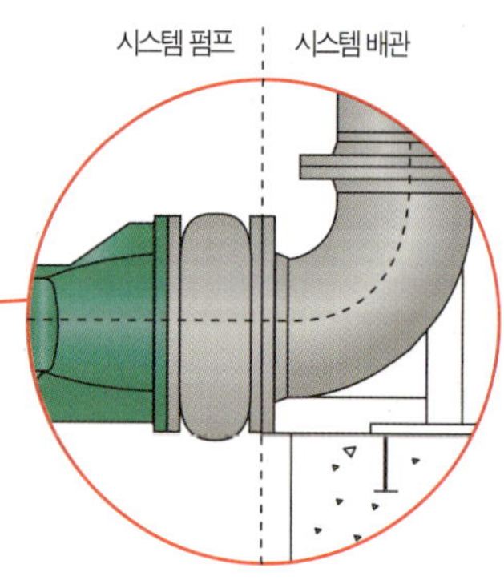

유체의 흐름과 팽창으로 인해, 배관에는 자연적으로 진동이 발생하며 배관은 진동을 전달 또는 반사한다. 펌프와 배관이 단단히 연결되어 있는 경우 이러한 상호 간섭을 주의 해야 한다.

긴 배관을 사용하는 경우 반드시 단단히 구속 해야 할 필요는 없으며, 보정치를 통해 설계 되어야 한다.

안정된 하수 운반

주거지나 산업단지가 있는 곳은 하수처리 시스템이 필요
하기 마련이다. 이러한 하수 처리장은 안정적이며 내 부
식성이 좋은 PEHP 또는 콘크리트를 이용하여 배수조
를 설계하는 것이 적합하다.

고체 분리 시스템

기능

이러한 시스템에서, 유입 된 하수는 배분 탱크로 흘러들
어간 후 다시 개방형 고체 분리 탱크로 들어간다. 여기
서, 고체 물질은 분리 플랩에 의해 여과된다. 사전 정화
된 하수는 펌프를 통해 집수 탱크로 들어간다. 집수 탱
크의 수위가 상승하면 차단 볼에 의해 자동으로 인입구
를 닫는다.

탱크의 입구가 차단 되면 펌프는 역방향으로 운전하여
정화된 오·배수를 양수하며, 분리 플랩을 열게한다. 오
수는 고체 분리 탱크를 통해 여과된 고체를 외부 배관
으로 이송한다.

다음으로, 시스템을 세척할 경우를 살펴보면, 수위에 의
해 펌프는 정지하며 차단 볼은 내려와 새로운 충전 프로
세스가 진행된다. 한쪽에서 충전 프로세스가 진행되는
동안 다른 한쪽은 하수를 고체 분리 시스템으로 이송시
킨다. 차단볼의 크기를 줄이면 동력이 줄어들어 운전 비
용을 감소시키는 효과를 볼 수 있다.

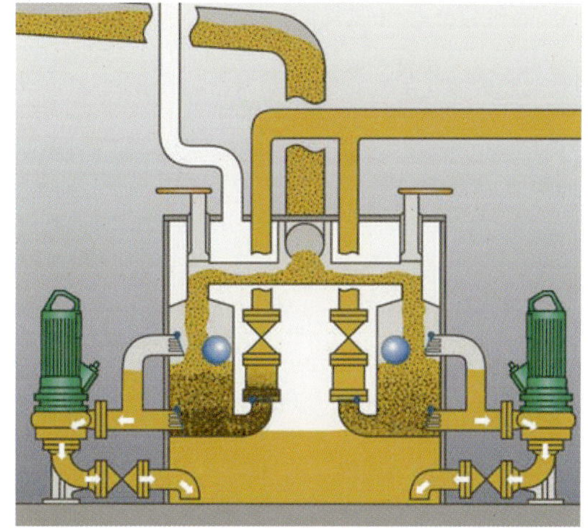

양쪽 충전 프로세스

활성전에 도착한다

좌측 충전 프로세스
우측 이송 프로세스

고체 분리 시스템이 있는 건식 설치 방식의 지하 펌프장

이송 프로세스가 진행되는 동안 펌프는 오수의 고체 물질과 접촉하지 않는다.

이것은 다음과 같은 장점이 있다.
- 이동 펌프 구성부품의 유지보수비와 운전비용이 낮다.
- 펌프실은 건조하고 깨끗하고 냄새가 없다.
- 유지보수 및 설치작업을 위한 위생상태
- 이중 펌프장 구성: 펌프의 유지보수 기간 동안 시스템의 기능은 상실되지 않는다.

- 조정된 임펠러가 달린 수중 오수 펌프
- 부식문제 없음, 황화수소 형성 효과 없음
- 80mm 볼 통과와 함께 펌프 사용으로 연료 절감 및 효율 증가
- 고체는 수력장치에 의해 이송되지 않으므로 마모가 적음
- 보호등급 IP68(수중)의 수중 오수 펌프
- 이 시스템으로 모든 이송 운전이 수력 장치 아래서 일어나므로 집수 공간의 거의 완벽한 배수가 이루어진다. 각 충전 프로세스에서 인입구의 공기는 펌프 케이싱을 통해 배출된다. 그러므로 집수정의 모든 체적이 유용 체적이 된다.

압력 서지의 계산

압력 서지 및 원인

만약 배관 내 많은 유량이 가속 또는 감속이 되면, 운동 에너지가 압력 에너지로 변환된다. 감속 또는 가속 장치(예. 펌프, 밸브, 체크밸브 등)를 간섭점이라고 봤을 때, 간섭점 전후로 가속 또는 감속의 발생에 따라 압력 증가 또는 감소가 있다. 간섭점의 양쪽에서 계속되는 이러한 최대 압력값을 유효 / 무효 압력 서지라고 한다. 유효 압력서지가 높을수록 해당 압력서지도 올라간다. 압력서지는 배관을 따라 200m/s~1300 m/s 속도에서 움직인다.(배관 재질의 E-모듈과 유체 밀도, 배관의 차수 및 베어링에 따라)

반영점(예. 교차구간 변경, 게이트밸브, T- 연결부, 펌프, 배수 등)에서, 압력서지가 부분적으로 발생된다. 각각의 과압력과 저압력 파장은 서로 간섭을 하면서 효과를 없애거나 증가시킨다. 감속이 심한 경우(예. 정전 ⇒ 갑작스런 펌프 차단), 유체의 증기압(약 0.03bar)에 도달하여 유체가 분리될 수 있다. 분리된 유체가 다시 합해지면, 이로 인해 심한 워터해머가 일어날 수 있다.

체크밸브의 높이에서 펌프의 압력변동

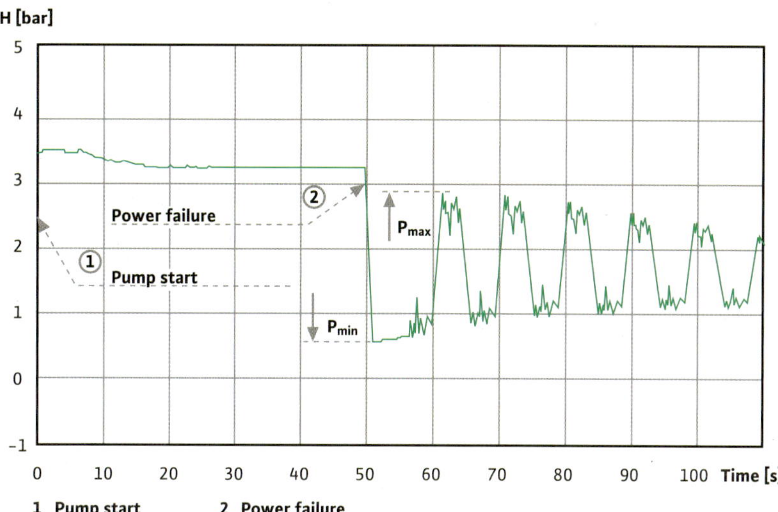

압력 서지의 원인이 될 수 있는 고장에 대한 내용

고장	영향
전원 공급장치	• 정전. 펌프의 운전 정지 • 밸브의 제어전압 고장
시스템 운영방식	• 기동시간이 너무 짧다. 배관이 비어있는 경우 강한 충전 서지 공기가 갇혀있으면, 기포가 높은 속도로 배관을 통해 이동한다. • 정지시간이 너무 짧다. 가속을 붙인 물기둥이 이동하면서 저압을 만든다. • 불충분하거나 부정확한 환기와 공기빼기 밸브 설계 • 펌프 속도가 너무 빠르게 변한다. • 적합하지 않은 회수장치 선택
시스템	• 체크밸브가 너무 빨리 닫힌다. (운전 에러) • 결함이 있는 체크밸브 • 환기 및 공기빼기 밸브 고장 • 펌프의 갑작스런 정지 • 밸브의 회전체 떨림, 압력 진동

시스템 구성부품에 대한 위험

- 과압 또는 저압에 의한 배관 파손
- 밸브 파손
- 펌프 파손
- 슬리브 조인트 느슨해짐
- 심각한 압력 변화도에 의해, 배관 고정장치가 느슨해지거나 심지어 빠지기도 한다.

소음 발생

- 체크밸브가 닫히면 소음과 진동 발생
- 배관내 대량의 유량이 이동하면 천둥 같은 소음 발생
- 갇혀있던 공기가 높은 속도에서 기포 형태로 배관을 통과
- 이때 소음이 너무 커서 주민들에게 불편을 준다.

압력 서지 평가

아래 언급한 요소들은 압력서지에 의해 압력배관의 위험에 영향을 미치는 중요한 요소들이다.

압력서지 위험은

- 배관이 길수록 증가
- 속도변화가 클수록 증가(예. 유량이 클수록)
- 속도변화가 일어나는 동안의 시간이 짧을수록 증가
- 파장의 전파속도가 클수록 증가
- 압력계 토출양정이 클수록 증가

배관의 E 모듈에 따른 전파 속도(물이 채워진 배관의 경우)

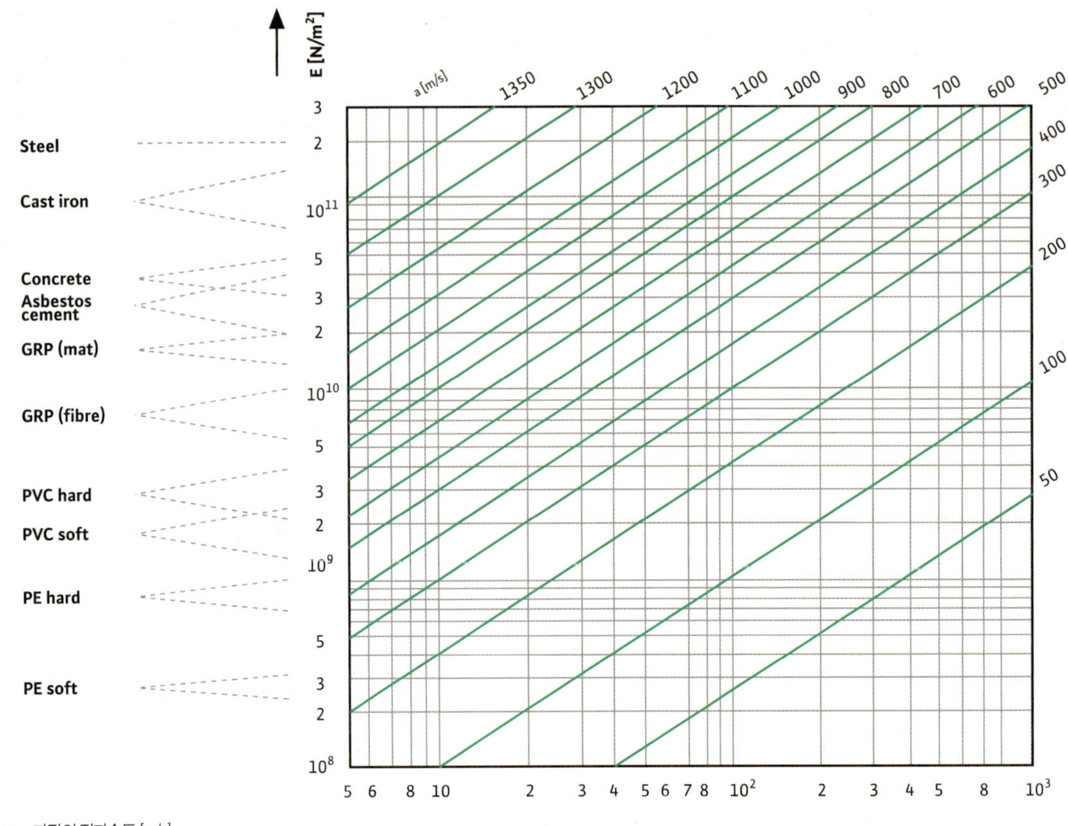

a   파장의 전파속도 [m/s]
D   배관의 내경
s   배관의 두께
E   배관의 E-모듈 [N/m²]

압력 서지 계산

유체를 운반하는 배관 내 일정하지 않은 유량은 정적부하를 많이 초과하는 동적 부하를 일으킬 수 있다. 이러한 상황은 예를 들어 펌프가 기동 및 정지할 때 또는 유체의 흐름을 제어하는 밸브를 개폐 할때 일어날 수 있다. 해당 부하를 정량화하거나 감쇄 방법을 정하기 위해, 정적 압력 서지 계산이 필요하다. 또한 기술적 모니터링기관에서 새로 설치할 시스템에 대한 해당 문서를 필요로 한다.

음용수 배관 및 온수 배관은 특히 정전으로 인해 펌프가 갑작스레 정지하는 경우 특히 위험하다. 이러한 상황에서, 소프트 기동을 시도하는 것은 무의미하다. 또한, 모든 펌프는 동시에 정지한다. 대부분의 경우, 이로 인해 증기압이 부족하게 되고 배관에 과다하게 기포가 형성된다. 스윙백 단계에서, 기포가 충돌하고 가파른 면으로 매우 높은 압력 파장을 야기한다. 이에 따라 압축 강도가 초과되면 압축파장이 즉시 배관을 파손시키며 또한 압력 파장이 설치물 내에 퍼지면, 배관 및 밸브를 손상시킬 수 있다.

발생된 압력 변동은 자주 과소평가되는 충돌하는 기포로 인한 영향 중 하나이다. 비록 배관의 압축강도가 여분을 가지고 있지만, 짧은 길이에 대한 심각한 역학적 압력 차이는 배관을 움직이고 그것을 고정장치로부터 분리하거나 레버리지 효과에 의한 배관, 보조배관 및 플랜지 연결장치에 손상을 입힐 수 있다.

특성 방법에 따른 압력 계산

배관 내 압력 서지 프로세스를 위한 부분적 차이 공식에서, 위치 및 시간 좌표는 유효 / 무효 파장 전파속도(특성)를 통해 연계되며 따라서 부분적 차이 공식을 정상적인 차이가 있는 공식 세트로 변형시킨다. 후자는 다른 방식에 의해 수차적으로 해결된다. 현재, 이것은 배관 및 배관 시스템에서 압력 서지 문제의 해결을 위한 가장 정확한 방법이다.

이 방법의 장점은 다음과 같다.

- 신뢰감있게 수행되는 안정성 기준
- 기동 및 경계 조건 조정
- 아주 복잡한 설치도 취급가능
- 방법은 아주 명확하고 물리적 이해도 향상
- 프로그래밍 에러는 받아들이기 어려운 프로세스로 인해 즉시 통지된다.

최신 컴퓨터 기술에 따라, 계산된 압력 진동이 화면에 역학적으로 나타난다. 이로 인해 효율적인 작업이 가능하다. 특히 변이 분석과 압력 서지 댐핑 방법의 설계에 도움이 된다. 적용된 컴퓨터 프로그램으로, 새로운 주제를 문제없이 다룰 수 있다. 또한, 이들 요소들은 해당 사용 사례의 해결을 위해 필요한 각 프로그램에 포함된다. 이것은 아주 복잡한 업무도 PC를 이용하여 해결할 수 있다는 것을 의미한다.

프로그램 개발 및 사용의 조합은 기본 물리적 프로세스에 대한 초점을 잃어버리지 않도록 한다. 궁극적으로, 기본적인 계산 원리를 알고 있는 사람은 이러한 한계를 알고, 결과를 정확하게 해석하고 실제로 책임있는 방식으로 이행할 수 있다.

압력 서지 계산 결과

프로세스의 결과는, 상세 문서화가 되어 설명문과 계산결과를 설명한 내용이 포함된 그래픽 형태로 전달된다. 만약 문제가 이를 허용하면, 데모 프로그램이 제공되고 조사된 시나리오가 역학적으로 자신의 PC에서 구동하도록 한다. 이것은 압력 서지 프로세스의 물리학의 포괄적 이해에 도움이 된다.

음용수 배관은 특히 압력 탱크에 의해 압력 서지로부터 보호된다. 탱크 치수 및 필요한 연결 유형은 컴퓨터가 작동되는 동안 결정된다. 펌프의 흡입측에 길이가 긴 공급배관의 경우, 압력 서지 감쇠 탱크가 필요할 수 있다. 이것은 공간 요건을 고려할 수 있도록 정해진 시간 내에 압력 서지의 문제를 조사하도록 하는 이유이다.

오수 및 산업용수 애플리케이션의 배관은 라인을 따라 설계된 환기 및 블리드 밸브를 통한 정전의 경우 펌프 정지 위험으로부터 보호해야 한다. 밸브의 숫자와 설치 위치는 공기 배출량의 계산에 따라 결정한다. 필요한 공기배출량에 따라, 해당 회사의 적합한 제품을 적용한다.

압력 서지의 정확한 계산을 위해 필요한 문서

- 전체 시스템의 개요 다이아그램. 종종 연결장치는 첫 눈에 관계가 없는 것처럼 보이는 유의성이 있다. (흐르지 않는 연결장치) 이러한 연결장치는 에너지 소멸을 가져오고 따라서 압력 서지 계산에 영향을 미친다.
- 라인 배치의 지형학(세로 절단 또는 압력한 라인 라우팅으로 높이 곡선 도표)
- 배관 재질의 사양(예. PE-HE, PVC, GG, St 등)
- 정확한 배관 치수 예. 배관 내경 및 외경.(또는 벽두께, SDR 비율 또는 배관 직렬) DN 직경의 구사양은 충분하지 않다!
- 안전 계수 또는 배관의 압력 단계
- 전체 배관의 설치에 대한 모든 데이터(위치, 유형, 제타값 등)
- 펌프 곡선(토출양정, 동력, NPSHpump 값, 펌프 및 전동기의 관성 모멘트)
- 펌프 및 계획된 운전시스템 개폐
- 만약 슬라이드 밸브의 개폐 절차와 관련된 문제를 조사하는 경우. 장치의 수력 다이아그램(제타/개폐 정도 또는 kv/개방 정도 다이아그램)
- 압력탱크를 사용하는 경우. 연결장치를 고려하는 지점의 배관 직경

수용할 수 없는 압력 서지의 회피

긴 배관 또는 높은 유량에서, 펌프가 기동 또는 정지할 때 매우 높은 압력 서지가 발생하여 밸브와 씰링 장치에 손상을 준다. 이러한 압력 서지를 줄이기 위하여, 다양한 여러 유형의 장비를 사용할 수 있다. 예를 들면 전동밸브의 설치, 압력 탱크 설치, 속도제어 펌프의 기동 및 정지, 여러 개의 체크밸브의 설치.

06. 3상 비동기 전동기

오수용으로 사용되는 모든 전동기는 농형 유도 전동기와 함께 비동기 전동기로 설계되어 있다.

비동기 전동기 설계는 구동시스템에 자주 사용되며 몇가지 장점을
가지고 있다.

- 간단하고 재비용 고효율
- 높은 수명
- 낮은 유지비용
- 브러쉬에 의한 손상이 없음
- 짧은 시간 과부하 운전 가능
- 폭발가능성이 있는 구역에서 사용 가능
- 보조장치 없이 높은 역 토오크에서도 시동

일반적인 설계 및 기능

고정자 설계

고정자는 홈이 있는 여러 개의 얇은 층으로 된 라미네이팅 코어로 구성
되어 있다. 권선은 이 홈을 따라 이루어진다. 3상 전동기의 경우, 이 권선
은 120로 상쇄되는 고정자의 라미네이팅 코어상에서 배열된 3개의 선으
로 구성되어 있다.

회전자 설계

대부분의 전동기의 경우, 회전자 권선(케이지)은 알루미늄 다이캐스트
설계로 되어 있다. 높은 전력(150kW이상)의 전동기는 회전자는 구리막
대(로드)로 되어 있다. 케이지가 장착된 라미네이팅 코어 역시 여러 겹의
금속시트로 되어 있다.

고정자의 자계여자(excitation field)가 있는 농형 유도전동기

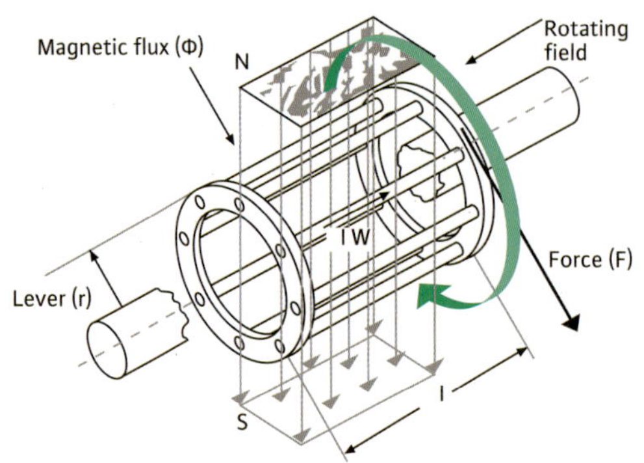

십자형 봉세트 케이지

기능

3상 전류 권선이 전원공급장치에 연결되면, 고정자 권선의 회전부가 동기 속도에서 회전한다. 또한 회전자의 케이지를 통해 흐르고 정지시 케이지의 개별 로드에 연속으로 주 주파수와 함께 AC 전압을 유도한다.

유도된 회전자 전압으로 인해, 회전자 전류가 흐르고 회전자의 자기장이 발생된다. 그 결과 토오크가 고정자의 자기장 방향으로 회전자를 가속화 한다.

만약 회전자가 회전부와 동일한 속도로 즉 동기 속도로 회전하면, 제로 토오크가 된다. 만약 저항 토오크가 회전자에 적용되면, 회전자의 속도는 회전부의 속도 보다 아래에 있게 된다. 그 다음, 케이지의 로드가 회전부에 의해 절단되면, 전압이 유도되고 전동기 토오크가 영향을 받는다. 이것은 비동기 전동기의 경우, 회전자가 토오크를 발생하기 위해 고정자의 회전부에 비동기적으로 구동해야 하는 이유이다. 속도의 차이를 슬립(slip)이라고 한다.

농형 유도전동기 전동기의 토오크 진행

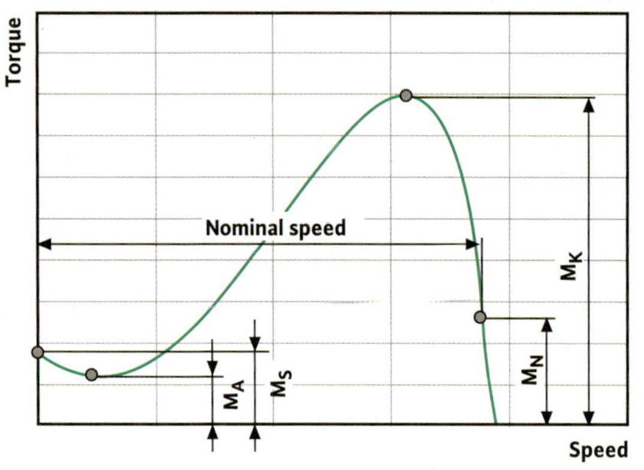

MA   시작 토오크
MS   풀업 토오크
MK   풀아웃 토오크
MN   공칭 토오크

토오크 진행

이 그림은 뚜렷한 풀업(pull-up) 토오크의 농형 유도전동기의 전형적인 과정을 보여준다. 이 토오크 진행은 농형 유도전동기의 로드 형상에 따라 영향을 받을 수 있다. 펌프 곡선이 공칭 토오크에서 매우 가파르기 때문에, 전동기의 속도는 부하가 변해도 거의 변동이 없다.

회전자의 로드 형상에 따른 특정값

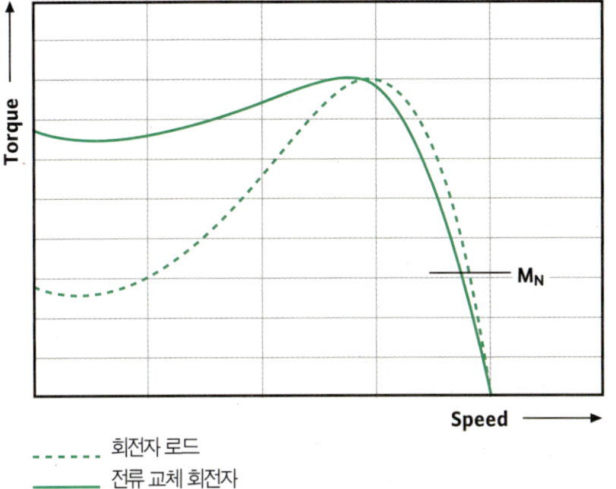

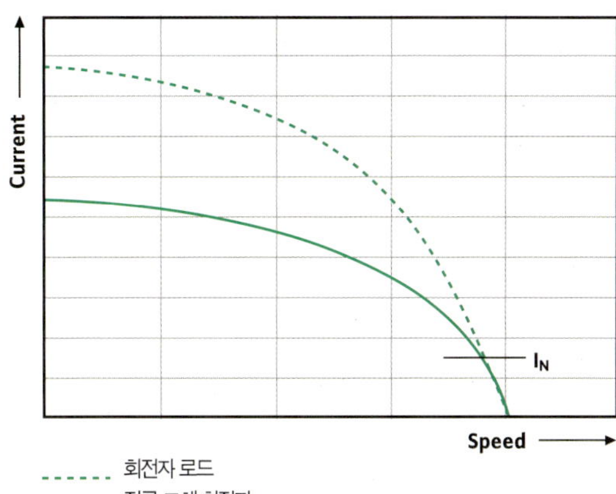

속도

다음 관계식은 전동기의 속도 계산에 활용된다.

$$n = \frac{f}{p}\ (1-s)$$

약어	설명
n	속도
f	주파수
p	극쌍의 수(극 수의 절반)
s	슬립

50 Hz 주 주파수에 대한 표준 속도		
극의 수/ 극쌍의 수	동기 속도 [rpm]	공칭부하의 속도 [rpm]
2/1	3000	약 2900
4/2	1500	약 1450
6/3	1000	약 950
8/4	750	약 725
10/5	600	약 575

전동기의 속도를 변경하기 위해서는, 다음 옵션이 있다.

- 주 전압을 줄여 슬립 "s" 증가
- 극쌍의 수를 변경
- FC(인버터)를 사용하여 정상적으로 주 주파수 "f" 변경

기동 방법

농형 유도전동기(비동기 모터)의 단점은 전격 전류의 4~8배가 되는 비교적 높은 기동전류이다.
전동기가 기동하며 방해하는 전압 주파수는 발생하지 않으므로, 에너지 공급업체는 기동전류
를 제한하는 방법을 명시해야 한다. 기동전류의 감소는 고정자의 전압을 감소하여 얻을 수 있다.
인버터 제어 방식은 예외이다. 일반적인 기동방법은 다음과 같이 기술되어 있다.

전류 / 속도 곡선 - 토오크 / 속도 곡선

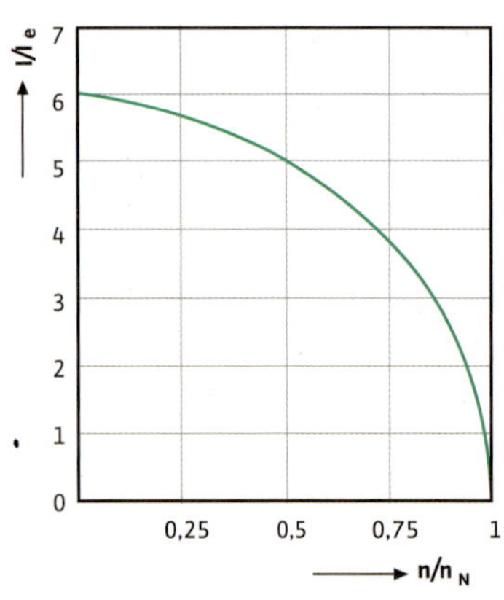
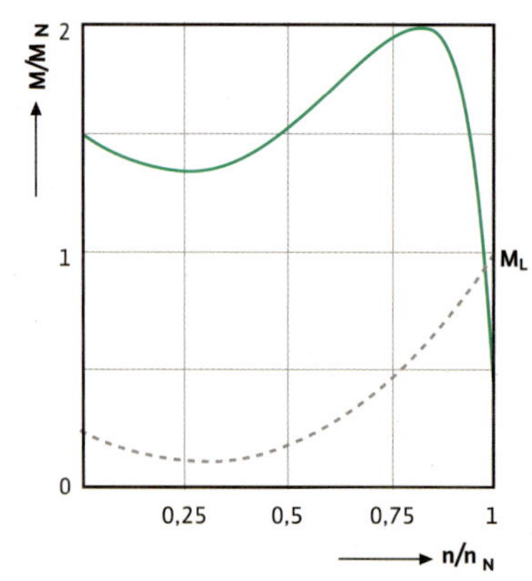

장점	단점
• 3개 리드선 필요	• 높은 기동전류
• 간단한 개폐 장치	• 기계 구성품의 높은부하
• 저렴한 가격	• 낮은 동력에만 적합
• 높은 기동 토오크	

직입 기동

직입 기동은 3상 전동기를 기동 하는 가장 간단한 방법이다. 이 경우, 전동기는 전원공급장치에 직접 연결된다.

전류 / 속도 곡선 - 토오크 / 속도 곡선

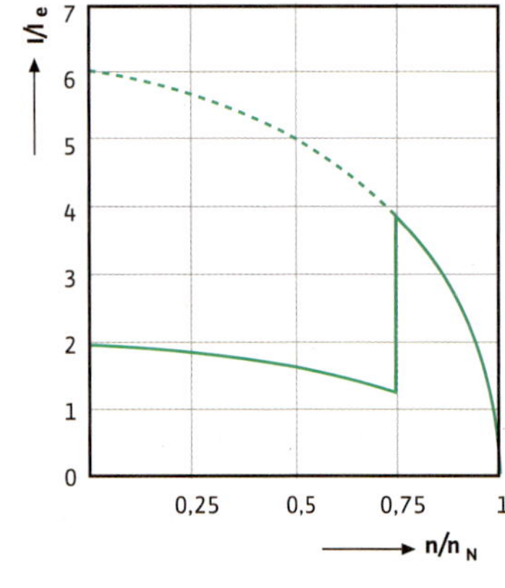
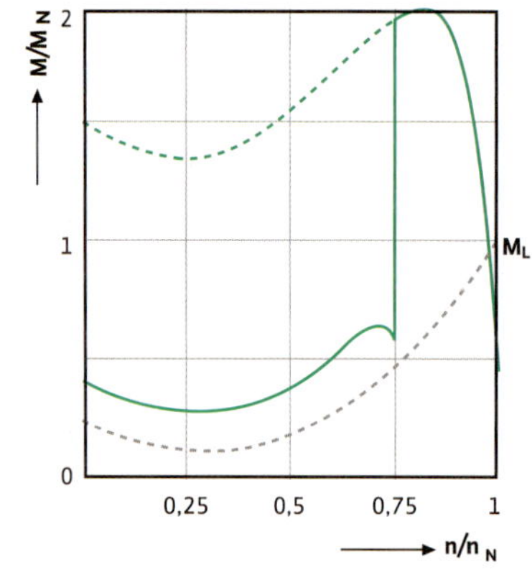

장점	단점
• 간단한 개폐 장치	• 여섯개의 리드선 연결 필요
• 저렴한 가격	• 기동 토오크 감소
• 직입 기동과 비교하여 낮은 기동전류	• Y에서 Δ로 전환시 전류 피크
	• Y에서 Δ로 전환시 기계 부하

Y-Δ 기동

Y-Δ 스위치를 사용하여 3상 전동기를 기동하는 것이 가장 익숙하고 현재 널리 사용되고 있는 방식이며 낮은 동력에서 높은 동력까지 3상 전동기에 사용된다.

소프트 스타터(전자 전동기 기동)

직접입 기동과 Y-Δ 기동에 대한 펌프 곡선과 같이, 이 방법은 고전류 및 토오크 점프를 일으킨다. 이것은 특히 높은 출력에서 전원공급장치와 전동기에 악영향을 미칠 수 있다.

소프트 스타터는 부하 기기에 조정되며 전동기의 전압을 지속적으로 증가시킨다. 따라서 전동기가 기계적인 충격과 전류피크가 없이도 가속이 될 수 있다. 소프트 스타터는 전통적인 Y-Δ 방식에 대한 전자화된 방법의 대안이다.

전류 / 속도 곡선 - 토오크 / 속도 곡선

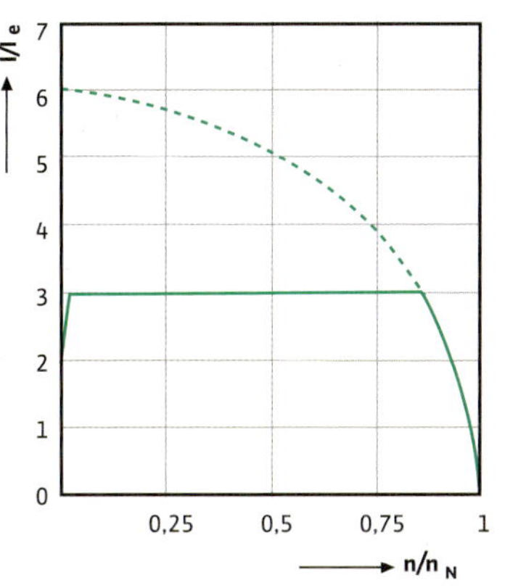
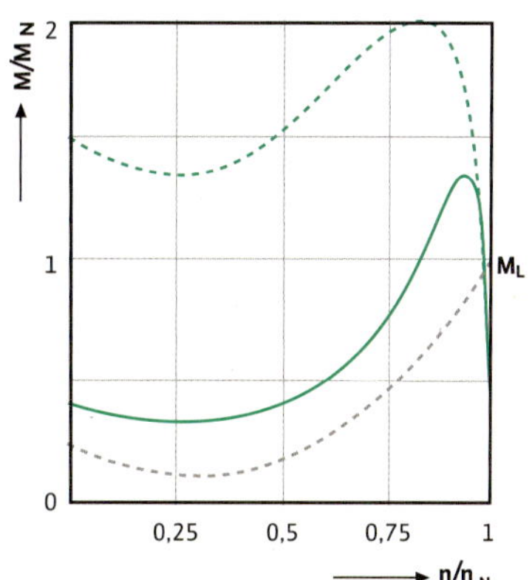

장점	단점
• 전류 피크 없음 • 유지보수 불필요 • 조정이 가능한 기동 토오크 감소 • 조정가능한 전류 한계 • 3개의 리드선 필요 • 부드러운 기동 및 정지	• 낮은 동력력에서 추가비용 가능 • 소프트 스타터가 기동 후 연결이 되지않으면 추가 전력 손실

FC(인버터)

FC(인버터)는 속도 변경이 가능한 구동장치를 필요로 하는 분야에 주로 사용된다. 출력 주파수를 제어할 수 있는 옵션으로, 전동기는 부드럽게 기동 및 정지하며 유압장치로 조정 할 수 있다. 이 옵션은 또한 여러 가지 전류 또는 토오크가 기동단계에서 초과되지 않는다는 것을 의미한다.(2개의 도표 참조)

전류 / 속도 곡선 - 토오크 / 속도 곡선

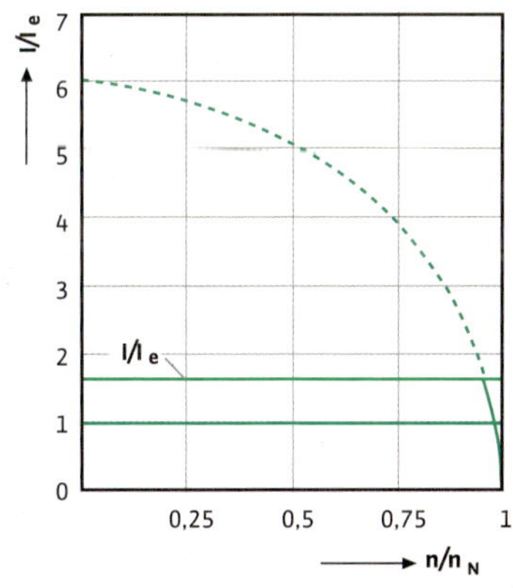
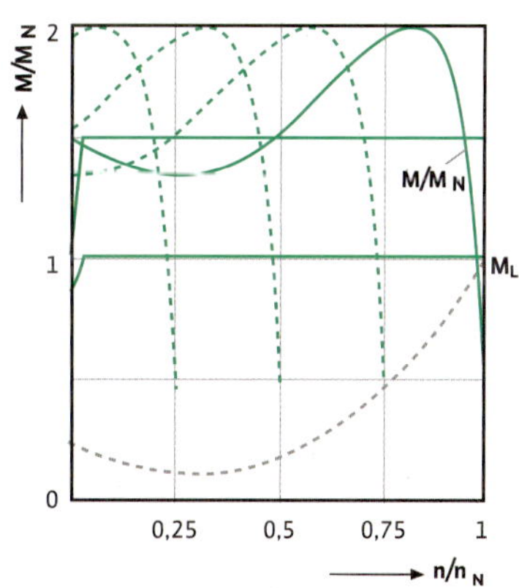

장점	단점
• 기동 하는 동안 원하는 대로 속도 조정 및 제어 • 조정가능한 전류 한계 • 4상한 운전 • 마모 없음 • 광범위의 전동기 보호기능	• 고비용 • 추가 전력 손실 • EMC 방법에 의한 추가 비용 발생 가능

운전 모드

운전 모드는 허용 전동기 운전사이클을 결정한다. 전동기의 내장 온도 제어장치가 정확하게 연결되어 있는지 항상 확인해야 한다. 권선의 온도 등급은 초과되는 운전시간의 경우 또는 잘못된 운전 모드에 적용되도록 보정한다.

S1 영구 운전

정의

기기가 관성의 온도상태에 도달할 수 있을 때까지의 지속적인 부하에서의 운전.

기기는 규정된 조건에서 냉각이 충분한 방식으로 설계되어 있다. 운전모드는 기기가 건식 또는 습식 어느 쪽으로 작동할지에 대해 정보를 주지 않는다. 만약 어떤 운전모드도 기기의 명판에 명시되어 있지 않는다면, S1 영구 운전을 적용한다.

S1 영구 운전

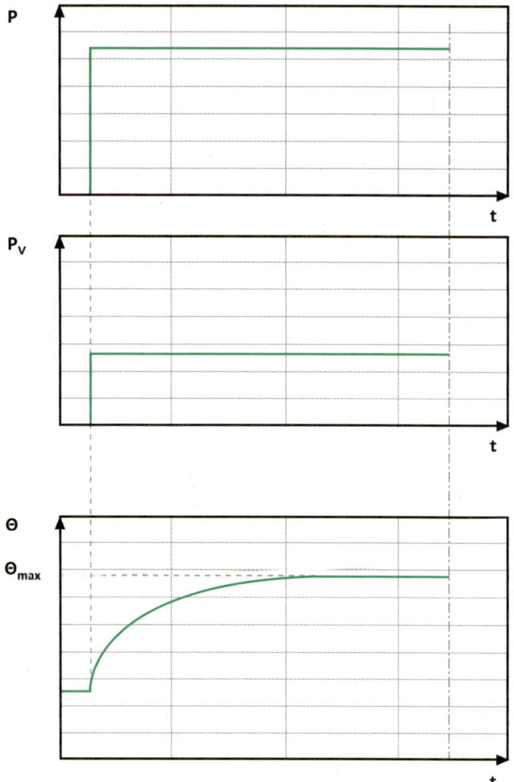

P	부하
P$_v$	전기 손실
Θ	온도
Θ$_{max}$	최대온도
t	시간

S2 단기 운전

정의

관성의 온도상태에 도달하기 위해 충분하지 않은 기간에 그리고 떨어진 기기 온도가 냉각수의 온도에서 2K 이하로 차이가 나는 다음 정지시간 동안 일정한 부하에서의 운전.

기기의 전력 손실은 냉각수를 통해 손실될 수 있는 것 보다 더 높다. S2의 경우, 허용 운전시간은 항상 규정되어 있다.(예. S2 15분) 이 운전 시간이 지나면, 기기는 다시 상온으로 냉각된다. 이 운전모드는 주로 건식 기기에 대해 사용된다.

S3 기동 전류에 영향을 주지 않는 간헐적인 운전

정의

동일한 사이클 순서로 구성된 운전. 각 사이클은 일정한 부하의 운전시간과 정지시간으로 구성되며 기동 전류는 초과 되는 온도에서 중요한 영향을 미치지 않는다.

기기의 전력 손실은 냉각수를 통해 손실될 수 있는 것 보다 더 높다. S3 운전모드의 경우, 사이클 지속시간은 %로 명기되며 사이클 시간 역시 규정되어 있다.

S2 25% 10 min을 예로 들면, 운전사이클은 2.5 min 이고 정지시간은 7.5 min 그리고 사이클 지속시간이 규정되어 있지 않으면, 10 min 의 지속시간을 적용한다.

S2 단기 운전

S3 기동 전류에 영향을 주지 않는 간헐적 운전

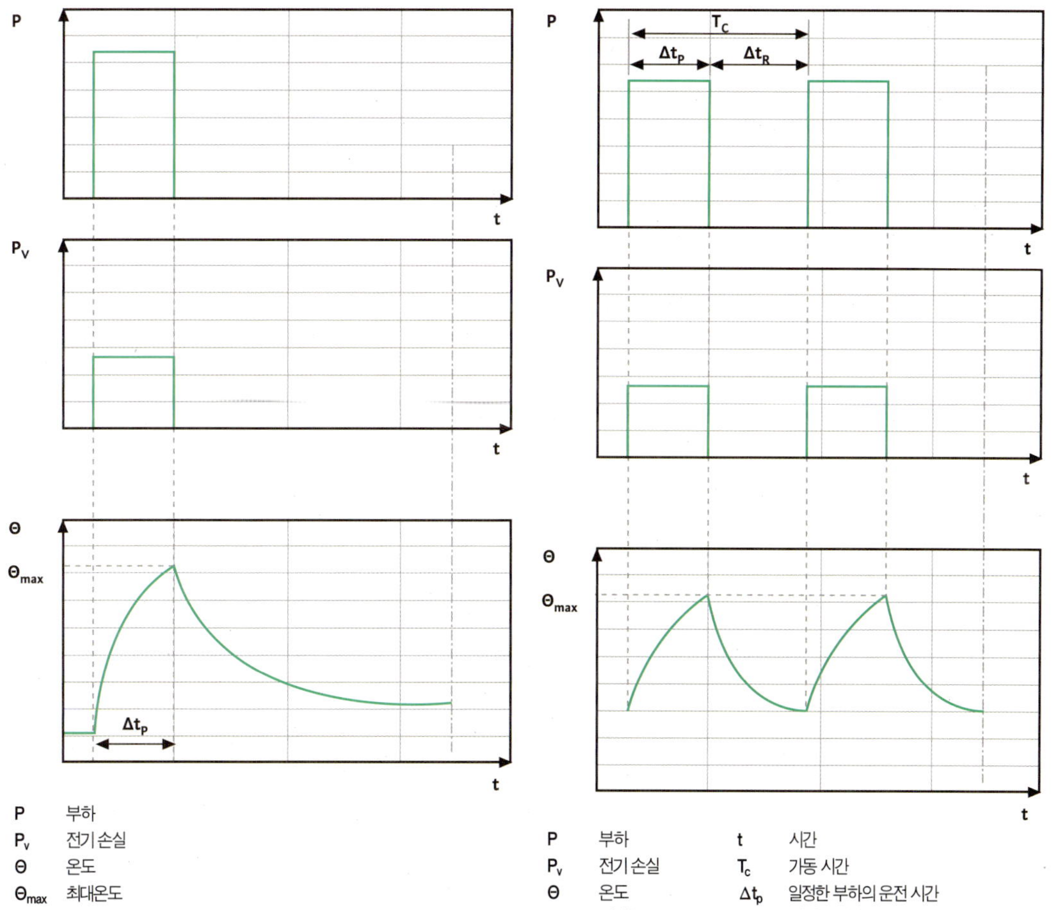

P	부하
P_v	전기 손실
Θ	온도
$Θ_{max}$	최대온도
t	시간
$Δt_p$	일정한 부하의 운전 시간

P	부하	t	시간
P_v	전기 손실	T_c	가동 시간
Θ	온도	$Δt_p$	일정한 부하의 운전 시간
$Θ_{max}$	최대온도	$Δt_R$	사권선 상대 활성 기간과 정지 $=Δt_p/T_c$

기타 운전모드는 S4-S10이었다.

07. 제품 특정 치수

전동기 보호

전동기를 안전하게 운전하려면, 너무 많은 열이 닿지 않도록 보호해야 한다. 전동기 과열은 전동기 전류를 증가시켜 고장을 야기한다.
- 과부하
- 상(phase) 고장
- 저전압
- 회전방해

이러한 고장은 전동기 보호 릴레이 또는 전동기 보호 스위치에 의해 탐지할 수 있으며 그 다음 전동기를 차단한다. 전동기 보호 릴레이와 전동기 보호 스위치는 전동기의 전격 전류 이상에는 조정되지 않을 수 있다.

전동기 보호 릴레이

운전 원리

열 보호는 전동기 전류가 흐르는 권선이 가열되면 가열된 바이메탈에 의해 작동된다. 해당 가열 권선의 별도의 바이메탈은 각 전기 전도체에 의해 전동기에 제공된다. 만약 전동기 하나의 권선 전류 소비가 수 초 동안 규정된 값을 초과하면, 바이메탈은 열에 의해 변형이 되며 스위치 차단장치를 작동시켜 전동기의 접촉기를 차단 한다. 전동기는 또한 상 고장시 잠시 동안 정지된다.(바이메탈 스트립의 불규칙한 가열) 바이메탈이 일단 냉각되면 열 트리거의 경우 스위치는 다시 원상태로 돌아갈 수 있다. 전동기 보호 릴레이는 직접 전동기를 정지하지 않는다. 이들은 비교적 작은 개폐 용량에 대한 접점만 가지고 있다. 이 접점은 고장시 전동기를 정지하는 접촉기를 활성하기 위해 사용된다.

전동기 보호 스위치와 달리, 전동기 보호 릴레이는 단락 트리거를 가지고 있지 않다. 이유는 전동기 보호 릴레이로 보호되는 한 개 이상의 전동기용 공급 라인에 퓨즈를 설치해야 하기 때문이다. 더구나, 전동기 보호 릴레이의 경우, 재기동은 수동 또는 자동으로 설정할 수 있다. 재기동은 고장이 발생한 경우 거듭되는 운전 및 정지를 방지하기 위해 수동으로 수행할 수 있다.

전동기 보호 스위치

전동기 보호 스위치는 전동기를 on / off 작동하기 위해 사용한다. 열트리거는 모터 보호 릴레이의 원리에 따라 작동한다. 하지만, 관리자는 운전 또는 고장시 전동기를 정지할 수 있다. 더구나, 대부분의 전동기 보호 스위치는 라인 다운스트림과 전동기를 단락으로부터 보호하는 자기 급속 트리거 메카니즘을 가지고 있다. 작은 전류 범위에서, 이들 스위치는 단락으로부터 보호된다. 즉 백업 퓨즈가 필요하지 않다.

과열을 야기하는 다른 잘못으로는
- 수중 전동기의 공회전
- 허용 한계를 초과하는 유체온도 / 주위 온도
- 단기 운전 동안 허용되지 않는 기동 시간

이러한 예들은 전동기의 전류 소비에는 영향을 주지않기 때문에 과부하 보호 연결 업스트림에 의해 탐지될 수 없다. 이러한 유형의 문제가 발생하면, 보호해야 할 구성부품에 내장되어 있는 온도센서를 사용한다.(전동기 권선)

전동기의 퓨즈 보호

전동기 전격 전류와 최소한의 "slow-blow" 또는 "gL" 단락 퓨즈에 대한 참조값

전동기 전격 전류는 내부적으로 정상이고 표면 냉각된 3상인 전동기에 적용된다.

직입 기동

퓨즈는 규정된 전동기 전격 전류와 직입 기동에 적용한다. 최대 기동 전류 6 x 전동기 전격 전류, 최대 기동 시간 5초

Y△ 기동

최대 기동전류를 "정격전류 x 2"
최대 기동시간 5초, 전동기 전격전류 x 0.58로
전동기 보호릴레이를 조정한다.

높은 전격 전류 및 높은 기동 전류, 더 긴 기동시간은 전동기에 더 큰 단락 퓨즈를 요구한다. 최대 허용값은 스위치 기어 또는 전동기 보호 릴레이에 달려있다.

모니터링 장비

통합 모니터링 장치는 전동기를 보호하기 위한 것이다.

- 권선 / 베어링 / 오일의 상승 온도
- 전동기의 이상압력
- 누수
  - 밀폐실
  - 누수실
  - 모터부
  - 단자부

가능한 센서 장비는 각기 다른 전동기 유형에 따라 다르다. 해당 릴레이가 달려있는 각각의 센서는 다음에 설명되어 있다.

모니터링 장비의 개요

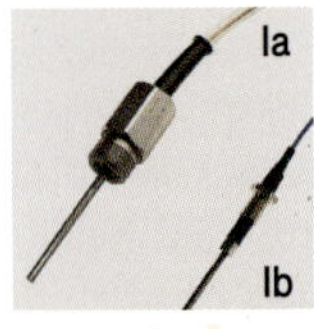

DI 전극
단자부(b), 전동기(b)와 밀폐실(a+b)의 습도 제어

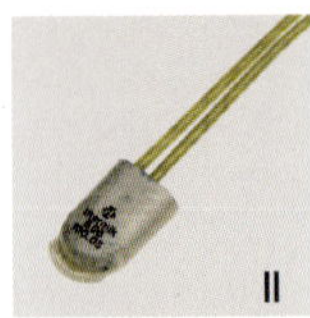

바이메탈
전동기부 내의 권선 온도 모니터링

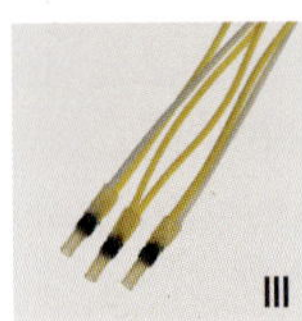

PTC 서미스터 온도 센서
전동기부 내의 권선 온도 모니터링

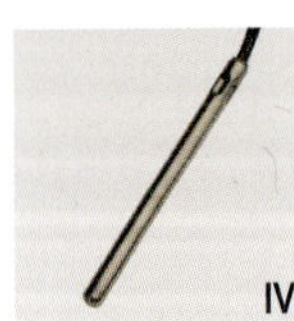

Pt 100
권선 온도 및 베어링 온도 모니터링

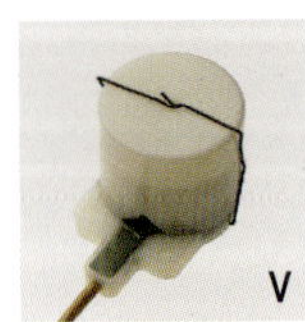

열 플로우트 스위치
전동기부 내의 오일 수위 및 오일 온도 모니터링(FO/FK 전동기)

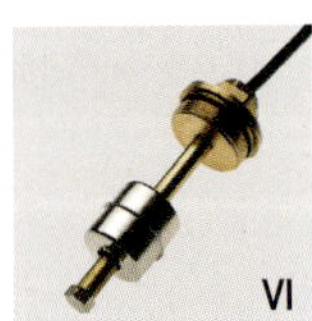

플로우트 스위치
제어부 내의 누수 모니터링

압력 스위치
전동기실 내의 압력 제어

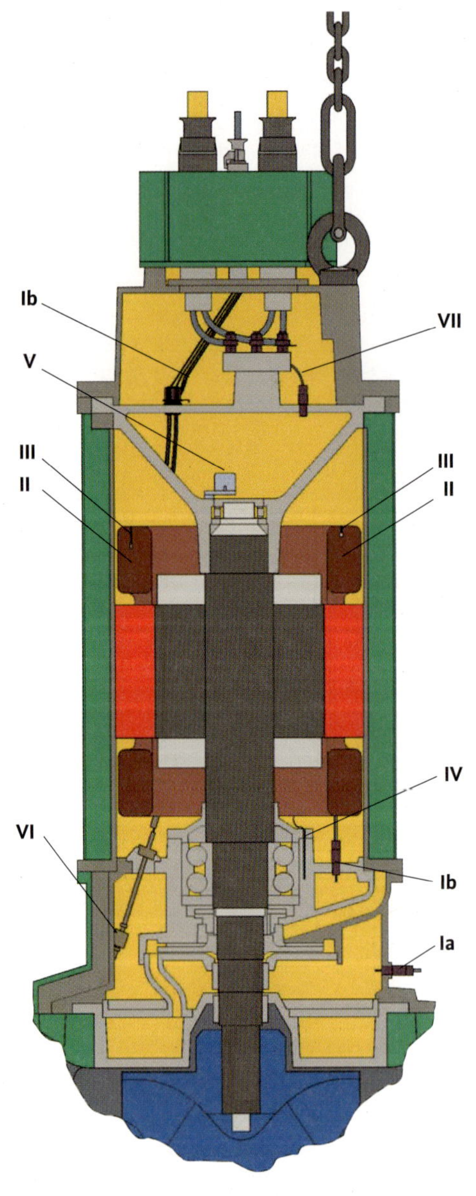

바이메탈 온도 센서

정의

바이메탈 온도 센서는 열에 의해 개폐 작동을 하는 기계적 스위치를 말한다. "NC 접점"이 사용된다. 일정온도에 도달하면 전기회로가 분리 된다. 온도가 떨어지면(자기이력현상), 센서는 자동으로 다시 닫힌다. 2-3개의 온도 센서를 권선에 직렬로 설치한다. 다른 응용 옵션은 오일 전동기 내 오일 온도의 모니터링이다. 물속에서 운전되는 특수한 방폭형 전동기는, 각기 다른 작동 온도를 가진 2개의 온도 센서가 있다.

적용분야

- 느리게 온도가 상승하는 경우 예.
  침전물에 의한 냉각 장애
- 과부하
- 수중 상태에서만 작동되는
  전동기의 표면
- 수용할 수 없을 만큼 높은
  주변온도
- S2 운전 . 너무 긴 운전 시간

바이메탈 온도 센서

PTC 서미스터 센서/서미스터/PTC

정의

PTC 서미스터 센서는 온도-민감 저항계이다. 이 센서는 기계적 구성요소가 없다. 공칭 활성 온도(NAT)에 도달하면, 센서의 전기저항이 급속히 증가한다. 이러한 변화는 전자 개폐 장치에 의해 평가된다. 3개의 온도 센서가 권선에 직렬로 설치되어 있다. 큰 기계 및 특수 버전의 경우, 2개의 온도회로가 있으며 각각 여러가지 작동 온도를 갖는다(예. 130-140℃). 각 온도 회로에 대해 개폐 장치가 필요하다.(예. WILO-CM-MSS)

적용분야

- 모든 유형의 온도보호
- 오수 전동기의 차단
- 속도제어용 전동기
  (컨버터상의 방폭 전동기에
  대한 사양)

장점

- 아주 작다
- 빠른 반응시간
  (완전 전동기 보호라고도 함)
- 긴 서비스 수명
- DIN 44081/44082에 따른 표준화된 버전

단점

- 저압에서만 작동가능
- 특수 PTC 서미스터 릴레이가 항상 필요
- 전환 온도는 센서에 의해 결정

장점

- 전위가 없는 접점
- 높은 전환 용량
- 특수 중계 릴레이가 필요하지 않음
- 저비용

단점

- 차단은 제한된 온도범위에서만 가능하다
- 큰 치수
- 개폐 온도는 센서에 따라 결정 된다

기술 데이터

전환 용량. 250 V AC/cos φ=1에서 2.5A.
센서는 NC 접점으로 설계되어 있다.
제어라인의 연결 지정
20-21 비활성
20-22 사전 경고

높은 전환 용량으로 인해, 접촉기 회로의 제어회로에 직접 바이메탈 온도 센서를 삽입하는 것이 가능하다. 방폭 전동기의 경우, 재기동 방지장치는 고온 회로에 대해 구현되어야 한다.

기술 데이터

최대 제어 전압: 〈 7.5V
상온 저항
단일/드릴: 80-250 / 250-750 Ω
NAT에서의 저항: 〉1300 Ω
제어라인의 연결 지정:
10 - 11 비활성
10 - 12 사전경고

PTC 서미스터 센서의 평가를 위해, 적절한 릴레이가 항상 사용되어야 한다. PTC 서미스터는 방폭전동기를 FC(인버터)로 운전 시 반드시 사용해야 한다.

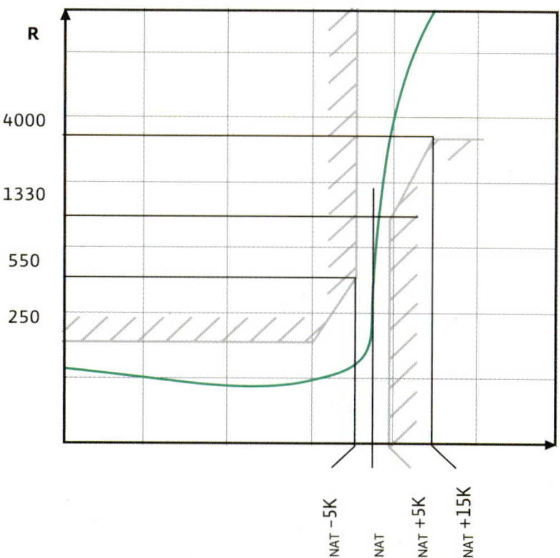

*PTC 서미스터 센서/
서미스터/PTC*

온도 센서 PT100

정의

PT100 시리즈는 거의 선형 펌프 곡선을 가진 온도의존 저항계이다. 0℃에서 저항은 100Ω이다. 저항의 변화는 0-100℃ 0.385 Ω/K 이다.

이 변화는 전자 개폐 장치(예. WILO DGW 2.01 G)에 의해 평가된다. 전환 온도는 센서가 아니라 개폐 장치에 설정하여 결정한다. 전환점의 조정에 추가하여, 온도를 측정할 수 있다.

적용적용

- 느리게 온도 상승
- 침전물에 의한 냉각출력의 장애
- 과부하

P1-100 펌프 곡선

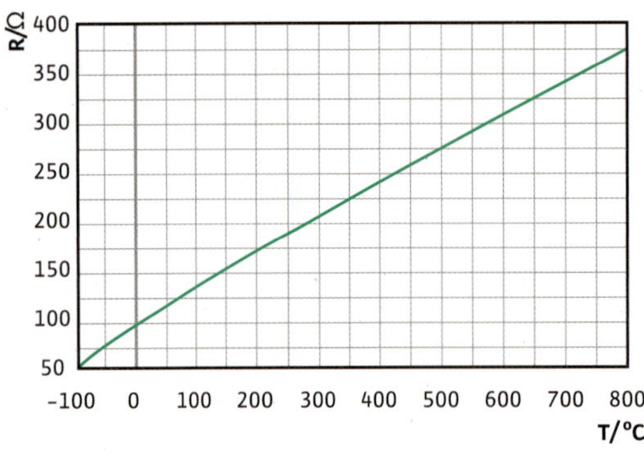

- 수중 상태에서만 작동하는 전동기의 표면
- 주위온도 한계 설정
- S2 운전 동안 긴 가동 시간
- 제한된 범위까지 차단

장점

- 운전온도에 따른 정확한 모니터링
- 센서별로 여러 개의 전환점 가능
- 온도 표시 가능

단점

- 전용 PT100 릴레이가 항상 필요
- 감지와 확인에 고비용 소요
- 방폭 전동기의 경우, 추가 바이메탈 또는 PT 서미스터 필요

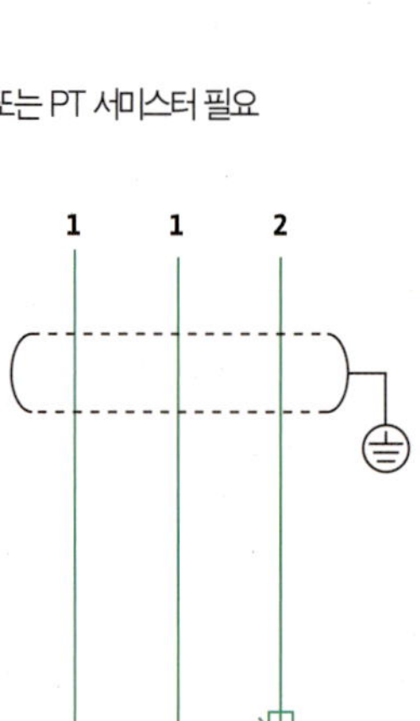

온도센서 PT100

기술 데이터

0℃에서 저항: 100Ω
저항 변화: ~ 0.385 Ω/K
측정 전류: < 3mA
제어라인의 연결 지정: 1-2

라인 저항에 의해 야기된 고장을 보완하기 위하여, 연결장치는 대개 3-와이어 개폐장치 형태로 만들어져 있다. 대부분의 PT100 평가 릴레이는 이러한 연결을 지원한다

PT 100 3-와이어 개폐장치

누설 플로우터

정의

유체 침투시 개폐작동을 하는 기계 스위치를 말한다. 따라서 만약 유체가 이차 미케니털 씰을 통하여 누수실에 침투하면, 전동기가 정지하거나 경고가 발생한다. "NC접점"을 사용한다. 즉, 유체가 누수실에 들어가면, 전기 회로가 차단된다.

기술 데이터

밀폐형 저항(정상): ~ 0Ω
개방형 저항(작동준비): 무한
제어라인의 연결 지정: K20-K21

확인을 위해 특수 릴레이가 필요하지 않다. 플로우터 접점의 전환 용량은 각기 다른 전동기 유형에 따라 다르며 따라서 각 전동기에 대해 연결 다이아그램으로부터 가지고 와야 한다.

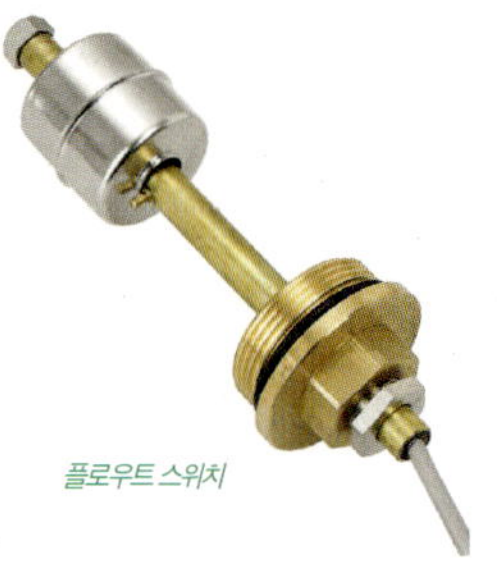

플로우트 스위치

압력스위치

압력 스위치

정의

압력 스위치는 전동기의 내부에 고압 발생시 개폐작동을 하는 기계 스위치이다. 이 스위치는 오일이 충전된 전동기에 사용된다. "NC접점"이 사용된다. 즉 전동기에 고압이 형성되면 전기 회로가 차단된다.

기술 데이터

전환 용량: 250 V AC/cos φ =1에서 2.5 A
밀폐형 저항(정상): ~ 0 Ω
개방형 저항(작동준비): 무한
제어라인의 연결 지정: D20-D21

확인을 위해 특수 릴레이가 필요하지 않다.

열 플로우트 스위치

열 플로우트 스위치

정의

열 플로우트 스위치는 오일 수위가 낮거나 전동기 내 온도가 너무 높은 경우 개폐 작동을 하는 기계 스위치를 말한다. 이 스위치는 오일이 충전된 전동기에서 사용된다. NC접점이 사용된다. 즉 오일이 부족하거나 오일 온도가 너무 높으면 전기 회로가 차단된다.

기술 데이터

전환 용량: 250 V AC/cos φ =1에서 2.5 A
밀폐형 저항(정상): ~ 0 Ω
개방형 저항(작동준비): 무한
제어라인의 연결 지정: D20-D21

확인을 위해 특수 릴레이가 필요하지 않다.

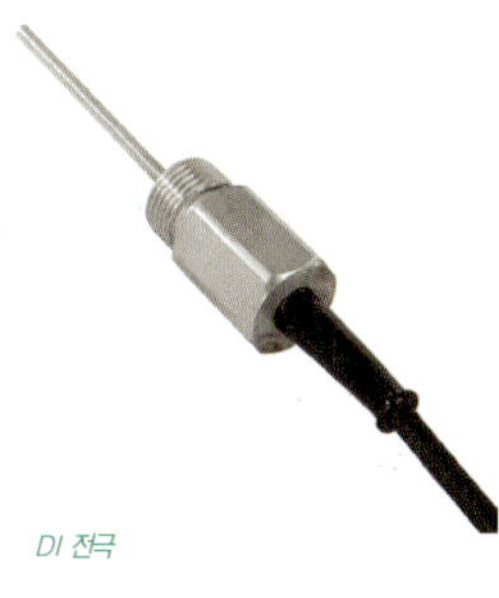
DI 전극

전극봉

정의

유도 전극(저항 측정)은 전도성 유체의 상태를 평가하기 위해 사용된다. 이 센서는 주로 방청 전극 로드로 구성되어 있다. 이것은 기준 접지(전동기 하우징)과 관련하여 유체의 전도성을 측정하기 위해 사용된다. 이 변화는 전자 개폐 장치에 의해 평가된다.(예. Wilo-NIV 101)
개폐저항은 센서가 아니라 개폐 장치의 설정에 의해 결정된다.

전극은 다음에 대해 사용된다.
• 내부 밀봉실 모니터링
• 외부 밀봉실 모니터링
• 전동기 모니터링
• 단자부 모니터링

특수 전극 릴레이가 항상 필요하다. 예. Wilo-NIV 101/A, NIV 105/S 또는 ER 143.(폭발가능성이 있는 지역) 릴레이의 민감성은 〉 20 kΩ 으로 설정된다.

08. 제어 기술

레벨 측정 시스템

레벨 측정 시스템은 탱크 내 수위를 측정하기 위한 것이다. 적용 조건에 따라, 여러 가지 시스템을 사용할 수 있다.

플로우트 스위치

이 방법의 경우, 개폐 접점은 플로우팅 본체의 기울기에 따라 개폐된다.

단일접점 플로우트 스위치

이 플로우터는 케이블에 간단하게 고정되며 활성점과 비활성점 사이에 약간의 차이가 있다. 이들 플로우터의 일부는 무게중심을 기준으로 기울어 지도록 되어 있는 무거운 제품도 있다. 펌프의 지속적인 개폐를 피하기 위해 적어도 2개의 플로우터를 레벨 조정을 위해 사용해야 한다. 양호한 플로우팅 특성으로, 이것은 오수 적용에 더 적합하다.

플로우트 스위치

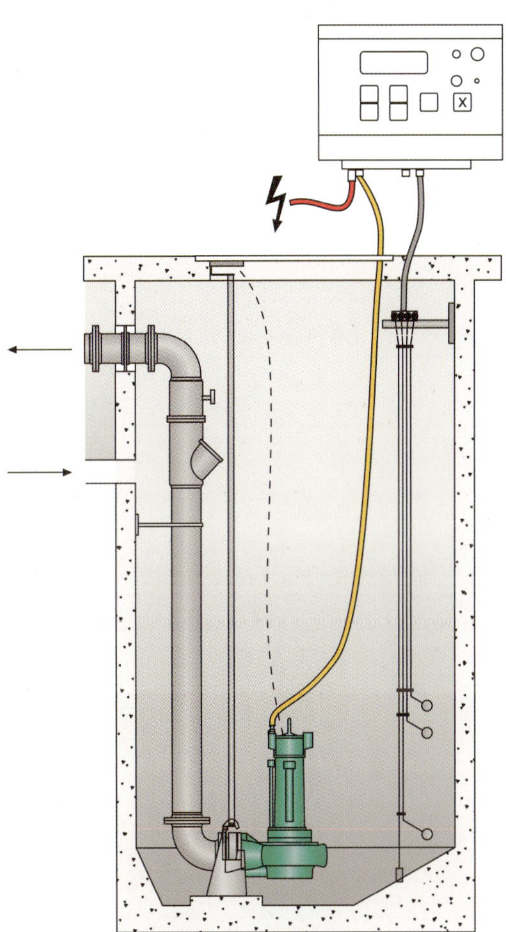

기본적인 구조는 두가지의 다른 형식을 따른다.

단일접점 플로우트 스위치

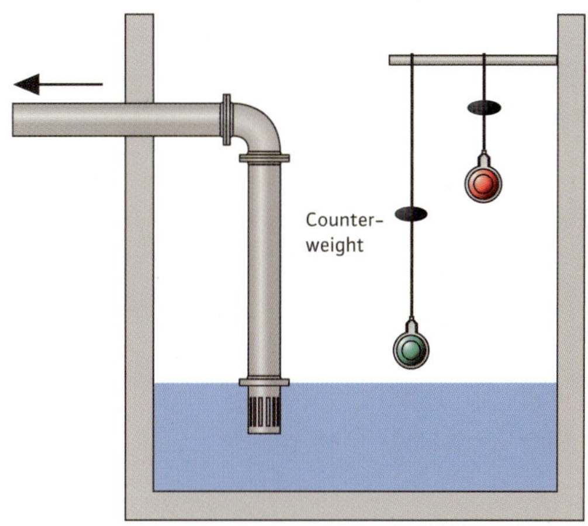

이중접점 플로우트 스위치

이 플로우트 스위치는 활동점과 비활동점 사이에 더 큰 각도를 가지고 있다. 이것은 배관에 고정되며, 배수관의 길이에 따라 한 개의 플로우트 스위치만으로 더 작은 범위의 개폐가 가능하다.

이중접점 플로우트 스위치

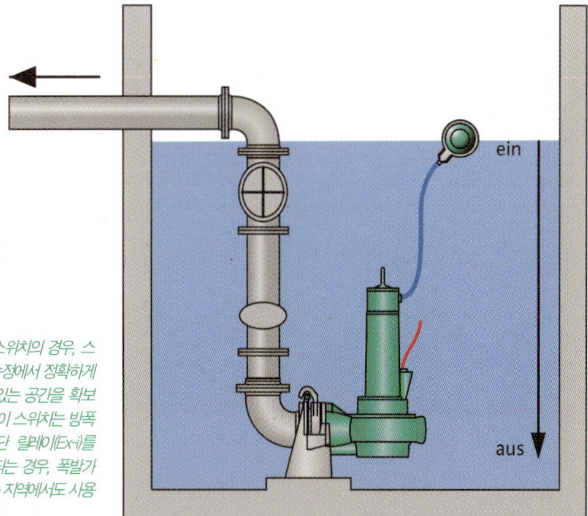

동압 시스템 (정수압 측정)

이 방법의 경우, 측정 벨 / 속도 헤드 벨을 사용하여 설치 지점에서 압력을 측정할 수 있다. 유체의 수위는 압력을 발생시켜 호스를 통해 평가 장치로 전달된다. 평가 장치에서, 압력은 전기 신호로 전환된다. 이것은 충전 수위의 지속적인 측정을 가능하게 하며 전환점을 자유롭게 정의할 수 있다. 개방형 시스템과 밀폐형 시스템으로 구별이 된다. 선택은 적용 분야와 유체의 유형에 따라 다르다. 폭발가능성이 있는 지역에 적용하는 것도 가능하다.

개방형 시스템

이 버전의 경우, 벨이 유체 방향으로 열린다. 각 펌프 작동 후, 벨은 공기 중으로 나와 시스템을 환기하고 시간에 따라 off 한다. ("off" 이상의 높이에 설치된 벨 - 버전 1)

시스템을 환기하는 또 다른 방법은 시스템을 영구적으로 또는 주기적으로 환기하는 소형 압축기(기포 통과 시스템)에 연결하는 것이며 수위에 따라 Off 한다.(벨은 항상 수중에 있다 - 버전 2)

밀폐형 시스템

이 버전의 경우, 벨 속의 에어 쿠션이 다이아프램에 의해 유체와 분리된다. 따라서 이 시스템은 아주 심각하게 오염된 유체에 적합하다. 시스템의 누수 / 공기 누설은 측정 에러 또는 시스템 오작동을 야기할 수 있다.

압력 탐침(전자 압력 변환기)

속도 헤드 탐침과 마찬가지로, 정수압은 이곳 설치점에서 측정된다. 하지만, 다이아프램은 압력 변환기에서 직접 전기 신호로 압력을 전환하기 위해 사용된다.

동압 시스템

압력 탐침

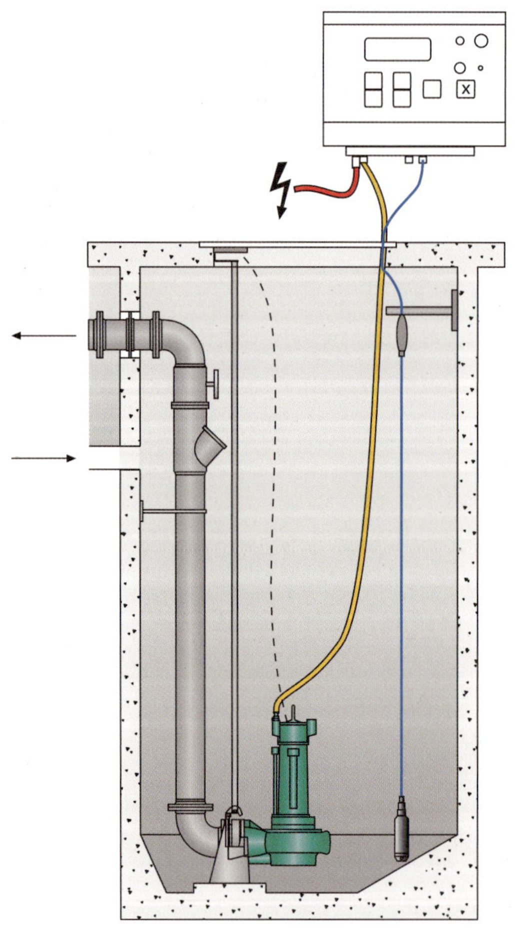

전도성 (전도성 측정 방법)

이 경우, 수중 전극은 릴레이에 연결된다. 릴레이는 저항에 따라 유체가 존재하는지 여부를 탐지한다. 트리거 저항을 릴레이에 설정할 수 있다. 이 경우, 충전 또는 배수를 위한 간단한 레벨 제어를 이행할 수 있다. 공회전 보호시스템으로서 자주 적용 한다. 오수 펌프장에는 적합하지 않다.

초음파

초음파 측정은 가동시간 측정을 토대로 한다. 센서에 의해 발생된 초음파 펄스는 유체의 표면으로부터 반사되어 센서에 의해 탐지된다. 필요한 가동시간은 빈 탱크에서 통과한 거리에 대해 측정한다. 이 값은 전체 탱크 높이에서 뺀 것이며 충전 레벨이 된다.

이 방법의 장점은 탱크 내 충전 레벨을 측정하는 것이 유체와 상관없고 접점 없이도 가능하다는 점이다.

설치 동안, 센서에서 방출된 측정 콘은 설치 하지 않아도 된다. 탱크의 벽까지 최소 이격을 반드시 준수해야 한다.

수중 전극봉

초음파

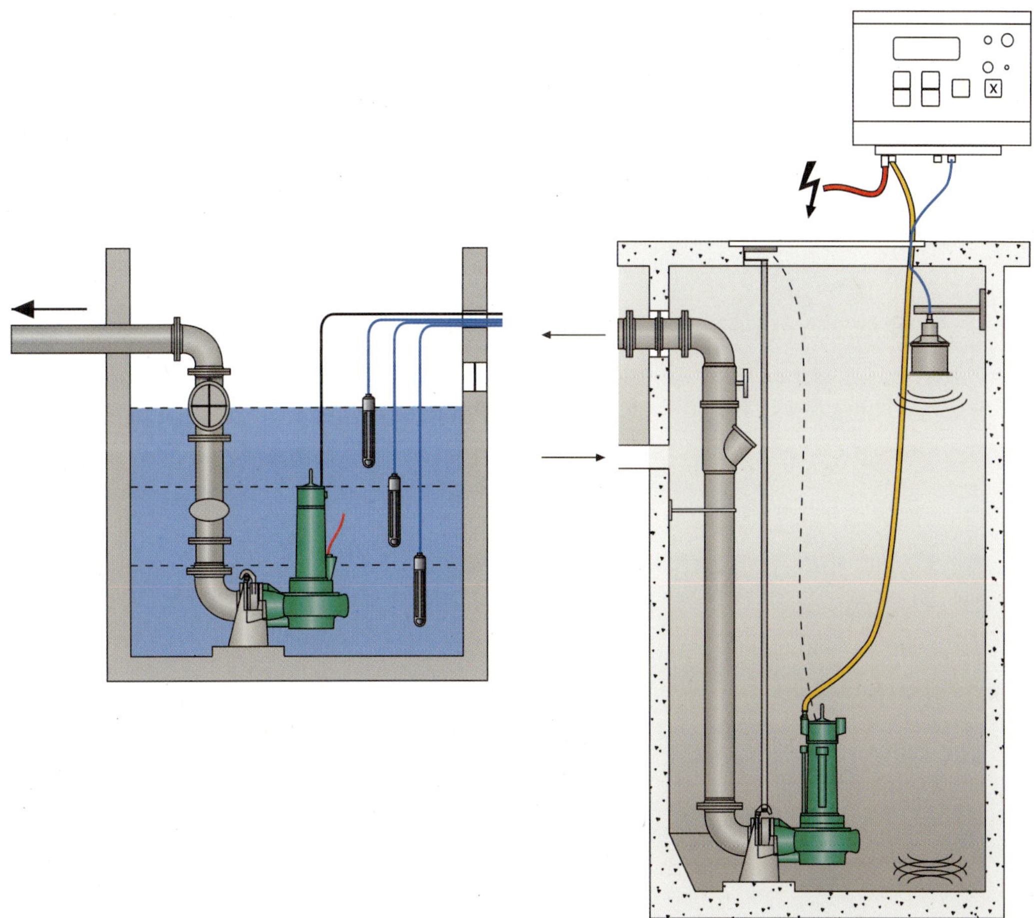

09. 소프트 스타터 또는 FC(인버터)의 운전에 따른 특징

소프트 스타터

오수 펌프는 소프트 스타터를 사용하여 기동 및 정지할 수 있다.

기동 및 정지 시의 전류는 정격 전류의 2.5~3.5배 이다. 펌프 전동기에 대한 특수 장치를 사용하여, 기동 전류를 더 줄일 수 있다. (약 1.5 ~ 2.5)

기동시간 및 정지시간은 오수용 전동기의 볼 베어링 에는 큰 영향을 미치지 않는다. 상향류 전동기보호로 인해, 기동 및 정지는 30초 이내에 완료되어야 한다. 수윤활 베어링 장착 청수용 전동기의 경우, 최소 속도를 준수해야 한다. 시간당 기동 수는 펌프와 전동기의 데이터 시트 참조. (평균 10, 소프트 스타터의 데이터 참조)

소프트 스타터-정지 장치는 배관 내 압력 서지의 감소를 위해 제한적으로 적합하다. 따라서 전동밸브와 FC(인버터) 의 적용 및 주어진 정보의 준수를 권장한다. 성공적인 기동을 위해 소프트 스타터의 연결을 권장한다.

이런 권장사항을 따르면, 소프트 스타터를 문제 없이 운전이 가능하다.

FC (인버터)

오수 펌프는 상업적으로 사용할 수 있는 FC(인버터)로 운전할 수 있다. 일반적으로 펄스폭 변조(PWM) 변환기가 적용 된다.

기본 장비

최대 주파수 - 최소 주파수 - 과전류 - 기동시간 - 정지시간 - 기동 토오크 - 전류 표시 - 주파수 - 속도 - U/f 특성(원심 펌프의 이차 부하 곡선) - 과전압, 저전압 보호

특수 장비

고장 진단 - 전동기 소음 감소 - 공진 진동수 감소 - 원격 데이터 전송 - 원격 제어

전동기 및 인버터 선택

고조파에 의한 온도상승 효과에 의해, 전동기의 정격 출력은 펌프의 출력 요건보다 약 10% 높아야 한다.

적절한 출력 필터의 경우, 10%의 대기 전력을 줄일 수 있다.

인버터는 공칭 전동기 전류에 따라 설계된다. kW 단위의 전동기 출력에 따라 선택하면 문제를 야기할 수 있다. 만약 FC(인버터)가 고장이 나면, 스타-델타 결합의 바이패스가 추가적으로 제공된다. 이 경우, 케이블은 스타-델타 운전에 따라 설계되어야 한다.

오수 및 배수 펌프용 최소속도

오수 및 배수 펌프에 대해 최소속도는 규정되어 있지 않다. 하지만, 장치가 특히 저속 범위에서 갑자기 움직이거나 진동없이 기동되도록 해야 한다. 그렇지 않으면, 미캐니컬 씰이 손상을 입고 누수가 된다.

진동, 공진, 진동 토크 또는 이상소음 없이 전체 제어범위에서 펌프 장치
가 작동하는 것이 중요하다.(제조자와 상의)

고조파를 일으키는 전원공급장치로 인해 전동기에 소음이 증가할 수 있
다. 변환기(인버터) 구성 동안, 펌프와 팬에 이차 펌프 곡선(U/f 곡선)에 따
른 설정을 반드시 준수해야 한다. 그러면 출력 전압은 정격 주파수 이하
에서 펌프의 출력에 맞춰진다. 최신의 변환기(인버터)도 동일한 효과의 자
동에너지 최적화 기능을 제공 한다 이런 설정과 기타 변수에 대해서는 변
환기(인버터) 사용 설명서를 참조 하여야 한다.

방해 전압

에나멜 권선의 오수 모터는 주파수 변환운전에 따른 높은 절연부하를 견
딜 수 있다. 유해한 피크 전압을 줄이고 전동기의 소음을 줄이기 위해 적
합한 보조 장치(스로틀, 필터) 를 권장한다. 출력 전압의 품질은 권선의
서비스 수명에 직접 영향을 준다.

축 전류

축 전류는 인버터와 같이 공급 되는 전동기에 발생할 수 있다. 이것은 전
동기의 베어링에 응력을 가하여 전동기의 베어링에 피로를 가중시키고
전류값에 따라 베어링을 손상 시킬수 있다. 근본적으로 베어링 윤활 틈
새에 전압이 있을 경우 흐르는 축전류는 윤활제의 절연을 파괴할 수 있
다 . 이 전압에 대한 소스는 여러 가지가 있다.

어떤 장치를 설치할지 결정하는 가장 중요한 요소는 전동기의 크기와
전동기 하우징과 축의 접지 시스템이다. 전기 설치, 특히 적절한 케이블
유형과 접지선의 완벽한 접촉과 전기 차폐 역시 중요한 역할을 하며 또
한 변환기(인버터)의 입력단에서의 정격 전압과 변환기(인버터)의 출력단
에서의 전압 상승 시간도 포함된다. 축전류는 베어링에서의 전압에 의해
발생 한다. 3가지 유형의 고주파수 축전류는 다음과 같다. 순환 전류, 축
을 통한 접지전류 그리고 EDM 전류.

자세한 정보와 권장사항은 DIN CLC/TS 60034-25 참조.

EMC

EMC 규정(전자기 호환성)을 만족하기 위해서는, 차폐선의 사용 또는
금속 배관 내 케이블 설치 및 필터 설치가 필요할 수 있다. EMC 규정
을 만족하기 위해 필요한 사항은, 변환기(인버터) 제조자, 설치된 케이
블 길이와 기타 요소에 따라 다르다. 개별적인 경우, FC(인버터)의 사용
설명서에 있는 필요한 방법을 따르거나 직접 FC(인버터) 제조자에게 문
의 하여야 한다.

전동기 보호

FC(인버터) 내 내장된 전류 모니터링 또는 제어반 내 열동형 과부하 계전
기에 더하여, 전동기에 온도 센서를 설치할 것을 권장한다. PTC 서미스
터 온도 센서(PTC)와 저항온도 센서(PT100)가 적당 하다. 방폭 전동기
는 항상 FC(인버터) 운전을 위해 PTC 서미스터를 갖추어야 한다. 반드시
PTC 서미스터에 따른 승인된 전동기 보호 릴레이를 사용해야 한다.
예. WILO CM-MSS.

효율

전동기와 펌프의 효율에 더하여, FC(인버터)의 효율(~95%)도 반드시 고
려해야 한다. 속도가 줄어들면 모든 구성부품의 효율도 줄어든다.

요약

앞서 언급한 사항을 고려하고 FC(인버터)에 대한 지침을 준수하면, 특이
한 문제가 없는 한 오수펌프를 속도제어로 사용할 수 있다.

P-Typ   Wilo-EMU FA15.84D   SN 550054355
M-Typ   T 17.2-6/24KEx
U   400-3 V   Q   42 l/s
I   13.60 A   H   6.7m
I₀   21.7 A   Cosφ 0.82
P   6.00 kW   U   1.00
F   50 Hz   I₀   13.60 A
MFY 2008   N   927 1/min
Excl II 2 G EEx d IIB T4
Made by WILO EMU
WILO EMU GmbH
95030 Hof / Germany
CE 0102

10. 방폭

EU 지침 99/92/EC "폭발성으로 인해 위험에 처한 직원의 안전과 건강 보호 개선을 위한 최소요건"은 폭발 위험이 있는 시스템의 운전과 그 환경에서의 운전자에 대한 사항이다. 이 지침은 국가 법을 적용할 경우 확장된 규칙에 따라 보완될 수 있는 최소 요건만을 포함한다. 이러한 지침은 99/92/EC의 산업 안전 규정을 적용하는 독일에서 시행되어 왔다. 독일 산업안전규정(BetrSichV) "장치 설치 및 현장 사용에 대한 안전과 보건, 모니터링이 필요한 시스템 운전 중의 안전 및 산업안전 조직에 대한 법령"은 방폭 시스템의 운전에 대한 상세 사양 특히 모니터링에 대한 상세 사양을 포함한다.

운전자는 지침 99/92/EG에 따라 시스템의 폭발 위험을 평가하고, 시스템을 위험구역으로부터 분리 및 직원을 보호하기 위한 모든 방법을 문서화해야 한다.

폭발 위험 평가를 위해 다음 사항을 반드시 고려해야 한다.
- 폭발위험 존재 가능성 및 지속기간
- 발화원의 존재가능성, 활성 및 효과
- 사용 물질, 프로세스, 잠재 작용
- 폭발 효과의 기대 정도

시스템 운전자는 폭발위험이 있는 지역을 여러 구역으로 나누고 지침의 최소 요건을 준수하도록 한다.

범주에 따른 구역(Zone) 분류 및 장치 지정			
	구역	폭발위험성의 존재 기간	장치 범주(Category)
가스, 증기, 안개	0	지속적, 장기적, 영구	1G
	1	가끔	2G
	2	드물게	3G
먼지	20	지속적, 장기적, 영구	1D
	21	가끔	2D
	22	드물게	3D

운전자는 적어도 다음 정보를 포함하는 방폭 문서를 작성 해야 한다.
- 위험 평가
- 보호 방법
- 구역(zone) 구분
- 최소요건 준수(기술 및 조직 방법)

폭발가능성이 있는 지역의 전기 시스템

폭발가능성이 있는 지역의 안전은 관련된 모든 장비의 밀접하고 원활한 협력에 의해서만 이루어질 수 있다.

계획 및 설치

신규설치를 계획한 경우, 폭발위험의 문제를 초기단계에서 반드시 다루어야 한다. 폭발지역을 분류할 경우, 가연물질에 의한 폭발원의 힘을 추가하여, 자연 환기 또는 기술적 환기의 영향을 반드시 고려해야 한다. 사용하는 가연물질의 기술적 폭발 변수를 정해야 한다. 이것은 해당 구역의 분류 및 폭발가능성이 있는 지역에 대한 적절한 장비 선택의 결정을 위한 전제조건이다.

운전자는 시스템이 제대로 설치되어 있는지를 초기 시 운전 전에 점검 확인해야 한다.

설치자는 설치 요구 사항을 준수하고 적용 환경에 따라 전기장비를 정확하게 선택하고 설치해야 한다.

방폭장비의 제조자는 인증된 설계 기준에 따라 모든 장비를 생산해야 한다. 이는 또한 관련 품질관리 시스템에 따라야 한다. 식별번호는 명판에 표시한다.

유지보수 및 정비

폭발가능성이 있는 지역의 전기시스템은 안전유지를 위하여 정기적으로 유지보수를 수행해야 한다. 유지보수 및 정비작업은 전문가의 감독 하에서 교육을 받은 사람에 의해 수행되어야 한다.

유지보수 및 개조작업을 하기 전에, 폭발위험이 존재하는지 반드시 확인해야 한다. 수행한 작업은 문서화하고 관련 규정을 준수했는지 확인해야 한다.

만약 방폭에 영향을 줄 수 있는 변경이 이루어진 경우, 공인기관과 전문가의 검사를 받아야 한다. 이 검사는 변경이 해당 장치의 제조자에 의해 이루어진 경우는 필요하지 않다.

표준

유럽 전체에 적용되는 전기장비에 대한 최초의 표준은 EN 50014 - EN 50020(가스폭발 가능성이 있는 지역에 대한 장비 요건) 으로 발행되었다. 이 표준 세트는 EN 60079(VDE 0170) 시리즈에 의해 단계별로 교체되었다. 가연성 먼지에 대한 발화보호 범주에 대해서는 EN 50281 표준은 IEC 61241로 교체되었다.

다음 목록은 가스 및 먼지 폭발가능성이 있는 지역에 대한 전기장비의 발화보호 범주 중 하나를 나타낸다.

가스폭발가능성이 있는 지역에 대한 전기장비

	EN(구)	EN(신)	IEC
일반 사항	EN 50 014	EN 60 079-0	IEC 60 079-0
내압 방폭 [d]	EN 50 018	EN 60 079-1	IEC 60 079-1
압력 방폭 [p]	EN 50 016	EN 60 079-2	IEC 60 079-2
충전방폭 [q]	EN 50 017	EN 60 079-5	IEC 60 079-5
유압방폭 [o]	EN 50 015	EN 60 079-6	IEC 60 079-6
안전증 방폭 [e]	EN 50 019	EN 60 079-7	IEC 60 079-7
본진 안전 방폭 [i]	EN 50 020	EN 60 079-11	IEC 60 079-11
비 점화 방폭 [n]	EN 50 021	EN 60 079-15	IEC 60 079-15
몰드 방폭 [m]	EN 50 028	EN 60 079-18	IEC 60 079-18
본질 안전시스템		EN 60 079-25	IEC 60 079-25
구역 0 대한 전기장비	EN 50 284	EN 60 079-26	IEC 60 079-26
본질 안전 필드 버스시스템		EN 60 079-27	IEC 60 079-27
광 방사선 [op]		EN 60 079-28	IEC 60 079-28

ATEX 에 따른 전기장비의 구분

예	구분	설명	11
II	II 2 G Ex de IIB T4 **장비 그룹**	지하 광산을 제외한 모든 지역에 적용	**장비 그룹** I = 지하 광산 II = 지하 광산을 제외한 모든 지역
2	II 2 G Ex de IIB T4 **장비 범주**	Zone 1 또는 Zone 21에 적용	**장비 범주** 1 = Zone 0 또는 20에 적합 2 = Zone 1 또는 21에 적합 3 = Zone 2 또는 22에 적합
G	II 2 G Ex de IIB T4 **적용분야**	폭발가스매체에 적용	**폭발 매체(대기)** G = 가스 D = 먼지
Ex	II 2 G Ex de IIB T4 **표준 표시**	현재 EU 방폭 표준에 맞는 장비	**비고.** 추가 정보없이 준수 선언
DE	II 2 G Ex de IIB T4 **방폭 보호등급**	내압(d)와 안전증(e)의 점화 보호등급에 따라 장착된 장비	**방폭 보호등급** o = 유입 p = 압력 (nP 보다 높은 보호) q = 충전 d = 내압 e = 안전증 ia = 본질 안전 ib = 본질 안전 m = 몰드
IIB	II 2 G Ex de IIB T4 **폭발 그룹** **방폭 적용**	매체폭발가능성이 있는 환경에 대해 방폭 적용 그룹 II용으로 설계된 장비	**폭발 그룹** A = 폭발가능성 낮음 B = 폭발가능성 중간 C = 폭발가능성 높음 **방폭 적용** I = 지하 광산 II = 지하 광산 제외한 모든 분야
T4	II 2 G Ex de IIB T4 **온도 등급**	주변지역에 발산된 장비의 최고표면온도(고장시) . 135℃	**온도 등급** T1 = 450℃ T2 = 300℃ T3 = 200℃ T4 = 135℃ T5 = 100℃ T6 = 85℃

11. 추가 정보

오수 설계값

자료(경험값)는 중요 영향인자 때문에 개별 경우에 따라 달라진다.

시설	오수
	(주민 인당 리터)
병원 - 일별 침대 당	250-260
실내 수영장 - 이용자 당	150-180
학교 - 일별 학생 당	10
공공건물 - 인원·일수	40-60
막사 - 인원·일수	250-350
도축장 - 가축 마리당	300-400
식당과 냉방시설이 없는 백화점 - 직원당	100-400
식당과 냉방시설이 있는 백화점 - 직원당	500-1000
공공주택 - 일수·침대수	15-20
호텔 - 일수·침대수	200-600
캠프장 - 지역·일수	200
레저 시설 - 실수·일수	200
고속도로 휴게소 - 의자수·일수	200

주거지역의 크기	가정용 오수
(주민)	(주민 인당 리터)
250 000	250-300
50 000 - 250 000	225-260
10 000 - 50 000	200-220
5 000 - 10 000	175-180
5 000	150
5 000 미만	70-150

계산을 위한 도표

건물 유형	K 값
주거 건물, 식당, 기숙사, 호텔, 사무실 건물 등과 같은 비정기적으로 사용되는 건물	0.5
병원, 대형 식당 단지, 호텔 등	0.7
학교와 같이 정기적으로 사용되는 건물, 세탁소, 공공화장실, 공공샤워장 등과 같은 자주 사용되는 시설물	1.0*
산업발전소의 연구소와 같이 특수목적으로 사용되는 시설물	1.2

*다른 규정된 배수값이 알려져 있지 않은 경우

부분적으로 채워진 연결라인의 단일 케이스 배관 시스템

위생 제품		DU[ℓ/s]	DU[m³/h]
세면대, 비데		0.5	1.8
헹굼 싱크, 가정용 식기세척기, 배수		0.8	2.88
플러그가 없는 샤워기		0.6	2.16
플러그가 있는 샤워기		0.8	2.88
6kg 세탁물용량의 세탁기		0.8	2.88
10kg 세탁물용량의 세탁기		1.5	5.4
상업 또는 산업 식기세척기		2.0**	7.2
플러싱 밸브(단일)가 있는 소변기		0.5	1.8
2개 소변기		0.5	1.8
4개 소변기		1	3.6
6개 소변기		1.5	5.4
각 추가 소변기		0.5	1.8
바닥 배수.	DN 50	0.8	2.88
	DN 70	1.5	5.4
	DN 100	2.0	7.2
6 ℓ 의 물탱크가 있는 WC		2.0	7.2
7.5 ℓ 의 물탱크가 있는 WC		2.0	7.2
9 ℓ 의 물탱크가 있는 WC		2.5	9
풋케어용 세면대		0.5	1.8
욕조		0.8	2.88

** 제조자의 사양을 준수한다.

물 소비량 수치(DIN 1986-100, 표 4)		
사용 예	**부터(리터)**	**까지(리터)**
단독 / 다가구		
음용, 요리, 청소용, 1인/일	20	30
세탁, kg당	25	75
일회 변기 물내림	6	10
목욕	150	250
샤워	40	140
잔디물주기, m²/일	1.5	3
채소물주기, m²/일	5	10
호텔 / 기관		
학교, 1인/일	5	6
병영(막사), 1인/일	100	150
병원, 1인/일	100	650
호텔, 1인/일	100	130
공공수영장, m³/일	450	500
소화전, 초당	5	10
상업 / 산업		
도축장, 큰 가축의 마리당	300	500
도축장, 작은 가축의 마리당	150	300
세탁실, 세탁 장치 당	1000	1200
증류소, 맥주 헥토리터당	250	500
목장, 우유 1리터당	0.5	4
방직공장, 직물 1kg 당	900	1000
설탕공장, 설탕 1kg 당	90	100
정육공장, 고기/소시지 1kg 당	1	3
제지회사, 백상지 1kg 당	1500	3000
콘크리트 공장, m³ 콘크리트 당	125	150
건축업, 몰타르 사용 1000 개 벽돌당	650	750
식품공업, 전분 1kg 당	1	6
식품공업, 마가린 1kg 당	1	3
방직공장, 양털 1kg 당	90	110
광업, 석탄 1kg 당	20	30
농업		
큰 소, 소마리당/일	50	60
양, 송아지, 돼지, 염소, 마리당/일	10	20
운송		
자동차 청소	100	200
화물차 청소	200	300
화차 청소	2000	2500
가금류 운송차 청소	7000	30000

사용 약어

약어	설명
D	직입 활성
DM	3상 모터
DN	플랜지 연결 공칭 구경
EnEV	독일 에너지절감법령
f	주파수(Hz), 전동기 운전을 위한 필요 주 주파수
RCD	잔류 전류 보호장치
GRD	미캐니컬 씰
GTW	특수 캐스트 유형. 흰색 가단성 주철
°dH	독일 물 경도, 물 경도를 평가하기 위한 단위
H	토출양정
I	정격 전류(A), 정격 출력 및 정격 전압에서 작동할 경우 전동기의 소비전류. 과부하 장치는 이 전류 값을 초과하지 않도록 선정해야 한다.
I_{ST}	기동 전류(A), 직입 활성 동안 전동기를 기동 전류. 모터 설계에 따라, 이 값은 정격 전류의 4-8배 사이가 된다. 이 값은 단락 보호 선정을 위해 반드시 고려해야 한다.
I_A	기동 전류
I_N	정격 전류(P2에서의 전류)
I_W	축동력 요건 PW 에 대한 소비 전류
IF	인터페이스
Inst.	설치. H=수평, V=수직
Int. MS	내부 모터 보호. 높은 권선 온도에 대한 내부보호장치를 갖춘 펌프
IR	적외선 인터페이스
KLF	PTC 서미스터 센서
KTL 코팅	전착코팅
n	속도(rpm), 정격 출력에서 전동기의 축 속도
P_1	소비전력(kW), P1은 정격 출력(P2)을 낼때의 전동기의 전기적 소비전력.
P_2	정격 출력(kW). 전력 P 또는 P2는 전동기의 최대 기계적 축동력.
P_N	압력 등급(bar).(예, PN10 = 10bar에 적합)
PT100	0℃에서 100의 저항값을 가지는 백금소자 온도 센서
Q(=)V	체적 유량
RV	역지변(Non-return valve)
–S	플로트 스위치 설치
SBM	운전신호 또는 일괄 운전 신호
SF	서비스 팩터, 서비스 팩터는 전동기의 동력 여유를 말한다. 예를 들어. SF 1.1은 정격 출력 110kW인 전동기가 100kW로만 운전된다는 것을 의미한다. 따라서, 정상 운전 동안, 이 모터는 10%의 동력 여유가 있다. 이 경우, 일반적으로 2가지의 전류가 있다. FI A = Full load amps(온 부하 전류) = 감소된 전력의 전류 SFA = service factor amps(서비스 팩터 전류) = 서비스 팩터를 사용하는 경우의 전류
SSM	고장 신호 또는 일괄 고장 신호
제어 입력 0-10V	외부 기능제어를 위한 아날로그 입력
U	전압(V), 전동기의 설계 정격 전압. 예. 400 V3~. 기동시, 전동기는 400V 3상 공급 전원 공급으로 작동해야 한다. 와이델타 버전의 경우, 모터는 400V 전원 공급으로 델타, 690V전원 공급으로 스타 결선으로 운전된다.
v	속도
Y/Δ	와이/델타 결선
η	효율(에타), 전동기 효율은 기계적 힘인 출력과 공급된 전력 사이의 비율로 나타난다.
cos φ	역률, 역률은 유효출력과 피상전력 사이의 비율로 나타낸다.

공식

체적 유량

$$Q_2 = Q_1 \cdot \left(\frac{n_2}{n_1} \right)$$

토출 양정

$$H_2 = H_1 \cdot \left(\frac{n_2}{n_1} \right)^2$$

출력

$$P_2 = P_1 \cdot \left(\frac{n_2}{n_1} \right)^3$$

아래는 전동기의 연결을 위해 자주 사용되는 공식이다.

라인 저항

$$R = \frac{L}{x \cdot A} \ [\Omega]$$

3상 라인의 전압

동력을 알고 있는 경우

$$\Delta U = \frac{L \cdot P}{x \cdot A \cdot U} \ [V]$$

전류를 알고 있는 경우

$$\Delta U = \sqrt{3} \cdot \frac{L \cdot I}{x \cdot A} \ \cos \varphi \ [V]$$

3상 라인의 소비 션력

$$P_{diss} = \frac{L \cdot P \cdot P}{x \cdot A \cdot U \cdot U \cdot \cos \varphi \cdot \cos \varphi} \ [W]$$

3상 전동기의 동력

출력

$$P_1 = (1.73) \cdot U \cdot L \cdot \cos \varphi \ [W]$$

소비 전류

$$I = \frac{P_1}{(1.73) \cdot U \cdot \cos \varphi} \ [A]$$

효율

$$\eta = \left(\frac{P_1}{P_2} \right) \cdot (100 \ \%)$$

악어	설명
Q	체적 유량
n	속도
H	토출양정
P	전력
P_1	전동기의 소비전력
L	전도체의 길이[m]
A	전도체의 단면적[mm²]
X	도전율[m/Ωmm²]

구리	$x = 57 \dfrac{m}{\Omega \, mm^2}$
알루미늄	$x = 33 \dfrac{m}{\Omega \, mm^2}$
철	$x = 8.3 \dfrac{m}{\Omega \, mm^2}$
아연	$x = 15.5 \dfrac{m}{\Omega \, mm^2}$

재질표

재료명	설명
1.4021	크롬 강 X20Cr13
1.4057	크롬 강 X17CrNi16-2
1.4112	크롬 강 X90CrMoV18
1.4122	크롬 강 X39CrMo17-1
1.4301	크롬-니켈 강 X5CrNi18-10
1.4305	크롬-니켈 강 X8CrNiS18-9
1.4306	크롬-니켈 강 X2CrNi19-11
1.4308	크롬-니켈 강 GX5CrNi19-10
1.4401	크롬-니켈-몰리브덴 강 X5CrNiMo17-12-2
1.4408	크롬-니켈-몰리브덴 강 GX5CrNiMo19-11-2
1.4462	크롬-니켈-몰리브덴 강 X2CrNiMoN22-5-3
1.4470	크롬-니켈-몰리브덴 강 GX2CrNiMoN22-5-3
1.4517	구리가 추가된 크롬-니켈-몰리브덴 강 GX2CrNiMoCuN25-6-3-3
1.4541	티타늄이 추가된 크롬-니켈 강 X6CrNiTi18-10
1.4542	구리와 니오븀이 추가된 크롬-니켈 강 X5CrNiCuNb16-4
1.4571	티타늄이 추가된 크롬-니켈 강 X6CrNiMoTi17-2-2
1.4581	니오븀이 추가된 크롬-니켈-몰리브덴 강 GX5CrNiMoNb19-11-2
Abrasite	고 마모에 사용하는 냉경 주철(칠드 주철)
Al	경금속재(알루미늄)
Ceram	세라믹 코팅; 고 접착, 내 마모의 내부식 코팅
Composite	고강도의 플라스틱 재질
EN–GJL	회주철
EN–GJS	구상흑연주철(덕타일)
G–CuSn10	무아연 청동
GFK	섬유유리 플라스틱
GG	회주철 EN-GJL
GGG	구상흑연주철 EN-GJS
Inox	스테인레스 강
NiAl–Bz	니켈-알루미늄-청동
Noryl	강화 플라스틱
PE–HD	고밀도의 폴리에틸렌
PP–GF30	30% 섬유유리 강화 폴리프로필렌
PUR	폴리우레탄
SiC	실리콘 카바이드
St	강
St.vz	도금 강
V2A	(A2) 재료그룹. 예. 1.4301, 1.4306
V4A	(A2) 재료 그룹 예. 1.4404, 1.4571

내식표 Ceram 0

유체	온도	계수
산류		
5% 질산	+20℃	3
5% 염산	+20℃	2
10% 염산	+20℃	2
20% 염산	+20℃	3
10% 황산	+20℃	2
20% 황산	+20℃	3
염기와 발색제		
오수, 알카리(pH11)	+20℃	1
오수, 알카리(pH11)	+40℃	1
오수, 약산성(pH6)	+20℃	1
오수, 약산성(pH6)	+40℃	1
오수, 강산성(pH1)	+20℃	2
오수, 강산성(pH1)	+40℃	3
5% 수산화암모늄	+40℃	3
5% 가성소다	+20℃	1
5% 가성소다	+50℃	2
10% 염화나트륨 용액	+20℃	1
기타 화합물		
네카놀(지방 알코올)	+20℃	1
데카놀(지방 알코올)	+50℃	1
40% 에탄올	+20℃	1
96% 에탄올	+20℃	3
에틸렌 글리콜	+20℃	1
난방유/디젤	+20℃	1
압축기 유	+20℃	1
메틸 데틸 케톤(MEK)	+20℃	3
톨루엔	+20℃	2
물(냉각/산업용수)	+50℃	1
크실렌	+20℃	1

1=안정, 2=단기 안정, 3=범람 안정ㆍ즉시 청소, 4=직접 접촉 비권장

내식표 Ceram 1

유체	계수
산류	
5% 질산	1
10% 질산	3
5% 염산	1
10% 염산	2
20% 염산	3
10% 황산	2
20% 황산	3
5% 인산	1
20% 인산	3
염기와 발색제	
5% 암모니아	2
28% 수산화암모늄	1
6% 고정염	1
10% 수산화나트륨	1
50% 수산화나트륨	1
5% 비누용액	1
시멘트 몰타르/콘크리트	1
기타 화합물	
오수	1
벙커 C	1
디젤유	1
이소프로판올	1
등유	1
나프타	1
톨루엔	1
염수	1
크실렌	1

1=안정, 2=단기 안정, 3=범람 안정ㆍ즉시 청소, 4=직접 접촉 비권장

20℃에서 시험. 20℃에서 12일 동안 경화된 샘플. 경화시간이 길수록 내화학성이 향상된다.

내식표 Ceram 2

유체	계수
산류	
5% 초산	2
20% 초산	4
5% 염산	1
10% 염산	2
20% 염산	3
10% 황산	1
20% 황산	2
염기와 표백제	
28% 수산화암모늄	1
6% 고정염	1
10% 가성소다	1
30% 가성소다	1
10% 수산화칼륨	1
50% 수산화칼륨	1
기타 화합물	
오수	1
벙커 C	1
디젤유	1
이소프로판올	1
등유	1
나프타	1
톨루엔	1
염수	1
크실렌	1

1=안정, 2=단기 안정, 3=범람 안정·즉시 청소, 4=직접 접촉 비권장

20℃에서 시험. 20℃에서 7일 동안 경화된 샘플. 경화시간이 길수록 내화학성이 향상된다.

내식표 Ceram 3

유체	계수
산류	
5% 초산	2
20% 초산	4
5% 염산	1
10% 염산	2
20% 염산	3
10% 황산	1
20% 황산	2
염기와 표백제	
28% 수산화암모늄	1
6% 고정염	1
10% 가성소다	1
30% 가성소다	1
10% 수산화칼륨	1
50% 수산화칼륨	1
기타 화합물	
오수	1
벙커 C	1
디젤유	1
이소프로판올	1
등유	1
나프타	1
톨루엔	1
염수	1
크실렌	1

1=안정, 2=단기 안정, 3=범람 안정·즉시 청소, 4=직접 접촉 비권장

20℃에서 시험. 20℃에서 7일 동안 경화된 샘플. 경화시간이 길수록 내화학성이 향상된다.

고장 분석

	고장 원인	특기사항
흡입측	펌프의 흡입측에 기포 유입	• 제트로 인한 공기 유입 • 환기에 의한 공기 유입 • 와류형성으로 인한 공기 유입 • 수위 강하가 너무 심하여 발생한 공기 유입 • 난류로 인한 공기 유입 • 원활한 가동이 안되고, 진동이 심하고, 나사연결이 풀려있거나 파손 • 펌프의 서비스 수명 짧아짐 • 특히 펌프의 베어링과 씰링은 단기 가동 시간 이후의 손상 표시를 보여준다.
	문제가 있는 유체	• 유량 단절 • 온도가 너무 높고 권선의 열부하가 너무 높다. • 침식성 유체로 재질이 부식됨. • 유체가 심하게 마모를 일으킴(모래 성분이 너무 많다), 임펠러 및 펌프 하우징 마모 • 비중이 1kg/dm3 보다 높고 과부하 상태로 구동 • 점도 > 1.5 - 10 - 06m^2/s, 과부하 상태로 구동, 마찰 손실이 너무 많다. • 고체 농도가 너무 높고 체적 유량이 단절 • 다량의 이물질 유입으로 임펠러가 막힘.
	상태가 좋지 않은 펌프 집수정	• 물의 양이 너무 적고 개폐 빈도가 너무 높다. • 물의 양이 너무 크고, 오수에서 악취 가스 발생 • 이송불가한 이물질의 펌프유입으로 이물질이 침전되어 펌프작동이 안된다.
	고장난 레벨 스위치	• 개폐 차이가 너무 낮고 개폐빈도가 너무 높다. • 개폐 차이가 너무 높고, 침전물 형성 및 악취 발생 • 비활성 접점이 너무 낮고 펌프 내 공기유입, 캐비테이션 가능 • 접점 센서 고장 또는 정확하게 고정되어 있지 않음. 접점이 흔들거림. 　제어되지 않는 펌프의 운전 및 정지
	흡입배관의 막힘	• 흡입배관이 너무 길고 직경이 충분하지 않으며, 마찰손실이 크고 캐비데이션 기능, 막힘 위험이 있음. • 최대 직경의 흡입배관(지속적으로 상승하지 않음) • 불규칙적인 펌핑 • 공운전 위험 • 흡입배관 또는 흡입측 슬라이드 밸브의 막힘, 펌프의 공운전에 의한 닫힘. 　펌프가 원활하게 가동되지 않는다. 베어링, 임펠러 및 씰링부 손상

	고장 원인	특기사항
펌프	충분히 물에 잠기지 않음.	• 펌프 내 공기 유입, 캐비테이션 가능
	펌프가 진동이 없고 충격이 없도록 설치되어 있지 않다.	• 외부 구성부품에 의한 펌프 진동(예. 진동 베이스 등) • 펌프가 고정되어 있지 않거나 느슨하게 고정되어 있거나 다른 구성부품과 부딪힌다. 원활하게 가동되지 않고 진동이 크다. • 서비스 수명 짧아짐. 펌프의 베어링과 실은 짧은 운전 수명이 짧다.
	펌프가 정상 운전 범위에서 운전 하지 않는다.	• 운전점은 펌프 곡선의 가장왼쪽에 있고(가장 작은 체적 유량), 불충분한 유량으로 인한 막힘 위험이 높고 캐비테이션 가능. 가동이 원활하지 않으며, 서비스 수명이 짧고 효율이 낮다. • 운전점이 펌프 곡선의 가장 오른쪽에 있고(매우 많은 체적 유량), 캐비테이션 가능. 가동이 원활하지 않으며, 서비스수명이 짧고 효율이 낮다. • 운전점이 캐비테이션 범위 내에 있다.
	펌프가 막히거나 고착	• 유량이 불충분 • 워어링 간격이 작다. • 유체 내 부피가 큰 이물질
	전기 연결부 고장	• 회전방향이 정확하지 않음, 원활한 가동이 안됨. • 결상, 권선 손상 • 접점 소손, 권선 손상 • 와이어가 단단하게 조여져 있지 않고 느슨하게 접촉이 되어 있으며 권선 손상 가능 • 전동기 보호장치가 너무 낮게 설정, 전동기 보호장치 장동 • 퓨즈 용량이 작고 트립된다. • 퓨즈가 단단히 조여져 있지 않고 결상 • 수중의 케이블 손상, 전동기의 단자부에 물 침투 • 스타델타 기동을 위한 연결이 부정확 • 과전압 또는 저전압, 전동기 보호 장치 작동
토출 배관	배관의 연결이 바르지 않음	• 수직 배열, 역지변이 침전물로 인해 차단 또는 흔들림 • 역지변에 공기 유입, 펌프에 공기 유입으로 펌핑이 이루어지지 않음.
	진동으로 인해 펌프에서 분리되지 않은 압력 배관	• 토출 배관의 배열이 제대로 되어 있지 않고 토출배관이 심하게 진동한다. • 토출 배관이 충분히 고정되어 있지 않고 지지되어 있지 않다. 배관이 심하게 진동한다. • 토출 배관이 고정장치 없이 펌프에 직접 연결
	토출배관의 집수 배관 연결이 제대로 이루어지지 않음	• 집수 배관에 있는 침전물이 역지변 및 펌프에 들어감. 역지변의 마모 및 막힘 가능

하수처리 기술

Sewage Technology for Wastewater treatment processes

PART-6

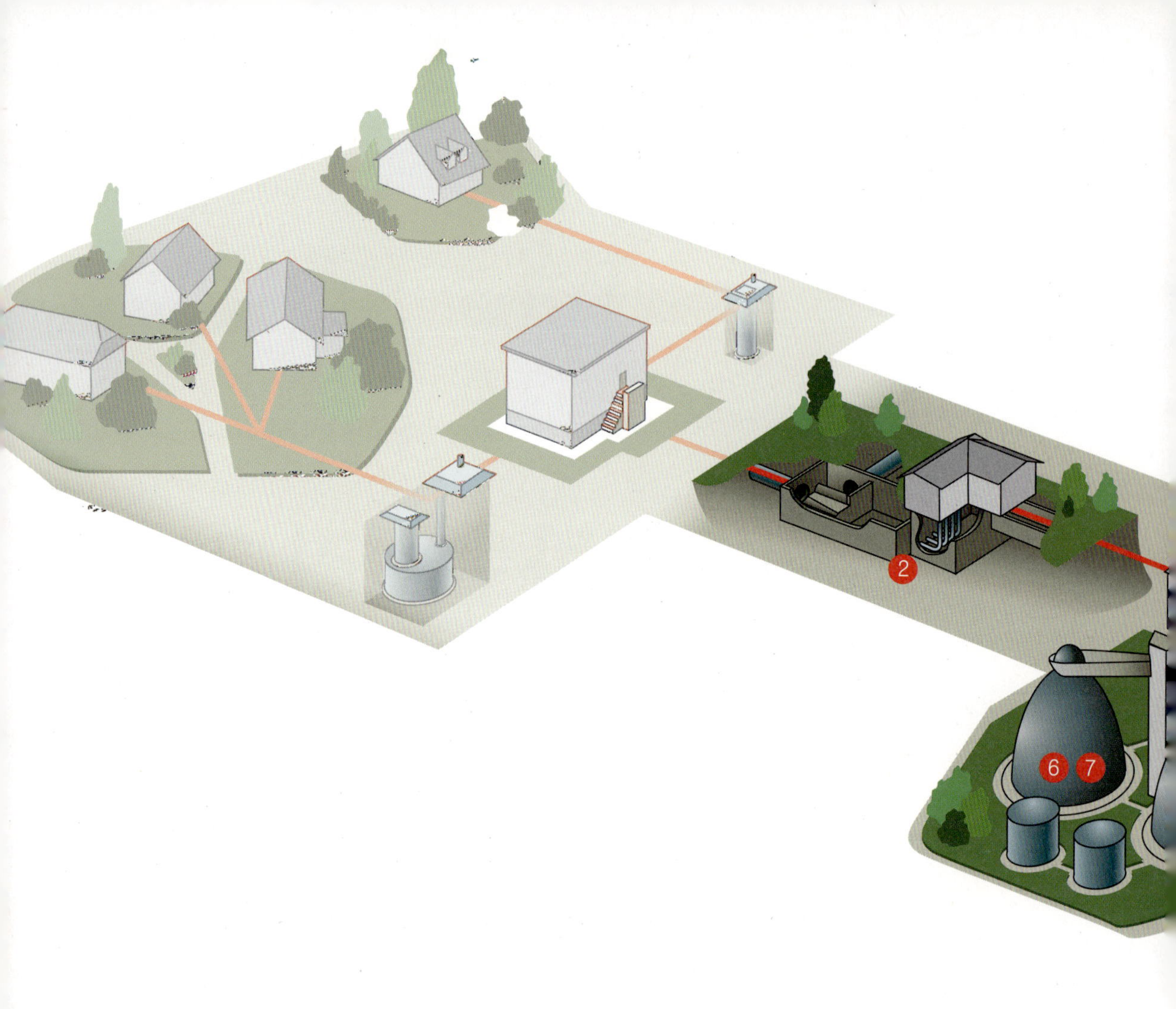

① 오수처리를 위한 요건
② 유입
③ 기계적인 청소
④ 생물학적 처리 및 더 발전된 방법

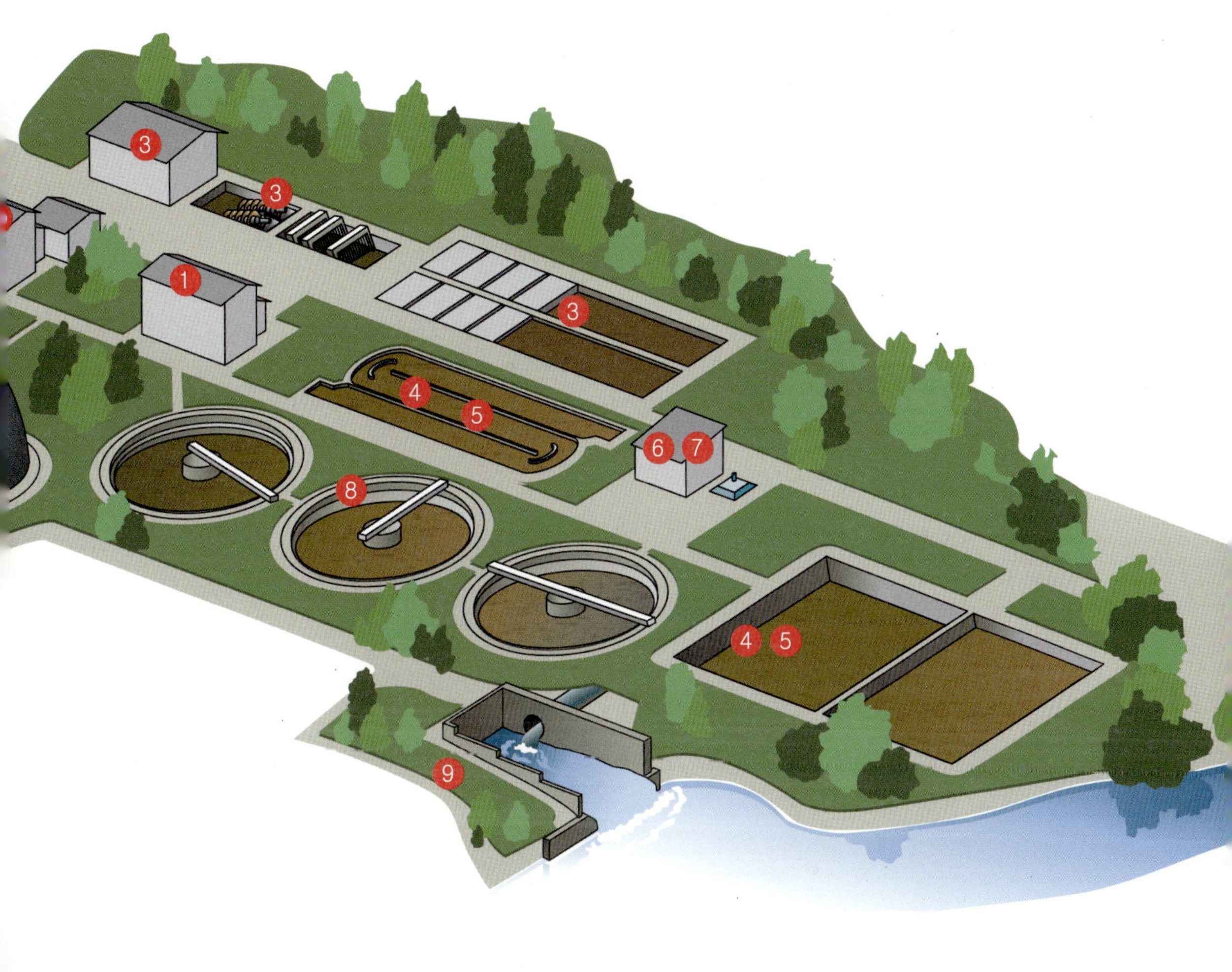

3
3
1
3
4
5
6
7
8
4
5
9

오수 – 병원체에서 귀중한 자산으로

하수 - 수거에서 처리까지

19세기 전반의 산업혁명 시대에, 서유럽의 도시들은 급속히 팽창해 나갔다. 폐수와 오수 그리고 가정에서 나오는 배설물이 증가하면서 거주 지역의 위생상태는 처참할 정도였으며 질병과 전염병이 만연했다. 1831년 런던에서 심각한 콜레라가 발병한 후, 전염병의 확산과 열악한 오수 관리 사이에 연관성이 밝혀졌고 오수배관 건설작업을 시작하게 되었다. 1842년에, 영국인 기술자 린들리가 함부르크에 하수도를 건설했으며 이후 1852년 베를린에 호브레히트가 하수도를 건설했다.

실제로 최초의 하수도는 1811년 뮌헨에 건설되었다. ("프로메나데플라크"에서 "호프가르텐"까지 이어짐) - 이것에 이어 구 시가지에 더 많은 배수로가 만들어졌다 - 초기 하수배관은 시스템적이지는 못했다. 하루에 백 명 이상의 목숨을 앗아간 1836년과 1854년의 대형 콜레라 전염병이 뮌헨에 발병할 때까지 전염병의 원인이 배설물에 의한 토양 및 지하수의 오염이라는 것을 알지 못했다고 Max von Pettenkofer 교수는 "지하수 이론 (Groundwater Theory)"에서 밝혔다.

19세기 다양한 형태의 배수 방법이 이어서 개발되었으나 하수는 처리를 하지 않고 주변환경으로 노출 되었으며, 어떤 도시에서는 우수와 산업용수가 하수시스템 안에서 뒤섞이고 배설물은 별도로 큰 들통에 모아서 비료로 사용하는 등 이 당시에 이러한 접근법은 폭넓게 수용되지 못했다.

이후, 배설물을 씻어 내리고 산업용수 및 하수를 사용한 슬러지 처리 기술 - 오늘날 사용하는 표준 배수 방법 -이 개발되었다. 아놀드 제네티 (1857)가 수행했던 최초 체계적인 하수시스템은 24.6km의 배수로를 1874년 이전에 뮌헨에 건설되었다. 하지만 하수 네트워크의 배설물이 시스템의 부족한 유량에 의해 분해되기 시작하면서 악취문제가 큰 문제로 대두되었다.

1879년 또 한번 콜레라 전염병을 겪은 후, 영국 기술자 고든은 뮌헨의 하수처리를 위한 종합프로젝트 개발을 의뢰 받게 되었다. 이 프로젝트는 복합적인 접근방법을 선택하여 진행했는데 하나는 하수구를 수돗물로 세척하고 우수를 우수 배수로를 통해 이자르 강으로 배출하는 것이었다. 그러나 세척용수원이 부족하였으므로 1890년 화장실 (WC)에만 국한된 연결 배관을 도입했다.

시간이 흘러, 두 가지 기본적인 배수 방법이 독일에서 개발되었다. 첫번째 혼합 방법, 뮌헨에서 사용되었던 예는 폐수와 오수가 우수와 함께 하수 네트워크로 흘러 들어갔다. 폐수처리시설의 수력적 과부하를 방지하기 위하여, 혼합수 처리시스템 (고정 저수조, 관류, 콜렉터 챔버의 수로 등)이 하수 네트워크에 설치되었다.

하수처리시설로부터 운반된 물은 전체적인 양을 최소화하고 혼합수를 주변환경으로 배출하는 것을 최소화하기 위한 설계를 시도했다. 두번째 분리 방법은 깨끗한 우수가 하수처리시설에 의해 처리되는 것을 방지하기 위한 수단으로 도입되었다. 폐수와 하수는 폐수처리시설의 수로에 다시 들어와 처리된다. 처리가 필요하지 않은 우수는 직접 주변환경으로 방출된다. (하천 또는 지하수)

최근 우수가 특히 고정된 표면 (지붕, 도로 등)에 의한 오염으로인해 심각하게 오염될 수 있다는 사실이 밝혀진 후, 계속 증가하는 변화를 감안한 탈수방법이 사용되고 있다. 그 목적은 모든 오염된 하수 처리를 수로를 통해 보내고 처리가 필요하지 않은 모든 하수에 대해 하수처리시설에 불필요한 부하를 주지 않도록 하는 것이다.

농촌지역에 경제적인 하수처리를 제공하기 위하여 진공 및 압력 배수시스템이 1970년대 이래 계획 및 운영되었다. 이것은 독일의 경우 정부당국이 높은 운영비용의 손해에도 불구하고 자연하수배관과 관련된 높은 비용을 피할 수 있도록 한 것이다. 독일 최초의 진공 배수 시스템은 1974년 Upper Bavaria의 Karlskron에 건설되었다. 이 배수처리 방법은 오늘날 열차와 비행기에 사용되고 있다.

01. 오수 처리를 위한 요건

독일 수자원관리법에 따르면, 오수의 처리는 하나의 필수사항이며 최신의 기술로 진행해야 한다.
그 목적은 오수의 고형물을 제거하고 그 물을 정제된 상태로 복구하는 것이다.

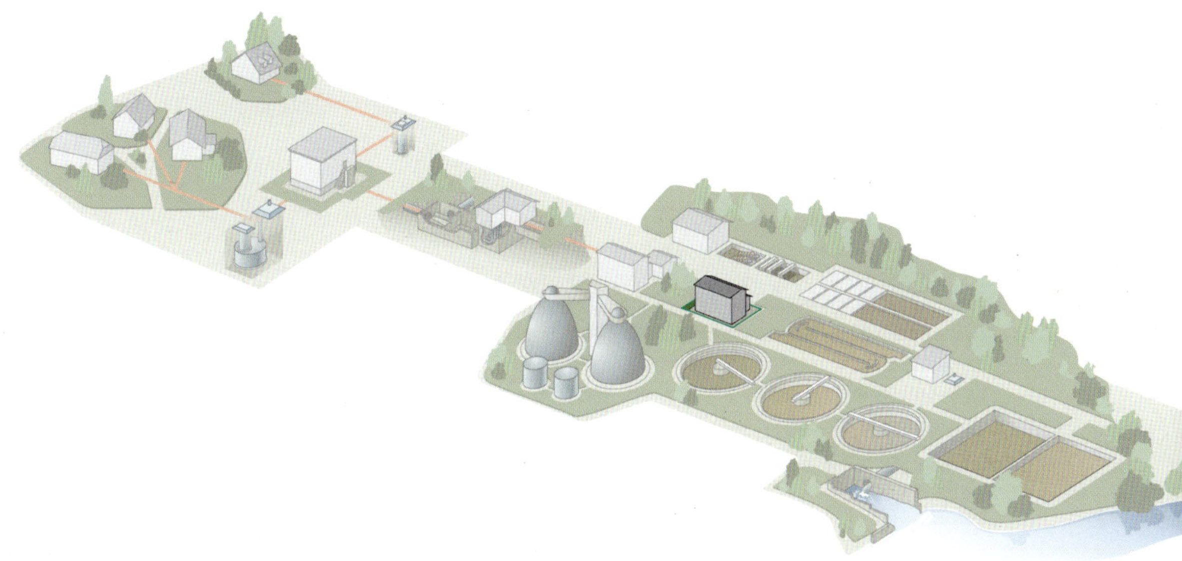

수자원법은 특수 산업을 위해 특별한 최소 요건을 규정하고 있다. 이 법에 따르면, 독일의 각 주는 법률로 여러 기관들이 폐수 처리를 의무적으로 해야 한다는 것을 규정하도록 하고 있다. 기본적으로, 오수는 발생되는 지역에서 처리까지 책임을 져야 한다는 것이다. 소도시 및 지역은 종종 폐수처리기관을 함께 만들기도 한다.

중앙하수처리시설은 기계적/물리적, 생물학적 그리고 화학적 처리방법으로 나눌 수 있다. 분산된 분리 시설 또는 오일 촉진제는 오수가 오수 배관망으로 방출되기 전에 가벼운 유체의 오염물을 처리한다. 중앙 폐수 처리시설과 연결이 되어 있지 않은 지역에서는, 생물학적 가정용 처리시스템과 소형 폐수처리시스템으로 오수를 처리하고 있다.

오수 유형의 정의 및 구별

- 가정용 폐수 및 가정, 사무실, 주점과 식당 그리고 소규모 상업시설에서 나오는 오수
- 가정용 오수와 농도 및 고형물이 다른 산업 및 상업시설의 상업적 폐수 및 오수
- 여러 가지 형태의 우수 : 처리를 요하는 것과 처리를 요하지 않는 것
- 하수 배관망의 누수로 인한 외부 물

오수 고형물

오수는 분해가 가능하거나 불가능한 형태의 오물 입자 외에 그리스, 단백질 및 탄수화물 형태의 유기화합물이 포함되어 있다. 오수의 고형물은 분해 물질, 영양소, 오염물 및 유체의 흐름에 방해를 주는 물질 등으로 구분할 수 있다.

- 분해 물질에는 예를 들면 일반적으로 자연분해가 되는 글루코스 및 요산이 포함된다. 호기성[1] 분해과정 동안, 이 물질은 산소분해물에 대해서 반응한다.
- 영양소에는 예를 들면 여러 가지 화합물 속의 질소와 인산이 포함되며 부영양화와 흐름이 없는 물의 적조현상을 증가시킨다.
- 오염물은 질병을 야기할 수 있다. 예를 들어 곰팡이, 박테리아, 바이러스, 독소, 중금속, 합성 및 유기물질 등이 포함된다.
- 유체의 흐름에 방해를 주는 물질로는 모래, 작은 모래, 세라믹, 오일, 그리스 또는 소금과 같은 것이 있으며 거의 대부분의 오수에 포함되어 있다.

---

1) 호기성 : 세균 따위가 산소를 좋아하여 공기 중에서 잘 자라는 성질

용어의 정의

생물학적 산소요구량

BOD_5 값은 표준 조건 하에서 5일 동안에 유기물이 호기성 미생물에 의해 분해되면서 필요한 산소요구량을 나타낸 것이다. 이것은 소위집합적 매개변수의 하나이며 단일 화합물의 저하를 결정하도록 허용하지 않는다.

- BOD_5 값은 일일 인구 한 명당 60g이 기준이다.
- 1차 처리과정에서 약 20g 정도 퇴적물에 의해 제거될 수 있다.

화학적 산소요구량

화학적 산소요구량 또는 COD는 개별적인 화합물의 정량화를 허용하지 않으므로 또 하나의 소위집합적 매개변수에 속한다. 이것은 크롬산염 칼륨에 의해 오수 내용물 산화의 수단에 의해 결정되며 대부분의 유기물질을 산화하기 위해 필요한 산소요구량에 의해 측정된다. 만약 예를 들어 오수에 황화물과 같은 산화할 수 있는 무기화합물이 있는 경우, 이것 역시 COD로 입력된다.

- 매개변수 역시 시설물의 균형을 위해 사용된다.
- COD는 일일 인구 한 명당 120g으로 가정한다.

질소

질소는 일반적으로 유기화합물 (예를 들면 단백질, 핵산, 요소), 암모니아 이온 (NH_4^+), 질산 (NO_3^-) 그리고 아질산 이온 (NO_2^-)의 형태로 처리되지 않은 오수에 나타난다.

- 일일 인구 한 명당 10~12g 정도이다.

물리적 처리

처리	오수처리시스템 구성부품	용도
스크린	부유물 제거장치, 회전 여과기, 마이크로 여과기	입자가 큰 고형물 및 부유물질 제거
침전	부유물질/오일 분리기	그리스 및 오일 제거
퇴적	침사지, 침전 저수조, 원심 분리기, 1차 및 2차 정화기	작은 입자의 부유 고체, 모래, 구름모양으로 응집된 부유 고형물 입자의 제거; 처리된 오수로부터 활성된 오수 제거
여과	모래 필터	부유 물질 제거
부유	부유 탱크, 그리스 집수기	공기 내 송풍으로 미세오염입자 제거
흡수	활성탄소 필터	할로겐화 탄화수소 화합물 (AOX)의 흡수, 예: 염색물

생물학적 처리

처리	오수처리시스템 구성부품	용도
생화학적 산화	활성 슬러지 방법, 삼투 필터	활성 슬러지 (활성화된 슬러지 탱크) 또는 박테리아 잔디 (삼투 필터)에 의한 최종 무기 산물 (H_2O, CO_2, NO_3-N_2, PO_4^{3-}, SO_4^{2-}) 에 대한 유기 성분의 호기성 분해. 활성화 시설의 적절한 관리는 바이오매스 (BPR)에 의한 인의 흡수를 최적화할 수 있다. 따라서 덜 뭉쳐지는 용제가 인을 제거하기 위해 필요하다. 기본적인 목적은 오수에서 제거될 구성성분을 생물학적 처리 (호흡, 바이오매스 성장) 방법으로 퇴적에 의한 오수 또는 스트리핑 (가스 축출)으로부터 제거될 수 있는 형태로 전환시켜 가능한 무해한 것으로 만드는 것이다.
소규모 오수처리시스템의 경우의 생화학적 산화	인공습지, 활성화된 슬러지프로세스, 삼투 필터	편평한 저수조에서 호기성 및 혐기성 분해 및 인공습지의 토양을 통한 삼투 또는 비활성 슬러지 탱크 내의 활성 슬러지 또는 삼투 필터 내의 박테리아 잔디에 의한 분해
슬러지 분해	분해 탱크	초기/과부유 슬러지의 유기 성분을 최종 무기산물로호기성 분해 : 이산화탄소(CO_2), 메탄(CH_4), 암모니아(NH_3), 황화수소(H_2S)
혐기성 오수처리	반응기	유기 성분을 최종 무기산화물 호기성 분해 : 이산화탄소(CO_2), 메탄(CH_4), 암모니아(NH_3), 황화수소(H_2S). 특히 유기물질의 비율이 높은 오수에 적합 (예: 식품산업, 도축설비)

화학적 처리

처리	오수처리시스템 구성부품	용도
응집	응집 저수조	응집제 또는 pH 값을 조징하여 콜로이드 물질 및 미세 먼지입자 제거
중성화/pH 값	중화 저수조	산 또는 알카리를 첨가하여 pH 값 조정
침전	침전 저수조 BPR 저수조	이온과 알루미늄염으로 인산 이온(PO_4^{3-})의 침전
동시 침전	활성화된 슬러지 탱크/2차 정화기	철 또는 알루미늄염을 활성 슬러지에 첨가하여 인(인산염) 제거
1차 침전	혼합 탱크/ 1차 정화기	철 또는 알루미늄염을 1차 정화기의 상류측에 첨가하여 인(인산염) 제거
사후 침전	혼합 탱크/ 퇴적 탱크, 2차 정화기의 하류	철 또는 알루미늄염을 1차 정화기의 하류측에 첨가하여 인(인산염) 제거
비생물 산화	특수 탱크	오존 또는 UV 자외선 방법과 같은 생물 방법에 의해 분해할 수 없는 유기 화합물의 파괴. 생물학적으로 나머지를 분해할 수 있는 목적 (예: 오수의 탁도 개선)
전염	특수 탱크	염소, 오존을 첨가하거나 UV 방사를 통해 병원균을 살균

오수 / 폐수처리시설은 하수배관, 압력 배관 또는 특수 차량을 통해 도착되는 하수를 처리한다. 지난 10년 동안, 처리성능에 대한 요구는 꾸준히 증가되어왔다. 오늘날, 기계적, 생물학적 또는 화학적 방법은 1~3단계를 통해 오수를 처리하며 이중 한 가지 방법은 각 처리단계 중 가장 최선의 방법을 선택한다. 요즘의 폐수처리시설은 각기 다른 형태와 방식을 적용하고 대형화 되고 있다. 원칙적으로 두 가지 기본 유형으로 구별된다.

- 플랜트시설의 토양 필터, 삼투 필터 또는 수중체 시스템, 발포성 고정 베드 또는 회오리식 수영 베드 플랜트의 바이오필름 방법
- SBR 반응기 에서 전통적인 슬러지 활성 또는 다이아프램으로 활성화 하는 활성 슬러지 방법. 바이오필름 방법과 비교하면, 활성 바이오매스는 지지 구조에 고정되어 있지 않지만 대신 활성 슬러지 탱크에 자유롭게 떠다닐 수 있다.

폐수처리시설의 크기 및 수력 설계치수

폐수처리시설의 부하는 인당 양(PE)을 기준으로 하고 있다. 이것은 실제 주민 (인구, P)과 인당 양 (PE)의 합이다. 인당 양은 '표준 주민'에 대해 규정된 오수 배출량을 합한 것이다.

상업 및 산업, 그리고 농업 생산의 경우, 인당 양은 생산변수와 관련된 부하를 바탕으로 한다.(예: 포도원의 헥타르당 10 PE BOD_5). 하지만 개별 매개변수 사이의 비율이 변할 수 있음을 주의해야 한다. 오수의 농도는 더 높아질 수 있다.(동일한 양의 오염물의 경우 오수 양은 더 적다) 예를 들어 유기 탄소 화합물에서는 더 높고 영양소에서는 낮다.

자연분해 물질의 양은 집합적 매개변수 생화학적 산소요구량 또는 BOD_5에 의해 정량화된다. 충분한 질소 및 인을 미생물에 공급하기 위해 약 100 : 5 : 1의 BOD_5 : N : P에서 자연분해의 장점을 얻을 수 있다. 이것은 분해된 유기물질의 50%가 바이오매스 성장에 사용되며 바이오매스는 약 10%의 질소와 약 2%의 인으로 구성된다는 가정을 바탕으로 한다.

인당 양은 다음 변수와 관련이 있다.

오수의 양

앞서, 일일 인구 한명당 사용한 150~200 리터의 폐수 값은 오수처리시스템에 대한 부하로 가정된 것이었다. 폐수값은 대략 물소비와 같다고 볼 수 있다. 새로운 계획 또는 앞으로의 계획의 경우, 특정지역의 물의 소비량을 결정하고 앞으로의 사용량을 예측해야 한다. 일반적으로, 폐수값은 일일 인구 한 명당 130 리터로 가정한다.(추세 하락)

그러나 폐수처리시설의 설계 차수의 경우, 침투수 (누수 배수로, 배수구로부터의 유입 등)에 대해 추가적인 양을 고려해야 한다. 이것은 폐수값의 100%까지 양을 정할 수 있다. 외부 물의 양은 연결된 밀봉처리한 표면과 관련이 있으며 0.15 ℓ/(s*ha) 이상이 되면 안된다.

혼합 오수배관 (한 배수로에 우수와 폐수가 혼합)의 경우, 우수에 대한 추가적인 양도 고려해야 하며 그 양은 대개 건조한 날씨에서는 일일 최고의 100% 까지 가정할 수 있다.

폐수처리시스템의 수력적 계산 (펌프의 대수 및 크기)에서, 일일 부하곡선 역시 중요하다. 따라서 설계치수의 경우, 평균 일일오수 양은 24시간으로 나누지 않고 대신 최대 시간당 사용값에 대해 더 적은 값 (10~14)으로 나누어진다.

폐수의 누적

폐수의 양은 가정용과 산업용, 상업용 폐수의 합이다.

건조한 날씨의 증발

건조한 날씨의 증발은 폐수 증발과 외부 물 증발로 구성된다.

우수 유출

혼합 시스템에서 유출은 건조날씨 증발과 우수 유출로 이루어진 혼합 유출이다.

02. 유입

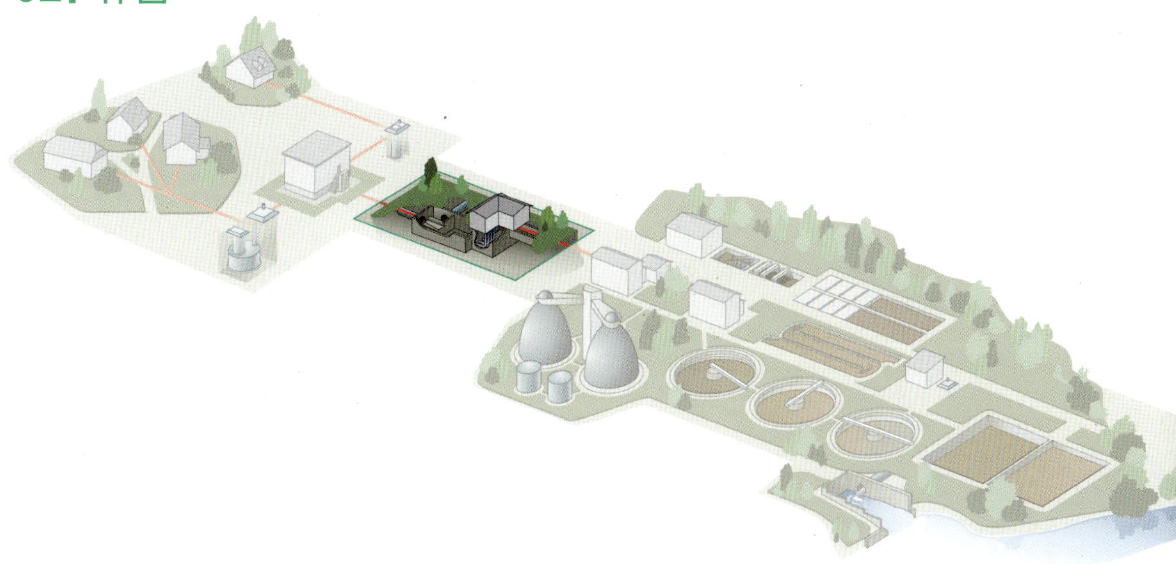

우수 저수조

오수를 오수처리시스템에 공급할 때, 혼합 시스템과 분리 시스템의 2가지 오수배관으로 구별된다. 혼합 시스템은 폐수와 우수를 폐수처리시설로 단일 배수관로를 통해 보낸다. 분리 시스템의 경우, 폐수와 우수는 별도의 배수관로를 통과한다. 두 가지 시스템 모두, 각기 다른 저수조를 우수와 오염물을 수거, 저장 또는 사전처리하기 위해 사용한다.

'우수 저수조'라는 용어에는 중앙 우수 처리와 배수지를 포함한다.

혼합시스템에서의 우수 저수조 (RUB)

혼합시스템에서만 설치된다. 워크시트 DWA-A 128은 저장실과 배관망의 개별 양으로부터 전체 양을 결정하기 위해 사용할 수 있다.

저수조의 오버플로우로 배출되는 굵은 입자의 물질을 처리하기 위하여 스트레이너 등을 설치하는 것이 유용하다.

유지 저수조 형태의 RUB는 혼합 저수조로만 사용된다.

문제 없이 처리하기 위해서는 침강 물질의 침전을방지하고 폐수처리시설 내 서지를 방지하기 위한 조치를 취해야 한다.

이것은 적절한 설계 방법 또는 기술장비를 사용하여 실현할 수 있다.

직입 기동방식의 수중 믹서는 최대한 침전물이 RUB에서 부유될 수 있도록 한다. 이것은 저수조 바닥 또는 벽에 직접 부착할 수 있다. 이들은 고형물질이 침전되는 것을 방지하기 위하여 충분한 난류를 생성한다.

혼합 시스템에서 집수실 배수관로 (SK)

집수실 배수관로는 혼합 시스템에서만 사용된다. 이것은 일반적으로 주 연결부에 설치된다.

분리 시스템에서의 우수처리 저수조 (RKB)

이것은 모아진 침전물이 물로 배출되기 전에 처리해야 하는 경우에 분리 시스템에 설치된다.

우수 처리 저수조는 우수의 슬러지를 제거하고 동시에 부유물을 걸러낸다. 영구적인 증가에도 지속적으로 채워지지 않는 저수조와 영구적인 증가로 지속적으로 채워지는 저수조 사이에서 차이가 난다.

이들은 일반적으로 악취를 생성하지 않기 때문에 개방형 저수조르르 적용한다.

혼합 시스템 및 분리 시스템에서의 필터 시스템 (FiB)

필터 시스템은 혼합 및 분리 시스템 모두 설치할 수 있다. 필터 저수조 뿐만 아니라, 이들은 RKB, RUB 또는 SK와 같은 오수를 사전에 정제하기 위한 시스템으로 이루어져 있다. 필터 저수조는 분리 시스템과 교체된 혼합수로부터 유출된 우수의 하류 처리를 위하여 유지 공간과 결합할 수 있다. 미립자 고형물질의 분리를 우선으로 하는 기계식 필터와 생물적 분해 및 흡수를 통하여 배출된 물질을 제거하는 역할을 하는 플로어 필터 사이에는 차이가 있다.

혼합 및 분리 시스템의 빗물 유지 시스템 (RRA's)

이 시스템의 일차적 과제는 유출되는 빗물을 저장하는
것이다.

장시간 비가 와서 양이 많아지면, 빗물 유지시스템은
공급된 오수의 침전에 도움이 된다.
일반적으로, 이것은 통합 하수 시스템에 대해서는
바람직하지만 청소시설이 필요하다.

저수조는 다음과 같이 구별이 된다.

저수조 유형

FB	유지 저수조
DB	통과유량
VB	혼합 저수조
SKO	상단에 배출장치가 있는 집수실 배수로
SKU	하단에 배출장치가 있는 집수실 배수로
SKK	캐스케이드 형태의 집수실 배수로
MF	기계식 필터
BF	플루어 필터
RRB	우수 배수로 저수조
RRK	우수 배수로 통로
RRG	우수 배수로 배수구
RRSB	우수 배수 저수조

저수조 배열

주 연결	저장실과 오수 네트워크가 수압으로 연결되어 있다. 다시 말하면 이들은 동시에 물이 차고 동시에 비워진다.
보조연결	오수 네트워크와 저장실이 수압으로 분리되어 있다. 오수 네트워크는 저장실 보다 앞서 물이 차고 비워진다.
비현실적인 보조연결 및 독특한 배치는 불가	

저수조 운전 모드

수위 및 유출의 고정식, 정적 구성
관리되는 수위와 유출이 변동가능하다

완충 저수조 (Buffer basin)

완충 저수조는 수압 조절 방식으로 폐수처리시설을 공급하기 위해 현장에 설치할 수 있다. 이 저수조는 폭우 동안 불규칙한 유량을 저장한다. 건조한 날씨에는, 이 유량이 지속적으로 시설로 공급된다. 이것은 언제든지 시설의 수압 과부하를 방지한다.

운반된 고형물질이 이 저수조에 침전되는 것을 방지하기 위하여, 수중 믹서 또는 제트 클리너를 설치할 수 있다. 이들 기기는 폐수를 배출하는 동안 고형물질을 저수조내에 보관한 후 하류 정제 프로세스로 보낸다.

이 배출 프로세스 자체는 중력을 이용하거나 펌프의 도움을 받기도 한다.

Hildesheim 폐수처리시설에 있는 혼합 및 완충 저수조

오수배관의 완충 저수조 계통도

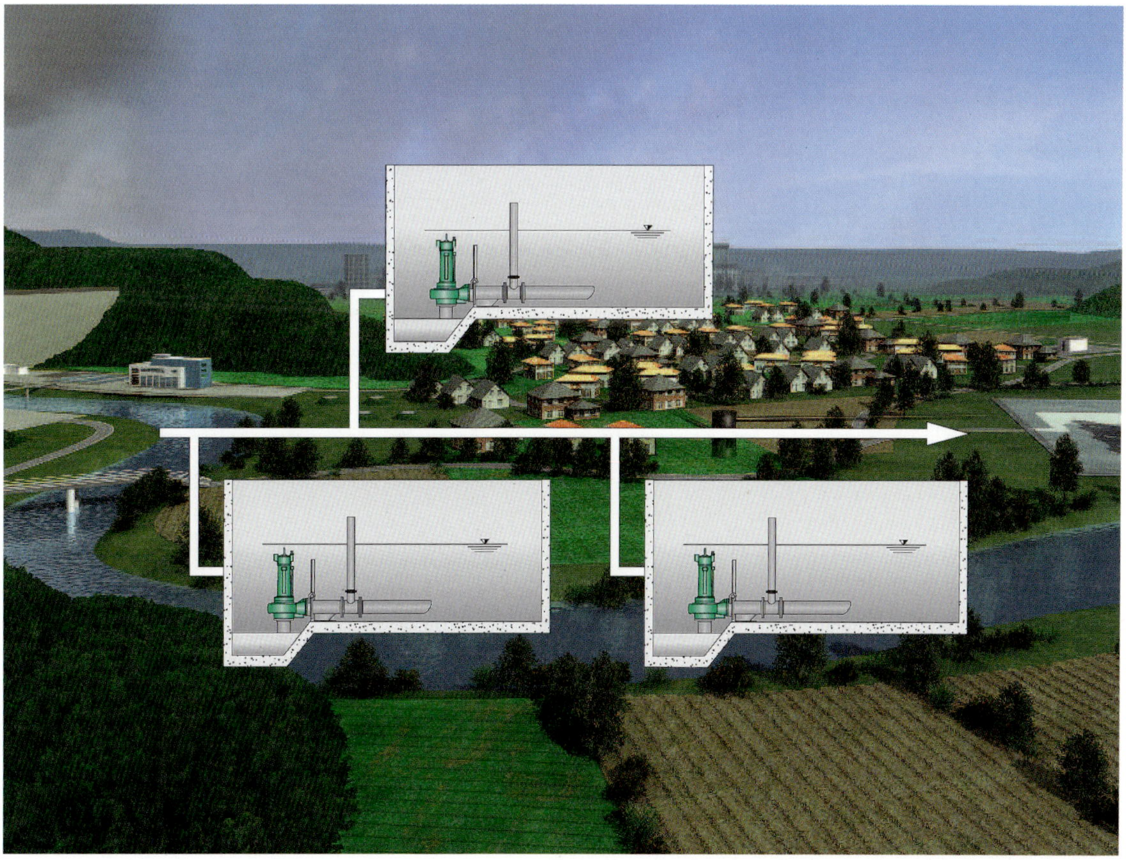

저수조 청소

강우와 해동이 장기간 계속 되면 많은 양의 먼지와 고형물질이 우수 배수로 저수조로 유입된다. 저수조의 벽과 바닥에 고형물질이 침전되는 것을 방지하기 위하여 여러 가지 청소 방법을 사용하고 있다.

제트 노즐 청소 (Without Injector)

이 노즐 시스템은 많은 양의 물과 고압의 펌프가 필요하다.

플러싱 저수조의 물청소

공사비가 아주 많이 든다. 오수 펌프로 플러싱 저수조를 채워야 한다.

수중 믹서로 청소

이 방법의 장점은 에너지 비용이 낮고 정격 전력이 낮다는 점이다. 하지만, 청소시간은 더 길다. 또한 청소 성능은 주로 저수조의 모양에 크게 의존한다.

제트 클리너

제트 클리너는 설치가 용이하고 간단한 현장 개조로 기존의 저수조에 새로 장착할 수 있다. 이것은 에너지 소비량이 적고 대구경 덕분에 청소 시간도 짧다. 개폐장치를 사용하여 각기 다른 저수조 모양에 따라 청소를 조정할 수 있다.

제트 클리너의 기능 설명

하수용 수중 펌프는 배수로로부터 들어오는 폐수를 인젝터 노즐과 제트 배관을 통하여 저수조로 돌려보낸다. 또한, 공기는 압력에 의해 흡입 배관을 통해 빨려 들어와 제트배관의 폐수와 섞이게 된다. 압력을 받아 공기와 같이 고속으로 나오는 폭발적인 토출수는 저수조에 도달하여 난류를 생성한다. 입자가 굵은 물질의 2-3%는 한 방향으로 강하해 배수로에 모이게 된다. 이 과정에서 유기물 및 무기물을 뒤섞어 배수로로 보낸다. 유기물은 저수조의 물과 매우 빠른 속도로 혼합된다. 하지만 무거운 무기물질은 대부분 잔류 세척 과정까지 저수조의 바닥에서 제거되지 않는 것으로 나타났다.

제트 배관을 통해 여러 번 저수조로 물을 보내면 굵은 입자의 유기성분들이 분리되고 용해된다. 그 결과 생성되는 파장이 저수조의 벽을 청소한다.

또한 이렇게 하여 물에 산소를 공급한다. 이러한 이차효과는 장시간 저수조에 남아 있는 물의 부패를 방지한다는 점에서중요하다. 이것이 의미하는 것은 다음과 같다.

- 가스형성으로 인한 불쾌한 냄새가 없다.
- 폐수처리시설은 부패된 물에 의해 추가적으로 쌓이지 않으며 오수 처리과정 동안 에너지를 절감할 수 있다.
- 황화수소가 하류 수로에 들어가는 위험이 없다. 연구에 의하면, 주요 부식 및 손상은 슬러지 침전 및 혐기성 분해에 의해 야기되는 오수 형태에서 발생할 수 있다. 이론적으로, 부식 손상은 여러 가지 방법으로 방지할 수 있다. 먼저, 황의 감소를 방지하여 예를 들어 산소를 배관에 공급하거나 슬러지 생성 및 오수 네트워크 내 생물막의 생성을 방지하여 손상을 방지한다.
- 청소 과정에서 외부의 물이 필요 없다.

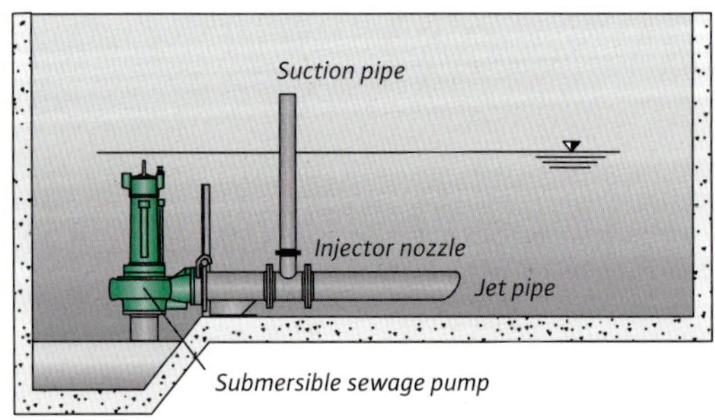

장방형 저수조 선택을 위한 기준

- 길이:폭의 비율은 깊이가 6m를 초과하지 않는 물의 경우 2:1이 된다. (공기 유입은 4m 이하의 물이 인젝터 위에 올 때까지 발생하지 않는다)
- 배수로까지의 구배가 2~3%가 되어야 한다.
- 배수로와 함께, 제트클리너의 중앙 배열
- 적어도 배수로의 5% 정도는 배수구에 가파르게 떨어지도록 배치해야 한다.
- 잔류 세척을 위해 필요한 사용 가능한 양은 저수조에 맞추어야 한다. 이것은 저수조의 표면의 최소한 3% 정도의 유량을 가지고 있어야 한다.

- 에너지 밀도는 약 30~40 Watt/m^{3}가 되어야 한다. (깊이가 6m 이상의 저수조에서 30% 채워진 수위, 약 2~3m 깊이의 편평한 저수조의 경우 100% 채워진 수위)
- S1 연속 운전 모터 역시 완전 물에 잠기지 않는다.
- 저수조의 배출이 신속히 이루어져야 한다. 플랩방식의 배출이 이루어지는 펌프에서 배출하는 동안 외부 수위에 의해 플랩이 물에 잠기지 않도록 가능한 높이 설치해야 한다.
- 장방형 저수조에 대한 계산 예

제안 설치	(비축적)
저수조의 길이	16.00m
저수조의 폭	8.00m
저수조의 높이	6.00m
최대 수위	5.00m
저수조 유량	640m^3
에너지 입력의 최소 요구치	7.7kW

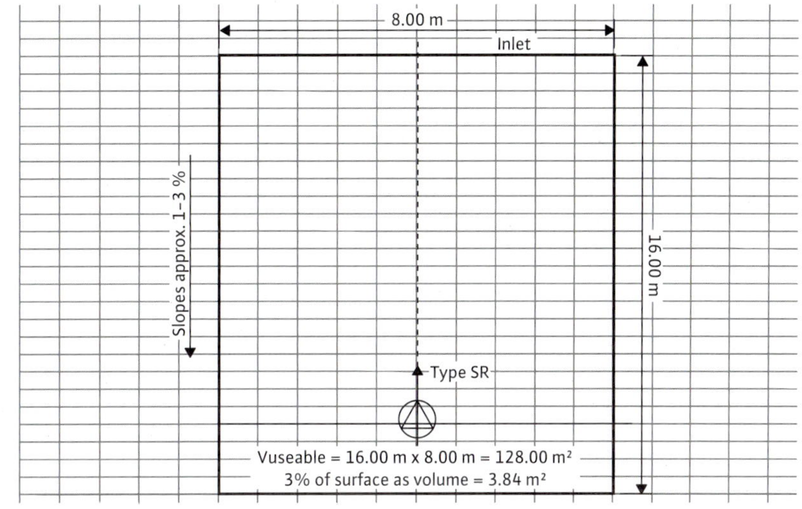

원형 및 고리형 저수조 선택을 위한 기준

- 원형 및 고리형 저수조는 깊이 6m를 초과하지 않는 물이 있어야 한다. (공기 유입은 4m 이하의 물이 인젝터 위에 올 때까지 발생하지 않는다)
- 원형 저수조의 중요한 특징은 외경과 표면적이다.
- 가장자리 또는 중간에서 배수로까지 구배가 2~3%가 되어야 한다.
- 제트클리너는 고리형 저수조의 경우 저수조의 외부 가장자리로부터 반경 1/3 위치에 배열하고 이런 저수조의 배수로의 경우 중앙에 배열되어야 한다.
- 배수로가 설치된 경우 적어도 5% 정도는 가능한 배수구에 가파르게 떨어지도록 설계해야 한다.
- 가능한 경우 필요한 유량은 잔류 세척을 위해 저수조 표면적의 최소 3% 정도는 되어야 한다.

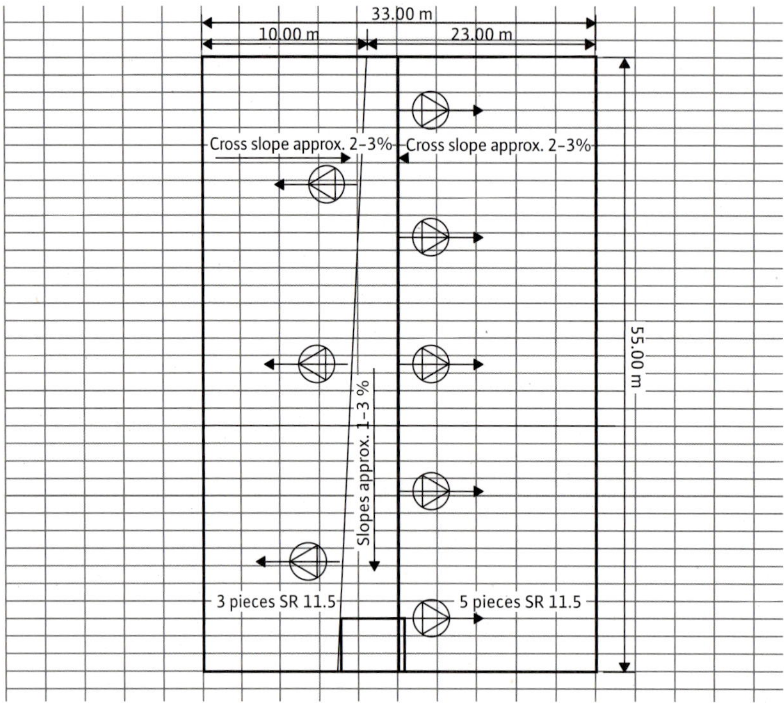

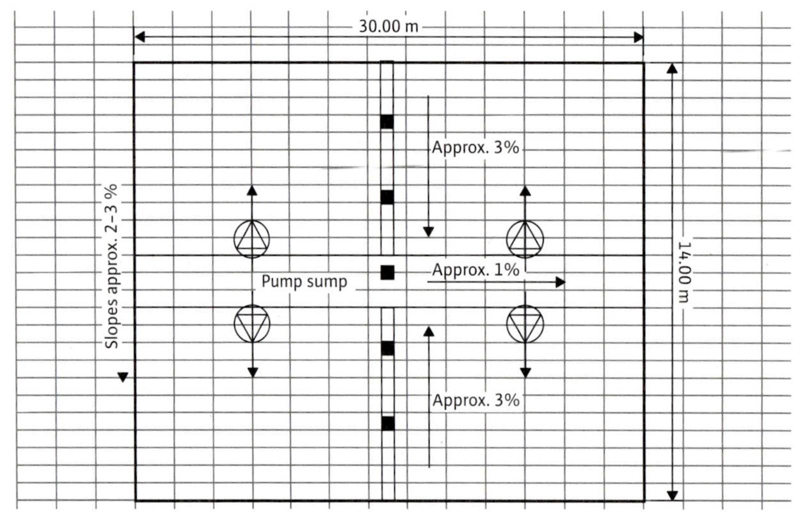

특수 저수조 형태 - 보기 1

저수조의 형태로 최적비율은 2:1이 아니다. 배수로는 저수조의 가장자리에 있지 않고 큰 저수조 청소를 위해 여러 개의 제트 크리너가 필요하기 때문에 저수조를 절반으로 나눈다.

권장 설치 치수	(비축척)
저수조의 길이	5500m
저수조의 폭	33.00m
저수조의 높이	4.50m
최대 수위	320m
저수조 유량	5808m3
에너지 입력의 최소 요구치	69.7kW

특수 저수조 형태 - 보기 2

저수조의 형태로 최적비율은 2:1이 아니다. 배수로는 저수조의 가장자리에 있지 않고 청소를 위해 저수조를 절반으로 나눈다. 높이가 약 0.3m의 벽이 청소 성능을 개선하고 흐름이 없는 구역이 발생하지 않도록 기둥 사이에 설치해야 한다.

제안 설치	(비축척)
저수조의 길이	30.00m
저수조의 폭	14.00m
저수조의 높이	5.00m
최대 수위	4.00m
저수조 유량	1680m³
에너지 입력의 최소 요구치	30.2kW

판금 또는 콘크리트로 높이 약 0.2~0.3m의 기둥 사이에 집수정을 설치하고, 가능한 멀리 배수로를 설치할 것을 권장한다.

특수 저수조 형태 - 보기 3

이 특수 고리형 저수조 형태는, 외부 고리형 챔버로부터 내부 고리형 저수조까지 오염물의 운반이 쉽지는 않다. 배수로는 저수조의 가장자리에 있지 않고 저수조를 나누게 된다. 수중 믹서와 제트 클리너의 결합이 가능하다.

제안 설치	(비축척)	
저수조의 외경	22.00m	9.50m
저수조의 높이, 바닥, 가장자리	5.00m	5.00m
저수조의 높이, 원뿔가장자리 중심	4.50m	4.50m
최대 수위, 저수조 유량	4.00m	4.00m
외륜	640m^3	301m^3
에너지 입력의 최소 요구치	6.3kW	

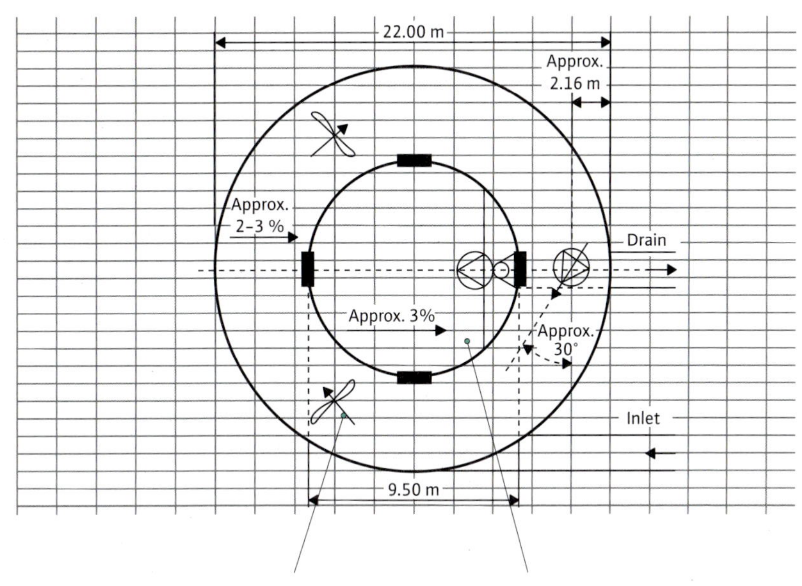

솔루션 접근

표면을 나누고 각 기둥 사이에 제트 에어레이터를 설치하는 것은 엄청난 비용이 든다. 약 24 x7m의 표면적은 2.1 비율을 이루지 못하고 기둥으로 인해 좋지 않은 위치에 있다. 유체의 이동과 또는 배수로는 너무 편평하여 흡입 배수로로 기능을 하기 힘들다.

하지만 배수로를 통과하는 중 주요 오염물질은 잔존한다. 그러므로 확장 제트 파이프의 11.5 제트 클리너는 투자대비 최고의 솔루션이다.

요약

- 청소 과정은 배출 단계에서 부터 시작한다.
- 이 과정에서 저수조의 물을 사용한다. 외부 물은 필요하지 않다.
- 유출되는 저수조 물은 오염물이 그대로 들어 있다. 서지는 없다.
- 그 결과 발생한 파장으로 저수조의 벽을 청소한다.
- 따라서 물에는 산소가 풍부하고 황화수소 및 불쾌한 냄새는 형성되지 않는다.
- 굵은 입자의 유기물 고체는 분해되어 용해된다.
- 하류 오수 배수로에서 생물막 형성 방지
- 낮은 투지 비용
- 낮은 유지보수비용 및 긴 수명
- 전체적인 효율성은 낮은 운영비를 뜻한다.
- 완전자동화된 작업흐름

유입 펌프장

배설물 슬러지 / 집수
DWA 워크시트 DWA-A280에 규정된 배설물 슬러지는 DIN 4261에 따라 소형 오수처리시스템 또는 기술승인을 받은 시설 또는 공장 제조 오수 정화조에서 나온 슬러지를 말한다.

비유출 저수조의 내용물 즉, 화장실의 건조한 화학물질은 '배설물 슬러지'에 포함되지 않는다.

배설물 슬러지의 구성 및 양은 특히 추출 양과 유형 그리고, 멀티챔버 피트에서 배수 및 탈슬러지가 이루어지는 빈도에 따라 달라진다.

만약 멀티챔버 피트가 여러 해 동안 비워지지 않은 경우, 배설물 슬러지는 정기적으로 비워진 피트보다 4배 이상 오염 농도를 가질 수 있다. 배설물 슬러지는 돌, 모래, 섬유, 플라스틱, 유리, 깡통, 면도날 등이 포함된다.

배설물 슬러지는 도시 폐수처리시설의 처리작업에 영향을 미치지 않아야 하고 그로 인해 불쾌한 냄새 또는 오작동이 일어나서는 안 된다.

폐수처리시설은 일반적으로 적어도 10,000명의 규모를 가져야 한다. 예외적인 상황에서, 활성 슬러지 시설이 적절하게 갖추어진 경우 5,000~10,000명의 인구에 대해 승인이 가능하다. 그 적절한 시설은 통기 장비를 포함하는 생물학적 단계에서 그리고 분해 단계 및 기타 슬러지 처리 장비에 사용해야 한다.

배설물 슬러지의 공급 장소는 도시 폐수처리시설의 프로세스 기술과 배설물 슬러지 집수장의 설계에 따라 다르다. 만약 침사지를 갖추고 있지 않으면, 슬러지는 기계세척 단계의 유입 유출수로만 추가될 수 있다.

소형 및 중형 시설의 경우, 당사는 유입 서지를 방지하기 위하여 유입측에 다이아프램 팽창탱크를 설치할 것을 권장한다.

만약 배설물 슬러지 집수장이 굵은 입자 및 섬유물질 그리고 모래 등을 제거하기 위한 자체 장치를 갖추고 있으면, 동작을 위해 상당한 입구측 공간이 있어야 한다.

- 1차 처리를 한 KLA 및 분해 탱크를 부유물 제거장치와 침사지의 유출되는 역류수로 추가
- 1차 처리를 한 KLA 및 부유물 제거장치와 침사지의 분해 탱크 배출수로 추가
- 분해 탱크, 부유물 제거장치 및 침사지에서 직접 슬러지 유량에 추가하는 것이 강제요건이다.

배설물 슬러지 집수장은 다음 요소로 구성된다.
- 배설물 슬러지의 전달을 위한 연결장치: 온라인 데이터 수집이 필요하다.
- 굵은 입자의 고형물 제거기(돌 수집기)
- 굵은 입자망
- 침사지
- 배설물 슬러지 저장고
- 정량 집수장

배설물 슬러지 집수장을 배치하는 최적의 장소는 폐수처리시설의 유입 지역에 있다.

펌프 기술
흡입펌프는 폐수처리시설로부터 오수를 끌어올려 일반적으로 다운스트림 부유물 제거장치, 체 드럼, 모래 및 그리스 콜렉터를 통해 사전처리 시설로 전달한다. 설계차수에 대해서는, 적절한 DWA 가이드라인을 참고한다.

전체 주거 및 도시 하수관리개념을 탈수시스템의 수력적 계산으로 분류해야 한다.

스크류 펌프 또는 원심 슬러지 펌프는 종종 오수를 이송하기 위해 사용된다.

스크류 펌프

튼튼하지만 많은 공간을 차지하는 이들 기기의 발명은 고대 수학자 아르키메데스로 거슬러 올라간다. 스크류 펌프는 대용량의 슬러지를 이송할 때 사용된다.

이들 펌프의 폭넓은 작용은 많은 고체 물질을 운반하는 매체 운송을 용이하게 한다.

스크류 펌프 설치

다음 다양한 건설방식으로 구분한다.
- 현장에서 만들어진 콘크리트로 만든 스크류 홈통
- 사전제조한 콘크리트 블록으로 만든 스크류 홈통
- 강판으로 만든 스크류 홈통
- 압축 스크류 홈통 펌프 (관모양의 스크류 컨베이어)

펌프는 수로로서의 역할을 동시에 하기 때문에 고정밀 콘크리트 공사가 필요하다. (예외: 스틸 홈통이 있는 스크류 또는 관형 스크류 컨베이어)

처음의 3가지는 상단에 개구부가 있는 홈통에서 작동하며 마지막 한 가지는 밀폐된 튜브에서 작동한다. (대부분 슬러지 구역에 위치하며, 막힘 위험이 있다)

원심 슬러지 펌프

지방도시의 물 관리에는 각기 다른 종류의 설치방법이 있다. 건식 우물 설치의 경우, 펌프가 펌프 집수정에서 조립되므로 아주 간단한 공간절약형 설계의 공사가 가능하다.

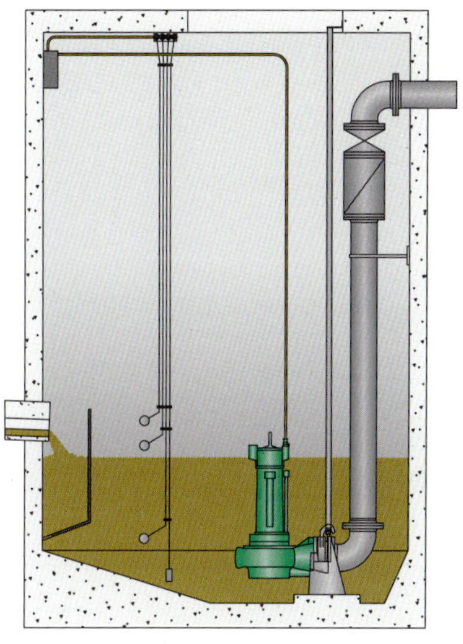

건식 우물 설치 중에는 별도의 펌프 챔버가 필요하다. 하지만 펌프는 쉽게 접근이 가능하고 비상시에 오버플로우가 많은 경우 물에 잠길 수 있어 운전 신뢰성이 반드시 보장되어야한다. 특수 물질 예를 들어 Abrasite, 이중 또는 Ceram 코팅은 내마모성을 개선하기 위하여 사용할 수 있다.

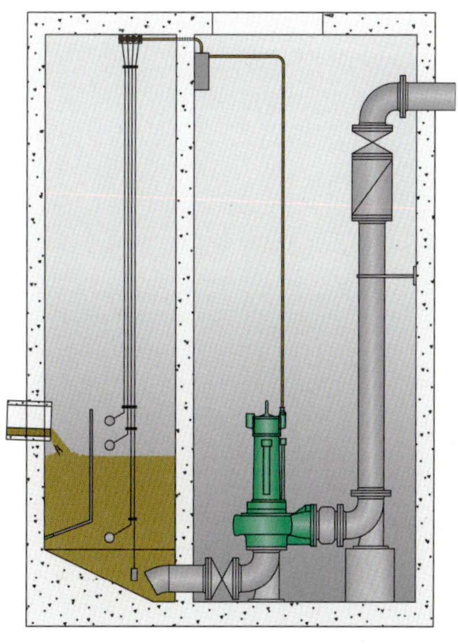

펌프 집수정, 저수량 계산

흡입공간의 사용가능한 저수량은 허용 개폐빈도와 설치된 펌프 중 가장 큰 펌프의 체적 유량에 따라 다르다. 2개의 동일한 펌프와 자동, 교차운전의 경우, 유량이 반으로 떨어질 수 있다.

허용 개폐 빈도 S는 일반적으로 시간당 15번까지이며 모터 동력에 따라 다르다.

도표에 명시된 유량은 최악의 상황에서 펌프가 문제없이 작동할 수 있기 위해 필요한 최소값이다. 이것은 펌프에 대한 유입이 체적 유량의 절반인 경우의 사례이다. 그 결과는 시간당 동작의 최대 수가 된다.

사용가능 유량식

$$V_{useable} \ [m^3] = \frac{0.9 \cdot Q}{Z}$$

약어	설명
Q	가장 큰 펌프의 체적 유량 [l/s]
Z	개폐 빈도 [1/h]

이 결과는 한 대의 펌프에 대한 것이며, 2 대의 펌프에 대한 결과는 절반이 된다.

$$= \frac{0.9 \cdot \ell/s}{starts/h \cdot 2 \ pumps} = \frac{0.9 \cdot 150 \ \ell/s}{10 \cdot 2}$$

$$= 6.75 \ m^3/h \ useable$$

사용가능한 집수정 유량

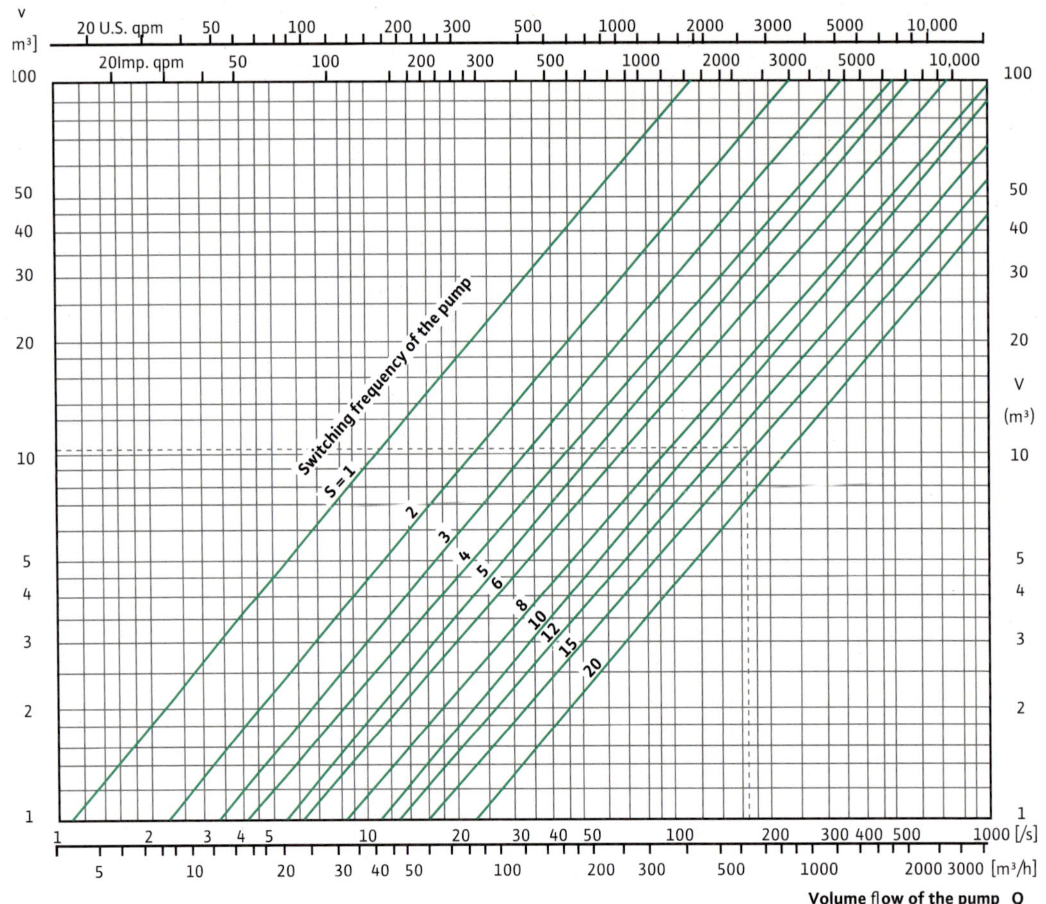

유입 펌프장과 펌프 집수정의 최적화

펌프 집수정은 완벽한 유입이 이루어지도록 배치해야 한다. 어떤 침전물이나 부유물의 층이 형성되어서는 안된다.

불규칙적인 유입은 임펠러에 불규칙적인 부하를 적용시킨다. 펌프의 흡입구의 와류 형성 업스트림 역시 운전 조건을 변경시킨다. 이로 인해 소음, 진동, 씰 부분에 부하를 주며 베어링 마모를 야기한다.

다음사항을 고려해야 한다.

- 유체는 가능한 균일하게 펌프 내로 공급되어야 한다.(와류 및 기포가 없어야 한다)
- 흐름이 없는 구역이 없어야 한다.
- 와류 및 소용돌이 형성을 방지하기 위하여 펌프 집수정에 방류판을 설치한다.
- 표면의 와류(공기 유입)를 방지하기 위하여 충분히 높은 수위를 유지한다.
- 침전을 방지하기 위하여 바닥을 경사지게 한다.
- 방류판의 설치를 통하여 상대적으로 유입되는 물의 높이가 높아지지 않도록 한다.

방류판의 전면에서 유입

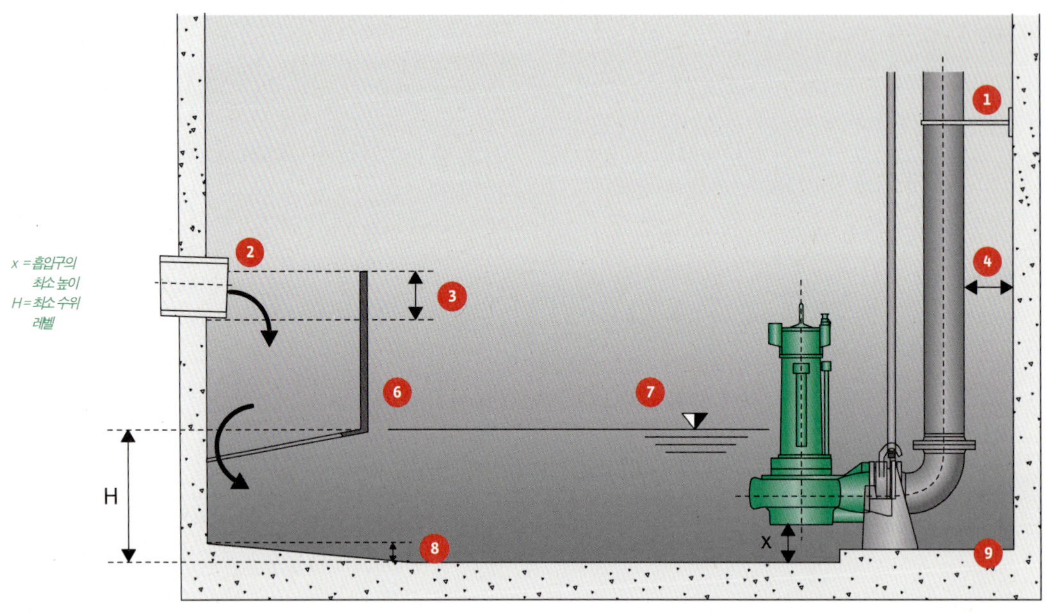

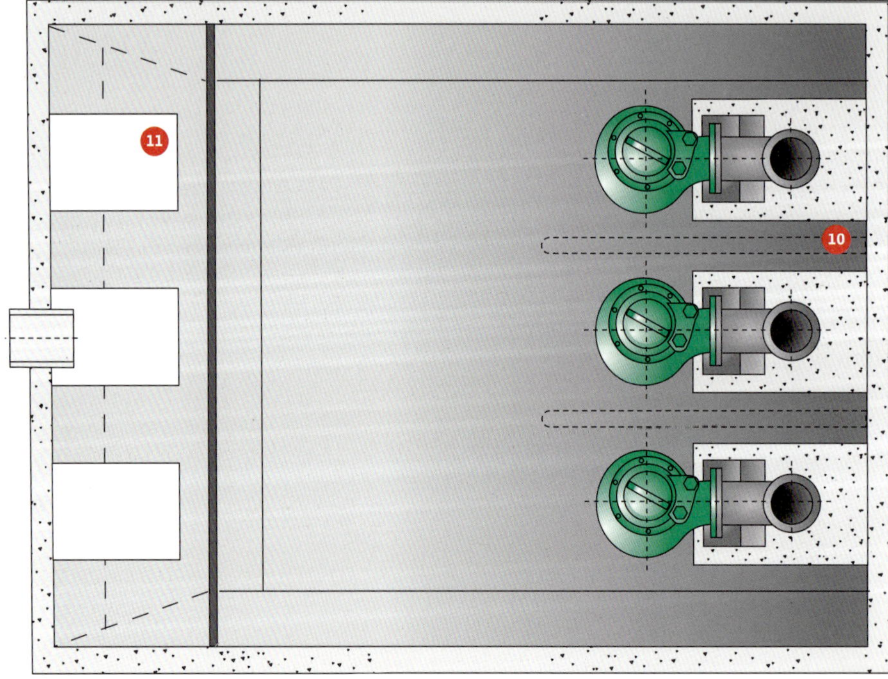

방류판이 없는 전면 유입

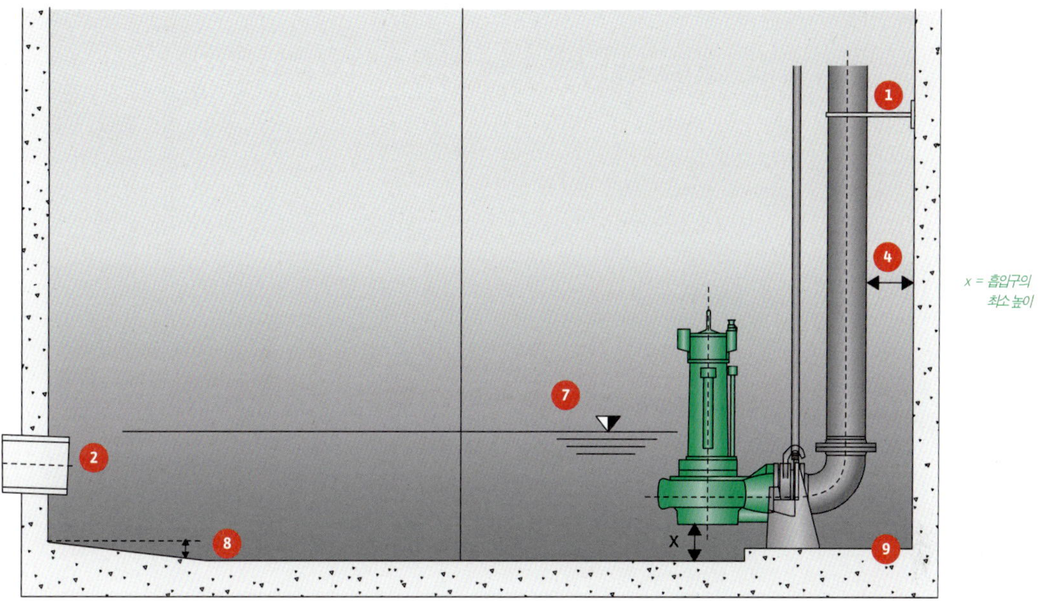

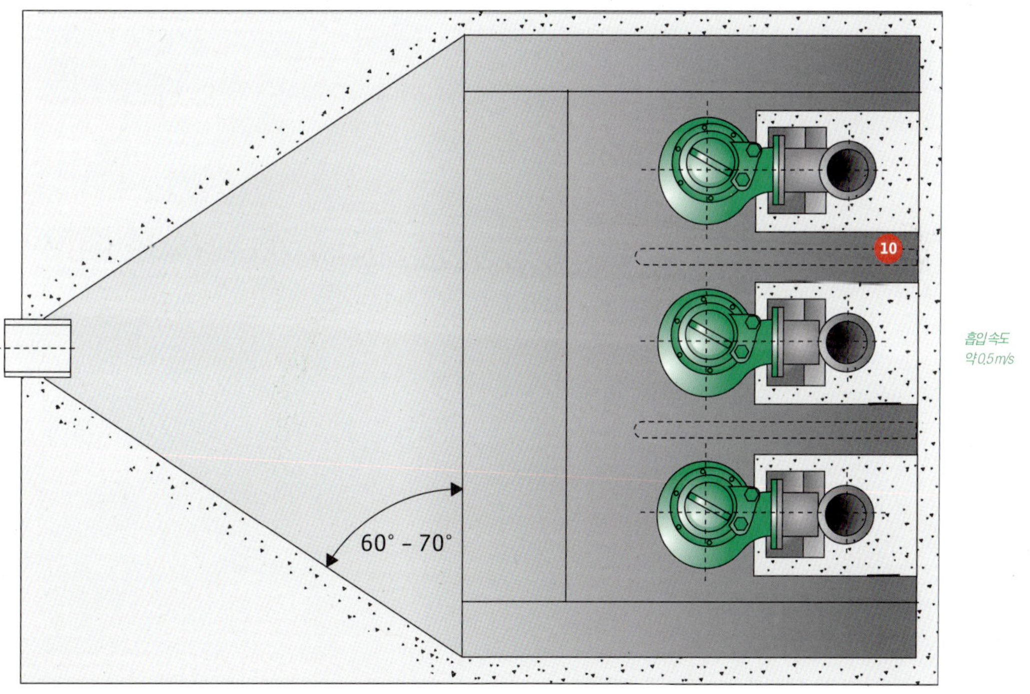

범례

1 고정, 압력 배관	4 작은 벽 간격	7 최소 수위	10 칸막이
2 흡입구	5 흡입구보다 적어도 25% 더 크다.	8 최대 10°	11 관류가 흐름을 제한하고 에어 타임을 주어 부드럽게 한다.
3 인입 연결부분의 적어도 3/4	6 방류판	9 펌프 자동탈착부 고정용 기초	

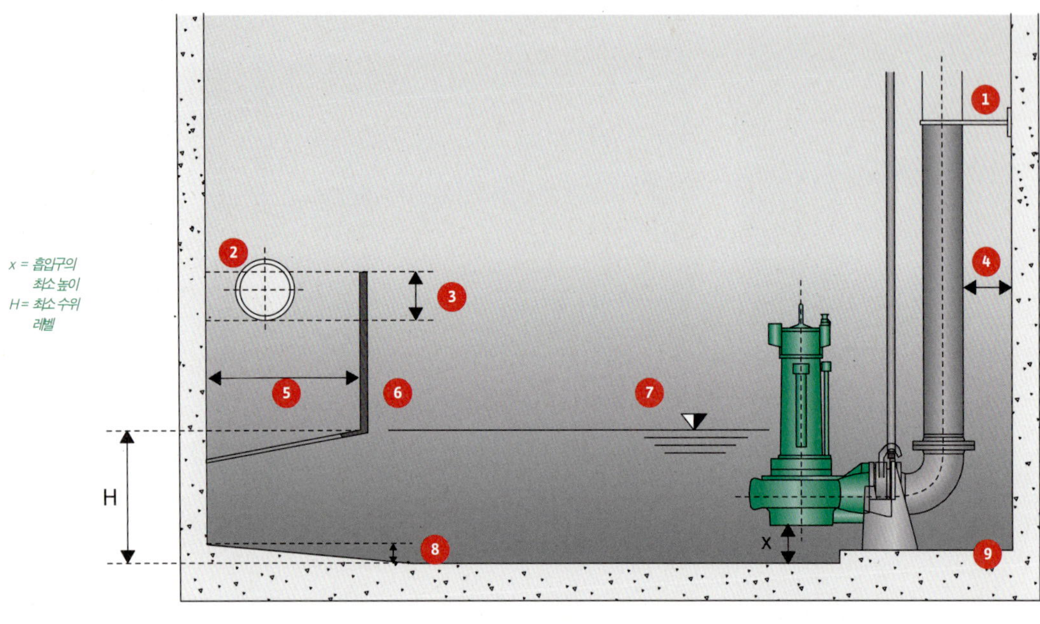
x = 흡입구의
  최소 높이
H= 최소 수위
  레벨
H
x

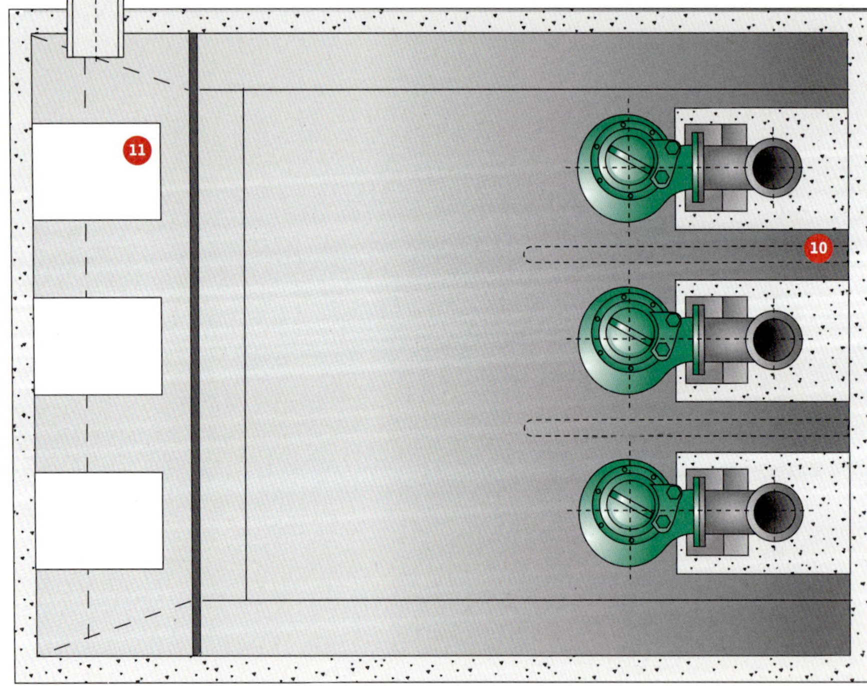
흡입속도
약0.5m/s

방류판의 측면에서 유입 (관류 없음)

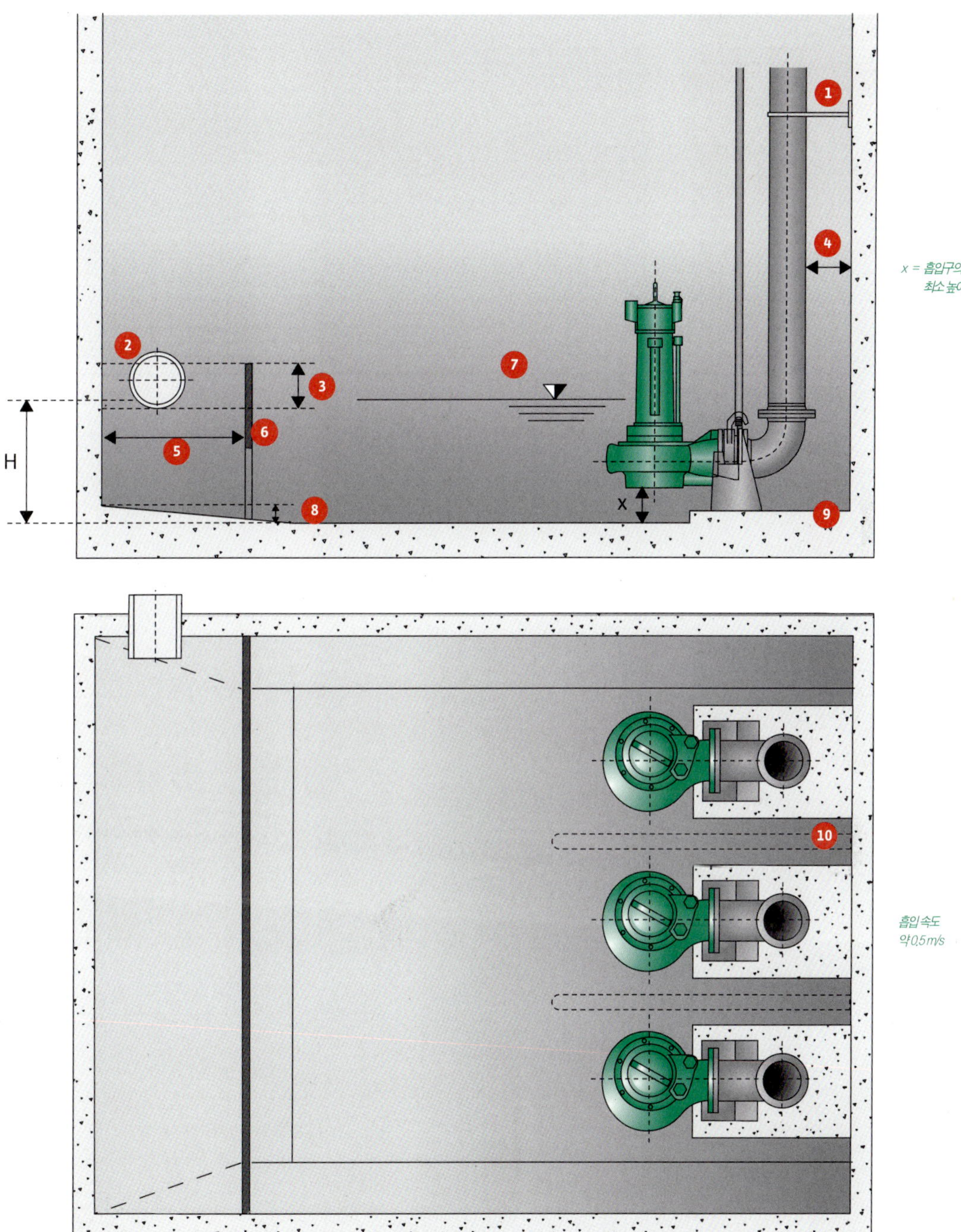

범례

1	고정, 압력 배관	4	작은 벽 간격	7	최소 수위	10	칸막이
2	흡입구	5	흡입구보다 적어도 25% 더 크다.	8	최대 10°	11	관류가 흐름을 제한하고 에어
3	인입 연결부분의 적어도 3/4	6	방류판	9	펌프 자동탈착부 고정용 기초		타임을 주어 부드럽게 한다.

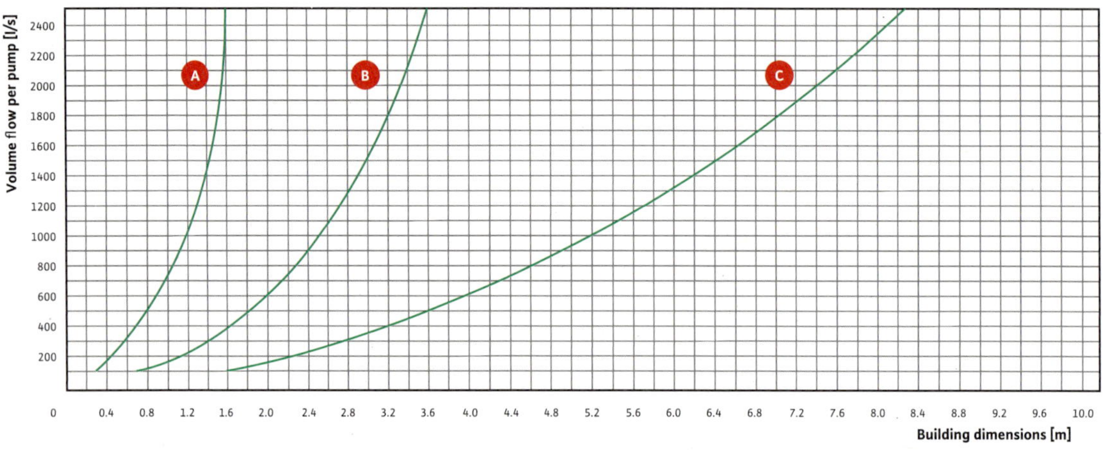

일반적으로 칸막이가 있는 설계가
항상 더 나은 솔루션이 된다.

칸막이가 없는 공사 설계 (추정치)

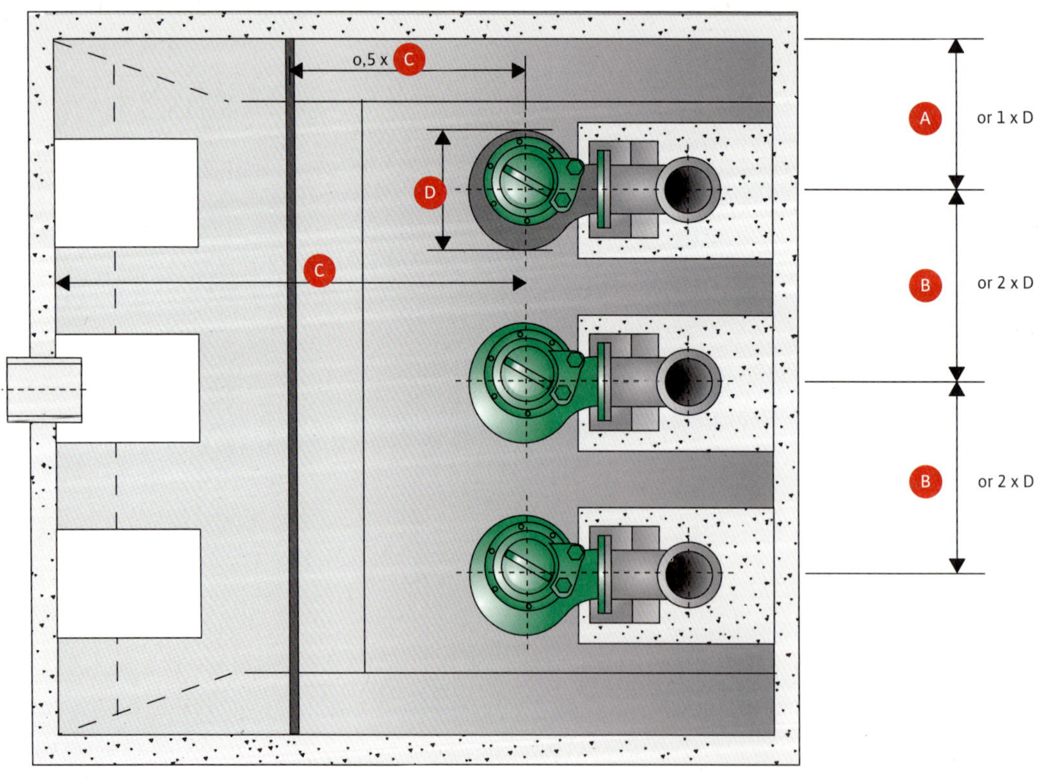

설치 지침, 오수 펌프

<table>
<tr><td colspan="3" style="background:#2e8b3a;color:#fff">고정부품의 설치</td></tr>
<tr><th>원인/고장</th><th>작용</th><th>적절한 설치</th></tr>
<tr>
<td>• 불안정한 기초</td>
<td>• 약간의 진동
• 밀봉실/모터 부에 물 침투</td>
<td>• 흡입측의 바닥 간격을 고려해야 한다.
• 중요: 펌프 유형에 따라 콘크리트 베이스가 필요하다.</td>
</tr>
<tr>
<td>• 기울어진 앵커 로드
• 불안정한 높이 조정, 충분한 접촉면적이 없음</td>
<td>• 큰 진동
• 미케니컬 씰이 열리고 밀봉실 및 모터에 유체 침투</td>
<td>• 자동탈착부를 적절하게 부착한다.
• 고정면을 단단하게 고정한다.
• 고정볼트를 정확하게 설치
• 접착 앵커</td>
</tr>
<tr>
<td>• 앵커 로드가 충분히 깊게 설치되지 않음
• 접착제가 드릴 구멍으로 누출
• 불안정한 커플링 풋 부착</td>
<td>• 운전 시 기기에 소음이 발생하고 커플링 풋에 균열
• 고정스크류가 느슨해진다.</td>
<td>• 접착 앵커를 충분한 깊이의 콘크리트 바닥에 삽입해야 한다.</td>
</tr>
<tr>
<td>• 불안정한 지지대에 의한 높이 조정</td>
<td>• 응력이 펌프로 전송된다.
• 허용 진동 강도가 초과되어 미케니컬 씰이 열린다.(물 침투)</td>
<td>• 흡입용 하부 엘보를 단단한 콘크리트 바닥에 부착해야 한다.
• 높이 조정을 위한 underlay가 없다.</td>
</tr>
</table>

원인/고장	작용	적절한 설치
• 압력포트와 배출 배관 사이의 확장 조인트가 없다.	• 배관의 진동이 펌프 장치에 전달된다. • 진동이 증가하면 미케니컬 씰의 운전자 표면이 손상된다.(물 침투)	• 건식 우물설치의 경우, 확장 조인트가 압력 포트의 다운스트림에 즉시 필요하다. • 커플링풋 엘보의 확장 조인트 업스트림이 항상 도움이 된다. • 배관시스템으로부터 후방 진동이 없다.
• FFR 조각을 사용하여 흡입배관 라인의 감소	• 가장 높은 지점에서 공기 축적 • 공기와 물이 혼합되어 흡입되는 동안 소음을 내면서 가동	• 흡입배관이 감소하는 경우, FFR 조각 대신 FFR-E를 사용한다.
• 플랩 밸브가 커플링풋 엘보의 업스트림에 바로 설치된다.	• 유입이 부정적인 영향을 미친다. • 분리 및 난류가 흡입구 바로 앞에서 일어난다. • 펌프가 소음을 내면서 가동하고 캐비테이션을 일으킬 수 있다 ⇒ 미케니컬 씰이 손상 ⇒ 물 침투	• 흐름을 방해할 수 있는 어떤 설치물도 커플링풋 엘보의 업스트림에 바로 허용되지 않는다. • 흐름이 방해를 받지 않도록 게이트 밸브를 설치한다. 조용한 구역이 충분히 길어야 한다. 빙글빙글 돌지 않고 유입.
• 집수배관으로부터 흡입배관까지 엘보 연결 (90°)	• 균일하지 않고 휘감기는 유입에 의한 분리 • 유체가 균일하지 않게 펌프에 공급된다. ⇒ 진동 증가	• 공급배관에 엘보연결을 피해야 한다. • 적합한 유량조건은 기울어진 사이드배관을 필요로 한다. • 이것은 휘감기지 않고 고르게 유입되도록 한다.
• 배관이 적절하게 고정되어 있지 않다.	• 균일하지 않고 휘감기는 유입에 의한 탈착 • 유체가 균일하지 않게 펌프에 공급된다. ⇒ 진동 증가	• 공급배관에 엘보연결을 피해야 한다. • 적합한 유량조건은 기울어진 사이드배관을 필요로 한다. • 이것은 휘감기지 않고 고르게 유입되도록 한다.
• 배출 배관의 플랜지와 펌프 압력 포트 사이의 연결오류	• 장치가 팽팽한 상태하에 설치되어 있다. 진동이 증가하고 이로 인해 미케니컬 씰/롤러 베어링에 손상을 입히고 미케니컬 씰이 손상된다. ⇒ 물 침투	• 팽팽하지 않게 시스템 배관에 펌프를 설치한다.
• 역류방지밸브가 풋엘보의 다운스트림에 바로 설치되어 있다.	• 역류방지밸브 하우징에 공기 축적 • 펌프에 공기가 압축되어 펌핑이 되지 않지만 역류방지밸브는 열리지않는다.	• 역류방지밸브는 상승 배관의 가장 높은 위치에 설치해야 한다. • 가능하면, 수평토출 배관에 설치한다.

공사 단계에서의 고장

원인/고장	효과	적절한 설치
• 전원공급케이블이 적절하게 설치되어있지 않다.	• 케이블 손상 • 펌프와 개폐장치가 손상	• 펌프에서 개폐장치까지 케이블 덕트를 통해 전원공급 케이블을 적절하게 설치한다.
• 펌프가 공사 중인 집수정에 보호장치 없이 놓여 있다. • 전원공급케이블이 물에 잠겨있다.	• 펌프가 낙하물에 의해 손상되었다. • 물이 케이블 끝부분을 통해서 단자함 또는 모터에 들어갔다. • 시운전 시에, 이로 인해 단락이 일어나고 모터가 고장이 날 수 있다.	• 전원공급케이블이 집수정 바깥에 적절하게 고정되었다. • 전원공급케이블의 케이블 끝부분은 물 속에 있어서는 안 된다. • 펌프는 낙하물로부터 보호되어야 한다.

펌프의 상호작용-유체 또는 멀티 펌프

원인/고장	영향	적절한 설치
• 펌프 간 간격이 너무 좁다.	장치들이 서로 영향을 미친다. • 균일하지 않은 유입 • 진동 • 진동하면서 펌프 작동 • 과다한 마모	• 펌프가 서로 적절한 간격을 가지도록 한다. (케이싱 외경의 2배)
• 유입되는 유체가 펌프 바로 옆에 떨어진다.	• 기포가 발생한다. • 공기와 물이 섞여서 펌프로 들어가고 이로 인해 펌프에 소음이 발생하면서 운전한다.	• 어떤 형태로든 흡입유체가 바로 떨어지도록 하지 않는다. • 흡입유체는 충격판/튜브를 통해서 펌프로 유입되게 한다.

03. 기계적인 청소

초기 처리단계는 대개 기계적인 프로세스로 구성된다.
이것은 오수에서 기계적으로 수거될 수 있는 분해되지 않는 고체 부유물과 기타 부유물을 약 20~30%를 제거한다.
고급 오수 청소 및 산업용수 관리는 흡수, 여과 및 스트리핑을 효율적으로 사용한다.

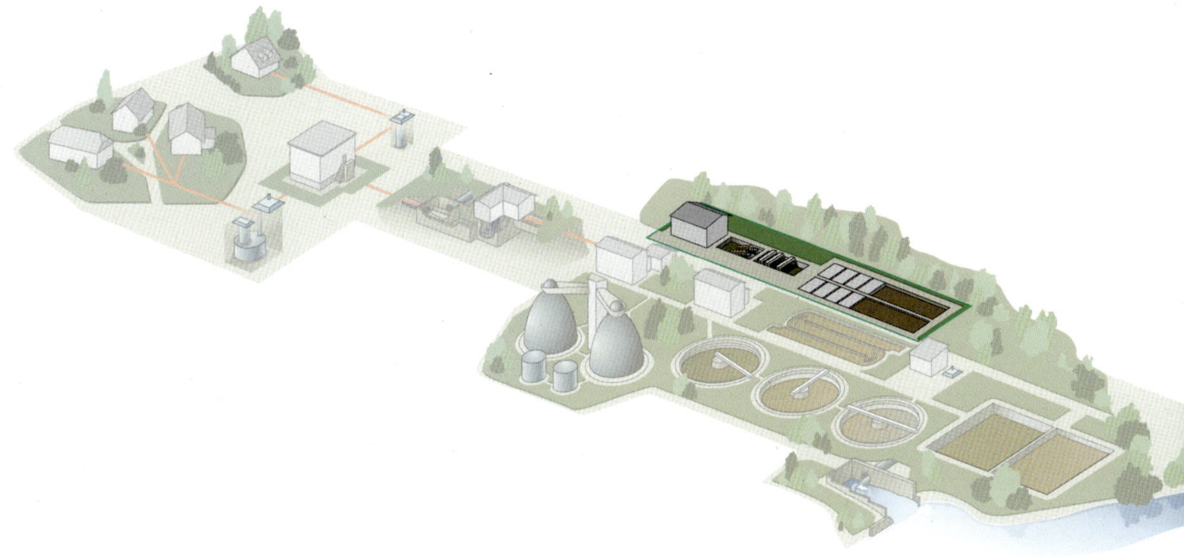

기계적인 프로세스에는 다음 내용이 포함된다.
- 부유물 제거장치 및 여과기
- 침전 탱크 및 침사지의 퇴적
- 가벼운 물질의 부유 및 분리
- 여과
- 역삼투 및 초미세 여과법과 같은 다이아프램 방법
- 원심분리법

도시용수의 경우, 부유물 제거장치와 여과기를 사용하는 방법이 침전탱크나 침사지의 퇴적을 이용하는 방법과 함께 일반적으로 사용된다.

부유물 제거장치

부유물 제거장치를 사용하는 목적은 굵은 입자의 성분을 제거하는 것이다. 부유물 제거장치는 다운스트림 시스템과 기기들이 막히지 않도록 보호하기 위해 사용된다.

부유물 제거장치는 여과기 여과 방법에 따라 작동을 한다. 이것은 폐수처리시설에서 제일 중요한 청소 단계이다. 배수와 오수는 여과기를 통해 흐르고 굵은 입자의 물질을 다운스트림 기기와 장비를 보호하는 차원에서 수거한다. 분리된 굵은 입자의 물질을 스크리닝이라고 한다.

오늘날, 더욱 작은 통과 간격 또는 회전 드럼 여과기가 사용되고 있으며 스크리닝 물질을 세척하는 것이 필요하게 되었다.

기술적 측면에서, 기하학적 차이를 토대로 하여 물질이 분리되며 이 과정을 분류 또는 여과라고 한다. 가끔 여과기를 침사지의 배수가 되는 곳 또는 회수되는 슬러지가 흐르는 곳에 둔다.

부유물 제거장치 유형

부유물 제거장치 유형으로는 수동으로 청소하는 것뿐만 아니라 자동으로 하는 것도 있다.

오늘날, 수동식 수거는 비상 순환식 부유물 제거장치에서만 볼 수 있다. 이들은 일반적으로 기울기가 1:2~1:3 으로 배치된 직선형 철골로 만들어 진다. (수직은 흔하지 않다).

부유물 제거장치는 여러 가지 기준을 토대로 분류된다. 대개는 분리 정도 즉 여과기 개구부의 크기를 기준으로 서로 구별한다.

- 굵은 부유물 제거장치는 40mm 이상의 조리개가 달려 있다.
- 가는 부유물 제거장치는 범위가 10~40mm 이다.
- 10mm 이하의 개구부 폭을 가진 기기는 미세 스크린이라고 한다.

오늘날, 굵은 부유물 제거장치와 미세 부유물 제거장치 / 여과기가 종종 직렬로 설치되기도 한다.

사람들은 기기 유형을 기준으로 다음 유형의 부유물 제거장치를 구별
한다.

활형 부유물 제거장치

활형 부유물 제거장치는 상대적으로 넓고 얕게 설치되는 곳에 사용한다.
한 개 이상의 빗이 수평축을 따라 봉 주위에서 앞 / 뒤로 흔들린다. 이 활
용분야는 좁은 수로가 있는 아주 작은 폐수처리시설이다.

왕복형 부유물 제거장치

이것은 설치 깊을 때 사용할 수 있다. 직선형 로드는 80°로 설치되며, 청
소는 2개의 로프로 작동하는 부유물 제거장치에 의해 운반된다.

갈고리형 부유물 제거장치

이것은 왕복형 부유물 제거장치와 비슷하지만 더 큰 부하용으로 만든 것
이다. 추가적인 케이블과 기어 모터가 독립적으로 갈고리를 관리한다.

부유물 제거장치 바 스크린

이 장비는, 순환 체인에 부착된 빗살 플레이트가 청소에 사용된다. 이것
은 수직으로 또는 약간의 각도가 있는 경우 설치된다.

특수 유형 (바스켓 등)

계단식 스크린은 미세 스크린의 한 종류로 점점 더 많이 사용되어 진다.
계단실 스크린은 계단 모양의 얇은 층으로 구성되어 있는 미세격자이다.
이 얇은 층은 정해진 간격 너비로 움직일 수 있으며 다양한 강도 레벨을
가지고 있다. 이것은 선반에 배열되어 있다. 얇은 층은 상하로 이동 및 동
시에 회전하면서 단단한 물질을 계단에서 계단으로 따라 움직이게 하여
분사 장치로 전달한다.

구슬선 쇠갈퀴형 부유물 제거장치라고도 불리는 여과기 부유물 제거장
치는 여과기와 부유물 제거장치 사이에 가장 많이 사용되는 복합형이다.
플라스틱 재질의 연속적인 벨트는 밖으로 흐르는 유량에 잠기고 상부 스
트로크에서 고체 물질을 수집한다. 부유물 제거장치가 있는 경우, 수로
에 두며 수력 손실을 최소화 한다.

여과기

오늘날 여과기는 도시용수 폐수처리시설의 유입부분에서 종종 볼 수 있
다. 이들은 다음과 같은 장점이 있다.
- 다운스트림 청소단계는 여과기가 모든 굵은 입자와 섬유 물질을 수거
  하므로 유지보수가 덜 필요하다.
- 침전물이 감소

- 에러가 적은 슬러지 처리
- 더 균질한 슬러지 형성 (농업적인 활용에 더 유리 할 수 있다)
- 분해 탱크 내의 부유 물질의 층 형성을 방지한다.
- 흡입측에 부유물 제거장치로 걸러지지 않는 섬유물질이 거의 없어야
  하는 다이아프램 시스템에 중요하다.

여과기는 다음 기준에 따라 구별할 수 있다.

여과기 개구부의 크기
- 굵은 입자의 여과기 $\geq$ 1mm
- 정밀 여과기 $<$ 1mm
- 미세 여과기 $\geq$ 0.05mm

여과기 본체 유형
- 활형 여과기
- 드럼 여과기
- 여과기 벨트
- 여과기 디스크

여과기 표면의 배열
- 갭 여과기
- 홀 여과기
- 여과기 섬유

설치 유형
- 수로 내 설치
- 수로와 독립적으로 설치

가장 기본적인 유형은 회전체를 가지지 않은 활형 여과기이다. 물이 단
단한 활모양의 여과기 표면을 지나 여과기를 통해 아래 방향으로 이동
한다. 고형물질은 여과기 표면에서 풀려 컨베이어 벨트 또는 콘테이너
로 들어간다.

변형된 형태로 저지대 여과기는 브러시 암을 회전하여 반원 모양으로 저
지대의 이물질을 모은다.

드럼 여과기는 느리게 회전하는 드럼으로 구성되어 물이 밖으로부터 흐
르거나 그 반대로 흐르게 한다. 거름망 드럼은 대개 제트 노즐을 사용하
여 산업용수로 청소를 한다.

이러한 여과기 시스템은 제조자에 의해 관리된다. 당사의 경험에 의하면
이들 시스템은 유지보수가 많이 필요한 기기들이기 때문에 백업 기기를
반드시 설치해야 한다.

여과물 / 여과물 세척기

여과물은 화장실 휴지, 생리대, 배설물, 음식물 쓰레기 및 나뭇잎과 같은 유기 및 무기물질로 구성된다. 오수에서 발견되는 섬유조각, 머리카락, 종이 및 플라스틱 등이 문제가 될 수 있다. 이러한 것들이 배관을 막히게 하고 펌프와 믹서에 손상을 입힌다.

여과물은 일반적으로 연소된 위생학적으로 문제가 되는 쓰레기이다. 이 물질은 일반적으로 연소 전에 기계적으로 탈수된다. 종종 여과물은 용해가 되는 유기물의 비율을 감소시킨다. 이러한 유기물은 생물학적 처리를 위해 되돌려 보내진다.

사용된 부유물 제거장치의 유형에 따라, 도시용수의 여과물에서 나온 DR(건조 잔여물)은 10~25% 사이이다. 평균적으로 건조 잔여물의 90%는 유기물이다.

여과물의 양은 다음에 따라 크게 좌우된다.
• 부유물 제거장치 / 여과기 시스템의 간격 너비
• 탈수 시스템의 크기 및 유형
• 업스트림 펌프장의 유형 및 수
• 특정 오수 내용물의 대형 생산기의 비율

여과물의 건조 잔여물은 스크류 피스톤 또는 롤러 프레스를 사용하여 탈수 용기 내 최대 50% 까지 증가된다. 이렇게 하여 80%까지 물질의 중량 및 부피를 줄일 수 있다.

여과물 세척기는 흔히 배설물과 부유 유기물을 헹구어내기 위해 이 프로세스 단계에서 적용되고 헹군 물이 폐수처리시설의 흡입구로 흘러 들어 가도록 한다.

ROTATMAT ® 장립 부유물 제거장치,
유입수로에 설치된 대용량 수차리설비

벽면개구부 폭에 따른 여과물의 양 (DWA에 따라 수정)			
		여과물의 특정 양 [ℓ/E · a]	
장치	**벽면개구부 폭** **[mm]**	**탈수 안됨** **(8% TR)**	**기계적으로 탈수** **(25% TR)**
굵은 입자 여과물	>40	2–5	0.5–1.5
가는 부유물 제거장치	10–40	5–15	2.5–5
굵은 입자 여과기	15–5	11–17	3.5–5.5
여과기 부유물 제거장치	6–1	16–35	5–12

침사지

기계적 폐수처리의 두번째 부분인 침사지(grit chamber)는 일반적으로 오수로부터 모래를 제거하기 위하여 사용되는 길쭉한 침전 탱크이다. 이론적으로, 통기성 및 비통기성 침사지로 구별된다.

침사지는 오수의 유량을 감소시키고 모래입자 및 작은 모래와 같은 무거운 물질을 침전시킨다. 기본적인 목적은 오수의 무기질 성분을 제거하는 것이다.

그 목적은 다음과 같다.
- 배관과 처리 저수조의 침전물을 방지한다
- 기기 및 기기부품의 마모를 방지한다
- 기계적으로 오수를 청소한다

길쭉한 침사지는 가장 많이 사용되는 유형이다. 오수의 유속은 이러한 유형에서는 0.3m/s를 초과해서는 안된다. 이것은 모래알갱이와 기타 물질 (d>0.2mm)이 가라앉도록 한다. 유량을 줄이면 퇴적이 일어난다. 더 가벼운 물질과 더 작은 입자들은 흐름에 의해 계속 운반된다.

모래의 양은 일년 평균 일인당 약 2~6리터가 된다.

모아진 모래는 정기적으로 비워지고 처리된다. 침사지는(침사지가 높아질 경우), 스크레이퍼, 차폐막과 스크류를 비롯하여 에어리프트 펌프와 원심 펌프와 같은 기계적 수거 장비를 사용하여 높은 수압으로 비울 수 있다.

오늘날 가장 많이 사용되는 방법은 펌프기반 수거이다. 이것은 이동식 챔버 브릿지에 부착되어 침사지 바닥의 퇴적 수로로부터 퇴적된 입자를 퍼올린다.

1차 처리

펌프장과 오수배관의 높은 난류로 인해, 오수의 그리스 성분이 잘게 분산되어 수거가 무척 어렵다. 유체에 공기가 통하도록 하면, 이 잘게 용해된 그리스 방울이 덩어리가 되어 수면 위로 올라간다. 이러한 과정은 통기된 침사지의 공기와 그리스의 공통된 소수성 특성을 사용한다. 이후, 스크레이퍼를 사용하여 오수로부터 그리스를 제거할 수 있다.

그리스의 양은 주민 일인당 일일 6~15g 이다.

침사지를 비우는데 사용하는 펌프는 높은 내마모성을 필요로 한다. 침전물 (특히 모래)은 휘저어 섞인 후 배출된다. 볼텍스 임펠러 및 믹서 헤드를 갖춘 특수 모래 수거 펌프는 특히 이 일에 적합하다. 이 펌프에서, 모래는 펌프 흡입구에서만 뒤섞이게 된다. 고형 침전물은 풀어져 운반될 수 있다. 모래는 압축된 흐름 구역에 의해 자유롭게 침전될 수 있다. 믹서 헤드, 임펠러 및 펌프 하우징은 마모성이 아주 높기 때문에, 크롬성분이 들어있는 냉간주철을 자주 사용한다.(예: Abrasite)

현대적인 시스템에서, 수집된 모래/작은 모래는 침사지에서 제거된 후 세척된다. 즉 유기성분이 탈수를 증진하고 재사용이 가능하도록 하는 방법으로 제거된다.(예: 도로 건설)

또다른 유형으로 회전식 침사지가 있다.(회전형 침사지) 침전될 수 있는 물질이 찻잔 효과에 의해 둥근 저수조의 중앙에 배치된 집수정에 모이게 된다.

이 기계적 처리는 부유물 제거장치로 수거할 수 없는 면봉 및 생리대와 같은 일차적 슬러지 또는 굵은 입자 형태의 분해되지 않은 유기물질을 침전하기 위한 프로세스를 사용한다. 침전을 하려면, 단면적이 증가되고 저수조의 유량이 폐수 처리시설의 부하에 따라 (건기 또는 우기) 약 1.5cm/s 감소한다. 일차 슬러지는 3%의 고체 물질 비율을 가지고 있다. 그 pH값은 슬러지가 분해되는 동안 아주 강한 산성이 되므로 5와 6 사이가 된다. 스크레이퍼는 슬러지를 일차 정화기의 깔때기 지점으로 밀어넣고 오수 펌프에 의해 추가적인 처리를 위해 운송된다. 일차 정화기로부터 나온 오수는 대개 중력에 의해 생물학적 처리시설로 흘러 들어간다.

저수조의 설계는 체류시간을 기반으로 하며 오염 및 건조한 날씨에서 최대 흐름시간에 따라 달라진다.

기계적 폐수처리는 일차 처리와 함께 종료된다. 하지만 오수는 생물학적 분해가 필요한 약 60~70%의 오물을 용해되지 않은 형태로 포함하고 있다.

04. 생물학적 처리 및 더 발전된 방법

생물학적 방법은 유기물 성분이 높은 오수의 분해를 위해 사용된다. 이 방법은 미생물 분해 프로세스를 이용한다.

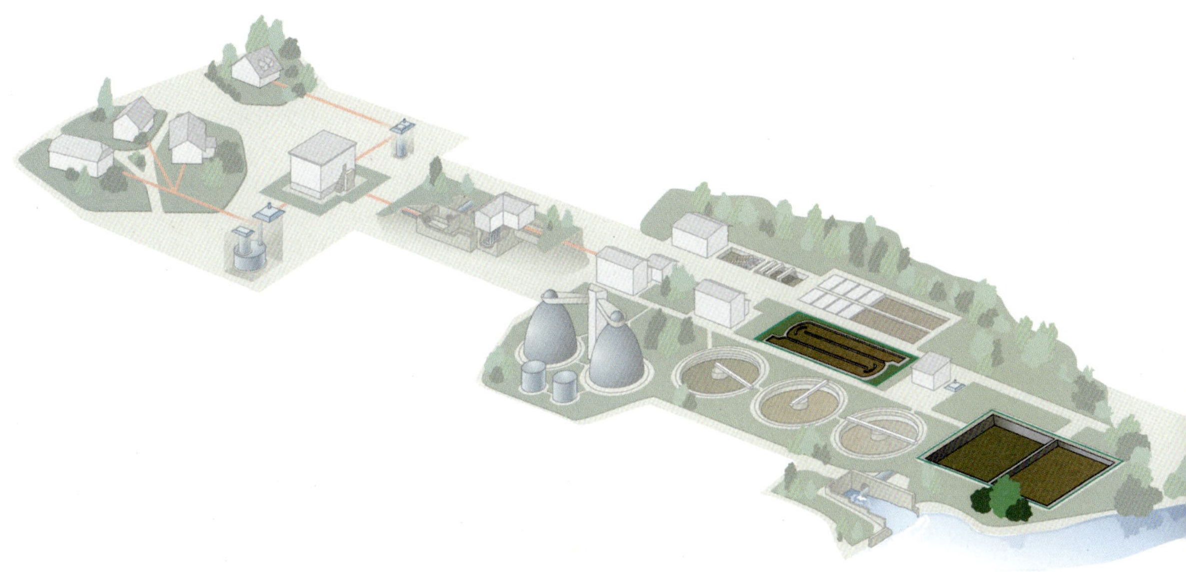

여기서는 오수의 분해 가능한 모든 유기성분들이 무기질화된다. 즉 통기성 폐수처리에서 오수가 무기물 최종산물인 물과 이산화탄소 및 질소로 분해가 된다는 것을 의미한다.

세균성 질소화공정 N과 탈질공정 DN은 유기질적으로 연결된 질소와 암모니아를 제거한다. 인 또한 중간크기 및 대형 오수처리시스템에서 박테리아를 사용하여 대부분 제거된다.

전체적으로 사용된 생물학적 폐수처리와 관련된 미생물은 '활성 슬러지'라고 부른다. 일부는 상당히 특성화된 박테리아 균주로 자신의 대사 요구를 맞추기 위해 분해가 될 오수 구성성분을 이용한다. 활성 슬러지의 구성은 각 케이스마다 오수의 성분에 맞춰 적용하고, 처리시설 공정마다 다양하다.

숙련된 기술자는 슬러지 샘플의 정밀분석을 통해 아주 정확하게 하수처리시설의 특성을 설명할 수 있다.

효과적인 청소를 위해 활성 슬러지 탱크 속의 미생물의 최소 농도를 필요로 한다. 이것은 지속적인 바이오매스 재활용을 가능하게 한다.(그림 참조: 부분 바이오매스 재활용의 발효기) 일정한 초과 슬러지가 같은 시간에 시스템으로부터 제거되므로, 활성 슬러지 탱크 속 평균 체류 시간은 매일 제거되는 바이오매스로 시스템 내의 바이오매스 비율을 사용하여 계산할 수 있다. 소위 슬러지 수명은 폐수처리시설의 생물학적 비율을 설명하는데 중요한 매개변수이다.

3단계는 무생물-화학적 프로세스이다. 여기서는 미생물을 사용하지 않고 산화 및 침전과 같은 화학적 반응을 이용한다. 도시용수 폐수처리의 경우, 이러한 화학적 반응은 침전 반응을 사용하여 인을 제거하는 역할을 한다. 이 프로세스는 모아진 물의 부영양화를 방지하는데 매우 중요하다. 또한, 무생물 / 화학적 방법은 산업용수관리의 침전 및 고급 폐수처리를 위해 사용된다.(예: 구름모양의 응집 / 침전 / 여과)

인산염 제거

지난 30년 동안, 오수의 인산염 성분은 인산염이 들어가지않은 섬유세제를 사용한 덕분에 50% 이상 감소되었다. 오늘날 오수에서 찾을 수 없는 인산염의 주요 비율은 신진대사물로 만들어지며 따라서 인간의 배설물에 기인하는 바가 크다.

질소와 함께 인산염은 지표수의 부영양화를 야기할 수 있는 식물영양소이다. 이런 이유로, 생물학적 오수처리의 기본적인 특징은 이러한 화합물의 제거이다. 제거작업은 화학적 침전 작용을 사용하거나 또는 생물학적 베이스 또는 이러한 방법을 결합하여 할 수 있다. 생물학적 제거를 하는 동안, 특정 세균 균주의 능력은 바이오매스의 고품질 에너지와 함께 저장물질로서 인을 저장하는 것이다. 혐기성에서 호기성 환경으로 전환하면 이러한 프로세스에 도움이 되며 사람들이 소위 혐기성 저수조를 생물학적 오수처리시설의 유입구에서 BPR의 형태로 찾는지를 설명해 준다.

화학적으로 인산염을 제거하기 위해, 복잡한 형태의 금속염 또는 석회를 사용한다. 이러한 침전제의 양이온은 인산염 음이온과 함께 비수용성 화합물을 형성한다. 이 콜로이드는 2차 처리 (NK)에서 침전물은 구름모양으로 응집되어 잉여 슬러지와 함께 제거된다. 이러한 방법을 사용하여 90% 이상의 제거율을 얻을 수 있다.

탄소 제거

생물학적 분해 프로세스는 미생물에 의해 전환 또는 흡수되는 유기 탄화수소를 필요로 한다. 흡수를 위해 콜로이드 및 분해된 유기 물질은 활성 슬러지 조각 표면에 응집되며 부분적으로 조각 내부로 전달되기도 한다. 여기서, 탄화수소의 질에 따라, 대사 전환이 일어나거나 물질이 앞서 언급한 바이오매스에 흡수되며 잉여 슬러지와 함께 제거된다.

유기 탄화수소의 또 다른 부분은 산화과정을 통해 이산화탄소와 물로 산화된다. 그 결과, 미생물은 자신의 대사를 위한 에너지 공급 뿐만 아니라 기타 다른 미생물 물질을 만들기 위한 탄소를 충당할 수 있게 된다.

우제돔섬의 Swinemunde의 폐수처리시설

질소 제거

인산염과 마찬가지로, 질소는 지표수에서 증가하는 조류성장에 큰 부분을 차지하는 식물 영양소이다. 특정 질소화합물은 또한 물고기에게 직접적으로 독이 될 수 있다.

질소 화합물의 제거에는 여러 단계의 분해를 요구하며 이 중 가장 중요한 것으로 - 질산화공정과 탈질공정을 살펴보기로 한다.

유기적으로 연결된 질소는 오수배관의 암모니아에 의해 가수분해되지 않으며 폐수처리시설로 다시 이송된다. 이 형태로 슬러지 활성 탱크에 살고 있는 미생물에게 접근하기 쉽다. 이 질소화합물은 절대 혐기성 활동 박테리아로 산소를 소비하여 암모니아를 산화시켜 질산염을 두 단계의 프로세스로 만든다.

첫 단계에서, 니트로노소니스 미생물은 중간산물인 아질산염을 만들고 그 다음 질소화합물은 질산염으로 전환된다.

가수 분해:

$$org - N + H_2O + NH_4{+} + OH^-$$

1단계:
$$NH_4{+} + 1.5\ O_2 + NO_2{-} + 2\ H^+ + H_2O + energy$$

2단계:
$$NO_2{-} + 0.5\ O_2 + NO_3{-} + energy$$

실제로, 중간 질산염은 작은 농축액으로만 발견된다. 따라서 실제 경험에 의해 두 번째 반응 단계가 완료된 것으로 가정한다. 이러한 질소 제거를 위한 중요한 반응은 에너지 대사요구를 맞추고 새로운 바이오매스를 구축하기 위해 필요한 에너지를 미생물에게 제공한다. 이 세포합성은 미생물에 질소를 합체하는 과정이 동반된다. 에너지 균형을 고려하여, 전체적인 질산화공정을 다음과 같이 세포조직 생리학적으로 표현할 수 있다.

$$NH_4{+} + 1.83\ O_2 + 1.98\ HCO_3{-} \Rightarrow 0.021$$

$$C_5H_7O_2N + 0.98\ NO_3{-} + 1.041\ H_2O + 1.88\ H_2CO_3$$

질산화공정은 산소소비에 의해 진행되고 양성자를 방출하여 활성 슬러지 탱크에서 완충 작용을 하는 프로세스로 요약할 수 있다. 이것은 다른 대부분의 박테리아와 같이 미생물을 질소화하는 것이 수명을 위한 가장 확실한 조건이며 중성 pH 범위에서 가장 활발하므로 중요하다.

생물학적 질소제거의 두 번째 단계에서, 형성된 질산염은 기본적인 질소로 환원된다. 이 반응은 방출된 산소가 없는 경우에만 발생할 수 있으며 이것은 왜 탈질공정이 일시적으로 또는 공간적으로 질산화공정 프로세스와 엄격하게 분리되어야 하는지를 설명해 준다. 활성 슬러지 시설의 생물군집은 자기영양체 질소화합물 뿐만 아니라 탈질공정을 할 수 있는 미생물을 포함한다.

이것은 자신의 에너지 대사를 위한 탄소 화합물이 필요하며 특성상 종속영양이 된다. 활성 슬러지 시설의 질산화공정 존 내에서, 이들의 초기 과제는 산소를 사용하여 탄화수소를 산화하여 최종산물인 이산화탄소와 물을 만드는 것이다. 종속영양 미생물의 약 70~90%는 용해된 산소가 없을 경우 질산염과 결합된 산소로 호흡할 수 있다. 이 상태는 호기성에서 혐기성 상태로 전이되는 것으로 특징지을 수 있으며 '무산소 반응'이라고도 한다.
다음 단원은 반응 공식을 이용하여 더 상세하게 이 프로세스에 포함된 복잡한 상호관계를 기술한다.

비록 질산염의 생물학적 분해가 생물학적 폐수처리 동안 질산염 또는 아산화질소와 같은 다양한 중간 산물에 의해 진행할 수 있다 하더라도, 이러한 중간 산물의 어느 것도 실제로 방출되지 않으며 오직 기초적인 질소만 생성되는 것으로 가정한다.

$$5\ NO_3- + 2\ H+ \implies N_2 + H_2O + 2.5\ O_2$$

이 프로세스에서 방출된 산소는 대기로 누출되지 않는다. 대신 미생물의 에너지 대사 요구를 감당하기 위해 탄소 화합물의 산화에 사용된다. 이 것은 무산소 글루코즈 호흡의 예를 이용하여 도해로 나타낼 수 있다.

$$5\ C_6H_{12}O_6 + 24\ NO_3- \implies 24\ HCO_3- + 6\ CO_2$$
$$+ 18\ H_2O + energy$$

두 개의 공식이 명백하므로, 탈질공정은 양성자를 소비하며 질산화공정과 상호작용하면서 거의 균일한 산성의 균형을 이룬다.

또한 질소 제거와 관련된 미생물을 폐수처리시설의 슬러지 활성 지역에 축적하기 위하여, 바이오매스는 폐수처리시설 방류 전에 처리된 오수로부터 분리되어야 하고 생물학적 단계의 흡입구로 들어가야 한다. 이렇게 해야, 활성 슬러지 탱크에서 바이오매스의 필요한 최소 농도를 유지하는 것이 가능하다.

바이오매스 수집은 2차 처리 동안 발생하며 여기서 활성 슬러지는 침전될 수 있으며 연속적으로 제거될 수 있다. 박테리아 매스는 매일 재생되며 미생물 농도를 일정하게 유지하기 위하여 잉여 슬러지로부터 제거된다. 이러한 시스템은 다이아그램에 나와 있다. 이것은 부분적인 바이오매스 재순환이 포함된 발효기로 알려져 있다.

부분적인 바이오매스 재순환이 포함된 발효기

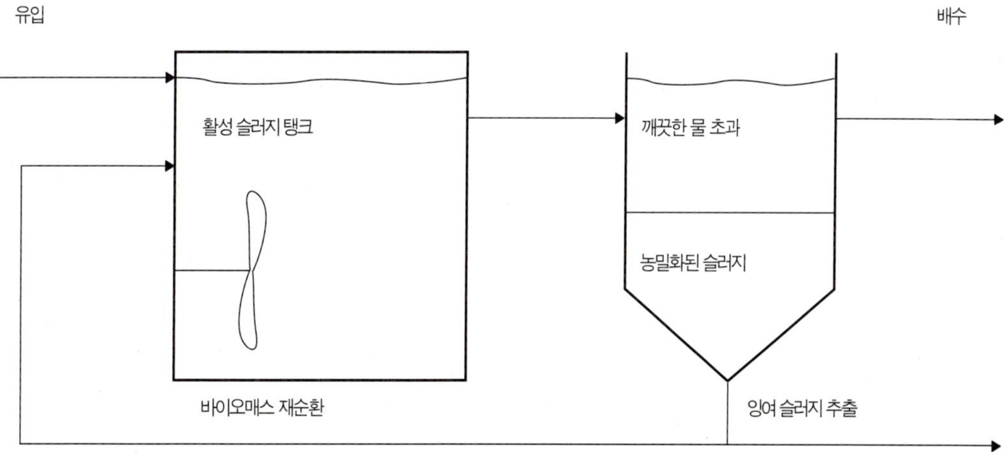

전통적인 활성 슬러지 방법

여기 소개된 유형은 DWA 규정 A131에 나와 있다. 이러한 시설 유형은 질산화공정과 탈질공정을 위해 설계된 것이다. 용존 산소가 없는 구역과 바이오매스가 부유하는 완전히 함께 혼합된 리액터는 이러한 프로세스의 전형적인 모습이다.

여기에 명시된 시설 유형 외에도, 아주 드물게 다른 응용 범위에서 사용되는 많은 변형된 방법이 있다.

흡입구로 들어가는 오수는 이미 굵은 입자 청소장치와 같은 일차 청소장치를 통하여 지나갔다. 이것은 일반적으로 기계적인 사전처리 배수와 동일하게 보여진다.

이 방법에서는, 질산화공정과 탈질공정은 생물학적 프로세스로 동일한 시퀀스에 있다. 유출되는 물은 초기에 질산염이 생성되는 호기성 저수조에서 끝난다. 그 다음 무산소 지역에서 질소로 전환이 이루어진다. 이러한 탈질공정 단계에서, 미생물은 대개 대사 유지를 위한 세포간 기억물질만 사용한다. CSB의 비율이 커서 이미 호기성으로 호흡을 하고 있으므로 질산염으로 분해되는 동안 기질 제한의 위험이 있다.

이 프로세스는 특히 자연스럽게 큰 비율의 CSB:NO3-N으로 생산하는 산업시설 및 충분한 CSB가 사용되는 것으로 확신하는 산업시설에 유용하다. 이 유형의 시설은 일반적으로 상호 순환없이 작동하므로, 최대 처리량이 폐수처리시설 방류 용량을 초과할 위험이 있다.

다운스트림 탈질공정의 프로세스 구성도

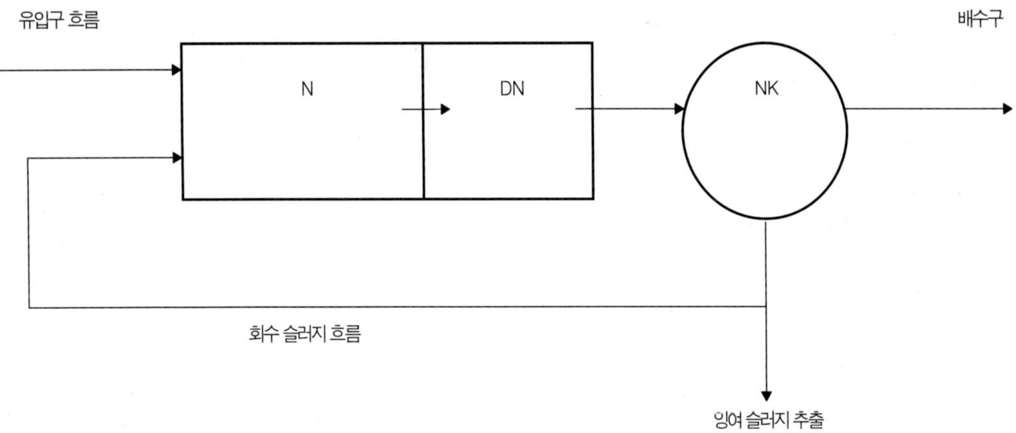

업스트림 탈질공정

이 프로세스에서는, 시퀀스가 뒤바뀐다. 흡입 유량이 회수된 활성 슬러지와 섞여서 비통기성 탈질공정 탱크로 흘러 들어간다. 그림에서 보듯이, 재순환은 활성 슬러지 방류로부터 흘러 나와 오직 통기성 질산화공정 탱크로 흘러 들어간다.

이 프로세스는 중요한 장점이 있다. 질산화공정 동안 형성된 질산염과 재순환에서 만들어진 질산염이 미처리 오수와 직접 접촉하기 때문에 탈질공정에서 발생하는 기질 제한의 위험은 거의 없다. 이것은 여전히 충분한 CSB 부하를 가져온다.

다시 말하면, 제대로 된 질소 제거 성능은 다음 단계까지 질산염이 형성되지 않으므로 큰 비율의 재순환을 요구한다.

이것은 또한 단점도 있다.

첫째, 원활한 펌핑 시스템을 위해 재순환 이송이 되어야 한다. 장시간 가동하면, 이것은 많은 양의 전기에너지를 소비하게 된다. 둘째, 증가된 유량은 기술적인 반응 관점에서 무엇보다 양질의 캐스케이드에서 체류시간을 줄인다. 셋째, 탈질공정 프로세스가 질산화공정에 의한 산소 추가로 손상될 수 있는 위험이 있다.

업스트림 탈질공정의 프로세스 구성도

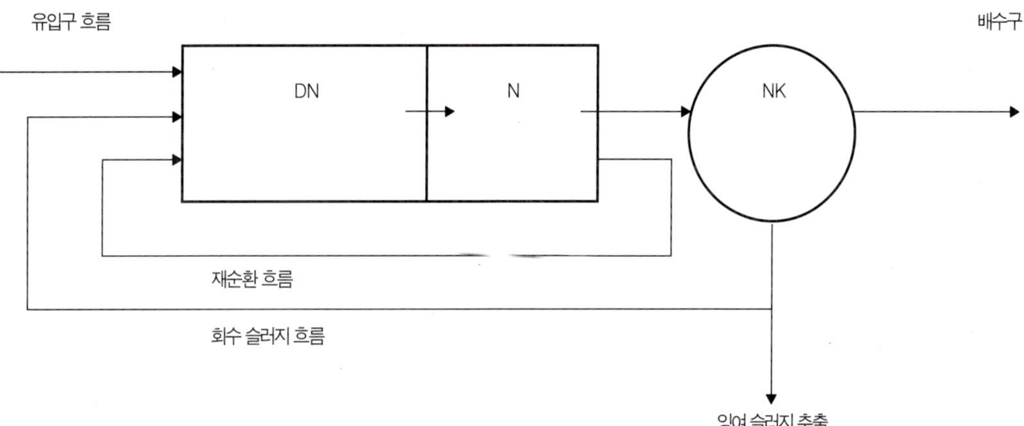

이 프로세스의 주요 이점은 아주 간단한 설계에 있다. 질산화공정과 탈질공정 단계는 양쪽 프로세스가 동일한 반응 공간에서 일어나도록 단일 저수조 내에서 시간초과 스위치 작업을 단계적으로 한다. 가장 기본적인 상황에서, 이 스위치는 타이머 스위치를 통해 통제된다. 암모니아질산염 또는 산소의 농도를 기준으로 전환하는 것도 가능하다. 이 시설 유형은 충분한 수압시간을 실현하기 위해 아주 많은 저수조 용량을 필요로 한다.

통기 작업 후, 탈질공정은 많은 용해 산소가 사용될 때, 혹은 가스로 방출될 때까지 억제된다.

기술적인 관점에 의하면, 이 시스템은 지속적이고 거의 완전하게 혼합된 혼합반응기로 볼 수 있다. 이것은 필요한 폐수 농도가 반응기 전체에 걸쳐 존재해야 한다는 것을 보여준다. 그 결과 반응 속도는 아주 적어질 수 있다.

간헐적인 탈질공정의 프로세스 구성도

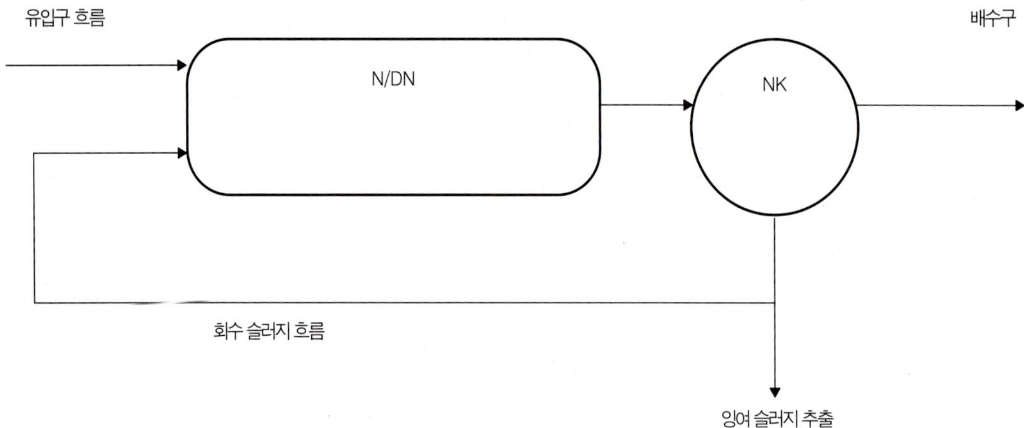

캐스케이드 방식

전술한 방식의 단점 보완을 위해 기술자들은 반응 캐스케이드로 처리 결과를 향상시키는 방법에 대해 생각했다. 일반적으로 이 시스템은 활성 슬러지 탱크에서 3가지 탈질공정과 질산화공정 단계 과정을 포함한다. 이 방법에서, 오수는 충분한 기질을 제공하기 위하여 3가지 탈질공정 지대를 거쳐 배분된다.

질소 제거 작업의 경우, 캐스케이드 방식은 저유량 재순환방식에서는 더 우수한 것으로 간주된다.

여기서 사용된 캐스케이드의 수 n 은 각 경우마다 하나의 탈질공정 및 질산화공정의 단위를 의미한다.

이 프로세스는 필요한 처리 능력 및 오염물 부하에 따라 다양한 설계 가능성을 제공한다. 예를 들면, 반응 캐스케이드 수는 변경될 수 있으며 또한 흡입/재순환의 흐름 가이드도 변경될 수 있다. 어떤 시설에서는, 유입 체적 유량을 균일하게 배분하지 않고 전체 슬러지 활성 시스템에서 체류 시간을 더 중요하게 고려하는 것으로 나타났다.

따라서, 첫 번째 캐스케이드는 가장 큰 체적 유량에 공급되고 마지막 것은 가장 작은 체적 유량에 제공된다.

수력 피크 부하의 경우, 오염이 폐수처리시설 방류장치에 침투할 위험은 줄어든다. 하지만, 일반적으로 부하용량이 낮은 시설에 재순환이 제공되지 않는다면 위험은 그대로 남아 있게 된다.

따라서 예를 들어 분해될 미생물의 그램당 오염량과 같은 슬러지 부하가 오수가 첫번째 단계에서만 공급될 경우 슬러지 활성 탱크에서 캐스케이드에서 캐스케이드로 이용할수록 감소되는 상황을 고려해야 한다. 슬러지 부하는 유입 체적 유량이 상기 설명한 대로 배분이 될 경우 비교적 일정하게 남게 된다. 모든 캐스케이드 프로세스는 추가 잇점을 제공한다. 질산화공정 및 탈질공정 지대 사이의 교환으로 인해, 산의 균형이 규칙적으로 균형을 이루어 pH값은 더 좁은 한계 내에 남게 된다.

배분된 유입 유량의 캐스케이드 탈질공정의 프로세스 구성도

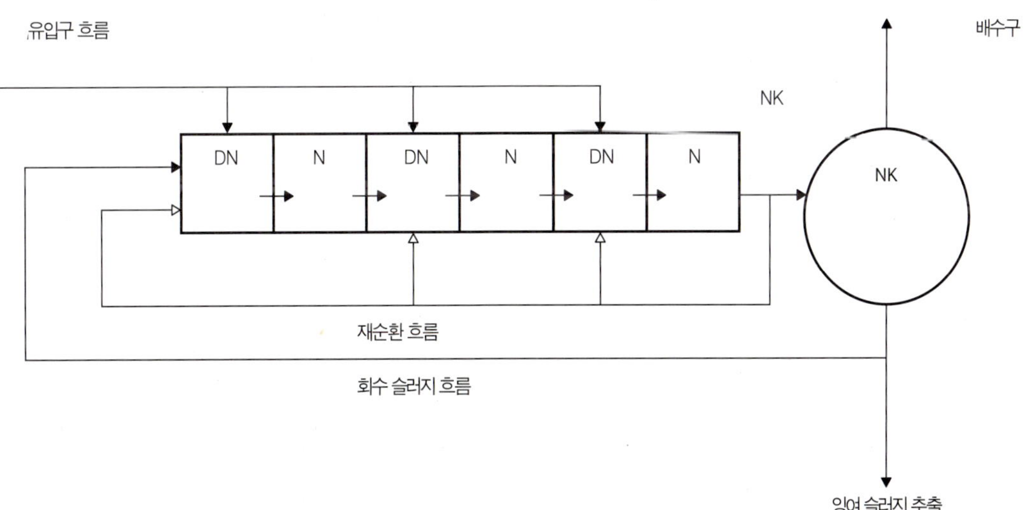

삼투 필터 시스템

삼투 필터 시스템

이 방식은 계속해서 발전하고 있지만 많이 사용되지는 않는다.

미생물이 각 시설의 상단의 여러 개의 팩키지의 운반기 본체에서 발견된다. 기계적으로 사전 처리된 오수는 이 팩키지 위로 투입되며 중력의 힘으로 설비 본체로 이동되고 여기서 미생물과 접촉이 일어난다. 생화학적 전환을 위한 산소 요구량은 주변 공기로부터 공급된다. 이것은 기포공급이 전기 에너지를 필요로 하지 않으므로 이 프로세스의 주요 이점으로 작용한다. 하지만, CSB만 제거되어 질산화할 수 있다. 탈질공정은 무산소 구역이 없으므로 제한된 정도까지만 가능하다. 이러한 이유로, 이 프로세스는 전통적인 활성 슬러지 탱크와 종종 결합하기도 한다.

맴브레인 바이오리액터 시스템(MBR)

전통적인 활성 슬러지 방법과 비교하여, MBR 시스템은 2차 정화기 없이 가능한다. 바이오매스는 활성 슬러지 탱크로부터 방출될 때 특수 맴브레인에 의해 모아진다. 퇴적 탱크를 사용하지 않으므로, DS 내용물이 활성 슬러지 탱크에서 더 많이 운반되면 상당히 더 작은 저수조 체적으로 유도된다. 더 작은 저수조에서 많은 DS 내용물을 활성슬러지 탱크로 운반할 수 있다.

SBR

SBR (연속 배치 반응기) 프로세서는 단일 저수조에서 생물학적 오수 처리로부터 모든 하부단계를 통합한다. 정화 및 침전이 시간단계에 따라 일어난다. 기계적으로 사전처리된 오수는 SBR 탱크로 이송되며 여기서 활성 슬러지가 발견된다. 질산화공정은 초기 통기 단계에서 발생한다. 이어서 탈질공정이 발생하며 통기가 중단되고 탱크 내에서 기계적으로 혼합된다. 침전은 오수 처리의 마지막 단계이며 여기서 처리된 물은 활성 슬러지로부터 분리되어 반응기 밖으로 이송된다. 활성 슬러지는 다음 정화 절차를 위해 여기서 사용할 수 있다.

이 프로세스의 주요 이점은 유연성이다. 오수의 부피에 따라 (예: 관광지에서 계절적 변동), 여러 개의 탱크가 병렬로 공급되며 계절이 끝나면 탱크수를 조절할 수 있다.

그럼에도 불구하고, 저수조의 작은 크기 (더 작은 활성 슬러지 탱크, 2차 처리 없음) 내의 저장물은 매우 높은 투입과 오늘날 부재에 필요한 운영비에 대해 고려해야 한다.
그럼에도 불구하고 이 방식은 아직까지 많은 시설비를 필요로 하고, 또한 맴브레인에 필요한 많은 운영비를 지출하여야 한다.

다이아프램 여과

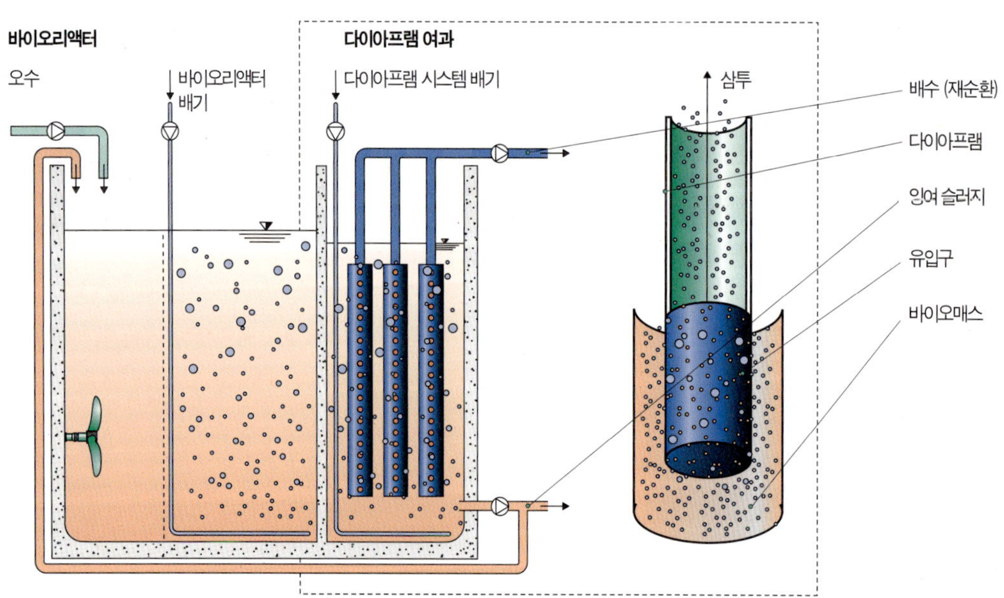

특별한 방법

유동층 프로세스

이 프로세스에서, 바이오매스는 설비 본체에 자리한다. 삼투 필터와 비교하여, 바이오매스는 전통적인 활성 슬러지 탱크에서 부유한다. 이것은 호기성 및 무산소 환경 모두 구현할 수 있도록 한다. 바이오매스의 대부분은 2차 처리시스템에서 부하를 줄이기 위한 수단으로 간단한 방법으로 활성 슬러지 탱크에 보관할 수 있다.

이것은 또한 더 높은 바이오매스 농도를 허용하여 시설의 효율을 증가시킨다. 특히 기존의 폐수처리시설이 오수 유량의 증가에 따라 요구 요건을 더 이상 맞출 수 없을 경우 더 유리하다. 이 경우, 시설을 그러한 프로세스로 전환할 수 있는지 확인해야 한다.

연못이 있는 폐수처리 시설

활성 슬러지로서 폐수처리 시설에 농축되어 있는 미생물은 자연적으로 존재하지만 양은 많지 않다. 적은 양의 도시 오수는 충분한 체류시간이 제공되는 경우 대자연의 자정의 힘에 의해 처리할 수 있다. 이론적으로, 여기서 동일한 프로세스가 폐수처리시설에서 사용된다.

소위 조경용 연못은 특히 소형 시설의 경우 WWTP 방류장치와 집수정 유입구 사이에서 종종 볼 수 있다. 가정용으로도 응용이 가능하다.

05. 생물학적 오수처리 설비

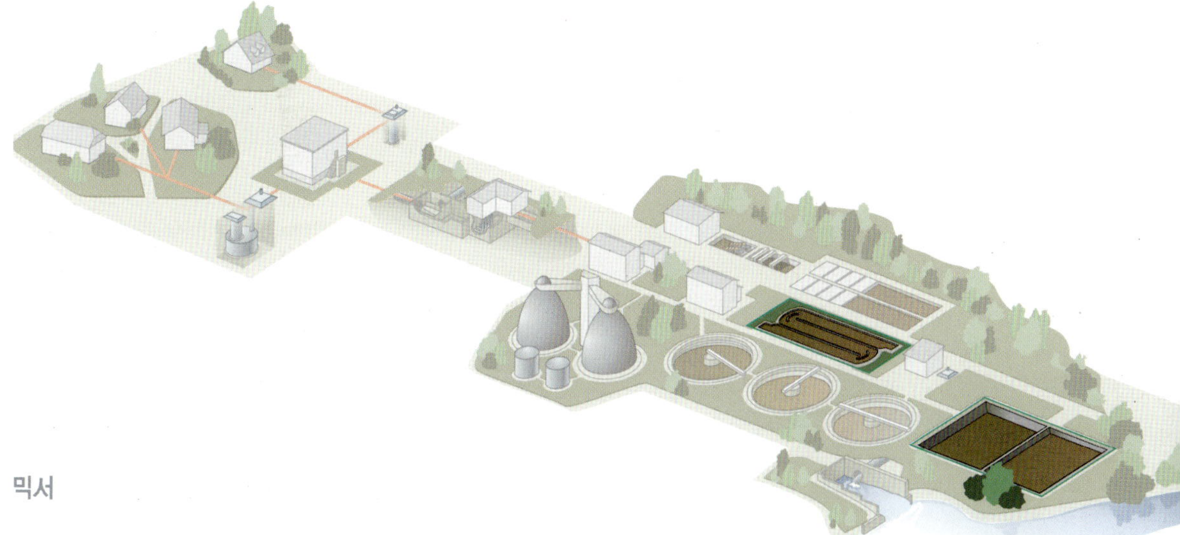

믹서

믹서는 다방면에 활용될 수 있기 때문에 현대 폐수처리의 필수 요소가 되었다.

주요 활용 분야로는 유체유동 생성, 부유 및 균질화 등이다. 믹서는 다양한 크기와 디자인이 가능하다. 수중 모터가 달린 수평 믹서 형태로 또는 건식 설치의 경우 표준모터가 달린 수직 믹서가 있다.

한편, 수중 믹서는 나중에 설명하겠지만 폐수처리시설의 중요한 기술적인 장비가 되었다. 이들은 저속, 고속 및 중속 믹서로 구분된다.

비교		
	장점	**단점**
수직믹서	• 표준모터 • 장치비용	• 더 큰 공간이 필요 • 공사비가 많이 든다 • 장소마다 유지보수작업 증가 • 설치 및 조립 • 재설치 불가 • 유체유동 생성에는 부적합 • 높은 베어링 부하 및 긴 축으로 인한 진동
수평믹서 (수중믹서)	• 에너지효율 LCC • 위치결정 가능 • 내구성 • 저소음	• 유체 직접 접촉 (위생) • 위치결정은 가이드라인을 따라야 한다.

수중믹서 비교

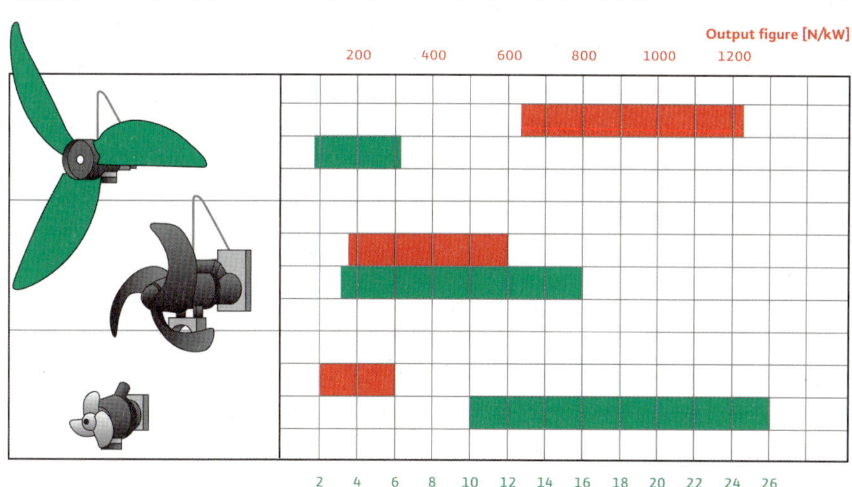

Wilo EMU Maxiprop TR221

Wilo EMU Megaprop TR326

저속 수중믹서

프로펠러가 2개인 믹서와 3개인 믹서는 구분이되어야 한다. 큰 프로펠러 직경의 저속운전에서는 낮은 동력에서도 높은 축추력이 발생할 수 있다. 프로펠러가 3개인 믹서는 2개인 믹서에 비해 동일 추력에서 낮은 날개부하를 가진다. 게다가 유입유체의 상태가 좋지 않은 경우 더 부드럽게 운전되며 수명도 길다. 풍력 터빈의 경우에도 유사한 관찰이 이루어진다.

저속 수중믹서는 모듈 설계가 되어 있다. 프로펠러 직경은 2,600mm 까지 가능하다. 프로펠러 블레이드는 대개 플라스틱으로 만들며 개별적으로 교체가 가능하다. 4~6 또는 8극의 수중모터와 각기 다른 기어비율을 가진 2단계 평행 기어를 사용하여, 프로펠러 속도를 100 min-1 이하로 만들 수 있다. 결과적으로 얻는 혼합력은 치수가 큰 기어박스 마운팅에 흡수된다. 그 결과, 이 힘은 모터 베어링으로 전송되지 않는다.

수중믹서를 설계할 때, 현장에 따른 설치설계가이루어져야 한다. 설치는 고정된 삼각대에서 이루어진다. 다양한 저수조 형태에 따른 반응력을 수조바닥에 전달하기 위한 프리스탠딩 삼각대가 있다. 통행이 가능한 다리 또는 플랫폼을 사용하는 경우, 상부 고정점이 있는 삼각대 설치를 선호한다. 이것은 가이드 튜브의 끝부분이 앞뒤로 움직이는 것을 확실하게 방지해 준다.

다양한 활용분야가 있다. 특히 여기에는 낮은 DM 내용물의 활성 슬러지가 포함된다.

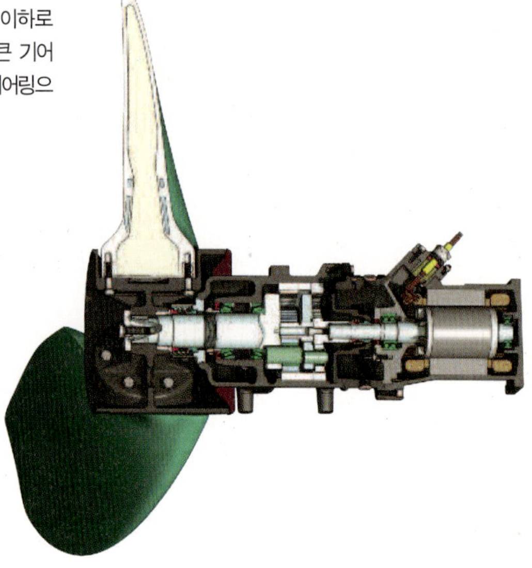

Wilo EMU Uniprop TR 75-2

중속 수중믹서

중속 수중믹서는 모듈설계가 되어 있으며 다양한 작동 조건에 적응할 수 있도록 되어 있다. 프로펠러 직경, 기어비 및 프로펠러 속도를 변경하면서, 최적의 혼합 결과를 얻을 수 있다. 4~6 또는 8~극 수중 모터와 각기 다른 변속비율은 프로펠러 속도를 90~160 ℓ /min 까지 허용하며 프로펠러의 마모를 상당히 줄여준다. 대안으로, 변속장치가 없는 높은 극수의 모터 역시 필요한 프로펠러 속도를 얻기 위해 사용된다. 결과적으로 얻는 혼합력은 치수가 큰 기어박스 마운팅에 흡수된다. 그 결과, 이 힘은 모터 베어링으로 전송되지 않는다.

유연한 강하 장치 또는 고정 삼각장치에 저중속 수중믹서를 설치하여 다양한 저수조 형태에 사용할 수 있다. 강하 장치는 수중믹서가 다양한 수평각도에서 작동할 수 있도록 하는 장점을 가지고 있다. 보조 호이스트 기어를 사용하여 다양한 높이에서 작동이 가능하다. 삼각대를 사용할 경우, 수중믹서는 저수조 어디에서나 설치가 가능하다. 만약 이 삼각대를 콘크리트 슬라브에 설치하는 경우, 오수가 채워진 저수조에는 나중에 설치하는 것도 가능하다.

중속 수중믹서는 대개 변동수위를 갖는 보완탱크와 활성슬러지탱크에서 달라지는 DM 내용물과 점도를 갖는 슬러지에 대해 사용된다.

고속 수중믹서

컴팩트한 치수에도 불구하고, 직접 구동 믹서는 최소 공간에서 최대 출력을 제공한다. 이 소형 믹서는 부유층을 파괴하고 펌프 집수정 또는 작은 설치 개구부를 가지고 있는 우수 배수로 저수조의 침전물을 방지하는데 이상적이다. 기존 건물에 나중에 설치해도 설치가 용이하다.

작은 프로펠러 직경으로 인해, 저수조 바닥에 설치가 가능하며 수위가 낮은 경우에도 작동이 가능하다. 펌프 집수정의 특수한 활용의 경우, 수중믹서를 유연한 배관 브라켓을 통해 저수조 벽 또는 천장에 설치할 수 있다.

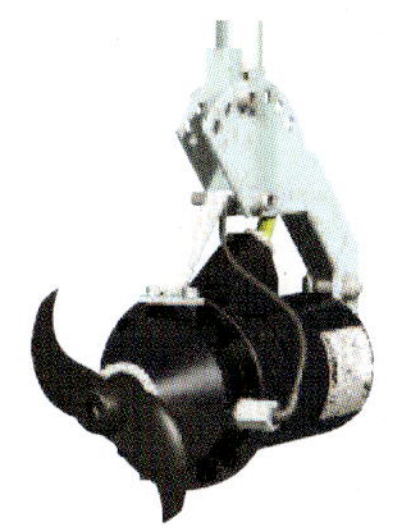

Wilo EMU Miniprop TR21

Wilo EMU Unipro TR365

재순환 펌프

재순환 펌프는 수중믹서의 변종이다. 프로펠러를 유도장치로 감싸서 이 장치를 기존의 배출 배관에 연결할 수 있으며 유체를 축방향으로 흐르게 할 수 있다. 이것은 또한 큰 유량을 작은 양정으로 이송 또는 한 저수조에서 다른 저수조로 이동하는 재순환 용도로 사용할 수 있게 한다. 일정한 운전점으로 자주 작업을 하는 재순환 펌프는 큰 작동범위를 가져야 한다. 폐수 유입구의 질소농도에 따라 다소의 회수 활성 슬러지가 생물학적 반응조의 입구에서 재순환되어야 한다.

또한 설계를 위해 필요한 최소 및 최대 유량을 구별하는 것이 필요하다. 기존의 배관손실과 상호작용을 통하여 주파수 컨버터를 사용하여 필요한 범위를 준수하기 위해 적합한 장치를 선택하는 것이 가능하다.

06. 슬러지

오수 슬러지는 오수처리시설 (폐수처리시설)의 오수를 처리할 때 발생한다.
이것은 호기성 / 혐기성 안정화, 컨디셔닝 및 탈수를 포함 다양한 프로세스 단계를 거친다.

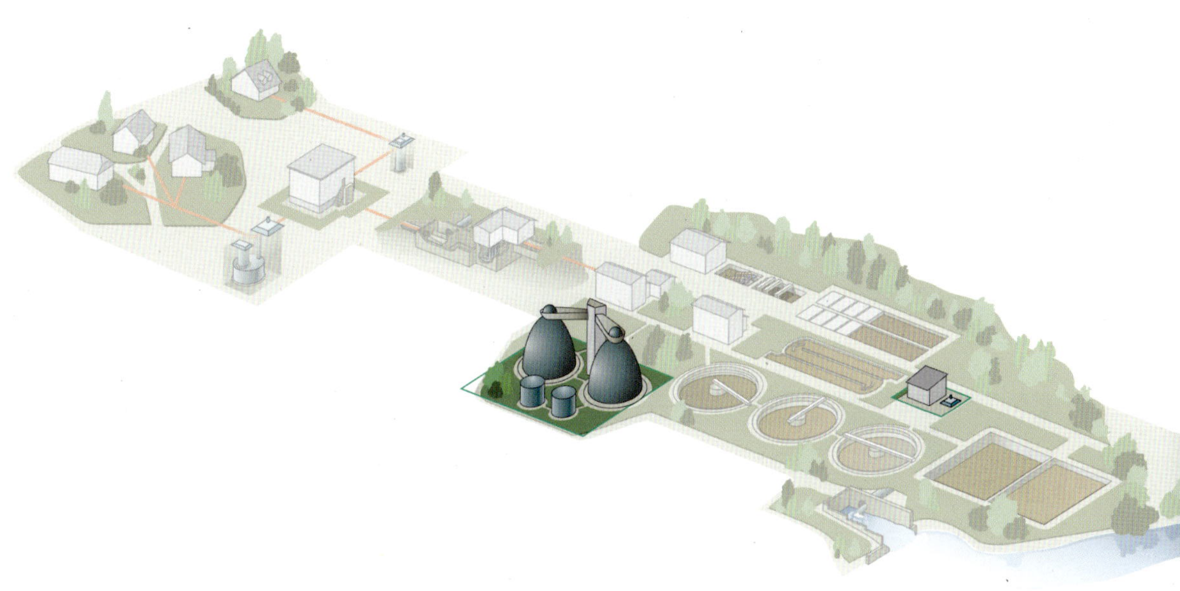

가정용 오수의 오수 슬러지는 종종 재활용되어 진다. 가장 중요한 활용 분야는 농업 및 퇴비작업에 오수 슬러지를 사용하는 것이다. 도시 오수제거시설의 오수 슬러지는 낮은 수위의 오염물을 포함할 경우 비교적 질소와 인 함유량이 높아서 비료로 농사에 사용할 수 있다. 독일의 오수슬러지 법령 (AbfKlarV)은 중금속 및 기타 오염물의 양에 대해 오수 슬러지로 허용되는 한계값을 정하고 있다.

하지만 오수 슬러지는 오수의 유형과 처리되는 방법에 따라 환경 또는 건강에 위험한 물질(특히 중금속)을 포함할 수 있다. 이러한 오염된 오수 슬러지는 열처리 (단일 또는 통합 소각)를 위해 보내진다. 농업에서 오수 사용은 공적으로 거의 허용되지 않으므로 열 활용은 더욱 더 중요해 지고 있다.

슬러지 유형

폐수처리의 과정 동안, 폐기될 슬러지가 생길 수 있는 3가지 시점이 있다.

1차 슬러지

- 기계적인 청소단계에서 발생
- 빠르게 분해
- 회색-흑색, 회색-갈색에서 황색으로 색상이 바뀐다.
- 슬러지의 질은 기계적인 청소단계에서 도시 오수의 체류시간에 따라 다르다.

잉여 슬러지

- 생물학적 처리프로세스 동안 발생하는 비순환 활성슬러지의 성장
- 처리 프로세스와 관련된 미생물의 활동에 의해 발생

3차 슬러지

- 삼투 슬러지 및 응집 슬러지는 3번째 오수처리단계에서 화학적 처리결과로 발생한다.

이들 슬러지는 그 양과, DM 함유량과 내용물에 따라 다르다. 그러나, 총 슬러지 양은 폐기 처리단계의 요구조건을 만족하도록 해서 보내져야 한다. 일반적으로 물의 양과 안정화 정도, 위생 및 내용물과 관련한 요건이 있으며 각기 다른 처리방법에 따라 다르게 맞출 수 있다.

슬러지의 일반 목록 (DWA, 1996)

오수슬러지의 유형 및 원천	평균 주민 - 건식고형 매스의 특정 일일량 $(m_{T\,spec})$ [1] [3] a g/(E·d)	평균 주민 - 유기 건식고형 매스의 특정 일일량 (발화손실-GV) $(m_{T\,org\,spec})$ [4] b g/(E·d)	수분 함유 (WG) [1] C %	평균 주민 - 특정 슬러지 양 $\left(\dfrac{a}{100-c} \cdot \dfrac{100}{1.000}\right)$ [1] l/(E·d)
기계적인 폐수처리 (농밀화)	~ 45[2]	~ 29 – 32	∅ 95	∅ 0.90
생물학적 폐수처리				
• 삼투필터사용(TK)				
• 2차슬러지만	~ 25[3]	~ 11 – 14	∅ 96	∅ 0.63
• 1차 및2차슬러지	~70	~ 40 – 46	∅ 95.3	∅ 1.50
• 활성방법사용(BV)				
• 2차슬러지만	~ 35[3]	~ 22 – 25	∅ 99.3	∅ 5.00
• 1차 및2차슬러지	~ 80	~ 51 – 56	∅ 96.0	∅ 2.00
화학적 삼투 및 응집 (농밀화)				
• 사전삼투(1차 정화기)	~ 65	~ 34 – 39	∅ 96.0	∅ 1.60
• 동시삼투(1차 및 2차 정화기로부터 활성)	~ 90	~ 52 – 58	∅ 96.0	∅ 2.25
• 사후삼투(3차단계)	~ 15	~ 3 – 4	∅ 98.5	∅ 1.00

삼투 및 응집을 사용하는 가정용오수 처리의 기계 및 생물학적 처리에 의한 슬러지 양과 질 (DWA, 1996)

1) Imhoff에 의한 값
2) $t_A \geq 1.5h$의 1차 정화기 이후
3) 2차 슬러지에 대한 값은 40g BOD_5/E^*d ($t_A \geq 1.5h$의 VKB에 의해) 의 BOD_5 부하와 추가 질산화공정이 없는 시설을 기준으로 한다. 추가 질소화합 작용을 사용하는 경우, 이 값은 약 15-20% 감소한다.
4) 유기물로 인한 점화손실을 동일시하는 문제를 주의하여야 한다.

슬러지 안정화

폐수처리시설의 슬러지는 슬러지가 포함하는 유기물질에 의해 분해되기 쉽다. 이들 슬러지가 공기가 공급되지 않은 채로 저장되면, 혐기성 상태에서 추가 분해가 일어나며 더 강한 악취가 발생된다. 따라서 재사용 오수 슬러지에 적용할 수 있는 기본 조건은 분해를 할 수 없을 정도의 양만큼 유기물을 줄이는 것이다. 따라서 사용된 방법은 시설의 크기와 활용 유형 및 폐수처리시설의 전체적인 에너지 개념에 따라 달라진다.

안정화 방법의 계통적 그룹화 (DWA, 1996)

| | 안정화 | | | | | | |
| | 생물학적 안정화 | | | | 화학적 안정화 | | 열 안정화 | |
	호기성 방법		혐기성 방법		산화방법	석회첨가*	열분해	연소 소각
작동 온도	호저온성	중온성 / 고온성	호저온성	중온성 / 고온성		자기가열	고온	
오수처리	활성슬러지 탱크내에서 동시에		공사방법에 의해 Imhoff 탱크에 합류					
오수처리로부터 분리	열단열없는 탱크	열단열 탱크	개방 또는 폐쇄탱크	폐쇄 가열 분해 탱크	특수 반응기	혼합장치	특수 반응	특수 연소 오븐

*엄밀한 의미로 안정화 없음. 환경 변화에 의해서만 만들어진 효과

호기성 안정화

호기성 안정화 동안, 호기성 미생물은 자신의 대사활동으로 인해 유기물질을 감소시킨다. 실제로, 많은 프로세스가 사용되고 있다. 안정화 시간은 온도에 깊이 좌우된다.

동시 호기성 안정화

매우 작은 슬러지 부하 (BTS 〈 0.05kg BOD_5/(kg/DM·d))의 폐수처리시설에서, 미생물은 자신의 대사를 위해 사용할 수 있는 상당수의 유기물을 사용한다. 즉, 준비물질의 저장없이 바이오매스에 저성장만 있다. 이러한 시설물의 잉여 슬러지는 분해에 거의 영향을 주지 않지만 비교적 열악한 탈수 특성을 가지고 있다.

이 프로세스는 완전한 질소화합에 의존하는 소형 시설의 증가에 의해 널리 사용되고 있다.

기계적 사전처리단계에서 1차 슬러지의 안정화는 반드시 처리해야 한다.

정상 온도에서 분리된 호기성 안정화

분리된 호기성 안정화는 공간상으로 처리 단계에서 안정화 프로세스를 분리한 것이다. 정상 부하 하에서 시설 내의 잉여 슬러지 및/또는 1차 슬러지는 자신의 탱크 안에서 통기가 되며 필요한 체류시간은 약 20일이다. 문제는 프로세스의 온도의존 특성에 의해 또는 겨울에 동결에 의해 일어날 수 있다. 이것은 왜 이 프로세스가 더 추운 기후에 널리 사용되지 않는지 그 이유를 설명한다.

호기성 호열성 안정성 (ATS)

호기성 호흡은 복구된 에너지의 60%를 열의 형태로 방출하므로, 적절하게 단열이 된 경우, 슬러지는 탱크 내에서 자체 가열할 수 있다. 실제로 온도가 약 50℃ 온도에 도달하며, 그 결과 작은 안정화 시간 (>5일)이 필요하고 특정 살균이 일어난다.

유기물의 분해가 발생하며 다음 단계의 혐기성 반응기에서 증가된 가스발생으로 나타난다. 이것은 프로세스의 에너지 균형을 증가시키며 발생된 열 사용도 증가된다.

비료화

프로세스 엔지니어링 전망에 의하면, 비료화는 ATS 프로세스의 변이이다. 혐기성 분해 역시 고온에서 발생한다. 필요한 조건을 만들기 위해, 탈수된 원 슬러지는 고형 재료(종이, 껍질 등)와 혼합된다.

혐기성 안정화

혐기성 안정화 (분해)는 메탄 내 박테리아에 의한 유기물의 생물학적 분해에 의해 할 수 있다. 메탄과 이산화탄소는 약 70:30 비율이 되며 분해된 슬러지와 암모니아가 풍부한 슬러지 액이 생성된다.

실제로, 분해는 약 20일의 분해 시간의 중온성 범위(약 35℃)에서, 주로 가열된 혼합된 탱크에서 발생된다.

1차 처리와 비가열 혐기성 안정화의 결합은 소위 임호프(Imhoff) 탱크라고 불리는 작은 처리시설에서 주로 사용된다.

가열 및 순환의 분해 탱크 구성도 (DA, 1996)

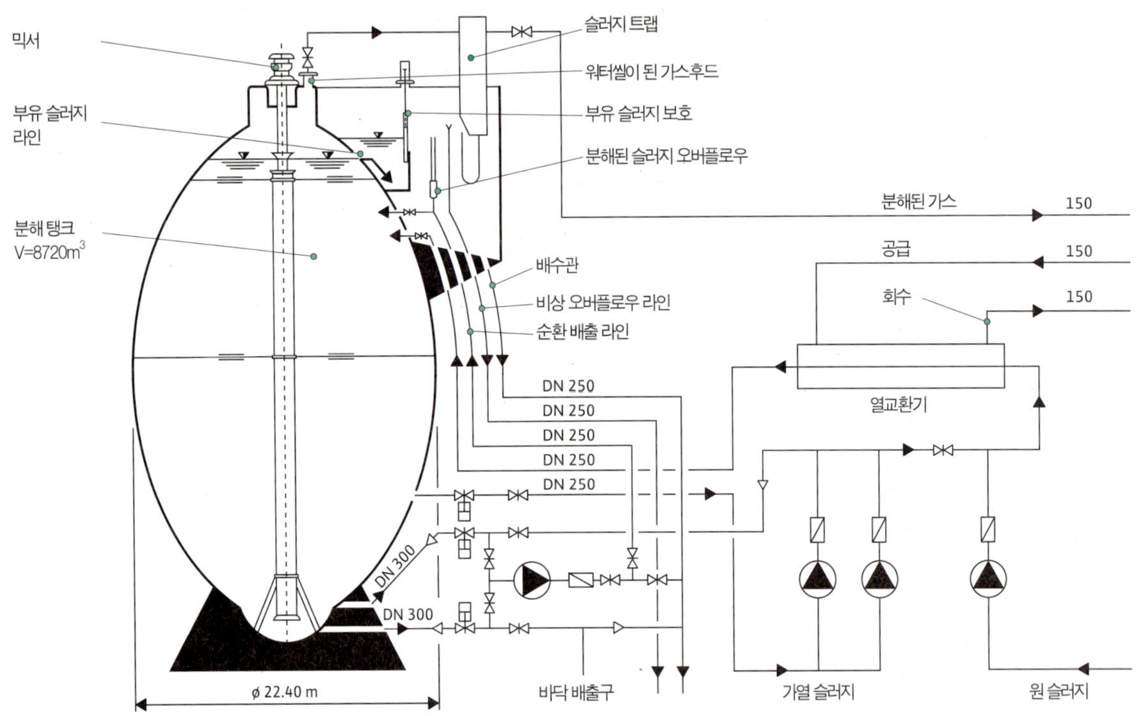

부피 감소

슬러지는 96%와 99.5% (원 슬러지 > 99%) 사이의 수분양을 가진
폐수처리시설에서 만들어진다. 이것은 모든 다운스트림 처리프로세스
및 활용에서 기술적인 문제를 야기하며 공사, 기기 및 운영면에서 비용
을 발생시킨다. 따라서 각 슬러지 처리 라인은 최적화된 조건을 다운스
트림 단계에 제공하기 위하여 슬러지 액을 분리할 목적으로 한 가지 이
상의 단계를 가진다.

컨디셔닝

슬러지물과 고체 물질 사이의 강한 결집을 느슨하게 하여이어지는 탈
수 프로세스가 신속하고 최소 에너지비용으로 가동될 수 있도록 슬러
지를 조절하는 작업을 말한다.

다음 표는 가장 흔한 프로세스의 개요를 보여준다.

컨디셔닝 방법 (DWA, 1996)

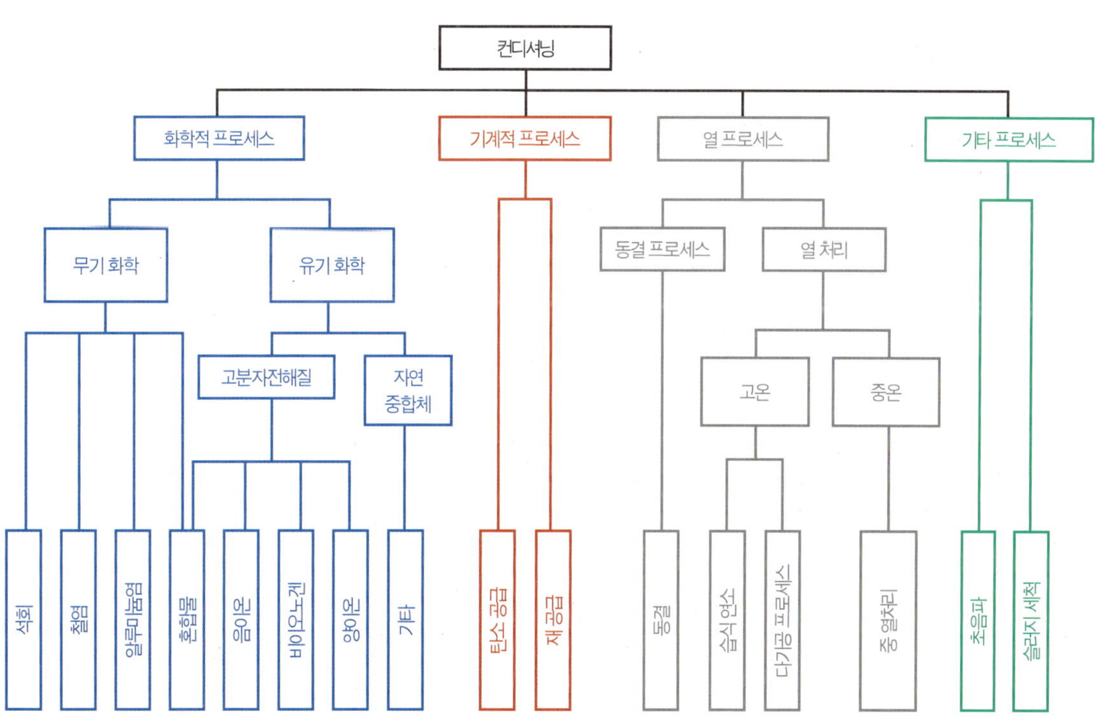

농축

정적 농축 단계에서 고형물은 중력의 영향에 의해 분리된다. 농축기는
일반적으로 둥근 저수조이며 1.5:1 이상 경사가 있는 호퍼는 기계에 의
한 수집이 없는 설비에서 좋은 평가를 받고 있다.

고체물질이 가는 접착 기포로 인해 위로 부유하게 되고 농축 프로세스
에 노출된다. 어떤 슬러지의 경우, 이 프로세스는 정적 농축 프로세스
보다 더 효과적이고 속도도 빠르다. (예: 잉여 슬러지)

슬러지 수집용 농축기와 농축기 로드 (DWA, 1996)

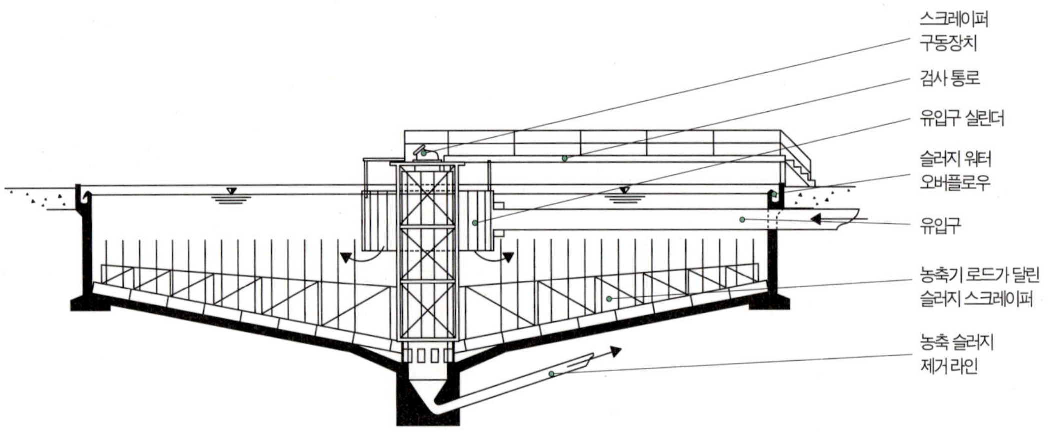

가능한 두께 (DWA, 1996)

슬러지 유형	확보할 수 있는 건조물질(DM)의 컨디셔닝없는 농밀화
사전정화기 슬러지 (GV > 65%)	5-8%
사전정화기 슬러지 (GV < 65%)	6-12%
VK 및 BB 슬러지, 지수 > 100 ml/g	4-6%
VK 및 BB 슬러지, 지수 < 100 ml/g	5-10%
BB 슬러지, 지수 > 100 ml/g	1-3%
BB 슬러지, 지수 < 100 ml/g	3-5%
분해 슬러지 - 1차 처리	8-14%
분해 슬러지 - 1차 처리 및 슬러지 활성	5-9%

자연 탈수

폐수처리시설에서 가장 오래된 안정화된 슬러지 처리방법은 저장조를
사용하는 농축이며 중력기반의 농밀화와 응축의 영향이 저장효과와
결합된다.

슬러지 저장조의 계통도 (DWA, 1996)

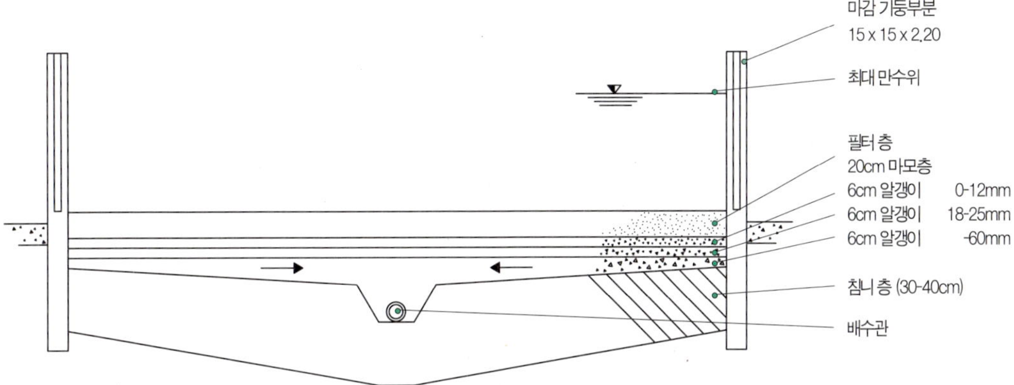

기기에 의한 탈수

원심력을 이용한 방법

본 방법은 원심력에 의해 고체물질과 물을 분리한다. 슬러지 탈수를
위해 소위 고체 보울 형태의 원심기("디캔터")를 사용한다.

역류 디캔터 구성도 (DWA, 1996)

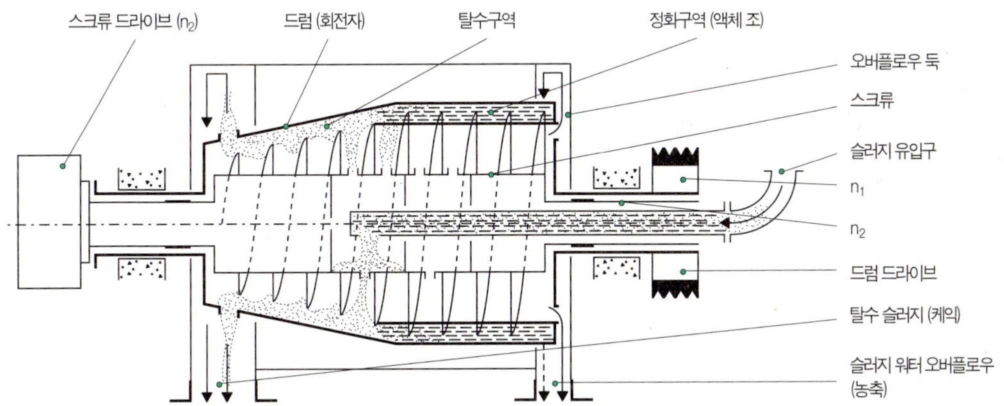

벨트 필터 프레스
Passavant-Geigeer GmbH

챔버 필터 프레스
Passavant-Geiger GmbH

필터 프레스

벨트 필터 프레스

벨트 필터 프레스는 증가하는 압력 및 변화하는 부하 아래서 4가지 연속 단계에서 슬러지를 탈수하는 기기를 말한다.

챔버 필터 프레스

챔버 필터 프레스는 케이크(얇고 납작한 덩어리) 형성 여과의 원리에 따라 작동하는 압력 필터를 말한다. 이것은 구멍이 많은 벽에 연결되어 있는 움푹 들어간 탱크를 가지고 있으며 그 안에 필터 섬유와 함께 압력 하에서 슬러지가 여과된다. 종종, 더 넓은 필터 면적을 만들기 위해 2개의 헤드를 설치한 챔버가 많이 있다 (챔버 필터 프레스). 여과는 공급기 펌프로부터 들어오는 압력을 통한 압축에 의해 수행되지 않는다.

벨트 필터 프레스 구성도 (DWA, 1996)

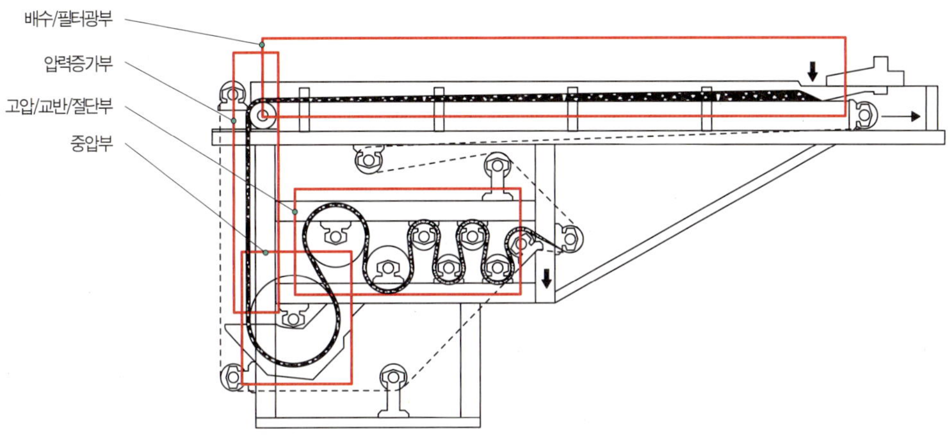

분해탱크 V=8720m³

챔버 필터 프레스 구성도 (DWA, 1996)

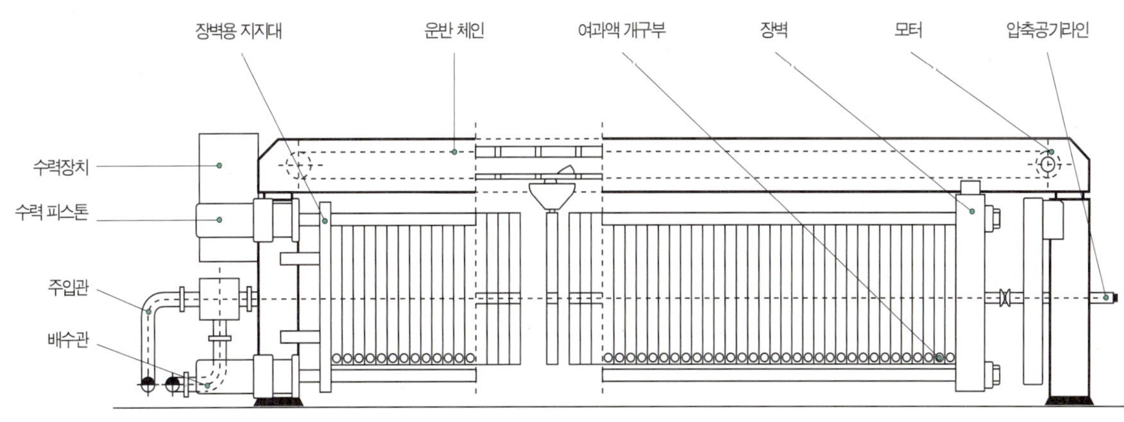

열을 이용한 방법

본 방법은 기기를 사용할 경우의 건조 매스 함유량 (〈50%) 확보가 충
분하지 않고 추가 부피감소가 필요한 경우 슬러지 처리에서 사용된다.

열에 의한 부피감소 설비 구성도

회전 가마　　　　　　　　　　회전 선반로　　　　　　　　유동층-바닥로

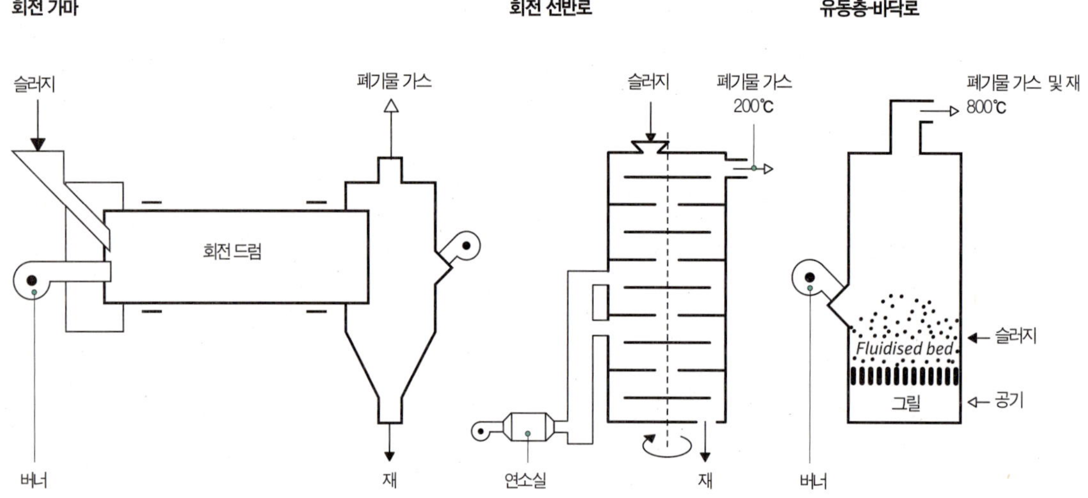

슬러지 처리에 의한 재부하

전체 슬러지 처리 프로세스 동안 여러 프로세스 단계에서 발생하는 슬러지 액은 대개 처리 프로세스에서 재순환되며 소위 2차 부하라고 한다. 이 재부하가 원래의 유입 부하와 얼마나 많이 관련이 있는가는 청소 및 슬러지 처리 프로세스에서의 많은 인자 간의 상호작용에 따라 다르며 크게 바뀔 수 있다. 제공된 값은 따라서 추정치이다.

일반적으로 일일 양이 아니라 단기간 지속되는 피크 부하가 실제 문제를 야기한다. 따라서 양이 생성되는 시간을 관리하는 것이 중요하다.

농업 활용

오수 슬러지를 쓰레기 (매립지, 연소)로 처리하는 비용을 고려하면, 농업용 활용은 특정 조건 (키워드: 재활용) 하에서 가치있는 내용물에 의해 생태학적으로 사용할 수 있는 매력적인 대안이 된다.
그러나, 농업활용을 위한 이러한 조건을 만드는작업은 오늘날까지 완전히 해결되지 못한 과제이다. 토지 능력의 특징화 및 슬러지 오염 부하 등 많은 관련 매개변수들로 인해 더 논의할 여지가 남아있다.

매립

오랫동안, 안정화되고 탈수된 오수 슬러지를 매립지에 갖다버리는 것이 가장 일반적인 폐기방법이었다. 이 폐기방법은 매립지의 기술적 장비에 대한 요건 - 이와 관련된 비용이 더 증가 -이 증가하면서 매력적인 가치를 상실했다. 또한 매립지 운영자들은 DM 내용물/슬러지 침전물에 대한 더 높은 기준을 요구했다. 이로 인해 오수 슬러지의 탈수/컨디셔닝 비용이 증가되었다.

유럽에서는 1990년대 중반, 매립지에 높은 유기성분을 가진 쓰레기를 버리는 것이 합리적인 방안이 아니라는 견해가 대두되었다. 그 결과 점점 더 매립지에서 전통적인 방법을 사용하여 처리할 수 있는 오수 슬러지의 처분을 규제하고 있다. 오수 슬러지 처리의 최종 단계로시 열 치리방법 (건조, 연소)은 따라서 미래의 잠재력을 가진 대안이 되고 있다.

오수 가스 활용하기

가열 및 폐쇄된 분해탱크 내에서 혐기성 슬러지 안정화에서 생성된 가스는 모아져 폐기되어야 한다. 오수 가스는 많은 양의 연소가 가능한 메탄을 포함하고 있으므로, 이것을 경제적인 측면에서 활용하는 것이 중요하다. 오늘날, 이것은 발전기의 운전을 위한 가스 모터에서 사용되고 있다.

슬러지 워터의 재부하를 위한 주요 수치 (DWA, 1996)		
	농도 [mg/ℓ]	재부하[%]
Q		1
BOD5	500–5,000	10
CSB	1,000–10,000	10
NH4–N	100–1,000	10–20
P	1–100	10

07. 슬러지 처리 기술

비록 슬러지 처리가 실제 오수처리 프로세스의 초점이 아니지만, 전체적으로 그 프로세스의 중요성을
간과해서는 안된다. 한편으로, 슬러지 처리는 기기 및 관련 공사에 많은 투자를 필요로 하며 동시에 재부하는
오수의 유입농도에 부정적인 영향을 미친다.

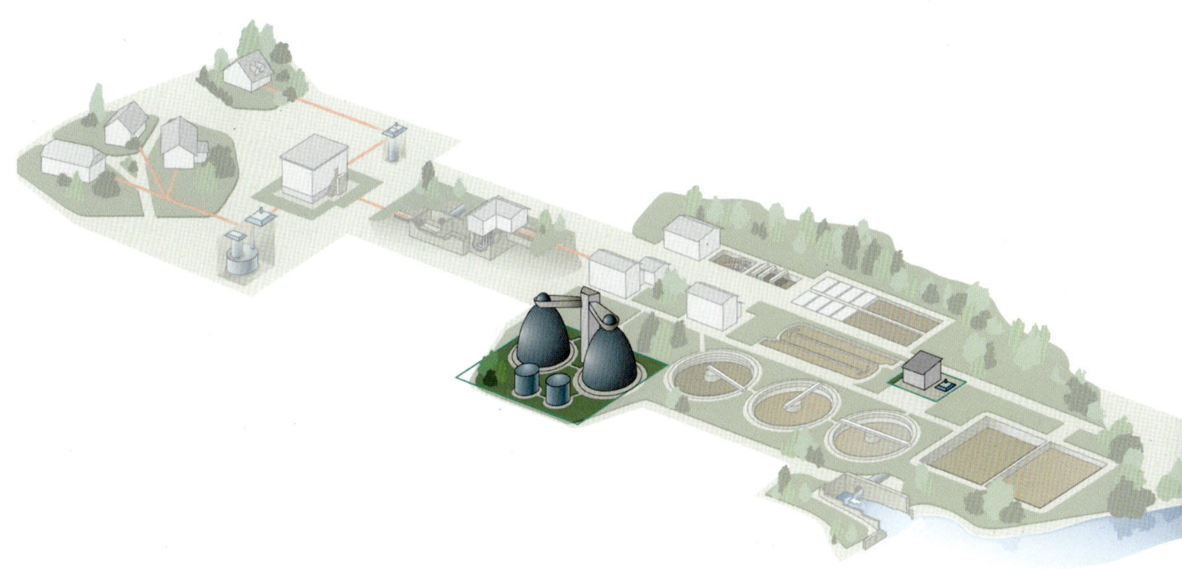

펌프

오수 사이클의 어떤 시점에서, 펌프를 사용하는 것이 필요하다. 예를 들면, 농축된 1차 및 2차 슬러지를 운반하기 위해 또는 분해된 슬러지 또는 가열된 슬러지의 순환을 위해.

모든 유형의 슬러지 탈수시설에 운반하기 위한 프로세스에 대해서도 마찬가지다. 원심 펌프 또는 이동 펌프를 슬러지의 일관성에 따라 사용할 수 있다.

원심펌프를 설계할 때, 유량을 결정하기 위해 교정계수가 필요하다. 회전식 피스톤 펌프와 캐비티 펌프는 펌프 이송 분야에서 선호된다.

로타리 펌프

로타리 펌프의 기능 원리는 그것이 비롯된 루츠 압축기와 유사하다. 동기식 기어박스는 정밀하게 두 개의 컨베이어 부품을 서로 구동시킨다. 유입되는 유체는 흡입측에서 압력측으로 회전식 피스톤과 펌프 케이싱 사이로 흐른다. 로타리 펌프의 대칭을 이루는 설계 덕분에, 컨베이어 장치는 배관 내 막힘 문제를 해결하는 것이 더 용이하도록 뒤바뀔 수 있다.

로타리 펌프는 점도 1~1,000,000 mPas 의 매체를 이송할 수 있다. 이 펌프는 8 mWs까지의 높은 흡입력을 가지고 있으며 공회전에 민감하지 않으며 양방향이다. 이 펌프는 또한 자흡식이다.

로타리 펌프 구성도

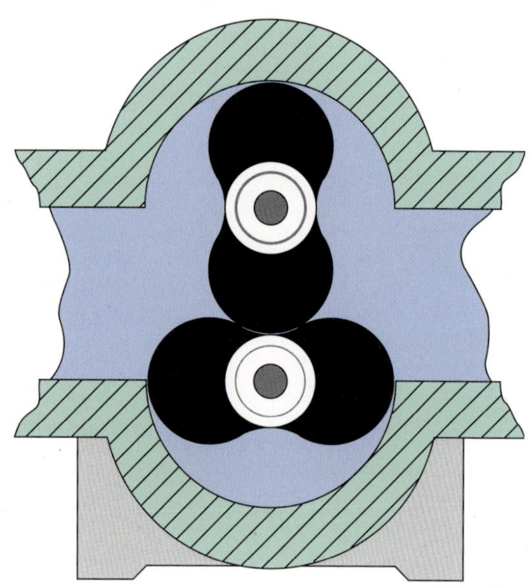

펌프 곡선, 로타리 펌프

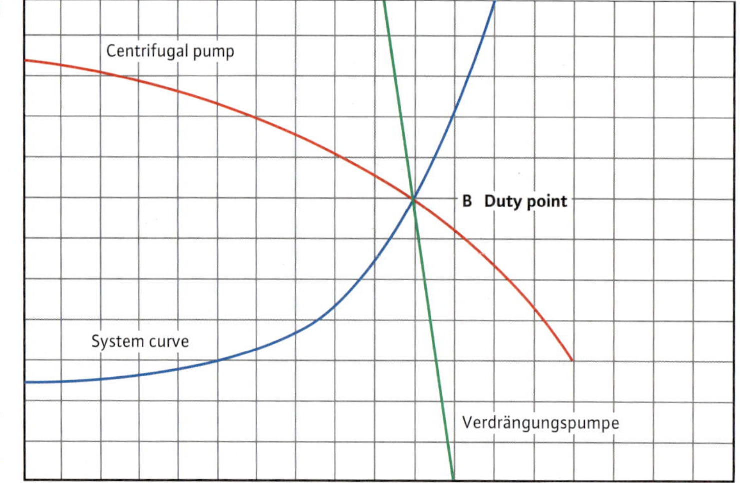

캐비티 펌프

캐비티 펌프는 Rene J.L. Moineau가 파리대학에 있는 동안 1939년 6월 15일 자신의 논문에서 발표한 발명품이다.

주요부품은 회전부인 "회전자"와 고정부인 "고정자"가 있으며 회전자는 회전을 한다. 회전자는 아주 가파른 경사를 가진 원형의 나사산 스크류의 일종이며 홈통 깊이가 크고 코어 직경은 작다. 고정자는 한 개 이상의 기어를 가지고 있고 고정자의 기울기 길이는 두배가 된다. 그 결과, 전달 공간은 입구측에서 출구측까지 지속적으로 움직이는 추가 방사선 형태로 고정자와 회전자 사이에 남아 있다.

이들 전달 공간의 크기와 이론적 체적유량은 펌프의 크기에 따라 다르다. 360 회전과 자유 런아웃은 1회전당 체적 유량을 제공한다. 따라서 이 체적유량은 속도가 바뀌면 함께 바뀐다.

혁신적인 캐비티 펌프는 고체 및 섬유물질을 포함, 점도가 높은 유체를 이송할 수 있다.

캐비티 펌프 - 입자 크기 d_p 와 자유볼 통과 d_k

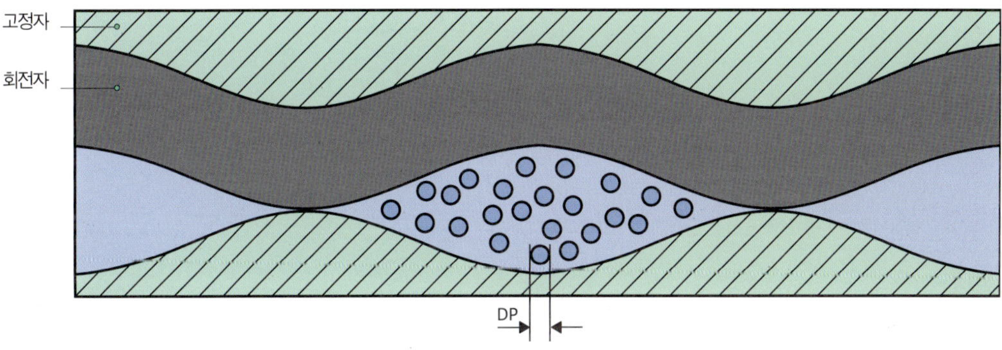

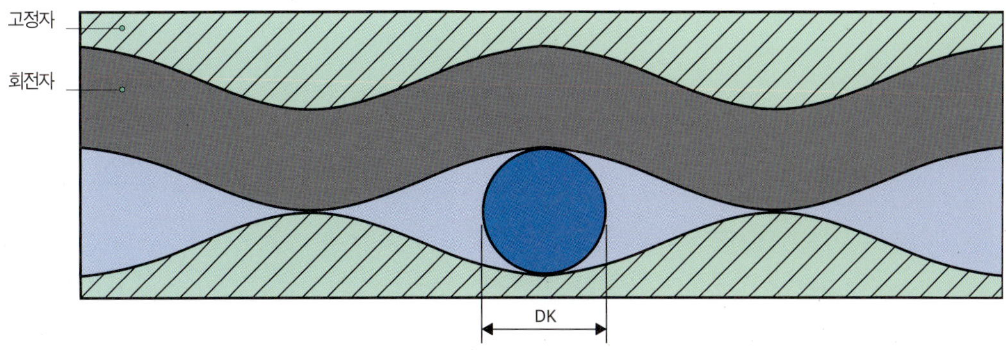

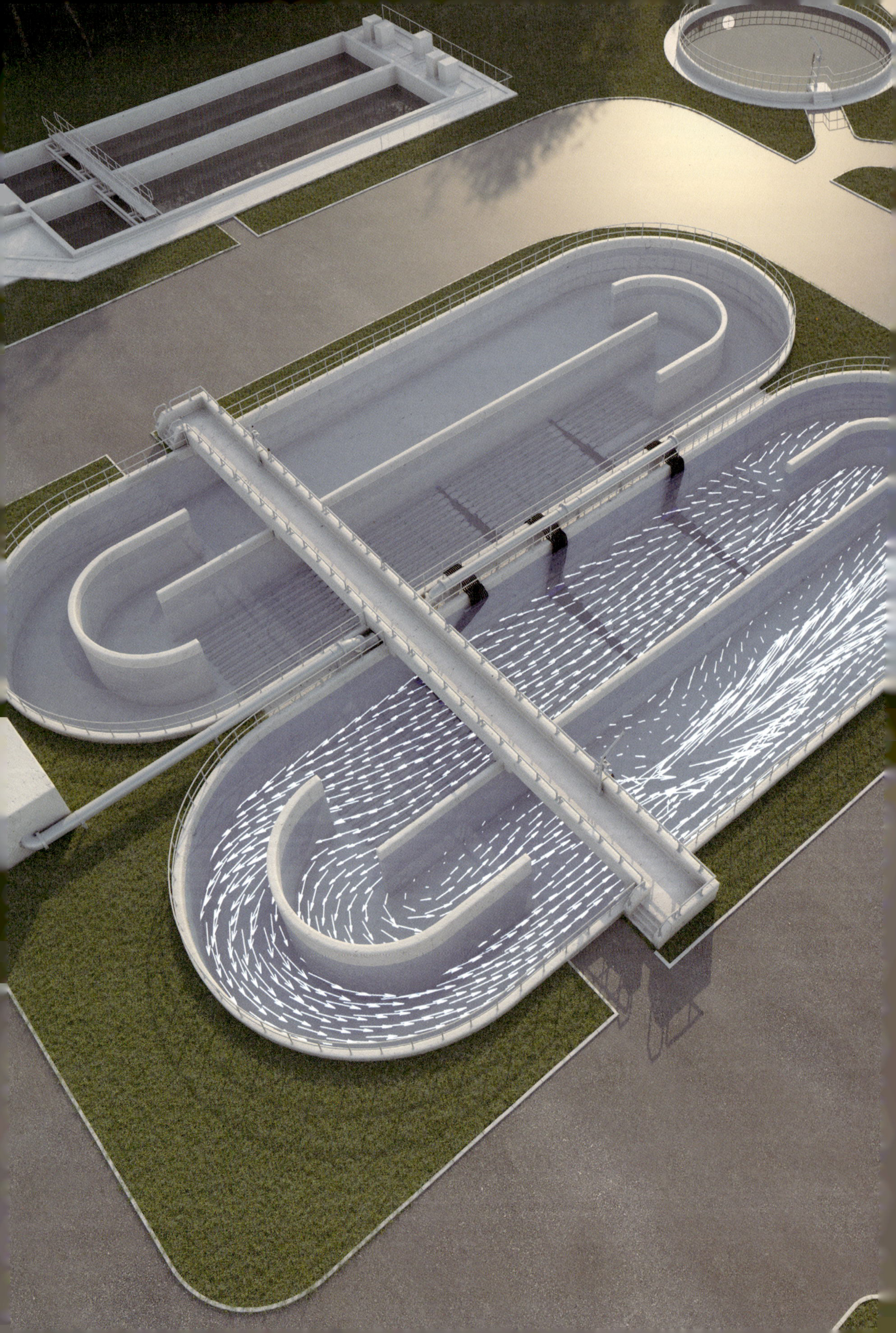

08. 2차 하수 처리

2차 하수처리의 목적은 퇴적작용을 거쳐 활성화된 슬러지로부터 처리된 오수를 분리하는 것이다.
이것은 활성 슬러지 탱크가 달린 장치를 구성한다.

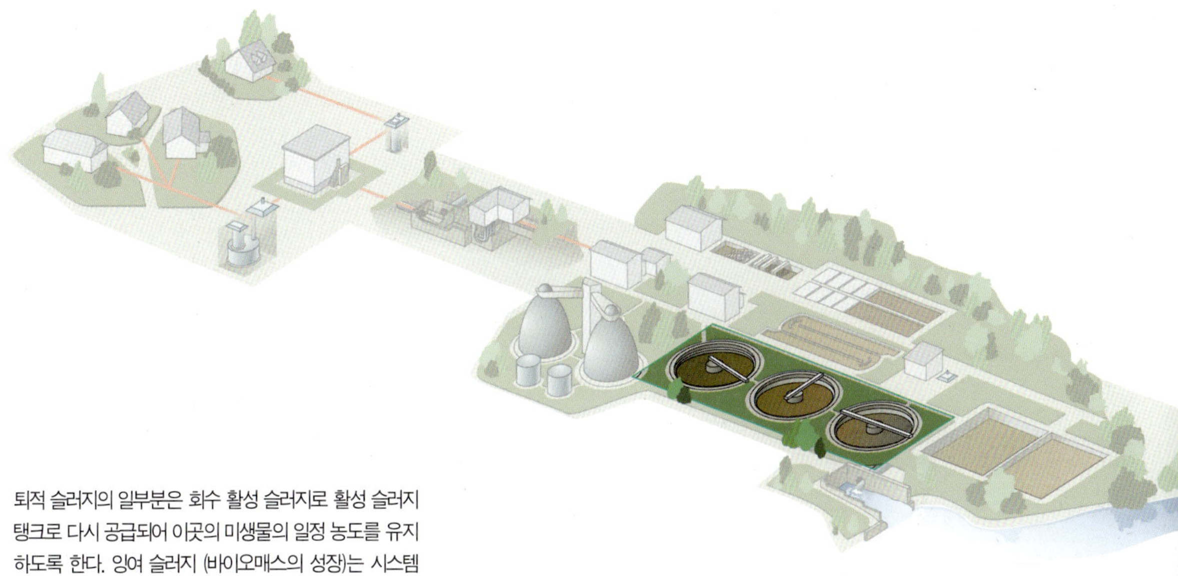

퇴적 슬러지의 일부분은 회수 활성 슬러지로 활성 슬러지 탱크로 다시 공급되어 이곳의 미생물의 일정 농도를 유지하도록 한다. 잉여 슬러지 (바이오매스의 성장)는 시스템으로부터 제거되고 1차 슬러지와 함께 분해의 1차 처리로부터 제공된다.
만약 처리가 된 오수와 활성 슬러지 사이에 분리가 완전하지 않으면, 바이오매스의 일부분은 환경에 대해 유해한 영향과 함께 집수된 물에서 종료된다. 이 슬러지 배출은 법적으로 허용된 배출값을 위반할 수도 있다. 이것은 또한 재정적 법적 결과를 가져올 수 있다. 앞서 언급한 바, 이러한 분리는 퇴적 프로세스를 바탕으로 한다.

정수 지대의 바이오매스 농도는 정확하게 제로이다. 이 농도는 저수조의 바닥까지 내려가면서 10 g/ℓ 까지 증가한다. 활성 슬러지 탱크로부터 분리 및 역류 지대까지 하수가 흘러가면 어떤 바이오매스도 정수 지대에는 들어갈 수 없으며 낮은 층에서 이루어지는 농밀화 프로세스는 방해받지 않는다. 요약하면, 퇴적 프로세스를 손상시킬 수 있는 난류의 흐름은 이 저수조에서 일어나서는 안된다. 흐름은 응집을 지원하기 위해 충분히 난류가 이루어져야 하지만 결과적으로 구조물을 파괴해서는 안된다. 또한 최대 흡입량을 제한하여 2차 저수조에서 저수조에 머무는 시간을 결정한다.

침전을 위한 충분한 시간을 슬러지 입자에 제공하기 위한 최소 체류시간이 필요하다.
일반적으로, 표준 2차 정화기 저수조는 존재하지 않는다. 저수조의 구성, 물질 및 깊이 그리고 사용된 슬러지 집수 유형은 아주 다양하다. (예: 편평한 저수조, 호퍼 탱크 또는 통합 퇴적 시스템)

2차 정화기 분야의 계통도

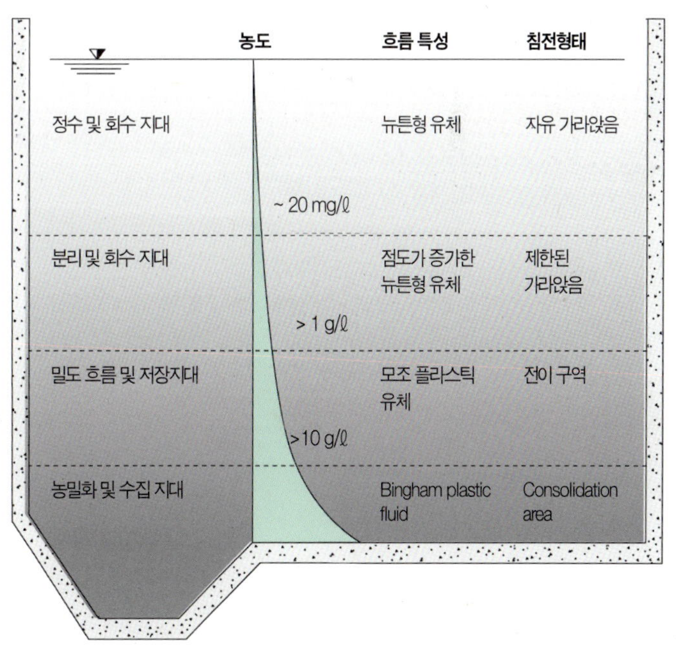

금속체인스크레이퍼
Passavant-Geiger GmbH

플라스틱밴드스크레이퍼
Passavant-Geiger GmbH

스크레이퍼

스크레이퍼는 퇴적 탱크의 부유 슬러지를 포함, 모래 / 작은 모래 및 슬러지와 같은 침전물을 제거하기 위해 사용하는 장비 및 기기를 말한다.(DIN EN 1085) 이것은 침사지, 1차 및 2차 그리고 활성 정화기에서 사용된다. 모양에 따라 원형 및 긴 스크레이퍼로 구분한다.

설계 면에서, 체인과 밴드 스크레이퍼, 수중 브릿지 스크레이퍼와 흡입 스크레이퍼로 구분한다.

운전 및 프로세스 고장

유럽에서는 많은 폐수 처리 시설에서 단섬유 미생물의 엄청난 성장과 관련한 생물학적 정화단계 문제와 씨름하고 있다.

단섬유 미생물의 폭발적인 성장의 이유는 다음과 같다.
- 슬러지 부하가 거의 없다
- 오수의 편향된 구성
- 흡입구의 변경

슬러지 부하의 정화 능력과 관련된 요구가 증가하고 있다. 예를 들어 일일 공급 BOD_5와 활성 슬러지 탱크의 건조 고체물질 사이의 비율이 감소한다. 이로 인해 단섬유 미생물의 폭발적인 성장이 이루어졌다. 왜냐하면 이들 미생물은 무리를 형성하는 박테리아와 달리 기질 및 산소 농도가 낮음에도 불구하고 높은 성장율을 갖추고 있기 때문이다.

단섬유 미생물의 폭발적인 성장의 또 다른 이유는 많은 공장의 경우와 마찬가지로 폐수의 구성이 편향되어 있다는 점이다. 하지만, 흡입구의 변경은 오수의 흐름, 온도 및 영양소의 구성에 영향을 미치며 또한 일반적으로 미생물이 무리를 이루는 미생물보다 수요가 적기 때문에 이들 미생물의 성장을 촉진할 수 있다.

단섬유 미생물의 폭발적인 성장과 관련된 징후

단섬유 미생물에 대해 이야기를 할 때, 일반적으로 박테리아를 의미하지만 어떤 경우에는 단섬유 곰팡이를 의미하기도 한다. 일정한 양의 단섬유 미생물은 무리를 이루는 박테리아와 비교하여 더 효과적인 영양소 흡수를 하므로 유리한 점이 있다. 이들의 확산 형태는 부유 입자를 제거하는데 도움이 된다. 이러한 장점은 더 낮은 슬러지 침전성의 단점을 커버할 수 있지만 슬러지 처리 비용이 증가한다.

단섬유 미생물의 폭발적인 성장은 두 가지 원치않는 현상을 가져올 수 있다.

단섬유 미생물의 높은 비율로 인한 제대로 걸러지지 못한 슬러지

양호한 침전 특성으로 제대로 된 바이오매스

대량의 슬러지

이 대량의 슬러지(bulking sludge)라는 용어는 아주 나쁜 침전 및 농밀화 특성과 관련된 슬러지를 말한다. 대부분의 경우, 대량의 슬러지는 정화기에 축적되고 두꺼운 층을 형성하여 집수된 하수가 유출되고 적재되는 것을 방지하기 위하여 제거되어야 한다.

침전성은 매개변수 슬러지 체적(SV)과 슬러지 체적 지수(SVI)에 의해 결정된다. 슬러지 체적은 ml/ll 단위의 특정 침전시간에 대한 슬러지에 의해 걸리는 특정 체적을 말한다. 슬러지 체적 지수는 1g의 슬러지 (건조 고체물질과 관련)가 침전 후 30분 내에 가지는 체적을 기술한다. SVI를 계산하려면, ml/l 단위의 SV 값을 g/l 단위의 건조 고체물질 (TS)로 나눈다.

$$SVI \ (ml \ / \ g) = SV \ (ml \ / \ l) \ / \ TS \ (g \ / \ l)$$

대량의 슬러지는 150 ml/g 이상의 슬러지 체적 지수 (SVI)를 갖는다.

부유 슬러지

대량의 슬러지와 함께, 이것은 "건강하지 않은" 활성 슬러지탱크에서 발생할 수 있는 현상이다. 부유 슬러지는 방선균 및 기타 특정 단섬유 미생물의 폭발적인 성장으로 인해 표면에 부유하며 소수성 세포 표면을 가지고 있다. 소수성 세포 표면은 공기와 질소가스 거품을 흡수하며 슬러지가 활성 슬러지 탱크에서 위로 헤엄쳐 이동하도록 한다. 부유 슬러지는 이것이 혐기성 슬러지 처리의 분해 탱크 내에서 거품을 형성하므로 가능한 빨리 정화기에서 제거해야 한다.

대책

단섬유 미생물의 폭발적인 성장을 차단하기 위한 여러 가지 방법이 사용되고 있다. 대량의 슬러지를 방지하기 위한 기술적인 방법은 활성 슬러지 탱크 앞에 고부하 탱크(셀렉터) 업스트림을 사용하는 것이다. 대안으로, 캐스케이드 시스템을 설치할 수 있다. 두 가지 경우 모두 결과적으로 경사도가 활성 슬러지 탱크 내 오수의 저부하를 보완하여 대량의 슬러지를 방지한다. 유사 방법은 고급 폐수처리 장치로 대량의 생물학적 인산염 제거에서 볼 수 있다. 업스트림 혐기성 혼합 탱크의 효과는 셀렉터의 효과를 반영한다.

개선된 침전성을 확보하기 위해 사용할 수 있는 다른 방법으로는 예비 퇴적을 통과시키고, 한쪽으로 차우친 오수의 폐수 특성을 개선하거나 삼투 및 응집물을 추가하는 것이다.

09. 배수

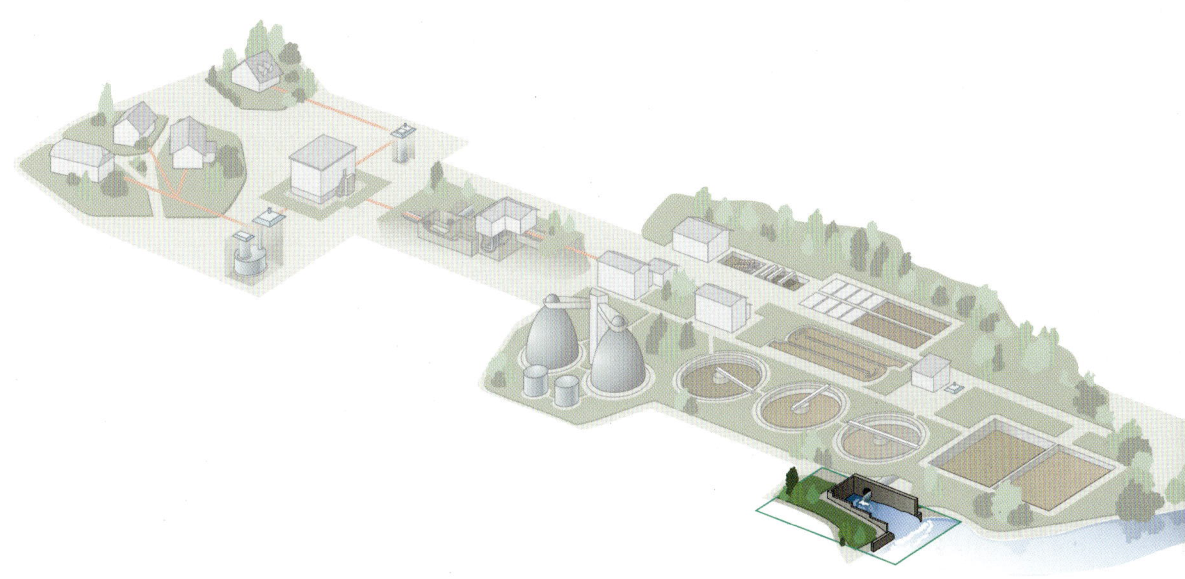

배수 펌프장

일반적으로 물줄기, 집수된 물과 가까운 폐수 처리 시설에 설치되어 있으며 강이나 호수 또는 바다가 될 수 있다.

만약 지형학적인 이유로 이것이 가능하지 않으면, 처리된 오수를 심토로 들어가게 하거나 운반 라인을 통해 먼 집수장치까지 보내는 것이 가능하다. 집수된 물은 그 물 (오수, 배수)이 공급될 수 있는 물줄기이다. 이것은 대개 관련 기관으로부터 물과 관련된 입법 하에서 승인이 필요하다. 승인은 승인서 형식으로 부여된다.

물부족이 증가하면서, (부분적으로) 세정된 오수를 농업관개에 사용한다. 다시 말하면, 세정된 오수로 논에 물주기를 한다. 오수에 포함된 오염물 (질소 미 인산염) 역시 비료로 사용된다.

배수 펌프장은 집수물이 스스로 배수되지 않을 때 사용된다. 이것은 가능하면 펌프장을 사용하지 않도록 하기 위해 (추가 비용과 관련) 전체 시스템의 설계에 반영되어야 한다. 여기서 유체는 고체 또는 섬유성분이 없는 처리된 폐수이므로, 이러한 이유로 볼류트형 임펠러를 사용하며, 높은 효율을 제공한다. 이 펌프의 샤프트는 작은 토오크로 큰 힘을 낼 수 있다.

바다 또는 바다 근처로 배수되는 강 옆에 설치된 폐수처리시설의 경우, 배수는 특정 환경에서 조류의 영향을 고려할 필요가 있다. 다시 말하면, 썰물 중에 자유 방출을 하고 밀물 중에 펌핑을 한다. 사류 펌프는 비교적 낮은 양정에서 대유량에 대해 설계되었기 때문에 여기서는 탁월하다. 펌프로 배수된 후 역류되는 배수를 방지하기 위하여 소위 체크밸브를 종종 토출 배관의 끝에 설치한다. 이것은 펌핑 동안 압력에 의해 열리고 펌프가 정지될 때 다시 닫히는 수평식 체크밸브이다.

여과

여과 프로세스는 기계적이면서 반복적인 프로세스와 흡수, 덩어리, 응집 및 역충전과 같은 개별적인 물리적 화학적 반응으로 구성된다. 필터 재료 기공의 폭보다 더 작은 직경의 입자와 충돌하면서 용해된 물질은 이 방식으로 여과된다.

여과는 여러번 그리고 여러 변형으로 사용되는 기본적인 방법이다.

여과는 기계적 부하를 피하고 수명을 증가시키기 위해 예를 들어 이온 교환, 다이아프램 방법 또는 흡수 기둥과 같은 기본적인 운전의 업스트림을 발생시켜야 한다.

추가적인 방법으로, 이들은 심하게 침전된 슬러지와 함께 삼투 단계에서 가늘게 분산된 물질을 잡기 위해 사용된다. 필터 장치의 많은 유형 중에 아래의 내용이 더 많이 언급된다.
- 사전코팅 필터
- 필터 프레스
- 베드 필터
- 급동 필터
- 긴 종이 필터

급동 필터는 특히 사전처리를 위한 실제적인 사용에 유용한 것으로 판명되었다. 이것은 일반적으로 폐쇄형 급동 필터로 구성되며 압력 하에서 작동한다.

0.5~3mm 사이의 알갱이의 모래를 여과 물질로 사용한다. 다층 필터 역시 특수 목적으로 사용할 수 있다.

10~20m/h 속도에서 위에서 아래로 폐수가 흐른다. 역류는 20~5 m/h에서 순수한 물과 압축 공기와 함께 발생한다.

석영 모래로 채워진 개방형 급동 필터는 다운스트림 필터로 사용된다. 소량을 취급할 때 예비단계로, 종이 필터는 긴 분해성 필터 테이프로 이상적이다.

사전코팅 필터를 사용하는 경우, 필터층은 이질적 고체물질을 잡기 위하여 규조토, 탄소 또는 셀루로오즈와 같은 여과 지원도구가 추가되어 있으며 챔버 필터 프레스를 슬러지 탈수를 위해 사용한다. 이들은 비교적 고체의 슬러지 물질과 빈 여과물을 제공한다. 특수한 경우, 활성 탄소가 적합한 필터 물질이 유체, 비수분함유 단계 또는 용해된 유기물질을 동시에 흡수할 수 있도록 한다.

최근에는, 다기공 다이아프램의 개발로 새로운 종류의 여과시스템을 가져와 이들의 분자 크기를 토대로 용해된 물질을"여과하는"고체의 전통적인 여과와 초여과 사이의 경계가 예전의 것과 더 이상 분명하지 않게 되었다.

미세여과 및 초과여과는 순수하게 물리적인(기계적인) 다이아프램 방법이며 일반적으로 화학물의 추가 없이 작동한다.

다이아프램 여과

다이아프램 여과

두가지 방법 모두 기계적인 크기를 배제하는 원칙에 따라 여과를 한다. 예: 다이아프램에서 기공보다 더 큰 물 / 오수의 모든 내용물은 다이아프램에 의해 여과된다.

미세여과 및 초과여과 사이의 가장 큰 차이는 각기 다른 기공 크기와 다이아프램(물질)의 각기 다른 구조이다.

기공크기가 ≤0.1μm 인 다이아프램을 통한 여과를 초과여과(ultra filtration)라 하며 기공크기가 ≥0.1μm 인 여과는 미세여과(micro filtration)로 알려져 있다.

두 가지 여과 방법의 구동력은 1~10bar 사이의 다이아프램을 통한 유입과 유출 사이의 차압이다. 이 때의 압력은 표면을 통해 50 ℓ (m²/h)~500 ℓ (m²/h)로 여과한다.

미세 및 초과여과기의 특성은 다이어프램의 접선방향의 흐름을 통해 파악할 수 있으며, 이것은 Cross Show 여과라 한다.

이러한 흐름 설계는 접선으로 작용하는 힘을 이용해 다이아프램에 코팅층의 형성을 최소화한다. 전통적인 여과와 달리, 필터 케이크의 형성은 바람직하지 않다. 이러한 커버층은 불가피하게 형성되나, 대부분 미세 및 초과여과 막은 자체 지탱을 하기 때문에, 정기적인 역류는 코팅층의 형성을 최소화하기 위해 사용할 수 있다. 세라믹과 유기물로 만든 다이아프램은 두 가지 방법 모두 사용가능하다.
예: 산화지르코늄, 탄화실리콘 및 친수성 폴리설폰

유기물과 비교하여, 세라믹 물질은 더 나은 화학적, 열 강도 및 기계강도의 잇점을 가지고 있지만 가격이 높다.

미세 및 초과여과 다이아프램은 판형 다이아프램, 관형 다이아프램 또는 속이빈 섬유의 형태로 되어 있으며, 일반적으로 토출관에서 볼 수 있다. 토출관과 다이아프램으로 구성되는 단위를 '모듈'이라 한다.

오수처리장의 경우, 직경 3~24mm의 튜브형 모듈이 일반적으로 사용된다.

감겨 있거나 속이 빈 섬유 모듈은 음용수 처리에서 많이 사용된다.

오수에 적용되는 미세 및 초과여과 사용의 예
- 매립지의 침출수 사전여과
- 바이오매스의 재활용
- 캐스팅 검사에서 균열을 검사하기 위해 사용된 화학적 재생
- 진동연마기 배수의 재활용
- 탈지수조의 수명 확장
- 오일물 분리

소독

폐수, 음용수 또는 기타 유체를 여러 가지 방법으로 소독하는 작업. 이론적으로, 화학적 방법과 물리적 방법으로 구분한다.

특별한 경우 사용되는 화학적 방법은 염소, 염화물, 산화염소, 과산화수소, 은이온 또는 오존을 첨가하는 것을 기본으로 한다.

인증된 물리적 방법은 매개체를 가열 하거나 (저온 또는 오토클라베의 증기압) UV 자외선으로 자극을 주는 것을 기본으로 한다.

수은 증기 램프는 파장이 바뀌는 UV 선을 발생시킨다.

253.7 nm 선(ray)은 비활성 효과를 가지고 있다. UV 방사선이 미생물에 미치는 주요 손상에는 핵산에서 광학적으로 변화하는 것이 포함된다.

UV 시스템을 효과적으로 만들려면, 적어도 5 mJ cm²의 사전 규정된 방사선양이 필요하다. 이 수치는 층의 두께와 수질 및 유량의 결과로 나오는 방사선의 지속시간 (시간 세포는 UV 자외선에서 소비) 을 함수로 하는 방사선 강도를 토대로 계산을 한다. 석영 및 램프 손잡이 주변의 보호 관의 피할 수 없는 오염은 램프를 on 할 때마다 악화되며 방사선 강도에 영향을 미친다.

UV 물 소독은 효과적이고 안전한 것으로 간주하며 맛과 색상 또는 냄새에 어떤 영향도 주지 않는다.

이 방식으로 처리된 물은 의심없이 마실 수 있으며 병에 담아 판매할 수도 있다.

wilo

10. 폐수 처리 시설 관리

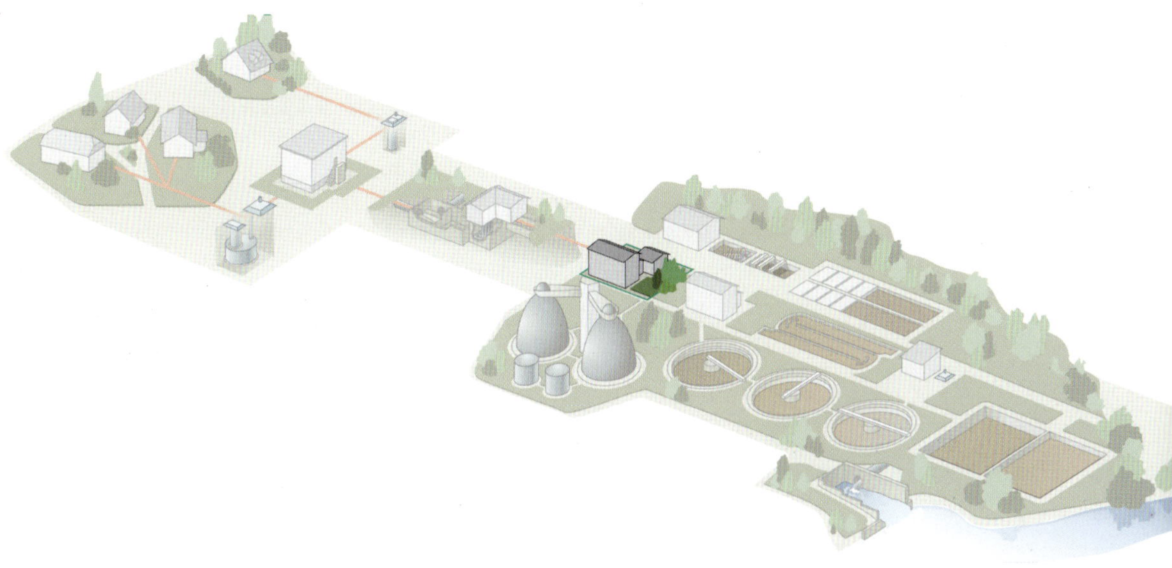

산업용수

폐수 처리를 하는 과정에서 산업용수가 발생된다. 식수와 동일한 품질이 아니지만 다른 용도로 사용할 수 있는 깨끗한 물을 말한다. 최종 정수 단계 후, 처리수가 유입된다. 이 물은 좁은 지역의 폐수 처리 시설을 통해 재공급된다.

이것은 급수회사 회사건물 (예: 화장실 변기물), 스프링쿨러, 도로 청소차량이 있는 구역에서 사용할 수 있으며 또는 처리프로세스로 다시 재사용할 수 있다. 또한 여과드럼세척 차량 청소에 사용할 수 있다.

펌프나 시스템은 산업용수를 다양한 목적의 사용처에 충분한 압력으로 물을 이송할 수 있도록 해준다.

이러한 시스템에는 압력 부스터를 이용할 수 있다. 이것은 패키지 펌프 또는 심정패키지 펌프 그리고 PE로부터 미리 만든 펌프장이 될 수도 있으며 필요한 출력에 따라 크기를 조절할 수 있다.

기기장비의 제어

폐수 처리 시설의 개폐장치는 일반적으로 크고 복잡한 시스템이며 흔히 제어실이라고 부르는 공용 캐비닛에 보관된다.

이 캐비넷은 대개 관리자가 신호 지시기를 통하여 모든 기기 부품이 제대로 작동되는지 한 눈에 볼 수 있도록 전면에 폐수 처리 시설시스템의 구성도를 보유하고 있다.

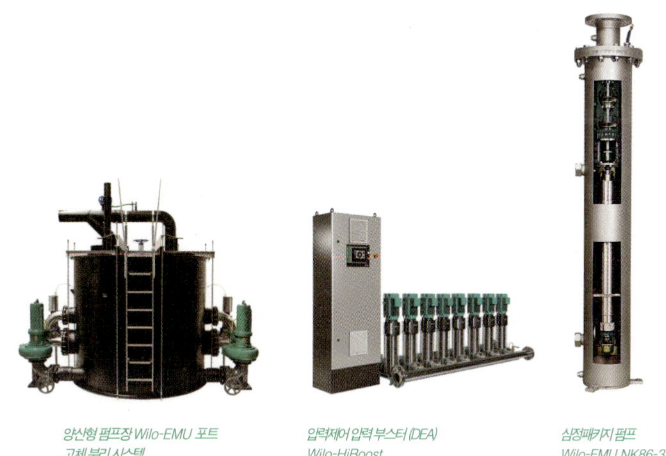

양산형 펌프장 *Wilo-EMU 포트* 고체 분리 시스템

압력제어 압력 부스터 *(DEA) Wilo-HiBoost*

심정패키지 펌프 *Wilo-EMU NK86-3*

압력부스터에 대한 보충 내용 (원리, 치수 및 구성)은 Part 2: 부스터 시스템에서 볼 수 있다.

폭발가능성이 있는 구역에 전기시스템 설치하기

EC 지침 99/92/EC"폭발성 대기에 노출된 직원의 건강보호 및 안전 개선을 위한 최소요건"은 폭발위험이 있는 시스템의 작동과 관련이 있으며 관리자를 위한 것이다. 국가법과 비교하여 좀 더 넓은 면에서 보완해야 할 최소요건을 포함하며, 독일에서 시행되었다. 독일 산업안전규정((BetrSichV) "장비의 제공, 작업 중의 안전, 건강 보호, 모니터링을 요구하는 시스템의 운전 중 안전, 그리고 산업작업안전기구에 대한 법령")에는 기존 시스템의 운전에 대한 상세 규정과, 특히 이들 시스템의 모니터링, 검사 및 유지보수에 대한 내용이 포함된다.

관리자는 지침 99/92/EC에 따라 시스템의 폭발위험을 평가해야하며, 폭발보호문서에 직원의 보호에 대한 모든 방법을 기록한다.

폭발위험을 평가하기 위하여 다음 사항을 고려해야 한다.
- 폭발성 대기의 가능성과 존속기간
- 발화원의 존재가능성, 활성 및 효과
- 사용물질 및 프로세스와 이들의 잠재적 상호작용
- 폭발효과의 예상정도

처리시설 관리자는 폭발가능성이 있는 지역을 구분하고 가이드에 규정된 최소요건을 준수하도록 한다.

범주에 따른 구역(Zone) 분류 및 장치 지정

	구역	폭발위험성의 존재 기간	장치 범주(Category)
가스, 증기, 안개	0	지속적, 장기적, 영구	1G
	1	가끔	2G
	2	드물게	3G
먼지	20	지속적, 장기적, 영구	1D
	21	가끔	2D
	22	드물게	3D

운전자는 적어도 다음 정보를 포함하는 방폭 문서를 작성 해야 한다.
- 위험 평가
- 보호 방법
- 구역(zone) 구분
- 최소요건 준수 (기술 및 조직 방법)

폭발가능성이 있는 지역의 전기시스템

폭발가능성이 있는 구역의 안전은 모든 관련부서 간의 원활하고 밀접한 팀워크에 의해서만 이루어질 수 있다.

계획 및 설치

새로운 설치를 계획하고 있는 경우, 폭발위험 가능성을 먼저 고려해야 한다. 가연성 물질에 의해 폭발가능성이 있는 지역을 분류할 경우, 자연적 또는 기술적 환기 문제를 반드시 고려해야 한다. 사용되는 가연성물질의 기술적 폭발 매개변수를 결정해야 한다. 이것은 구역을 분류하고 폭발가능성이 있는 구역에 적합한 장비의 선택에 대한 결정 이전의 전제조건이다.

관리자는 시스템이 정확하게 설치되었는지 초기 운전을 하기 전에 점검을 한다.

설치자는 설치 요건을 준수하고 사용목적에 따라 전기 장비를 정확하게 선택하고 설치한다.

방폭장비의 제조자는 모든 생산장치가 승인된 설계를 맞추도록 해야 하며 이것은 적합한 품질관리 시스템이 요구된다. 식별 번호는 명판에 기록한다.

유지보수 및 정비

폭발가능성이 있는 구역의 전기장비는 안전을 위해 정기적으로 유지보수를 해야 한다. 유지보수 및 수리방법은 자격을 갖춘 전문가만이 수행할 수 있다.

유지보수 및 전환작업 이전에, 폭발성 대기가 없는지 확인한다. 수행한 작업은 반드시 기록하고 관련규정을 준수했는지 확인한다.
만약 방폭에 영향을 줄 수 있는 대안을 준비한 경우, 공식적인 기관에서 훈련을 받은 사람이 먼저 검사를 해야 한다. 이 검사는 제조사가 그를 대신하여 수행한 경우 허용된다.

표준

유럽 전체에 적용하는 전기장비에 대한 최초의 표준은 EN 50014-EN-EN 50020 (가스폭발 가능성이 있는 구역의 장비에 대한 요건)으로 발행되었다. 이 표준시리즈는 점차 EN 60079 (VDE 0170)을 대체하게 된다. 가연성 먼지에 대한 점화 보호 범주 측면에서, 원 표준인 EN 50281은 IEC 61241로 대체되었다.

다음 목록은 가스 및 먼지의 폭발가능성이 있는 구역의 전기장비에 대한 점화 보호 범주의 개요를 나타낸다.

가스 폭발가능성이 있는 지역에 대한 전기장비

	EN (구)	EN (신)	IEC
일반 사항	EN 50 014	EN 60 079-0	IEC 60 079-0
내압 방폭 [d]	EN 50 018	EN 60 079-1	IEC 60 079-1
압력 방폭 [p]	EN 50 016	EN 60 079-2	IEC 60 079-2
충전방폭 [q]	EN 50 017	EN 60 079-5	IEC 60 079-5
유압방폭 [o]	EN 50 015	EN 60 079-6	IEC 60 079-6
안전증 방폭 [e]	EN 50 019	EN 60 079-7	IEC 60 079-7
본진 안전 방폭 [i]	EN 50 020	EN 60 079-11	IEC 60 079-11
비 점화 방폭 [n]	EN 50 021	EN 60 079-15	IEC 60 079-15
몰드 방폭 [m]	EN 50 028	EN 60 079-18	IEC 60 079-18
본질 안전시스템		EN 60 079-25	IEC 60 079-25
구역 0 대한 전기장비	EN 50 284	EN 60 079-26	IEC 60 079-26
본질 안전 필드 버스시스템		EN 60 079-27	IEC 60 079-27
광 방사선 [op]		EN 60 079-28	IEC 60 079-28

예	구분	설명	11
II	Ⅱ 2 G Ex de ⅡB T4 **장비 그룹**	지하 광산을 제외한 모든 지역에 적용	**장비 그룹** I = 지하 광산 II = 지하 광산을 제외한 모든 지역
2	Ⅱ 2 G Ex de ⅡB T4 **장비 범주**	Zone 1 또는 Zone 21에 적용	**장비 범주** 1 = Zone 0 또는 20에 적합 2 = Zone 1 또는 21에 적합 3 = Zone 2 또는 22에 적합
G	Ⅱ 2 G Ex de ⅡB T4 **적용분야**	폭발가스매체에 적용	**폭발매체 (대기)** G = 가스 D = 먼지
Ex	Ⅱ 2 G Ex de ⅡB T4 **표준 표시**	현재 EU 방폭 표준에 맞는 장비	**비고:** 추가 정보없이 준수 선언
DE	Ⅱ 2 G Ex de ⅡB T4 **방폭 보호등급**	내압(d)와 안전증(e)의 점화 보호등급에 따라 장착된 장비	**방폭 보호등급** o = 유입 p = 압력 　(nP 보다 높은 보호) q = 충전 d = 내압 e = 안전증 ia = 본질 안전 ib = 본질 안전 m = 몰드
ⅡB	Ⅱ 2 G Ex de ⅡB T4 **폭발 그룹** **방폭 적용**	매체폭발가능성이 있는 환경에 대해 방폭 적용 그룹 II용으로 설계된 장비	**폭발 그룹** A = 폭발가능성 낮음 B = 폭발가능성 중간 C = 폭발가능성 높음 **방폭 적용** I = 지하 광산 II = 지하 광산 제외한 모든 분야
T4	Ⅱ 2 G Ex de ⅡB T4 **온도 등급**	주변지역에 발산된 장비의 최고표면온도 (고장시) : 135℃	**온도등급** T1 = 450℃ T2 = 300℃ T3 = 200℃ T4 = 135℃ T5 = 100℃ T6 = 85℃

작업장 보호

폐수 처리 시설 및 폐수 시스템은 직원이나 그외 다른 사람에게 어떤 위험도 주지 않도록 모든 방면에서 안전을 고려하여 설계 및 공사를 해야 한다.

기타 주요사항
- 사고방지 규정
- 위험평가
- 방폭
- 안전조직 및 관리

작업장 안전과 관련한 법과 법령
- 작업장 안전과 관련된 국가법, 법령 및 규칙,
- 화학법
- 위험물질 데이터베이스
- CE, 장비안전법과 기기 지침

소형 폐수처리시설의 관리자 의무

업무/활동	책임				
	관리자	유지보수회사	지자체	폐기물처리회사	하류 감독기관
자체 검사 및 활동 관리자의 일일 유지 포함	E, D, K				
유지보수회사의 유지보수업무 시작 유지보수계약 체결	E, D				
유지보수수행, 유지보수 프로토콜 작성 및 배분	K	D			
유지보수 프로토콜 수령	I	I	(I)		I
수리업무 회사 위탁	E, D				
수행, 수리, 문서기록	K	D			
오물 슬러지의 처리	K		E, K	D	
운전 모니터링	I				E, D, K

E=결정
D=이행
K=검사

도시폐수처리시설의 표본 추출
Freising 근처의 Gruneck

상수관리기관의 한 직원이 폐수처리시설의 유출되는 오수에서 샘플을 수집하고 있다.

샘플 수집 및 분석, 자체 감시, 설비

폐수 처리 시설의 체계적인 모니터링은 도시 및 산업 폐수 처리 시설의 운전을 위한 매우 중요한 요소이다.

하기의 두 가지 종류의 모니터링이 서로 보완관계에 있다.
- 관할기관에 의한 모니터링 (주정부 모니터링)
- 자체 직원에 의한 모니터링 (자체 모니터링)

주정부기반 (또는 '공식적인') 모니터링은 무작위 표본이고 의무조항이다. 위험물질이 포함된 폐수를 공공하수도에 방출하는 것을 통제해야 한다. 이는 상수 및 하수 관련 법령에 따른다.

공식적인 모니터링은 물관리 사무국에서 실시한다.(오염통제기관 - tGewA) 모니터링에는 다음 내용이 포함된다.
- 오수시설의 기술적 검사
  (규정에 따른 시설, 시설 상태, 유지보수, 완벽하고 정확한 자체 감시)
- 상수 법안 준수 확인을 위한 방출 검사
  (분석, 평가를 위한 샘플링)
- 환경에 대한 직접 영향

처리시설의 크기와 중요성에 따라, 연간 1~4회 검사를 받는다.

검사자는 현장의 온도와 pH값을 확인한다. 폐수 처리 시설의 효율성을 측정하기 위하여, 연구소 검사에는 다음 매개변수들이 포함된다.
- 총 유기탄소함유량 (TOC)
- 화학적 산소요구량 (COD)
- 생물학적 산소요구량 (BOD_5)
- 총인산 함유량 (Pges)
- 암모니아 (NH_4-N)
- 질산염 (NO_3-N)
- 아질산염 (NO_2-N)
- 염화물 함유량 (Cl-)
- TKN 총 질소 (N_{ges})

처리된 오수는 배수구를 통해 2차 정화기에서 하천으로 흘러간다.

자체 모니터링은 관리자가 오수 처리 시설에 대해 지속적인 검사를 하는 것이다. 예를 들어, 바바리아에서는 자체 모니터링 조례(EUV)에 의해 통제된다. 따라서 수집된 데이터는 규정에 따라 운용해야 한다.

관리자는 측정내용을 기록하고 분석하고 저장해야 한다.
또한 정기적으로 시설의 운영 및 기능을 확인해야 한다.

검사는 폐수 법령 (AbwV)의 제4장의 시설에 대한 방법
또는 동등한 방법에 의해 공식적인 모니터링을 한다. 자
체 모니터링의 경우, 적절한 운전 방법을 사용할 수 있
다. 운전 분석의 적합성과 품질보증을 보여주기 위하여,
병행 검사를 실시해야 한다.(관리자에 의한 운전 방법과
AbwV에 따라 명시된 방법을 병행하여 나누어진 샘플을
검사) 관리자는 물 관리의 민간 전문가 (Private Expert
in Water Management, PSW)를 포함하고 위탁해야 한
다. 기술된 방법으로 AQS 공인 연구소에서만 검사를 실
시해야 한다.

자체 모니터링 및 공식적인 모니터링은 각기 다른 역할이
있지만 최고의 수질보호를 위한 공통된 목적을 가지고
있다. 이 두 가지는 방지 및 협력의 원칙면에서 서로 보완
이 된다. 관리자 자신의 책임은 법적 테두리 조건과 자문
위원회에 의해 최근 10년 동안 강화되어 왔다. 이의 결과
로는 모니터링의 관점에 점점 더 관리자에게 집중되고 있
고 기관에 의한 모니터링은 지원을 하고 타당성 조사를
수행하는 방향으로 가고 있다. 품질보증 및 대표적인 자
체 모니터링 데이터는 측정 프로그램을 사용하여 확인하
는 영역 내에서 오수 유출에 대한 더 낮게 규제된 값을 기
준으로 하고 있다.

지역기관 (KVB's) 은 상수 및 오수 처리 입법의 법적 시행
에 대해 책임을 진다.

에너지 예산

에너지관리에 대한 ISO 표준

국제표준기구 ISO는 에너지관리에 대한 표준을 만들기로 발표했다. 이 표준은 에너지를 효율적으로 사용하고, 비용을 절감하고 모든 조직 및 회사에 대한 환경균형 개선에 대한 정보를 제공하고자 한다.

폐수처리장 및 오수 네트워크의 에너지 비용

에너지 비용의 증가는 민간, 지자체 및 산업 조직의 관리자가 결정을 내리도록 강요한다. 어려운 재정상황과 기금 부족에도 불구하고, 물가가 오를 때 상쇄할 수 있는 에너지 투자를 하도록 압박이 가해진다. 비율적으로 가장 큰 소비장치의 경우 특별한 관심을 기울여야 한다. 지자체의 경우, 일반적으로 폐수처리장(약 35%), 학교(25%) 그리고 가로등(25%) 등이다.

폐수처리장은 다방면에서 특별한 의미를 가지고 있다.

- 흔히 규모가 가장 큰 단일 소비자이며 지자체와 전기공급 계약을 체결할 때 에너지 공급자에 의해 큰 고객으로 간주된다.
- 에너지효율을 개선하기 위한 아이디어는 재정적으로 환경적으로 엄청난 영향력을 가진다
- 생산된 오수 가스는 재생에너지로 시설의 열요구량을 완전히 충족할 수 있으며 열병합발전소(BHKW)와 함께 사용되는 경우 전기 요구량의 약 25~40%를 충족할 수 있다.
- 에너지 비용이 운영비의 약 30~40%에 이르면, 관리자는 먼저 모니터링 값을 준수해야 한다. 에너지에 대한 책임은 인력, 폐기물 처리 및 오수 방출 만큼 중요하다.

지난 몇 년 동안, 예측불허의 물가 상승과 에너지 및 세법과 관련된 주변 환경의 변화로 인해 최적 가능성을 확인하고 예상하는 것이 더 힘들어지게 되었다. 다음 단원에서는 관리자가 자신의 상황을 투명하게 하고 에너지 비용을 최적화하기 위한 전략을 개발하도록 동기부여를 하고자 폐수 처리 시설 및 특수 건물의 에너지 상황을 조명하고자 한다.

오수는 건물 난방을 위한 난방 펌프기술에 의해 사용할 수 있는 엄청난 양의 열에너지를 포함하고 있다. 이 재생에너지원의 잠재력은 매우 크다. 수요측면에서, 오수로부터 생산되는 열로 독일의 모든 건물의 10%에 난방을 제공할 수 있다.

한편 에너지 비용의 증가와 다른 한편 열펌프와 열교환기의 앞선 기술이 결합하여, 오수에서 발생되는 열의 재사용은 재정적으로 점점 더 관심을 끌고 있다. 해당 구성조건이 맞으면, 오수로부터 열을 생산하는 시설은 오늘날 화석연료를 사용하는 발전소와 비교하여 경제적으로 경쟁력을 갖추게 된다.

계획 및 설계가 정확하다면 배수시스템 또는 오수 처리 시설에 대한 불이익은 하나도 없다. 오수에서 생성된 열은 건물 난방과 온수용으로 사용된다. 큰 단독 건물 또는 지역난방을 사용하는 집단건물이 이상적이다. 오수로부터 생성되는 열은 수영장을 난방하고 처리된 슬러지는 건조시키는데 이상적이며 또한 적절한 온도 상황에 맞추어 경제적으로 사용할 수 있다.

난방 소비설비의 온도가 낮아질수록 열펌프의 효율은 더욱 좋아진다. 동시에, 이 열펌프는 냉각용으로도 사용될 수 있다. 즉 여름에 사무실 냉방을 할 수 있다. 냉동기의 경우, 열펌프가 역으로 작동하게 된다. 어느 경우든 소비설비 가까이에 오수로부터 충분한 열 양을 두는 것이 필요하다. 열은 건물 자체의 오수, 오수도 또는 폐수 처리장 내 오수에서도 생성될 수 있다.

여기에서는 건물 내 열회수와 같은 변형에 대해서는 언급하지 않는다. 오수 또는 폐수처리장으로부터 열을 사용하는 것은 오수 처리와 관련이 있고 따라서 이 책에도 언급을 하고 있다. DWA-M114 "하수로부터의 에너지 - 열과 잠재 에너지"에서는 기획, 공사 및 유지와 관련하여 오수처리장의 에너지 회수 측면을 기술하고 있다.

DWA-M114는 오수관과 수로로부터 열생산에 대해 초점을 맞추고 있다. 변형된 형태로, 이것은 잠재 에너지에도 적용될 수 있다. DWA-M114는 또한 배수 시스템이 하류에 위치한 폐수처리장의 에너지 생산에 대해서도 언급하고 있다. 스위스나 독일의 지침에 따른 경험도 DWA-M114에 포함되어 있다.

또한 이러한 시설의 경제적 효율도 포함되어 있다. DWA-M114는 설계자, 기술자, 지방자치단체, 협회, 폐수처리장과 배수 시스템의 관리자뿐만 아니라 에너지 회수 시스템의 제조자와 공장 관리자(열공급업체, 계약업체)를 대상으로 하며, 이런 설비의 설계, 건축 및 유지보수에 대해 대상자들을 지원하는데 목적이 있다.

오수 가스회수 및 오수 가스로부터 에너지 생성

Baden-Wurttemberg 의 폐수처리장의 1/4은 오수처리 중에 오수 가스를 회수한다. 이들 폐수 처리장의 수는 지난 10여 년 동안 비교적 늘지 않았지만 자체 전기를 생산하는 폐수 처리장의 수는 급속히 증가했다. 대부분은 오수 가스를 사용하여 폐수 처리장 현장에서 직접 전기를 생산하고 이 에너지의 대부분은 시설 자체에서 소비한다.

오수가스에 포함된 가장 중요한 구성성분은 메탄가스이며 이산화탄소, 수소 및 일부 가스들로 이루어져 있다. Baden-W-rttembert의 폐수 처리장의 평균 메탄가스 비율은 65% 이다. 예를 들면, 이것은 열 시설에서 사용할 수 있으며 에너지 생성을 위한 열병합발전소에서도 사용할 수 있다. 높은 메탄 함유량으로 인해, 오수 가스는 특히 환경에 악영향을 끼치며 대기에 방출되어서는 안 된다.

펌핑을 하는 동안 에너지 절약에 대한 정보

플랜트의 에너지 소비는 에어레이터와 특히 펌프 및 믹서교반기의 운전이 많이 차지한다. "산업 및 기업에서의 효율적 에너지 시스템"이라는 제목의 캠페인은 독일 에너지기구와 독일 기술협회에 의해 조직되었으며 관계자들에게 그들의 펌프 시스템의 에너지효율을 증가시켜 전기 소비를 절감하는 방법을 보여주고자 한다. 기초적인 제안으로 주파수 변환기를 사용하여 필요한 펌프 속도와 맞추었을 때의 성공 내용을 보여준다.

SE - Intranet - Welc...   dashboards Microsoft Dy...   Aktuelle Nachrichten - Bild   Englisch - Deutsch Wörter...
Info über | Logout [wilo]
fil   AGB   Impressum
MC605-EM BIS VERSION /E (2106   Übersicht
Informationen
MC605-EM BIS VE
(2106087)
Artikelnr.:   210608
Bezeichnung: MC6
Lagertyp:
Pos.   Artikelnr.   Bezeichnung
1   4076322   PUMPENGEHÄUSE MC3/6
2   4054544   STUFE MC604-605 SET
3   4049884   STUFE-RÜCKL. MC604-605 SET
4   4049865   STUFE-RÜCKL. MC604-605L SET
5   4049859   GLEITRINGDICHTUNG MC3/6 SET
6   4056417   MUTTER M8 INOX 1.4404
wilo

11. 참고사항

사용된 약어

약어	설명
Agglomeration	**응집**
ATS	고온 혐기 안정화(Aerobic thermophillic stabilization)
BHKW	열병합발전소
BOD5	생물학적 산소요구량
프로세스 또는 방법의 캐스케이드 배열	
CERAM	부식 및 마모물질에 대한 수명 연장을 위한 산화알루미늄을 바탕으로 한 코팅
COD	화학적 산소요구량
DIN	독일 산업 표준
DM content	매체 내 고체물질 (건조 물질)의 비율
DN	탈질소
DWA	독일 상수, 폐수 및 폐기물협회
EGW	인구값
EnEV	독일에너지절감법령
EZ	주민 수
EUV	자체모니터링법령
F	주파수
부유 슬러지	오수 표면 위에 침전되는 오수의 성분
유량	수로에서 오수의 양
GRD	미캐니컬 씰
H	토출양정
Hydrophillic-	친수성
Hydrophobic-	소수성
매체의 최적의 유입을 위한 펌프 집수정 내의 임팩트 표면 요소(와류와 발포 방지)	
우수와 폐수가 한 수로로 전송되는 혼합하수 시스템	
N	질산화공정
NH₄-N	질소암모니아
NK	2차 처리
PE	인구 등가
Ph	값 측정/매체의 산 또는 알칼리 함유량에 대한 값 (7=중성)
Receiving water	처리오수가 방출되는 (예: 유량)
RV	역지변(Non-return valve)
RUB	우수 방수지
S	펌프의 기동 반복 빈도
SBR	연속 회분식 반응조 공법 - 오수처리방법
우수와 폐수가 별도의 수로로 전송되는 개별 하수 시스템	
S1	펌프 운전모드: 연속 운전
TOC	총유기탄소함유량
UV	자외선
Z	전동기의 기동 반복 빈도
°dH	독일의 물 경도, 물의 경도 측정을 위한 단위

제트 클리너 설계 참고값

장방형 저수조

제트 클리너 경험치

(kW)	B x L	= A	Wt*	V	30 W/m³ at 30% Wt =	40 W/m³ at 30% Wt =	v 0.6 m/s 에서 1.00 cm Wt.
2.2	3 m x 6 m	= 18.00 m²	6 m	108.00 m³	0.97 kW at least	1.30 kW at least	18.0 ℓ/s
3.3 – 4	4 m x 8 m	= 32.00 m²	6 m	192.00 m³	1.73 kW at least	2.30 kW at least	24.0 ℓ/s
5	5 m x 10 m	= 50.00 m²	6 m	300.00 m³	2.70 kW at least	3.60 kW at least	30.0 ℓ/s
5.5 – 6.6	6 m x 12 m	= 72.00 m²	6 m	432.00 m³	3.89 kW at least	5.18 kW at least	36.0 ℓ/s
6.6	7 m x 14 m	= 98.00 m²	6 m	588.00 m³	5.29 kW at least	7.06 kW at least	42.0 ℓ/s
7.8 – 10	8 m x 16 m	= 128.00 m²	6 m	768.00 m³	6.91 kW at least	9.22 kW at least	48.0 ℓ/s
10	9 m x 18 m	= 162.00 m²	6 m	972.00 m³	8.75 kW at least	11.66 kW at least	54.0 ℓ/s
10 – 11.5 – 15	10 m x 20 m	= 200.00 m²	6 m	1200.00 m³	10.80 kW at least	14.40 kW at least	60.0 ℓ/s
15	11 m x 22 m	= 242.00 m²	6 m	1452.00 m³	13.07 kW at least	17.42 kW at least	66.0 ℓ/s
18 – 20	12 m x 24 m	= 288.00 m²	6 m	1728.00 m³	15.55 kW at least	20.74 kW at least	72.0 ℓ/s
10 – 11.5 – 15	10 m x 20 m	= 200.00 m²	6 m	1200.00 m³	10.80 kW at least	14.40 kW at least	60.0 ℓ/s
15	11 m x 22 m	= 242.00 m²	6 m	1452.00 m³	13.07 kW at least.	17.42 kW at least	66.0 ℓ/s
18 – 20	12 m x 24 m	= 288.00 m²	6 m	1728.00 m³	15.55 kW at least	20.74 kW at least	72.0 ℓ/s

원형 저수조

제트 클리너 경험치

(kW)	D	= A	Wt*	V	30 W/m³ at 30% Wt =	40 W/m³ at 30% Wt =	v 0.6 m/s X 0.65
2.2	(5 m2 x Π):4	= 19.63 m²	6 m	117.81 m³	1.06 kW at least	1.41 kW at least	19.5 ℓ/s
3.3 – 4	(6 m2 x Π):4	= 28.27 m²	6 m	169.65 m³	1.53 kW at least	2.04 kW at least	23.4 ℓ/s
4	(7 m2 x Π):4	= 38.48 m²	6 m	230.91 m³	2.08 kW at least	2.77 kW at least	27.3 ℓ/s
5	(8 m2 x Π):4	= 50.27 m²	6 m	301.59 m³	2.71 kW at least	3.62 kW at least	31.2 ℓ/s
	(9 m2 x Π):4	= 63.62 m²	6 m	381.70 m³	3.44 kW at least	4.58 kW at least	35.1 ℓ/s
5.5 – 6.6	(10 m2 x Π):4	= 78.54 m²	6 m	471.24 m³	4.24 kW at least	5.65 kW at least.	39.0 ℓ/s
	(11 m2 x Π):4	= 78.54 m²	6 m	570.20 m³	5.13 kW at least	6.84 kW at least	42.9 ℓ/s
	(12 m2 x Π):4	= 78.54 m²	6 m	678.58 m³	6.11 kW at least	8.14 kW at least	46.8 ℓ/s
7.8 – 10	(13 m2 x Π):4	= 78.54 m²	6 m	796.39 m³	7.17 kW at least	9.56 kW at least	50.7 ℓ/s
	(14 m2 x Π):4	= 153.94 m²	6 m	923.63 m³	8.31 kW at least	11.08 kW at least	54.6 ℓ/s
10 – 11.5 – 15	(15 m2 x Π):4	= 176.71 m²	6 m	1060.29 m³	9.54 kW at least	12.72 kW at least	58.5 ℓ/s
	(16 m2 x Π):4	= 201.06 m²	6 m	1206.37 m³	10.86 kW at least	14.48 kW at least	62.4 ℓ/s
	(17 m2 x Π):4	= 226.98 m²	6 m	1361.88 m³	12.26 kW at least	16.34 kW at least	66.3 ℓ/s
	(18 m2 x Π):4	= 254.47 m²	6 m	1526.81 m³	13.74 kW at least	18.32 kW at least	70.2 ℓ/s
	(19 m2 x Π):4	= 283.53 m²	6 m	1701.17 m³	15.31 kW at least	20.41 kW at least	74.1 ℓ/s

*6m 물 깊이는 일반적으로 에너지를 계산할 때 기준으로 사용된다. 이는 사전정의된 제트 클리너 경험치와 가깝다. 최적의 혼합은 4m 이하의 수위에서 물을 유압수와 함께 시작한다.

배관 부속품과 밸브에 대한 손실 계수 (발췌)

배수 (토출 손실) ζ=1
(배수 단면적에서의 유량은 결정되어 있다)

단면적 변경

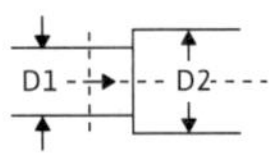

d_1/d_2	0.5	0.6	0.7	0.8	0.9
ζ	0.56	0.46	0.24	0.13	0.04

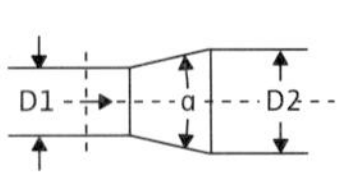

	$d1/d2$	0.5	0.6	0.7	0.8	0.9
	α= 8°	0.12	0.09	0.07	0.04	0.02
ζ at	α= 16°	0.19	0.14	0.09	0.05	0.02
	α= 25°	0.33	0.25	0.16	0.08	0.03

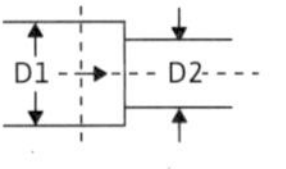

$d1/d2$	1.2	1.4	1.6	1.8	2.0
ζ	0.10	0.22	0.29	0.33	0.35

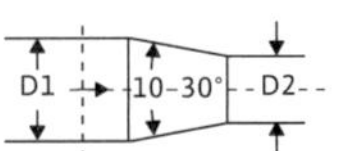

$d1/d2$	1.2	1.4	1.6	1.8	2.0
ζ	0.02	0.05	0.10	0.17	0.26

엘보

Bent 곡관

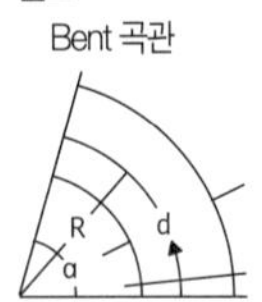

α	45°		60°		90°	
	표면		표면		표면	
	매끈할 때	거칠 때	매끈할 때	거칠 때	매끈할 때	거칠 때
ζ for R= 8°	0.14	0.34	0.19	0.46	0.21	0.51
ζ for R= 16°	0.09	0.19	0.12	0.26	0.14	0.30
R= 25°	0.08	0.16	0.10	0.20	0.10	0.20

다절 굴절관

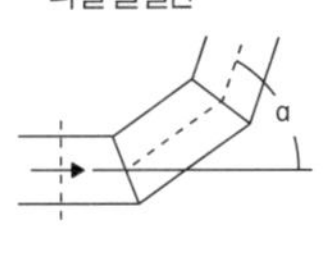

α	45°	60°	90°
원주용접 이음새 수	2	3	3
ζ	0.15	0.2	0.25

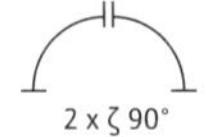

단절 굴절관

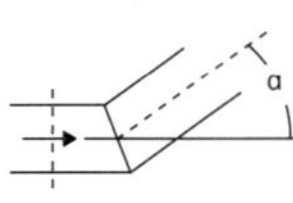

α	45°		60°		90°	
	표면		표면		표면	
	매끈할 때	거칠 때	매끈할 때	거칠 때	매끈할 때	거칠 때
ζ	0.25	0.35	0.50	0.70	1.15	1.30

90° 굴절관의 조합

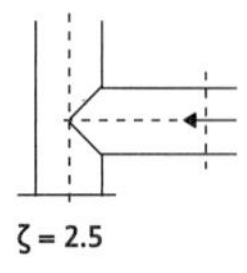
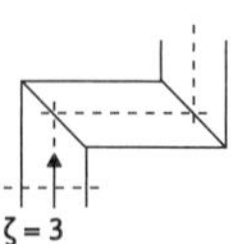
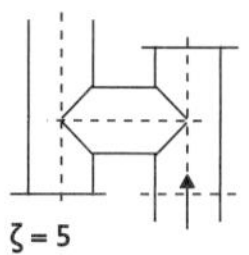

평 슬라이드 밸브 (슬라이드 밸브가 완전히 열림)

DN	100	200	300	400	500	600–800	900–1200
ζ	0.18	0.16	0.14	0.13	0.11	0.10	0.09

타원형 슬라이드 밸브와 원형 슬라이드 밸브 (슬라이드 밸브 완전히 열림)

DN	100	200	300	400	500	600–800	900–1200
ζ	0.22	0.18	0.16	0.15	0.13	0.12	0.11

역류 방지 플랩에 대한 ζ 값
부척물 또는 균형추 사용

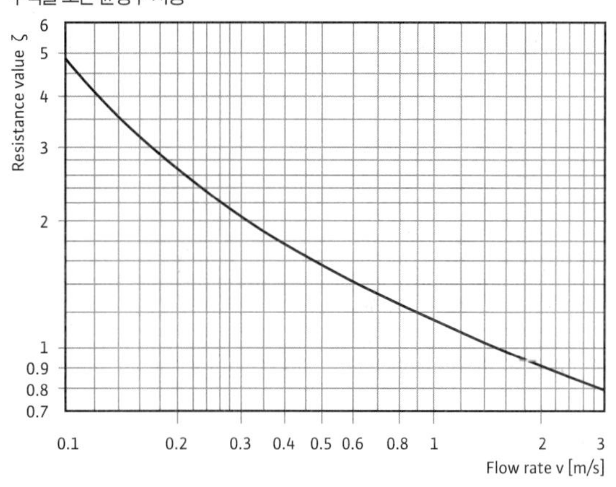

물 소비량 (DIN 1986-100, 표 4)

물 소비량 (DIN 1986-100, 표 4)		
적용	**~에서 (리터량)**	**까지 (리터량)**
단독/다가구 주택		
음용수, 요리, 청소, 1인/일	20	30
세탁 (kg 당)	25	75
화장실 플러싱 (회)	6	10
욕실	150	250
샤워실	40	140
잔디 물주기 (m^2/일)	1.5	3
채소 물주기 (m^2/일)	5	10
호텔/기관		
학교 (인/일)	5	6
막사 (인/일)	100	150
병원 (인/일)	100	650
호텔 (인/일)	100	130
공공수영장 (m^3/일)	450	500
소화전 (초당)	5	10
상업/산업		
도축장 (대형 가축 마리당)	300	500
도축장 (소형 가축 마리당)	150	300
세탁실 (1회 세탁당)	1000	1200
양조장 (맥주 1 헥토리터 당)	250	500
목장 (우유 1리터당)	0.5	4
방직공장 (kg 당 직물)	900	1000
설탕 공장 (설탕 kg 당)	90	100
육류 공장 (고기/소시지 kg 당)	1	3
제지 공장 (백상지 kg 당)	1500	3000
콘크리트 공장 (콘크리트 m^3 당)	125	150
건축업 (몰타르 칠한 1000개의 벽돌 당)	650	750
식품 공업 (전분 kg 당)	1	6
식품 공업 (마가린 kg 당)	1	3
방직 공장 (양털 kg 당)	90	110
지하 광산 (석탄 kg 당)	20	30
농업		
대형 가축 (마리/일)	50	60
양, 송아지, 돼지, 염소 (마리/일)	10	20
운송		
차량 세차	100	200
탱크로리 세차	200	300
화물차 청소	2000	2500
가금류 운반차 청소	7000	30000

표 7: 신규관의 내경 (해당 DIN에 따라)

모두 공칭 구경의 가장 작은 구경임

DN	GG 관 PN16 [mm]	PVC 관 PN10 [mm]	PE80HD 관 SDR11 PN12.5 [mm]	PE100HD 관 SDR11 [mm]	DIN EN12056-2 에 따른 M 값 (GG용) [mm]
32	–	36	32.6	32.6	-.
40	-.	45.2	40.8	40.8	34
50	-.	57.0	51.4	51.4	44
65	-.	67.8	61.2	61.2	–
80	80	81.4	73.6	73.6	75
100	100	99.4	90.0	90.0	96
150	151	144.6	130.8	130.8	146
200	202	203.4	184	184	184

배관 내 마찰 손실 및 보정 계수

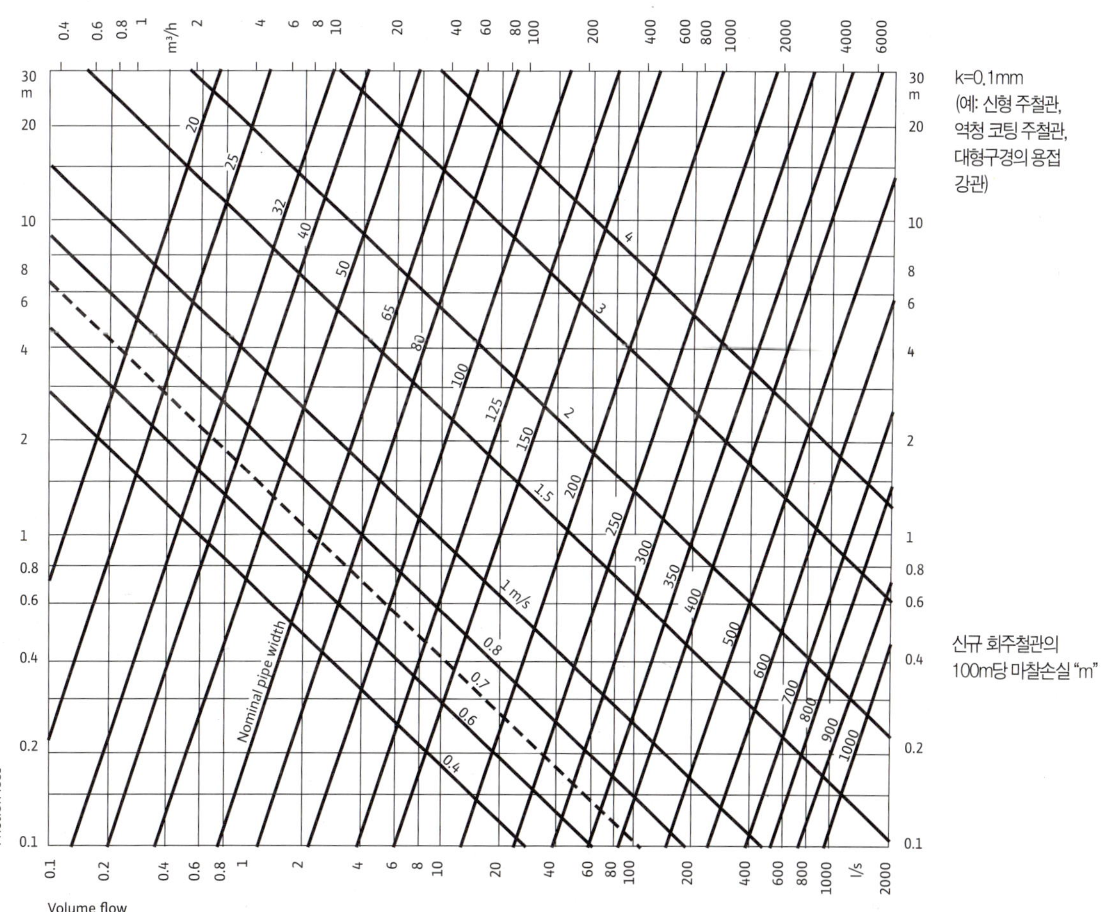

기타 재질/낡은 배관에 적용하기 위한 계수:

0.1	신규 아연 도금 강관
0.8	신규 압연 강관, 신규 플라스틱관
1.0	신규 주철관, 역청코팅 주철관
1.25	낡은 녹슨 주철관
1.5	신규 아연 도금 강관, 깨끗한 주철관
1.7	피복관
2	신규 콘크리트관, 중간-매끄러운 정도
2.5	도관
3	신규 콘크리트관, 매끄러운 마감
15-30	얇은 또는 두꺼운 피복 주철관

밸브 손실

손실계산 예상 계산을 위한 배관길이로 규정된 가이드라인
(축소관 또는 확관의 경우 더 큰 구경을 참조)

저항유형		DN32	DN40	DN50	DN65	DN80	DN100	DN150	DN200
분기관 또는 T 이음		2.02	2.74	3.87	5.61	6.58	8.85	15.45	23.36
확관		-0.85	-1.13	-1.5	-2.29	-2.4	-3.72	-5.02	-13.22
축소관		1.08	1.45	1.94	2.46	3.19	4.85	8.04	19.25
급격한 확관		-0.24	-0.34	-0.48	-0.56	-0.76	-1.05	-1.96	-2.6
급격한 축소관		0.29	0.42	0.6	0.7	0.95	1.31	2.45	3.25
R=d 와 매끄러운 표면 45°의 곡관		0.11	0.15	0.2	0.3	0.4	0.55	0.95	1.4
60°		0.15	0.2	0.28	0.43	0.59	0.93	1.5	2.28
90°		0.19	0.27	0.38	0.58	0.79	1.11	2.06	3.18
체크밸브		1.7	1.48	1.84	2.6	3.3	4.26	7.26	10.58
게이트밸브, 볼밸브		0.27	0.3	0.38	0.49	0.56	0.7	1.08	1.45

공식

속도 변화에 따른

체적 유량

$$Q_2 = Q_1 \cdot \left(\frac{n_2}{n_1} \right)$$

토출 양정

$$H_2 = H_1 \cdot \left(\frac{n_2}{n_1} \right)^2$$

출력

$$P_2 = P_1 \cdot \left(\frac{n_2}{n_1} \right)^3$$

전동기연결을 위해 자주 사용되는 공식은 다음과 같다.

라인 저항

$$R = \frac{L}{x \cdot A} \ [\Omega]$$

3상 라인의 전압

동력을 알고 있는 경우

$$\Delta U = \frac{L \cdot P}{x \cdot A \cdot U} \ [V]$$

전류를 알고 있는 경우

$$\Delta U = \sqrt{3} \cdot \frac{L \cdot I}{x \cdot A} \ \cos \varphi \ [V]$$

3상 라인의 소비 전력

$$P_{diss} = \frac{L \cdot P \cdot P}{x \cdot A \cdot U \cdot U \cdot \cos \varphi \cdot \cos \varphi} \ [W]$$

3상 모터의 동력

출력

$$P_1 = (1.73) \cdot U \cdot I \cdot \cos \varphi \ [W]$$

소비 전류

$$I = \frac{P_1}{(\sqrt{3}) \cdot U \cdot \cos \varphi} \ [A]$$

효율

$$\eta = \left(\frac{P_2}{P_1} \right) \cdot (100 \ \%)$$

약어	설명
Q	체적 유량
n	속도
H	토출양정
P	전력
P_1	전동기의 소비전력
L	전도체의 길이[m]
A	전도체의 단면적[mm^2]
I	소비전류
X	도전율[m/Ωmm^2]

구리	$x = 57 \dfrac{m}{\Omega \, mm^2}$
알루미늄	$x = 33 \dfrac{m}{\Omega \, mm^2}$
철	$x = 8.3 \dfrac{m}{\Omega \, mm^2}$
아연	$x = 15.5 \dfrac{m}{\Omega \, mm^2}$

재료명	설명
1.4021	크롬 강 X20Cr13
1.4057	크롬 강 X17CrNi16-2
1.4112	크롬 강 X90CrMoV18
1.4122	크롬 강 X39CrMo17-1
1.4301	크롬-니켈 강 X5CrNi18-10
1.4305	크롬-니켈 강 X8CrNiS18-9
1.4306	크롬-니켈 강 X2CrNi19-11
1.4308	크롬-니켈 강 GX5CrNi19-10
1.4401	크롬-니켈-몰리브덴 강 X5CrNiMo17-12-2
1.4408	크롬-니켈-몰리브덴 강 GX5CrNiMo19-11-2
1.4462	크롬-니켈-몰리브덴 강 X2CrNiMoN22-5-3
1.4470	크롬-니켈-몰리브덴 강 GX2CrNiMoN22-5-3
1.4517	구리가 추가된 크롬-니켈-몰리브덴 강 GX2CrNiMoCuN25-6-3-3
1.4541	타타늄이 추가된 크롬-니켈 강 X6CrNiTi18-10
1.4542	구리와 니오븀이 추가된 크롬-니켈 강 X5CrNiCuNb16-4
1.4571	타타늄이 추가된 크롬-니켈 강 X6CrNiMoTi17-2-2
1.4581	니오븀이 추가된 크롬-니켈-몰리브덴 강 GX5CrNiMoNb19-11-2
Abrasite	고 마모에 사용하는 냉경 주철(칠드 주철)
Al	경금속재 (알루미늄)
Ceram	세라믹 코팅; 고 접착, 내 마모의 내부식 코팅
Composite	고강도의 플라스틱 재질
EN-GJL	회주철
EN-GJS	구상흑연주철(닥타일)
G-CuSn10	무아연 청동
GFK	섬유유리 플라스틱
GG	회주철 EN-GJL
GGG	구상흑연주철 EN-GJS
Inox	스테인레스 강
NiAl-Bz	니켈-알루미늄-청동
Noryl	강화 플라스틱
PE-HD	고밀도의 폴리에틸렌
PP-GF30	30% 섬유유리 강화 폴리프로필렌
PUR	폴리우레탄
SiC	실리콘 카바이드
St	강
St.vz	도금 강
V2A	(A2) 재료 그룹 예: 1.4301, 1.4306
V4A	(A2) 재료 그룹 예: 1.4404, 1.4571

내식표 Ceram 0

유체	온도	계수
산류		
5% 질산	+20℃	3
5% 염산	+20℃	2
10% 염산	+20℃	2
20% 염산	+20℃	3
10% 황산	+20℃	2
20% 황산	+20℃	3
염기와 탈색제		
오수, 알카리 (pH11)	+20℃	1
오수, 알카리 (pH11)	+40℃	1
오수, 약산성 (pH6)	+20℃	1
오수, 약산성 (pH6)	+40℃	1
오수, 강산성 (pH1)	+20℃	2
오수, 강산성 (pH1)	+40℃	3
5% 수산화암모늄	+40℃	3
5% 가성소다	+20℃	1
5% 가성소다	+50℃	2
10% 염화나트륨 용액	+20℃	1
기타 화합물		
데카놀 (지방 알코올)	+20℃	1
데카놀 (지방 알코올)	+50℃	1
40% 에탄올	+20℃	1
96% 에탄올	+20℃	3
에틸렌 글리콜	+20℃	1
난방유/디젤	+20℃	1
압축기 유	+20℃	1
메틸 데틸 케톤 (MEK)	+20℃	3
톨루엔	+20℃	2
물 (냉각/산업용수)	+50℃	1
크실렌	+20℃	1

1=안정, 2=단기 안정, 3=범람 안정·즉시 청소, 4=직접 접촉 비권장

내식표 Ceram 1

유체	계수
산류	
5% 질산	1
10% 질산	3
5% 염산	1
10% 염산	2
20% 염산	3
10% 황산	2
20% 황산	3
5% 인산	1
20% 인산	3
염기와 탈색제	
5% 암모니아	2
28% 수산화암모늄	1
6% 고정염	1
10% 수산화나트륨	1
50% 수산화나트륨	1
5% 비누용액	1
시멘트 몰타르/콘크리트	1
기타 화합물	
오수	1
벙커 C	1
디젤유	1
이소프로판올	1
등유	1
나프타	1
톨루엔	1
염수	1
크실렌	1

1=안정, 2=단기 안정, 3=범람 안정·즉시 청소, 4=직접 접촉 비권장

20℃에서 시험. 20℃에서 12일 동안 경화된 샘플. 경화시간이 길수록 내화학성이 향상된다.

내식표 Ceram 2

유체	계수
산류	
5% 초산	2
20% 초산	4
5% 염산	1
10% 염산	2
20% 염산	3
10% 황산	1
20% 황산	2
염기와 탈색제	
28% 수산화암모늄	1
6% 고정염	1
10% 가성소다	1
30% 가성소다	1
10% 수산화칼륨	1
50% 수산화칼륨	1
기타 화합물	
오수	1
벙커 C	1
디젤유	1
이소프로판올	1
등유	1
나프타	1
톨루엔	1
염수	1
크실렌	1

1=안정, 2=단기 안정, 3=범람 안정·즉시 청소, 4=직접 접촉 비권장

20℃에서 시험. 20℃에서 7일 동안 경화된 샘플. 경화시간이 길수록 내화학성이 향상된다.

내식표 Ceram 3

유체	계수
산류	
5% 초산	2
20% 초산	4
5% 염산	1
10% 염산	2
20% 염산	3
10% 황산	1
20% 황산	2
염기와 탈색제	
28% 수산화암모늄	1
6% 고정염	1
10% 가성소다	1
30% 가성소다	1
10% 수산화칼륨	1
50% 수산화칼륨	1
기타 화합물	
오수	1
벙커 C	1
디젤유	1
이소프로판올	1
등유	1
나프타	1
톨루엔	1
염수	1
크실렌	1

1=안정, 2=단기 안정, 3=범람 안정·즉시 청소, 4=직접 접촉 비권장

20℃에서 시험. 20℃에서 7일 동안 경화된 샘플. 경화시간이 길수록 내화학성이 향상된다.

고장 분석

	고장 원인	특기사항
흡입부	펌프의 안입구에 기포가 있다	• 유입 제트로 인한 공기 유입 • 환기에 의한 공기 유입 • 와류형성으로 인한 공기 유입 • 수위 강하가 너무 심하여 발생한 공기 유입 • 난류로 인한 공기 유입 • 원활한 가동이 안되고, 진동이 심하고, 나사연결이 풀려있거나 파손 • 펌프의 서비스 수명 짧아짐. • 특히 펌프의 베어링과 씰링은 단기 가동 시간 이후의 손상 표시를 보여준다.
	문제가 있는 유체	• 체적유량이 정지 • 온도가 너무 높고 권선의 열부하가 너무 높다. • 공격적인 유체로 재질이 부식됨. • 유체가 심하게 마모를 일으킴 (모래 성분이 너무 많다), 임펠러 및 펌프 케이싱 마모 • 특정 하중이 $1kg/dm^3$ 보다 많고 과부하 상태로 구동 • 점도 $> 1.5 - 10 - 06m^2/s$, 과부하 상태로 구동, 마찰 손실이 너무 크다. • 고체 농도가 너무 높고 체적 유량이 정지 • 다량의 물질 유입으로 임펠러가 막힘
	상태가 좋지 않은 펌프 집수정	• 물의 양이 너무 작고 개폐 빈도가 너무 높다. • 물의 양이 너무 크고, 오수에서 가스 형성 • 불충분한 펌프 유입으로 고체가 침전되어 펌프작동이 안된다.
	고장난 레벨 스위치	• 개폐 차이가 너무 낮고 개폐 빈도가 너무 높다. • 개폐 차이가 너무 높고, 침전물 형성으로 프로세스가 어려움 • 비활성 접점이 너무 낮고 펌프 내 공기유입, 캐비테이션 가능 • 접점 센서 고장 또는 정확하게 고정되어 있지 않다. 접점이 흔들거림; 제어되지 않는 펌프의 활성 및 비활성
	흡입배관의 차단	• 흡입배관이 너무 길고 직경이 충분하지 않으며, 마찰손실이 크고 캐비테이션 가능, 막힘 위험이 있음. • 최대 직경의 흡입배관 (지속적으로 상승하지 않음) • 불규칙적인 펌핑 • 공회전 위험 • 흡입배관 또는 흡입측 슬라이드 밸브의 막힘, 펌프의 공회전에 의한 닫힘. 펌프가 원활하게 가동되지 않는다. 베어링, 나사 및 씰링 손상

	고장 원인	특기사항
펌프	충분히 물에 잠기지 않음	• 펌프 내 공기 유입, 캐비테이션 가능
	펌프가 진동이 없고 충격이 없도록 설치되어 있지 않다.	• 외부 구성부품에 의한 펌프 진동 (예: 진동 베이스 등) • 펌프가 고정되어 있지 않거나 느슨하게 고정되어 있거나 다른 구성부품과 부딪힌다. 원활하게 가동되지 않고 진동이 강하다. • 서비스 수명 짧아짐. 펌프의 베어링과 씰링은 짧은 가동 시간 이후의 신호를 보여준다.
	펌프가 최악의 운점점에서 가동한다.	• 운전점은 펌프 곡선의 가장왼쪽에 있고 (가장 낮은 체적 유량), 불충분한 유량으로 인한 막힘 위험이 높고 캐비테이션 가능. 가동이 원활하지 않으며, 서비스수명이 짧고 효율이 낮다. • 운전점이 펌프 곡선의 가장 오른쪽에 있고 (매우 높은 체적 유량), 캐비테이션 가능. 가동이 원활하지 않으며, 서비스수명이 짧고 효율이 낮다. • 운전점은 캐비테이션 범위 내에 있다.
	펌프가 막히거나 차단	• 유량이 불충분 • 고정식 마모링 이격이 너무 좁다. • 유체 내 부피가 큰 부품
	전기 연결장치가 고장	• 회전방향이 정확하지 않음, 원활한 가동이 안됨. • 상 고장, 권선 손상 • 접촉기 접점 소손, 권선 손상 • 와이어가 단단하게 조여져 있지 않고 느슨하게 접촉이 되어 있으며 권선 손상 가능 • 모터 보호장치가 너무 낮게 설정, 모터 보호장치 장착 • 퓨즈가 너무 작고 움직인다. • 퓨즈가 단단히 조여져 있지 않고 상 고장 • 수중의 케이블 손상, 모터의 단자 칸막이 내 물 • 스타-델타 기동을 위한 연결이 부정확 • 과압 또는 저압이 너무 크고 모터 보호장치 장착
압력 배관	회수장치의 연결이 바르지 않음.	• 수직 배열, 역지밸브 셔터가 침전물로 인해 차단 또는 흔들림. • 역지밸브가 환기되지 않음, 펌프는 공기 유입으로 펌프작업이 이루어지지 않음.
	진동으로 인해 펌프에서 분리되지 않은 압력 배관	• 압력 배관의 배열이 제대로 되어 있지 않고 압력배관이 심하게 진동한다. • 압력 배관이 충분히 고정되어 있거나 지지되지 않고 있다. 압력 배관이 심하게 진동한다. • 압력 배관이 보정기 없이 펌프에 직접 연결
	압력배관의 수집 배관 연결이 제대로 이루어지지 않음.	• 수집 배관에 있는 침전물이 역지밸브 및 펌프에 들어감. 역지밸브의 마모 및 차단 가능

부록

Standards

DIN EN 1151-1
Standard, 2006-11

Pumps – Centrifugal pumps – Circulating pumps with electric power consumption up to 200 W for heating systems and process water heating systems for domestic use – Part 1: Non-automatic circulating pumps, requirements, testing, designation; German version EN 1151-1:2006

DIN EN 1151-2
Standard, 2006-11

Pumps – Centrifugal pumps – Circulating pumps with electric power consumption up to 200 W for heating systems and process water heating systems for domestic use – Part 2: Noise testing regulation (vibro-acoustical) for measuring structure-borne noise and fluid-borne noise; German version EN 1151-2:2006

DIN ISO 9905 Amendment 1
Standard, 2006-11

Centrifugal pumps – Technical requirements – Class I (ISO 9905:1994), amendments to DIN ISO 9905:1997-03; German version EN ISO 9905:1997/AC:2006

DIN ISO 10816-7
Standard draft, 2007-03

Mechanical vibrations – Assessment of machine vibrations by means of measurements on nonrotating parts – Part 7: Centrifugal pumps for industrial use (including measurement of shaft vibrations); ISO/DIS 10816-7:2006

DIN V 4701-10 Supplement 1
Preliminary standard, 2007-02

Energetic assessment of heating and air-conditioning systems – Part 10: Heating, potable water heating, ventilation; Supplement 1: System Examples

DIN V 4701-10/A1
Preliminary standard, 2006-12

Energetic assessment of heating and air-conditioning systems – Part 10: Heating, potable water heating, ventilation;

DIN EN 13831
Standard draft, 2007-02

Expansion tanks with built-in membrane for installation in water systems; German version prEN 13831:2007

ISO/TR17766

Technical report
Centrifugal pumps for viscous fluids – Corrections of performance features

DIN EN 809

Pumps and pump units for fluids – General safety requirements; German version EN 809:1998

EN ISO 5198

Rules for measuring the hydraulic operating behaviour – Precision class (ISO 5198:1987); German version EN 5198:1998

EN ISO 9906

Centrifugal pumps. Hydraulic acceptance test – Classes 1 and 2; (ISO 9906:1999); German version EN ISO 9906:1999

Fluid pumps

General terms for pumps and pump systems, definitions, sizes, formula characters and units; German version EN 12723:2000
DIN 24901: Graphic symbols for technical drawings – Fluid pumps
DINEN 22858: Centrifugal pumps with axial inlets DINEN 12262: Centrifugal pumps – Technical documentation – Terms, scope of delivery, design; German version EN 12262:1998
DIN 24250: Centrifugal pumps - Naming and numbering of components – Collection DIN home technology

2007, DIN paperback book 35
Noise protection – Requirements, verifications, calculation methods and building-related acoustical tests

2007, DIN paperback book 85
Ventilation systems VOB (German construction contract procedures)/STLB - building - VOB Part B: DIN 1961, VOB Part C: ATV DIN 18299, ATV DIN 18379

2007, DIN paperback book 171
Pipes, pipeline parts and pipe connections made of reaction resin moulding materials

2007, DIN paperback book 386
Refrigerating technology 1 – Safety and environmental protection – Cooling systems

2007, DIN paperback book 387
Refrigerating technology 2 – Cooling devices, vehicle cooling

2007, DIN paperback book 388
Refrigerating technology 3 – Components, operating and auxiliary materials

VDI Handbook - Air-conditioning Technology

VDI Handbook - Heating Technology

VDMA unit sheet

24186-3 2002-09
Range of products for maintaining technical systems and equipment in buildings - Part 3: Cooling devices and systems for the purpose of cooling and heating

24186-5 2002-09
Range of products for maintaining technical systems and equipment in buildings - Part 5: Electrical devices and systems

1988-10
CAD standard part file; Requirements for geometry and features; Drawing symbols, fluid pumps, compressors, fans, vacuum pumps

24222 1998-05
Fluid pumps – Heating pumps – Data items for fieldbus systems

24252 1991-04
Centrifugal pumps with wear walls PN 10
(wash-water pumps) with bearing brackets; Designation, nominal power, main dimensions

24253 1971-02
Centrifugal pumps with housing armour (armoured pumps); single-stream, single-stage, with axial inlet; Performance, main dimensions

24261-1 1976-01
Pumps; Naming according to way it works and design features; Centrifugal pumps

24261-3 1975-07
Pumps; Naming according to way it works and design features; Rotating displacement pumps

24277 2003-07
Fluid pumps – Installation – Low-tension pipeline connection

24278 2002-07
Replacement for Issue 2000-04
Centrifugal pumps – EDV size selection program – Specification document (with associated electronic version of table B.1 "Field definitions" from Appendix B and an editor for making handling easier)

24279 1993-04
Centrifugal pumps; Technical requirements; Magnetic coupling and canned motor pumps

24280 1980-11
Displacement pumps; Terms, symbols, units

24284 1973-10
Testing of displacement pumps; General testing rules

24292 1991-08
Fluid pumps; Installation and operating instructions for pumps and pump units; Outline, checklist, text block - safety

24901-5 1988-10
Graphical symbols for technical drawings; Fluid pumps; Illustration in flow charts

표 및 참고 값

손실 계수

α	15°		30°		45°		60°		90°	
	표면 매끈할때	거칠때	표면 매끈할때	거칠때	표면 매끈할때	거칠때	표면 매끈할때	거칠때	표면 매끈할때	거칠때
ζ for R = 0	0.07	0.10	0.14	0.20	0.25	0.35	0.50	0.70	1.15	1.30
ζ for R = d	0.03	-	0.0-	-	0.14	0.34	0.19	0.46	0.21	0.51
ζ for R = 2d	0.03	-	0.06	-	0.09	0.19	0.12	0.26	0.14	0.30
ζ for R = 25d	0.03	-	0.06	-	0.08	0.16	0.10	0.20	0.10	0.20

원주 용접 이음새 수

	-	-	-	-	2	-	3	-	3	-
ζ	-	-	-	-	0.15	-	0.20	-	0.25	-

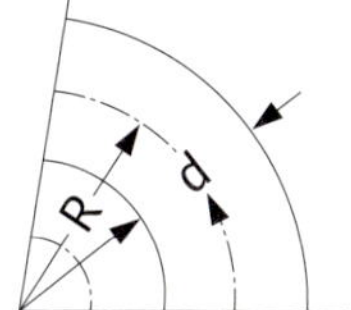

Bent elbows

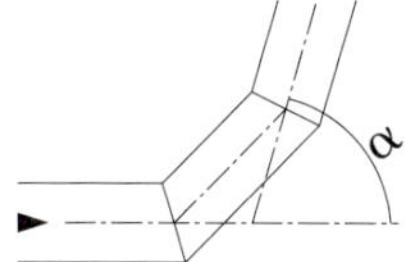

Welded knees

$Q_a/Q=$	0.2	0.4	0.6	0.8	1
$Q_d \rule{}{} Q$, Q_a	$\zeta_a = -0.4$	0.08	0.47	0.72	0.91
	$\zeta_d = -0.17$	0.30	0.41	0.51	-
$Q_d \rule{}{} Q$, Q_a	$\zeta_a - 0.88$	0.89	0.95	1.10	1.28
	$\zeta_d = -0.88$	-0.05	0.07	0.21	-
$Q_d \rule{}{} Q$ 45° Q_a	$\zeta_a = -0.38$	0	0.22	0.37	0.37
	$\zeta_d = 0.17$	0.19	0.09	-0.17	-
$Q \rule{}{} Q_d$ 45° Q_a	$\zeta_a = 0.68$	0.50	0.38	0.35	0.48
	$\zeta_d = -0.06$	-0.04	0.07	0.20	-

단순한 90º 엘보의 ζ값은 여러 개의 엘보를 다음과 같이 함께 놓을 경우 두배가 되지 않는다. 하지만 다중 엘보 손실을 얻기 위하여 각각 명시된 요소에 의해서만 배가 된다.

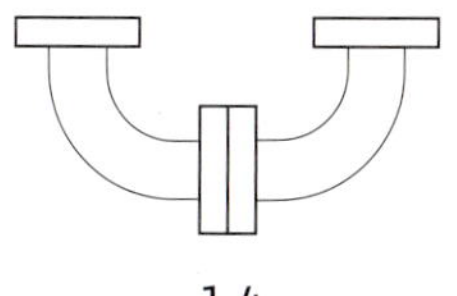

1.4

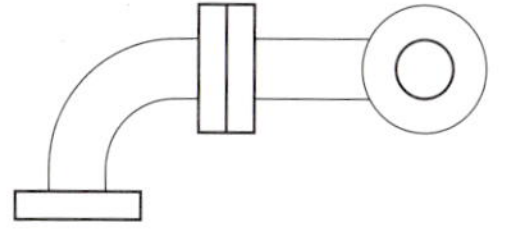

1.6

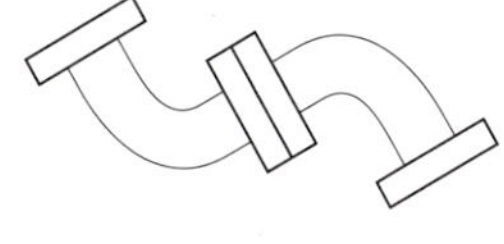

1.8

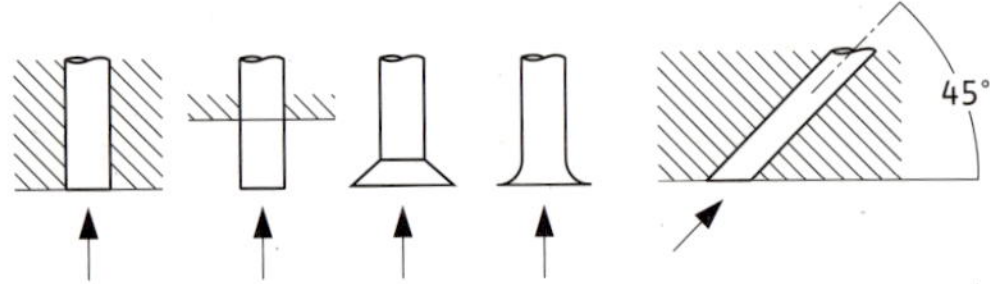

인입구 가장자리

뽀족한경우	$\zeta =$	0.53	3			For $\triangle = 75°$	60°	45°
파손된 경우	$\zeta =$	0.25	0.55	0.20	0.05	$\zeta = 0.6$	0.7	0.8

형식	d/D	0.5	0.6	0.7	0.8	0.9
1	=	0.56	0.41	0.26	0.13	0.04
2 for $\alpha = 8$	=	0.07	0.05	0.03	0.02	0.01
$\alpha = 15°$	=	0.15	0.11	0.07	0.02	0.01
$\alpha = 20°$	=	0.23	0.17	0.11	0.05	0.02
3		4.80	2.01	0.88	0.34	0.11
4 for $20r < \alpha < 40r$	=	0.21	0.10	0.05	0.02	0.01

Extensions

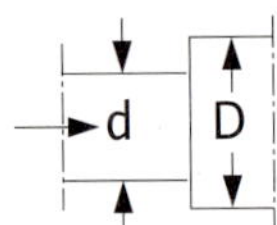

Form 1

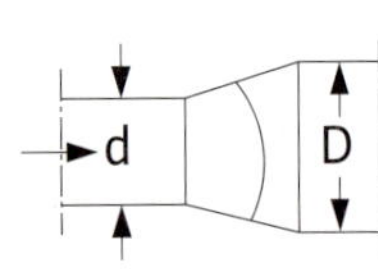

Form 2

Reducers

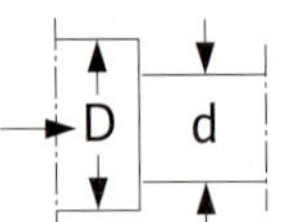

Form 3

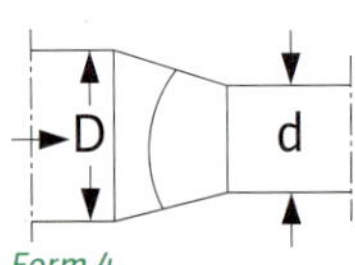

Form 4

DN에 의한 손실 값

고정장치[DN]	10	15	20	25	32	40	50	65	80	100	125	150	200	250	300	350	400
플랫 슬라이드 밸브	0.65	0.6	0.55	0.5	0.5	0.45	0.4	0.35	0.3	0.3	0.3	0.3	0.3	0.3	0.3	0.3	0.3
코크[d_E=DN]									0.15								
셔터							1.5	0.65	0.4	0.3	0.5	0.6	0.2	0.2	0.2	0.3	0.3
플랫 시트 밸브									6.0								
앵글 시트 밸브									2.6								
자유 유량 밸브									1.6								
플랩 트랩									3.0								
푸트밸브	1.9	9.6	4.3	4.9	3.6	5.2	5.8	4.2	4.4	4.5	4.5	3.3	7.1	6.2	6.3	6.3	6.6
앵글 밸브	3.1	3.1	3.1	3.1	3.4	3.8	4.1	4.4	4.7	5.0	5.3	5.7	6.0	6.2	6.3	6.3	6.6
팽창벤드-민배관									0.8								
팽창벤드-접이배관									1.6								
팽창벤드-파형관									4.0								
유도배관이 있는 파형관보정기									0.3								

점도 정의

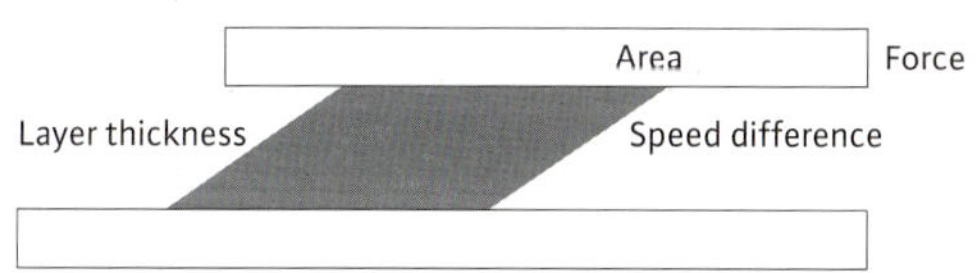

$$\eta = \dfrac{\tau = \dfrac{\text{Force}}{\text{Area}} = \dfrac{F}{A}\ \left[\dfrac{N}{m^2}\right]}{\dot{\gamma} = \dfrac{\text{Speed difference}}{\text{Layer thickness}} = \dfrac{dv}{dy}\ [s^{-1}]}$$

PVC 배관

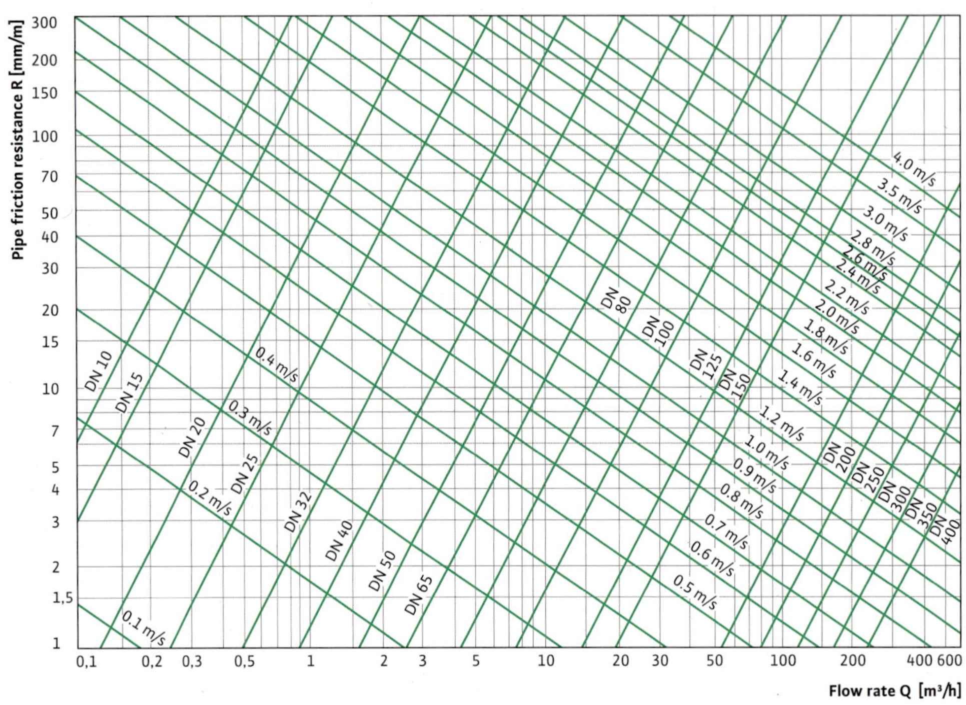

강관 (Steel Pipe)

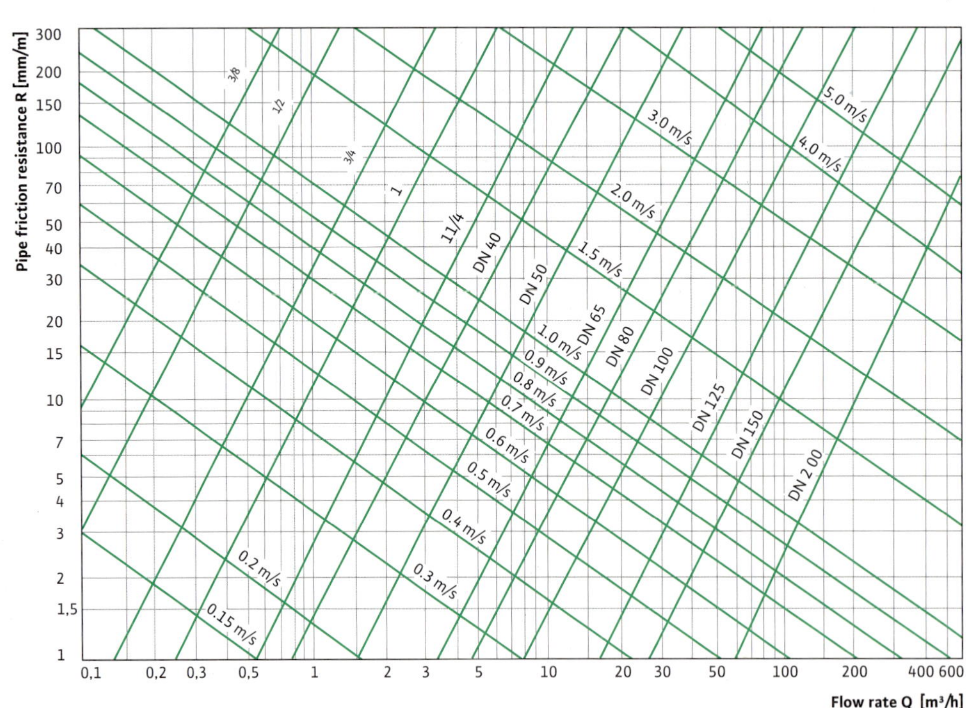

40% 혼합물의 에틸렌 글리콜

	안티프로겐 N				타이포코르			
유체온도	밀도	운동점도	특정열용량	상관압력 손실	밀도	운동점도	특정열용량	상관압력 손실
[℃]	p[kg/m³]	v[mm²/s]	C_p[kJ/kg · K]	f_p	p[kg/m³]	v[mm²/s]	C_p[kJ/kg · K]	f_p
-30	-	-	-	-	-	-	-	-
-25	1080	26,73	3,43	2,313	1099	21,9	3,29	2,012
-20	1079	18,59	3,44	2,147	1077	17,1	3,33	1,913
-15	1078	13,63	3,45	1,999	1075	13,4	3,36	1,799
-10	1077	10,38	3,46	1,868	1073	10,6	3,40	1,689
-5	1076	8,14	3,47	1,751	1071	8,49	3,43	1,588
0	1074	6,52	3,48	1,646	1068	6,85	3,46	1,500
5	1072	5,33	3,49	1,553	1066	5,57	3,49	1,438
10	1070	4,42	3,5	1,470	1064	4,58	3,52	1,375
15	1068	3,72	3,51	1,396	1061	3,81	3,55	1,313
20	1066	3,16	3,53	1,330	1059	3,19	3,57	1,263
25	1064	2,72	3,54	1,271	1056	2,70	3,60	1,225
30	1062	2,36	3,55	1,219	1054	2,31	3,62	1,175
35	1059	2,07	3,56	1,172	1051	1,99	3,64	1,138
40	1057	1,82	3,57	1,129	1049	1,73	3,66	1,100
45	1054	1,62	3,59	1,091	1046	1,52	3,68	1,075
50	1051	1,45	3,6	1,057	1043	1,34	3,70	1,050
55	1048	1,31	3,61	1,026	1040	1,20	3,72	1,025
60	1045	1,19	3,63	0,998	1037	1,08	3,73	0,998
65	1042	1,09	3,64	0,972	1034	0,99	3,75	0,975
70	1039	1,00	3,66	0,949	1031	0,91	3,76	0,950
75	1036	0,93	3,67	0,927	1028	0,85	3,77	0,925
80	1032	0,86	3,68	0,907	1025	0,79	3,78	0,963
85	1029	0,80	3,7	0,887	1022	0,75	3,79	0,888
90	1025	0,76	3,71	0,869	1019	0,72	3,79	0,875
95	1022	0,71	3,73	0,851	1016	0,69	3,80	0,850
100	1018	0,68	3,74	0,834	1013	0,67	3,80	0,838

50% 혼합물의 에틸렌 글리콜

	안티프로겐 N				타이포코르			
유체온도	밀도	운동점도	특정열용량	상관압력 손실	밀도	운동점도	특정열용량	상관압력 손실
[℃]	p[kg/m^3]	v[mm^2/s]	C_p[kJ/kg · K]	f_p	p[kg/m^3]	v[mm^2/s]	C_p[kJ/kg · K]	f_p
-30	1101	71.54	3.17	2.886	1099	54.20	2.95	2.463
-25	1100	43.62	3.18	2.654	1096	37.00	2.99	2.250
-20	1099	29.13	3.20	2.45	1094	26.20	3.03	2.063
-15	1097	20.66	3.21	2.27	1091	19.20	3.07	1.938
-10	1095	15.32	3.23	2.110	1088	14.40	3.11	1.802
-5	1093	11.73	3.24	1.969	1086	11.20	3.14	1.738
0	1091	9.23	3.26	1.844	1083	8.84	3.18	1.601
5	1089	7.42	3.27	1.733	1081	7.13	3.21	1.550
10	1087	6.07	3.29	1.634	1078	5.85	3.25	1.463
15	1085	5.05	3.31	1.547	1075	4.88	3.28	1.412
20	1082	4.25	3.32	1.469	1072	4.11	3.31	1.350
25	1079	3.62	3.34	1.399	1070	3.51	3.34	1.300
30	1077	3.12	3.36	1.338	1067	3.02	3.37	1.250
35	1074	2.71	3.37	1.282	1064	2.63	3.40	1.213
40	1071	2.38	3.39	1.233	1061	2.30	3.42	1.175
45	1068	2.10	3.41	1.188	1058	2.03	3.45	1.150
50	1065	1.88	3.42	1.149	1055	1.81	3.47	1.100
55	1062	1.68	3.44	1.112	1052	1.62	3.50	1.750
60	1059	1.52	3.46	1.080	1048	1.45	3.52	1.500
65	1056	1.38	3.47	1.050	1045	1.32	3.54	1.020
70	1052	1.27	3.49	1.023	1042	1.20	3.56	1.000
75	1049	1.17	3.51	0.997	1038	1.10	3.58	0.975
80	1046	1.08	3.53	0.973	1035	1.01	3.59	0.963
85	1042	1.00	3.54	0.951	1031	0.93	3.61	0.938
90	1038	0.94	3.56	0.930	1027	0.87	3.62	0.913
95	1035	0.88	3.58	0.910	1024	0.81	3.63	0.888
100	1031	0.83	3.60	0.890	1020	0.76	3.65	0.875

40% 혼합물의 프로필렌 글리콜

	안티프로겐 L				타이포코르 L			
유체온도	밀도	운동점도	특정열용량	상관압력 손실	밀도	운동점도	특정열용량	상관압력 손실
[℃]	$p[kg/m^3]$	$v[mm^2/s]$	$C_p[kJ/kg \cdot K]$	f_p	$p[kg/m^3]$	$v[mm^2/s]$	$C_p[kJ/kg \cdot K]$	f_p
-30	-	-	-	-	-	-	-	-
-25	-	-	-	-	-	-	-	-
-20	1056	44.42	3.62	2.660	1059	44.7	3.53	2.405
-15	1055	31.09	3.64	2.385	1057	30.4	3.55	2.233
-10	1053	22.25	3.65	2.163	1055	21.4	3.57	2.033
-5	1051	16.34	3.66	1.983	1052	15.4	3.59	2.170
0	1049	12.32	3.68	1.837	1050	11.4	3.61	1.805
5	1047	9.53	3.69	1.716	1048	8.62	3.63	1.717
10	1044	7.53	3.70	1.615	1045	6.69	3.64	1.600
15	1042	6.06	3.71	1.529	1042	5.30	3.66	1.467
20	1039	4.94	3.73	1.454	1040	4.28	3.68	1.350
25	1036	4.08	3.74	1.386	1037	3.53	3.70	1.300
30	1033	3.39	3.75	1.324	1037	2.96	3.72	1.233
35	1030	2.86	3.77	1.266	1031	2.52	3.74	1.183
40	1027	2.43	3.78	1.11	1028	2.18	3.76	1.150
45	1024	2.10	3.79	1.159	1025	1.90	3.78	1.100
50	1020	1.84	3.81	1.109	1022	1.69	3.79	1.067
55	1017	1.63	3.82	1.061	1019	1.51	3.81	1.033
60	1013	1.45	3.84	1.017	1015	1.36	3.83	1.017
65	1010	1.31	3.85	0.977	1012	1.24	3.85	0.983
70	1006	1.17	3.87	0.941	1008	1.14	3.87	0.950
75	1002	1.05	3.88	0.910	1005	1.04	3.89	0.933
80	998	0.95	3.89	0.885	1001	0.96	3.91	0.917
85	994	0.85	3.91	0.865	997	0.89	3.92	0.900
90	991	0.77	3.92	0.849	994	0.82	3.94	0.883
95	987	0.72	3.94	0.838	990	0.72	3.96	0.867
100	983	0.68	3.95	0.829	986	0.70	3.98	0.833

50% 혼합물의 프로필렌 글리콜

	안티프로겐 L					타이포코르 L		
유체온도	밀도	운동점도	특정열용량	상관압력 손실		밀도	운동점도	특정열용량	상관압력 손실
[℃]	$p[kg/m^3]$	$v[mm^2/s]$	$C_p[kJ/kg \cdot K]$	f_p	$p[kg/m^3]$	$v[mm^2/s]$	$C_p[kJ/kg \cdot K]$	f_p
-30	1072	202,20	3,37	3,958	1076	241	3,27	3,800
-25	1070	128,58	3,39	3,473	1074	128	3,29	3,200
-20	1070	128,58	3,39	3,473	1071	80,2	3,31	2,800
-15	1067	54,94	3,43	2,748	1068	52,3	3,33	2,533
-10	1065	37,78	3,44	2,480	1066	35,2	3,35	2,317
-5	1062	26,94	3,46	2,261	1063	24,5	3,37	2,100
0	1060	19,89	3,48	2,081	1060	17,6	3,39	1,933
5	1057	15,13	3,50	1,932	1057	13,0	3,41	1,800
10	1054	11,80	3,52	1,807	1054	9,83	3,43	1,700
15	1051	9,37	3,53	1,70	1051	7,64	3,46	1,600
20	1048	7,55	3,55	1,608	1048	6,08	3,48	1,500
25	1045	6,13	3,57	1,526	1045	4,94	3,50	1,417
30	1042	5,01	3,59	1,451	1042	4,10	3,52	1,350
35	1038	4,12	3,60	1,383	1038	3,46	3,54	1,283
40	1035	3,43	3,62	1,319	1035	2,96	3,56	1,233
45	1031	2,88	3,64	1,258	1032	2,58	3,58	1,183
50	1027	2,45	3,66	1,201	1028	2,27	3,60	1,150
55	1024	2,12	3,67	1,147	1025	2,02	3,62	1,117
60	1020	1,84	3,69	1,098	1021	1,81	3,64	1,067
65	1016	1,62	3,71	1,052	1018	1,64	3,66	1,033
70	1012	1,42	3,73	1,011	1014	1,49	3,69	1,017
75	1008	1,25	3,75	0,975	1010	1,36	3,71	0,983
80	1004	1,10	3,76	0,944	1006	1,24	3,73	0,967
85	1000	0,98	3,78	0,919	1003	1,14	3,75	0,950
90	996	0,87	3,80	0,90	999	1,04	3,77	0,917
95	992	0,80	3,82	0,884	995	0,94	3,79	0,900
100	988	0,75	3,85	0,872	991	0,85	3,81	0,883

다른 온도에서 기체압력과 물의 밀도

이 표는 다른 온도 t[℃]에서 기체 압력 p[bar]와 물의 밀도 p[kg/m³] 를 보여줍니다. 이 표는 또한 절대 온도 T[K]도 보여줍니다.

t[℃]	T[k]	P[bar]	P[kg/m³]	t[℃]	T[k]	P[bar]	P[kg/m³]	t[℃]	T[k]	P[bar]	P[kg/m³]
0	273.15	0.00611	999.8					138	411.15	3414	927.6
1	274.15	0.00657	999.9	61	334.15	0.2086.	982.6	140	413.15	3.614	925.8
2	275.15	0.00706	999.9	62	335.15	0.2184	982.1	145	418.15	4.155	921.4
3	276.15	0.00758	999.9	63	336.15	0.2286	981.6	150	423.15	4.760	916.8
4	277.15	0.00813	1000.0	64	337.15	0.2391	981.1				
5	278.15	0.00872	1000.0	65	338.15	0.2501	980.5	155	428.15	5.433	912.1
6	279.15	0.00935	1000.0	66	339.15	0.2615	979.9	160	433.15	6.181	907.3
7	280.15	0.01001	999.9	67	340.15	0.2733	979.3	165	438.15	7.008	902.4
8	281.15	0.01072	999.9	68	341.15	0.2856	978.8	170	443.15	7.920	897.3
9	282.15	0.01147	999.8	69	342.15	0.2984	978.2	175	448.15	8.924	892.1
10	283.15	0.01227	999.7	70	343.15	0.03116	977.7				
								180	453.15	10.027	886.9
11	284.15	0.01312	999.7	71	344.15	0.03253	977.7	185	458.15	11.233	881.5
12	285.15	0.01401	999.6	72	345.15	0.03396	976.5	190	463.15	12.551	876.0
13	286.15	0.01497	999.4	73	346.15	0.03542	976.0	195	468.15	13.987	876.4
14	287.15	0.01597	999.3	74	347.15	0.03696	975.3	200	473.15	15.50	864.7
15	288.15	0.01704	999.2	75	348.15	0.03855	974.8				
16	289.15	0.01817	999.0	76	349.15	0.04019	974.1	205	478.15	17.243	858.8
17	290.15	0.01936	998.8	77	350.15	0.04189	973.5	210	483.15	19.077	852.8
18	291.15	0.02062	998.7	78	351.15	0.04365	972.9	215	488.15	21.060	846.7
19	292.15	0.02196	999.5	79	352.15	0.04547	972.3	220	493.15	23.198	840.3
20	293.15	0.02397	998.3	80	353.15	0.04736	971.6	225	498.15	25.501	833.9
21	294.15	0.02485	998.1	81	354.15	0.4931	971.0	230	503.15	27.976	827.3
22	295.15	0.02642	997.8	82	355.15	0.5133	970.4	235	508.15	30.632	820.5
23	296.15	0.02808	997.6	83	356.15	0.5342	969.7	240	513.15	33.478	813.6
24	297.15	0.02982	997.4	84	357.15	0.5557	969.1	245	518.15	36.523	806.5
25	298.15	0.03166	997.1	85	358.15	0.5780	968.4	250	523.15	39.776	799.2
26	299.15	0.03360	996.8	86	359.15	0.6011	967.8	255	528.15	43.746	791.6
27	300.15	0.03564	996.6	87	360.15	0.6249	967.1				
28	301.15	0.03778	996.3	88	361.15	0.6495	966.5	260	533.15	46.943	783.9
29	302.15	0.04004	996.0	89	362.15	0.6749	965.8	265	538.15	50.877	775.9
30	303.15	0.04241	995.7	90	363.15	0.7011	965.2	270	543.15	55.058	767.8
								275	548.15	59.496	759.3

t[°C]	T[k]	P[bar]	P[kg/m³]	t[°C]	T[k]	P[bar]	P[kg/m³]	t[°C]	T[k]	P[bar]	P[kg/m³]
31	304.15	0.04491	995.4	91	364.15	0.7281	964.4	280	553.15	64.202	750.5
32	305.15	0.04753	995.1	92	365.15	0.7561	963.8				
33	306.15	0.05029	994.7	93	366.15	0.7849	963.0	285	558.15	69.186	741.5
34	307.15	0.05318	994.4	94	367.15	0.8146	962.4	290	563.15	74.461	732.1
35	308.15	0.05622	994.0	95	368.15	0.8453	961.6	295	568.15	80.037	722.3
36	309.15	0.05940	993.7	96	369.15	0.8769	961.0	300	573.15	85.927	712.2
37	310.15	0.06274	993.3	97	370.15	0.9094	960.2	305	578.15	92.144	701.7
38	311.15	0.06624	993.0	98	371.15	0.9430	359.6	310	583.15	98.700	690.6
39	312.15	0.06991	992.7	99	372.15	0.9776	958.6				
40	313.15	0.07375	992.3	100	373.15	1.0133	958.1	315	588.15	105.61	679.1
41	314.5	0.7777	991.9	102	375.15	1.0878	956.7	320	593.15	112.89	666.9
42	315.15	0.09198	991.5	104	377.15	1.1668	955.2	325	598.15	120.56	646.1
43	316.15	0.08639	991.1	106	379.15	1.2507	953.7	330	603.15	128.63	640.4
44	317.15	0.09100	990.7	108	381.15	1.3390	952.2	340	613.15	146.05	610.2
45	318.15	0.09582	990.2	110	383.15	1.4327	950.7				
46	319.15	0.10086	989.8					350	623.15	165.35	574.3
47	320.15	0.10612	989.4	112	385.15	1.5316	949.1	360	633.15	186.75	527.5
48	321.15	0.11162	988.9	114	387.15	1.6362	947.6				
49	322.15	0.11736	988.4	116	389.15	1.7465	946.0	370	643.15	210.54	451.8
50	323.15	0.12335	988.0	118	391.15	1.8628	944.5	474.15	647.30	221.2	315.4
				120	393.15	1.9854	942.9				
51	324.15	0.12961	987.6								
52	325.15	0.13613	987.1	122	395.15	2.1145	941.2				
53	326.15	0.14293	986.6	124	397.15	2.2504	939.6				
54	327.15	0.15002	986.2	126	399.15	2.3933	937.9				
55	328.15	0.15741	985.7	128	401.15	2.5435	936.2				
56	329.15	0.16511	985.2	130	403.15	2.7013	934.6				
57	330.15	0.17313	984.6								
58	331.15	0.18147	984.2	132	405.15	2.8670	932.8				
59	332.15	0.19016	983.7	134	407.15	3.041	931.1				
60	333.15	0.19920	983.2	136	409.15	3.223	929.4				

Further Reading

Paperback book of Heating + Air-conditioning Technology (Recknagel/Sprenger/Schramek), Oldenbourg-Industrieverlag, Essen 2006

Centrifugal pump (Gülich), Springer-Verlag, Heidelberg 2004

Paperback book of refrigerating technology(Pohlmann/Iket, Hrsg.), C.F. Müller-Verlag, Heidelberg 2005

The cooling system engineer (Breidenbach), C.F. Müller-Verlag, Heidelberg 2003